Cepheid

세페이드
5F-A 창의기출 150제
(물리학,화학)
개정2판

사람은 누구나 창의적이랍니다.
창의력 과학의 세계로 오심을 환영합니다!

★ ★ ★ ★ ★

세페이드 시리즈의 구성

이제 편안하게 과학공부를 즐길 수 있습니다.

1F 중등과학 기초

2F 중등과학 완성

3F 고등과학 Ⅰ

4F 고등과학 Ⅱ

5F 실전 문제 풀이

세페이드 모의고사

세페이드 고등 통합과학

세페이드 고등학교 물리학 Ⅰ

창의력과학의 대표 브랜드

과학 학습의 지평을 넓히다!

특목고 | 영재학교 대비

창의력과학 세페이드 시리즈!

imagine

Infinite!

무한 상상하는 법

1. 고개를 숙인다.
2. 고개를 든다.
3. 뛰어간다.
4. 무한상상한다.

창의력과학

세페이드

5F-A 창의기출 150제

(물리학, 화학)

개정2판

Structure

단원별 내용 구성

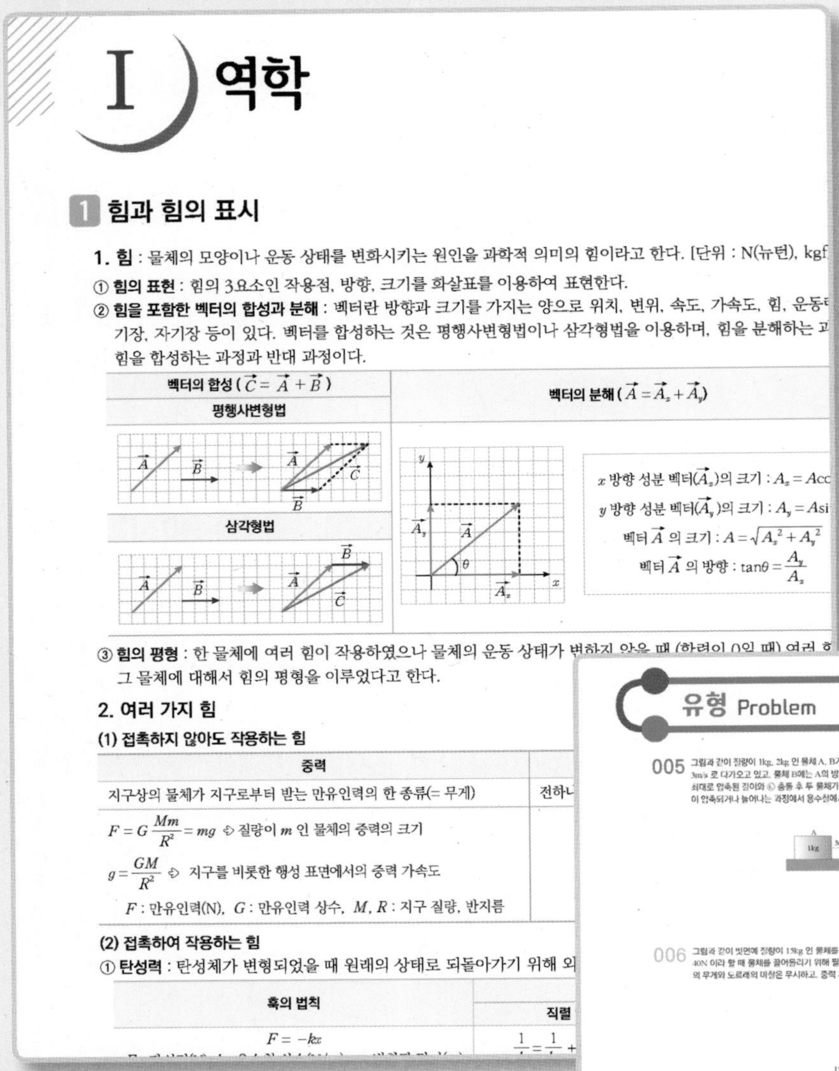
I 역학

1 힘과 힘의 표시

1. 힘 : 물체의 모양이나 운동 상태를 변화시키는 원인을 과학적 의미의 힘이라고 한다. [단위 : N(뉴턴), kgf

① **힘의 표현** : 힘의 3요소인 작용점, 방향, 크기를 화살표를 이용하여 표현한다.

② **힘을 포함한 벡터의 합성과 분해** : 벡터란 방향과 크기를 가지는 양으로 위치, 변위, 속도, 가속도, 힘, 운동
기장, 자기장 등이 있다. 벡터를 합성하는 것은 평행사변형법이나 삼각형법을 이용하며, 힘을 분해하는 고
힘을 합성하는 과정과 반대 과정이다.

벡터의 합성 ($\vec{C} = \vec{A} + \vec{B}$)	벡터의 분해 ($\vec{A} = \vec{A_x} + \vec{A_y}$)
평행사변형법	
삼각형법	x 방향 성분 벡터($\vec{A_x}$)의 크기 : $A_x = Acc$ y 방향 성분 벡터($\vec{A_y}$)의 크기 : $A_y = Asi$ 벡터 $\vec{A}$ 의 크기 : $A = \sqrt{A_x^2 + A_y^2}$ 벡터 $\vec{A}$ 의 방향 : $\tan\theta = \frac{A_y}{A_x}$

③ **힘의 평형** : 한 물체에 여러 힘이 작용하였으나 물체의 운동 상태가 변하지 않을 때 (합력이 0일 때) 여러 힘
그 물체에 대해서 힘의 평형을 이루었다고 한다.

2. 여러 가지 힘

(1) 접촉하지 않아도 작용하는 힘

중력	
지구상의 물체가 지구로부터 받는 만유인력의 한 종류(= 무게)	전하니
$F = G\frac{Mm}{R^2} = mg$ ⇨ 질량이 m 인 물체의 중력의 크기 $g = \frac{GM}{R^2}$ ⇨ 지구를 비롯한 행성 표면에서의 중력 가속도 F : 만유인력(N), G : 만유인력 상수, M, R : 지구 질량, 반지름	

(2) 접촉하여 작용하는 힘

① **탄성력** : 탄성체가 변형되었을 때 원래의 상태로 되돌아가기 위해 외

훅의 법칙	직렬
$F = -kx$	$\frac{1}{} = \frac{1}{} +$

1.주요 이론 요약

과목당 4개 대단원으로 나누어서 주요 이론을 요약하였습니다.
실생활 관련된 질문을 하였습니다.

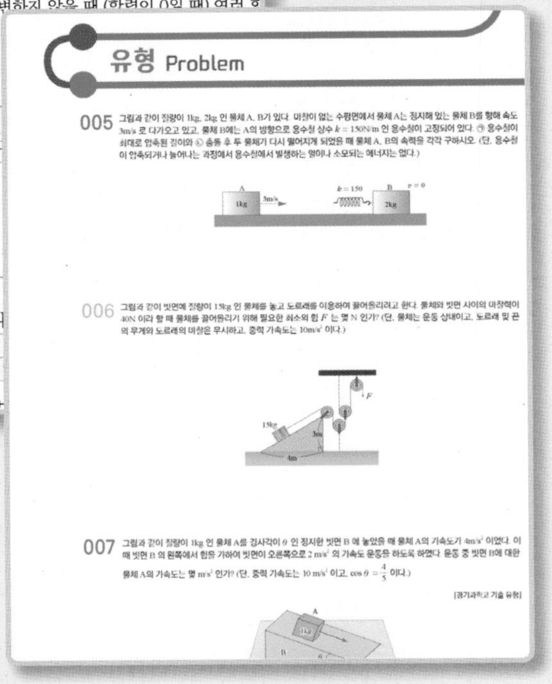
유형 Problem

005 그림과 같이 질량이 1kg, 2kg 인 물체 A, B가 있다. 마찰이 없는 수평면에서 물체 A는 정지해 있는 물체 B를 향해 속도 3m/s 로 다가오고 있고, 물체 B에는 A의 방향으로 용수철 상수 k = 150N/m 인 용수철이 고정되어 있다. ㉠ 용수철이 최대로 압축된 길이와 ㉡ 충돌 후 두 물체가 다시 떨어지게 되었을 때 물체 A, B의 속력을 각각 구하시오. (단, 용수철이 압축되거나 늘어나는 과정에서 용수철에서 발생하는 열이나 소모되는 에너지는 없다.)

006 그림과 같이 빗면에 질량이 15kg 인 물체를 놓고 도르래를 이용하여 끌어올리려고 한다. 물체와 빗면 사이의 마찰력이 40N 이라 할 때 물체를 끌어올리기 위해 필요한 최소의 힘 F 는 몇 N 인가? (단, 물체는 운동 상태이고, 도르래 및 끈의 무게와 도르래의 마찰은 무시하고, 중력 가속도는 10m/s² 이다.)

007 그림과 같이 질량이 1kg 인 물체 A를 경사각이 θ 인 정지한 빗면 B 에 놓았을 때 물체 A의 가속도가 4m/s² 이었다. 이때 빗면 B 의 왼쪽에서 힘을 가하여 빗면이 오른쪽으로 2 m/s² 의 가속도 운동을 하도록 하였다. 운동 중 빗면 B에 대한 물체 A의 가속도는 몇 m/s² 인가? (단, 중력 가속도는 10 m/s² 이고, $\cos\theta = \frac{4}{5}$ 이다.)

[경기과학고 기출 유형]

2.유형 problem

대단원에 해당하는 내용 중 중요하게 다루어지는 심화
유형 문제를 선별하여 구성하였습니다.

세페이드 5F는 영재학교, 과학고 대비 파이널 단계입니다.

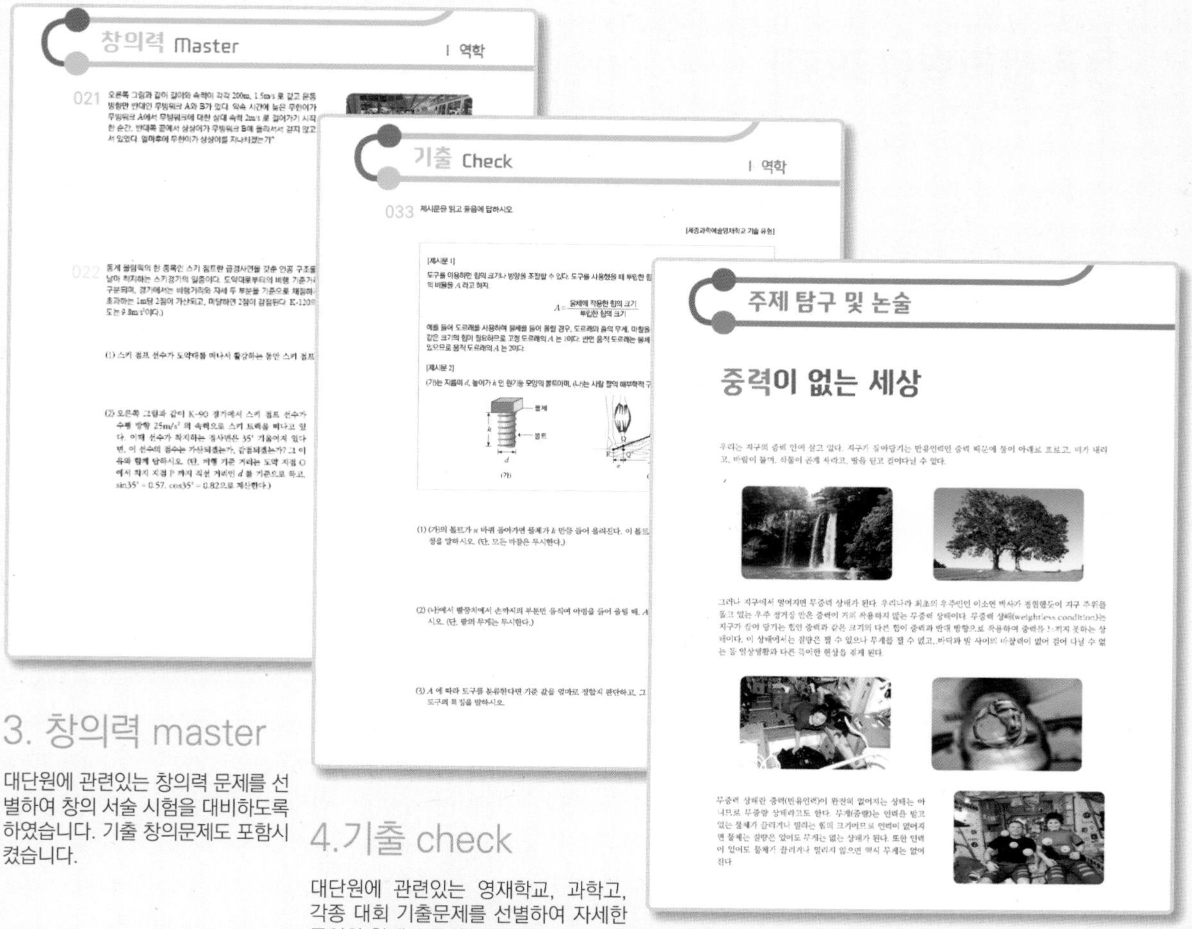

3. 창의력 master

대단원에 관련있는 창의력 문제를 선별하여 창의 서술 시험을 대비하도록 하였습니다. 기출 창의문제도 포함시켰습니다.

4.기출 check

대단원에 관련있는 영재학교, 과학고, 각종 대회 기출문제를 선별하여 자세한 풀이와 함께 수록하였습니다.

5.주제 탐구 및 논술

서술 및 논술 연습 단계입니다. 각 단원 관련 서술, 논술 주제를 선정하여 읽기 자료 등의 형태로 제시하였습니다.

CONTENTS | 목차

5F 물리학(159제)

5F 화학(141제)

I 물질의 상태 변화와 분자 운동

II 물질의 특성

III 물질의 구성

IV 여러가지 화학 반응

5F
물리학

I 역학

1 힘과 힘의 표시

1. 힘 : 물체의 모양이나 운동 상태를 변화시키는 원인을 과학적 의미의 힘이라고 한다. [단위 : N(뉴턴), kgf]

① **힘의 표현** : 힘의 3요소인 작용점, 방향, 크기를 화살표를 이용하여 표현한다.

② **힘을 포함한 벡터의 합성과 분해** : 벡터란 방향과 크기를 가지는 물리량으로 위치, 변위, 속도, 가속도, 힘, 운동량, 전기장, 자기장 등이 있다. 벡터를 합성할 때에는 평행사변형법이나 삼각형법을 이용하며, 벡터를 합성하는 방법과 반대로 분해하여 문제에 적용한다.

벡터의 합성 ($\vec{C} = \vec{A} + \vec{B}$)

평행사변형법

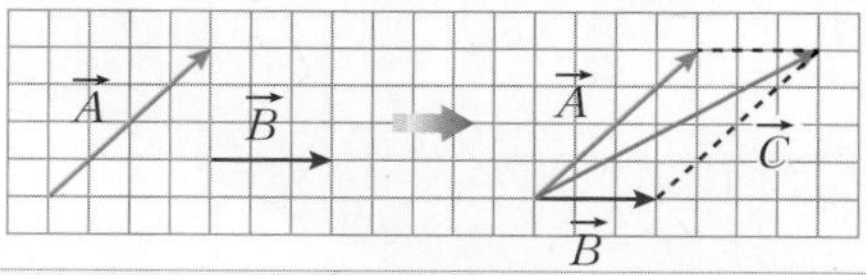

삼각형법

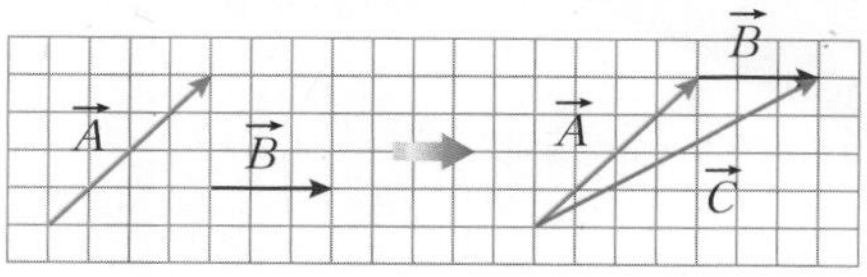

벡터의 분해 ($\vec{A} = \vec{A_x} + \vec{A_y}$)

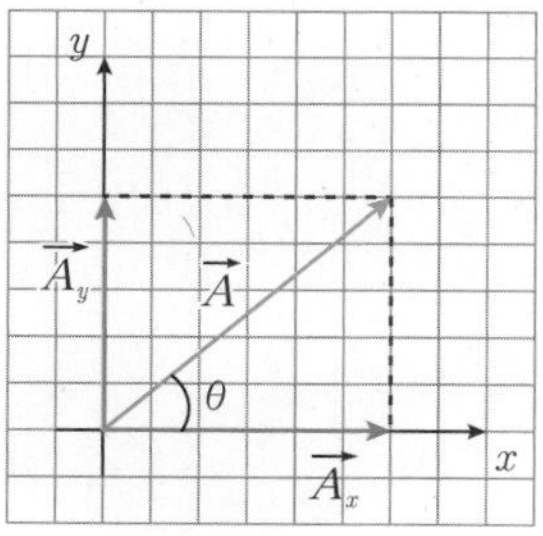

x 방향 성분 벡터($\vec{A_x}$)의 크기 : $A_x = A\cos\theta$

y 방향 성분 벡터($\vec{A_y}$)의 크기 : $A_y = A\sin\theta$

벡터 $\vec{A}$ 의 크기 : $A = \sqrt{A_x^2 + A_y^2}$

벡터 $\vec{A}$ 의 방향 : $\tan\theta = \dfrac{A_y}{A_x}$

③ **힘의 평형** : 한 물체에 여러 힘이 작용하였으나 합력(알짜힘)이 0 이면, 물체의 운동 상태(속도)가 변하지 않으며, 이때, 여러 힘들은 그 물체에 대해서 힘의 평형 상태에 있다.

2. 여러 가지 힘

(1) 접촉하지 않아도 작용하는 힘

중력	전자기력
지구상의 물체가 지구로부터 받는 만유인력의 한 종류(= 무게)	전하나 자극 사이에 상호 작용하는 힘
$F = G\dfrac{Mm}{R^2} = mg$ → 질량이 m 인 물체에 작용하는 중력의 크기 $g = \dfrac{GM}{R^2}$ → 지구를 비롯한 행성 표면에서의 중력 가속도 F : 만유인력(N), G : 만유인력 상수, M, R : 지구(행성) 질량, 반지름	$F = k\dfrac{q_1q_2}{r^2}$ (쿨롱 법칙) F : 전기력(N), k : 쿨롱 상수(Nm^2/C^2), r : 전하 사이의 거리(m), q_1, q_2 : 전하량(C)

(2) 접촉하여 작용하는 힘

① **탄성력** : 탄성체가 변형되었을 때 원래의 상태로 되돌아가기 위해 외부에 가하는 힘(= 복원력)을 말한다.

크기(훅의 법칙)	2개 이상의 용수철 연결 시 용수철 상수(탄성 계수)	
	직렬 연결	병렬 연결
$F = kx$ F : 탄성력(N), k : 용수철 상수(N/m), x : 변형된 길이(m)	$\dfrac{1}{k} = \dfrac{1}{k_1} + \dfrac{1}{k_2} + \cdots$	$k = k_1 + k_2 + \cdots$

② **마찰력** : 면과 물체 사이에서 작용하여 물체의 운동을 방해하는 힘이다.

최대 정지 마찰력	운동 마찰력
$f_s = \mu_s N$ (μ_s : 정지 마찰 계수, N : 수직 항력)	$f_k = \mu_k N$ (μ_k : 정지 마찰 계수, N : 수직 항력)

③ **수직 항력과 장력** : 물체와 면이 접촉해 있을 때, 면에 수직인 방향으로 면이 물체를 떠받치는 힘(면이 물체에 작용하는 힘)을 수직 항력 N 이라고 하고, 줄이 물체에 작용하는 힘을 장력 T 이라고 한다.

(3) 힘으로 취급하지 않으나 힘이 관련되어 있는 물리량 – 압력과 돌림힘

압력	돌림힘
단위 면적당 접촉면이 받는 힘의 크기	물체의 회전 운동을 변화시키는 물리량으로 토크라고도 함
압력 $= \dfrac{\text{면을 누르는 힘}}{\text{접촉면의 넓이}}$, 단위: (N/m^2)	$\tau = Fr\sin\theta$ τ : 돌림힘 크기(N·m), F : 물체를 회전시키는 힘(N), r : 작용점과 회전 축 사이의 수직 거리(= 지레 팔의 길이)(m)

① **돌림힘의 평형** : 물체에 작용하는 모든 돌림힘의 합이 0 인 상태로, 회전 운동 상태(회전 속도)의 변화가 없다.
② **역학적 평형** : 힘의 평형과 돌림힘의 평형이 동시에 이루어진 상태이며, 이 경우 구조물이 안정한 상태를 유지한다.

정답 및 해설 02쪽

Q1 물체가 힘의 평형 상태일 때에 대한 설명으로 옳은 것만을 있는 대로 고르시오.

① 물체는 정지해 있다. ② 물체의 속력은 일정하다. ③ 물체의 가속도는 0이다.
④ 물체에 작용하는 알짜힘은 0이다. ⑤ 물체에 적어도 2개의 힘이 작용해야 한다.

Q2 물체가 수평면에 대하여 기울어진 경사면에 정지하고 있다. 물체에 작용하는 마찰력의 크기에 대한 설명으로 옳은 것만을 있는 대로 고르시오.

① 나무상자의 무게보다 크다. ② 경사면에 나란한 중력 성분의 크기와 같다
③ 경사면에 나란한 중력 성분의 크기보다 작다. ④ 경사면에 나란한 중력 성분의 크기보다 크다.

Q3 번지점프를 하고 있는 사람의 모습이다. 떨어지는 순간부터 사람에게 작용하는 힘의 변화를 설명하시오.

2 여러 가지 운동

1. 위치와 변위 : 기준점에서 물체까지 화살표를 그어서 위치를 나타내며, 변위는 이동 경로와 상관없이 처음 위치에서 나중 위치까지 화살표를 그어서 나타낸다.

2. 속력, 속도, 상대 속도, 가속도

속력	속도	상대 속도	가속도
$v = \dfrac{s\,(\text{이동 거리})}{t\,(\text{시간})}$ (m/s)	$\vec{v} = \dfrac{\Delta\vec{s}\,(\text{변위})}{\Delta t\,(\text{시간})}$ (m/s)	$\vec{v}_A$ 속도로 운동하는 관측자 A가 본 $\vec{v}_B$ 의 속도로 운동하는 물체 B의 속도 $\vec{v}_{AB} = \vec{v}_B - \vec{v}_A$	$\vec{a} = \dfrac{\vec{v} - \vec{v}_0}{\Delta t} = \dfrac{\Delta\vec{v}}{\Delta t}$ (m/s^2)

3. 직선 상의 물체의 운동

① **등속 직선 운동** : 힘을 받지 않은 물체의 운동으로 속력과 운동 방향이 일정하다.
② **등가속도 직선 운동** : 한 방향으로 일정하게 힘을 받는 물체의 운동으로 직선 상에서 가속도의 크기와 방향이 일정하다. (v_0 : 물체의 처음 속도, v : 나중 속도, a : 가속도, s : 변위, t : 운동 시간)

$$v = v_0 + at, \quad s = v_0 t + \frac{1}{2}at^2, \quad 2as = v^2 - v_0^2$$

③ **중력장 내에서의 연직 운동** : 중력장 내에서 운동하는 물체에 작용하는 힘은 연직 아래 방향의 중력이고, 가속도는 연직 아래 방향으로 $g = 9.8\text{m/s}^2$ 으로 일정하다.

자유 낙하 운동	연직 투하 운동	연직 투상 운동
물체를 처음 속력 $v_0 = 0$인 상태에서 가만히 떨어뜨렸을 때의 운동	물체를 처음 속력 v_0 로 연직 아래로 던졌을 때의 운동	물체를 연직 위로 속력 v_0 로 던져 올린 운동
t초 후 속도 → $v = gt$ t초 동안 떨어진 거리(변위) → $s = \frac{1}{2}gt^2$ → $2gs = v^2$	$v = v_0 + gt$ $s = v_0t + \frac{1}{2}gt^2$ $2gs = v^2 - v_0^2$	$v = v_0 - gt$ $s = v_0t - \frac{1}{2}gt^2$ $-2gs = v^2 - v_0^2$

4. 방향이 변하는 물체의 운동

(1) 등속 원운동 : 속력이 일정한 원운동으로, 속력은 일정하지만 운동 방향(원의 접선 방향)이 계속 변하는 가속도 운동이다.

주기와 속력	주기 T, 각속도 ω, 진동수 f
$T = \frac{2\pi r}{v}$ (초) → $v = \frac{2\pi r}{T}$ (m/s)	$T = \frac{2\pi r}{v} = \frac{2\pi}{\omega} = \frac{1}{f}$ (Hz)

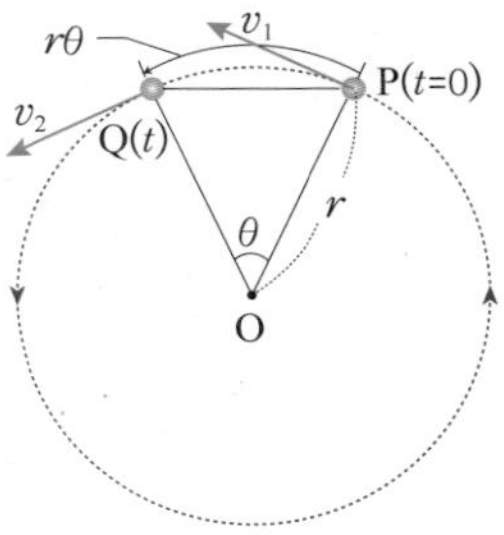

▲ 속도의 변화

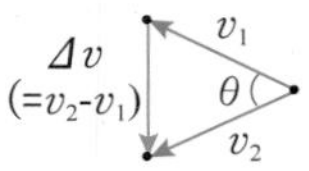

▲ 속도의 변화량(Δv)

● **등속 원운동하는 물체의 물리량**(물체가 t초 동안 P에서 Q로 운동)

각속도	선속력	구심 가속도	구심력
단위 시간 동안 물체의 회전각	원운동하는 물체의 속력	원운동하는 물체의 가속도(중심 방향)	원운동하는 물체에 구심 가속도를 발생시키는 힘(중심 방향)
$\omega = \frac{\theta}{t}$ (rad/s)	$v = \frac{l}{t} = \frac{r\theta}{t} = r\omega$ (m/s)	$a = \frac{v^2}{r} = r\omega^2 = \frac{4\pi^2 r}{T^2} = v\omega$ (m/s^2)	$F_{구} = ma = \frac{mv^2}{r} = mr\omega^2 = \frac{4\pi^2 mr}{T^2}$

(2) 단진동 : 변위(x)의 방향과 반대 방향으로 복원력이 작용하여 주기적으로 왕복하는 운동을 말한다.

① **단진자** : 가벼운 실에 매달린 추가 작은 진폭으로 왕복 운동하는 것이다.

복원력(x 방향 : (+))	단진자의 주기
$F = -mg\sin\theta = -mg\frac{x}{l}$	$T = \frac{2\pi}{\omega} = 2\pi\sqrt{\frac{l}{g}}$

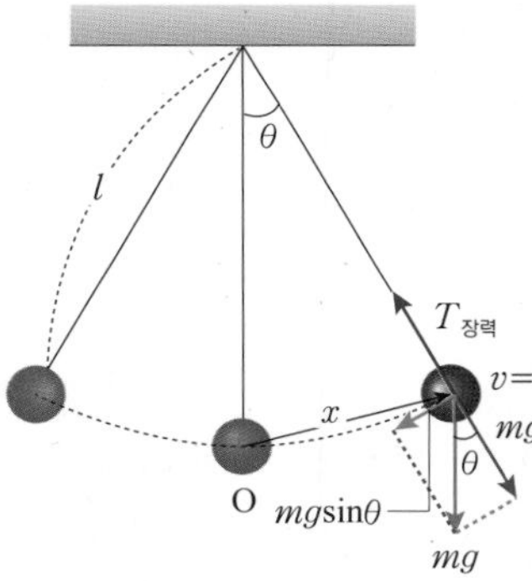

→ 진자의 등시성 : 진폭이 작을 때 단진자의 주기는 추의 질량이나 진폭의 크기와는 무관하다.

② **용수철 진자** : 용수철의 탄성력이 복원력으로 작용하여 물체를 단진동시킨다.

용수철의 복원력	용수철 진자의 주기	용수철 진자의 역학적 에너지 보존
$\vec{F} = m\vec{a} = -k\vec{x}$ → $\vec{a} = -\frac{k}{m}\vec{x}$	$T = \frac{2\pi}{\omega} = 2\pi\sqrt{\frac{m}{k}}$	$\frac{1}{2}mv^2 + \frac{1}{2}kx^2 = \frac{1}{2}mV^2 = \frac{1}{2}kA^2$ = 일정 ($A = A\omega$: 최대 변위, V : 최대 속도, $k = m\omega^2$)

③ **원뿔 진자** : 가벼운 실에 매달린 추가 수평면 내에서 원운동하는 진자이다.

원뿔 진자에 작용하는 구심력(F)	원뿔 진자의 주기	실의 장력
$F = mg\tan\theta = mr\omega^2 = m\omega^2(l\sin\theta)$	$T = \frac{2\pi}{\omega} = 2\pi\sqrt{\frac{l\cos\theta}{g}} = 2\pi\sqrt{\frac{h}{g}}$	$T_{장력} = \frac{mg}{\cos\theta}$

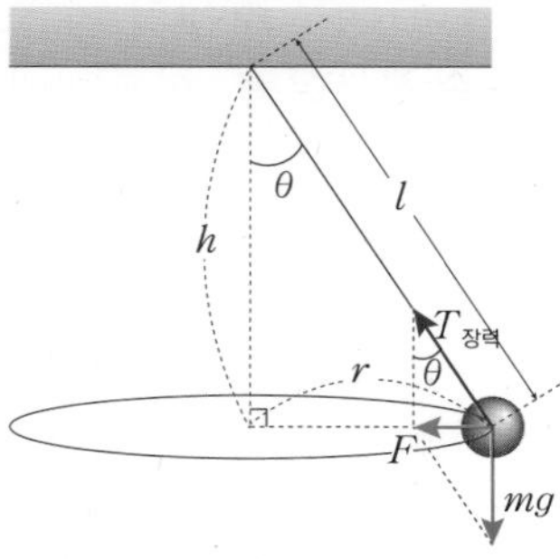

(3) 포물선 운동 : 연직 아래 방향의 중력이 작용하는 공간에서 힘의 방향과 비스듬하게 던진 물체의 운동이다.

① **수평 방향으로 던진 물체의 운동** : 수평 방향으로는 등속 직선 운동, 연직 방향으로는 자유 낙하 운동을 한다.

	알짜힘	가속도	처음 속도	시간 t 일 때 속도	시간 t 일 때 변위
수평 방향(x축)	$F_x = 0$	$a_x = 0$	$v_{0x} = v_0$	$v_x = v_0$	$x = v_0 t$
연직 방향(y축)	$F_y = mg$	$a_y = g$	$v_{0y} = 0$	$v_y = gt$	$y = \frac{1}{2}gt^2$

② **비스듬히 위로 던진 물체의 운동** : 수평 방향으로는 등속 직선 운동, 연직 방향으로는 연직 투상 운동(등가속도 운동(연직 위방향 : +))을 한다.

상대속도	알짜힘	가속도	처음 속도	시간 t 일 때 속도	시간 t 일 때 변위
수평 방향(x축)	$F_x = 0$	$a_x = 0$	$v_{0x} = v_0\cos\theta$	$v_x = v_{0x} = v_0\cos\theta$	$x = v_x t = v_0\cos\theta \cdot t$
연직 방향(y축)	$F_y = -mg$	$a_y = -g$	$v_{0y} = v_0\sin\theta$	$v_y = v_{0y} - gt = v_0\sin\theta - gt$	$y = v_{0y}t - \frac{1}{2}gt^2 = v_0\sin\theta \cdot t - \frac{1}{2}gt^2$

5. 운동 법칙

운동 제 1 법칙 (관성 법칙)	운동 제 2 법칙 (가속도 법칙)	운동 제 3 법칙 (작용 반작용 법칙)
물체에 작용하는 알짜힘이 0인 경우 물체는 처음의 운동 상태를 유지한다. → 관성은 질량이 클수록 크게 나타난다.	물체가 힘을 받으면 물체는 힘의 방향으로 가속도 운동을 한다. $\vec{a} \propto \frac{\vec{F}}{m}$ → $\vec{F} = m\vec{a}$	물체에 작용하는 힘은, 크기가 같고 방향이 반대인 힘을 항상 동반한다. 힘은 항상 쌍으로 존재한다.

● **관성력** : 운동 상태를 변화시키지 않으려는 성질인 관성때문에 나타나는 힘으로 실제 작용하는 힘이 아닌 가상적인 힘이다. 따라서 관성력에 대한 반작용이 나타나지 않는다. 가속운동하고 있는 물체가 느끼는 힘이며, 원심력이 이에 포함된다.

정답 및 해설 02쪽

Q4 질량이 m 인 물체를 자동차의 평평한 짐칸에 고정하지 않고 실었다. 자동차가 가속도 a 로 앞으로 움직일 때 물체는 자동차에 대하여 정지 상태를 유지하였다. 이러한 정지 상태를 유지시키는 원인이 되는 힘은?

① 중력　② 마찰력　③ 수직 항력
④ 물체에 의하여 생긴 힘 ma　⑤ 어떤 힘도 필요하지 않다.

Q5 물이 가득 찬 수조를 싣고 가는 트럭이 고속도로에서 앞방향으로 속도가 증가하는 가속도 운동을 하고 있다. 이때 수조에 구멍이 생겨 물이 일정한 비율로 빠져나간다면, 트럭의 가속도는 어떻게 되는가? (단, 트럭을 가속시키는 힘은 일정하다.)

Q6 우주 비행사가 된 무한이는 달에서 야구공을 수평으로 던졌다. 야구공이 달 표면의 진공 속에서 움직이는 동안 그 값이 유지되는 물리량과 변하는 물리량을 다음 중 각각 고르시오.

① 속력　② 속도　③ 가속도　④ 속도의 수평 성분　⑤ 속도의 연직 성분

Q7 오른쪽 그림과 같이 물이 담긴 물통을 늘어나지 않는 끈에 매달아 진자 운동을 시켰다. 물통에 구멍이 뚫려 있어 운동을 하는 동안 물이 조금씩 흘러나온다면 물통의 진동 주기는 어떻게 변하겠는가?

[전남과학고 기출 유형]

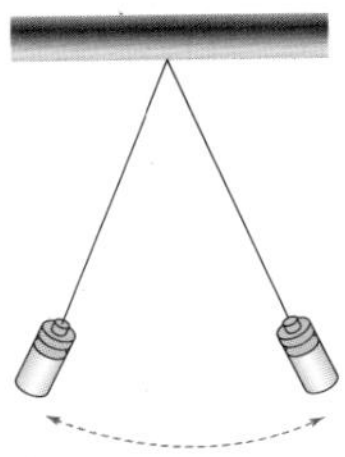

3 운동량과 충격량

1. 운동량과 충격량

운동량 ($\vec{p}$)	충격량 ($\vec{I}$)
물체가 운동하고 있을 때 운동의 효과를 나타내는 양	운동량의 변화량
$\vec{p} = m\vec{v}$(kg·m/s), m : 질량, $\vec{v_0}$: 처음 속도, $\vec{v}$: 나중 속도	$\vec{I} = \vec{F}t = m\vec{v} - m\vec{v_0}$ ($= \Delta\vec{p}$) $\vec{F}$: 충격력, m : 질량, $\vec{v_0}$: 처음 속도, $\vec{v}$: 나중 속도

2. 운동량 보존 법칙 : 물체가 충돌할 때, 분해될 때 전후 운동량의 합은 보존된다.

$$m_1\vec{v_1} + m_2\vec{v_2} = m_1\vec{v_1}' + m_2\vec{v_2}' \quad \text{(충돌 전 운동량 합 = 충돌 후 운동량 합)}$$

3. 충돌과 반발 계수

① **반발 계수** : 충돌 전 상대 속도에 대한 충돌 후 상대 속도의 비를 말한다.

$$\text{반발 계수}(e) = \frac{\text{충돌 후 서로 멀어지는 속도}}{\text{충돌 전 서로 가까워지는 속도}} = \left| \frac{\vec{v_2}' - \vec{v_1}'}{\vec{v_2} - \vec{v_1}} \right|$$

② **충돌의 종류** : 충돌의 경우 반발 계수에 관계없이 운동량은 보존된다.

탄성 충돌	비탄성 충돌	완전 비탄성 충돌
$e = 1$ 일 때의 충돌로 충돌 전후 운동량과 운동 에너지가 모두 보존	$0 < e < 1$ 일 때의 충돌로 운동 에너지의 일부가 열에너지 등으로 전환	$e = 0$ 일 때의 충돌로 충돌 후 두 물체가 한 덩어리가 되는 경우

4 일과 에너지

1. 일(W) : 물체에 힘이 작용하여 에너지를 변화시키는 과정이다.

크기가 일정하고 운동 방향과 θ 의 각을 이루는 힘이 해준 일	마찰력에 대한 일	중력에 대한 일
$W = F \cdot s\cos\theta$ W : 일(J), F : 물체에 가한 힘(N), s : 이동 거리(m)	$W = -f \cdot s$	$W = F \cdot s = 9.8mh$

2. 일률(P) : 단위 시간 당 일의 양으로 일의 능률이다. → $P = \frac{W}{t} = \frac{\vec{F} \cdot \vec{s}}{t} = \vec{F} \cdot \vec{v}$ [P : 일률(W)]

3. 에너지

① **운동 에너지** : 운동하는 물체가 가지는 에너지이다. → $E_k = \frac{1}{2}mv^2$ [m : 물체의 질량(kg), v : 물체의 속도(m/s)]

② **퍼텐셜 에너지** : 물체의 위치에 따라 달리 나타나는 에너지이다.

중력에 의한 퍼텐셜 에너지	탄성력에 의한 퍼텐셜 에너지	만유인력에 의한 퍼텐셜 에너지
E_p(중력) $= mgh$	E_p(탄성력) $= \frac{1}{2}kx^2$	E_p(만유인력) $= -\frac{GMm}{r}$

③ **역학적 에너지 보존** : 역학적 에너지(E)는 운동 에너지(E_K) + 퍼텐셜 에너지(E_p)이며, 외력(저항)이 없을 때 물체의 운동 전과정에서 그 양이 변하지 않고 보존된다.

4. 일-에너지 정리 : 외부에서 물체에 해 준 일만큼 물체의 에너지가 변한다.

일과 운동 에너지	일과 퍼텐셜 에너지	마찰력이 한 일
퍼텐셜 에너지가 일정한 운동에서 해 준 일만큼 운동 에너지가 변한다. $W = \Delta E_k$	운동 에너지가 일정한 운동에서 해 준 일만큼 퍼텐셜 에너지가 변한다. $W = \Delta E_p$ (마찰이 없을 때)	마찰력이 한 일만큼 물체의 역학적 에너지가 줄어든다. W_f (마찰력) $= -\Delta E$(마찰열 발생)

5. 일의 원리

① **지레에서 일의 원리** : 힘 F 가 한 일 = (−) 중력이 한 일

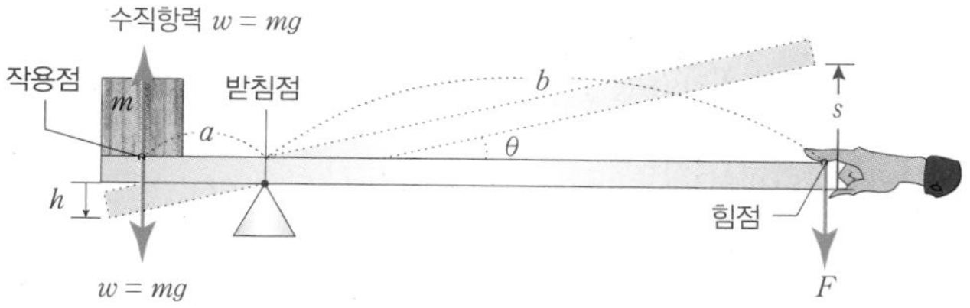

돌림힘의 원리 : $w \times a = F \times b \rightarrow F = \frac{a}{b}w$

$a : b = h : s$

∴ 지레에서 일의 원리 : $Fs = \frac{a}{b}w \times \frac{b}{a}h = wh$

② **도르래에서 일의 원리** : 물체를 h 만큼 올리기 위해 한 일 = (−) 중력이 한 일

고정 도르래	움직 도르래(도르래의 무게 무시)
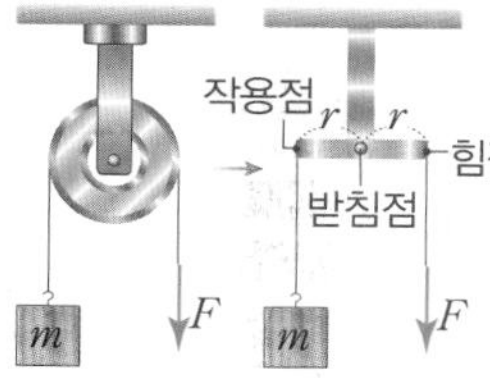 끈을 당기는 힘 F = 물체의 무게 $w(=mg)$ 도르래에서 일의 원리 : $Fs = wh$	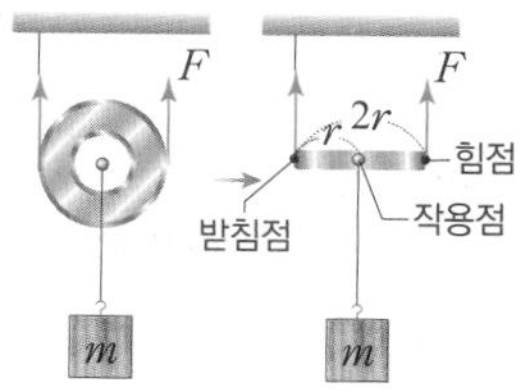 끈을 당기는 힘 F = 물체의 무게 $w(mg) \times \frac{1}{2}$ 도르래에서 일의 원리 : $Fs = \frac{w}{2} \times 2h = wh$

③ **빗면에서 일의 원리** : 빗면으로 물체를 끌어올릴 때의 일 = 연직 방향으로 물체를 들어올릴 때의 일

물체를 빗면으로 끌고 올라가기 위한 힘 : $F = w\sin\theta = w\frac{h}{s}$

빗면으로 올라갈 때의 일 = 연직으로 올라갈 때 한 일

→ $Fs = w\frac{h}{s} \times s = wh$

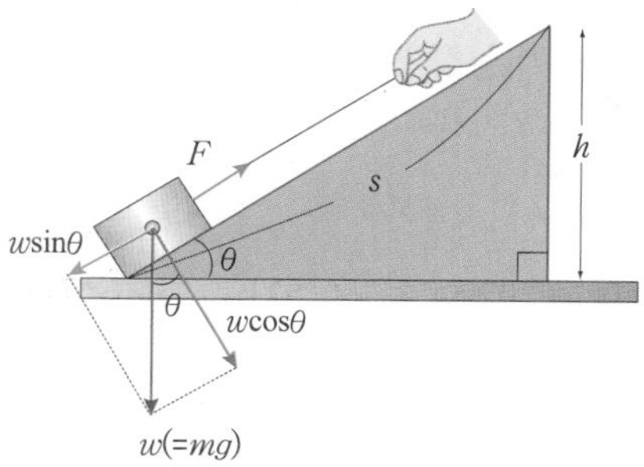

정답 및 해설 02쪽

Q8 도로 위를 달리고 있는 트럭 뒤에서 소형 자동차가 달려와 충돌하였다. 트럭과 소형 자동차의 ㉠ 운동량 크기 변화와 ㉡ 운동 에너지 변화를 각각 부등호를 이용하여 비교하시오. (단, 두 자동차의 충돌은 완전 비탄성 충돌로 취급하고, 충돌 직전 속력은 소형 자동차가 트럭보다 빠르다.)

Q9 운동량이 같은 두 입자의 운동 에너지에 대한 설명으로 옳은 것은?

① 두 입자의 운동 에너지는 항상 같다.
② 두 입자의 운동 에너지는 항상 다르다.
③ 두 입자의 질량이 같을 때 두 입자의 운동 에너지는 같다.
④ 두 입자가 평행선을 따라 움직일 동안만 두 입자의 운동 에너지는 같다.

Q10 질량이 서로 다른 두 입자가 정지 상태에서 출발한다. 두 입자에 작용한 알짜힘은 같고, 같은 거리를 움직일 때 두 입자의 나중 운동량의 크기를 비교한 설명으로 옳은 것은?

① 질량이 큰 입자의 운동량이 더 크다.
② 질량이 작은 입자의 운동량이 더 크다.
③ 두 입자의 운동량은 같다.
④ 둘 중에 어느 입자든 더 큰 운동량을 가져야 한다.

Q11 질량이 같은 두 자동차 A와 B가 있다. 자동차 A의 속력을 0 에서 v 로 올리는 데 t 의 시간이 걸렸고, 이는 자동차 B의 속력을 0 에서 $2v$ 로 올리는데 걸린 시간과 같았다. 두 자동차의 일률을 비교하시오.

I 역학

5 유체 역학

1. 유체

① **유체** : 기체와 액체처럼 힘이 가해지면 모양이 쉽게 변하고 흐를 수 있는 물질을 유체라고 한다.

밀도	비중	압력
밀도$(\rho) = \dfrac{\text{질량}(M)}{\text{부피}(V)}$ (kg/m³, g/cm³)	비중 $= \dfrac{\text{물체의 밀도}}{4℃\ \text{물의 밀도}}$ (단위 없음)	압력$(P) = \dfrac{\text{힘}(F)}{\text{면적}(A)}$ $(\text{N/m}^2 = \text{Pa})$

② **깊이에 따른 유체의 압력 변화** : 물체의 위치에 따라 달리 나타나는 에너지이다.

$$P = P_0 + \rho gh \quad (P_0 : \text{대기압}, \rho : \text{밀도}, g : \text{중력 가속도}, h : \text{깊이})$$

2. 부력
부력은 물이나 공기 중의 물체를 뜨게 하는 힘으로 중력의 반대 방향으로 작용하며, 유체 속에 잠긴 물체에 작용하는 부력이 중력보다 클 때 떠오르고, 중력보다 작을 때 가라앉는다. 위 방향을 (+)로 할 때,

$$F_{\text{알짜힘}} = F_{\text{부력}} - F_{\text{중력}} = (\rho_{\text{유체}} - \rho_{\text{물체}})gV \quad (\rho : \text{밀도}, V : \text{유체 속에 잠긴 물체의 부피}, g : \text{중력 가속도})$$

3. 파스칼 법칙
밀폐된 용기에 담긴 비압축성 유체의 표면에 압력이 가해질 때 유체의 모든 지점에 같은 크기의 압력이 전달된다.

단면적과 힘	단면적과 이동 거리
$P_1 = P_2 \rightarrow \dfrac{F_1}{A_1} = \dfrac{F_2}{A_2}$	$V_1 = V_2 \rightarrow A_1d_1 = A_2d_2 \rightarrow d_2 = \dfrac{A_1}{A_2}d_1$

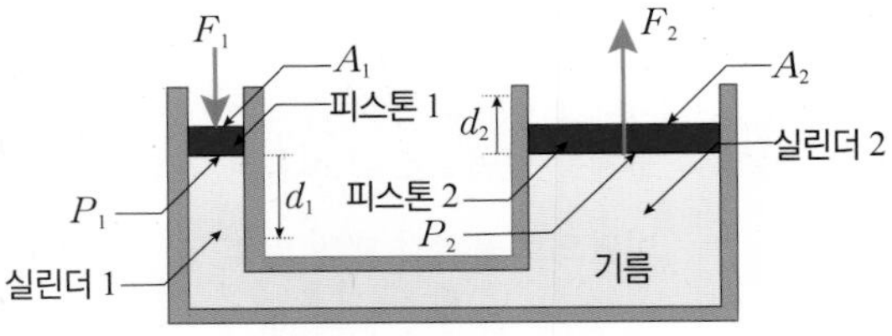

▲ 유압 장치

4. 정상 흐름과 이상 유체

① **정상 흐름** : 유체의 흐름이 시간에 따라 속력과 방향이 변하지 않는 흐름을 말한다(층류). 흐름선이 교차하지 않고 일정한 유체의 흐름을 층류, 소용돌이가 발생하거나 흐름선이 끊기는 불규칙한 유체의 흐름을 난류라고 한다.

② **이상 유체** : 시간에 따라 일정한 흐름을 갖는 유체로 비압축성, 비점성, 비회전, 정상 흐름 성질을 갖는다.

5. 유체 흐름의 질량 보존 법칙 – 연속 방정식
관의 단면적과 유체의 속력이 반비례함을 나타내는 방정식이다.

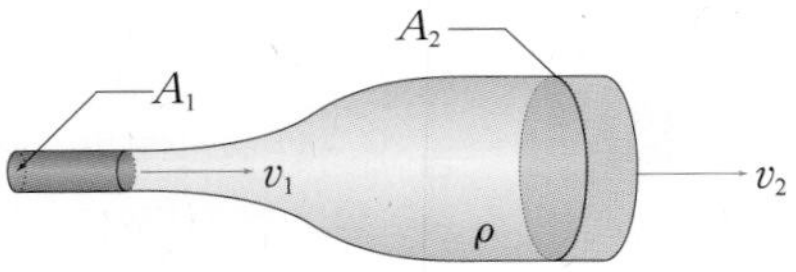

$$A_1v_1 = A_2v_2 = \text{일정}$$

$(A_1, A_2$: 관의 단면적, v_1 : A_1에서 유체의 속력, v_2 : A_2에서 유체의 속력$)$

6. 유체 흐름의 역학적 에너지 보존 법칙 – 베르누이 법칙
비압축성 유체가 흐름관을 따라 흐를 때 서로 다른 위치에서 유체의 압력과 속력 및 높이 사이의 관계를 나타내는 법칙이다.

$$P_1 + \rho gh_1 + \frac{1}{2}\rho v_1^2 = P_2 + \rho gh_2 + \frac{1}{2}\rho v_2^2 = \text{일정}$$

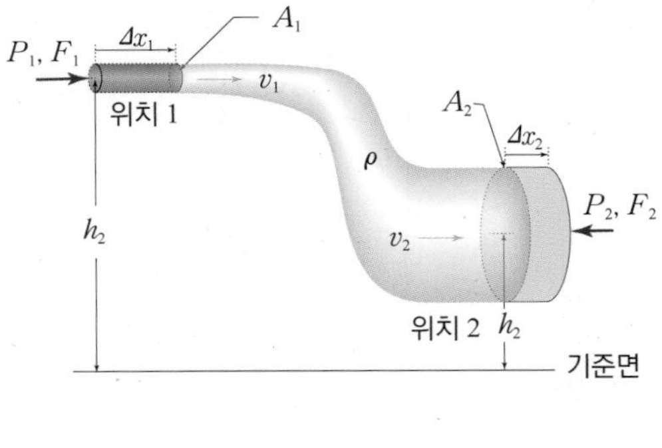

정답 및 해설 03쪽

Q12 크기는 같고, 밀도는 공 A 가 공 B 보다 큰, 속이 꽉찬 공 A, B 가 각각 줄에 매달려 물이 담긴 그릇에 잠겨 있다. 두 공이 모두 바닥에 닿지 않은 채로 잠겨 있다고 할 때, ㉠ 두 공에 작용하는 부력, ㉡ 줄의 장력의 크기를 각각 부등호를 이용하여 비교하시오.

정답 및 해설 03쪽

001 다음 그림과 같이 바닥면의 재질, 접촉면, 무게를 달리하여 나무 도막을 용수철 저울에 매달아 서서히 잡아당기면서 나무도막이 움직이는 순간 용수철 저울의 눈금을 읽었다. 단, 각 경우 나무판, 유리판, 나무도막과 추는 동일한 것이며, 나무도막을 끄는 방향은 수평 방향으로 모두 같으며, 나무도막은 끄는 도중 넘어지지 않는다.

[2021~23 기출 유형]

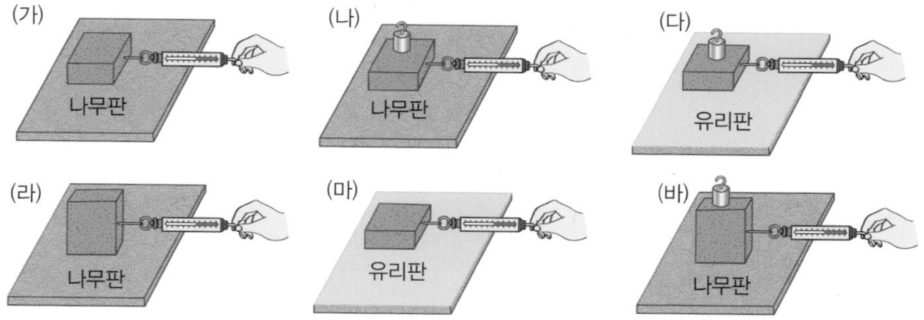

(1) (가)~(라) 에서 용수철 저울의 눈금이 가장 크게 나오는 것만을 있는 대로 기호를 쓰시오.

(2) 위의 실험을 통해서 마찰력의 크기에 영향을 미치는 것은 무엇인지 설명하여 쓰시오.

002 오른쪽 그림과 같이 질량이 m_A, m_B 인 물체 A 와 B 가 거리 b 만큼 떨어져 놓여 있다. 물체 A 는 질량이 m_c 인 물체 C 의 크기만큼 속이 비어있고, 물체 B 는 속이 꽉 차 있을 때, 물체 A가 물체 B 에 작용하는 만유인력을 구하시오. 단, 거리 a, b 는 질량 중심 사이의 거리이며, 물체 A 와 물체 C 의 밀도는 같다.

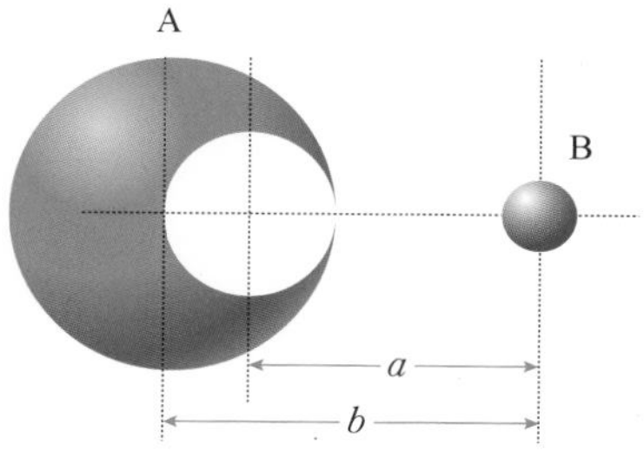

003 그림처럼 높이 s 의 책상 면이 있고, 그 위에 높이 h 의 마찰이 없는 곡선 경사면이 있다. 어떤 물체가 경사면 위 A점에서 정지한 상태로부터 미끄러져 내려와 책상 면 위 B 점에 도달하였고, B 점에서 수평 방향으로 던져져서 C 점에 도달하였다. 이 물체의 수평 도달 거리 x 를 구하시오.

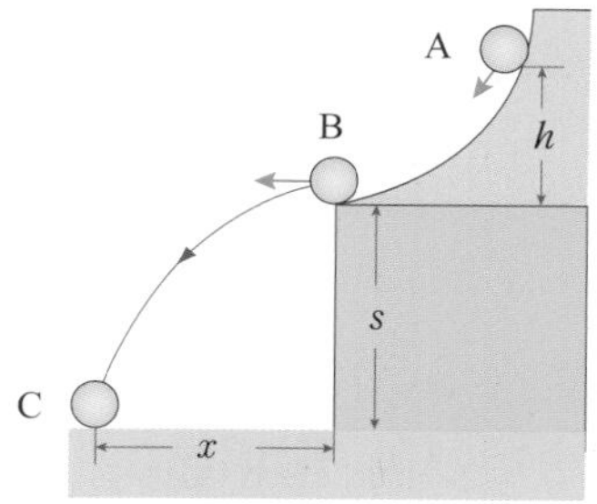

004 다음 그림과 같이 수평면 위에 질량 10 kg 의 물체 B 를 놓고, 그 위에 질량 6 kg 인 물체 A 를 올려 놓은 후 물체 A 를 마찰이 없는 도르래를 통해 연결하였다. 물체 B를 움직이게 하는 최소의 힘 F 는 몇 N 인가? (단, 물체 B 와 수평면, A 와 B 사이의 정지 마찰 계수는 모두 0.2, 중력 가속도 $g = 10\ \text{m/s}^2$ 이다.)

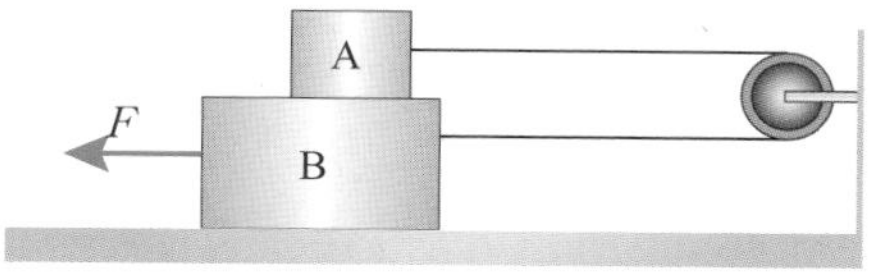

유형 Problem

005 빗면에 질량이 15 kg 인 물체를 놓고 도르래를 이용하여 끌어올리려고 한다. 물체와 빗면 사이의 운동 마찰력이 40 N 이라 할 때 물체를 끌어올리기 위해 필요한 최소의 힘 F 는 몇 N 인가? (단, 물체는 운동 상태이고, 도르래 및 끈의 무게와 도르래의 마찰은 무시하고, 중력 가속도는 10 m/s^2 이다.)

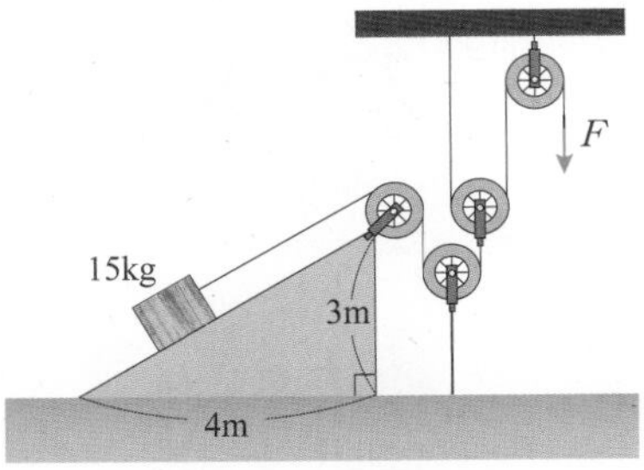

006 질량 1 kg 인 물체 A 를 경사각이 θ 인 정지한 빗면 B 에 놓았을 때 물체 A 의 가속도가 4 m/s^2 이었다. 이때 빗면 B 의 왼쪽에서 힘을 가하여 빗면이 오른쪽으로 2 m/s^2 의 가속도 운동을 하도록 하였다. 운동 중 빗면 B 에 대한 물체 A 의 가속도는 몇 m/s^2 인가? (단, 중력 가속도는 10 m/s^2 이고, $\cos\theta = \frac{4}{5}$ 이다.)

[과학고 기출 유형]

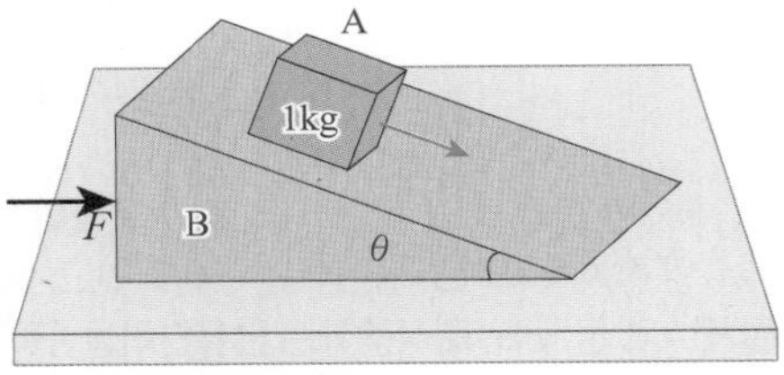

007 질량 3 kg 인 물체 A 를 마찰이 없는 수평면 상에 놓고 끈을 매어 도르래를 통한 다음 질량 1 kg 의 물체 B 에 연결하였다. 물체 A 와 B 가 정지 상태로부터 운동을 시작하여 A 가 20 cm 만큼 이동하였다. (단, 중력 가속도는 10 m/s^2 이고, 도르래의 마찰, 면의 마찰, 실의 무게 등은 무시한다.)

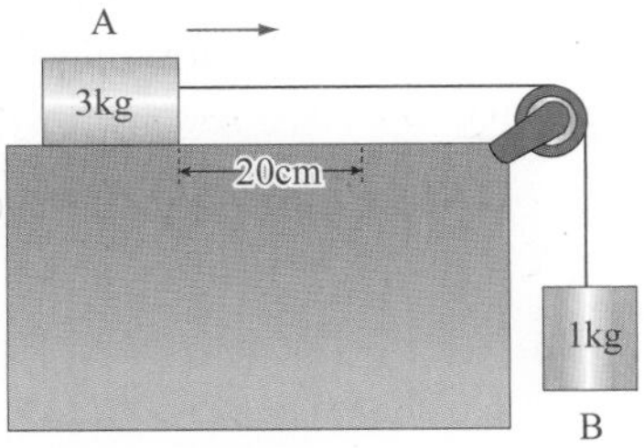

(1) A, B의 퍼텐셜 에너지의 합은 처음에 비하여 얼마만큼 감소하는가?

(2) A, B의 운동 에너지의 합은 처음에 비하여 얼마만큼 증가하는가?

(3) (1)과 (2)의 결과로부터 20 cm 만큼 이동한 순간 물체 A의 속력을 구하시오.

정답 및 해설 03쪽

008 그림은 길이가 15 m, 질량이 50 kg 인 사다리가 마찰이 없는 벽에 기대어 있는 모습을 나타낸 것이다. 사다리의 위쪽 끝은 마찰이 있는 바닥면에서 높이 9 m 인 곳에 있고, 무게 중심은 바닥면에서 사다리를 따라 5 m 되는 곳에 있다. 질량이 80 kg 인 소방관의 무게 중심은 사다리의 중간에 있다. 이때 벽이 사다리를 수직으로 미는 힘을 구하시오. (단, 중력 가속도 $g = 10 m/s^2$ 이다.)

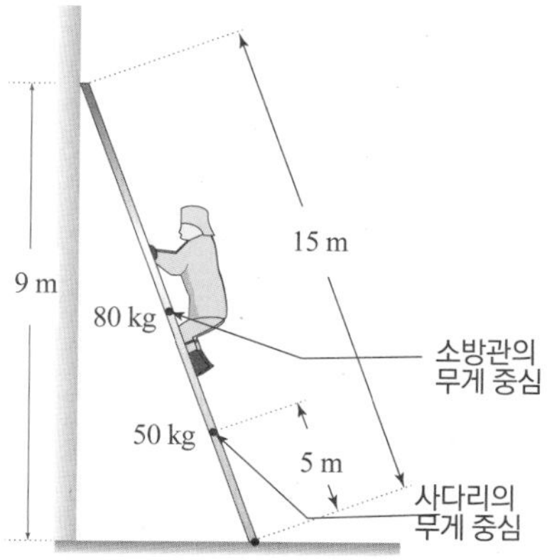

009 그림 (가)와 같이 고정 도르래의 한 쪽엔 움직 도르래를, 다른 한쪽엔 무게가 5N 인 물체를 매달았고, 같은 도르래를 이용하여 그림 (나)와 같이 장치하였다. 그림 (나) 막대의 점선 사이의 간격은 모두 같다. (단, 줄과 도르래 사이의 마찰은 무시한다.)

[영재고 기출 유형]

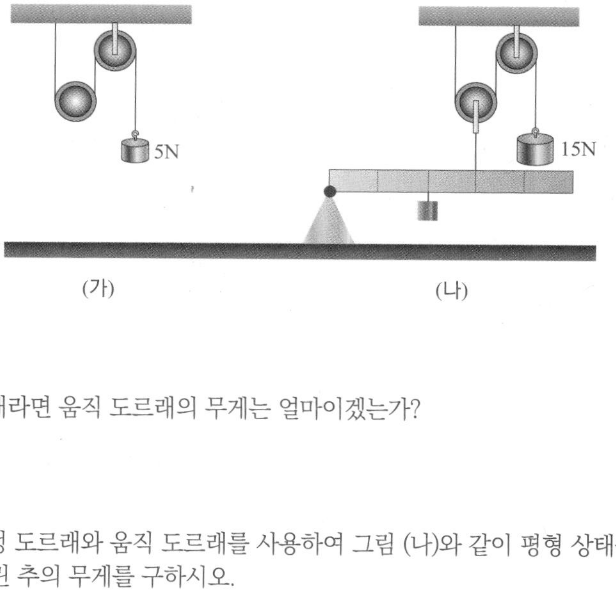

(1) 그림 (가)가 평형 상태라면 움직 도르래의 무게는 얼마이겠는가?

(2) 그림 (가)와 같은 고정 도르래와 움직 도르래를 사용하여 그림 (나)와 같이 평형 상태를 만들었을 때, 그림 (나)의 아래 막대에 매달린 추의 무게를 구하시오.

유형 Problem

010 매끄러운 수평면 위에 나무 도막을 놓고 수평 방향으로 총을 쏘아 총알이 박히는 상황을 생각하였다. 나무 도막은 재질이 균일하며 질량은 4.95 kg 이고 길이는 1 m 이며, 총알의 질량은 50 g, 속도는 300 m/s 이다. (단, 나무 도막 속에서 총알이 받는 마찰력은 일종의 운동 마찰력이므로 총알의 속도에 관계없이 일정하다.)

[영재고 기출 유형]

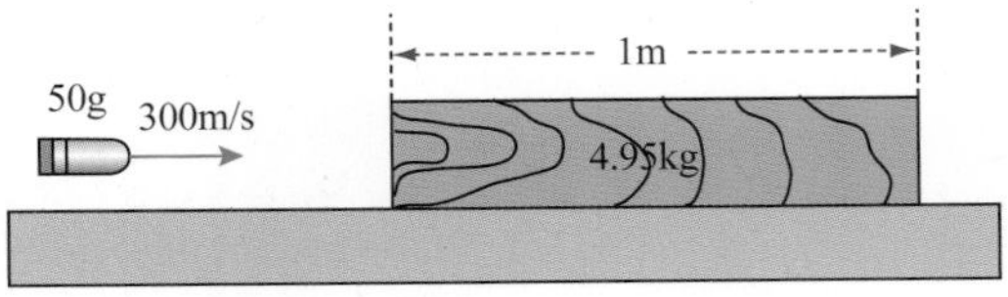

(1) 나무 도막을 수평면에 고정하고 나무 도막을 향하여 총을 쏘면 총알은 50 cm 의 깊이만큼 박힌다. 나무 도막을 관통하기 위한 총알의 최소 속력 v_1 은?

(4) 나무 도막을 마찰이 없는 수평면에 고정시키지 않고 놓은 상태에서 총알의 속력을 v_1 (고정시켰을 때 관통하는 속력)으로 하여 총을 쏘면 총알은 나무 도막에 박히고 총알이 박힌 나무 도막은 속력 v_2 로 운동한다. 속력 v_2 와 총알이 박힌 깊이 s 를 각각 구하시오

011 질량이 1 kg, 2 kg 인 물체 A, B 가 있다. 마찰이 없는 수평면에서 물체 A 는 정지해 있는 물체 B 를 향해 속도 3 m/s 로 다가오고 있고, 물체 B 에는 A 의 방향으로 용수철 상수 $k = 150$ N/m 인 용수철이 고정되어 있다. 이때 ㉠ 두 물체가 충돌할 때 용수철이 최대로 압축된 길이와 ㉡ 충돌 후 두 물체가 다시 떨어지게 되었을 때 물체 A, B의 속력을 각각 구하시오. (단, 용수철이 압축되거나 늘어나는 과정에서 용수철에서 발생하는 열이나 소모되는 에너지는 없다.)

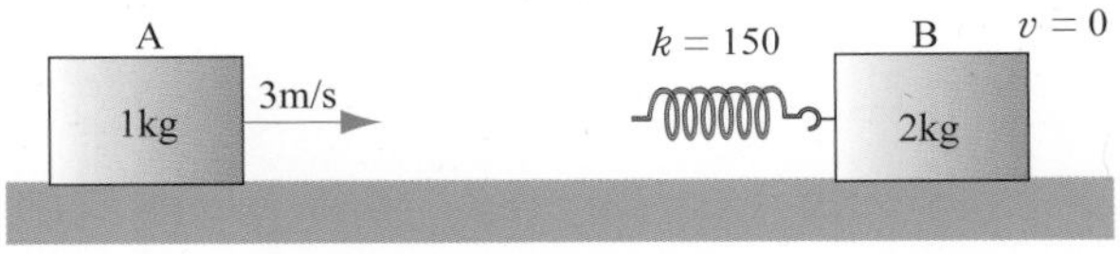

012 빗면 위에 2 kg 의 물체가 정지하여 있다. A점의 수평면으로부터의 높이는 6 m 이며, A ~ B 까지의 빗면은 마찰이 있으며 빗면 거리는 10 m 이다. 마찰이 없는 수평면 위의 C 점에는 용수철 상수 k = 50 N/m 인 용수철이 늘어나지 않는 상태로 위치해 있다. 물체를 운동시켰더니 C점에서 용수철과 부딪쳐 용수철을 C 에서 D 까지 10 cm 만큼 압축시켰다.(단, 용수철과 물체가 충돌할 때 손실되는 에너지는 없다고 가정하며, g = 10 m/s^2 이다.)

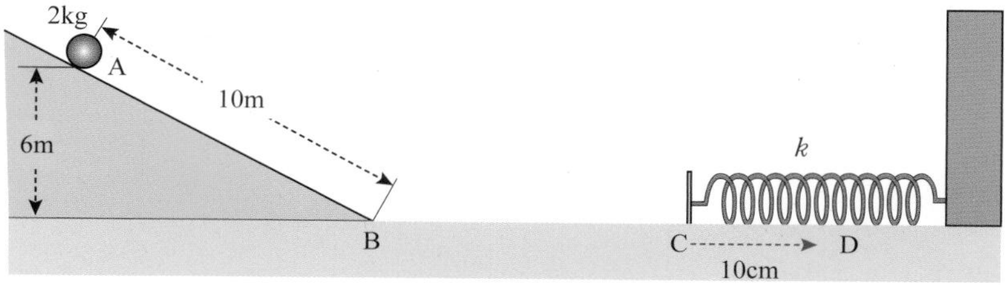

(1) 빗면 A ~ B에서 물체가 받는 마찰력은 몇 N 인가?

(2) 용수철이 C → D 로 압축할 때 걸린 시간은 얼마인가?

013 길이 25 m 인 늘어나지 않는 끈에 0.5 kg 의 공을 매달아 그림처럼 단진동 운동을 시킨다. 추를 높이 10 m 인 A 점에서 끈이 팽팽해진 상태로 잡고있다가 놓았더니 최저점인 B 점을 거쳐 높이 5 m 인 C 점을 지나 계속 운동하였다. 추는 높이 10 m 가 되는 지점까지 운동할 것이다. 중력 가속도는 10 m/s^2 이며, 공기의 저항과 끈의 무게는 무시할 수 있을 정도로 작다.

[과학고 기출 유형]

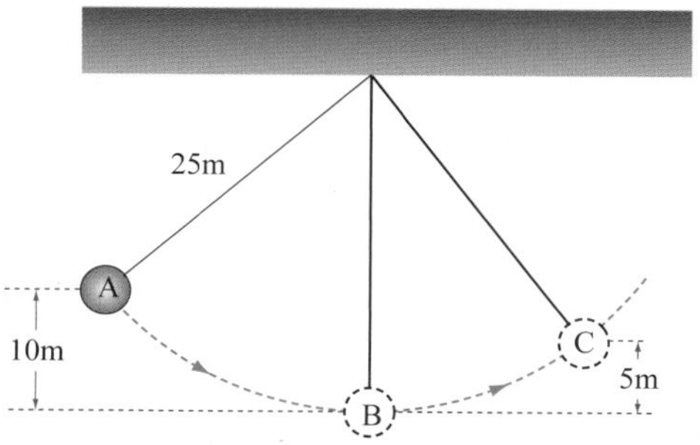

(1) B 점에서 추의 가속도를 구하시오.

(2) C 점에서 끈의 장력과 가속도를 구하시오.

유형 Problem

014 상상이는 30m/s의 일정한 속력으로 자동차를 운행하고 있었는데, 갑자기 위험을 감지하고 브레이크를 밟아 위험을 감지한 지점에서 120 m를 이동한 후 정지하였다. 다음과 같은 설정으로 자동차의 속력(v)으로 거리(s)를 나타내고, 그래프를 그려 설명하시오.

[2021~23 기출 유형]

① 브레이크가 작동되면 자동차의 속력에 관계없이 같은 제동력이 작용한다.
② 상상이가 위험을 감지한 순간부터 브레이크가 작동되는 순간까지 1초가 걸린다.

015 질량이 m, $5m$ 이고 부피가 V로 같은 물체 A 와 B 가 실로 연결되어 평형 상태를 유지하고 있는 모습을 나타낸 것이다. 물체 A 는 액체에 절반만 잠겨 있고, B 는 수평인 바닥에 닿아 있으며, 액체의 밀도는 A의 밀도의 3배이다.

이때 ㉠ A 와 B 에 작용하는 부력의 크기의 합인 $F_{부력}$ 의 크기와 ㉡ 바닥이 B 를 떠받치는 힘의 크기인 F_B 의 크기를 m, g 를 이용하여 각각 나타내시오. (단, 중력 가속도는 g 이고, 실의 질량은 무시한다.)

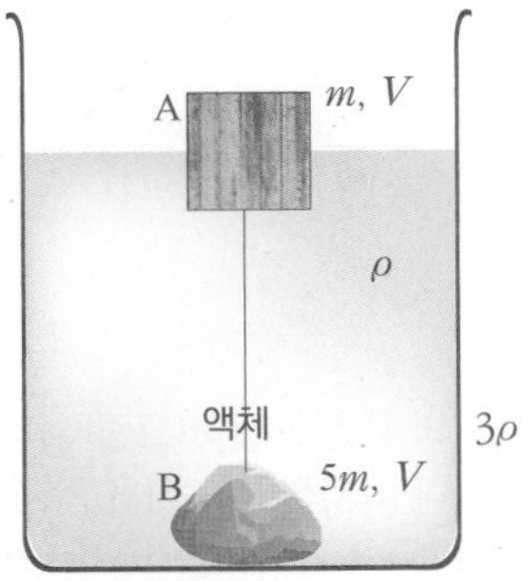

016 길이가 8 L 인 직육면체 모양의 막대가 수평을 이루며 물체 A, B, C 와 접촉한 상태로 정지해 있는 모습을 나타낸 것이다. A, B 는 각각 밀도가 ρ_1, ρ_2 인 액체에 같은 부피만큼 잠겨 있고, 막대, 물체 A, B, C 의 질량은 각각 $2m$, m, m, $2m$ 이다. $\rho_1 : \rho_2$ 는? (단, 막대의 밀도는 균일하다.)

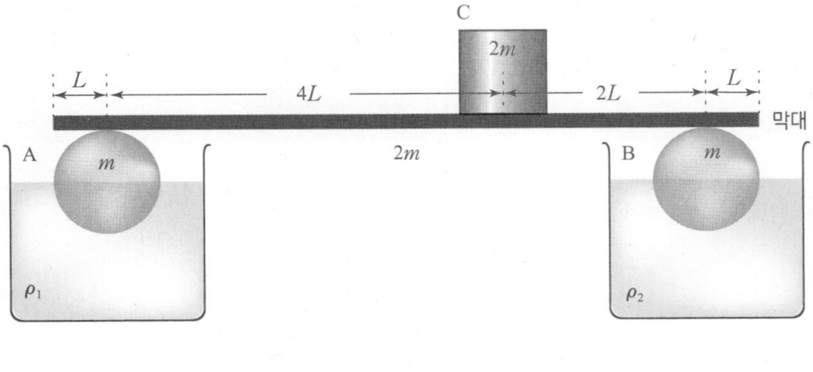

정답 및 해설 05쪽

017 액체를 반 정도 채운 U자 관을 수레 위에 고정시키고 다음과 같이 운동시켰다.

[2021~23 기출 유형]

(1) 수평면에서 수레를 등가속도 운동시켰다. 이때 양쪽 관 액체의 높이 차가 h 로 유지되었다. 이때 U자관 바닥의 길이 L 이 증가하면 양쪽 관의 액체의 높이 차 h 가 어떻게 될지 설명하시오.

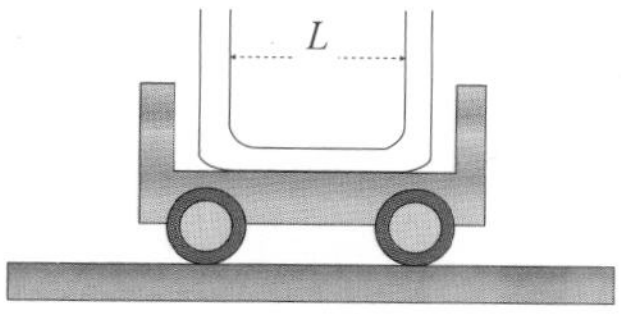

(2) 이 수레를 그림처럼 경사각이 θ 인 빗면 위에 놓아 운동시킬 때, 다음 각 경우에 대하여 액체의 수면이 어떤 모습으로 유지될지 설명해 보시오.

① 빗면과 수레 바퀴 사이의 마찰을 무시할 때

② 수레를 빗면 위에서 등속 운동시킬 때

018 물이 가득 차 있는 댐의 수면에서 5 m 되는 지점에 지름 4 cm 의 관이 댐을 가로질러 수평으로 설치되어 있고 물마개로 관의 끝이 막혀 있다. (단, $\pi = 3$, 중력 가속도 $g = 10\ m/s^2$, 물의 밀도 $\rho = 1.0 \times 10^3\ kg/m^3$ 이고, 관의 단면적은 댐의 단면적에 비해 매우 작다.)

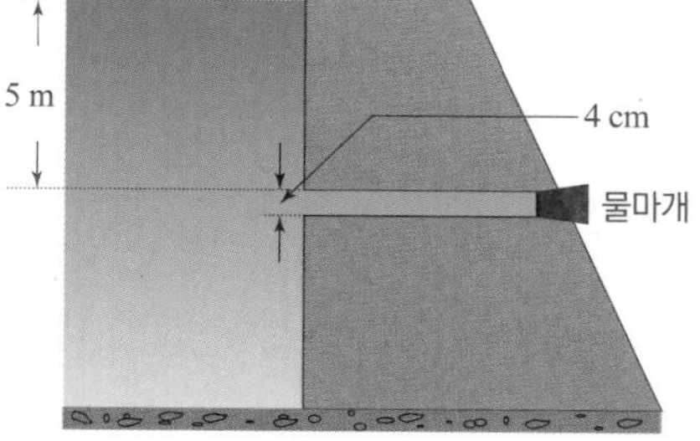

(1) 물마개와 관의 벽 사이의 마찰력을 구하시오.

(2) 물마개를 빼면 초당 얼마만큼의 물이 빠져나오는가?

019 동계 올림픽의 한 종목인 스키 점프란 급경사면을 갖춘 인공 구조물에서 스키를 타고 활강한 후 도약대로부터 허공을 날아 착지하는 경기이다. 도약대로부터의 빗면 상 거리인 비행 기준거리에 따라 개인 K-90(90 m), 개인 K-120(120 m)로 구분되며, 채점 방식은 비행 거리와 자세 두 부분으로 나누어 채점하는데, K-90 의 경우 비행 기준거리인 90 m 에서 초과하는 1 m 당 2점이 가산되고, 미달하면 2점이 감점된다. K-120 의 경우에는 1 m 당 1.8점이 가감된다. (단, 중력 가속도는 9.8 m/s^2 이다.)

(1) 스키 점프 선수가 도약대를 떠나서 활강하는 동안 스키 점프 선수에게 작용하는 힘을 모두 설명하시오.

(2) 그림과 같이 K-90 경기에서 스키 점프 선수가 수평 방향 25 m/s^2 의 속력으로 스키 트랙을 떠나고 있다. 이때 선수가 착지하는 경사면은 35° 기울어져 있다면, 이 선수의 점수는 가산되겠는가, 감점되겠는가? 그 이유와 함께 답하시오. (단, 비행 기준거리는 도약 지점 O에서 착지 지점 P 까지 빗면 상 직선 거리인 d 를 기준으로 하고, $\sin 35° = 0.57$, $\cos 35° = 0.82$으로 계산한다.)

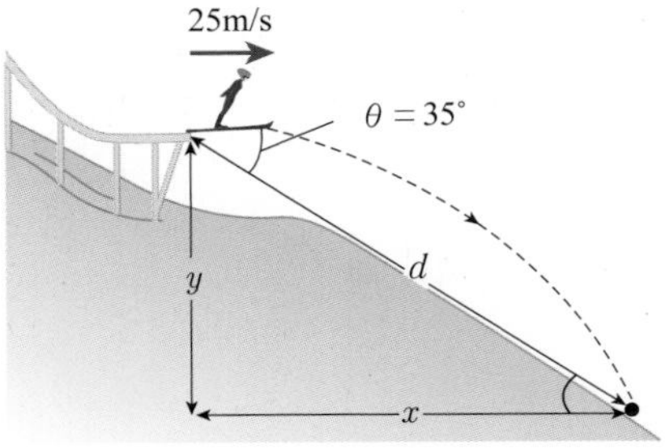

020 다음과 같은 빗면A, B, C가 있다. 빗면 꼭대기 같은 높이에서 지면까지 쇠구슬을 운동시켰을 때 쇠구슬의 속력-시간 그래프를 각각 그려 비교하시오. 마찰은 생각하지 않으며, 쇠구슬은 빗면을 벗어나지 않는다.

[2021~23 기출 유형]

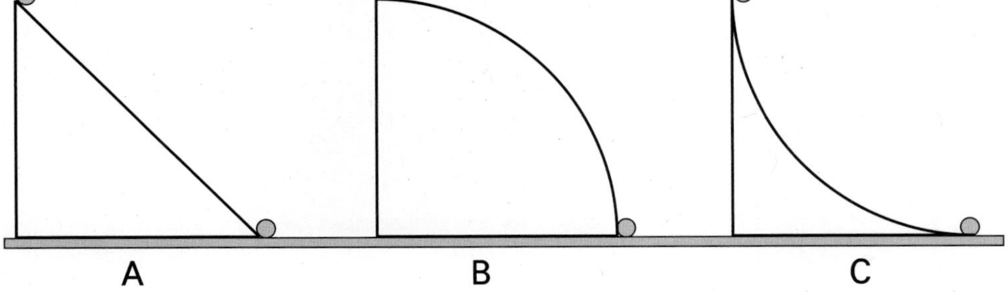

021 한 건축가가 그림과 같은 인공 폭포를 조성하려고 한다. 물은 높이 $h = 2.5$ m 인 벽 위의 수평 수로 끝에서 1.5 m/s 의 속력으로 흐르다가 하천으로 떨어진다. 물음에 답하시오. (단, 중력 가속도는 9.8 m/s^2 이다.)

(1) 『도로의 구조·시설기준에 관한 규칙』에는 보도의 최소 폭을 1.5 m 로 규정하고 있다. 건축가가 조성하는 인공 폭포와 벽 사이에 보행로를 만들기에 충분한가? 만약 충분하지 않을 경우 충분하게 만들기 위해 변화시켜줘야 할 물리량을 설명하시오.

(2) 기획안을 제출하기 위해 실제 크기의 $\frac{1}{16}$ 인 미니어처를 만드려고 한다. 이때 미니어처 속 물의 속력은 얼마인가?

022 놀이공원에 놀러간 상상이는 오른쪽 그림과 같은 회전 관람차를 탔다. 회전 관람차의 반지름 $R = 10$ m 이고, 15초마다 한 바퀴씩 일정하게 회전한다. (단, $\pi = 3$ 으로 계산하고, 중력 가속도는 9.8 m/s^2 이다.)

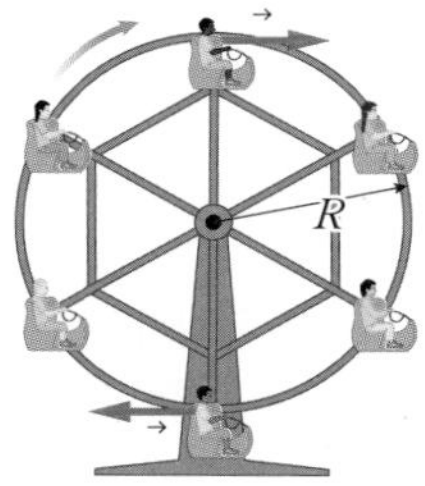

(1) 상상이가 운동하는 속력은 얼마인가?

(2) 관람차가 가장 꼭대기 지점인 A에 있을 때와 가장 아래 지점인 B에 있을 때 의자가 상상이에게 작용하는 힘의 크기를 몸무게와 비교하여 각각 설명하시오.

023 질량 80 kg 인 스카이 다이버가 고도 2,000 m 상공에서 비행기에서 뛰어내려 고도 400 m 에서 낙하산을 펼쳤다. 스카이 다이버에 작용하는 전체 저항력은 낙하산을 펼치지 않았을 때 70 N, 낙하산을 펼쳤을 때 3,600 N 으로 일정하고, 낙하산을 펼치는 과정에서의 낙하 거리는 무시한다. (단, 중력 가속도는 9.8 m/s^2 이다.)

(1) 스카이 다이버는 지면에 안전하게 도달할 수 있겠는가? 지면에 도달하는 순간 속력을 이용하여 설명하시오.

(2) 스카이 다이버가 지면에 도달하는 순간 속력이 5 m/s 일 때 비교적 안전하게 착지할 수 있다고 한다. 그렇다면 이 다이버는 고도 몇 m 에서 낙하산을 펼쳐야 할까?

024 무한이는 새해가 되어 살을 빼기 위해 공원에 있는 계단을 최대한 빨리, 필요한 만큼 많이 오르내리려는 운동 계획을 세웠다. 계단 100 개를 80 초에 뛰어오를 계획을 세웠다면, 무한이가 1 kg 의 지방을 빼기 위해서는 공원의 계단 100 개를 몇 번 올라가야 하는가? 다음 자료를 참고로 하여 답하시오. (단, 내려올 때 필요한 에너지는 무시하며, 계단 1개의 높이는 15 cm, 무한이의 질량은 90 kg 이다.)

1 kcal = 4,186 J 지방 1 g 을 태우면 9 kcal 의 열량이 발생 사람 근육의 효율 : 20 % (단, 근육은 지방만을 대사해서 에너지를 얻는다고 가정한다.)

정답 및 해설 08쪽

025 수조에 물을 채우고 밑바닥에 고정된 용수철에 매달린 나무도막을 물속에 잠기게 하여 수조를 수레에 고정시켰다. 수레를 매끄러운 빗면(빗면각 30°)에 놓고 빗면 방향의 끈으로 도르래를 통하여 3kg의 추와 연결하여 운동시키고 있다. (수레 위의 물체들+ 수레)의 질량은 2kg이며, 나무도막의 질량과 밀도는 각각 300g, 0.5 g/cm^3 이고, 물의 밀도는 1 g/cm^3, 용수철의 탄성계수는 200 N/m 이며, 수면이 충분히 높아 용수철이 늘어나도 나무도막은 물속에 잠긴 상태가 유지되고, 용수철의 부피와 마찰 및 저항은 무시하며, g = 10 m/s^2 이다.

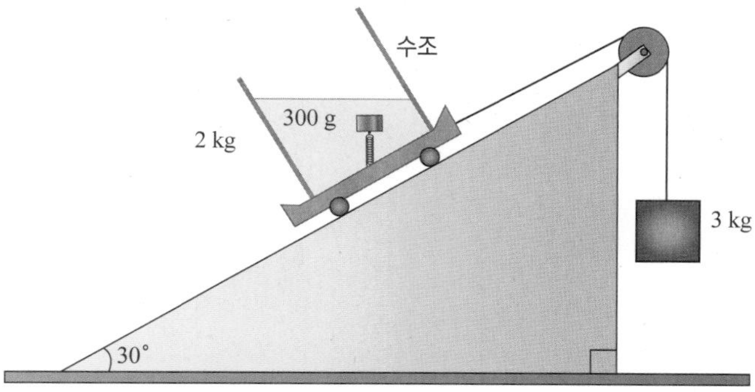

〈참고〉

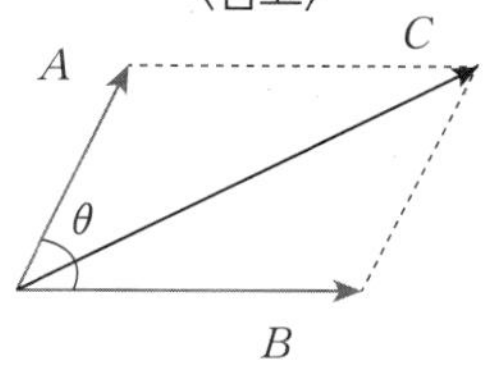

$C = A + B$

(크기 구하기)

$C^2 = A^2 + B^2 + 2AB\cos\theta$

(1) 수레가 추와 같이 운동할 때 용수철의 늘어난 길이를 구하시오.

(2) 끈이 끊어져 수레가 빗면 상에서 운동할 때 용수철의 늘어난 길이를 구하시오.

026 어느 산에 설치되어 있는 케이블카는 해발 고도 0 인 지점부터 600m 지점인 정상까지 10m/s 의 일정한 속력으로 승객을 실어 나르며, 출발점부터 산 정상의 도착점까지 케이블의 직선 거리는 1,000m 이다. 이 케이블카를 타고 올라가던 무한이가 빗면의 정확히 가운데 지점에서 동전을 떨어뜨렸다. (단, 공기 저항과 공의 크기는 무시하고, 중력 가속도는 10m/s^{2}이다.)

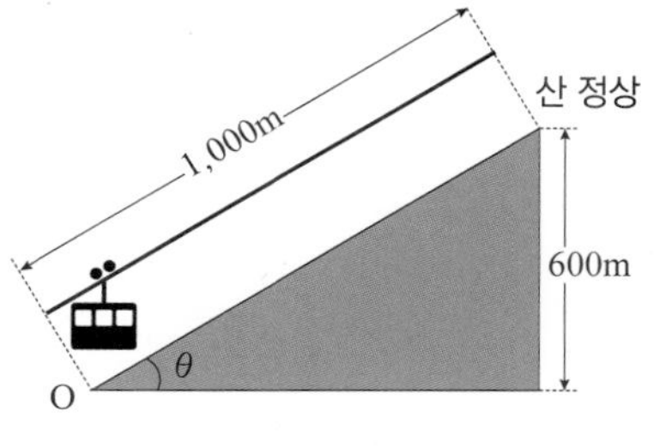

(1) 낙하하는 동전의 좌표 x 와 y 를 각각 시간의 함수로 나타내시오. (단, 낙하 순간의 시간 $t = 0$, 해발 고도를 y축, 이와 수직인 축을 x축으로 하고, 원점은 케이블카의 출발점으로 한다.)

(2) 해발 고도를 기준으로 동전이 가장 높은 위치에 있을 때의 좌표를 구하시오.

027 장대 높이 뛰기의 세계 기록은 장대를 만드는 재료가 개발되면서 여러 번 갱신되었다. 현재 장대 높이 뛰기의 세계 기록은 6 m 를 훨씬 뛰어 넘었다. 물음에 답하시오.

(1) 장대 높이 뛰기 선수가 무게 30 N 이고 길이가 5 m 인 장대를 들고 있다. 한 손으로는 위 방향으로 힘 F_1 을 주어 장대를 들어 올리고, 다른 손으로는 아래 방향으로 힘 F_2 로 장대를 눌러 평형을 유지하고 있다. 힘 F_1 과 F_2 의 크기를 구하시오. (단, O점은 장대의 무게 중심이다.)

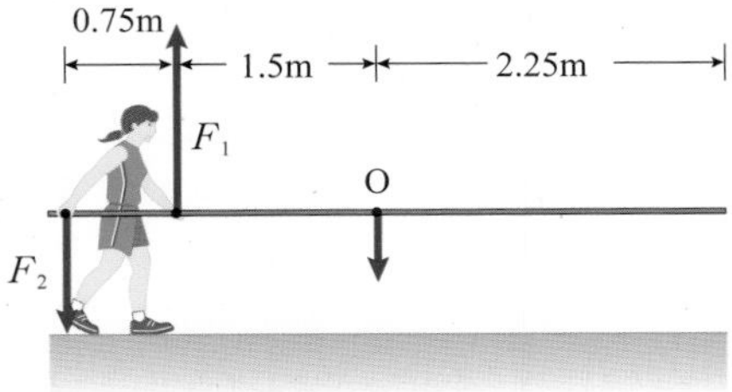

(2) 키가 180 cm 이고 질량이 65 kg 인 장대 높이 뛰기 선수의 무게 중심은 발에서 90 cm 높이인 곳이라고 하자. 이 선수가 자신의 무게 중심에 수평하게 막대를 들고 뛰어서 6 m 높이를 뛰어 넘기 위해서 도움판을 지날 때 얼마의 속력을 유지해야 할까? (단, 중력 가속도는 10 m/s^2 이다.)

028 2001년 10월 21일, 영국의 애쉬폴(Ian Ashpole)은 600 개의 장난감 헬륨 풍선으로 만든 기구를 이용하여 지상 3.35 km 까지 올라가는 기록을 세웠다. 지표면에서 각각의 장난감 헬륨 풍선은 반지름이 50 cm, 질량은 30 g 이다.

(1) 지표면에서 600개의 장난감 헬륨 풍선에 작용하는 부력은 얼마인가? (단, 공기의 밀도 1.2 kg/m^3, 헬륨의 밀도 0.179 kg/m^3, 중력 가속도 9.8 m/s^2 이다.)

(2) 지표면에서 600개의 장난감 헬륨 풍선에 작용하는 알짜힘의 크기를 구하시오.

(3) 3.35km 보다 높은 고도에 기구가 다다르자 풍선들은 터지기 시작하였고, 애쉬폴은 낙하산을 이용하여 지상으로 내려왔다. 높은 고도에서 풍선들이 터진 이유는 무엇인가?

정답 및 해설 09쪽

029 그림은 질량 m 인 물체가 속력 v_0 로 직선 운동하다가 깊이 h 인 곡면을 따라 운동한 후 C 점을 지나는 것을 나타낸 것이다. A 점과 C 점은 동일 수평면 상에 있다.

[2021~23 기출 유형]

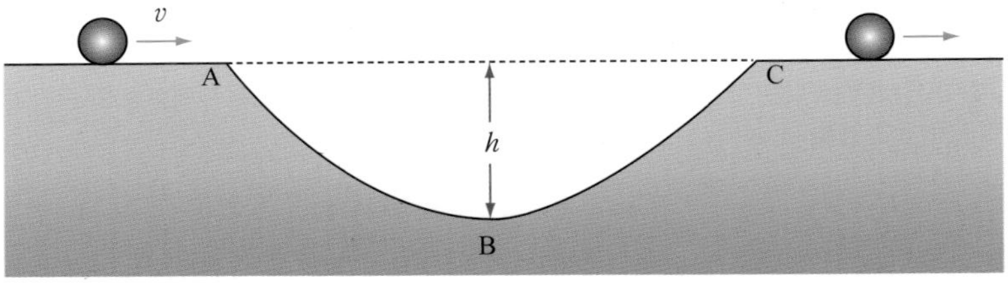

(1) A~C 점 사이의 운동에너지, 위치에너지, 역학적 에너지를 그래프에 대략적으로 나타내시오. 단, 물체의 크기는 높이 h 에 비해서 무시할 수 있을 만큼 작다고 하고, 마찰은 무시하며 중력 가속도는 g 로 한다.

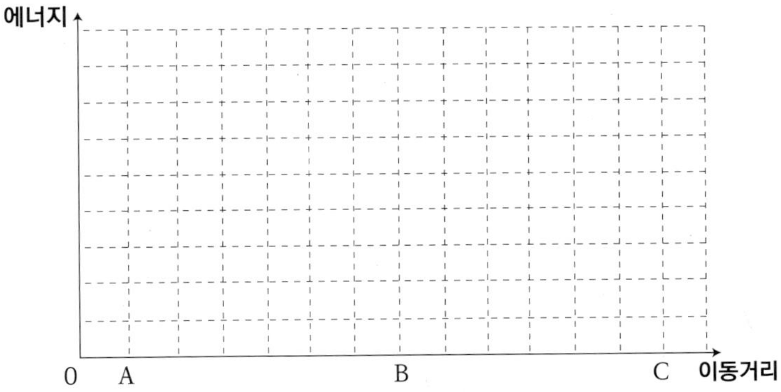

(2) A 점에서 B 점까지 운동하는 동안 중력이 물체에 한 일의 양을 구하시오.

030 제시문을 읽고 물음에 답하시오.

[영재고 기출 유형]

[제시문 1]

도구를 이용하면 힘의 크기나 방향을 조절할 수 있다. 도구를 사용했을 때 투입한 힘의 크기에 대한 물체에 작용하는 힘의 크기의 비율을 A 라고 하자.

$$A = \frac{\text{물체에 작용한 힘의 크기}}{\text{투입한 힘의 크기}}$$

예를 들어 도르래를 사용하여 물체를 들어 올릴 경우, 도르래와 줄의 무게, 마찰을 무시한다면, 고정 도르래는 물체의 무게와 같은 크기의 힘이 필요하므로 고정 도르래의 A 는 1 이다. 반면 움직 도르래는 물체 무게의 절반의 힘으로 물체를 들어올릴 수 있으므로 움직 도르래의 A 는 2 이다.

[제시문 2]

(가)는 지름이 d, 높이가 h 인 원기둥 모양의 볼트이며, (나)는 사람 팔의 해부학적 구조이다.

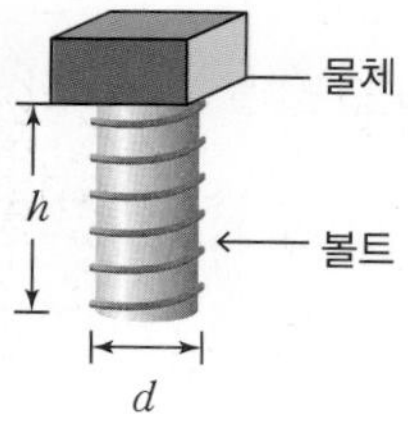

(가)

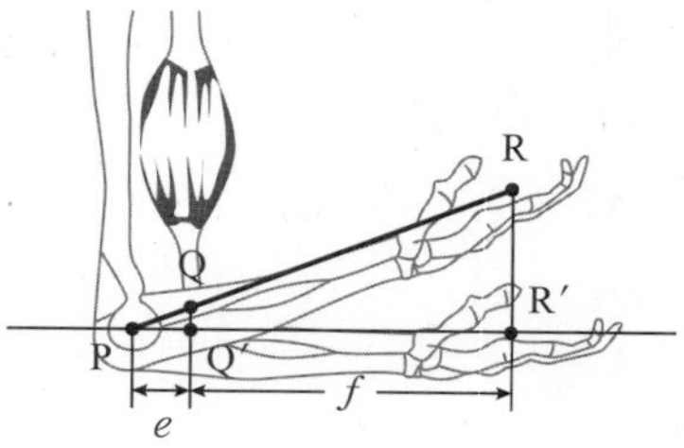

(나)

(1) (가)의 볼트가 n 바퀴 돌아가면 물체가 h 만큼 들어 올려진다. 이 볼트의 A 를 d, h, n 으로 나타내고 풀이 과정을 말하시오. (단, 모든 마찰은 무시한다.)

(2) (나)에서 팔꿈치에서 손까지의 부분만 움직여 아령을 들어 올릴 때, A 를 e, f 로 나타내고 풀이 과정을 말하시오. (단, 팔의 무게는 무시한다.)

(3) A 에 따라 도구를 분류한다면 기준 값을 얼마로 정할지 판단하고, 그 기준 값에 따라 도구를 분류했을 때 각 도구의 특징을 말하시오.

정답 및 해설 09쪽

031 도르래 (가), (나), (다) 가 맞물려 있다. 도르래 (가)의 반지름은 0.5 m, 도르래 (나)의 바깥쪽 도르래의 반지름은 0.3 m, (다)의 바깥쪽 도르래의 반지름은 0.4 m 이며, 도르래 (나)와 (다)의 안쪽 도르래의 반지름은 0.2 m로 같다. (나)의 안쪽 도르래의 오른쪽으로 연결된 실에 3 kg 의 물체가 매달려 있으며, (다)의 안쪽 도르래의 오른쪽으로 연결된 실에 5 kg 의 물체가 매달려 있다.(중력 가속도는 10 m/s^2 으로 계산한다.)

[영재고 기출 유형]

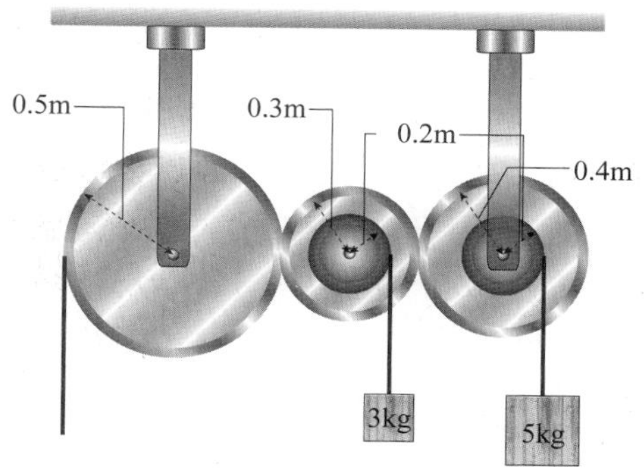

(1) 5kg 의 물체를 0.3 m 아래로 이동시킬 때 도르래 (가)에 매달린 줄은 몇 m 이동하는가?

(2) 도르래를 일정한 속도로 회전시키려면 도르래 (가)에 매달린 줄을 몇 N의 힘으로, 어느 방향으로 당겨야 할까?

032 케플러 망원경을 이용해서 찾아낸 지구형 외계 행성 케플러 P222 에 탐사를 떠난 상상이는 행성의 중력 가속도를 측정하기 위해서 절벽에서 수평으로 공을 던져 시간에 따른 위치를 측정해 표로 기록하였다. 이 행성의 중력 가속도는 지구의 몇 배인가? (단, 지구의 중력 가속도를 10 m/s^2 으로 계산하고, 공기 저항은 무시한다.)

[영재고 기출 유형]

시간 (s)	0	1	2	3	4
수평 거리 (m)	0	10	20	30	40
낙하 거리 (m)	0	4.5	18.0	40.5	72.0

기출 Check

033 일기예보 속 위성사진에 나온 태풍을 보던 상상이는 빙빙 돌아가는 태풍의 회전에 대해 궁금해졌다. 회전에 대해 알아보기 위해 무한이와 함께 놀이터의 회전판에서 실험을 하기로 했다. 회전판 가운데에 상상이가 있었고, 무한이는 회전판의 가장자리에 있다. 함께 밖으로 나간 아빠도 회전판 밖에서 두 명이 대견스러운지 흐뭇한 표정으로 지켜보고 있다. 물음에 답하시오.

[영재고 기출 유형]

[상황 1] 정지한 회전판
- 실험 1 : 무한이가 공에 물감을 묻혀 상상이에게 굴린다.
- 실험 2 : 상상이가 공에 물감을 묻혀 무한이에게 굴린다.
- 실험 3 : 공에 고무줄을 매달아 공을 무한이가 잡고, 고무줄 끝을 상상이가 잡은 상태에서 무한이가 공을 놓는다. (고무줄은 팽팽한 상태이다.)

[상황 2] 회전하는 회전판
- 실험 4 : 실험 1과 같은 방법
- 실험 5 : 실험 2와 같은 방법
- 실험 6 : 실험 3과 같은 방법

(1) 실험 1 ~ 6에서 물감이 묻은 공이 그리는 궤적을 각각 그리시오.

(2) 실험 4와 5에서 상상이와 무한이는 각각 공을 받을 수 있을까? 자신의 생각을 서술하시오.

(3) 상상이는 회전하는 회전판 위에서 한 모든 실험에 대해 공에 힘이 작용하고 있다는 결론을 내렸다. 하지만, 아빠는 실험 3과 6을 제외하고는 힘이 작용하지 않았다고 말씀하셨다. 그 이유는 무엇일까?

(4) 북반구와 남반구에서 태풍의 모습을 그리고, 그 이유를 설명하시오.

034 질량 m 의 물체가 레일 위의 A점에서 출발하여 원형의 롤러코스터에 진입하고 있다. 물체는 롤러코스터의 레일 위를 운동하며, 롤러코스터 레일과 물체 사이의 연결 장치는 없다. 단, 모든 마찰과 물체의 크기는 무시하며, 중력 가속도는 g 로 하시오.

[영재고 기출 유형]

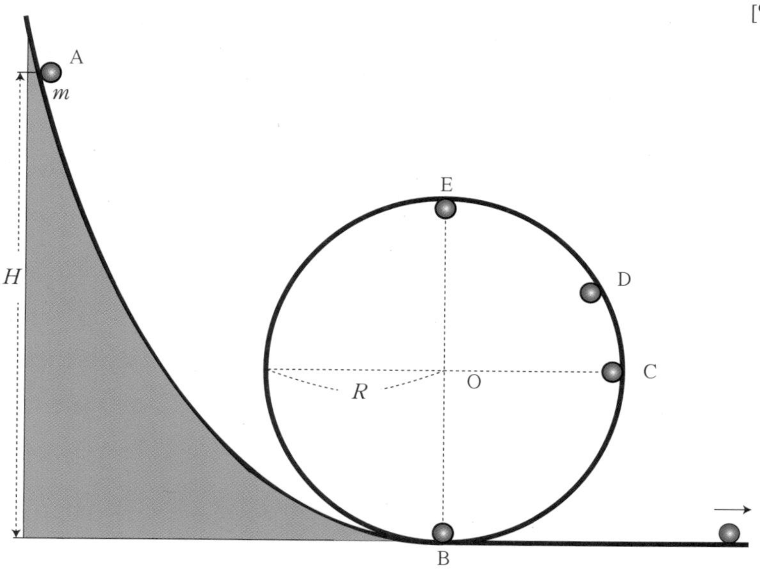

(1) 물체가 E점에 도달할 수 있는 A점의 최소 높이(H_m)를 R 로 나타내시오.

(2) 물체가 H_m 에서 출발하였을 때 C 점을 거치게 된다. C 점에서 물체에 작용하는 알짜힘을 구하시오.

(3) 물체의 출발 높이 $H = 2R$ 일 때 물체는 E점에 도달하지 못하고 D점에서 레일에서 이탈한다. D점의 높이를 R 로 나타내시오.

035 20개의 똑같은 상자를 바닥에서 높이 25 m 위의 창고로 운반하는 일을 하였다. 일정 시간 동안의 일률은 한 번 가져다 나르는 상자의 질량에 따라서 결정된다. 20개 상자의 전체 무게는 980 N 이고, 최대 일률은 한번에 15 kg 씩 가져다 나를 때 25 W 이다. (단, 중력 가속도는 9.8 m/s^2 이다.)

[영재고 기출 유형]

(1) 이 일을 끝내는 데 걸리는 최단 시간은?

(2) 한 번에 나르는 물체의 양과 일률의 상관관계를 그래프로 그리시오. (단, 운반기의 속도는 일정하다.)

기출 Check

036 우리나라 전통 활 각궁(角弓)과 양궁으로 발사한 화살의 속력을 알아보기 위하여 그림 (가)와 같이 활시위 중앙에 추를 매달면서 변위를 측정하였다. 그림 (나)는 추의 무게를 20 N 씩 200 N 까지 증가시키면서 변위를 측정한 결과이다.

[서울과학고 기출 유형]

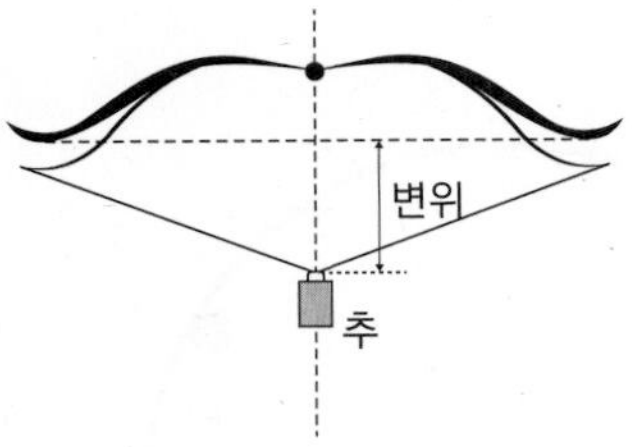

(가)

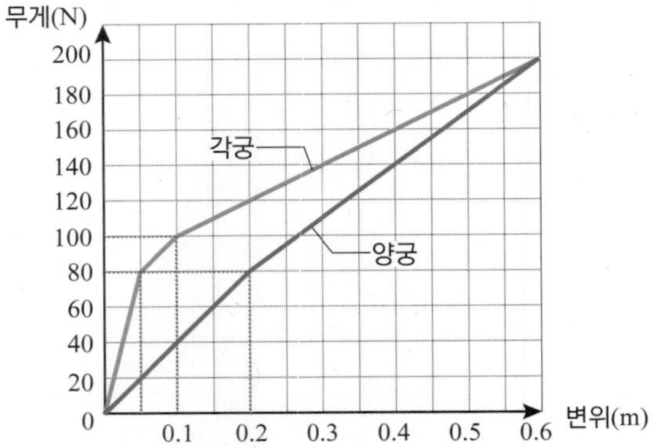

(나)

(1) 화살의 최대 수평 이동 거리는 화살을 수직으로 쏘아 올렸을 때의 높이의 2배이다. 그림 (나)에서 실험한 각궁과 양궁으로 각각 무게 0.3 N 인 화살을 0.6 m 당겼다가 놓았을 때, 이 화살들의 최대 수평 이동 거리를 각각 구하시오. (단, 화살이 날아가는 동안 공기의 저항은 무시하고, 발사할 때 활에 저장된 역학적 에너지는 화살의 운동 에너지로 60 % 만 전환되고, 중력 가속도는 10 m/s^2 이다.)

(2) 각궁에 사용되는 화살 중에서 '편전(애기살)'은 무게 0.2 N 인 작은 화살로 전투에 사용되었고, '목전'은 무게 0.4 N 인 화살로 무과 시험에 사용되었다. 화살이 수직으로 올라가는 시간이 t 일 때 속력 $v(t)$는 공기의 저항을 고려할 때 다음과 같이 나타낼 수 있다.

$$v(t) \cong v_0 - \left(10 + \frac{v_0}{200w}\right) t$$

v_0 는 처음 발사 속력(m/s) 이고, w 는 화살의 무게(N)이며, t 는 걸린 시간(s)이다.

같은 운동 에너지 50 J 로 수직으로 발사된 '편전'과 '목전'이 발사 후 4초 동안 공기 저항으로 손실된 역학적 에너지의 비를 각각 구하시오. (단, 편전과 목전의 질량은 각각 0.02 kg, 0.04 kg 이고, $\sqrt{2} \fallingdotseq 1.4$ 로 계산하시오.)

037 다음 그림과 같이 수평으로 비행하는 비행기에서 일정한 시간 간격으로 폭탄을 떨어뜨리고 있다. 비행기가 다음과 같은 경우로 운동할 때, 1초 간격으로 떨어뜨린 폭탄의 위치를 지상에 있는 카메라로 찍을 경우 어떤 사진이 나타나게 될 지 각 그래프에 그려 보시오. (단, 공기 저항은 무시한다.)

[2021~23 기출 유형]

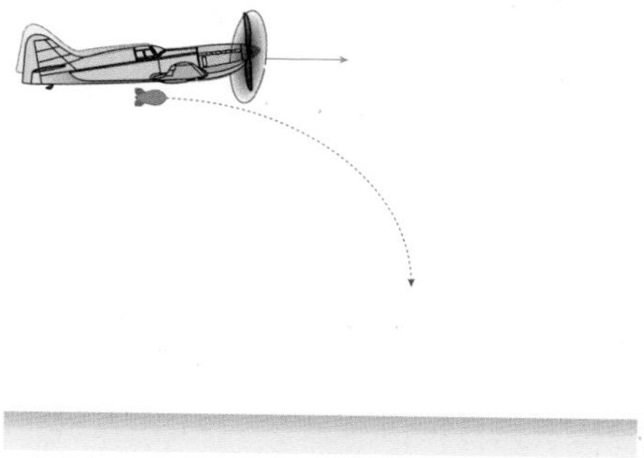

[상황] 비행기는 3칸/s 의 속도로 등속 운동하고, 원점 O에서 폭탄을 떨어뜨리고 1초 간격으로 폭탄을 연속적으로 투하하였다. (단, 중력 가속도 g = 2칸/s^2 이다.)

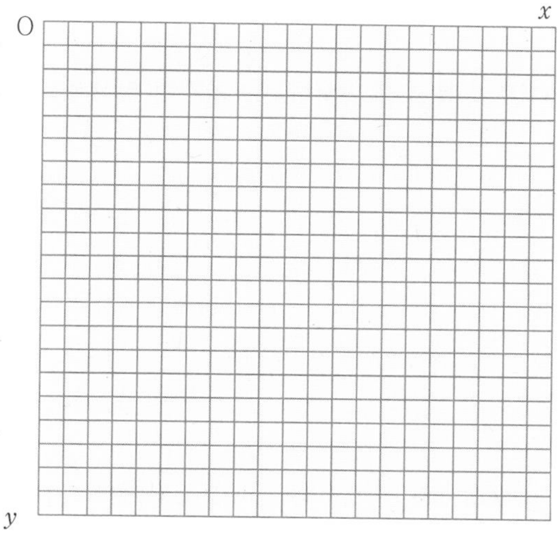

038 1차선 도로에서 자동차들이 등간격으로 주행하고 있다. 그러나 교통량이 증가하면 등간격이 깨지고 자동차의 간격이 좁아지고 멀어지는 현상이 반복되는 파동의 형태를 가지게 되는데 이것을 교통파(Traffic wave) 라고 부른다.

[영재고 기출 유형]

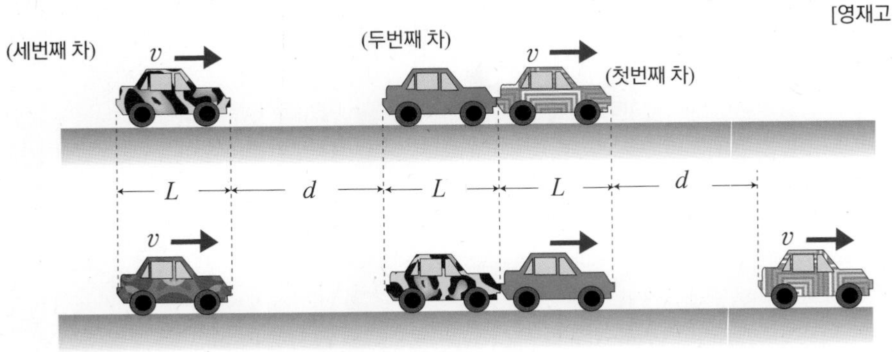

그림과 같이 길이가 L 인 자동차들이 제한 속도가 넘지 않는 속도 v 로 주행하고 있다. 모든 자동차들은 안전거리 d 를 유지하고 있으나 선두의 두 자동차 사이의 간격만 0 이다. 두 번째 자동차의 운전자는 위험을 느끼고 일정한 크기의 가속도로 속도를 조절하여 앞차와의 안전거리를 확보하였다. 그런데 이번에는 세 번째 자동차와 두 번째 자동차의 간격이 0 이 되고 이번엔 세번째 자동차의 운전자가 위험을 느껴 일정한 크기의 가속도로 속도를 조절하여 안전거리를 확보하게 된다. (단, 안전거리를 확보하려는 자동차는 등가속도 운동을 하며, 가속과 감속 시 가속도의 크기가 같다.)

(1) 위의 상황이 뒤차들에게도 반복될 때 발생하는 교통파가 정상파가 되기 위한 자동차들의 가속도를 구하시오.

(2) 안전거리를 확보하려는 차의 가속도가 위 (1)의 가속도 값의 $\frac{1}{4}$ 이 된다면 교통파가 제자리에서 진동하지 않고 진행할 것이다. 이때의 전파 속도는 얼마인가?

정답 및 해설 12쪽

039 그림과 같이 가로 세로 7 m 정사각형에 크기와 질량을 무시할 수 있는 도르래를 설치하고 2 kg 인 물체 B 와 1 kg 인 물체 A 를 총 길이 25 m 의 실로 연결하였다. 이때 물체 B 를 도르래와 접촉한 상태에서 잡고 있다가 놓았더니 등속으로 낙하하면서 물체 A가 바닥면 위를 미끄러져 끌려왔다. (단, a ~ e 지점은 물체 B가 정지해 있을 때부터 1 m 씩 떨어졌을 때 물체 A 의 바닥에서의 위치를 각각 나타낸 것이고, 물체의 크기와 실의 질량은 무시하며, 중력 가속도는 10 m/s^2 으로 한다.)

[광주과학고 기출 유형]

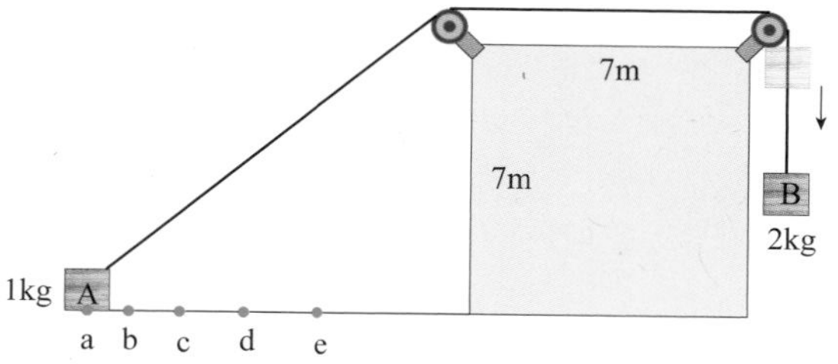

(1) a, b, c, d 지점에서 물체 A 의 속력을 등호(=, <, >)를 이용하여 나타내시오.

a의 속력 (   ) b의 속력 (   ) c의 속력 (   ) d의 속력 (   ) e 의 속력

(2) 물체 A 가 a 에서 출발하여 e 지점에 도달하였을 때까지 물체 B의 감소한 퍼텐셜 에너지는 얼마인가?

(3) 물체 B가 도르래로부터 몇 m 낙하했을 때 물체 A 가 바닥 면과 분리되는가?

040 여러 천체의 중력 가속도가 아래 표와 같다.

[2021~23 기출 유형]

천체	중력 가속도(m/s^2)
지구	9.8
화성	3.7
금성	8.8
달	1.6

(1) 화성에서 질량 5 kg 의 물체의 무게는 몇 N 인가?

(2) 같은 물체를 고무줄에 매달았을 때, 지구에서 6 cm 늘어났다면 달에서는 몇 cm 늘어나겠는가?

(3) 같은 높이에서 물체를 놓으면 어느 천체에서 가장 늦게 표면에 떨어지는가?

041 그림 (가)는 밀도가 ρ 인 액체에 밀도가 ρ_A 단면적이 s, 높이가 h인 물체 A를 놓았더니 d 만큼 잠겨있는 모습이고, 그림 (나)는 (가)에서 물체 A 위에 밀도 ρ_B, 부피 V인 물체 B를 올려놓았더니 물체 A가 d_1 만큼 잠겨 정지해 있는 모습이다. 그림 (다)는 (가)에서 물체 A 아래에 물체 B를 놓았더니 물체 B는 완전히 잠겨 있고 물체 A 는 d_2 만큼 잠겨 정지해 있는 모습을 나타낸 것이다.

[2021~23 기출 유형]

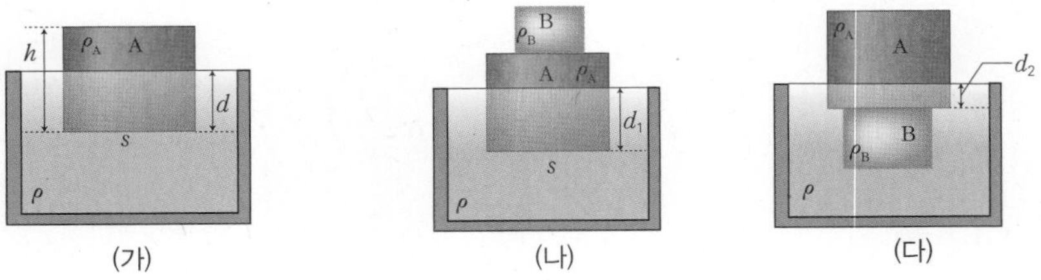

(1) (가)에서 d 를 구하시오.

(2) (나)에서 d_1 을 구하시오.

(3) (다)에서 d_2 를 구하시오.

정답 및 해설 13쪽

042 그림은 질량 2 kg인 물체 A와 액체 속에 잠겨있는 질량 0.6 kg인 물체 B를 길이가 4 L이고 질량 M인 막대에 가벼운 실로 연결한 후 막대의 중앙점 O에서 왼쪽으로 L만큼 떨어진 점 P에 실을 묶어 천장에 매달았더니 막대가 수평을 이루며 정지하고 있는 것을 나타낸 것이다. 물체 B의 부피는 200 cm^3 이며, 액체의 밀도 ρ = 0.5 g/cm^3 이다. (단, 중력 가속도 g = 10 m/s^2 이고, 막대의 밀도는 균일하다.)

[2021~23 기출 유형]

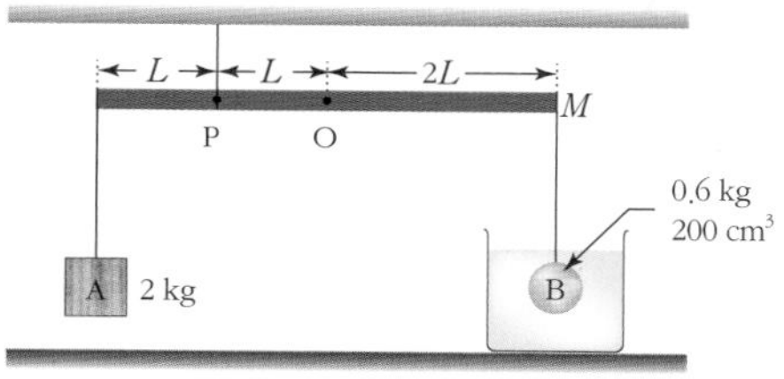

(1) 막대의 질량과 액체 속에서 물체 B에 작용하는 부력의 크기를 구하시오.

(2) 다른 조건은 그대로 두고 액체를 밀도가 1g/cm^3인 물로 바꾸면 막대를 매다는 위치인 P를 어떻게 옮겨야 평형을 이루겠는가?

043 공기 중에서 빠르게 운동하는 물체에는 운동 방향과 반대 방향으로 다음과 같은 공기 저항력 R 이 작용한다.

[영재고 기출 유형]

$R = \frac{1}{2} D\rho A v^2$ (D : 끌림 계수, ρ : 공기의 밀도, v : 물체의 속도
A : 운동하는 물체의 운동 방향에 수직인 평면에서 측정한 물체의 단면적)

끌림 계수 D 는 구형 물체의 경우 약 0.5 정도의 값을 가진다. 이러한 저항력으로 인하여 빠른 속력으로 운동하는 물체의 속력은 변하게 된다. 물음에 답하시오. (단, 공기의 밀도는 1.3 kg/m^3, 중력 가속도는 9.8 m/s^2 이다.)

(1) 지면으로 떨어지는 빗방울의 운동을 설명하고, 빗방울의 최종 속도를 구하시오. (단, 빗방울의 반지름은 0.2cm, 질량은 3.4×10^{-5} kg, 단면적은 $1.3 \times 10^{-5} m^2$ 인 구형이다.)

(2) 투수가 타자에게 0.15kg 인 야구공을 40m/s 의 속력으로 던졌다. 이 속력에서 공에 작용하는 저항력을 구하시오. (단, 공은 수평 방향으로만 운동한다고 가정하며, 공기 중에서 낙하하는 야구공의 최종 속도는 43 m/s 이다.)

중력이 없는 세상

우리는 지구의 중력 안에 살고 있다. 지구가 잡아당기는 만유인력인 중력 때문에 물이 아래로 흐르고, 비가 내리고, 바람이 불며, 식물이 곧게 자라고, 땅을 딛고 걸어다닐 수 있다.

그러나 지구에서 멀어지면 무중력 상태가 된다. 우리나라 최초의 우주인인 이소연 박사가 경험했듯이 지구 주위를 돌고 있는 우주 정거장 안은 중력이 거의 작용하지 않는 무중력 상태이다. 무중력 상태(weightless condition)는 지구가 잡아 당기는 힘인 중력과 같은 크기의 다른 힘이 중력과 반대 방향으로 작용하여 중력을 느끼지 못하는 상태이다. 이 상태에서는 질량은 잴 수 있으나 무게를 잴 수 없고, 바닥과 발 사이의 마찰력이 없어 걸어 다닐 수 없는 등 일상생활과 다른 특이한 현상을 겪게 된다.

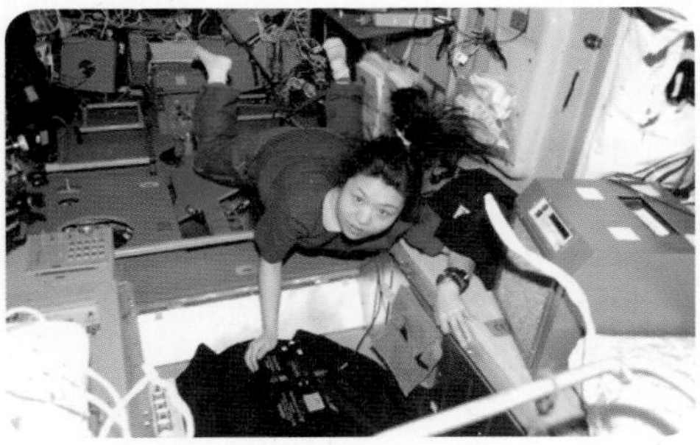

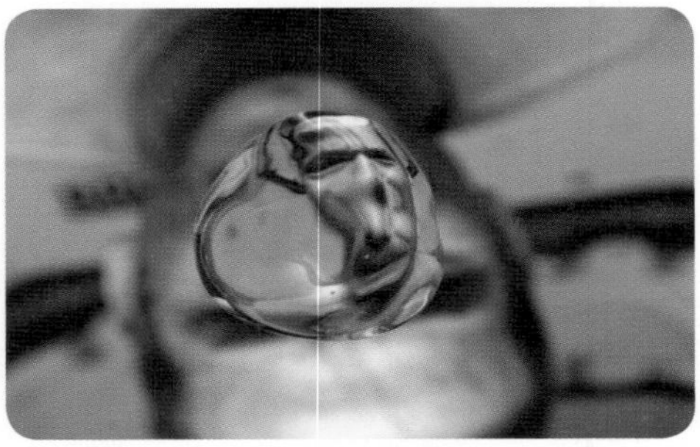

무중력 상태란 중력(만유인력)이 완전히 없어지는 상태는 아니므로 무중량 상태라고도 한다. 무게(중량)는 인력을 받고 있는 물체가 끌리거나 밀리는 힘의 크기이므로 인력이 없어지면 물체는 질량은 있어도 무게는 없는 상태가 된다. 또한 인력이 있어도 물체가 끌리거나 밀리지 않으면 역시 무게는 없어진다.

그렇다면 지구 안의 우리는 무중력 상태를 경험할 수 없을까? 우리 생활 속에서도 무중력을 경험할 수 있는 경우가 많이 있다.
예를 들면 엘리베이터가 갑자기 내려갈 때 엘리베이터를 타고 있는 사람은 몸이 떠오르는 것 같은 느낌을 받는다. 엘리베이터가 자유 낙하한다고 가정하면 엘리베이터라는 상자 속에서는 몸을 떠받치는 바닥도 상자와 함께 자유낙하하기 때문에 몸이 바닥을 누르려 해도 누를 수 없고, 몸을 바닥에서 떼려 해도, 몸이 상자와 함께 아래로 떨어지고 있기 때문에 몸은 상자 안에서 떠 있는 것과 같은 상태가 된다. 마찬가지로 공기의 저항이 없다면 자유 낙하하는 스카이 다이버도 무중력 상태를 경험할 수 있다. 또 물속의 스쿠버 다이버도 중력과 같은 크기의 부력을 받고 있다면 무중력 상태를 경험할 수 있게 된다.

인공 위성이 지구 주위를 돌고 있을 때는 지구의 중력만큼 바깥쪽으로 원심력을 받게 되어 인공위성은 무중력 상태가 된다. 지구 중력과 반대 방향으로 작용하는 원심력으로 인하여 무중량 상태가 되지만 원심력에 의해서 중력(인력)이 없어져 버린 것은 아니다.

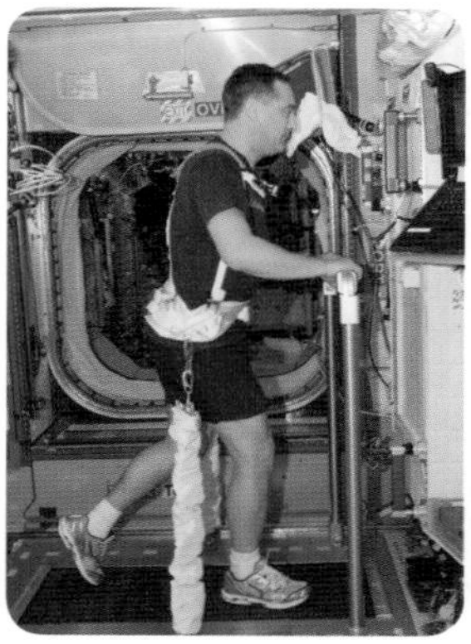

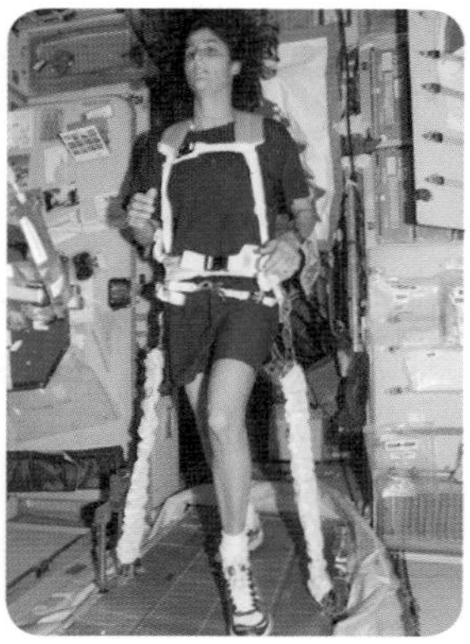

중력 안에 살고 있던 사람이 무중량 상태에 오랫동안 노출되면 어떤 일이 일어날까? 심장의 수축수가 줄고, 혈압이 내려가서 순환 장애를 일으키거나 뼈 속의 칼슘이 혈액 속에 용출되어 골다공증이 생기고, 호흡이 멎는 등의 악영향(우주병)이 일어난다. 또한 지구에서보다 물체들이 가벼워지기 때문에 물건을 들어올리거나 운동으로 생긴 몸의 근육이 점점 사라지게 된다. 따라서 우주정거장 안의 우주인들은 인공적으로 중력을 만들어서 의무적으로 운동을 하고 있다.

Q1 지구 주위를 돌고 있는 우주정거장 안에서 인공적으로 중력을 만들거나 중력과 같은 효과를 낼 수 있는 방법은 무엇이 있을지 서술하시오.

지구 탈출 하기!
- 제2 우주속도

물체를 땅에 떨어지지 않도록 던지려면?!

질량을 가진 어떤 물체를 수직으로 하늘을 향해 높이 던지는 경우를 생각해 보자. 이 물체는 던진 후 얼마 지나지 않아 땅으로 떨어질 것이다. 이때 이 물체를 지면과 일정한 각도로 던지게 되면 수직으로 던졌을 때보다 더 오래 머문 후 땅으로 떨어진다. 만약 이 물체를 좀 더 큰 힘으로 더 빠르게 던지면 지구에 떨어지지 않고 더 멀리 운동할 수 있을까?

이러한 의문을 아이작 뉴턴은 1687년에 지은 저서인 '자연철학의 수학적 원리'라는 책에서 처음으로 설명하였다. 책의 설명에 의하면 물체는 중력에 의해 지표면으로 떨어지지만, 앞으로 나아가려는 관성으로 인해 곡선 경로를 이루며 천천히 떨어진다고 한다. 하지만 산꼭대기에서 지평선과 평행하게 속도가 매우 빠르게 발사된 포탄은 지구를 도는 운동을 하게 된다. 만약 이 속도가 더욱 빨라지게 되면 지구를 벗어나게 될 것이다.

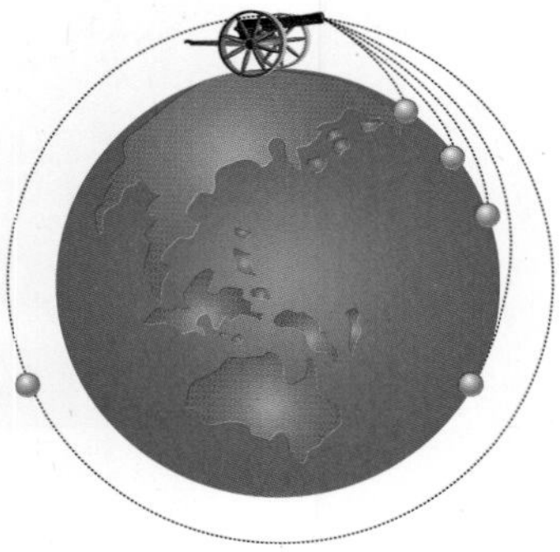

▲ 아이작 뉴턴이 제시한 이론
매우 빠른 속도로 던져진 물체는 지구를 도는 운동을 하게 된다.

이 이론이 제시된 지 300여 년이 지난 1957년 구소련의 최초의 인공위성 스푸트니크 1호가 지구 중력을 벗어날 수 있었다.

이처럼 지구의 중력을 완전히 벗어나 지구를 탈출하는 데 필요한 물체의 속도를 탈출속도 또는 제2 우주속도라고 한다. 그렇다면 탈출속도는 어떻게 구할 수 있을까?

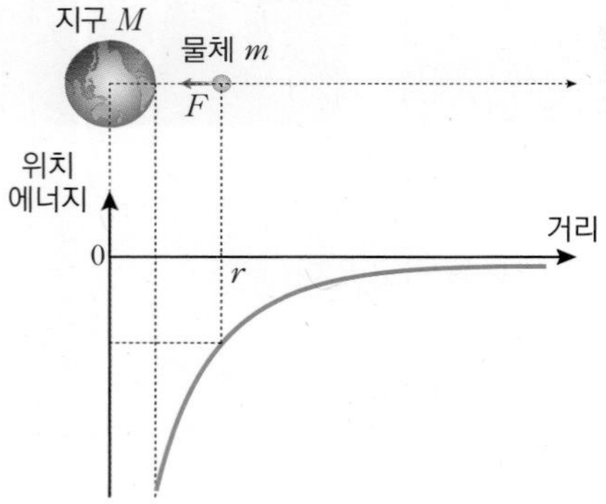

▲ 거리에 따른 퍼텐셜 에너지 그래프

지구 탈출은 속도가 결정한다.

만유인력을 받으며 운동하는 물체의 역학적 에너지는 항상 보존된다. 따라서 지상에서의 에너지는 지구를 탈출했을 때의 에너지와 같아야 한다. 하지만 지구를 탈출하기 위해서는 지상에서의 역학적 에너지가 거리가 매우 멀어졌을 때의 퍼텐셜 에너지보다 같거나 커야 한다.

질량이 M 인 지구 중심에서 거리 r 만큼 떨어져 있는 질량 m 인 물체의 퍼텐셜 에너지는 다음과 같다.

$$E_p = -G\frac{Mm}{r}$$

$[G(\text{중력상수}) = 6.673 \times 10^{-11} \text{N}\cdot\text{m}^2/\text{kg}^2]$

이때 지구 중심에서 거리 r 이 매우 커지면 퍼텐셜 에너지가 0이 되는 것이 특징이며, r 이 매우 큰 곳에서 속도가 0이 되는 물체가 있다면 지구를 탈출한 것이라고 볼 수 있다.

∴ 지상에서의 역학적 에너지 = 지구를 탈출했을 때의 역학적 에너지 = 0

$$\frac{1}{2}mv_E - \frac{GMm}{R} = 0 \quad \rightarrow \quad v_E(\text{탈출속도}) = \sqrt{\frac{2GM}{R}}$$

지면에서 중력 $mg = \frac{GMm}{R^2}$ 이므로, $g = \frac{GM}{R^2} = 9.8\ \mathrm{m/s^2}$ 가 되므로, v_E(탈출속도) $= \sqrt{2gR}$ 가 된다.

지구 반지름 $R = 6.38 \times 10^6$m이므로 v_E(탈출속도) ≒ 11.2km/s가 되며, 이는 소리의 속도(음속)인 340m/s 의 약 33배 이상이다. 즉, 물체의 질량과 관계 없이 로켓이든 가벼운 수소이든 탈출속도 이상으로 움직이면 지구 중력을 벗어날 수 있다.

빛보다 빠른 탈출속도가 필요하다면?!

우주에 있는 다양한 천체들은 질량과 중력이 모두 다르기 때문에 탈출속도가 모두 다르다.

	태양	수성	금성	달	화성	목성	토성	천왕성	중성자 별
질량(kg)	1.99×10^{30}	3.30×10^{23}	4.87×10^{24}	7.6×10^{22}	6.41×10^{23}	1.90×10^{27}	5.68×10^{26}	8.68×10^{25}	2×10^{30}
탈출 속도 (km/s)	617.7	4.3	10.4	2.4	5.0	59.5	35.5	21.3	2×10^5

▲ 태양계 행성들의 질량과 탈출속도

중력이 너무 커서 빛보다 빠른 탈출속도가 필요한 천체는 블랙홀이다. 빛이 빠져나오지 못하고, 주변의 모든 것을 구멍 속으로 빨아들여서 검은 구멍 즉, '블랙홀'이라 이름 붙여졌다. 블랙홀은 빛을 전혀 내보내지 않기 때문에 1970년대가 되어서야 흔적을 찾을 수 있었다.

▲ Cygnus X-1 블랙홀

Q2 실제로 우주 탐사선이 지구를 벗어나기 위해서 탈출속도 이외에 고려해야 할 조건으로는 무엇이 있을까? 자신의 생각을 서술하시오.

Q3 우주 탐사선이 지구에서 발사하여 달에 착륙할 때까지 우주선이 운동하는 궤도의 모양은 대략 어떤 모양일까? 자신의 생각을 서술하시오.

II 전자기학

1 정전기와 전기장, 전위

1. 마찰전기와 대전열

① **마찰전기** : 서로 다른 두 물체를 마찰시켰을 때 두 물체 사이에서 전자의 이동으로 발생하는 전기이다.
② **대전열** : 물체를 마찰시킬 때 전자를 잃기 쉬운 순서대로 나열한 것이다.

2. 정전기 유도와 유전 분극

① **정전기 유도** : 전기적으로 중성인 도체에 대전체를 가까이 함으로써 전기를 띠도록 하는 것을 말한다.
② **유전 분극** : 절연체(유전체) 내에서 일어나는 정전기 유도 현상으로 대전체에 의해 (+)전하와 (−)전하의 평균적 위치가 변하거나 분리되어 물체의 한쪽은 (+)전기, 다른 한쪽은 (−)전기를 띠어 분극되는 현상을 말한다.

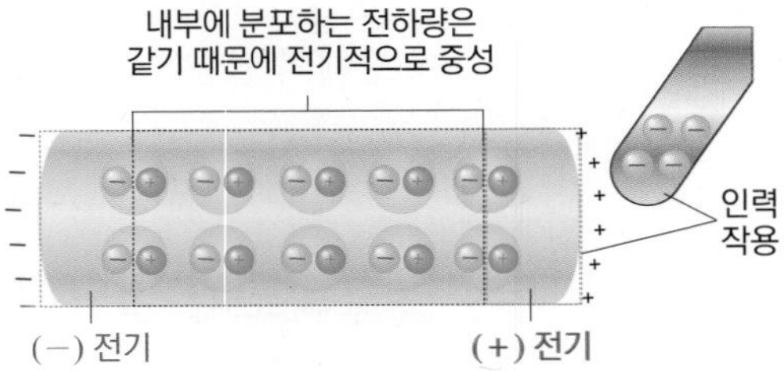

▲ 절연체에서 유전 분극

3. 전기력과 전기장

(1) 대전과 대전체 : 전자의 이동으로 물체가 전기를 띠는 현상을 대전, 대전된 물체를 대전체라고 한다.
(2) 전하 : 대전체가 띤 전기를 전하라고 하며, 모든 전기적 현상의 원인이 된다.

종류	(+) 전하	(−) 전하
	전자를 잃은 물체는 (+)전하를 띤다.	전자를 얻은 물체는 (−)전하를 띤다.
단위	물체가 띠는 전하의 양을 전하량이라고 하며, 단위는 C(쿨롱)이다.	

(3) 전하량 보존 법칙 : 두 물체를 마찰하는 과정에서 전하가 물체 사이에 이동할 수는 있으나 그 과정에서 전하가 새로 생겨나거나 없어지지 않고 그 총량이 일정하게 보존되는 것을 말한다.
(4) 전기력 : 전하들 사이에 작용하는 힘이다.

종류	인력	척력
	서로 다른 종류의 전하 사이에 작용하는 힘	서로 같은 종류의 전하 사이에 작용하는 힘
쿨롱 법칙	$F = k\dfrac{q_1 q_2}{r^2}$	F : 전기력(쿨롱힘)(N), r : 두 전하 사이 거리(m) k : 쿨롱 상수(진공 중 쿨롱 상수 = 9.0×10^9 $N\cdot m^2/C^2$)

(5) 전기장과 전기력선

① **전기장** : 전하 주위에 전하에 의한 전기력이 작용하는 공간으로 방향과 크기를 가지며, 전기력선으로 나타낸다. 한 지점의 전기장의 방향은 그 지점에 (+) 전하를 두었을 때 받는 힘의 방향과 일치한다.

$$\vec{E} = \frac{\vec{F}}{q}$$ E : 전기장(N/C), F : 전하가 받는 전기력의 크기(N), q : 전하량(C)

② **전기력선** : 전기장의 방향을 따라 연결한 곡선으로 (+)전하에서 나와서 (−)전하로 들어가며, 전기력선의 수는 전하량에 비례한다. 전기력선은 교차하거나 분리되지 않고, 전기력선의 밀도는 전기장의 세기에 비례한다.

(6) 전위

① **전위** : 단위 양전하(+1C)가 갖는 전기력에 의한 퍼텐셜 에너지로 전기장 내의 기준점으로부터 어떤 한 지점까지 단위 양전하를 옮기는 데 필요한 일과 같다.

$$V(\text{전위}) = \frac{W}{q} = Ed \quad (\text{단위 : J/C, V})$$

② **점전하 주위의 전위** : 점전하 $+q$로 부터 r 만큼 떨어진 지점에서의 전위는 무한대로 떨어져 있는 $+1$C 인 전하를 그 지점으로 옮기기 위해 외부에서 해주는 일과 같다.

$$V(\text{점전하 주위의 전위}) = k\frac{q}{r}$$

(7) 균일한 전기장 속 전하의 운동 : 균일한 전기장 E 속에 놓인 질량이 m, 전하량이 q 인 대전 입자는 전기장 방향의 힘 $F = qE = ma$ 을 받는다. 따라서 전기장 방향으로 등가속도 직선 운동($a = \frac{qE}{m} = \frac{qV}{md}$)을 한다.

정답 및 해설 14 쪽

Q1 대전된 절연체가 대전되지 않은 금속 물체 가까이 놓여 있을 때 어떤 일이 발생하는가?

① 서로 밀어낸다. ② 서로 끌어당긴다. ③ 서로 정전기력을 작용하지 않는다.
④ 대전된 절연체는 항상 자연적으로 발전한다.
⑤ 절연체에 대전된 전하가 양전하인지 음전하인지에 따라 서로 끌어당기거나 밀어낸다.

Q2 자유 전자와 자유 양성자가 같은 전기장 내에 있을 때 두 입자에 작용하는 힘에 대한 설명으로 옳은 것을 있는 대로 고르시오. (단, 두 입자 사이의 상호 작용은 무시한다.)

① 전자가 받는 힘이 더 작다. ② 두 힘의 크기가 같다. ③ 전자가 받는 힘이 더 크다.

2 전기 회로

1. 전류(I) : 단위 시간 당 흐르는 (+)전하의 양을 말하며, 전류의 방향은 전자의 이동과 반대 방향이다.

전류와 전하량과의 관계	단위
$I = \frac{Q}{t}$ I : 전류(A), Q : 전하량(C), t : 시간(s)	1A = 1초 동안 도선의 한 단면을 6.25×10^{18} 개의 전자가 지나갈 때의 전류의 세기(전자의 이동 방향과 전류의 방향은 반대) = 1초 동안 1C의 전하량이 도선의 한 지점을 통과할 때의 전류의 세기

2. 전압 (V)

① **전압** : 닫힌 전기 회로에서 전류를 흐르게 하는 능력으로 두 지점 사이의 전위차이다. (단위 : V)
② **전압 강하** : 전류는 전위차(전압)에 의해 전위가 높은 곳에서 낮은 곳으로 흐른다. 이때 전류가 저항을 통과하면 전위가 낮아진다. 이것을 전압 강하라고 한다. → 전류 I 가 흐르는 저항 R 양단에서의 전위차(전압 강하) $V = IR$

3. 전기 저항 (R) : 전류가 흐를 때 전류의 흐름을 방해하는 정도를 말한다.

(1) 저항체의 저항값 : 물질에 따라 비저항 값이 다르며, 저항체의 길이에 비례하고 단면적에 반비례한다.

$$R = \rho\frac{l}{S} \quad R : \text{저항}(\Omega),\ \rho : \text{비저항}(\Omega\text{m}),\ l : \text{길이}(\text{m}),\ S : \text{면적}(\text{m}^2)$$

(2) 비저항(ρ) : 단위 면적당, 단위 길이당 저항으로 물질마다 고유한 값을 갖는다.
① **도체** : 비저항이 매우 작으며, 온도가 높아질수록 물질의 비저항은 증가한다.
② **부도체** : 비저항이 매우 크며, 온도가 높아질수록 물질의 비저항은 감소한다.

4. 옴의 법칙 : 전기 회로에 흐르는 전류는 전압에 비례하고 저항에 반비례한다.

$$I = \frac{V}{R}, \quad V = IR, \quad R = \frac{V}{I}$$

5. 저항의 연결 : 저항을 직렬/병렬 연결하면 전체 저항값이 증가/감소한다.

연결	직렬 연결	병렬 연결
전압	$V = V_1 + V_2$	$V = V_1 = V_2$
전류	$I = I_1 = I_2$	$I = I_1 + I_2$
합성 저항	$V_1 : V_2 = R_1 : R_2 \rightarrow R = R_1 + R_2$	$I_1 : I_2 = \frac{1}{R_1} : \frac{1}{R_2} \rightarrow \frac{1}{R} = \frac{1}{R_1} + \frac{1}{R_2}$

6. 키르히호프의 법칙 : 옴의 법칙을 일반화한 것으로 복잡한 회로 문제를 풀 때 요긴하다.

① **제 1 법칙(접합점 법칙)** : 회로 상의 한 교차점으로 들어오는 전류의 합은 그곳에서 나가는 전류의 합과 같다.
→ $\Sigma I_n = I_1 + I_2 + \cdots + I_n = 0$ (전하량 보존 법칙)

② **제 2 법칙(폐회로 법칙)** : 닫힌 회로에서 회로 내의 전위차의 합은 0이다. 즉, 폐곡선 회로 상에서의 기전력의 총합은 전압 강하의 총합과 같다. → $\Sigma E_n = \Sigma I_n R_n$

7. 휘트스톤 브리지 : 특정 저항값을 측정하기 위하여 사용되는 회로이다.

저항값을 알고 있는 저항 R_1, R_2 와 가변 저항 R_3, 저항값을 모르는 R_4 를 이용하여 휘트스톤 브리지 회로를 구성한 경우, 검류계에 전류가 흐르지 않도록 가변 저항 R_3 를 조절하면 B, D 점의 전위는 같게 된다.
이때, AB 의 전위차 = AD 의 전위차, BC 의 전위차 = DC 의 전위차 이며,
→ $I_1R_1 = I_2R_2$, $I_3R_3 = I_4R_4$
$I_1 = I_3$, $I_2 = I_4$ 이므로 $\frac{I_2}{I_1} = \frac{R_1}{R_2} = \frac{R_3}{R_4} \rightarrow R_4 = \frac{R_2R_3}{R_1}$

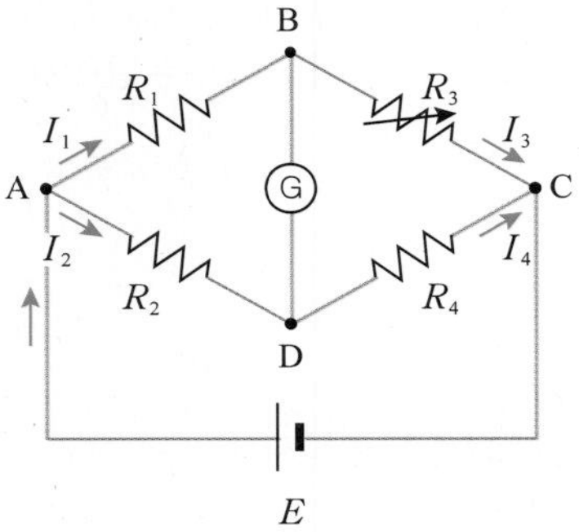

3 전류의 열작용

1. 전류의 열작용

① **발열량** : 저항에 전류가 흐를 때 저항 내부에서 자유 전자와 원자의 충돌에 의해서 발생하는 열량이다.

$Q \propto VIt$ 　 Q : 발열량(J), V : 전압(V), I : 전류(A), t : 시간(s)

② **저항의 연결과 발열량**

직렬 연결		병렬 연결	
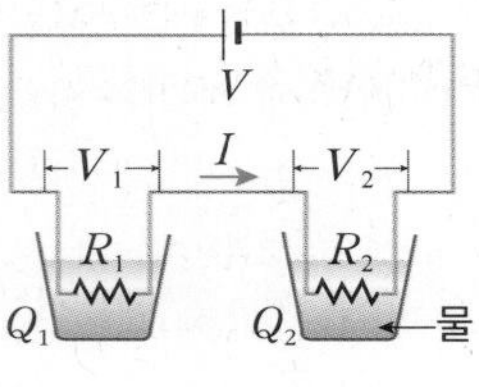	저항 R_1 과 R_2 에 흐르는 전류가 같다. $V = IR \rightarrow V_1 : V_2 = R_1 : R_2$ $Q_1 : Q_2 = V_1 : V_2 = R_1 : R_2$	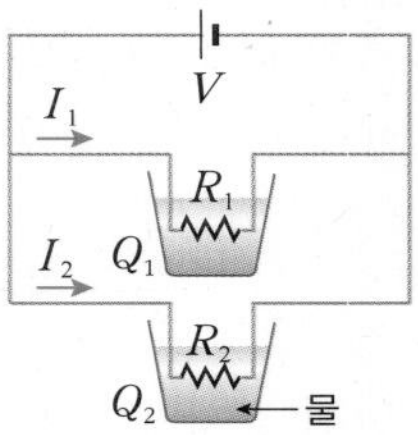	저항 R_1 과 R_2 에 걸리는 전압이 같다. $I = \frac{V}{R} \rightarrow I_1 : I_2 = \frac{1}{R_1} : \frac{1}{R_2}$ $Q_1 : Q_2 = I_1 : I_2 = \frac{1}{R_1} : \frac{1}{R_2}$

③ **전기 에너지** : 전류가 흐를 때 저항에서 발생하는 전기 에너지는 다음과 같이 구한다.

$E = VIt = I^2Rt = \frac{V^2}{R}t$ 　 E : 전기 에너지(J)

2. 전력과 전력량

① **전력** : 전기 기구에서 단위 시간 당 소비되거나 발생하는 전기 에너지를 말하며, 전기 기구의 일률이다.

$$P = VI = I^2R = \frac{V^2}{R} \qquad P : \text{전력(W)}$$

② **전력량** : 전기 기구에서 일정 시간 동안 소비되거나 발생하는 전기 에너지의 총량이다. 1W의 전력으로 1시간 동안 사용한 전기 에너지의 양을 1Wh(와트시) 라고 한다.

③ **전력과 전구의 밝기** : 전구의 밝기는 전구의 전력(P)에 비례한다.

3. 송전과 가정에서의 승압

① **발전소에서 소비지에 공급하는 전기 에너지** : $P_0 = I_0V_0 =$ 일정 (V_0 : 송전 전압, I_0 : 송전 전류, P_0 : 송전 전력)

② **손실 전력** : 송전을 할 때 송전선의 저항(R)때문에 발생하는 열로 인하여 손실되는 전력이다.

$$P_{\text{손실}} = I_0^2R = \left(\frac{P_0}{V_0}\right)^2 R$$

→ 손실 전력을 줄이기 위해서는 송전 전압을 높이거나 송전선의 저항을 줄인다.

③ **가정에서의 승압과 최대 사용 전력($P_{\text{최대}}$)** : 도선을 교체하지 않는 한 $P_{\text{최대}} = VI_{\text{최대 허용 전류}}$ 이다. 가정의 전기 회로를 통하는 전류는 $I_{\text{최대 허용 전류}}$ 이상이 될 수 없으므로 V 를 n 배 높이면, $P_{\text{최대}}$ 도 n 배가 된다.

정답 및 해설 14쪽

Q3 길이와 반지름이 같은 도선 A와 B의 양단이 각각 같은 전위차로 유지되고 있다. 도선 A의 비저항 값이 도선 B의 2배일 때, A의 전력은 B의 몇 배인가?

( )

Q4 전지에는 약간의 내부 저항이 있다. 전지의 두 극 사이의 전압은 전지의 기전력과 같을 수 있을까?

① 같을 수 없다. ② 특별한 조건없이 같다. ③ 전류가 0 이면 같다.
④ 전기 에너지를 받아들이면 그럴 수도 있다. ⑤ 각 단자에 한 개 이상의 도선이 연결되면 그럴 수도 있다.

4 전류의 자기작용

1. 자기장과 자기력선

① **자기장(B)** : 자기력이 작용하는 공간으로 자석뿐만 아니라 전류가 흐르는 도선 주위에도 만들어진다.

② **자기력선** : 자기장의 모양을 선으로 나타낸 것으로 나침판 자침의 N극을 따라서 그은 곡선이다. 자기장의 방향과 같이 N극에서 나와 S극으로 들어간다. 자기력선은 도중에 만나거나 끊어지지 않고 연결된 폐곡선이다.

③ **자기장의 세기(자속 밀도)** : 자기장에 수직인 단위 면적을 지나는 자속 (자기력선속 ;Φ)을 자기장의 세기(자속 밀도) 라고 한다.

$$B = \frac{\Phi}{S} \qquad B : \text{자기장 세기(T)},\ \Phi : \text{자속(Wb)},\ S : \text{면적}(m^2)$$

2. 전류에 의한 자기장

(1) 직선 전류에 의한 자기장 : 오른나사 법칙(앙페르 법칙)으로 방향이 결정된다.

자기장 모양	자기장 방향	자기장 세기
전류가 흐르는 직선 도선을 중심으로 하는 동심원 모양	오른손 엄지 손가락을 전류가 흐르는 방향으로 향하게 하였을 때, 나머지 네 손가락이 감아쥐는 방향	$B = k\frac{I}{r}$ $(k = 2 \times 10^{-7}\ \text{T·m/A})$

(3) 코일에 의한 자기장

자기장 모양	자기장 방향	자기장 세기(코일 내부)
막대 자석이 만드는 자기장 모양	전류가 흐르는 방향으로 코일을 오른손을 감아쥐었을 때 엄지 손가락이 가리키는 방향	$B = k''nI$ ($k' = 4\pi \times 10^{-7}$ T·m/A) n : 단위 길이당 코일의 감은 수

3. 자기장 속에서 전류가 흐르는 도선이 받는 힘

① **자기력** : 자기장 속에서 전류가 흐르는 도선이 받는 힘을 말한다.

<table>
<tr><th colspan="2">자기력 방향</th><th>자기력 크기</th></tr>
<tr>
<td>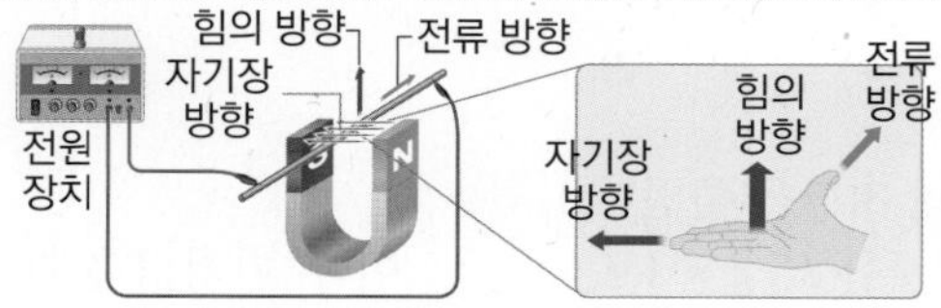

▲ 오른손 법칙</td>
<td>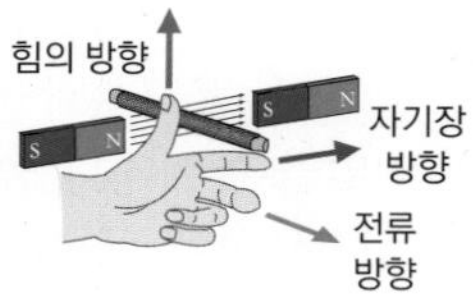

▲ 플레밍의 왼손 법칙</td>
<td>$F = BIl\sin\theta$
θ : 자기장 방향과 전류의 방향이 이루는 각
l : 도선의 길이</td>
</tr>
</table>

② **전류가 흐르는 평행한 두 직선 도선 사이에 작용하는 힘**

방향	자기력 크기
두 도선 사이에 작용하는 힘(F_1, F_2)은 작용 반작용으로, 힘의 방향은 서로 반대이며, 전류의 방향이 같을 때는 인력, 전류의 방향이 반대일 때는 척력이 작용한다.	$F_1 = F_2 = k\dfrac{I_1I_2}{r}l$

4. 로런츠 힘

① **로런츠 힘** : 자기장 속에서 운동하는 대전 입자가 받는 힘을 말한다.

> $F = qvB\sin\theta$ F : 로런츠 힘(N), θ : 대전 입자(+입자)의 운동 방향과 자기장 방향이 이루는 각

② **균일한 자기장 내에서 수직으로 입사한 대전 입자의 운동** : 균일한 자기장에 수직으로 입사한 대전 입자는 로런츠의 힘이 구심력이 되어 등속 원운동을 한다.

원운동 반지름	원운동 주기
$F = \dfrac{mv^2}{r} = qvB \rightarrow r = \dfrac{mv}{Bq}$	$T = \dfrac{2\pi r}{v} = \dfrac{2\pi m}{Bq}$

③ **사이클로트론** : 로런츠 힘을 이용하여 대전 입자를 여러 번 가속시켜 큰 에너지를 갖도록 하는 가속기의 일종이다.

→ m, B, q 이 일정할 때, 주기 T 가 일정하며, 주기 T 가 일정할 때 $r \propto v$ 이므로 입자의 회전 반지름이 커지면 속력이 점점 증가한다.

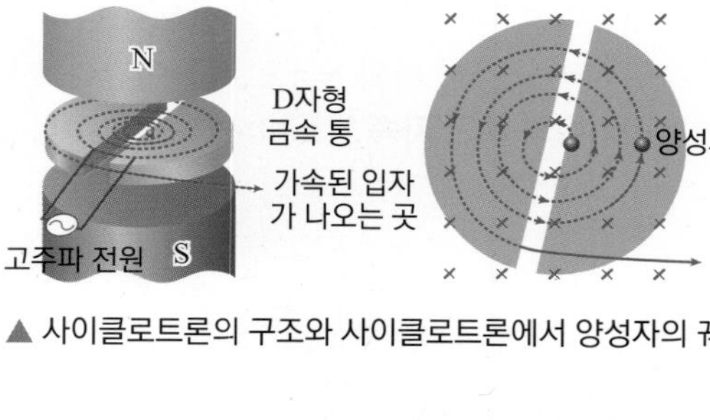

▲ 사이클로트론의 구조와 사이클로트론에서 양성자의 궤적

5. 전자기 유도

(1) 전자기 유도 : 코일와 자석 사이의 상대적인 운동에 의해 코일을 통과하는 자기력선속이 변할 때 코일에 전류가 유도되는 현상이다.

(2) 유도 기전력과 유도 전류 : 전자기 유도에 의해 코일 양단에 발생된 기전력을 유도 기전력, 닫힌 회로에서 유도 기전력에 의해 흐르는 전류를 유도 전류라고 한다.

유도 기전력의 세기(페러데이 법칙)	코일에서의 유도 전류의 방향(렌츠 법칙)
$V = -N\dfrac{\Delta\Phi}{\Delta t} = -N\dfrac{\Delta BS}{\Delta t}$	코일를 통과하는 자기력선속의 변화를 방해하는 방향으로 흐른다. → 유도 자기장 방향으로 오른손 엄지 손가락을 향하였을 때, 네 손가락이 감아 쥐는 방향이 유도 전류의 방향

(3) 자기장 B 속에서 v 의 속력으로 등속 운동하는 길이가 l 인 도체 막대에 의한 유도 기전력

유도 기전력의 세기	유도 전류의 세기	도체 막대가 받는 힘	외력이 도체 막대에 하는 일
$V = -\dfrac{\Delta\Phi}{\Delta t} = -Blv$	$I = \dfrac{V}{R} = \dfrac{Blv}{R}$	$F = BIl = \dfrac{B^2l^2v}{R}$	$P = Fv = \dfrac{V^2}{R}$

(4) 변압기 : 상호 유도를 이용하여 교류 전압을 변화시키는 장치로 1차 코일에 교류 전류를 흘려 주면 상호 유도에 의해 2차 코일에 유도 기전력이 발생한다. 1차 코일과 2차 코일의 전력은 같다.

$$P_1 = P_2,\quad \frac{I_1}{I_2} = \frac{V_2}{V_1} = \frac{N_2}{N_1}$$

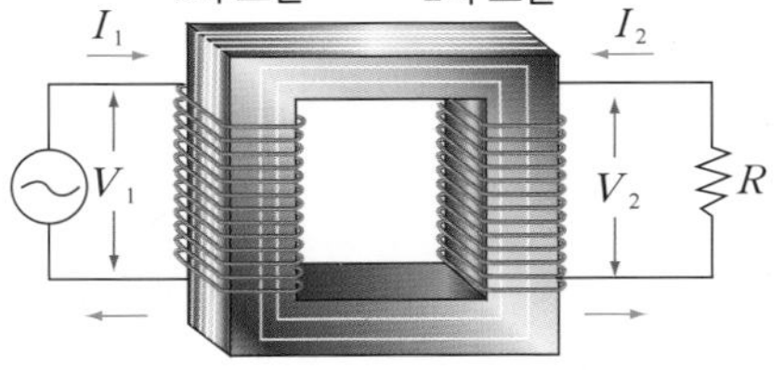

▲ 변압기 구조

정답 및 해설 14 쪽

Q5 균일한 자기장 내에 대전 입자가 있을 때 대전 입자에 자기력이 작용하기 위한 조건을 고르시오.

① 입자가 정지해 있는 경우
② 입자는 정지해 있고 시간에 따라 자기장의 크기가 변하는 경우
③ 입자가 자기장과 수직 방향으로 움직이는 경우
④ 입자가 자기장과 평행인 방향으로 움직이는 경우

Q6 자기장을 만들 수 있는 것을 있는대로 고르시오.

① 전위차
② 전하를 띤 정지한 물체
③ 전하를 띤 움직이는 물체
④ 전류가 흐르는 정지한 도체
⑤ 정지 상태이고, 전지와 연결되어 있는 충전된 축전기

Q7 1차 코일의 감은 수가 80번, 2차 코일의 감은 수가 160번인 변압기가 있다. 이 변압기의 1차 코일에 전지를 연결할 경우 2차 코일에 걸리는 전압은?

① 40V ② 20V ③ 10V ④ 5V ⑤ 0

044 모피 조각에 마찰시킨 에보나이트 막대를 그림과 같이 금속박 검전기 위에 설치된 금속판에 가까이 가져갔다.

[특목고 기출 유형]

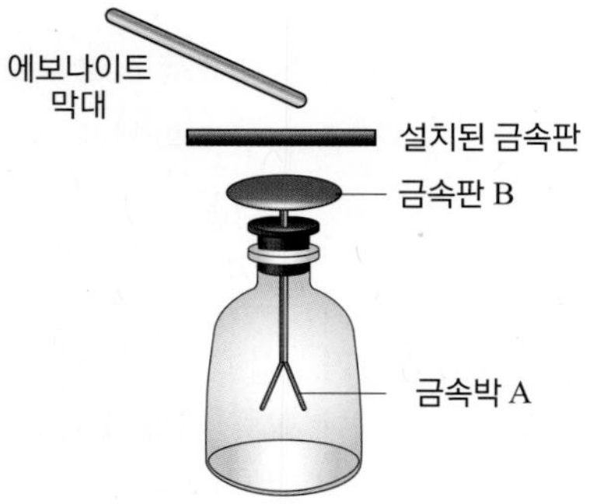

(1) 금속박 A에 대전된 전하의 종류는 무엇인가?

(2) 설치된 금속판의 끝을 손으로 대고 있으면 금속박 A 에는 어떤 변화가 생기겠는가?

(3) (2)의 실험에 이어서 마찰시켰던 에보나이트 막대와 손을 동시에 금속판으로부터 멀리하였다. 금속박 A와 금속판 B에는 어떤 변화가 있겠는가?

045 정격 전압과 정격 전력이 같은 전구 5개를 그림과 같이 연결하였다. $S_1 \sim S_4$의 스위치를 열고 닫으면서 전구의 전력을 측정하였다.

[특목고 기출 유형]

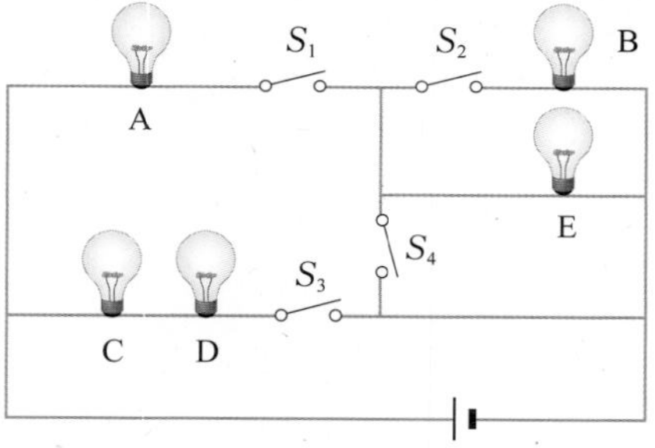

스위치 3개를 닫고 1개를 열어서 다음과 같은 조건을 만족시키고자 한다. 열어야 하는 스위치는 무엇인가?

(1) 가장 많은 전력을 소비하는 경우

(2) 가장 적은 전력(0보다는 크다)을 소비하는 경우

정답 및 해설 15쪽

046 4×10^{-8}C 으로 대전된 입자 q_1 이 한 점에 고정되어 있다. q_1 을 중심으로 -2×10^{-6}C 으로 대전된 입자 q_2 가 반지름 $R = 3$ cm 인 원궤도를 따라 등속 원운동하고 있다. 이 원운동의 반지름을 2배로 증가시키기 위해서는 어떻게 해야 하는가? (단, q_2 의 질량은 1×10^{-5}g 이고, 비례 상수 $k = 9 \times 10^9$ N·m²/C² 이다.)

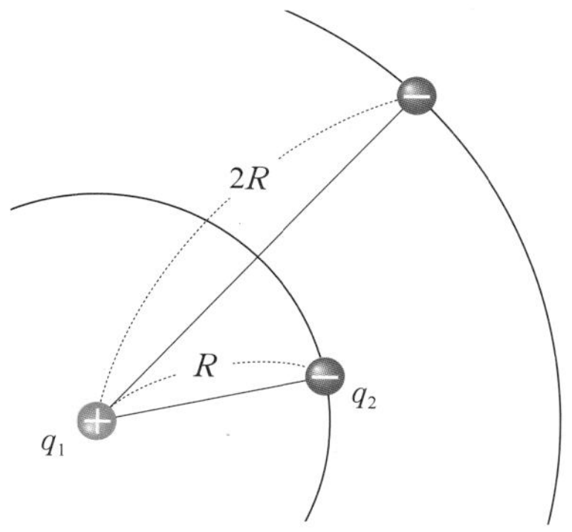

047 저항이 6 Ω 인 도선에 반복적으로 0.001초 동안 전압을 걸고 0.003초 동안 쉬는 일정한 주기로 전압을 가하고 있다.

[영재고 기출 유형]

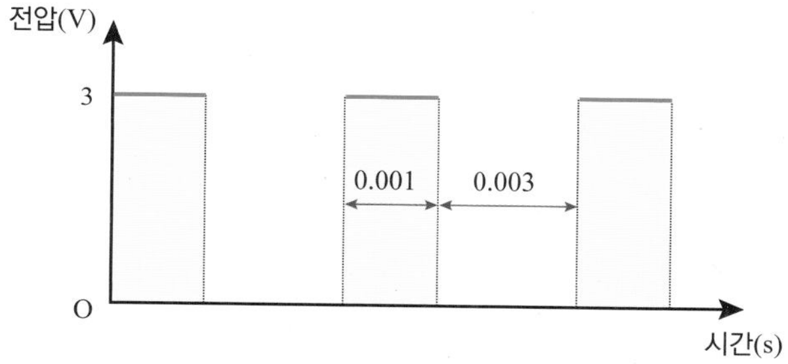

(1) 한 번 전압을 가한 0.001초 동안 도선의 한 곳을 통과하는 전자의 개수는 얼마인가?

(2) 1초 동안의 평균 전류를 구하시오.

048 길이가 d 인 용수철의 양 끝에 각각 전하량 q 로 대전되어 있는 입자를 매달고 놓아주었더니 마찰이 없는 평면 위에서 진동을 하였다. 이때 용수철 내부 운동 마찰에 의해 진동이 감쇠되어 용수철 길이가 $3d$ 일 때 정지하였다면 용수철에서 발생한 총 열에너지를 구하시오. (단, 전체 계는 고립되었다고 가정하며, 처음 용수철은 주변과 열평형 상태에 있었으며, 주변은 열용량이 매우 큰 열원이다.)

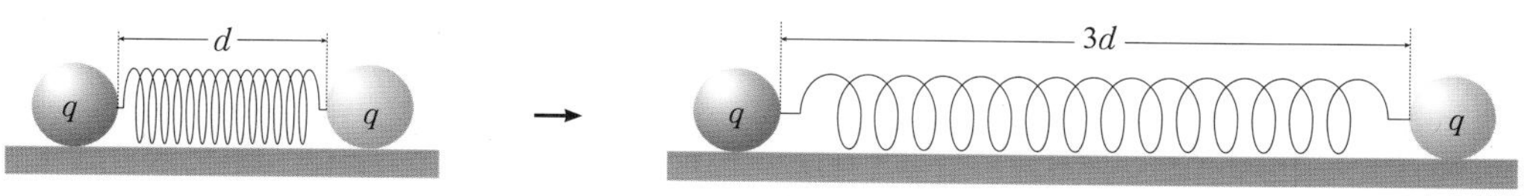

유형 Problem

049 전지의 기전력 $E = 10\text{ V}$ 이고, 전지의 내부 저항(r)은 $2\ \Omega$ 이다. $R_1 = 4\ \Omega$, $R_2 = 2\ \Omega$, $R_3 = 2\ \Omega$, $R_4 = 4\ \Omega$ 이고 전지의 음극은 접지되어 있다.

[특목고 기출 유형]

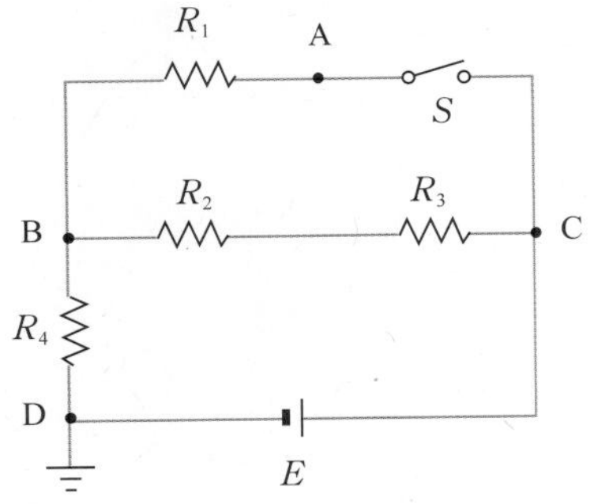

(1) 스위치 S 를 열었을 때 A, B, C, D 점의 전위 V_A, V_B, V_C , V_D는 각각 몇 V인가?

(2) 스위치 S 를 닫았을 때 A, B, C, D 점의 전위 V_A, V_B, V_C , V_D는 각각 몇 V인가?

050 그림 (가)는 전지 1 개를 백열 전구 1 개에 연결한 회로를 내부 저항을 포함하여 나타낸 것이다. 이때, 전구의 밝기는 P_0 이다. 전지의 내부 저항을 고려할 때, 그림 (나)와 같이 동일한 전지 1 개를 직렬로 추가 연결하였을 때의 밝기 P_1 과 그림 (다)와 같이 동일한 전지 1 개를 병렬로 추가 연결하였을 때의 밝기 P_2 를 비교하여 설명하시오. (단, 전구의 밝기는 소비 전력에 비례한다.)

[2021~23 기출 유형]

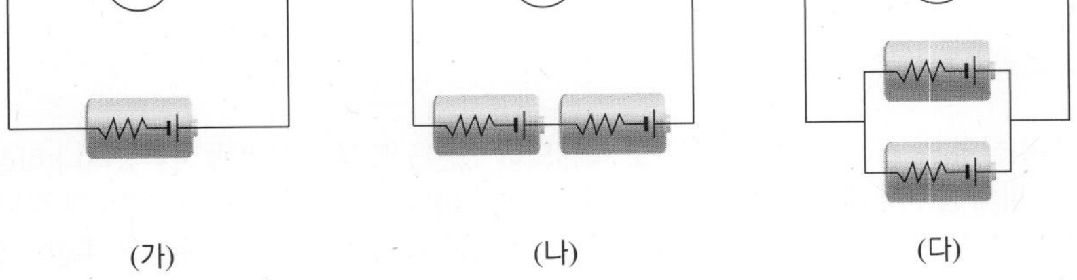

(가) (나) (다)

정답 및 해설 16쪽

051 그림 (가)는 내부 저항이 있는 전지, 가변 저항, 전압계, 전류계, 스위치를 연결하여 꾸민 전기 회로도이다. 이때 가변 저항 R 을 변화시키면서 전압계와 전류계의 눈금을 확인하여 그림(나)와 같은 그래프를 얻었다.

[특목고 기출 유형]

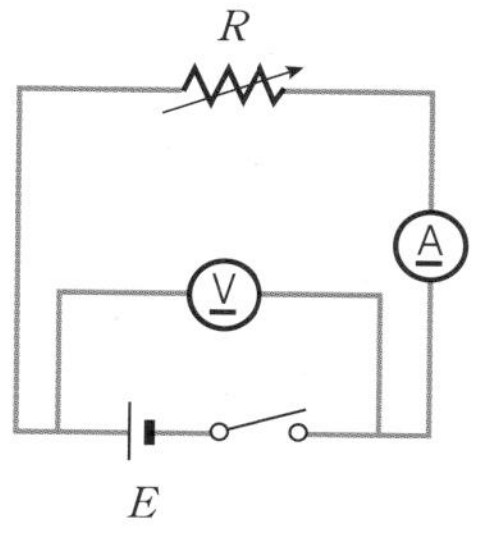

(가)

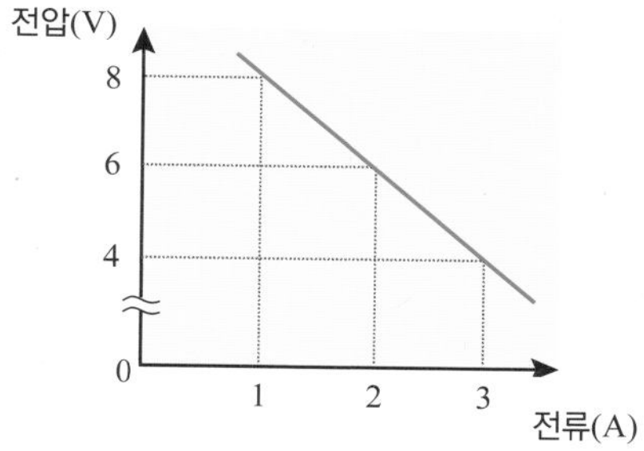

(나)

(1) 전지의 기전력(E)을 구하시오.

(2) 전지의 내부 저항(r)을 구하시오.

052 저항의 크기가 3 Ω 인 저항선 6 개를 이용하여 전기 회로를 구성하였다. 전류가 A 에서 B 로 흐를 때 회로의 총 저항을 구하시오.

[대회 기출 유형]

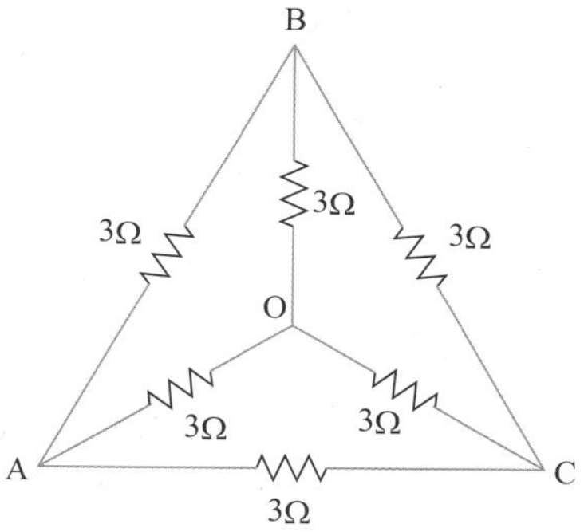

053 저항값이 r 으로 동일한 저항이 무한히 연결되어 있다. AB 사이의 합성 저항은 얼마인가?

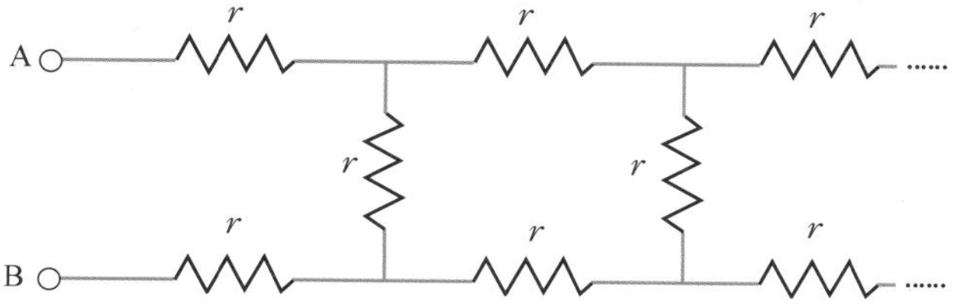

유형 Problem

054 저항이 r 이고, 굵기와 재질이 일정한 도선 12개를 이용하여 다음 그림과 같은 정육면체의 전기 회로를 완성하였다.

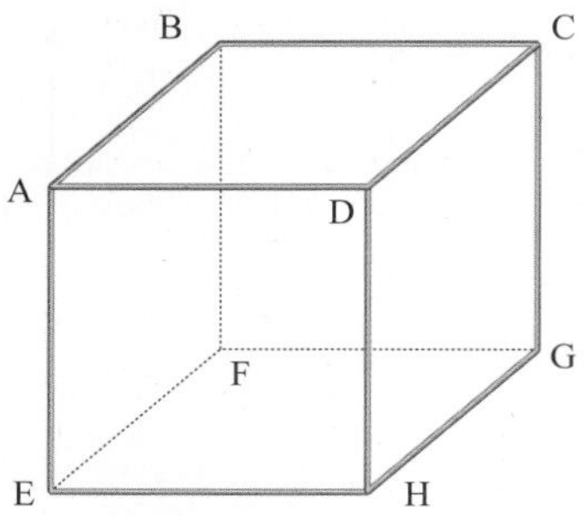

(1) 전류가 A로 흘러들어가 B로 나올 때 합성 저항은 얼마인가?

(2) 전류가 A로 흘러들어가 C로 나올 때 합성 저항은 얼마인가?

(3) 전류가 A로 흘러들어가 G로 나올 때 합성 저항은 얼마인가?

055 같은 질량의 액체 A 와 B 가 들어 있는 비커에 저항이 R, $2R$ 인 니크롬선을 담그고 그림처럼 회로를 꾸며서 스위치를 닫았더니 일정 시간 후 액체 A 와 B 의 온도가 변하였다. 비커 a, b, c, d 의 온도 변화를 비교하시오. (단, 액체 A 와 B 의 비열의 비는 1: 2 이다.)

[특목고 기출 유형]

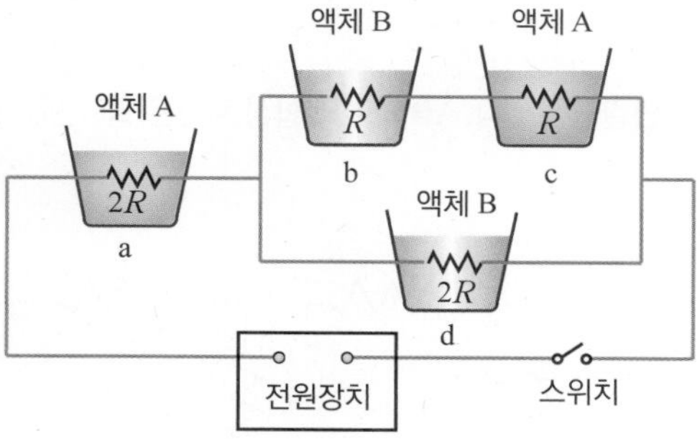

056 어느 가정이 사용하는 전기 기구의 정격 전압, 소비 전력, 사용 대수를 나타낸 표 (가)와, 이 가정의 전기 배선도 (나)이다.

전기 기구	정격 전압 (V)	소비 전력 (W)	사용 대수
전기 밥솥	200	1000	1
형광등	200	20	5
백열 전등	200	50	2

(가)

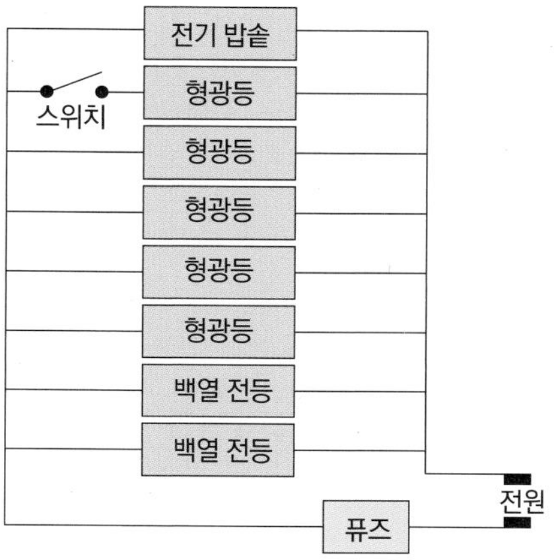

(나)

(1) 이 가정은 200 V 의 전압을 사용한다고 할 때 최소 몇 A 까지 견딜 수 있는 퓨즈를 사용해야 하는가? (퓨즈는 허용하는 이상의 전류가 흐르면 끊어진다.)

(2) 그림 (나)에서 열려 있는 스위치를 닫았을 때와 스위치가 열려 있을 때를 비교하여 전체 저항, 전체 전압, 전체 전류, 전체 소비 전력이 각각 어떻게 변하는지 서술하시오.

057 xy 평면에서 전하량이 q 인 대전 입자가 y 축과 45° 각도로 원점에서 균일한 자기장 B 영역으로 입사한 후 $-L$ 인 곳에서 y 축과 45° 각도로 자기장 영역을 벗어나 일정한 속력 v 로 운동하였다. 자기장은 $x \geq 0$ 인 영역에 형성되어 있고, 방향은 xy 평면에 수직으로 들어가는 방향이다. 입자의 질량을 나타내시오.

[특목고 기출 유형]

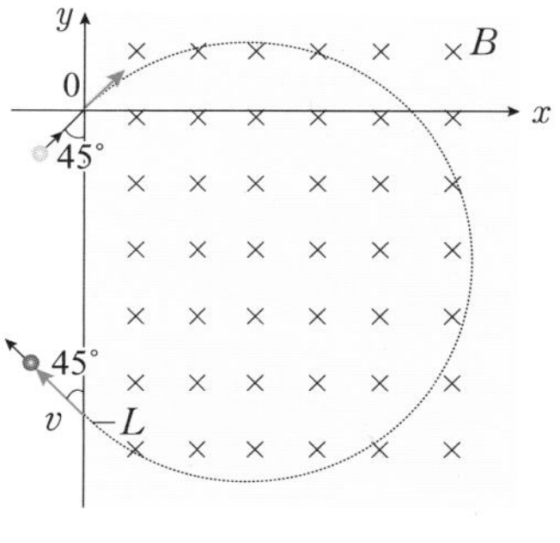

유형 Problem

058 균일한 전기장 E가 형성된 평행한 도체 판의 중간 지점으로 전하 q가 도체판과 나란한 방향으로 입사하였다. 이때 입자의 질량은 10^{-3} kg, 전하량은 -10×10^{-6} C이며, 도체판 사이의 전기장의 세기는 $E = 200$ N/C, 도체판 사이의 수평 길이는 20 cm, 도체판 사이의 연직 거리는 2 cm이다. (단, 중력 및 전하의 가속에 의한 에너지 손실은 무시한다.)

[영재고 기출 유형]

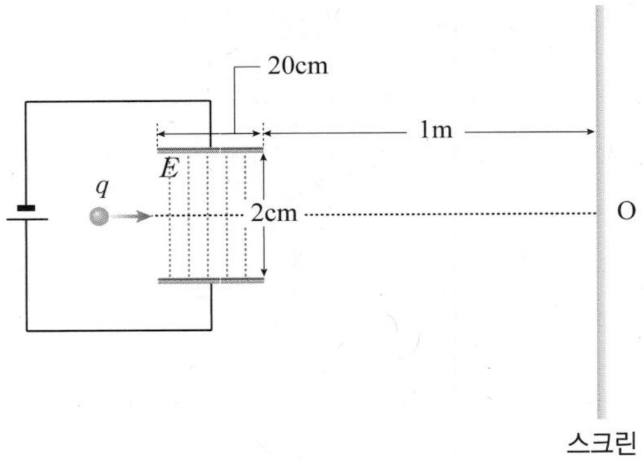

(1) 판과 스크린 사이의 거리 $L = 1$ m 일 때, 전하가 도체판에 충돌하지 않고 스크린에 도달하기 위한 최소 속력으로 입사시켰다. 전기장을 빠져나온 직후 전하 q의 속력은 얼마인가?

( )m/s

(2) (1)과 같은 속력으로 입사시켰을 때, 스크린에 충돌하는 지점은 중심점 O에서 얼마나 떨어진 지점인가? (이때 중심점 O는 전기장이 없을 때 입자가 충돌하는 지점이다.)

( )cm

059 반지름이 r인 반원형 도선에 흐르는 전류의 세기가 I일 때 반원형 도선의 중심에서의 자기장의 세기를 B라고 한다. 이때 다음 그림과 같은 모양의 반원형 도선의 중심 O에서 자기장의 세기와 방향을 쓰시오. (단, 종이면에서 수직으로 나오는 방향을 (+), 종이면으로 수직으로 들어가는 방향을 (−)로 쓴다.)

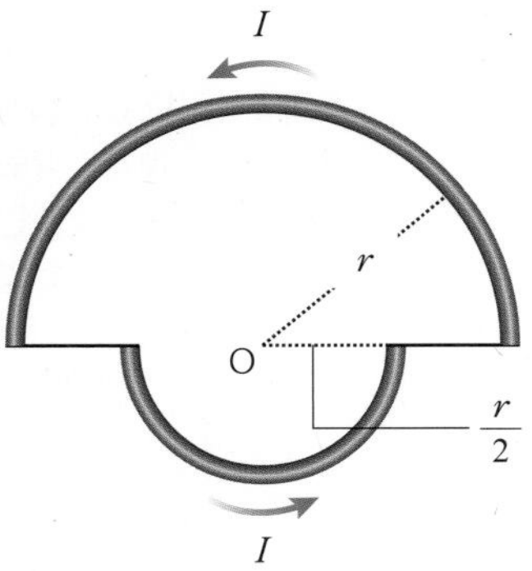

060 그림 (가)와 같이 질량이 m 인 물체를 45° 의 각도로 속력 v 로 던졌다. 이때 수평 도달 거리가 R, 지면에 도달할 때까지 걸린 시간은 t 였다. (단, 중력 가속도는 g 이고, 공기의 저항은 무시한다.)

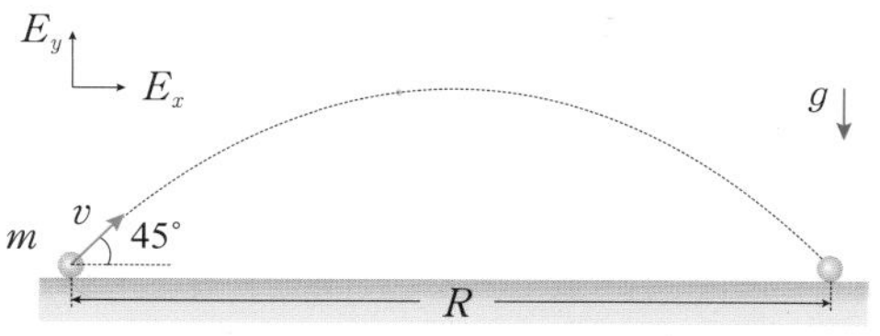

(가)

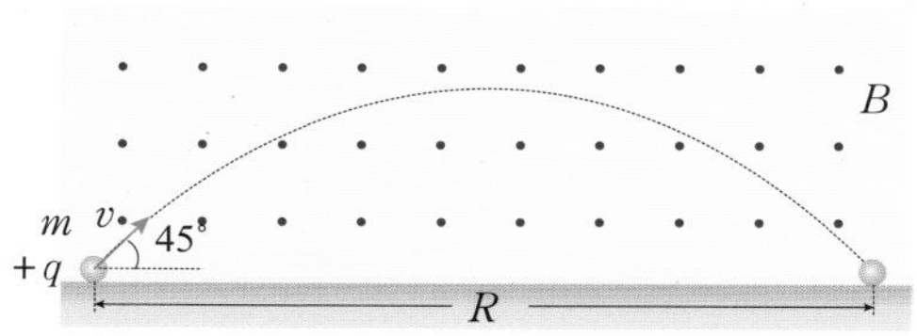

(나)

(1) (가)에서 물체를 전하 $+q$ 로 대전시켜서 같은 각도로 속력 v 로 던졌더니, 수평 도달 거리는 $2R$, 지면에 도달할 때까지 걸린 시간은 $2t$ 가 되었다. 전기장 E 의 x 성분과 y 성분 E_x, E_y 를 각각 구하시오. (단, 그림과 같이 공중에서 균일한 전기장을 걸어주었다고 가정한다.)

(2) 물체를 전하 $+q$ 로 대전시킨 상태에서 운동시켰을 때, 전기장을 변화시켜 물체에 가해지는 전기력이 물체의 중력을 완전히 상쇄하도록 하였다. 이때 그림 (나)와 같이 지면에서 수직으로 나오는 방향으로 균일한 자기장 B 를 가해주었다. 이 공간에서 (1)과 같은 물체를 45° 각도로 속력 v 로 던졌을 때 수평 도달 거리가 R 이 되었다. 자기장 B 는 얼마인가?

유형 Problem

061 전류의 세기가 각각 다른 두 도선이 십자가 모양으로 가까이 겹쳐져 있는 모습이다. 전류의 방향은 그림과 같고 $I_A = 2I_B$ 이다.

[특목고 기출 유형]

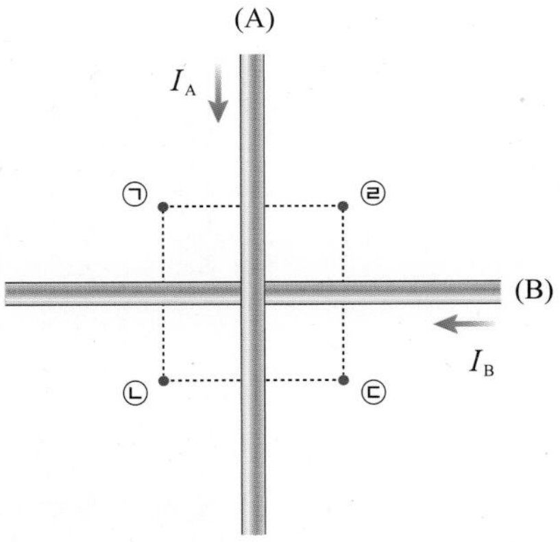

(1) 도선은 같은 평면 상에 있고, 두 도선으로부터 각각 같은 거리만큼 떨어져 있는 ㉠, ㉡, ㉢, ㉣ 지점에서 자기장의 방향을 각각 쓰시오.

(2) ㉠에서 도선 A에 의한 자기장의 세기를 B 라고 할 때 ㉠, ㉡, ㉢, ㉣ 지점에서 자기장의 세기를 각각 쓰시오.

062 정사각형 코일이 종이면에 수직으로 나오는 방향의 균일한 자기장이 걸려 있는 자기장 영역 Ⅰ, Ⅱ 를 일정한 속력 v 로 통과하는 것을 나타낸 것이다. 자기장 영역 Ⅰ, Ⅱ 에서 자기장의 세기는 각각 B, $2B$ 이고, P, Q, R 은 각각 코일이 자기장 영역 Ⅰ 에 절반이 걸쳐 있는 순간, 자기장 영역 Ⅰ 과 Ⅱ 에 반반씩 걸쳐 있는 순간, 자기장 영역 Ⅱ 에 절반이 걸쳐 있는 순간을 나타낸 것이다. P, Q, R 의 위치에 있을 때 코일에 작용하는 전자기력의 크기를 비교하시오.

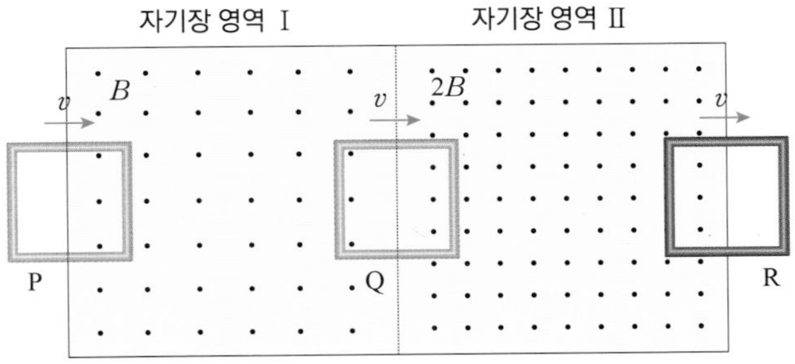

063 그림 (가)는 균일한 자기장 영역에서 도체 막대가 ㄷ자 도선을 따라 일정한 속력(v) 5 m/s 으로 운동하고 있는 것을 나타낸 것이다. ㄷ자 도선은 폭이 30 cm 이고 경사각은 30° 인 빗면에 고정되어 있으며, 자기장의 세기(B)는 4 T 로 일정하고, 방향은 $+y$ 방향이다. 그림 (나)는 그림 (가)의 측면 모습을 나타낸 것이다. 도체 막대에 흐르는 유도 전류의 방향과 도체 막대 양단에 걸리는 유도 기전력의 크기를 각각 쓰시오. (단, 도선 사이의 마찰은 무시한다.)

[대회 기출 유형]

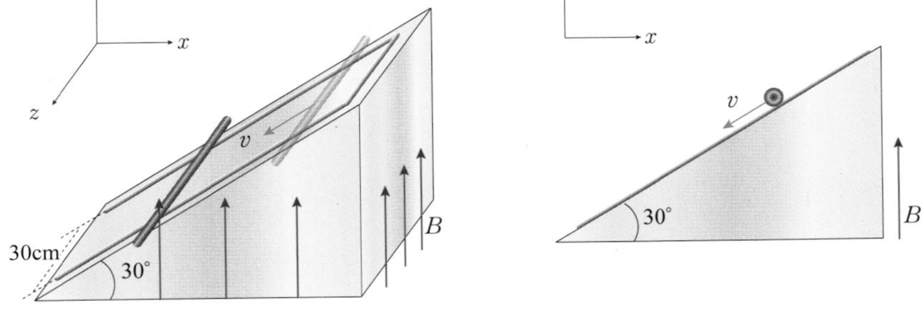

(가) (나)

064 10 V 짜리 전지 여러 개를 병렬 연결하여 작동하도록 설계된 전기 자동차가 있다. 전지가 발행시키는 총 에너지는 1.5×10^7 J 이고, 전기 자동차가 90 km/h 의 일정한 속력으로 주행하는 동안 전기 모터가 5 kW를 소비한다.

(1) 전기 모터에 흐르는 전류는 얼마인가?

(2) 전지의 에너지가 모두 소비될 때까지 이 전기 자동차가 주행할 수 있는 거리는 얼마인가?

(3) 무한이가 이 자동차의 전조등을 끄는 것을 잊었다면, 이 자동차의 전지가 완전히 방전되는 데 걸리는 시간은 얼마인가? (단, 전조등 1개는 30W의 전력을 필요로 하며, 이때 사용되는 전지는 10V 짜리 1 개이고, 이 전지의 등급이 72A·h로 표시되어 있다.)

065 전구와 전지를 이용하여 회로를 구성하였다. 전구의 저항은 모두 1Ω, 전지의 전압은 모두 1V이며, 전류가 흐르는 전구만 불이 들어온다. 이때 ㉠ 불이 들어오지 않는 전구는 모두 몇 개인가? 또한 ㉡ 가장 밝은 전구의 소비 전력은 얼마인가? (단, 전지의 내부 저항은 무시한다.)

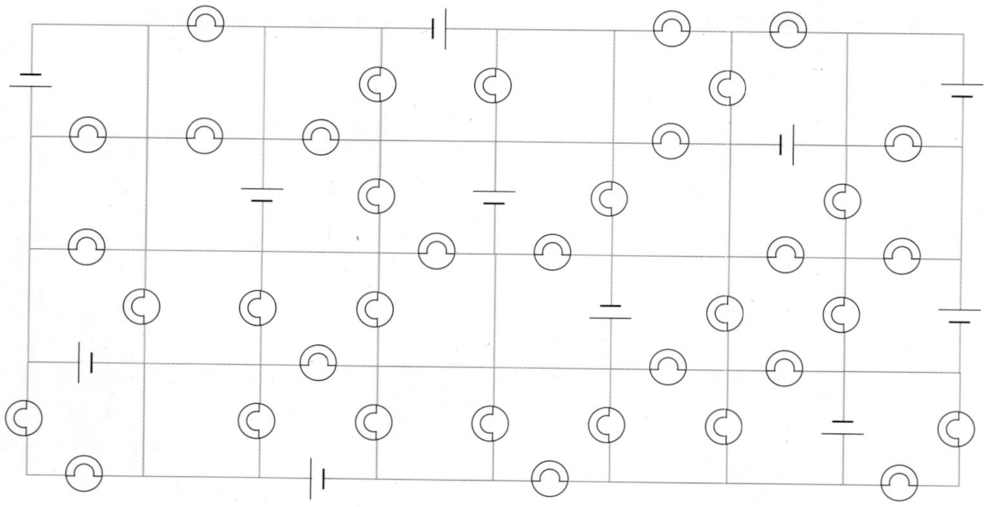

066 '전기 전도도'란 물질이 전하를 운반할 수 있는 정도를 말하며, 전기가 통하기 쉬운 정도를 나타낸 값으로 비저항의 역수이다. 금속은 일반적으로 전기 저항이 적어 전기 전도도가 좋다. 길이(l)와 단면적(S)이 같은 금속 막대 금, 은, 알루미늄, 철이 있다. 그림 (가)는 이들을 직렬 연결한 회로, 그림 (나)는 병렬 연결한 회로를 나타낸 것이다.

금속	전기 전도도(온도 20℃ 기준)
금	4.52×10^7S/m
은	6.30×10^7S/m
알루미늄	3.77×10^7S/m
철	0.99×10^7S/m

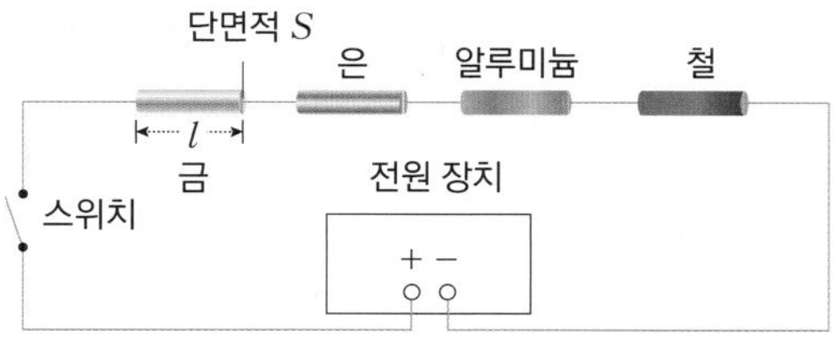

(가)

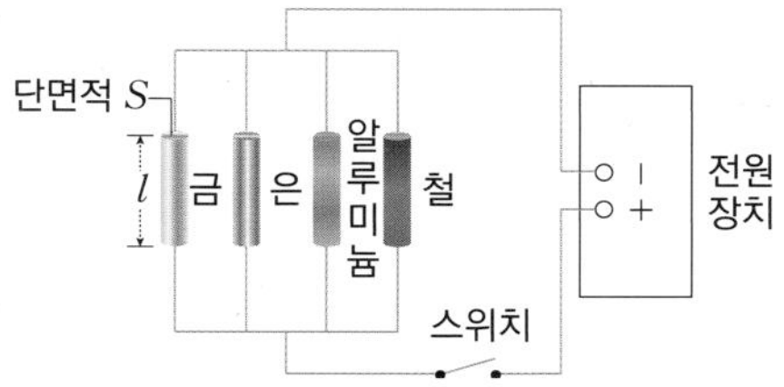

(나)

(1) 그림 (가)와 같이 금속 막대를 연결할 경우 가장 많은 열이 발생하는 금속 막대는 어느 것인가?

(2) 그림 (나)와 같이 금속 막대를 연결할 경우 가장 많은 열이 발생하는 금속 막대는 어느 것인가?

067 그림 (가)와 같이 한 개의 전구가 전압이 V 인 전지에 직접 연결되어 있을 때 전구의 소모 전력을 P_0 이다. 그림 (가)의 전구와 규격이 동일한 네 개의 전구 A, B, C, D 가 그림 (나)와 같이 전압이 V 인 전지와 가변 저항에 연결되어 있다. (단, 전구의 저항은 일정하며, 전지의 내부 저항은 무시할 만큼 작다.)

[대회 기출 유형]

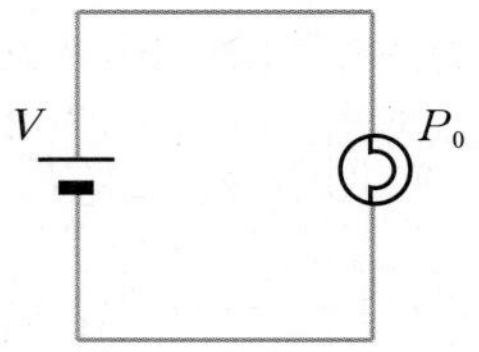

(가)

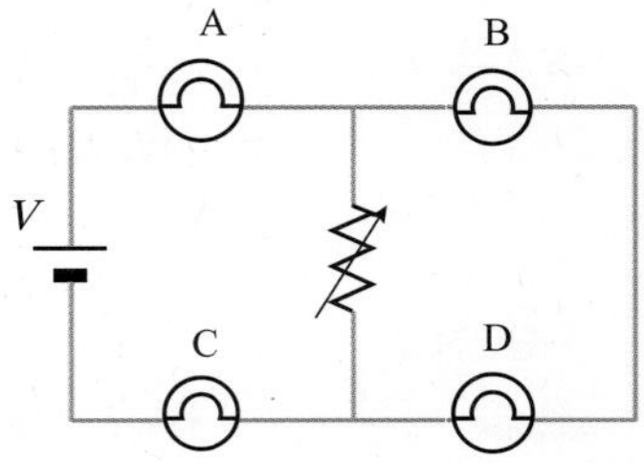

(나)

(1) 가변 저항 = 0 일 때, 그림 (나)의 전구 A의 소모 전력을 P_0 로 나타내시오.

(2) 가변 저항값이 매우 커서 무한대일 때, 그림 (나)의 전구 A의 소모 전력을 P_0 로 나타내시오.

(3) 그림 (나)의 가변 저항 대신 동일한 전구를 연결하였을 때, 전구 A의 소모 전력을 P_0 로 나타내시오.

068 전압이 일정한 전원 장치와 저항값이 같은 저항 6 개, 스위치, 전류계로 구성한 회로를 나타낸 것이다.

[특목고 기출 유형]

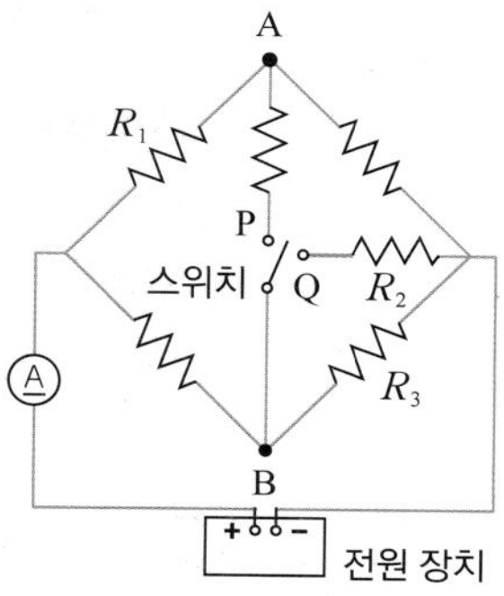

(1) 스위치를 P점에 연결하였을 때 R_1 에 걸리는 전압을 $V_{(가)}$, Q점에 연결하였을 때 R_1 에 걸리는 전압을 $V_{(나)}$ 라고 할 때, $V_{(가)}$와 $V_{(나)}$ 를 부등호를 이용하여 비교하시오.

$V_{(가)}$ (　　　) $V_{(나)}$

(2) 스위치를 Q점에 연결하였을 때, R_1 에서 소비되는 전력을 P_1, R_2 와 R_3 에서 소비되는 전력의 합을 P_2 라고 할 때, P_1 과 P_2 를 부등호를 이용하여 비교하시오.

P_1 (　　　) P_2

069 전류계의 원리를 알아보고자 한다. 전류계의 눈금판인 (가) 부분은 내부 저항값이 2 Ω 이며, 그림처럼 최대 눈금을 가리키기 위해서는 100 mA의 전류가 통과해야 한다. S 단자를 (+)로 하여 a, b, c 단자는 각각 최대 15 A, 5 A, 500 mA 의 전류를 측정할 수 있다.

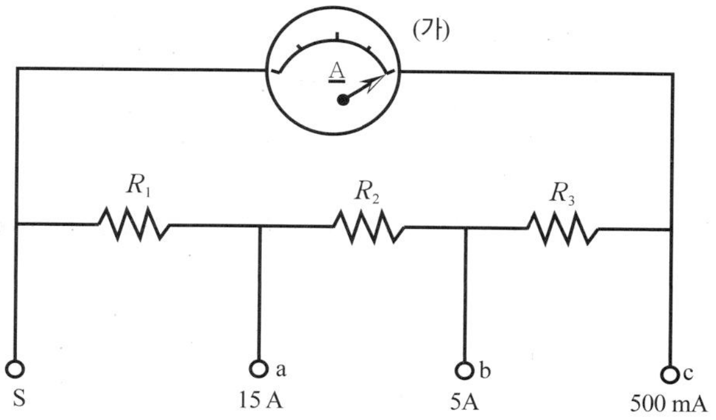

위 회로도가 전류계로서 위의 조건대로 작동하기 위해서 저항값 R_1, R_2, R_3 는 각각 얼마이겠는가?

070 다음처럼 금속 통이 금속박 검전기의 금속판에 도선으로 연결되어 있다. 금속 통 속에 양전하로 대전된 금속 구를 넣었을 때 금속박 검전기의 금속박의 모양과 대전된 전하의 종류를 그려 넣어 보시오.

[2021~23 기출 유형]

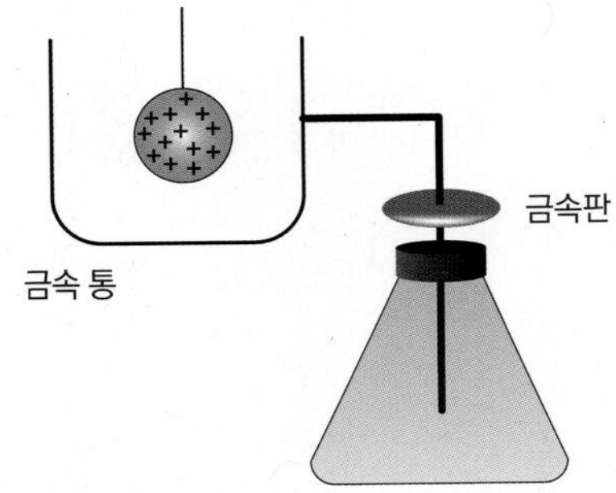

071 용수철에 매달려 균일한 자기장 속에서 진동하고 있는 사각형 코일을 나타낸 것이다. A 는 사각형 코일이 자기장 영역의 경계면을 지나고 있는 상태, B 는 사각형 코일이 자기장 영역 속에서 운동하고 있는 상태를 나타낸다. 자기장의 방향은 지면에 수직으로 들어가는 방향이다. (단, 공기 저항은 무시한다.)

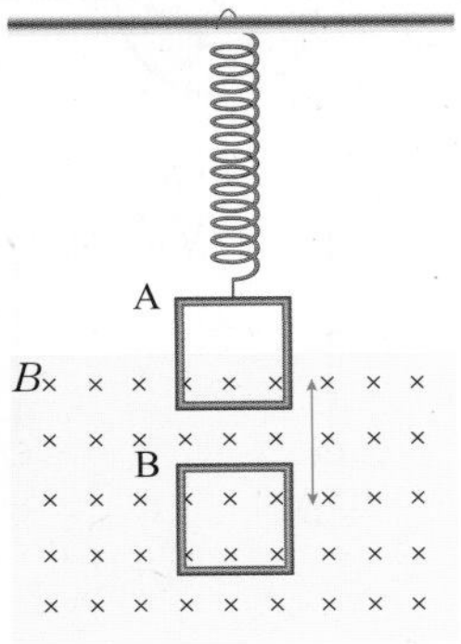

(1) A 와 B 의 상태에서 유도 전류의 방향에 대하여 각각 서술하시오.

(2) 사각형 코일의 진동 운동이 향후 어떻게 될지 전자기 유도 현상을 이용하여 설명하시오.

정답 및 해설 21쪽

072 종이면에 수직인 방향으로 균일한 자기장이 형성되어 있는 곳에 연직 방향으로 고정된 두 개의 얇은 도체 사이에서 위, 아래로 움직일 수 있도록 연결된 수평 방향의 도선이 걸려 있다. 그림과 같은 방향으로 2 A 의 전류가 흐를 때 수평 도선은 위로 등속 운동을 하고 있다. (단, 수평 도선의 질량은 10 g, 길이는 14 cm 이고, 중력 가속도는 9.8 m/s^{2}이며, 모든 마찰은 무시한다.)

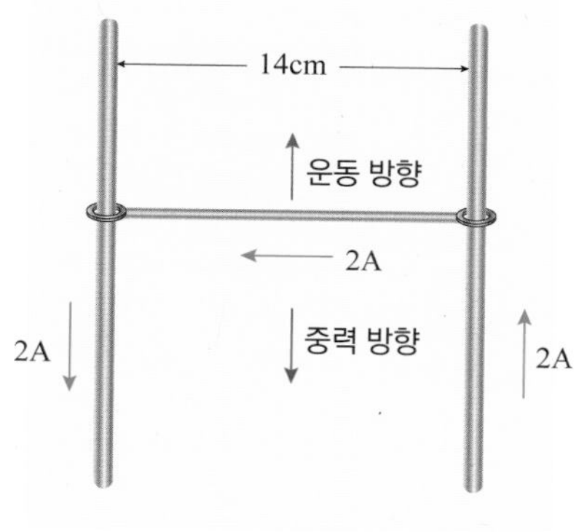

(1) 수평 도선이 등속 운동을 할 수 있는 최소 자기장의 크기와 방향을 설명하시오.

(2) 자기장의 크기가 (2) 보다 클 경우 수평 도선의 운동에 대하여 설명하시오.

073 가전 제품 회로도를 나타낸 것이다.

[한국 과학영재학교 기출 유형]

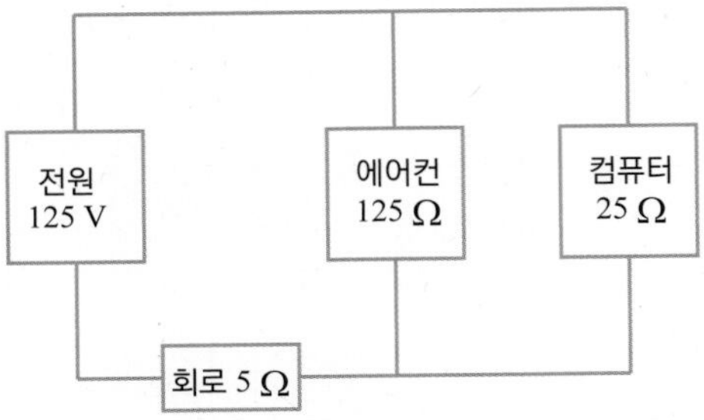

(1) 에어컨을 켰다 껐을 때 컴퓨터에 흐르는 전류는 몇 퍼센트 증가 또는 감소하는가?

(2) 모두 직렬로 연결했을 때 생기는 문제점은?

074 물음에 답하시오.

[경기과학고 기출 유형]

(1) 아래 직류 전원 회로에 저항을 연결하고자 한다. 저항의 종류는 1, 2, 3, 4, 6, 12Ω 짜리가 각 1개씩 6개이다. 저항 2개만을 선택해 직렬 또는 병렬로 연결하는 경우의 수 중 전류의 세기가 7번째로 크도록 연결할 때 전류의 크기는?

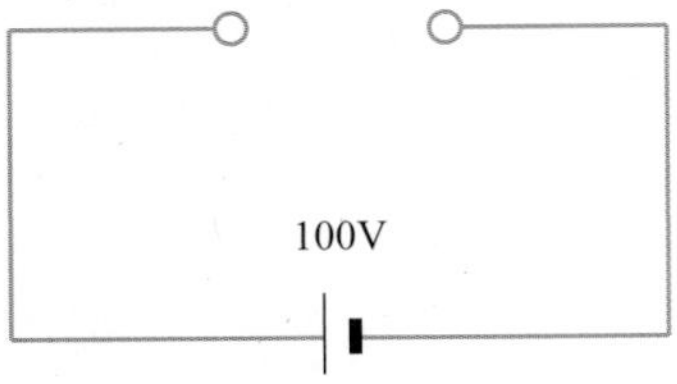

(2) 위에 제시된 6개의 저항을 모두 한번씩 사용해 아래 회로도 네모칸 위치에 각각 연결하고자 한다. 저항들의 배치에 따라 전류의 세기가 최대일 때와 최소일 때의 전류의 세기를 각각 구하시오.

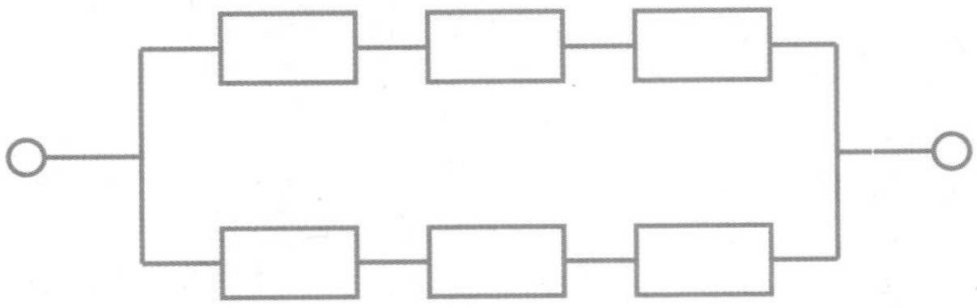

정답 및 해설 22쪽

075

저항 5개를 연결한 후 양단에 15V의 전압을 걸어준 전기 회로도이다.

[경기과학고 기출 유형]

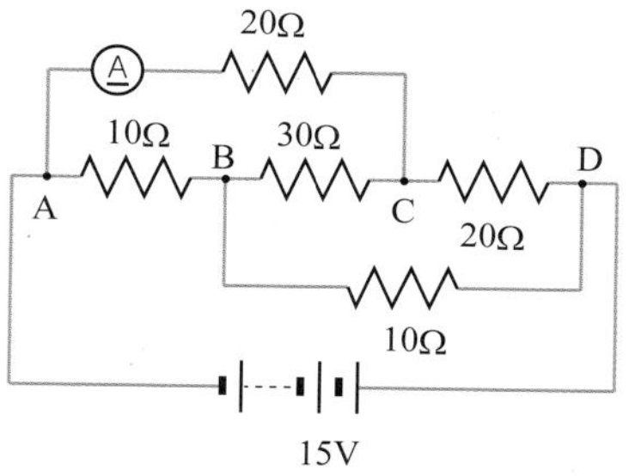

(1) 회로 상의 점 A 와 D 사이의 합성 저항을 구하시오.

(2) 전류계 Ⓐ에 흐르는 전류를 구하시오.

076

그림 (가)와 같이 저항이 R 인 세 도선을 연결하고 그림 (나)와 같이 A와 B′ 사이에 저항이 $2R$ 인 도선을 연결하였을 때 흐르는 전류를 각각 I_1, I_2 라고 할 때 <보기> 중 옳은 것을 있는 대로 고르시오. (단, 두 회로의 기전력은 V 로 일정하다.)

[대구과학고 기출 유형]

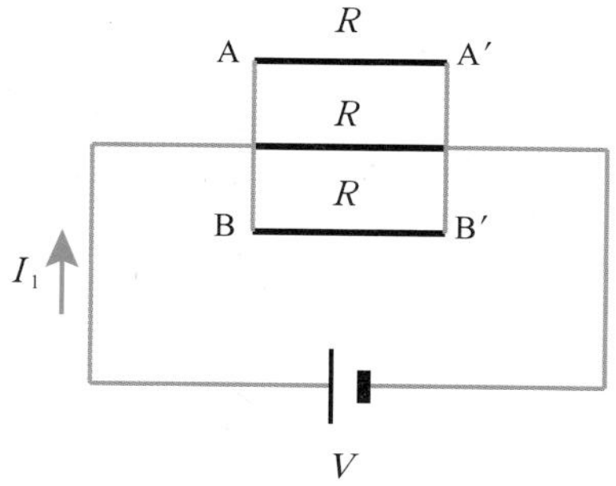

(가)

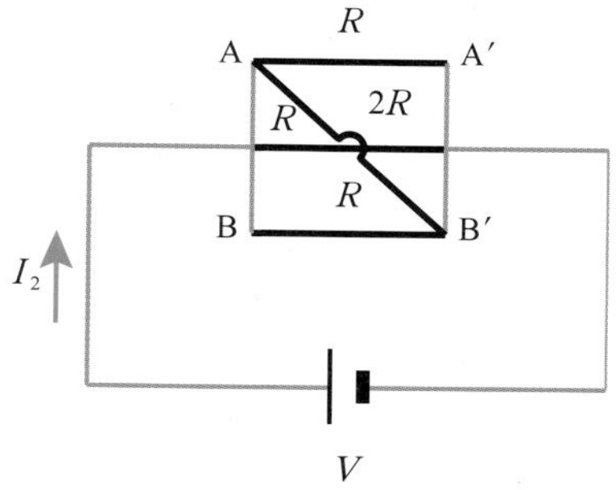

(나)

〈 보기 〉

ㄱ. $I_1 > I_2$
ㄴ. $I_1 : I_2 = 7 : 6$
ㄷ. 만약 저항 $2R$ 이 A′B 사이에 연결되어도 I_2 는 변화가 없다.

기출 Check

077 동일한 저항값을 갖는 저항 6 개를 이용하여 그림과 같이 전기 회로를 꾸미고 특정 저항만 물속에 담갔다. A 의 물은 200 g, B의 물은 300 g 이다.

[서울과학고 기출 유형]

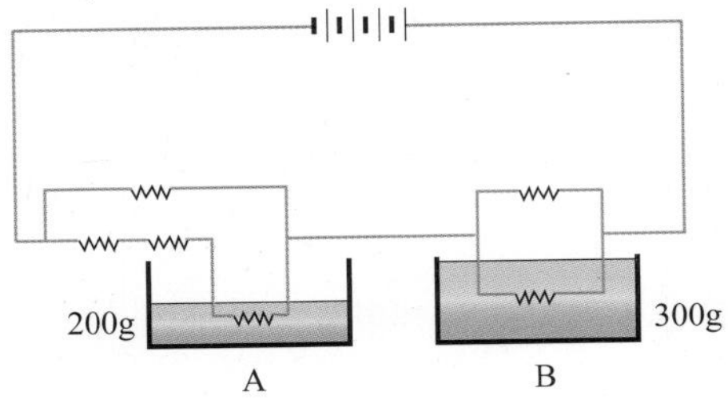

(1) A와 B의 잠겨 있는 저항에 걸리는 전압의 비를 구하시오.

(2) 회로에 5분 동안 전류를 흐르게 하였더니 A의 물의 온도가 21 ℃에서 24 ℃가 되었다. 5분 후 B의 물의 온도는 21 ℃에서 몇 ℃가 되겠는가?

078 그림 (가)와 같이 같은 종류의 전구 A, B 와 1.5 V 전지 2개, 가변 저항기를 이용하여 회로를 구성하였다. 처음 가변 저항기의 저항은 무한대이었고, 가변 저항기의 저항값을 감소시킬 때 어느 전구 하나의 양단에 걸린 전압과 전류가 표 (나)와 같이 나타났다.

[특목고 기출 유형]

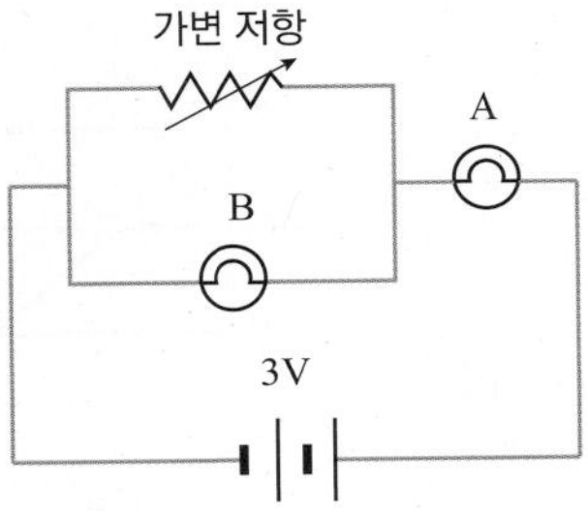

(가)

전압(V)	전류(mA)	밝기(Lux)
1.5	190	21
1.8	210	88
2.1	230	181
2.4	245	304
2.7	260	462

(나)

(1) 가변 저항기의 저항값을 감소시킬 때 전구 A와 B의 밝기 변화를 설명하시오.

(2) 표 (나)를 이용하여 전류-전압 그래프를 그리고, 어느 전구의 실험값을 측정한 것인지 설명하시오.

(3) 표 (나)에서 전압이 3V 일 때, 전류와 밝기 값을 예상하시오.

정답 및 해설 23쪽

079 $+x$ 방향의 균일한 자기장 영역의 xy 평면 위에 가로 16 cm, 세로 40 cm 의 직사각형 도선이 놓여 있다. 이 도선에 $+y$ 방향으로 2.5 A 의 전류가 흐르고 있고, 도선의 오른쪽에 500 g 의 추가 $-z$ 방향으로 매달려 있을 때, 도선이 도선의 중심축 P 를 중심으로 회전하지 않고 수평을 유지하였다. 자기장의 세기는 얼마인가? (단, 중력 가속도 $g = 9.8\ m/s^2$ 이다.)

[특목고 기출 유형]

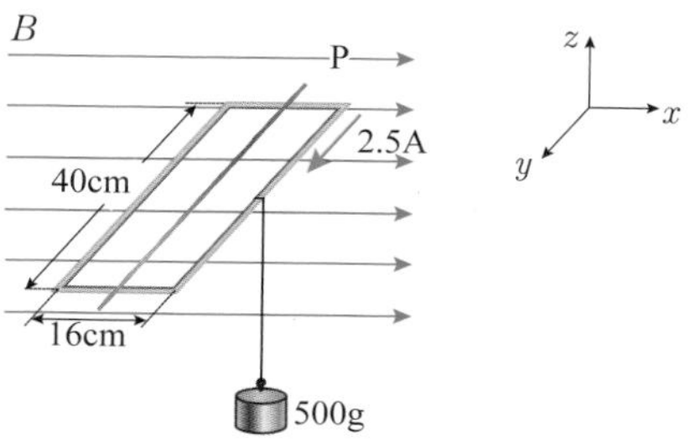

080 지면에 수직하게 들어가는 방향으로 균일하게 형성된 자기장(세기 B) 내에서 $+x$ 방향으로 일정한 속도 v 로 운동하는 전자의 모습이다. 전자에 작용하고 있는 힘 F 의 방향과 크기를 구하고, 전자의 운동에 대하여 서술하시오. (전자의 전하량을 e, 전자의 질량을 m, 원의 반지름을 r 이라고 한다.)

[대회 기출 유형]

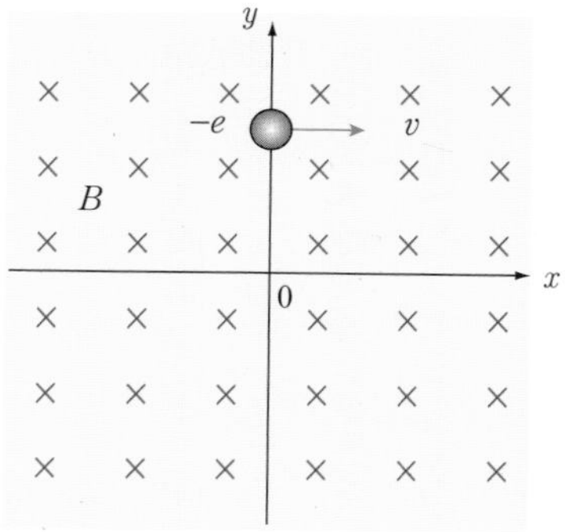

081 그림과 같이 자기장이 중력 방향과 수직으로 형성되어 있는 공간에서 한 변의 길이가 1 m 인 정사각형 도선을 정사각형 모양의 자기장 영역 위 1 m 높이에서 중력 방향으로 낙하시켰다. 자기장의 세기 B는 5 T 로 균일하고 지면으로 들어가는 방향으로 형성되어 있으며, 자기장 영역의 한 변의 길이는 2 m이다. 정사각형 도선의 전체 저항은 20 Ω, 질량은 0.2 kg 이고, 중력 가속도는 10 m/s^2 이다.

[2021~23 기출 유형]

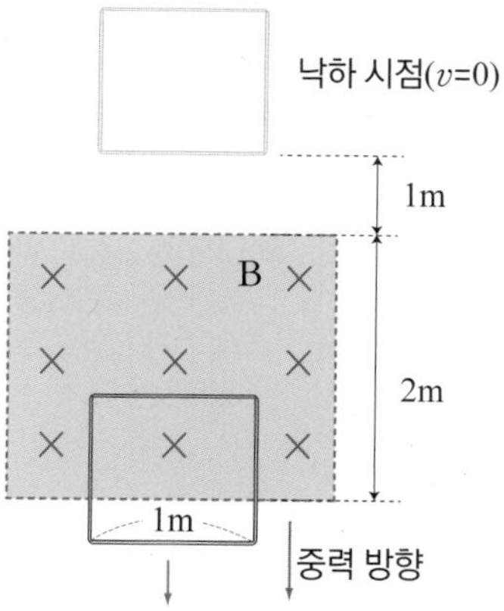

(1) 그림처럼 자기장 영역 아랫변을 통과할 때 도선은 등속 운동하였다. 이때 도선에 유도되는 유도 전류의 방향과 그 크기를 구하시오.

(2) (1)에서 도선이 소비하는 전력을 구하시오.

(3) (1)에서 도선이 낙하 후 자기장에서 완전히 빠져나올 때까지 속력 - 낙하 거리 그래프 개형를 그리시오.

(4) 도선에 항상 일정한 전류 I 가 흐르도록 장치한 다음, 같은 위치에서 중력 방향으로 낙하시킬 때의 도선이 자기장 영역에 진입한 시간 t_i에서 도선이 모두 자기장에서 빠져 나오는 시간 t_f 까지 속력-시간 그래프를 그리시오.

기출 Check

082 무한이는 샤프심을 이용하여 다음과 같은 실험을 하였다.

[대회 기출 유형]

(가) 길이가 60 mm 이고, 굵기가 다른 샤프심의 양끝 사이의 저항을 측정하여 <표 1>과 같은 결과를 얻었다.

샤프심의 직경(mm)	샤프심의 저항(Ω)
0.3	2.4
0.5	1.5
0.7	1.2

<표 1>

(나) 직경이 0.5 mm 인 샤프심의 양 끝에 직류 전원 장치를 연결하여 전압을 0 V에서 점점 증가시켰더니 전류와 전압이 <표 2>와 같이 변하였다.

전압(V)	전류(A)
0.4	0.26
0.8	0.53
1.2	0.83
1.6	1.1
2.0	1.5
2.4	1.9
2.8	2.4
3.2	2.9
3.6	2.8 에서 점차 감소

<표 2>

(다) 전압이 3.2 V 일 때 샤프심의 중심부가 빨갛게 달아올랐다. 전압을 3.6 V로 증가시켰더니 중심부가 매우 밝아지고 전류가 점차 감소하더니 잠시 후 샤프심이 끊어졌다. 끊어진 부분을 살펴보니 굵기가 다른 부분보다 가늘어져 있었다.

(라) 오른쪽 그림과 같이 길이 60 mm, 직경 0.5 mm 인 사프심 2개를 각각 집게에 물리고 평행하게 둔 다음, 동일한 샤프심을 평행한 샤프심 끝 부분 위에 ㄷ자 모양으로 가만히 올려놓고 저항을 측정하였더니 100 Ω 보다 큰 값이 나왔다.

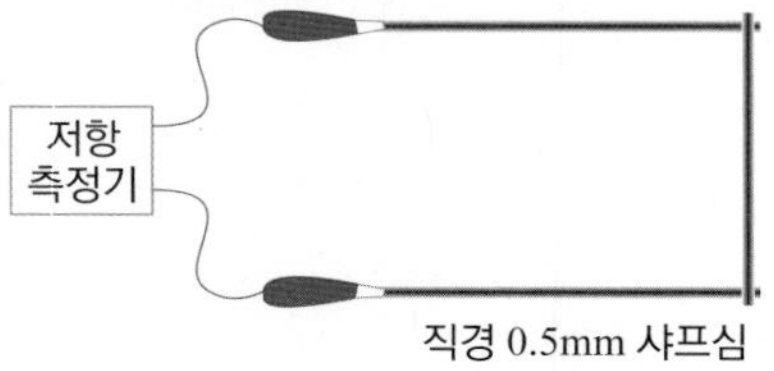

(1) 〈표 2〉의 자료를 가로축을 전압, 세로축을 전류로 하여 나타내고, 직경 0.3mm 인 샤프심을 사용하면 나올 그래프 모양을 예측하여 그리시오.

(2) 〈표 1〉의 결과를 이용하여 (다)에서 관측된 현상을 설명하시오.

(3) (라)와 같이 저항 값이 크게 나온 이유를 설명하고, 3개의 저항의 직렬 연결 값에 가까운 결과를 얻을 수 있는 방법을 고안하시오.

083 저울 위에 나무공을 놓고 높이를 변화시킬 수 있는 스탠드에 동일한 나무공을 매단 뒤 두 공을 각각 문질러 나무공을 대전시켜 놓은 것을 나타낸 것이다. 두 공 사이의 거리를 변화시켜 가면서 저울의 눈금 변화를 측정하였더니 아래 표와 같았다.

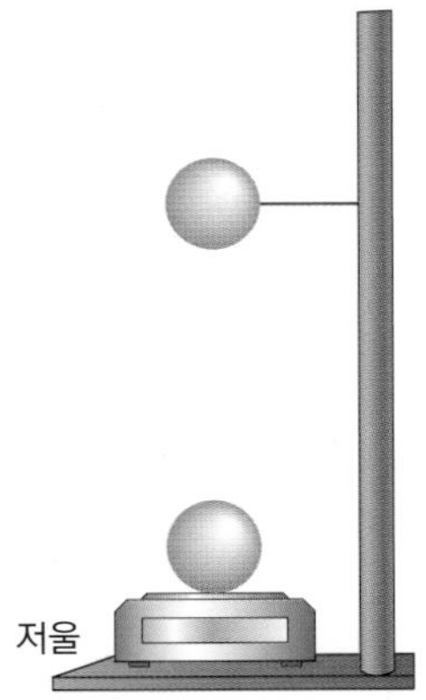

거리(cm)	10	20	30	40
저울 눈금(g·중)	600	525	511.11	506.25

이에 대한 설명으로 옳은 것만을 <보기>에서 있는 대로 고르시오.

[대회 기출 유형]

〈 보기 〉

ㄱ. 두 공의 전하량은 같다.
ㄴ. 두 공 사이에는 인력이 작용한다.
ㄷ. 거리가 50 cm 가 되면 저울의 눈금이 504g 을 가리킬 것이다.

084 모서리의 길이가 a 인 정사면체를 나타낸 것으로 점 O는 삼각형 ABC 의 무게 중심이다. 전하량이 $+q$ 이고, 질량이 m 인 3개의 입자는 각각 꼭짓점 A, B, C에 위치하여 있고, 전하량이 $-3q$ 이고 질량이 M 인 입자는 꼭짓점 D 에 위치해 있다. 각 입자가 받는 힘에 대한 설명으로 옳은 것만을 <보기>에서 있는 대로 고르시오. (단, 물체에 작용하는 중력은 무시한다.)

[대회 기출 유형]

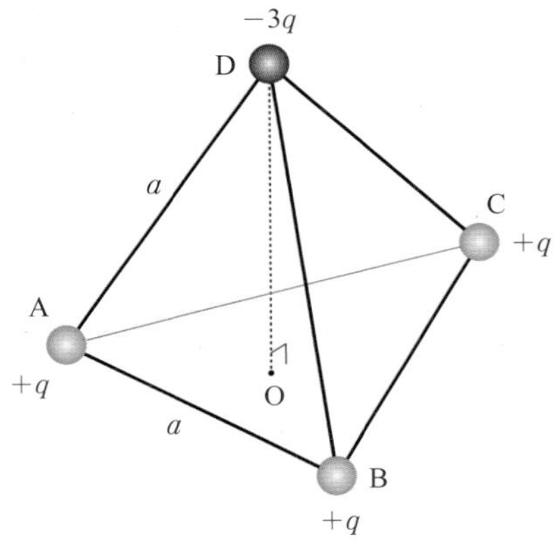

〈 보기 〉

ㄱ. 입자 D에 작용하는 전기력의 방향은 D에서 O를 향한다.
ㄴ. 입자 A에 작용하는 전기력은 O에서 D를 향하는 방향과 평행하다.
ㄷ. 입자 D가 받는 전기력의 크기는 입자 A가 받는 전기력의 크기의 3배이다.

주제 탐구 및 논술

전류의 세기

(가) 전기 뱀장어

학 명	Electrophorus electricus
분 류	잉어목 - 전기뱀장어과
크 기	몸길이 약 2m 내외
서식 장소	진흙 바닥의 조용한 물
분포 지역	남아메리카 아마존강, 오리노코강
특징	몸 후반의 양 옆구리에 2개씩의 발전 기관이 있어 대략 650V ~ 850V 전압을 발생시킨다.

▲ 전기 뱀장어

- 두산 백과 발췌 편집

(나) 전기 뱀장어는 수많은 발전 세포가 직·병렬 구조를 이루고 있다. 하나의 자체 기전력 장치인 전기 세포는 각각 150mV의 기전력을 만들어냄과 동시에 자체 내부 저항도 가지고 있다. 이 내부 저항의 크기는 약 0.25Ω 이다. 이와 같은 전기 세포가 5,000개 직렬 연결된 것과 동시에 총 140 줄이 병렬 연결되어 있다. 일반적인 동물의 경우 세포가 직렬 구조의 조직을 이루고 있다. 반면에 전기 뱀장어는 자신이 내는 전류나 밖에서 전달 받는 전류를 140줄의 병렬 구조 전기 세포로 분산하여 상당히 감쇠시키게 된다. 전기 세포가 병렬 구조를 이루고 있는 경우 합성 저항이 감소하는 효과를 갖기 때문이다. 따라서 일반 동물이 죽을 정도의 전류가 체내에 흘러도 작은 충격만을 입게 되는 것이다. 또한, 전기 뱀장어의 두꺼운 지방질의 몸은 절연체 역할을 해주기 때문에 전기에 대한 피해를 상대적으로 덜 받게 되는 요인이 된다.

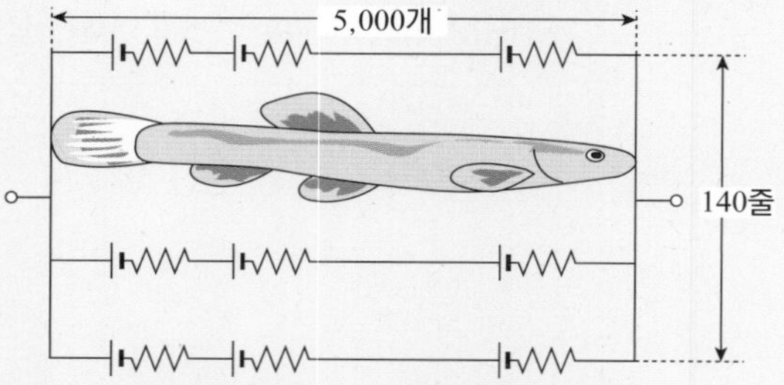

▲ 전기 뱀장어의 전기 회로도

(다) 감전이란 사전적인 의미에서 전류가 흘러 체내에 상처를 입거나 충격을 느끼는 것을 뜻한다. 사람의 몸에 전압이 가해져 전류가 흐를 경우 전류의 크기와 시간, 그리고 환경 등에 따라 반응이 달라진다. 일반적으로 전류가 흐를 때의 충격은 표 (A)와 같고(이때 통전 시간은 1초, 감전은 손-몸통-다리일 경우이다.), 그림 (B)는 우리 몸에 흐르는 전류의 위험도를 실험하여 얻은 그래프이다.

약 25mA 이하	심장 박동 주기와 신경계에 큰 문제 없음
25 ~ 80mA	견딜 수 있는 전류, 혈압 상승, 불규칙한 심장 박동, 회복성 심장 정지가 나타나며, 50mA 가 넘으면 실신하기도 함
80 ~ 3,000mA	실신, 심실 세동(심실의 각 부분이 무질서하게 불규칙적으로 수축하는 상태), 자연 회복 불가능
약 3,000mA 이상	혈압 상승, 부정맥, 폐기종, 실신

(A)

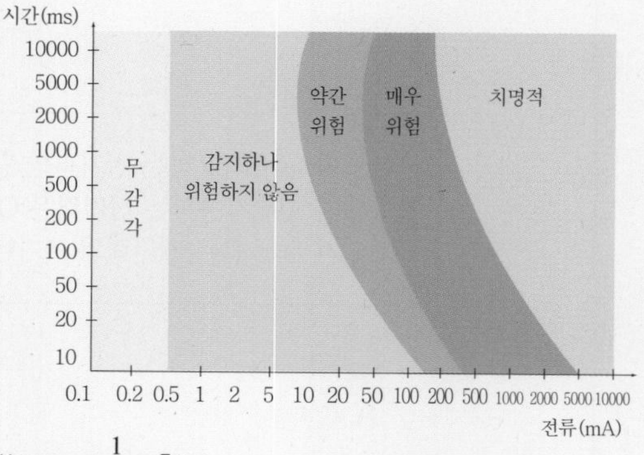

$(1ms = \frac{1}{1000}$ 초$)$

(B)

자료 해석 및 일반화

Q1 전기 뱀장어의 전기 회로도에서 전기 뱀장어는 내부 저항을 가진 하나의 전지로 생각할 수 있다. 전기 뱀장어의 합성 기전력과 합성 내부 저항을 각각 구하시오.

Q2 전기 뱀장어가 헤엄치는 강물은 전기 뱀장어의 머리와 꼬리에 연결된 하나의 단일 저항으로 보면 된다. 물의 저항이 800Ω 이라고 할 때, 물에 흐르는 전류의 세기는 얼마인가?

개념 응용하기

Q1, Q2 에서 나온 답을 근거로 하여 전기 뱀장어 근처에 있는 물고기들이 받는 전기 충격에 대하여 (다)를 이용하여 설명하고, 스스로 발생시킨 전기에 전기 뱀장어가 어떻게 안전할 수 있는지 설명하시오.

정전기 차폐

자동차에 번개가 치면 그 안에 있는 사람은 어떻게 될까? 결론적으로 안전하다. 이것은 차 위로 쏟아져 들어온 전자들이 서로 반발하여 금속의 바깥쪽 표면으로 퍼져 나가다가 결국 스파크가 일어나면서 차체로부터 땅속으로 방전되기 때문이다. 어떤 순간이라도 차 표면에 있는 전자들의 분포는 차 내부의 전기장을 0으로 만들도록 한다. 이것은 모든 도체에서 일어나는 일이다.

도체의 전하가 움직이지 않으면 도체 내부의 전기장은 정확히 0이다. 정전기를 띠고 있는 도체 안에 전기장이 없는 것은 전기장이 금속을 뚫고 들어가지 못하기 때문은 아니다. 이것은 도체 안의 자유전자들이 내부의 전기장이 0일 때만 움직임을 멈추고 '정착'할 수 있기 때문이다.

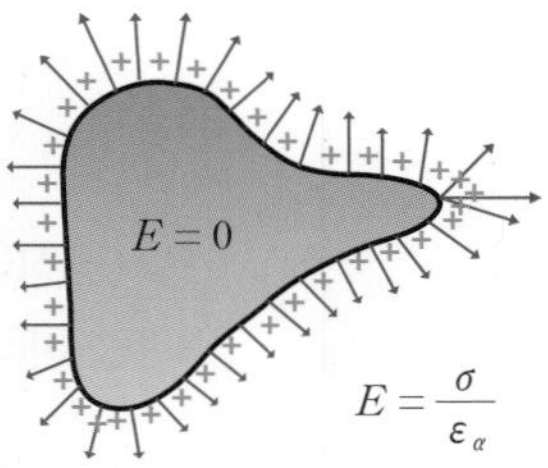

▲ 방전(번개)

▲ 고무 바퀴를 타고 흐르는 번개

간단한 예로 대전된 금속구를 생각해 보자. 전자들끼리는 서로 미는 힘을 작용하기 때문에 가능한 한 서로 멀리 떨어지게 된다. 그래서 전자들은 구 표면에 균일하게 분포한다. 따라서 시험 양전하를 정확히 구 가운데 놓으면 아무런 힘도 받지 못할 것이다.
예를 들면 구의 왼쪽 부분에 있는 전자들이 시험 전하를 왼쪽으로 당기지만 구의 오른쪽 부분에 있는 전자들은 시험 전하를 같은 크기의 힘으로 오른쪽으로 당긴다. 따라서 시험 전하에 미치는 알짜 힘은 0이 되므로 도체 구 내부의 전기장도 역시 0이 된다.

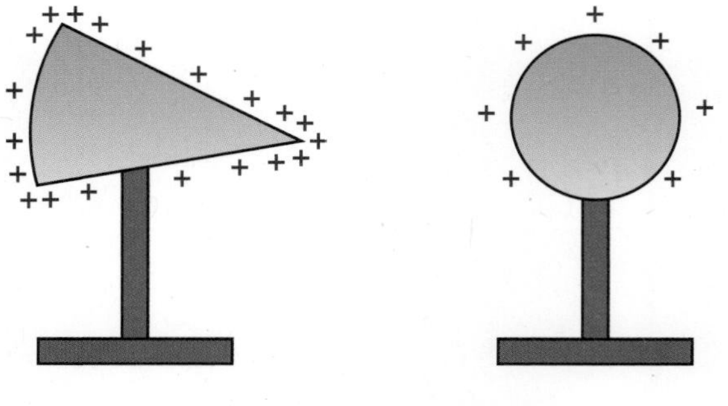
▲ 뾰족한 표면에 전하가 더 많이 분포한다.

정답 및 해설 25쪽

도체가 구 모양이 아니라면, 전하 분포는 균일하지 않을 것이다. 예를 들어 정육면체라면 전하의 대부분은 모서리에 몰린다. 놀라운 것은 면과 모서리의 전자 분포는 정육면체 안의 어디서나 전기장이 0이 되도록 이루어진다는 것이다. 만일 도체 내부에 전기장이 있다면 도체 내부의 자유 전자들은 평형이 될 때까지 움직이기 시작할 것이다. 즉 모든 전자들의 위치가 도체 내부의 전기장을 0으로 만들 때까지 움직일 것이다.

Q3 번개가 치는 날 자동차 안에 있는 사람은 어떻게 될지 이유와 함께 적어 보시오.

Q4 도체의 표면에만 전하가 분포하는 이유는 무엇일까?

Q5 도체 구에 전하가 분포될 때 전하가 어떻게 분포될지 설명하시오.

Q6 삼각형 모양의 도체가 대전되었을 때 전하가 어떻게 분포될지 설명하시오.

Ⅲ 파동과 빛

1 파동

1. 파동

① **파동** : 매질의 한 지점(파원)에서 발생한 주기적인 진동이 물질이나 공간을 따라 주위로 퍼져나가는 현상으로 에너지가 전달되는 과정이다.

② **파동의 종류** : 파동은 매질에 따라 탄성파, 전자기파로, 매질의 진동 방향에 따라 횡파와 종파로 분류한다.

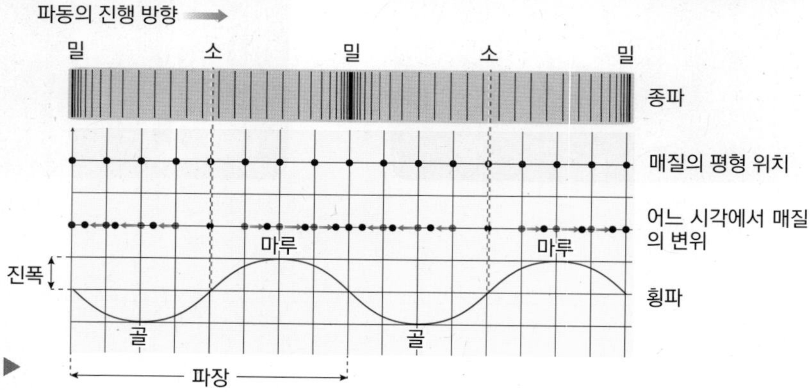

종파와 횡파 ▶

③ **파동의 주기와 진동수** : 매질의 한 점이 1회 진동하는 시간을 주기, 1초 동안 진동하는 횟수를 진동수라고 한다.

→ $T = \frac{1}{f}$ [T : 주기(s), f : 진동수(Hz)]

④ **파동의 속력** : 파동은 한 주기동안 한 파장을 이동한다. 즉, 파동의 속력은 파동이 단위 시간 동안 진행한 거리이다.

· 물의 깊이가 깊을수록 물결파의 전파 속도가 크다.

$$v = \frac{\lambda}{T} = \lambda f \quad (\text{단위} : \text{m/s})$$

⑤ **줄에 생긴 파동의 속력** : 줄의 장력을 T, 줄의 단위 길이당 질량인 줄의 선밀도를 μ 라고 할 때, 줄을 따라 진행하는 파동의 속력 v는 오른쪽과 같다.

$$v = \sqrt{\frac{T}{\mu}} \ (\text{m/s})$$

2. 파동 그래프

변위 - 위치 그래프		변위 - 시간 그래프	
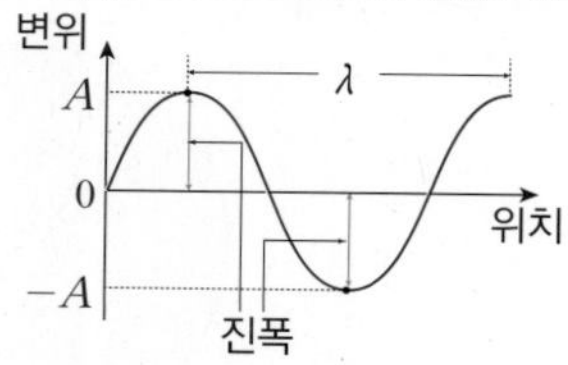	어느 한 순간 파동의 매질 위치에 따른 변위를 나타낸다. → 진폭과 파장을 알 수 있다.	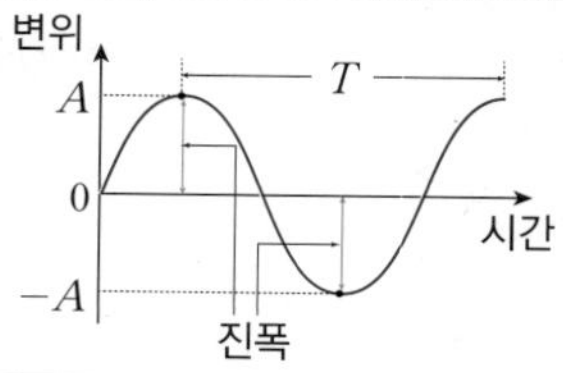	매질의 어느 한 지점의 변위를 시간에 따라 나타낸다. → 진폭, 주기, 진동수를 알 수 있다.

3. 파동의 진행

(1) 조화 파동: 변위를 사인 함수 또는 코사인 함수로 나타나는 파동을 말한다.

① **$t = 0$일 때, 파동의 마루가 원점($x = 0$)에 있는 조화 파동을 나타내는 함수** : $y = A\cos kx$

② **$t = 0$일 때, 파동의 마루가 $x = \frac{\pi}{2}$ 에 있는 조화 파동을 나타내는 함수** : $y = A\sin kx$

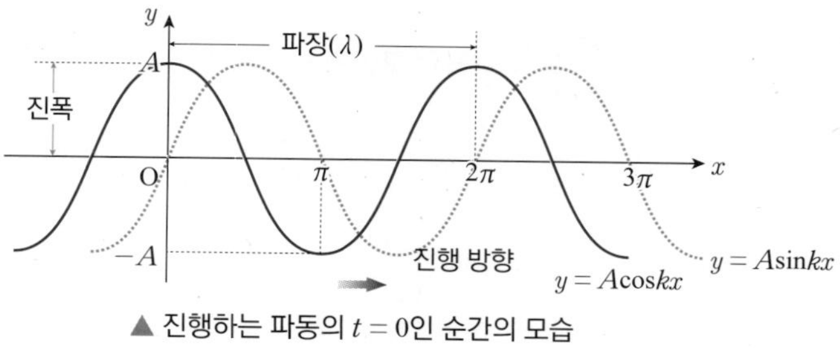

▲ 진행하는 파동의 $t = 0$인 순간의 모습

→ 단위 길이당 파장의 수를 나타내는 물리량인 파수 k와 파장 λ 사이의 관계는 다음과 같다.

$$\lambda = \frac{2\pi}{k} \text{ or } k = \frac{2\pi}{\lambda} \text{(rad/m)}$$

(2) 하위헌스의 원리 : 파동이 진행할 때 파면(위상이 같은 점들을 연결한 선이나 면)의 모든 점들은 다음 순간에 원래의 파동과 속력이 같은 작은 구면파를 만드는 점파원들이 된다. 이 점파원들이 만드는 모든 구면파에 공통으로 접하는 면이 다음 순간의 파면이 된다. 이러한 관계를 **하위헌스 원리**라고 한다.

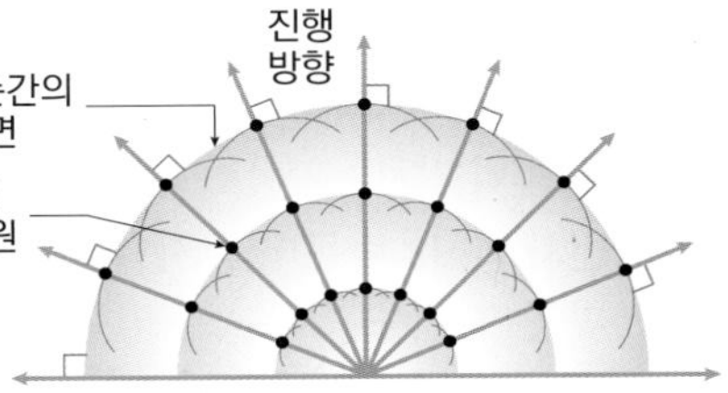

▲ 하위헌스 원리에 따라 나타낸 구면파의 전파

(3) 파동의 세기 : 파동이 전파될 때 진행 방향에 수직한 단위 면적($1m^2$)을 통하여 단위 시간동안 지나는 파동 에너지를 파동의 세기라고 한다. 즉, 파동의 일률이 파동의 세기이다. (줄의 선밀도 μ, 파동의 속력 v, 진동수 f, 진폭 A)

$$\text{파동의 세기} = P_{avg} = \frac{1}{2}\mu v \omega^2 A^2 = 2\mu v \pi^2 f^2 A^2 \quad (\because \omega = 2\pi f)$$

정답 및 해설 26쪽

Q1 무거운 줄의 끝이 가벼운 줄의 끝과 연결되어 있다. 파동이 무거운 줄에서 가벼운 줄로 진행할 때, 파동의 진동수는?

① 증가한다. ② 변함없다. ③ 감소한다.

Q2 긴 줄을 팽팽하게 잡아당겼다가 튕기면 줄은 위아래로 진동하게 된다. 이때 줄을 더 팽팽히 당긴다면 파동의 속력은 어떻게 되겠는가?

① 증가한다. ② 변함없다. ③ 감소한다.

Q3 팽팽한 줄에서 파동의 속력을 2배로 하기 위해서는 장력을 몇 배로 증가시켜야 하는가? (단, 줄은 늘어나지 않는다.)

① 0.5배 ② 2배 ③ 4배 ④ 8배

Q4 + 방향으로 진행하는 사인형 파동이 있다. 진폭이 10cm, 파장이 30cm 일 때, 파수 k 를 구하시오. (단, $\pi = 3$ 으로 계산한다.)

Q5 일정한 진동수로 진동하는 파원에서 일정한 장력을 받는 줄에 횡파를 발생시키고 있다. 만약 줄에 가해지는 일률이 2배가 된다면 진폭은 몇 배가 되겠는가?

① 0.707배 ② $\sqrt{2}$배 ③ 2배 ④ 4배

Ⅲ 파동과 빛

2 파동의 성질

1. 파동의 반사

(1) 파동의 반사 : 파동이 진행하다가 다른 매질을 만났을 때 경계면에서 그 일부가 되돌아오는 현상이다.

① **반사 법칙** : 파동이 반사할 때 입사각과 반사각은 항상 같으며, 입사파, 법선, 반사파는 항상 같은 평면 상에 있다.

② 파동이 반사할 때 파동의 속력, 파장, 진동수는 변하지 않는다.

고정단 반사	자유단 반사
입사파와 반사파의 위상차가 180°(π)인 반사 ㉮ 소한 매질 → 밀한 매질 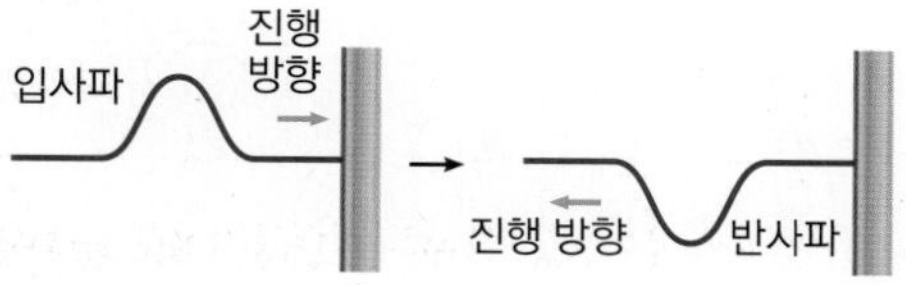 	입사파와 반사파의 위상차가 0° 인 반사 ㉮ 밀한 매질 → 소한 매질 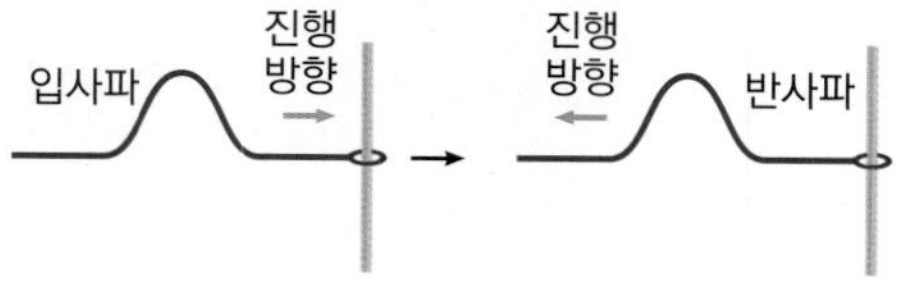

(2) 빛의 반사 : 빛도 파동이므로 반사 법칙이 성립한다.

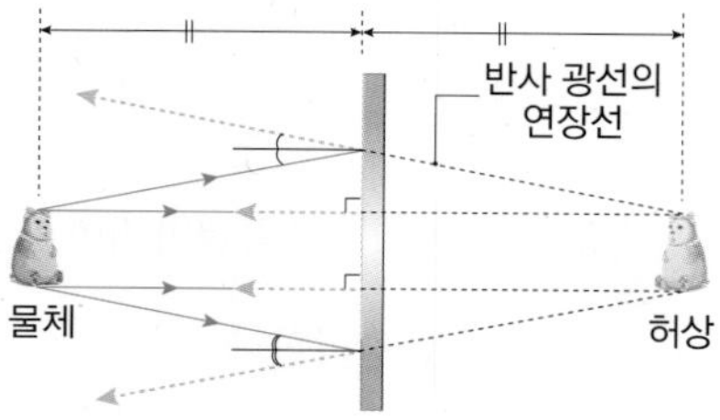

① **평면 거울에서의 반사** : 항상 상의 크기는 물체와 같고, 거울 면에 대하여 대칭인 똑바로 된(정립) 허상이 생긴다.

→ 물체와 거울 사이의 거리 l = 상과 거울 사이의 거리 l

② **구면 거울에서의 반사**

㉠ **구면 거울 공식** : 물체에서 거울까지의 거리 a, 거울에서 상까지의 거리 b, 거울의 초점 거리 f, 구면 반지름 r

$$\frac{1}{a}+\frac{1}{b}=\frac{1}{f}=\frac{2}{r}$$

a	(+)	실물체	b	(+)	실상	f	(+)	오목 거울(실초점)
	(−)	허물체		(−)	허상		(−)	볼록 거울(허초점)

㉡ **구면 거울에 의한 상의 작도**

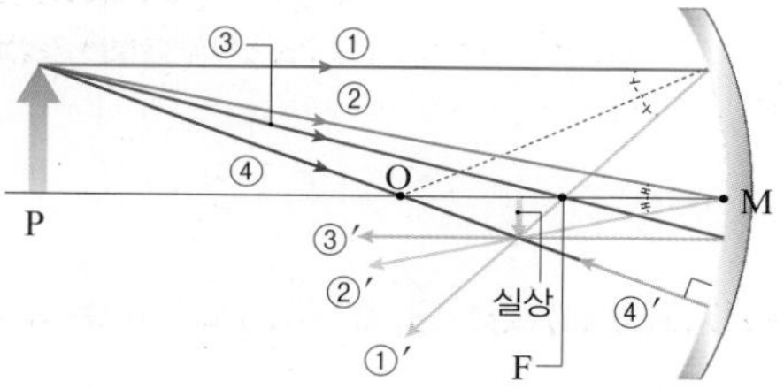

1. 광축과 나란하게 입사한 빛은 초점을 지나거나, 초점에서 나온 것처럼 반사한다.(광선 ①)
2. 거울의 중심(M)을 향하여 입사한 빛은 광축에 대칭되도록 반사한다. (광선 ②)
3. 초점(F)을 향하여 입사한 빛은 광축과 나란한 방향으로 반사한다. (광선 ③)
4. 구심(O)을 향하여 입사한 빛은 반사 후 그대로 되돌아나온다. (광선 ④)

2. 파동의 굴절

(1) 파동의 굴절 : 파동이 서로 다른 매질의 경계면에서 진행 방향이 꺾이는 현상으로, 이때 파동의 속력과 파장은 변하지만 진동수는 변하지 않는다.

<하위헌스 원리에 의한 굴절 법칙>

① 같은 시간 동안 진행한 거리는 각각 $AA' = v_2t$, $BB' = v_1t$ 이다.

② $\triangle ABB'$에서 $BB' = l\sin i$, $\triangle AA'B'$에서 $AA' = l\sin r$ 이다.

$$\therefore \frac{BB'}{AA'} = \frac{l\sin i}{l\sin r} = \frac{v_1t}{v_2t}$$

③ 진동수는 파원에 의한 것이므로 매질과 관계없이 일정하다.

$v_1 = f\lambda_1$, $v_2 = f\lambda_2$ 이므로 다음과 같은 굴절 법칙이 성립한다.

$$\frac{\sin i}{\sin r} = \frac{v_1}{v_2} = \frac{\lambda_1}{\lambda_2} = n_{12} = \frac{n_2}{n_1}$$

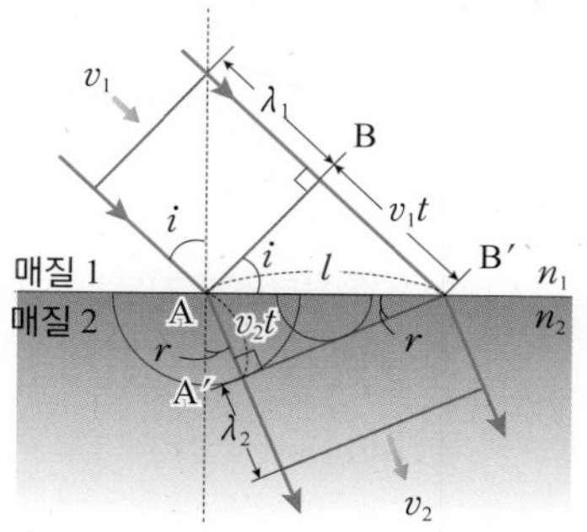

· **굴절 법칙(스넬 법칙)** : 두 매질의 경계면에서 파동이 굴절할 때 입사각 i 과 굴절각 r 의 사인값의 비, 두 매질에서의 속력 v_1, v_2와 파장 λ_1, λ_2의 비도 항상 일정하다.

$$n_{12}\text{(매질 1에 대한 매질 2의 상대 굴절률)} = \frac{\sin i}{\sin r} = \frac{v_1}{v_2} = \frac{\lambda_1}{\lambda_2} = \frac{n_2}{n_1}$$

(2) 빛의 굴절

① 렌즈에서의 굴절

㉠ 렌즈의 공식 : 물체에서 렌즈 중심까지의 거리 a, 렌즈 중심에서 상까지의 거리 b, 렌즈의 초점 거리 f

$$\frac{1}{a} + \frac{1}{b} = \frac{1}{f}$$

a	(+)	실물체	b	(+)	실상	f	(+)	볼록 렌즈
	(−)	허물체		(−)	허상		(−)	오목 렌즈

㉡ 구면 거울에 의한 상의 작도

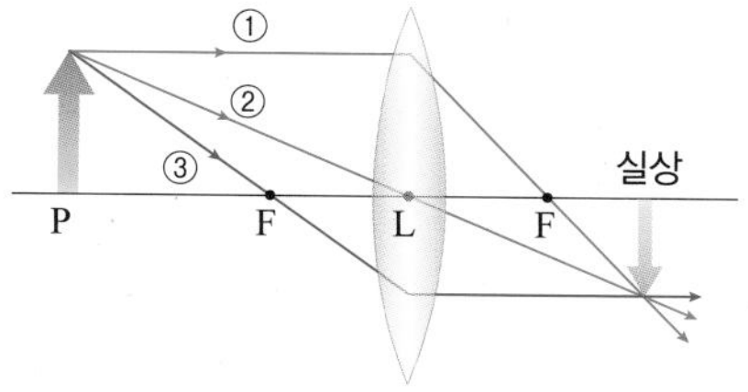

1. 광축과 나란하게 입사한 빛은 렌즈를 지난 후, 초점을 지나거나 초점에서 나온 것처럼 굴절한다.(광선 ①)
2. 렌즈의 중심(L)을 향하여 입사한 빛은 렌즈를 지난 후 그대로 직진한다. (광선 ②)
3. 초점(F)을 향하여 입사한 빛은 렌즈를 지난 후 광축에 평행하게 진행한다. (광선 ③)

(3) 전반사 : 빛이 절대 굴절률이 n_2 인 밀한 매질에서 절대 굴절률이 n_1 인 소한 매질로 입사할 때 입사각 i가 임계각 i_c 보다 큰 각도로 빛이 입사하면 빛은 경계면에서 투과되지 않고 100% 반사한다.

$$\sin i_c = \frac{n_1}{n_2} = \frac{1}{n_{12}} \quad (\because\ n_{12} = \frac{v_1}{v_2} = \frac{n_2}{n_1})$$

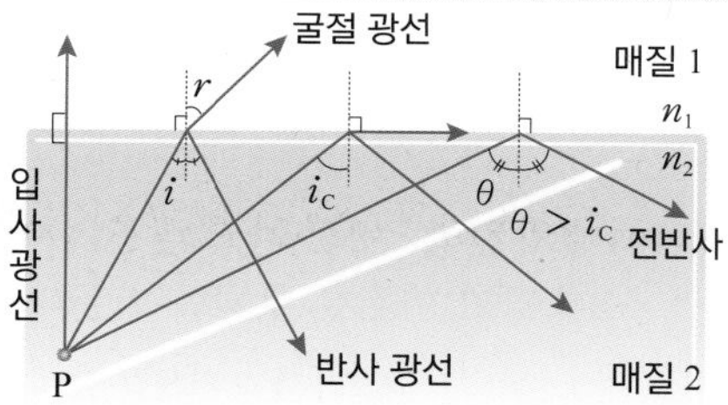

(4) 겉보기 깊이 : 공기 중에서 깊이 h 인 P점에 있는 물속에 있는 물체를 볼 때 물체는 깊이 h'(겉보기 깊이)인 P′ 에 있는 것처럼 떠 보인다. 오른쪽 그림과 같이 소한 매질에 있는 눈을 ㉡에서 ㉠으로 옮길 경우 다음과 같은 식이 성립한다.

$$n_{12} = \frac{n_2}{n_1} = \frac{\sin\alpha}{\sin\beta} = \frac{\text{PB}}{\text{P'B}} = \frac{\text{PA}}{\text{P'A}} = \frac{h}{h'}$$

$$\therefore h' = \frac{h}{n_{12}} = \frac{n_1}{n_2}h$$

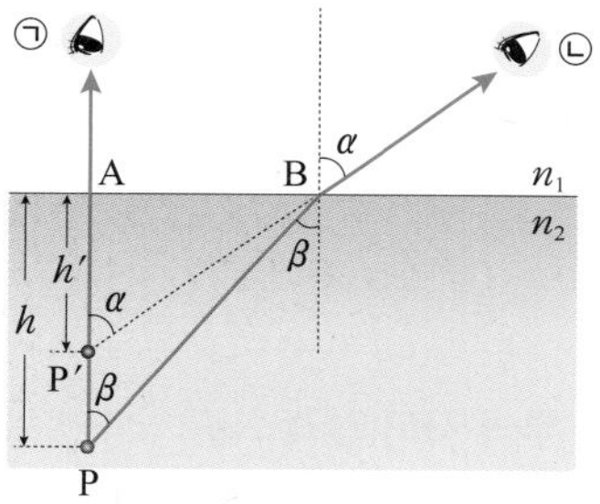

정답 및 해설 26쪽

Q6 무한이가 거울로 자신의 모습을 보고 있다. 무한이가 거울 가까이 있을 때 상은 확대된다. 무한이가 거울에서 멀어질 때 상은 점점 더 커져서 거울로부터 30cm 인 곳에 있을 때 무한이의 모습을 볼 수 없었으며, 30cm 보다 멀어지면 거꾸로 된 모습을 볼 수 있었다. 이 거울은 어떤 거울인가?

① 평면 거울　　② 볼록 거울　　③ 오목 거울

Q7 빛이 굴절률이 1.5 인 글리세린에서 굴절률이 1 인 공기 중으로 법선과 θ 를 이루는 각도로 입사하였더니 경계면에서 모두 반사하였다. 이때 $\sin\theta$ 의 최솟값은 얼마인가?

3. 파동의 간섭

(1) 파동의 중첩과 독립성

① **중첩 원리** : 파동이 중첩될 때 합성파의 변위는 각 파동의 변위를 합한 것과 같다.

② **파동의 독립성** : 파동이 중첩된 후에 각각의 파동은 다른 파동의 영향을 받지 않고 중첩되기 전 파동의 특성을 그대로 유지하면서 독립적으로 진행한다.

(2) 파동의 간섭 : 두 개 이상의 파동이 서로 중첩될 때 중첩된 파동의 진폭이 커지거나 작아지는 현상

① **보강 간섭** : 중첩되는 파동의 변위 방향이 같아서 합성파의 진폭이 최대가 되는 간섭이다.

② **상쇄 간섭** : 중첩되는 파동의 변위 방향이 반대이어서 합성파의 진폭이 최소가 되는 간섭이다.

(3) 파동의 간섭 조건 : 진폭이 같은 두 파동을 동일한 위상과 진동수로 발생시켰을 때

① **보강 간섭 조건** : 임의의 점 P에서 두 파원 S_1, S_2로부터의 경로차가 반파장의 짝수배일 경우 일어난다.

$$|S_1P - S_2P| = \frac{\lambda}{2}(2m) \quad (m = 0, 1, 2, \cdots)$$

② **상쇄 간섭 조건** : 임의의 점 Q에서 두 파원 S_1, S_2로부터의 경로차가 반파장의 홀수배일 경우 일어난다.

$$|S_1Q - S_2Q| = \frac{\lambda}{2}(2m' + 1) \quad (m' = 0, 1, 2, \cdots)$$

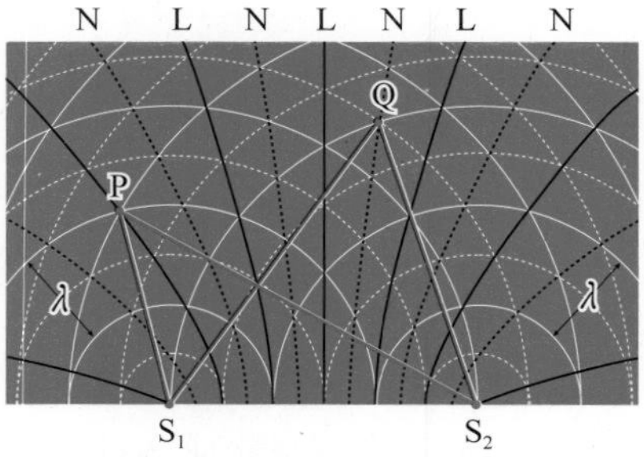

▲ 물결파의 간섭 (N:마디선(상쇄선), L:보강선)

(4) 빛의 간섭 : 영의 간섭 실험의 이중 슬릿을 통과한 빛이 스크린에서 보강 간섭과 상쇄 간섭을 일으켜서 스크린 상에 밝고 어두운 무늬를 만든다.

P점이 보강 간섭할 조건 ($m = 0, 1, 2, \cdots$)
Δ(광로차) $= |S_1P - S_2P| = d\sin\theta = \frac{dx}{l} = \frac{\lambda}{2}(2m)$
Q점이 상쇄 간섭할 조건 ($m' = 0, 1, 2, \cdots$)
Δ(광로차) $= |S_1Q - S_2Q| = d\sin\theta = \frac{dx}{l} = \frac{\lambda}{2}(2m' + 1)$

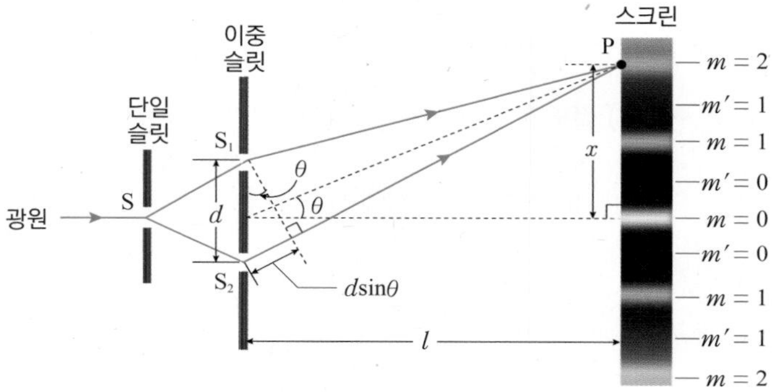

· **무늬 사이 간격** : $\Delta x = x_m - x_{m-1} = \frac{\lambda l}{d}$ (일정한 간격)

(5) 얇은 막에 의한 간섭 : 공기 중을 진행하던 빛이 굴절률이 n ($n > 1$)인 두께가 d 인 매우 얇은 막에 입사하면 각 경계면에서 반사된 두 광선이 보강 간섭을 하거나 상쇄 간섭을 하여 특정 색만 보이게 된다. 이때 자유단 반사를 하거나 고정단 반사를 한다.

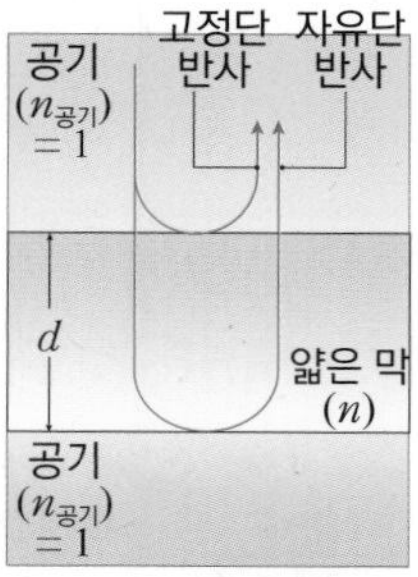

보강 간섭 조건 ($m = 0, 1, 2, \cdots$)	보강 간섭을 일으키는 최소 두께	상쇄 간섭 조건 ($m = 0, 1, 2, \cdots$)
$2nd = \frac{\lambda}{2}(2m + 1)$	$d_{\min} = \frac{\lambda}{4n}$	$2nd = \frac{\lambda}{2}(2m)$

(6) 뉴턴의 원무늬 : 평면 유리 위에 곡률 반지름이 R 인 큰 평볼록 렌즈를 놓은 후 위에서 단색광을 비추면 렌즈와 유리 사이의 두께가 d 인 공기층이 얇은 막 구실을 하여 렌즈의 아랫면과 유리의 윗면에서 반사된 빛이 간섭하여 위에서 보면 동심원의 간섭 무늬가 생긴다.

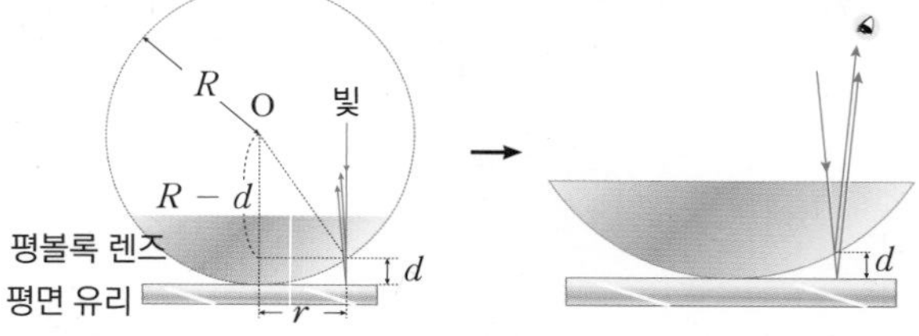

Δ(광로차)	보강/상쇄 간섭 조건 ($m = 0, 1, 2, \cdots$)		원 무늬 사이의 넓이
Δ(광로차) $= 2d = \frac{r^2}{R}$	$\Delta = \frac{\lambda}{2}(2m+1)$; 보강	$\Delta = \frac{\lambda}{2}(2m)$; 상쇄	$\Delta S = \pi(r_{m+1}^2 - r_m^2) = \pi R\lambda =$ 일정

4. 파동의 회절

① **파동의 회절** : 파동이 진행하다가 장애물을 만나면 그 모서리에서 진행 방향이 바뀌어 장애물의 뒤쪽까지 전파되는 현상이다. 틈의 간격이 좁을수록, 파동의 파장이 길수록 회절 정도가 크다.

② **단일 슬릿에 의한 빛의 회절** : 단일 슬릿에 의해 회절된 빛이 간섭을 일으켜 스크린 중앙에 밝은 무늬가 생기고, 그 양쪽으로 어두운 무늬와 밝은 무늬가 교대로 나타난다.

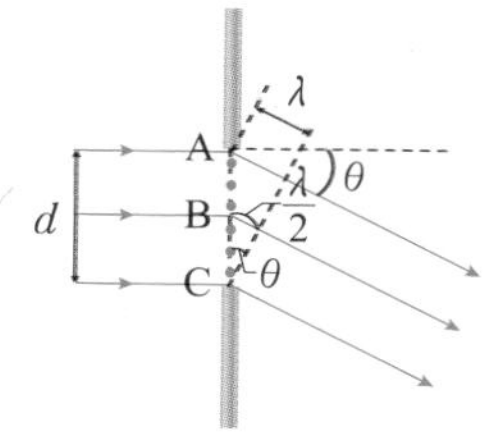

▲ 어두운 회절 무늬가 생기는 경우 (A~B, B~C 가 서로 상쇄)

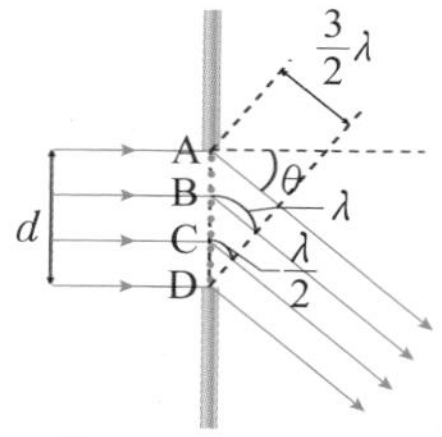

▲ 밝은 회절 무늬가 생기는 경우 (A~B, B~C 상쇄, C~D 남음)

어두운 무늬를 만드는 조건 ($m = 1, 2, 3, \cdots$)	밝은 무늬를 만드는 조건 ($m = 1, 2, 3, \cdots$)	무늬 사이 간격
$\Delta = d\sin\theta = \frac{dx}{l} = \frac{\lambda}{2}(2m)$	$\Delta = d\sin\theta = \frac{dx}{l} = \frac{\lambda}{2}(2m+1)$	$\Delta x = \frac{\lambda l}{d}$

5. 빛의 분산과 합성, 편광

① **빛의 분산** : 백색광이 여러 가지 색으로 나누어지는 현상으로 빛이 파장에 따라 굴절되는 정도가 다르기 때문이다. 파장이 짧을수록 매질 속에서 속도가 느리고 굴절률이 크다.

② **빛의 합성** : 두 가지 이상의 빛을 합하여 다른 색의 빛을 얻는 것을 말한다. 모든 색의 빛은 빛의 3원색인 빨간빛, 초록빛, 파란빛을 이용하여 만들 수 있다.

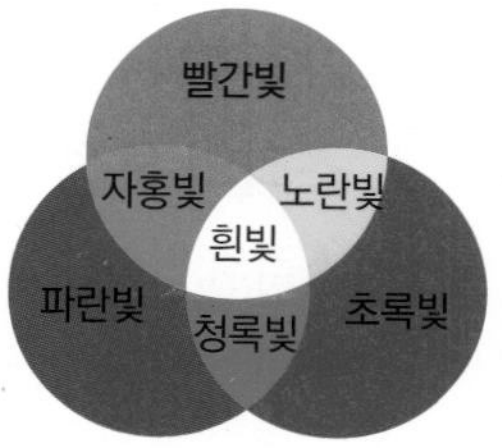

③ **편광** : 자연광은 빛의 진행 방향에 수직인 모든 방향으로 진동하는 횡파이다. 편광은 진행 방향과 수직인 한 방향으로만 진동하며 이는 빛이 횡파라는 증거이다.

6. 빛의 산란

① **빛의 산란** : 대기를 이루는 기체 분자들이 빛을 흡수하고 사방으로 특정한 진동수의 빛을 재방출하는 현상이다.

② 파장이 짧은 빛일수록 산란이 잘 일어나며, 입자가 작은 물체일수록 짧은 파장의 빛을 산란시킨다.

정답 및 해설 26쪽

Q8 영의 이중 슬릿 실험을 공기 중에서 빨간색 빛을 이용하여 실험한 다음, 물속에서 같은 실험을 할 때, 스크린 상에 나타나는 간섭 무늬는 어떻게 되겠는가?

① 사라진다.
② 간섭 무늬의 변화가 없다.
③ 밝은 무늬들의 간격이 더 멀어진다.
④ 밝은 무늬들의 간격이 더 가까워진다.
⑤ 밝고 어두운 무늬가 같은 위치에 나타나지만 명암의 대비가 감소한다.

Q9 평면 단색광을 이용하여 영의 이중 슬릿 실험을 하였다. 간섭 무늬 사이의 간격을 좁힐 수 있는 방법을 서술하시오.

Q10 주차장의 작은 웅덩이 물 위에 기름 막이 떠 있을 때 여러 가지 밝은 색의 소용돌이 무늬가 보였다. 이 기름 막의 최소 두께에 대한 설명으로 옳은 것은?

① 가시광선의 파장보다 얇다.
② 가시광선의 파장 정도이다.
③ 가시광선의 파장보다 훨씬 두껍다.

3 소리

1. 소리

(1) 소리의 발생과 전달 : 물체를 진동시키면 발생하는 소리는 탄성파이자 종파이다.

(2) 소리의 3요소 : 소리의 높낮이(진동수에 비례), 소리의 크기(진폭에 비례), 소리의 맵시(파형)

I (파동의 세기) $\propto A^2 \cdot f^2$ (A : 진폭, f : 진동수)

(3) 소리의 속력

① **공기의 온도에 따른 소리의 속력** : $v = 331.45 + 0.6t$ (t : 섭씨 온도)

② **매질의 상태에 따른 소리의 속력** : 온도가 같을 때 고체 > 액체 > 기체 순으로 빠르다.

(4) 소리 에너지의 세기 : 소리 에너지의 세기는 (파원과의 거리)^2 에 반비례한다.

(5) 가청 주파수 : 사람이 들을 수 있는 소리의 주파수로 보통 20 ~ 20,000Hz 까지 범위의 진동수에 해당한다.

2. 소리의 특성

(1) 소리의 반사 : 소리가 진행하다가 장애물이나 다른 매질을 만나면 반사되며, 매질에 따라 반사되는 정도가 다르다.

(2) 소리의 굴절 : 소리가 진행하다가 다른 매질을 만나면 속력이 변하여 굴절되어 휘어진다.

(3) 소리의 회절 : 방문 틈으로 밖에서 말하는 소리가 들리고, 담장을 사이에 두고 상대편의 소리가 들리는 것은 소리의 회절 현상 때문이다.

(4) 소리의 간섭

① **소리의 간섭** : 동일한 스피커 A, B에서 동일한 위상의 소리를 내면 두 음파가 간섭하여 소리가 들리거나(보강 간섭), 들리지 않게 된다(상쇄 간섭). 이때 파동의 간섭 조건을 만족한다.

② **맥놀이** : 진동수(파장)가 비슷한 두 파동이 중첩되어 새로운 합성파가 만들어지면서 일정한 주기로 소리가 커지고 작아지는 현상을 말한다. 맥놀이 진동수 $f = |f_1 - f_2|$ 이다.

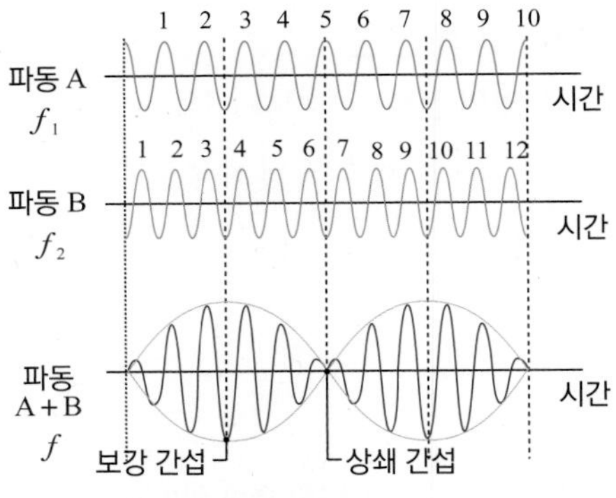

▲ 소리의 간섭에 의한 맥놀이

(5) 도플러 효과

① **도플러 효과** : 파원과 그 파동을 관측하는 관측자의 상대적 운동으로 인하여 관측자에게 파원의 실제 진동수와 다른 진동수가 관측되는 현상이다.

② 관측자와 음원이 서로 멀어질 때는 소리의 파장이 길어지고, 진동수는 감소하여 낮은 소리로 들리며, 관측자와 음원이 서로 가까워질 때는 소리의 파장이 짧아지고, 진동수가 증가하여 높은 소리로 들린다. (소리의 속력, 진동수, 파장 v, f_0, λ_0)

$$f = f_0 \frac{v \pm v_D}{v \mp v_s}$$

관측자의 접근 속도 v_D → (−) 멀어질 때, (+) 가까워질 때
음원의 접근 속도 v_s → (+) 멀어질 때, (−) 가까워질 때

(6) 줄과 관에서의 정상파

① **정상파** : 진폭, 파장, 진동수가 같은 두 파동이 서로 반대 방향으로 진행하여 중첩되면 그 합성파는 제자리에서 진동하는 것처럼 보인다. 이와 같이 정지한 것처럼 보이는 파동을 정상파라고 한다.

㉠ **배와 마디** : 보강 간섭을 일으켜 진폭이 최대인 곳을 배, 상쇄 간섭을 일으켜 진동하지 않는 곳을 마디라 한다.

㉡ **정상파의 파장, 진동수, 속력** : 중첩되기 전 파동과 같다.

㉢ **정상파의 진폭** : 중첩되기 전 파동의 진폭이 A 이면, 배 부분의 진폭은 $2A$, 마디 부분은 0이다.

㉣ **정상파의 배와 인접한 배까지의 거리** : $\frac{\lambda}{2}$ (중첩되기 전 파장 : λ)

② **양 끝이 고정된 줄에서 만들어진 정상파** : 줄의 양 끝은 마디가 되며, 줄 전체의 길이 l 이 반파장의 정수배일 때만

발생한다(v : 줄에 생긴 파동의 속력).

정상파의 조건	정상파의 진동수
$l = \frac{\lambda_n}{2} n \rightarrow \lambda_n = \frac{2l}{n}$ $(n = 1, 2, 3, \cdots)$	$f = \frac{v}{\lambda} = n\frac{v}{2l}$ $(n = 1, 2, 3, \cdots)$

③ **양 끝이 열린 관에서 만들어진 정상파** : 양 끝이 배가 되는 정상파가 생기며, 관 전체의 길이가 반파장의 정수배일 때만 발생한다(v : 음파의 속력).

정상파의 조건	정상파의 진동수
$l = \frac{\lambda_n}{2} n \rightarrow \lambda_n = \frac{2l}{n}$ $(n = 1, 2, 3, \cdots)$	$f = \frac{v}{\lambda} = n\frac{v}{2l}$ $(n = 1, 2, 3, \cdots)$

④ **한 쪽 끝이 닫힌 관에서 만들어진 정상파** : 관의 막힌 쪽은 마디가 되고, 열린 쪽은 배가 되는 정상파가 생기며, 관 전체의 길이가 $\frac{1}{4}$ 파장의 홀수배일 때만 정상파가 발생한다 (v : 음파의 속력).

정상파의 조건	정상파의 진동수
$l = \frac{\lambda_n}{4}(2n-1) \rightarrow \lambda_{n'} = \frac{4l}{n'}$ $(n' = 2n - 1 = 1, 3, 5, \cdots)$	$f = \frac{v}{\lambda} = n'\frac{v}{4l}$ $(n' = 1, 3, 5, \cdots)$

(7) 소리의 공명 : 물체의 외부에서 준 진동이 물체가 가지고 있는 고유 진동수와 일치할 경우 진동이 점점 커지는(파동의 진폭이 커지는) 현상을 공명이라고 한다. 악기는 악기의 원음과 공명하여 소리를 크게 하는 부분(공명 장치)으로 구성되어 듣기 좋은 소리를 낸다.

(8) 소리의 화음

① **음정** : 서로 다른 두 음 사이의 간격으로, 높은 소리와 낮은 소리의 간격을 말한다.

② **옥타브** : 진동수가 2배가 되면 음의 높이는 1옥타브 올라간다.

③ **음계** : 어떤 기준음을 으뜸음으로 시작하여 한 옥타브 안에 일정한 음정으로 음을 차례로 늘어놓은 것을 말한다.

④ **화음** : 높이(진동수)가 다른 두 개 이상의 소리가 만나 아름다운 소리를 내는 것을 말하며, 소리의 진동수의 비가 간단한 정수비일 때 화음이 일어난다.

정답 및 해설 26쪽

Q11 공기 중에서 진행하던 음파가 물속으로 전파할 때 파동의 변화에 대한 설명으로 옳은 것은?

① 음파의 파장이 증가한다.
② 음파의 진동수가 증가한다.
③ 음파의 진폭이 증가한다.
④ 음파의 속도가 감소한다.

Q12 일정한 진동수로 진동하는 음원이있다. 다음 각 경우에서 관측된 진동수가 높은 것부터 순서대로 나열하시오. (단, 모든 운동의 속력은 23m/s 로 같으며, 음속은 343m/s 이다.)

① 음원과 관측자 모두 정지해 있다.
② 음원이 정지한 관측자를 향하여 운동한다.
③ 음원이 정지한 관측자로부터 멀어진다.
④ 관측자가 정지한 음원을 향하여 운동한다.
⑤ 관측자가 정지한 음원으로부터 멀어진다.

Q13 양쪽 끝이 고정된 줄 위에 배가 두 개인 정상파가 생겼다. 파동의 진동수를 2배로 하면, 얼마나 많은 배가 생기는가?

① 2 ② 3 ③ 4 ④ 5 ⑤ 6

085 무한이가 벽에 걸린 거울을 보았을 때 벽과 20 m 떨어져 있는 18 m 높이의 건물의 일부가 거울에 비추었다. 그림과 같이 거울 쪽으로 가까이 다가가다 거리가 x 인 지점에 이르러서야 건물이 거울에 전부 비추었다. 거울의 연직 길이(높이)가 2 m 일 때, x 를 구하시오.

[대회 기출 유형]

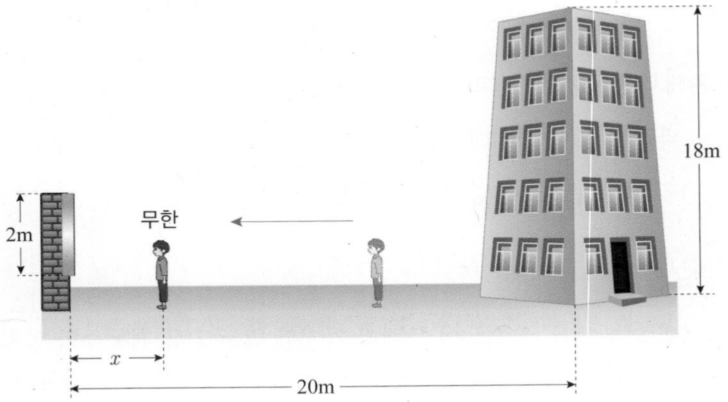

086 그림은 내부가 균일한 밀도의 유리이고, 한 변의 길이가 10 cm 인 정육면체의 정중앙에 작은 점이 있는 것을 나타낸 것이다. 유리의 굴절률이 1.5 일 때, 각 면의 정면에서 볼 때 어느 면에서나 정중앙에 있는 점이 보이지 않게 하기 위해서는 각 면의 어느 부분을 각각 가려야 할까? (단, 정육면체 내부에서 반사된 후 굴절되어 공기 중으로 나오는 빛은 무시하며, $\sqrt{5} = 2.24$로 계산한다.)

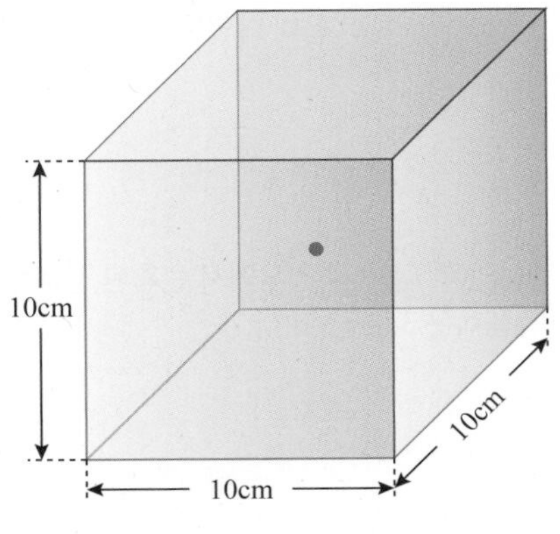

정답 및 해설 26쪽

087 그림 (가)는 굴절률이 n 인 정사각형 물체에 빛이 법선으로부터 30°의 각도로 입사한 후, 오른쪽 면에서 경계를 따라 진행하는 것을 나타낸 것이다. 그림 (나)는 그림 (가)의 정사각형 물체를 대각선으로 잘라 두 개의 직각 삼각형 ㉠과 ㉡으로 나눈 후, 다시 붙여 큰 직각 삼각형을 만든 것을 나타낸 것이다. (단, 공기의 굴절률은 1 이다.)

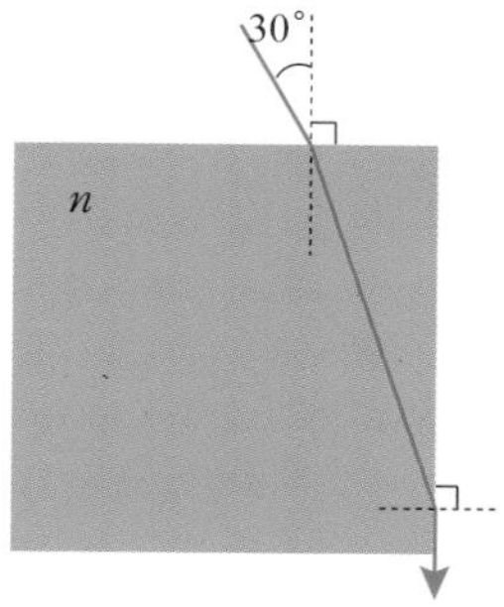

(가)

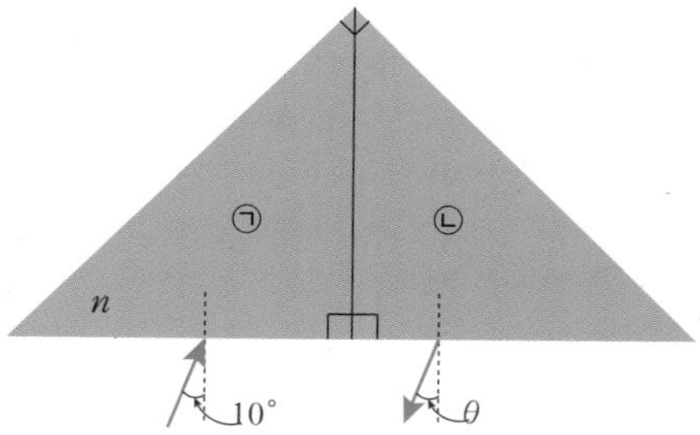

(나)

(1) 이 물체의 굴절률 n 을 구하시오.

(2) 그림 (나)에서 직각삼각형 ㉠의 법선에 대해 10°의 각도로 입사한 빛이 굴절, 반사, 반사, 굴절을 거친 후 직각삼각형 ㉡의 아랫면으로 나왔다. 빛이 나올 때 직각삼각형 ㉡의 법선과 이루는 각도 θ 를 구하시오. (단, 직각삼각형 ㉠과 ㉡ 사이의 공기층은 무시한다.)

유형 Problem

088 물이 담긴 반원형 물통을 지나면서 빛이 굴절하는 모습이다.

[경기과학고 기출 유형]

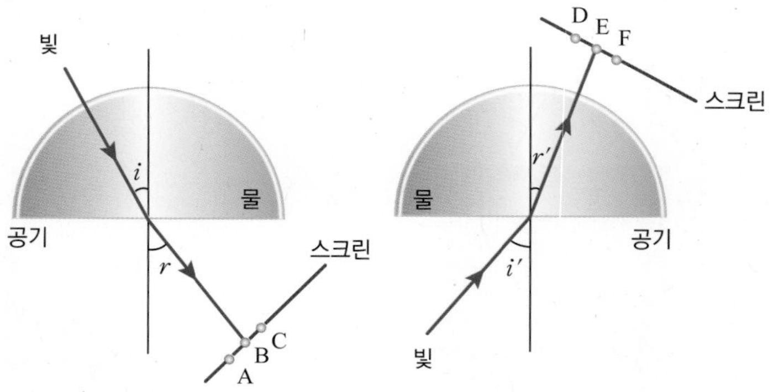

(가) (나)

(1) 그림 (가)와 (나) 중 전반사 현상이 일어날 수 있는 것은 어느 것인가? 어느 부분에서 전반사가 일어날지 설명하시오.

(2) 백색광은 여러 색깔의 빛이 혼합된 빛이므로 만약 백색광이 입사한다면 빛의 분산이 이루어져서 스펙트럼을 볼 수가 있다. 그림(가)에서는 A~C 에 걸쳐서 스펙트럼이 나타나고, (나)에서는 D~F 에 걸쳐서 스펙트럼이 나타난다고 할 때 빨간색이 위치하는 곳을 각각 기호로 답하시오.

(3) 1m 깊이에 있는 물고기는 물 위에서 본다면 수면으로부터 몇 m의 깊이에 위치하는 것으로 보일지 아래 자료를 근거로 서술하시오.

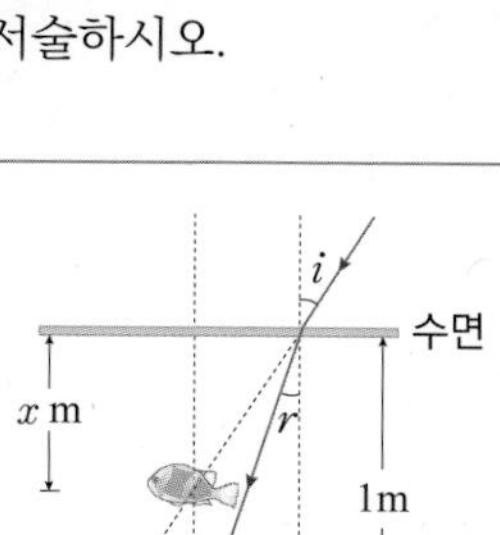

(a) 그림에서 $\frac{\sin i}{\sin r}$ 를 공기에 대한 물의 굴절률이라 하고, 그 값은 $\frac{4}{3}$ 이며 다양한 입사각 i 에 대하여 일정한 값을 갖는다.

(b) 삼각함수에서 각 θ가 작으면 $\sin\theta$ 는 $\tan\theta$ 와 거의 같게 놓을 수 있다.

정답 및 해설 27쪽

089 땅 위를 기는 곤충은 움직일 때 미세한 파동을 내는 데, 종파와 횡파를 동시에 발생시킨다. 곤충을 잡아먹고 사는 전갈은 곤충이 내는 종파와 횡파를 감지하여 곤충까지의 거리를 알아낼 수 있다.

[특목고 기출 유형]

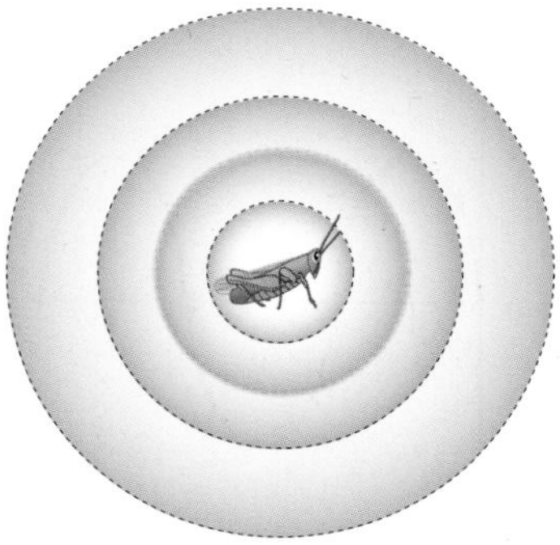

(1) 만약 종파의 속력이 175 m/s, 횡파의 속력이 50 m/s 일 때, 전갈에게 도착한 두 파의 도착 시간 차이가 0.03초라면, 전갈과 곤충 사이의 거리는 얼마인가?

(2) 땅 위의 곤충이 움직이고 있어 두 파의 도착 시간 차이가 점점 증가하고 있다면, 전갈과 곤충 사이의 거리의 변화에 대하여 이유와 함께 서술하시오.

090 물속에서 진행하다가 공기와의 경계면에서 굴절하는 레이저 광의 진행 모습이다.

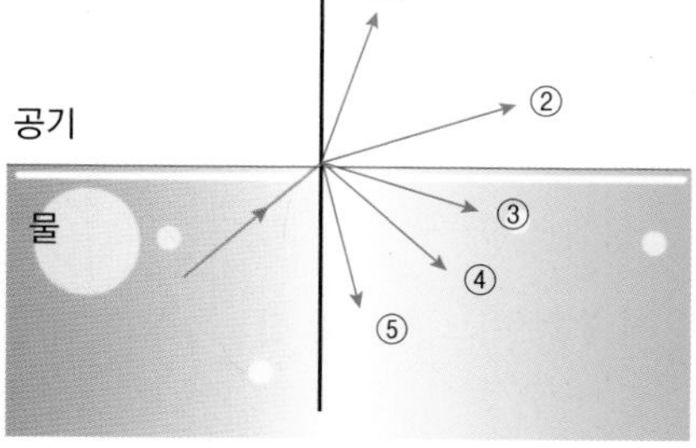

(1) 레이저 광의 진행 경로로 적당한 것을 2개 고르시오.

(2) 레이저 광 대신 음파를 같은 위치에서 입사시켰을 때 굴절 후 진행 경로로 적당한 것을 고르시오.

유형 Problem

091 어느 순간에 오른쪽으로 진행하는 물결파의 파형을 나타낸 것이다. [특목고 기출 유형]

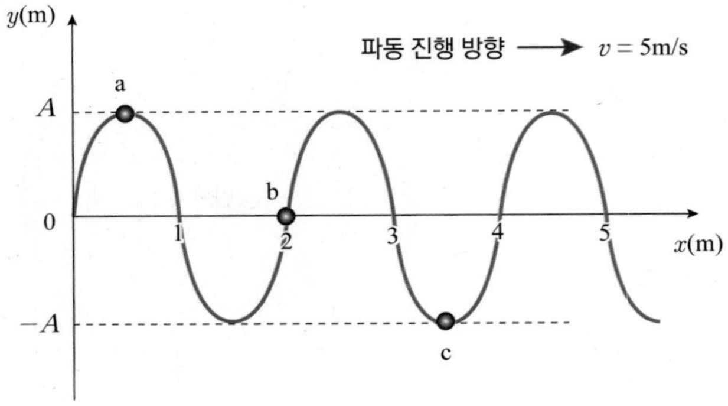

(1) 세 점 a, b, c 중 진동 속력이 제일 큰 곳은 어디인가?

(2) 매질 상의 점 a의 시간에 따른 위치를 그래프로 그리고 주기를 그래프에 나타내시오.

(3) 점 b에 위치한 매질은 이 순간 어느 쪽으로 진동하겠는가? 설명하시오.

정답 및 해설 28쪽

092 얕은 물과 깊은 물의 경계면에서 물결파의 진행 모습이다.

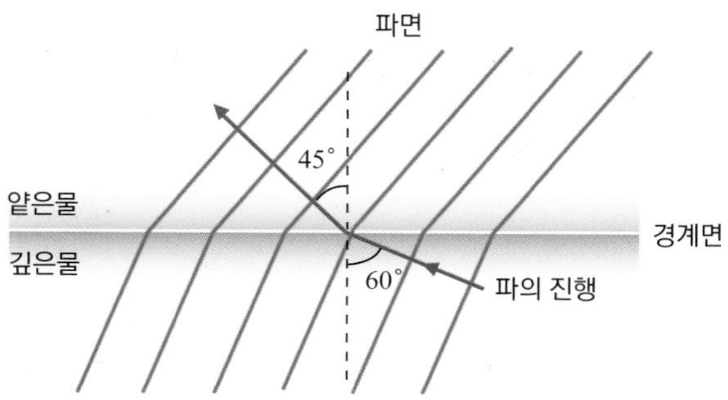

(1) 깊은 물에 대한 얕은 물의 굴절률을 구하시오.

(2) 얕은 물에서의 물결파의 속력이 느려지는 이유는 무엇인가?

093 매우 멀리 있는 물체의 상은 사람의 눈의 수정체를 통과하여 망막의 한 점에 생긴다. 이때 수정체에 연결되어 있는 근육이 수정체의 두께를 조절하여 망막에 선명한 상을 맺도록 한다.

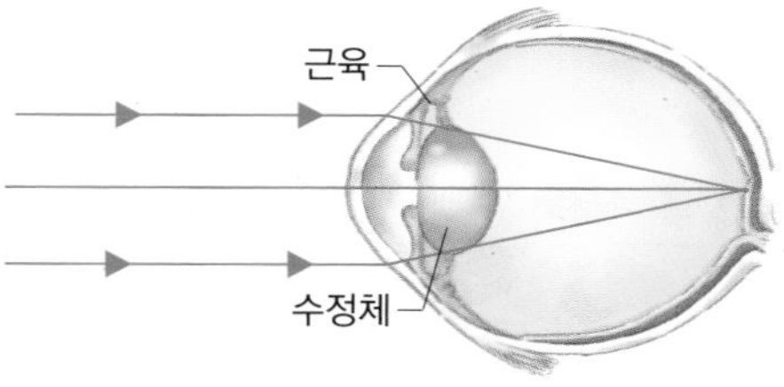

(1) 정상적인 상태에서 수정체의 초점 거리를 2.0 cm 라고 가정할 때, 30 cm 떨어진 물체를 선명하게 보기 위해 수정체의 초점 거리는 얼마가 되어야 할까?

(2) 우리 눈을 구성하는 각막, 수정체, 유리체의 굴절율은 다음 표와 같다. 맑은 물속에서 눈을 떠서 사물을 보면 물체가 흐릿하게 잘 보이지 않는다. 그 이유를 굴절률을 이용하여 설명하시오.

	공기	물	각막	수정체	유리체
굴절률	1.00	1.33	1.37	1.43	1.33

유형 Problem

094 변형된 정사각형 유리에 단색광이 입사각 90° 를 이루면서 입사하고 있다. 이 빛이 유리 내부에서 진행하는 경로를 완성하시오. (단, 유리에서 공기 중으로 진행할 때의 임계각은 42° 이다.)

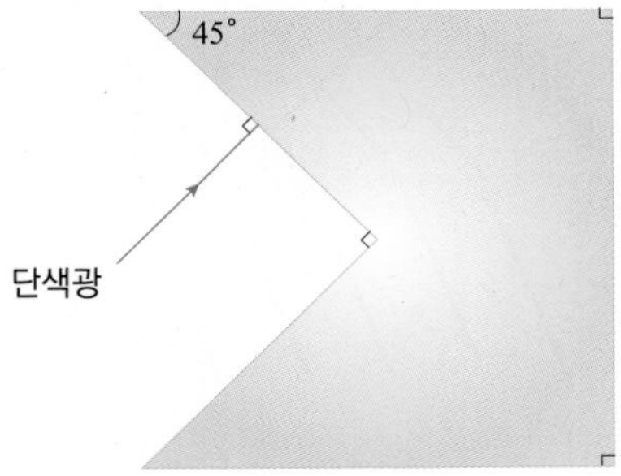

095 굴절률이 1.5 인 유리판 위에 투명한 물질인 황화 아연을 코팅하려고 한다. 그림 (가)는 코팅 막의 두께를 알아보기 위하여 파장을 알고 있는 레이저 빛을 유리판과 수직으로 비추는 것을 나타낸 것이고, 그림 (나)는 파장이 500 nm 인 빛을 유리판에 수직으로 비추면서 코팅을 시작한 후 시간에 따라 반사하는 빛의 세기를 그래프로 나타낸 것이다. 황화 아연의 굴절률을 1.25 라고 할 때, 20분이 지난 후 황화 아연 막의 두께는 얼마인가?

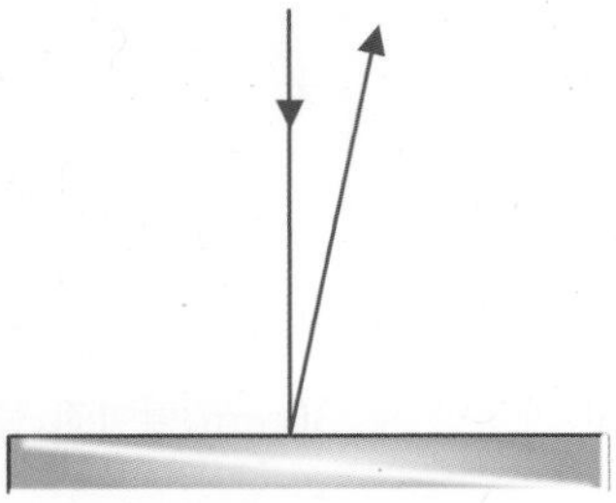

(가)

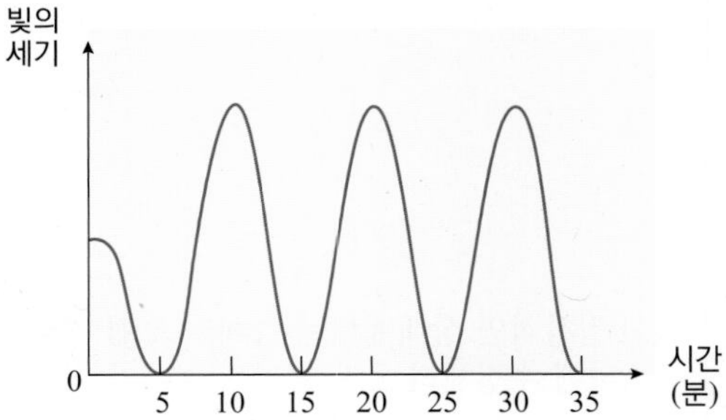

(나)

정답 및 해설 28쪽

096 물이 들어 있는 수조 바닥이 수평면과 각 θ를 이룬 채 기울어져 있고, 경사면에 평면거울이 부착된 것을 나타낸 것이다. 이때 수면과 수직한 방향으로 파란색 광선이 입사한 후 물과 공기의 경계면에서 일부는 반사하고, 일부는 수면을 따라 진행하였다.

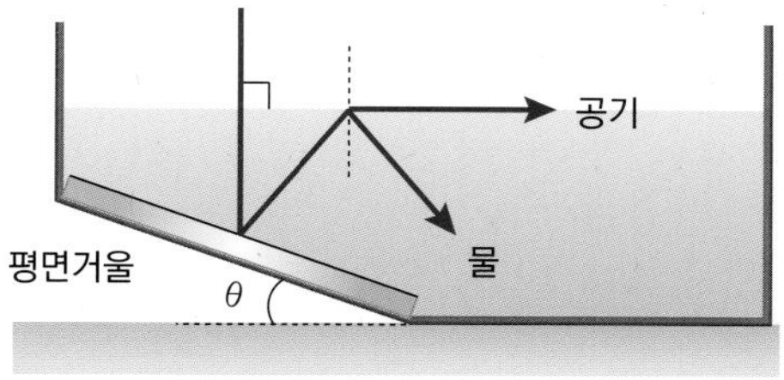

(1) 빛이 모두 전반사가 되기 위해서는 수조 바닥과 수평면이 이룬 각 θ 를 어떻게 변화시켜줘야 할까?

(2) 파란색 광선 대신 초록색 광선을 이용할 경우 빛의 진행에 대하여 서술하시오.

097 광통신이란 광섬유를 이용하여 정보가 담긴 빛 신호를 주고 받는 통신 방식을 말한다. 광섬유에 들어온 빛 신호는 전반사되어 다음 그림과 같이 이동하게 된다.

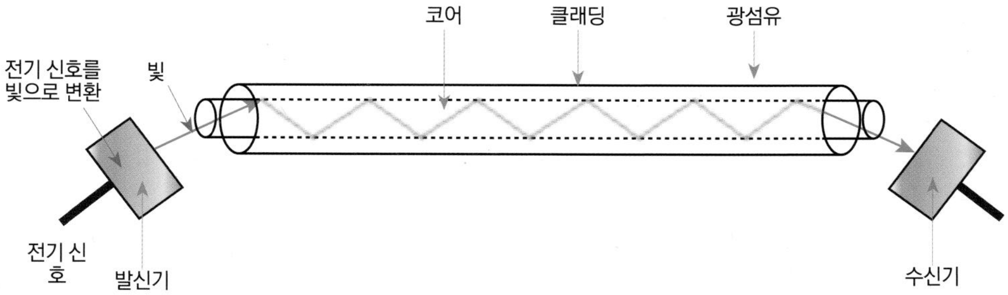

광섬유는 중심부에는 굴절률이 큰 유리인 코어가 있고, 굴절률이 작은 유리인 클래딩이 코어를 감싸고 있는 구조로 되어 있다.

그림은 레이저 빛이 광섬유에 사용되는 물질 A, B, C 에서 진행하는 모습을 나타낸 것이다. 광섬유의 클래딩을 A로 만들었을 때 코어에 사용이 가능한 물질을 쓰고, 그 이유를 서술하시오.

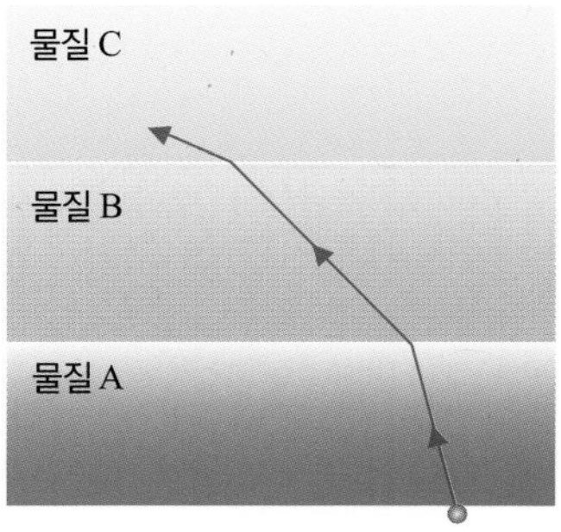

유형 Problem

098 두 사람이 골목에서 큰 북과 작음 북을 연주하고 있다. 이때 두 북에서 발생한 소리의 파면은 다음 그림과 같다. 큰 북과 작은 북의 소리 중 무한이에게 더 잘 들리는 것을 고르고, 그 이유를 설명하시오.

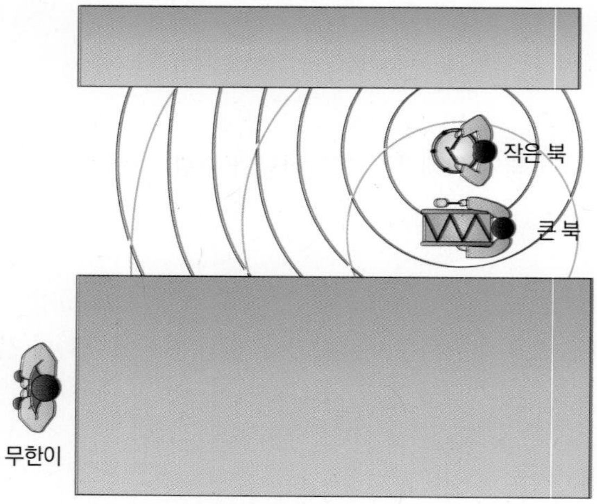

099 같은 음원으로 구동되는 한 쌍의 스피커 A, B 가 서로 3 m 떨어져 있다. 처음에 두 스피커를 잇는 선분의 중점으로부터 8 m 떨어진 점 O 에 무한이가 서 있다가 점 O 로부터 수직 방향으로 0.3 m 이동하여 P 점에 도달하였을 때 소리가 처음으로 들리지 않았다. 이때 음원의 진동수는 얼마인가? (단, 공기 중에서 소리의 속력은 340 m/s 이다.)

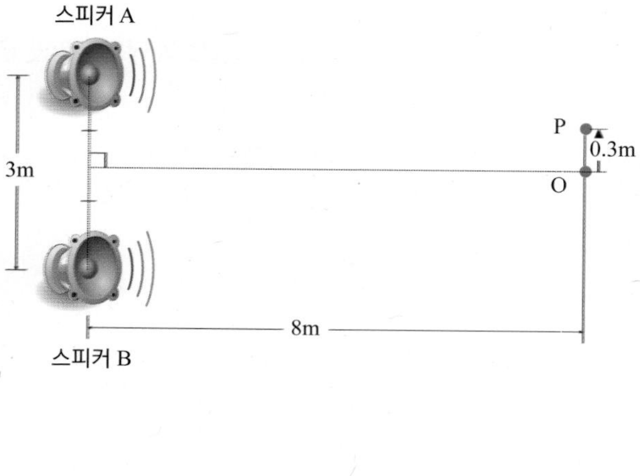

정답 및 해설 29쪽

100 일정한 진동수 f 를 발생시키는 스피커가 매달린 낙하산이 공기 저항을 받으며 수직으로 떨어지고 있는 것을 나타낸 것이다. 이 스피커는 속력이 점점 빨라지다가 일정한 속력 v_f 에 도달하면 공기의 저항력($= kv_f$)과 물체에 작용하는 중력(mg)이 같아지면서 등속 운동을 하게 된다. 다음 물음에 답하시오. (단, 스피커와 낙하산의 총 질량은 m 이며, 고도에 따른 공기의 성질 변화로 인한 음속(v)의 변화는 무시한다.)

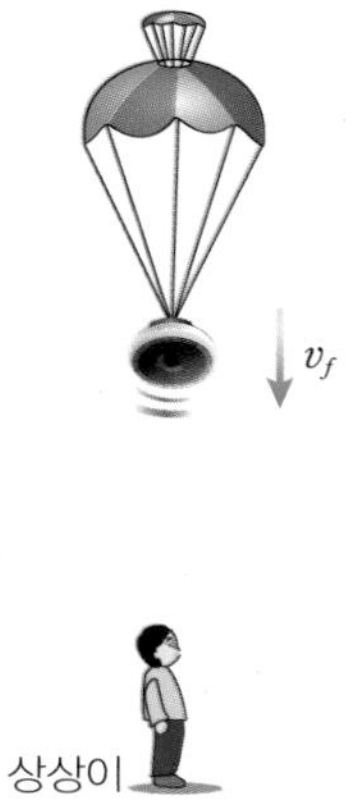

(1) 낙하산이 일정한 속력 v_f 에 도달하기 전 속력이 점점 빨라질때, 관측되는 진동수에 대하여 서술하시오.

(2) 낙하산이 일정한 속력 v_f 에 도달하였을 때, 지표면에 있던 상상이가 듣는 소리의 진동수를 구하시오.

유형 Problem

101 기주 공명관을 장치하고 서로 다른 두 개의 소리굽쇠 A, B를 사용하여 소리의 공명 실험을 하여 다음 표와 같은 결과를 얻었다.

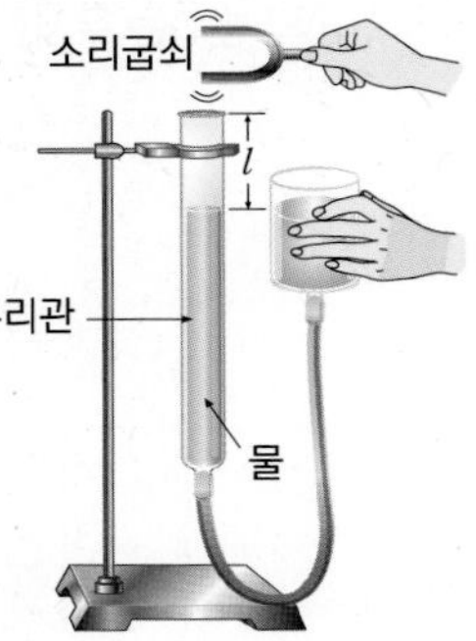

<결과 1> 소리굽쇠 A, B를 동시에 울렸더니 2초 사이에 15회의 맥놀이 현상이 일어났다.

<결과 2> 소리굽쇠 A, B를 각각 관의 입구 가까이에서 울렸더니 물의 높이가 다음과 같은 위치에서 관에서 큰 소리가 났다.

l (cm)	A	B
처음 위치(l_1)	38.0	39.5
두 번째 위치(l_2)	118.0	122.5
세 번째 위치(l_3)	198.0	205.5

(1) 소리굽쇠 A, B에서 발생하는 소리의 파장은 각각 얼마인가? 순서대로 쓰시오.

(2) 이때 공기 중의 소리의 속력은 얼마인가?

(3) 소리굽쇠 A, B의 진동수는 각각 얼마인가? 순서대로 쓰시오.

102 일반적으로 커다란 소리, 불협화음, 높은 주파수의 음 등이 소음으로 분류될 수 있지만 구체적으로 어떤 것을 소음으로 느끼느냐 하는 것은 개인의 심리 상태에 따라서 다르다. 소음은 주로 자동차, 철도, 비행기와 같은 교통 수단이 이동할 때의 소리, 공장에서 나는 기계음 등이 있다. 최근에는 아파트 생활을 하는 과정에서 가정에서 사용하는 TV, 오디오, 피아노, 세탁기 등이 유발하는 생활 소음이 큰 문제가 되고 있다. 다음 그래프는 소음 측정기를 이용하여 알탐 중학교의 오후 수업 시간의 소음 정도를 나타낸 것이다. 소음도를 나타내는 단위는 dB(데시벨)이고, 10 dB이 증가하면 소음도는 10배 증가한다.

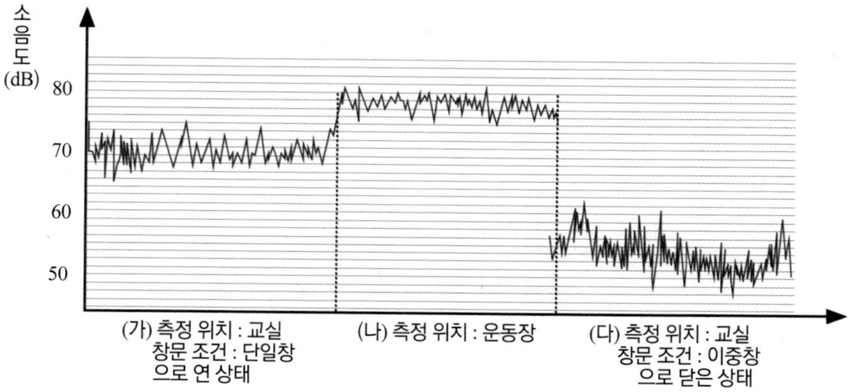

(1) 다음 그림은 이중창의 구조이다. 이중창은 2장의 판 유리를 그 두께의 2배 정도로 사이를 떼어서 고정시킨 창문으로 그 사이의 공기를 빼서 제작한다. 위 그래프를 참고로하여 창문을 이중창으로 했을 때의 효과를 쓰고, 그 이유를 설명하시오.

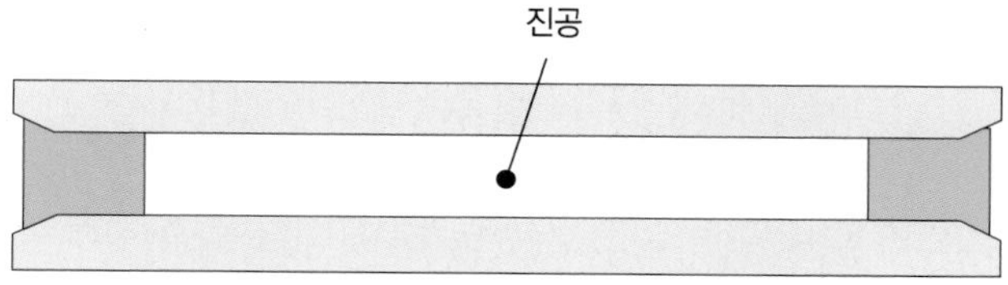

(2) 교실에서 소음을 줄일 수 있는 또 다른 방법 2가지만 서술하시오.

103 파동의 세기 I 는 파동의 진행 방향과 수직인 단위 단면적당, 단위 시간당 통과하는 파동의 에너지 E 이며, 수직인 단면적 S, 파동의 지속 시간을 t 로 했을 때 다음과 같이 쓸 수 있으며, 파동의 진폭 A 가 클수록, 파동의 진동수 f 가 클수록 크다.

$$I = \frac{E}{S \cdot t} \propto A^2 f^2$$

다음은 달의 내부 구조를 파악하기 위한 방법을 설명한 것이다. 물음에 답하시오.

달의 내부 구조를 파악하기 위해서 달의 표면에 물체를 충돌시켜서 인공 지진파를 발생시켰다. 충돌 직 후 다음 그림과 같이 충돌 지점으로부터 지진파 A 는 달 내부를 향해, 지진파 B 는 달의 표면을 따라 달 표면으로 부터 5 km 깊이를 유지하면서 퍼져 나갔다.

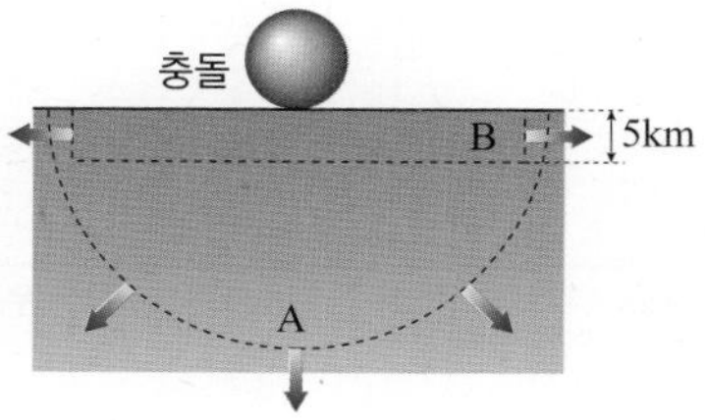

충돌은 약 0.5 초 간 지속되었으며 지진파 A 와 B 는 각각 충돌 직전 물체가 가진 에너지의 30 % 를 가지고 퍼져 나갔다. 파동이 퍼져 나가는 동안 에너지 손실은 없었다.

(1) 충돌 직전 물체의 운동 에너지가 4×10^{11} J 이라고 할 때, 충돌 지점으로부터 40 km 떨어진 지진 관측소에서 측정한 두 지진파 A 와 B 의 단위 면적당 에너지 I_A, I_B 를 각각 구하시오. (단, 달의 밀도는 균일하다고 가정하며, $\pi = 3$ 으로 계산한다.)

(2) 표는 지진 관측소에서 측정한 지진파 A, B 의 진동수, 속력, 파의 지속 시간을 나타낸 것이다. (1)의 결과와 표의 내용을 바탕으로 지진 관측소에서 측정한 지진파의 파형을 개략적으로 그리시오.

	지진파 A	지진파 B
진동수(Hz)	3	1
속력(km/s)	1	0.4
파의 지속 시간(s)	2	5

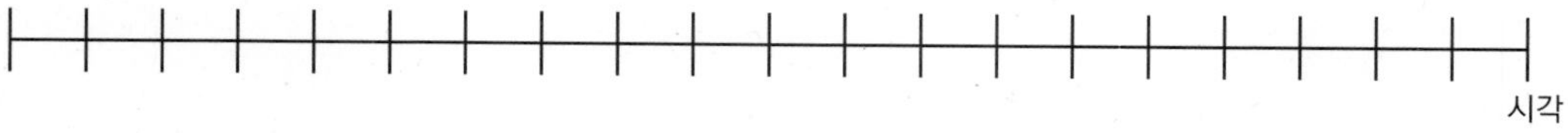

정답 및 해설 30쪽

104 각 벽이 거울로 되어 있는 직사각형 방의 한쪽 구석 A에서 레이저를 발사하여 B, C, D 에 있는 인형을 명중시키는 게임을 모식화한 것이다. 레이저는 수평 방향에 대해 45°의 각도로 발사된다.

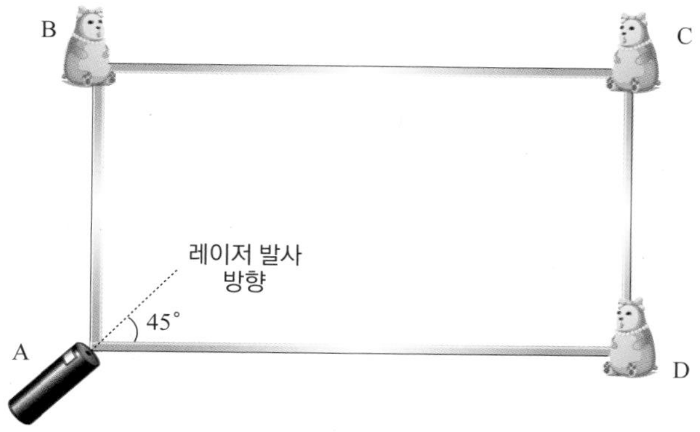

(1) 직사각형 방의 가로 길이와 세로 길이의 비가 7 : 4 일 때, 레이저에 맞는 인형은 B, C, D 중 어디에 있는 인형인가? 이때 레이저는 각 변에 몇 번 반사를 일으키는가?

(2) 직사각형 방의 가로 길이와 세로 길이의 비가 7 : 3 일 때, 레이저에 맞는 인형은 B, C, D 중 어디에 있는 인형인가? 이때 레이저는 각 변에 몇 번 반사를 일으키는가?

105 수평한 바닥에 놓여 있는 거울 사이에 머리카락이 끼어 있고, 머리카락이 끼어 있는 부분에 레이저를 연직 방향으로 입사시켰을 때 레이저 빛이 반사되는 모습을 나타낸 것이다. 머리카락의 두께를 근사적으로 구하시오.

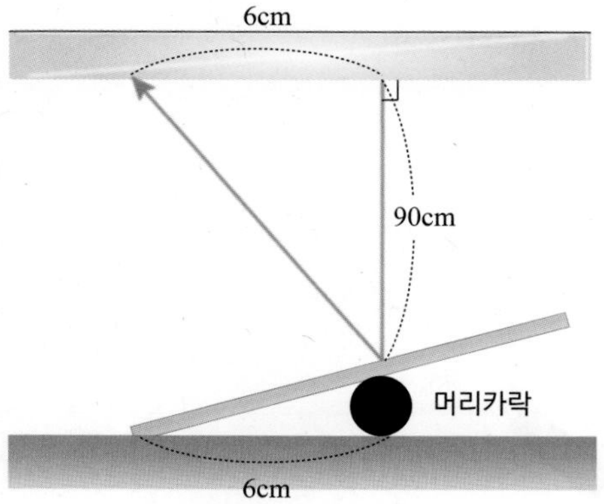

106 반지름 R 인 균일 재질의 투명 구슬 앞에 폭 $2a(<2R)$ 의 물체가 있다. 물체 A에서 나온 빛이 구슬의 한쪽에서 굴절되어 반대쪽 한 점 P에 모두 모였다.

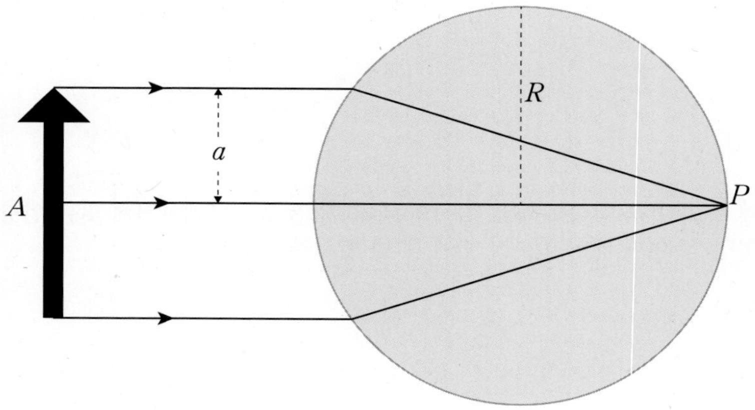

(1) 공기의 굴절률을 1로 할 때 구슬의 상대 굴절률 n 은 얼마인가?

(2) 만약 P점에 눈을 두고 물체 A를 본다면 어떻게 보일지 설명하시오.

정답 및 해설 31쪽

107 무한이와 상상이는 여름 방학 탐구 과제로 신기루 현상을 관찰하기로 정하였다. 맑고 무더운 날 무한이는 시내 한 가운데 있는 아스팔트 도로를 관찰하였고, 상상이는 바닷가의 수평선 위에 떠 있는 배 주변을 관찰하였다. 다음 표는 두 사람이 관찰한 내용을 기록한 것이다.

	무한	상상
관찰한 내용	도로의 바닥이 거울면 같이 반짝이며, 그 위를 지나가는 자동차의 상이 거꾸로 나타났다.	수평선 위쪽 하늘에 배의 상이 거꾸로 나타났다.
특이점	한 차례 소나기가 지나간 뒤 신기루 현상이 관찰되지 않았다.	바닷 바람이 불고 난 후 신기루 현상이 사라졌다.

(1) 무한이와 상상이가 관찰한 신기루 현상이 관찰되는 과정을 설명하시오.

(2) 위의 관찰 사실로부터 도로면 위와 수면 위의 온도 분포에 대해 어떤 주장을 할 수 있겠는가?

(3) 소나기와 바람에 의해 신기루가 사라진 이유를 설명하시오.

108 그림과 같이 물이 찬 어항 속에 물체가 있다. 측면에서 관측자에게 보이는 물체의 상에 대해 서술하시오. 단, 모든 물체는 같은 평면상에 있다고 가정하고, 평면상에서 빛의 진행을 화살표를 써서 서술하시오. (유리의 두께는 무시한다.)

[2021~23 기출 유형]

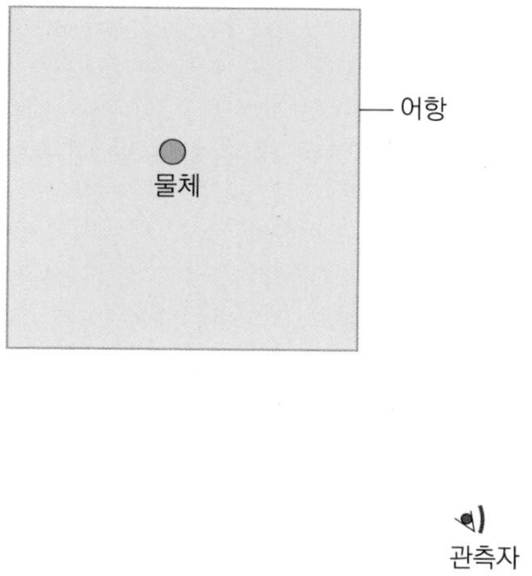

109 소리는 귀 속에서 외이 → 중이 → 내이를 통해 전달된다. 외이는 특정한 진동수 영역의 소리에 대한 민감도를 높이는 역할을 하고, 중이는 청소골을 통해 소리의 진동을 전달하면서 소리의 세기를 증폭시키는 역할을 한다.

[영재학교 기출 유형]

(1) 소리의 세기를 나타내는 단위로 보통 데시벨(dB)을 사용한다. 음원에서 나오는 같은 세기의 소리라도 사람이 듣는 소리의 크기는 소리의 진동수에 따라 달라진다. 그래프 (가)는 사람의 귀가 진동수에 따라 같은 크기의 소리로 들을 수 있는 점들을 연결한 것이다. 예를 들어 0 phons 는 사람이 소리를 간신히 들을 수 있는 크기를 나타낸 것이다. 이 그래프에 따르면 사람의 귀는 3,000 ~ 4,000 Hz 사이의 소리를 가장 잘 들을 수 있으며, 이것은 귓바퀴에서 고막에 이르는 외이의 길이와 밀접한 관련이 있다고 알려져 있다.

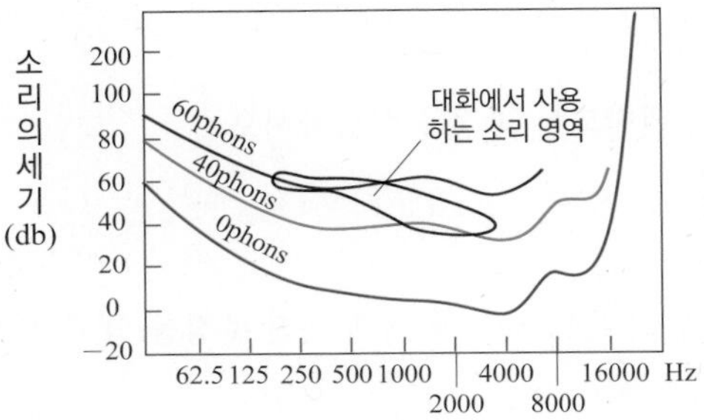

(가)

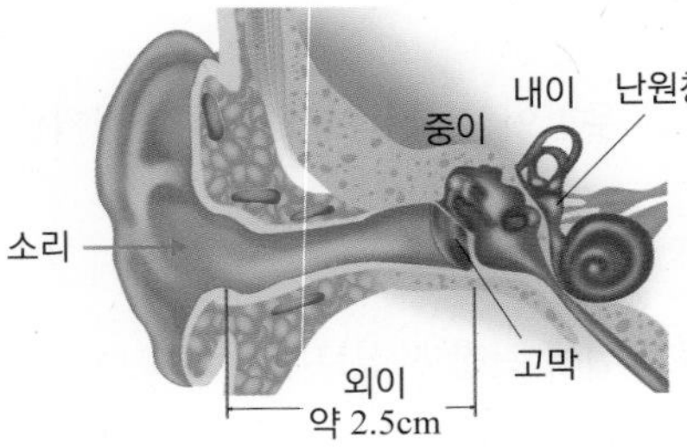

(나)

이를 확인하기 위해 유리관의 길이를 변화시킬 때 소리가 어떻게 달라지는지 알아보는 실험을 하였다. 그림 (라)와 같이 유리관을 물이 담긴 수조에 넣고 물의 높이를 조절하여 물에서 관의 입구까지의 길이 L 을 변화시켰다. 이때 342Hz 의 진동수를 내는 소리굽쇠를 울려 유리관에 가까이 하였더니, 어떤 특정한 길이가 될 때 소리가 크게 들리는 현상이 나타났다.

<실험 데이터>

큰 소리가 나는 곳	길이 (cm)
L_1	24.2
L_2	75.8
L_3	124.7

(다)

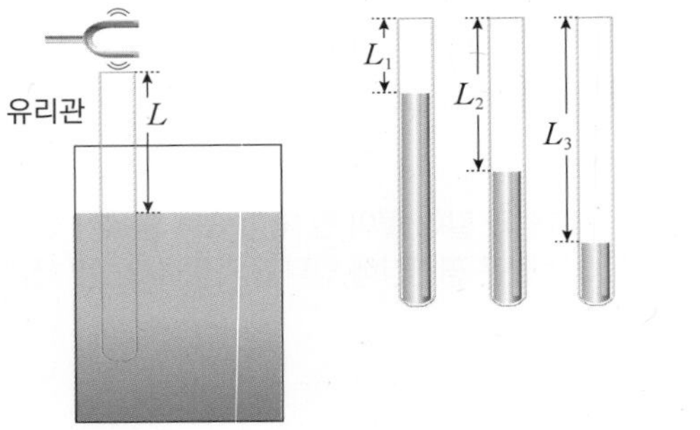

(라)

위에 제시된 실험 데이터 (다)를 분석하여 큰 소리가 날 때 물에서 관의 입구까지의 길이 L 과 파장 사이의 관계를 구하시오

(2) (1)에서 나온 결과를 귓바퀴로부터 고막에 이르는 외이에 적용하여 사람의 귀가 3,000 ~ 4,000 Hz 사이에서 소리를 잘 들을 수 있다는 사실을 설명하시오. (단, 외이의 길이는 약 2.5cm, 귀 속의 공기 온도는 37℃, 소리의 속력은 0℃, 1기압에서 330m/s이고, 1℃ 높아질 때마다 0.6m/s 씩 증가하며, 실험실의 조건은 20℃, 1기압이다.)

정답 및 해설 32쪽

110 귀의 구조를 간단하게 나타낸 모형을 이용하여 소리의 세기가 증폭되는 과정을 설명한 것이다.

[영재학교 기출 유형]

고막을 통과한 소리는 망치뼈, 모루뼈, 등자뼈로 구성된 청소골을 통해 증폭되어 내이로 전달된다. 이때 청소골의 길이와 청소골이 접촉하는 면적이 소리의 세기를 증폭하는데 중요한 역할을 한다. 즉, 귀의 구조를 그림과 같은 모형으로 바꾸어 생각해 보면 소리의 세기가 증폭되는 과정을 다음과 같이 설명할 수 있다.
소리의 압력 P_1 이 고막을 밀 때 고막은 청소골에 힘 F_1 을 주는데, 청소골은 이 힘을 다시 난원창에 압력 P_2 로 작용한다. 따라서 고막에 전해진 압력 P_1 은 청소골의 길이 L_1, L_2 와 청소골이 접촉하고 있는 면적 A_1, A_2 에 의해 P_2 로 변화하여 난원창에 전달된다고 할 수 있다. (A_1 은 고막의 면적, A_2 는 난원창의 면적이다.)

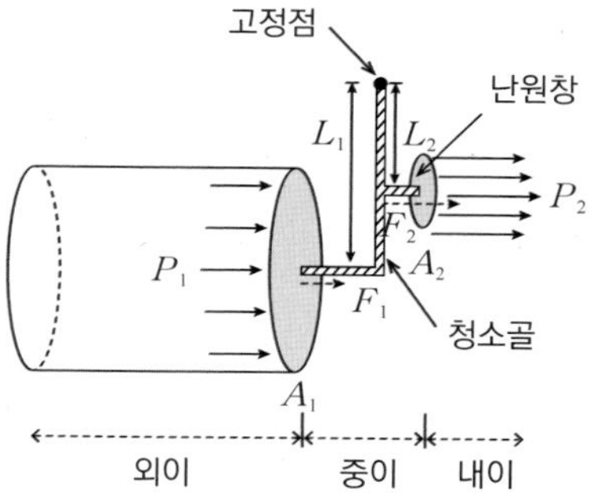

(1) 청소골에서 난원창에 전달되는 힘 F_2 를 L_1, L_2, F_1 으로 나타내시오.

(2) 소리의 증폭율 $K = \dfrac{P_2}{P_1}$ 를 A_1, A_2, L_1, L_2 로 나타내시오.

111 수조의 수면으로부터 깊이 h 인 곳에 파란색 LED 점광원이 가만히 떠 있다. 점광원에 방출된 빛은 수면에서 반지름 R 인 원 내부를 통해 공기 중으로 나온다. (단, 파란색 광원에 대한 공기와 물의 굴절률은 각각 1, $\dfrac{4}{3}$ 이다.)

[대회 기출 유형]

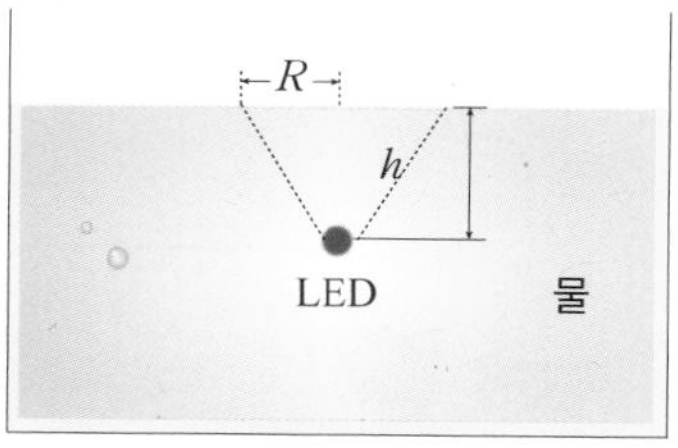

(1) h 를 R 을 이용하여 나타내시오.

(2) 위에서 본 점광원의 겉보기 깊이 h' 을 R 을 이용하여 나타내시오.

(3) 점광원을 빨간색 LED로 바꿀 경우 R 의 변화에 대하여 서술하시오.

창의력 Master

112 바이올린과 같은 현악기는 현의 진동에 의해 소리가 나며, 바이올린은 첼로보다 높은 소리가 난다. 현의 진동은 주변 공기의 밀도를 변화시켜 공기 분자에 진동이 발생한다. 이 진동이 그 주위의 공기를 통해 퍼져 나가고, 사람의 청각 기관에 도달하여 사람들이 그 소리를 들을 수 있게 된다.

(1) 현을 진행하는 파동의 속력을 결정하는 변수는 무엇인가? 그리고 이 변수들과 속력 사이의 관계를 설명하시오.

(2) 바이올린이나 첼로의 음의 높낮이가 어떻게 결정되는지를 구체적으로 설명하시오.

(3) 자동차의 엔진은 시끄러운 소리를 낸다. 이 소음을 최대한 줄이기 위해 자동차 배기관 뒤에 그림과 같은 속이 뻥 뚫려 있는 머플러라는 부품을 연결한다. 이 부품의 역할을 현의 진동과 관련하여 설명하시오.

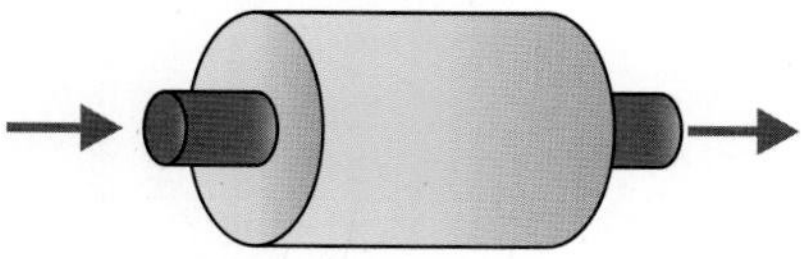

정답 및 해설 32쪽

113 진동수 600 Hz 의 규칙적인 소리를 일정하게 내어 잠을 깨우는 자명종 시계가 있다. 어느 날 아침 이 시계가 고장이 나서 끌 수 없던 무한이는 화가 나서 높이 19.6 m 인 5층 창문 밖으로 내던졌다. 떨어지는 시계의 소리를 듣고 있다고 할 때, 시계가 지면에 도달하기 직전 듣는 진동수는 얼마인가? (단, 공기 중에서 속력은 343m/s 이다.)

114 지면에서 높이 $d = 20$ m 인 발코니로부터 지면에 서 있는 상상이 위로 화병이 떨어지고 있다. 상상이가 경고에 반응하는 데 0.3 초의 시간이 필요하다고 가정할 때, 지면으로부터 화병까지의 높이가 얼마일 때 발코니에서 그 사람에게 경고음을 보내야 피할 수 있을까? (단, 상상이의 키는 160 cm 이고, 공기 중 음속은 343 m/s, 중력 가속도 $g = 9.8$ m/s^2 이다.)

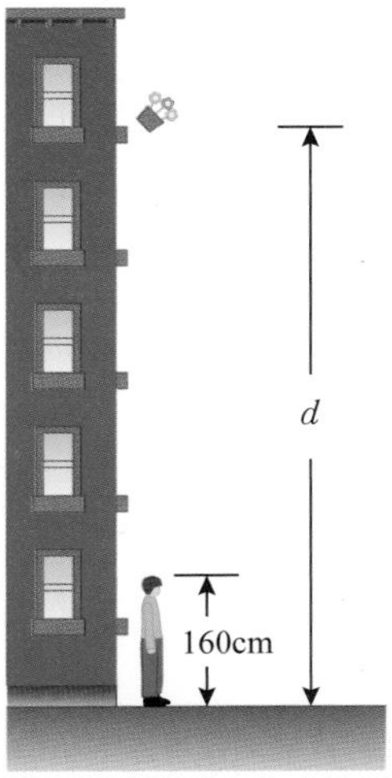

115 그림 (가)는 옆면이 불투명하고 높이와 폭이 4m 이며 내부가 비어 있는 수조를 향해 지면에 대해 45° 의 방향으로 입사된 레이저 빛이 왼쪽 면의 위쪽 모서리를 스치고 진행하여 내부의 오른쪽 아래 모서리에 도달하는 것을 나타낸 것이다. 수조 중앙에는 지름이 1m 인 평면 거울이 놓여 있다. 그림 (나)는 (가)와 동일하게 빛을 입사시키면서 굴절률이 $\sqrt{5}$ 인 액체를 수조에 붓는 모습을 나타낸 것이다. 액체의 높이는 분당 60 cm 의 비율로 높아진다.

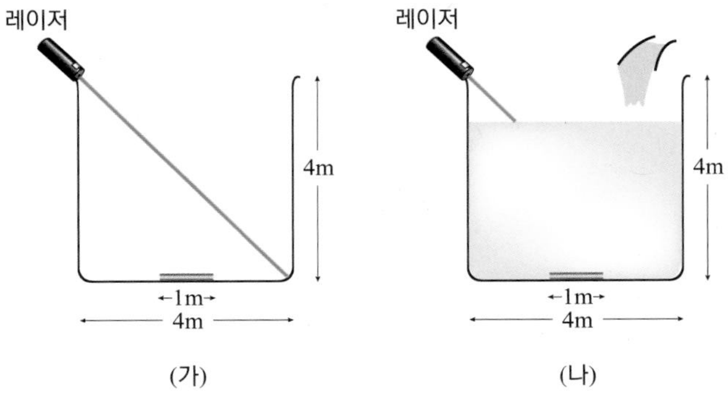

액체를 붓기 시작한 순간부터 빛이 수조 오른쪽 면 위로 빠져나오기 시작하는 순간까지 걸리는 시간은 얼마인가? (단, 공기의 굴절률은 1이고, 거울의 두께와 수면에서 반사된 빛은 무시한다.)

[대회 기출 유형]

116 독일의 올덴부르크시의 청각공원에는 귀의 달팽이관을 모사하여 그림과 같이 물을 담고 있는 유리관들이 연결된 구조물이 설치되어 있다. 이 구조물에는 진동수 f 를 변화시키며 물을 좌우로 흔들어 주는 장치가 있다.

[대회 기출 유형]

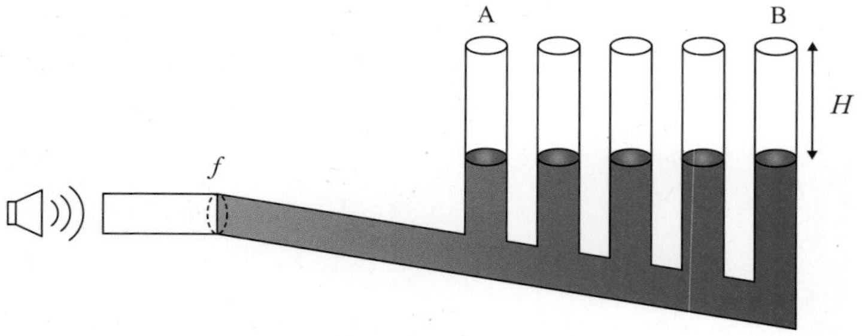

이에 대한 설명으로 옳은 것만을 있는 대로 고르시오.

〈 보기 〉

ㄱ. 진동수가 높아질수록 더 오른쪽에 있는 유리관이 공명한다.
ㄴ. 공명 진동수는 수면으로부터의 유리관 높이 H 에 무관하다.
ㄷ. 공명 진동수는 중력에 무관하다.
ㄹ. 물의 밀도가 커지면 공명 진동수가 낮아진다.

117 물이 들어 있는 투명 수조가 있다. 이 수조의 오른쪽 면에는 수면에서 깊이 h 인 곳에 넓이 A 인 구멍이 있어서 이를 통해 물이 분출되기 시작하였다. 이때 구멍과 같은 깊이에서 수조 왼쪽 면에 레이저를 대고 구멍에 비추었더니 레이저 빛이 분출되는 물줄기를 따라 내려갔다. (단, A 는 수조의 크기에 비해 매우 작으며, 레이저 빛은 물줄기와 같은 평면상에 있고, 수조 내부와 외부의 대기압은 1기압이다.)

[대회 기출 유형]

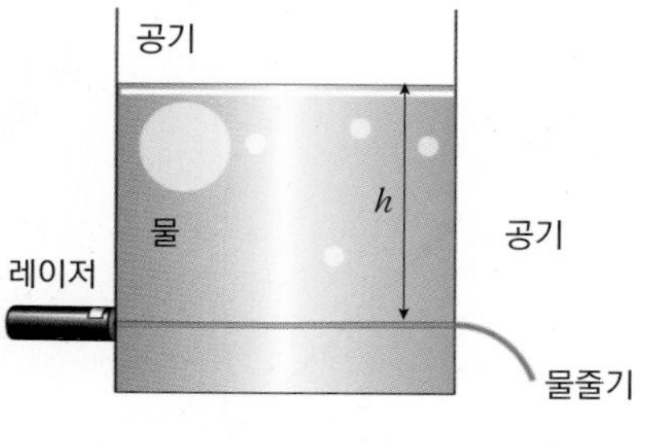

(1) h 가 작아질수록 레이저 빛이 물줄기를 따라가는 길이의 변화에 대하여 서술하시오.

(2) 물보다 굴절률이 더 큰 액체일 경우 레이저 빛이 물줄기를 따라 가는 현상의 변화에 대하여 서술하시오.

정답 및 해설 34쪽

118 해수면의 깊이에 따른 음속의 분포를 나타낸 것이다. 음속은 수심 200m 까지 증가하다가 다시 감소하여 1,000m 지점부터는 다시 증가한다.

[영재학교 기출 유형]

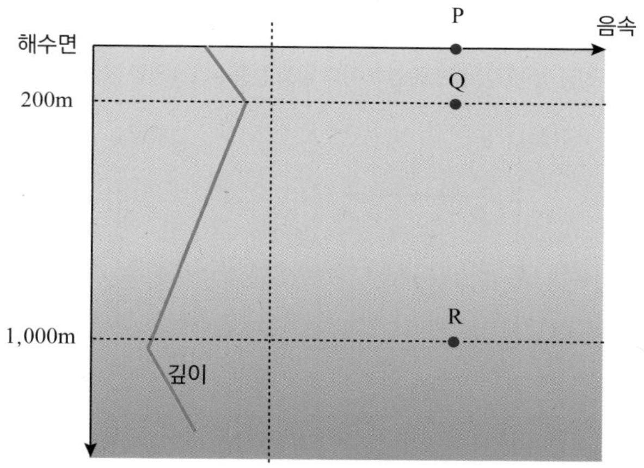

(1) 수심에 따라 음속이 달라지는 이유를 설명하시오.

(2) P, Q, R 각 점에서 발생한 음파의 진행 경로를 그리시오.

(3) 해저 통신은 음파를 통해 이루어진다. 그러나 음파는 물에 잘 흡수되어 장거리 송수신이 어렵다. (2)번을 참고하여 음파를 해저 통신에 활용할 수 있는 방법을 고안하시오.

119 무한이는 고산지대 일수록 공기의 밀도가 작아 소리의 속력이 빨라진다는 설명과 공기의 온도가 소리의 속력에 영향을 미친다는 설명이 모순된다고 생각하였다. 이를 증명하기 위해 온도와 압력을 조절할 수 있는 상자를 만든 후 아래와 같이 실험하였으며, 그 결과는 다음과 같았다.

[한국과학영재학교 기출 유형]

<실험 1> 일정 온도에서 공기 압력을 높여 가며 일정 진동수의 소리를 발생시켜 그 파장을 측정
<실험 2> 일정 압력에서 온도를 높여 가며 일정 진동수의 소리를 발생시켜 그 파장을 측정

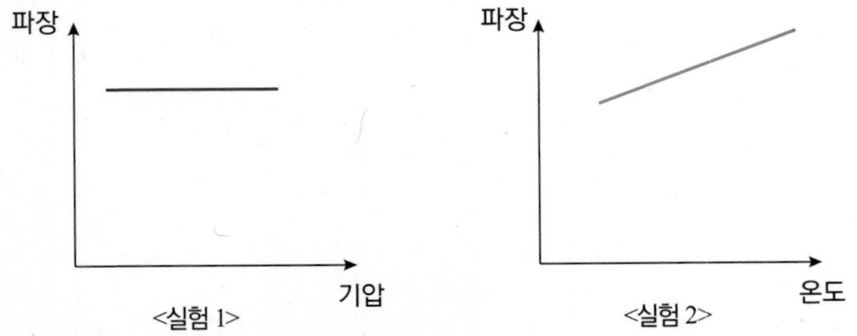

(1) 상자 속 음파의 속력을 계산하기 위해 필요한 자료와 그 이유를 서술하시오.

(2) 〈실험 1〉, 〈실험 2〉를 통해 알 수 있는 사실을 서술하시오.

120 높이 20 cm 인 육면체의 투명한 통에 어떤 액체를 채우고 막대를 넣었다. (단, 굴절률은 기름 > 물 > 공기 순이고, 정면에서 바라보았을 때 굴절 모양을 그린다.)

[대전과학고 기출 유형]

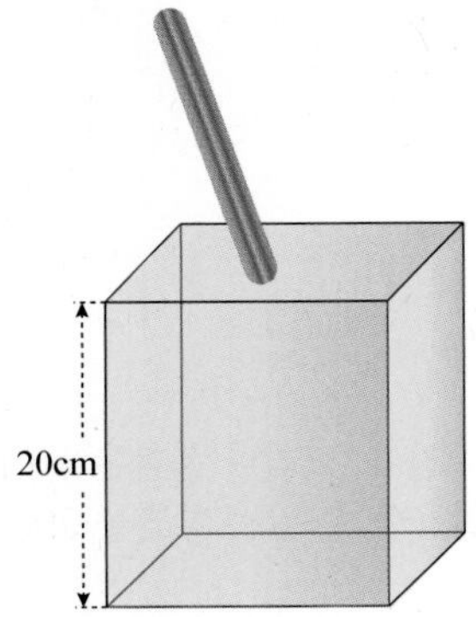

(1) 물을 높이 15 cm 가 되도록 채웠을 때 굴절 모양을 그리시오.

(2) 기름을 높이 15 cm 가 되도록 채웠을 때 굴절 모양을 그리고, 물과 다른 이유를 설명하시오.

(3) 물을 10 cm, 기름을 5 cm 채웠을 때, 굴절 모양을 그리고 그 이유를 설명하시오.

정답 및 해설 34쪽

121 다음 그림을 보고 질문에 답하시오.

[2021~23 기출 유형]

A

B

C

D

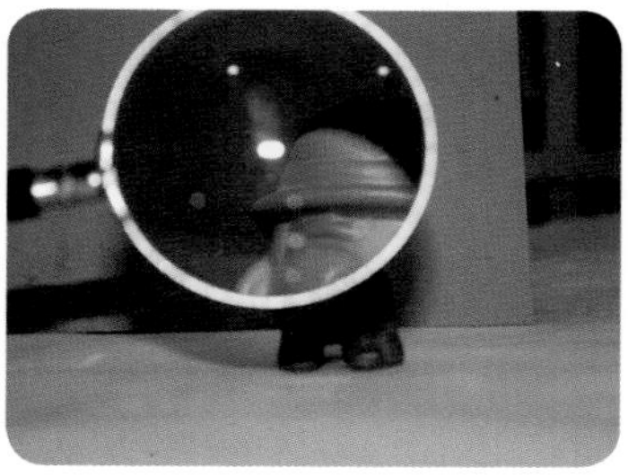
E

(1) 그림과 같이 거울 앞에 화살표 모양의 물체를 놓았을 때 생기는 상을 작도하고, 상의 위치, 크기 상의 종류를 적으시오.

ⓐ

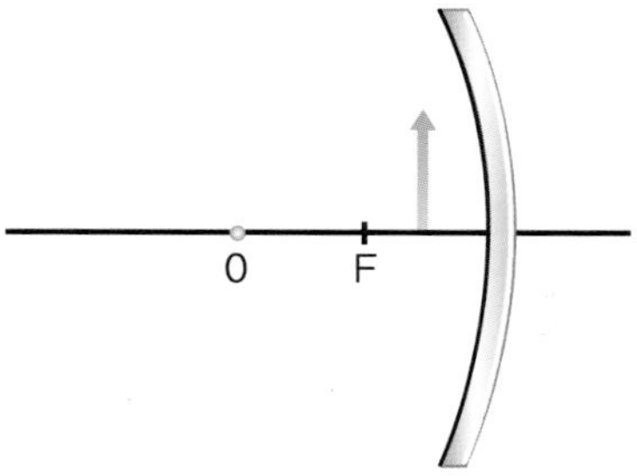

ⓑ

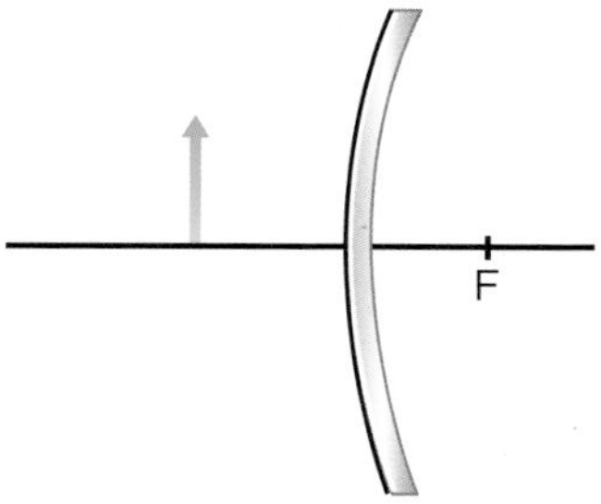

ⓒ

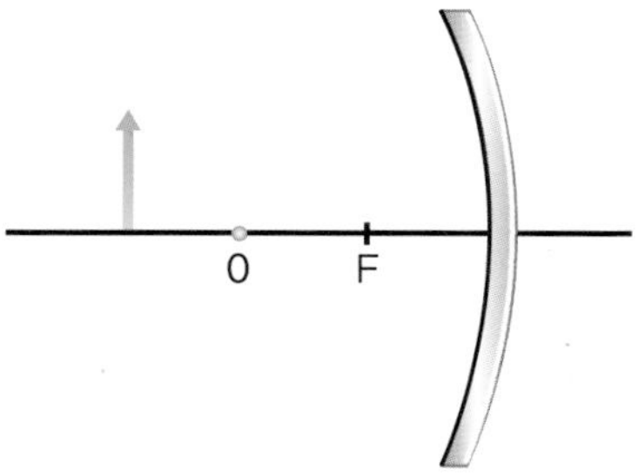

(2) 위 ⓐ~ⓒ에서 생긴 상은 그림 A~E 에서 생긴 상 중 어떤 상과 같은 것인지 각각 찾고 설명하시오.

기출 Check

122 이중창은 유리판 사이에 밀폐된 공기층이 있어서 단열성이 우수하다. 이중창의 규격은 다음과 같다.

[서울과학고 기출 유형]

<규 격>	
· 두께 : 24mm	· 유리의 굴절률 : 1.5

(1) 무한이는 이중창의 공기층 두께 x 를 알아보기 위해 다음과 같은 실험을 설계하였다.

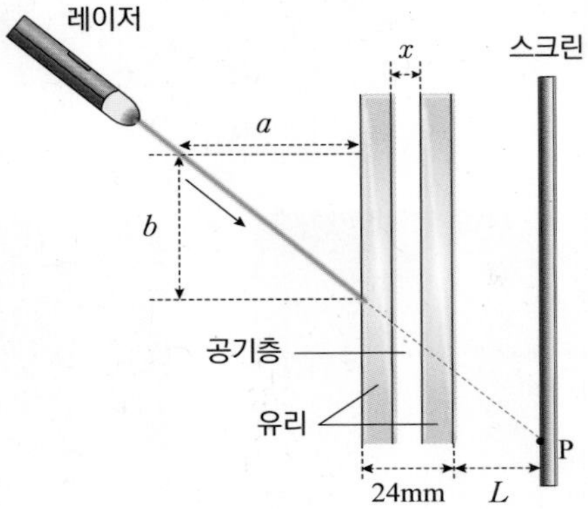

그림과 같이 이중창을 향해 레이저를 비스듬히 쏘았을 때, 입사 광선의 연장선이 스크린과 만나는 지점을 P 라 하자. 레이저 빛이 발사되어 스크린에 도달할 때까지의 경로를 그리고, P와 레이저 빛이 스크린에 도달한 위치 Q 사이의 거리를 구하시오.

(2) 무한이의 실험에서 Q와 P 사이의 거리가 작아서 x 를 정확히 측정하기 어려웠다. 〈보기〉에서 필요한 도구를 선택하여 무한이의 실험을 개선할 방법 두 가지를 제안하고, 그 원리를 설명하시오. (단, 이중창의 두께를 자로 직접 측정할 수 없으며, 이중창을 손상시키지 않아야 한다.

〈 보기 〉

30cm 자, 각도기, 줄자, 실, 흰 종이, 유리판, 물, 프리즘, 볼록렌즈, 오목렌즈, 오목거울, 볼록거울, 얇은 평면 거울, 저울, 카메라, 현미경

123 물속에서 반지름이 R 인 원형의 평행한 빛이 올라오고 있다. 이 빛은 수면 아래 a 인 깊이에 수평으로 설치된 볼록 렌즈를 지나 수면에서 한 점에 모였다. 이때 수면에서 일정한 높이에 수평으로 설치되어 있는 스크린에 반지름 $2R$ 인 밝은 원이 생겼다.

[서울과학고 기출 유형]

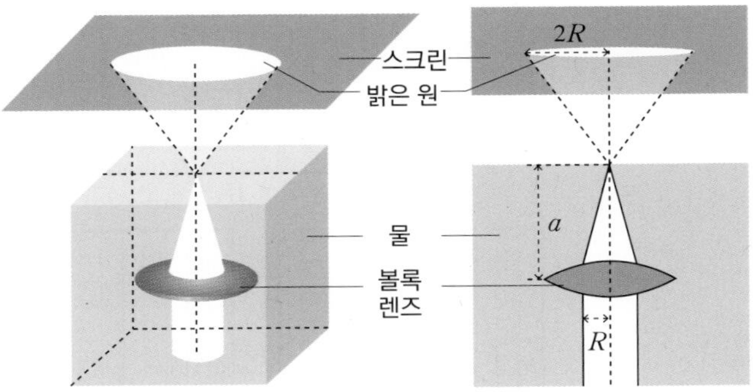

렌즈를 수면 아래 $\frac{a}{2}$ 인 위치로 옮겼을 때, 스크린에 생기는 밝은 원의 면적은?

124 어떤 음과 한 옥타브 높은 음의 진동수 비율은 1 : 2 이다. '도'와 '솔'처럼 5 도 차이나는 음은 진동수 비율이 2 : 3 이다. 다음 A 음 진동수가 B 음 진동수의 $\frac{q}{p}$ 배일 때, $q+p$ 의 값은 얼마인가?

[영재학교 기출 유형]

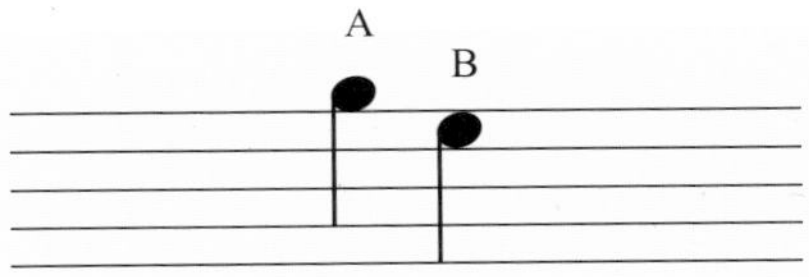

125 그래프 (가)와 (나)는 주황색 셀로판지와 초록색 셀로판지에 백색광을 투과시켰을 때의 각각의 세기를 나타낸 것이다. 노란색 빛이 들어오도록 방을 만들고 싶을 때, 창문에 이 두 셀로판지를 어떻게 붙일 것인지 설명하시오.

[영재학교 기출 유형]

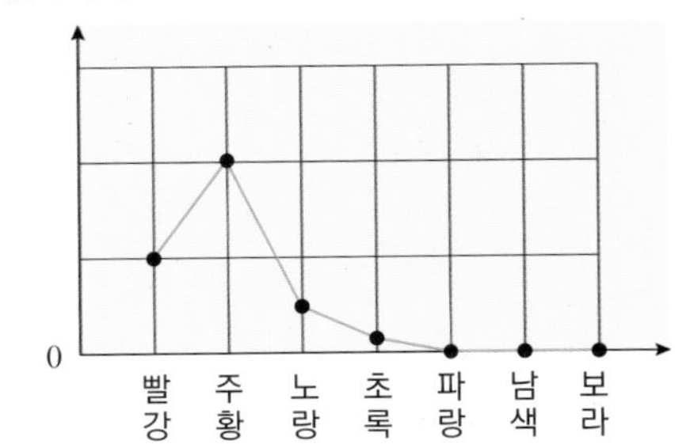

(가)

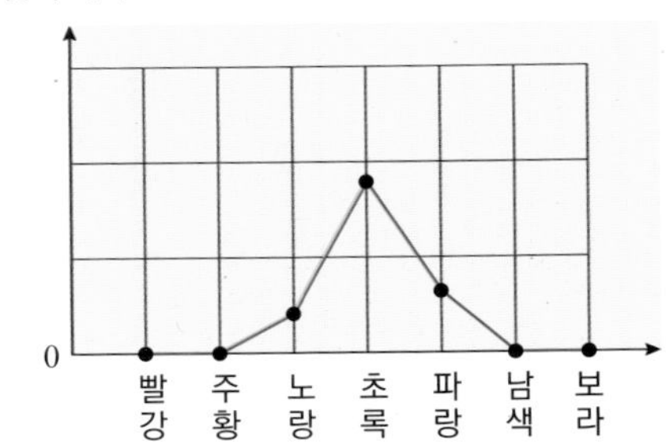

(나)

126 그림은 모니터 화면을 확대해 놓은 것이다. (단, A, B, C 는 빛의 삼원색을 나타낸다.)

[경기과학고 기출 유형]

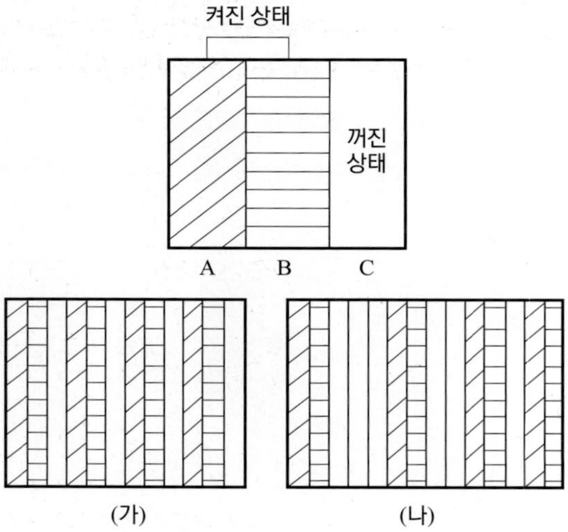

(1) 위의 그림과 관련된 내용 중 옳은 것을 모두 고르시오.

① A, B 가 각각 R, G 이면 사람 눈에는 노란색으로 보인다.
② (가)와 (나)의 색상은 같다.
③ (나)가 (가)에 비해 밝게 보인다.
④ (가)의 빛을 청록색 풍선에 비췄을 때 빨간색으로 보인다.
⑤ A, B 가 각각 R, G 일 때 B, C가 커지면 청록색으로 보인다.

(2) 그림처럼 회전이 가능하고, 양면에서 정반사가 가능한 판의 색이 각각 C(시안), M(마젠타), Y(옐로우)이다. C가 30° 회전한 상태일 때, M, Y를 회전하여 스크린에 빛이 전혀 도달하지 않게 하려고 한다. 빛(백색광)은 각 판에만 평면과 60° 로 입사되고 있다. 스크린은 무한히 크며, M, Y의 회전각은 방향에 관계없이 수평선과 이루는 각 중 작은 각을 말한다. 이때, M, Y의 회전각의 합의 최소값을 구하시오.

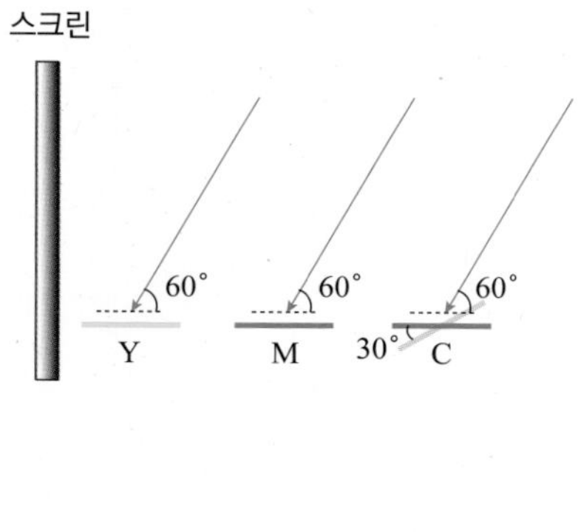

정답 및 해설 36쪽

127 그림은 ㄷ자형 거울 사이에 프리즘을 설치하고 빛을 비추어 나타나는 현상을 관찰한 그림이다.

[영재학교 기출 유형]

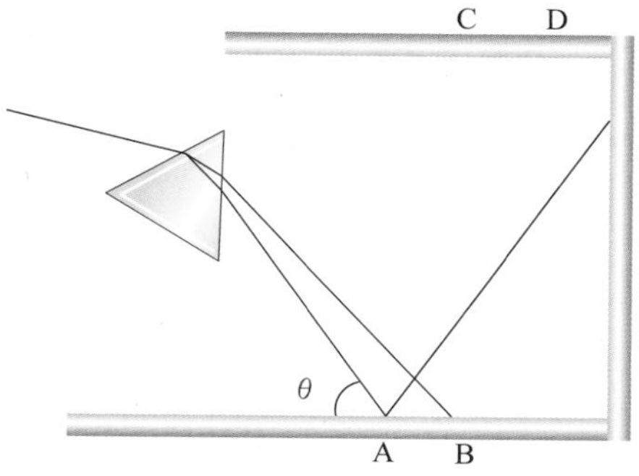

(1) 빛이 들어가서 나누어지는 현상을 (㉠)이라고 하며, 대표적인 자연 현상으로는 (㉡)이/가 있다. 여기서 B점에는 (㉢)색 빛이 비추어지고 D점에서는 (㉣)색 빛이 나온다.

(2) 이 장치를 물속에 넣고 실험하였을 때, AB 거리의 변화는?

(3) 프리즘을 통과한 빛이 옆 거울에 입사할 때 입사광선이 거울과 이루는 각을 θ 를 이용해 나타내시오.

과학으로 장애를 극복! - 특수 안경과 골전도 이어폰

2015년 앞을 보지 못하는 시각 장애 어머니가 자신이 낳은 아이를 처음으로 보는 감동적인 장면이 인터넷 상에 공개됐다. 어릴 때부터 시각 장애인인 그녀의 가장 큰 소원이었던 태어난 아들을 보는 것이 과학 기술의 도움으로 이루어진 것이다.

시각 장애인을 위한 특수 안경

캐나다 오타와에 위치한 회사에서 개발한 eSight 특수 안경은 어느 정도 시력이 남아 있는 시각 장애인들이 앞을 볼 수 있도록 도와주는 특수 안경이다. 이 안경은 휴대용 유선 제어부와 함께 2개의 LCD 스크린이 장착된 헤드셋으로 구성되어 있다. 안경에 장착된 렌즈를 통해 사물을 인식하고, 제어부에서 시력에 따라 초점이나 밝기 등을 조절하여 캡처된 영상을 최대한 좋은 화질로 만든 후, 장착된 LCD 스크린에 영상을 보여주는 원리이다. 하지만 이 안경이 모든 시각 장애인을 볼 수 있도록 도와주지는 못하고 있다. 현재의 기술로는 저시력이라도 가진 사람들에게만 가능하다고 한다.

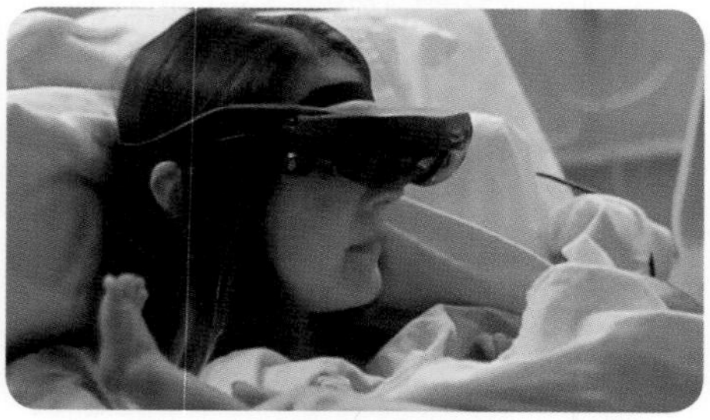

▲ 시각 장애인을 위한 특수 안경

인공 망막 이식을 통한 장애의 극복

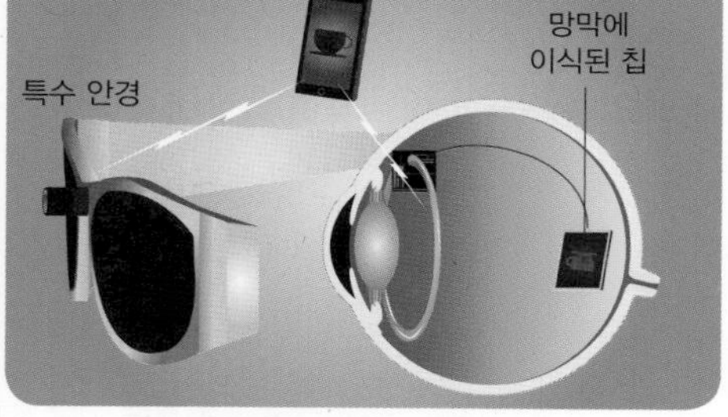

▲ 인공 망막이 사물을 인식하는 과정

2012년 5월 BBC는 옥스퍼드 대학교 안과 병원과 킹스 칼리지 안과 병원 의료팀이 시각 장애인에게 인공 전자 망막을 이식하여 시력 일부를 회복시키는 데 성공했다고 보도하였다. 이때 사용된 인공 전자 망막은 $3\ mm^2$ 크기의 초소형 전자칩으로 외부에서 들어온 빛을 전기 신호로 바꾼 뒤 시각 장애인의 뇌에 있는 시신경으로 전달한다. 시각 신경이 살아 있었던 환자는 수술 후 3주일이 지나서는 빛을 감지하고 사물의 형체를 흑백으로 구별할 수 있을 정도로 시력을 되찾을 수 있었다.

인공 망막이 사물을 인식할 수 있는 것은 비디오 카메라가 장착된 특수하게 제작된 안경이 시력을 잃은 환자의 앞에서 벌어지고 있는 상황을 기록한 뒤 이를 망막에 이식된 칩으로 근적외선으로 비춰준다. 이때 전자칩은 근적외선을 전기 신호로 변환시켜 신경을 통해 뇌에 신호를 전달하고, 뇌는 전달된 시신경 정보를 바탕으로 희미하게나마 빛을 시각화하는 것이다.

정답 및 해설 37쪽

'신이 인간에게 가장 잘못한 일이 있다면 베토벤에게서 귀를 빼앗은 것이다.'

프랑스의 소설가 로맹 롤랑이 쓴 『베토벤 전기』 서문에 나오는 말이다. 서양 음악 역사상 가장 위대한 음악가 중 한 명인 베토벤은 20대 중반부터 청력에 문제가 생긴 후 청력을 잃게 되었음에도 수많은 명곡을 남겼다. 귀가 들리지 않던 베토벤이 작곡을 할 수 있었던 것은 나무 막대기를 이용한 피아노 소리를 듣는 방법에 있었다. 막대기의 한쪽 끝을 피아노 뚜껑 아래에 놓고, 다른 한쪽을 입에 무는 방법으로 소리를 들었던 것이다. 이는 피아노에서 발생하는 소리의 진동이 귓속으로 전달되는 골전도의 원리를 이용한 것이다.

골전도 원리

일반적으로 소리를 듣는 과정은 소리의 진동이 이도(외이도)를 통해 들어와서 고막을 진동시키고, 그 진동이 고막과 붙어 있는 세 개의 뼈(청소골)에 전달되어 달팽이관으로 들어가면, 달팽이관 안의 세포들에 의해 소리가 전기 신호로 바뀌어 청신경을 통해 뇌로 전달되는 것이다. 반면에 골전도에 의한 소리가 외부의 뼈에 진동이 전해지면, 고막과 청소골을 거치지 않고 바로 달팽이관에 전달되어 소리를 듣게 되는 것이다.

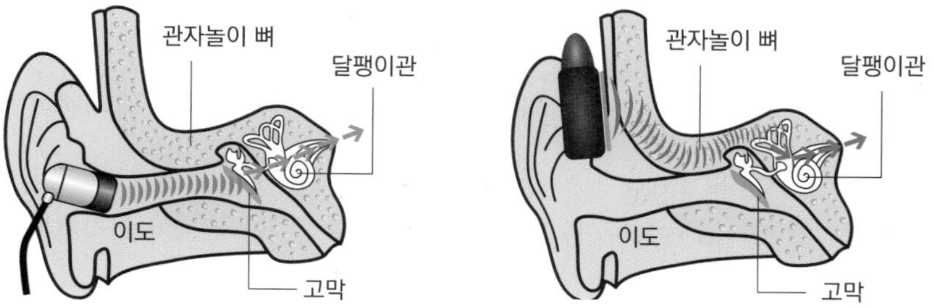

▲ 일반적이 이어폰(좌)과 골전도 이어폰(우)

Q1 골전도 이어폰이 귓구멍을 통해 소리가 직접 들어가지 않아도 들을 수 있는 원리에 대하여 서술하시오.

Q2 청신경이나 시신경에 장애가 있는 환자들은 어떤 방법으로 듣거나 볼 수 있을까? 자신의 생각을 서술하시오.

주제 탐구 및 논술

음의 굴절률

(가) "해리포터는 마술학교로 가기 위해 급행열차 플랫폼 9의 4분의 3으로 향했다. 플랫폼이 있어야 하는 곳에는 벽이 있었다. 해리포터는 벽으로 돌진했다. 벽 뒤에는 사람의 눈으로는 볼 수 없는 공간이 있었다. 이것이 바로 '메타 물질'을 의미한다."

2004년 이론 물리학자인 존 펜드리 교수가 미국 국방성 산하 기관인 방위 고등연구 계획국(DARPA) 연구진에게 설명한 메타 물질의 개념으로 2년 뒤인 2006년 11월, 세계적인 과학 저널 '사이언스'에는 투명 망토의 재료가 되는 메타 물질에 관한 논문이 게재됐다.

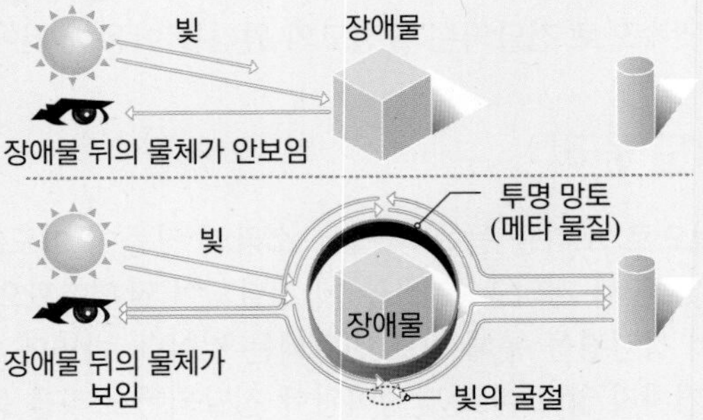

▲ 투명 망토의 원리

2006년 펜드리 교수와 데이비드 스미스 미국 듀크대 교수는 실린더 모양의 너비 5㎝, 높이 1㎝의 구리관을 10장의 메타 물질로 사라지게 했다. 하지만 가시광선 영역이 아닌 마이크로파의 파장이 메타 물질 뒤로 돌아가는 것을 확인했을 뿐이다.
2011년 8월 미국 UC버클리 연구진은 가시광선 영역인 480~700㎚의 파장에서 작동하는 투명 망토를 개발했다. 가시광선 전체 영역인 400~750㎚를 모두 포함하지는 못하지만, 물체가 사라지는 것을 눈으로 볼 수 있는 수준이었다.
연구진에 따르면 600㎚ 크기 물체를 가릴 수 있는 투명 망토 제작에 걸리는 시간이 일주일이나 된다고 한다. 크리스 글래든 UC버클리 연구원은 "큰 물체를 숨길 수 있는 투명 망토를 만드는 것은 이론적으로 가능하지만, 현실적으로는 불가능한 계획"이라고 덧붙였다.
최근에는 자연계에 존재하는 방해석을 이용한 메타 물질 개발도 이뤄지고 있다. 방해석의 결정 방향을 조절하면 메타 물질처럼 빛의 굴절률을 변화시켜 뒤로 돌아나가게 할 수 있다고 한다.
국가 과학기술 위원회가 발표한 '과학기술 예측조사'에 따르면 2026년 투명 망토 기술이 현실화할 것으로 내다보고 있다.

– 매일경제 MBN 2012.08.01『해리포터의 투명 망토, SF만은 아니네』발췌 편집

(나) 메타(Meta)는 사이에, 뒤에, 넘어서와 같은 뜻을 가진 말로 메타 물질은 기존 자연계에 존재하는 물질에는 없는 특별한 성질을 갖는 모든 물질을 말한다.

1967년 러시아 물리학자 빅토르 베스라고는 '빛을 반사하지 않고 돌아가게 만드는 물질이 존재한다'는 이론을 발표했다. 즉, 빛을 반사하거나 흡수하지 않고 휘돌아 가도록 하는 독특한 굴절률(음의 굴절률)을 지닌 물질이 존재할 수 있으며, 이 물질에 가려진 물체는 빛(전자기파)에 의해 감지되지 않는다는 것이다.
음의 굴절률이란 경계면에 도달한 빛이 원래의 정상적인 방향이 아닌 반대 방향으로 굴절하게 되는 것을 말한다. 예를 들어 음의 굴절률을 가진 물질로 만들어진 볼록 렌즈를 지나는 빛은 양의 굴절률을 가진 물질로 만들어진 오목 렌즈처럼 진행하거나 음의 굴절률을 가진 액체 속 막대는 반대 방향으로 구부러져 보이게 된다.

자료 해석 및 일반화

Q3 다음 그림과 같이 진공 중에서 진행하던 빛이 45°의 입사각으로 굴절률이 $-\sqrt{2}$ 인 메타 물질로 들어가고 있다. 이때 굴절각을 구한 후 그림에 나타내시오.

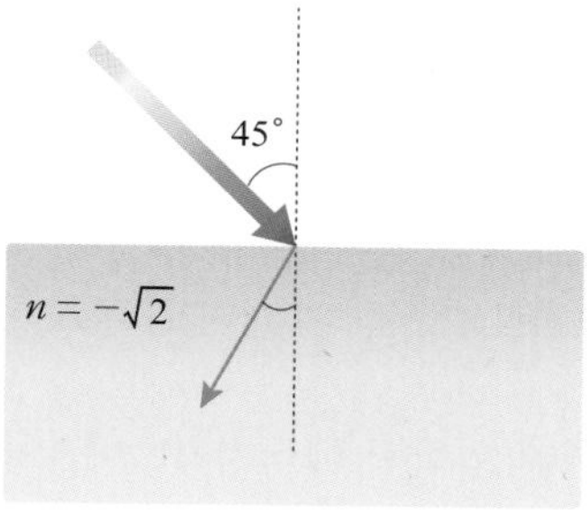

Q4 입사각이 45°보다 점점 커질 때 굴절각의 변화에 대하여 각각 설명하시오.

개념 응용하기

다음 그림과 같이 굴절률이 -1 인 물질로 만든 두께가 d인 투명한 직육면체 도막이 진공 중에 놓여 있다. 이때 거리 l만큼 떨어진 곳에 아주 작은 크기의 단일 파장의 빛을 내는 점광원을 놓았다면 광원에서 나온 빛이 직육면체 도막을 지나는 경로를 그리고, 몇 개의 상이 각각 어디에 맺히는지 서술하시오. (단, $l < d$ 이다.)

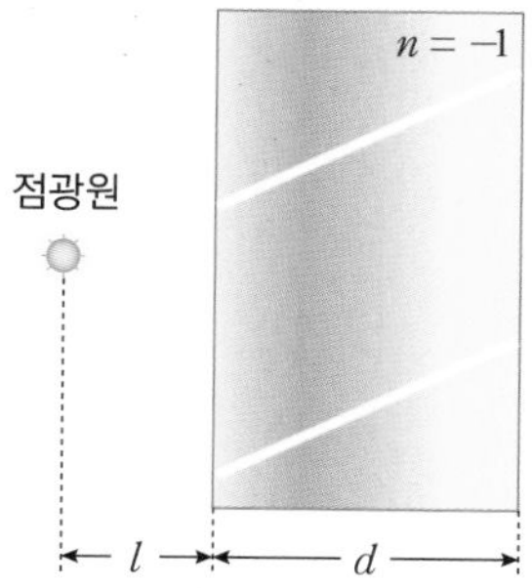

Ⅳ 열역학

1 열에너지

1. 열과 열량

① **열에너지** : 물체 내부의 분자 운동에 의해 나타나는 에너지이다.

② **온도** : 물체의 차갑고 뜨거운 정도를 수치로 나타낸 것으로 섭씨 온도(℃), 절대 온도(K), 화씨 온도(℉)가 있다.

$$\text{절대 온도}\,T\,(\text{K}) = t\,(℃) + 273, \quad \text{화씨 온도}\,t\,(℉) = \frac{9}{5}t\,(℃) + 32$$

③ **열과 열량** : 고온의 물체에서 저온의 물체로 이동하여 물체의 온도를 변화시키는 에너지를 열이라고 하며, 이동된 열의 양을 열량이라고 한다.

④ **열의 일당량** : 발생한 열량 Q 는 잃어버린 역학적 에너지 W 에 비례하며, 그 비례 상수 J 를 열의 일당량이라고 한다.

$$W = J \cdot Q \quad [J = 4.2 \times 10^3\ \text{J/kcal}]$$

2. 열량과 비열

① **비열(c)** : 물질 1kg의 온도를 1℃(1K) 높이는 데 필요한 열량으로, 열량의 단위는 kcal/kg·℃, kcal/kg·K 를 사용한다.

② **열용량(C)** : 물체의 온도를 1℃(1K) 높이는 데 필요한 열량으로 단위는 kcal/℃, kcal/K 를 사용한다.

③ **열량** : 비열이 c, 질량이 m인 물체의 온도 변화를 Δt 라고 할 때, 열량 Q는 다음과 같다.

$$Q = C\Delta t = cm\Delta t$$

3. 열평형 상태와 열량 보존 상태

① **열평형 상태 :** 고온의 물체와 저온의 물체가 접촉하였을 때, 시간이 흐른 후 두 물체의 온도가 같아져 더 이상 열의 이동이 없는 상태를 열평형 상태라고 한다.

② **열량 보존 법칙 :** 온도가 다른 두 물체 사이에서 열이 이동할 때, 외부로 열 출입이 없다면 고온의 물체가 잃은 열량과 저온의 물체가 얻은 열량이 같다. 이를 열량 보존 법칙이라고 한다.

$$Q_A = Q_B \rightarrow c_A m_A(t_A - t) = c_B m_B(t - t_B)$$

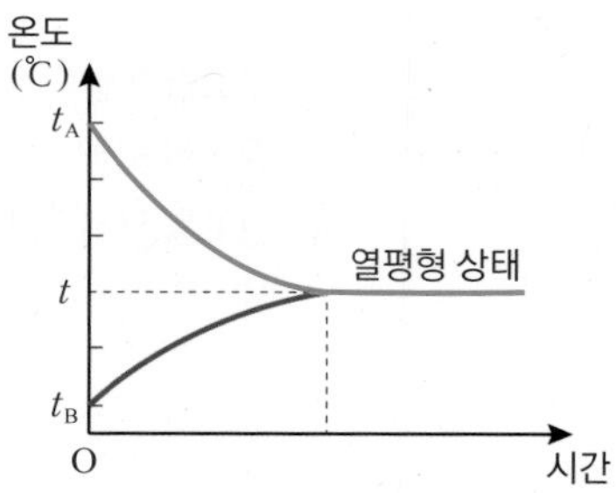

▲ 온도 변화 곡선

2 열의 이동과 열팽창

1. 열의 이동

(1) 전도 : 분자들 사이의 충돌로 에너지가 전달되어 온도가 높은 곳에서 낮은 곳으로 열이 이동하는 현상이다. 길이가 l, 단면적 A 인 금속 막대의 양 끝의 온도가 각각 T_A, T_B($T_A > T_B$)일 때, t초 동안 금속 막대를 통하여 전도되는 열량은 다음과 같다.

$$Q = kA\left(\frac{T_A - T_B}{l}\right)t \quad [\text{단위 : J}]$$

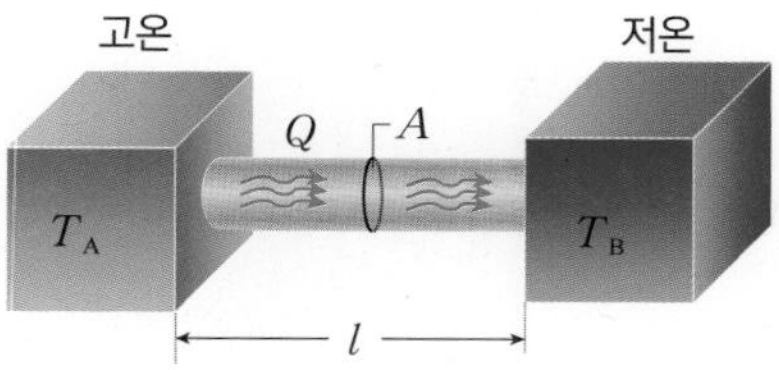

(2) 대류 : 온도에 따른 분자들의 밀도 차에 의해 물질이 순환하면서 열이 이동하는 현상이다.

(3) 복사 : 매질의 도움없이 열에너지가 전자기파의 형태로 직접 이동하는 현상이다.

① **열복사** : 진공 속에 놓인 온도가 서로 다른 두 물체에 있어 고온의 물체는 전자기파를 방출하여 온도가 내려가고, 상대적으로 저온의 물체는 전자기파를 흡수하여 온도가 올라간다. 이러한 현상을 열복사라고 한다.

② **흑체 복사와 슈테판·볼츠만 법칙** : 흑체 표면에서 방출되는 에너지의 양 I 는 흑체 표면의 절대 온도 T 의 네 제곱에 비례한다.

$$I = \sigma T^4 \quad [\sigma(\text{슈테판-볼츠만 상수}) = 5.67 \times 10^{-8}\,\mathrm{W/m^2 \cdot K^4}]$$

③ **뉴턴의 냉각 법칙**: 표면적이 S, 온도가 T 인 물체가 온도가 T_0 인 공간 안에 놓여있을 때, Δt 시간 동안에 물체에서 방출된 열량 $Q = kS(T - T_0)\Delta t$, (k : 비례상수) 이다.

2. 물질의 상태 변화와 열의 이동

① **물질의 상태 변화** : 물체는 열을 얻어 온도가 높아지면 물체 내의 분자 운동이 활발해지면서 물체의 상태가 고체 → 액체 → 기체 상태로 변한다. 상태가 변하는 동안에는 온도는 일정하게 유지되지만 열의 출입은 이루어진다.

② **잠열**(변환열;H) : 물체 1kg 의 온도를 변화시키는 데 사용되지 않고 상태만을 변화시키는 데 필요한 열량($Q = mH$)이다.

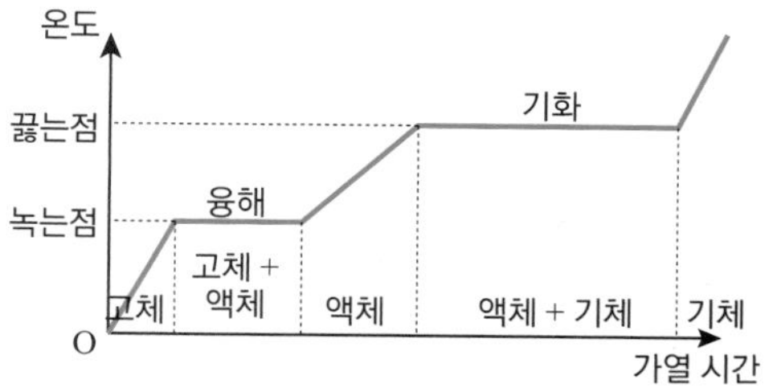

▲ 물체의 온도와 열량을 가한 시간과의 관계

3. 열팽창

(1) 열팽창 : 물체가 열을 얻어 온도가 높아지면 길이나 부피가 늘어나는 현상으로 일반적으로 같은 온도 변화에 의한 열팽창은 기체 > 액체 > 고체 순이다.

(2) 고체의 열팽창

① **선팽창** : 길이가 L_0 인 고체 막대의 온도가 $\Delta T(= T - T_0)$ 만큼 상승할 때 고체 막대의 길이 $L(= L_0 + \Delta L)$는 다음과 같이 증가한다.

$$\Delta L = \alpha L_0 \cdot \Delta T \rightarrow L = L_0(1 + \alpha \Delta T) \quad [\alpha\ (\text{선팽창 계수}) : \text{단위} : \mathrm{K^{-1}}]$$

② **부피 팽창** : 부피가 V_0 인 고체의 온도가 $\Delta T(= T - T_0)$ 만큼 상승할 때 고체의 부피 $V(= V_0 + \Delta V)$는 다음과 같이 증가한다.

$$\Delta V = \beta V_0 \cdot \Delta T \rightarrow V = V_0(1 + \beta \Delta T) \quad [\beta\ (\text{부피 팽창 계수}) : \text{단위} : \mathrm{K^{-1}},\ \beta = 3\alpha]$$

(3) 액체의 열팽창 : 대부분의 액체는 온도가 증가하면 그 부피가 일정한 비율로 증가한다. 처음 부피가 V_0 인 액체의 온도가 $\Delta T(= T - T_0)$ 만큼 상승할 때 액체의 부피 V 는 다음과 같다.

$$V = V_0(1 + \beta \Delta T)$$

(4) 기체의 열팽창 : 기체의 경우 고체, 액체와는 달리 압력이 일정할 때 기체의 종류에 상관없이 온도 변화에 따라 팽창하는 정도가 같다. 0℃ 일 때 부피가 V_0 인 기체의 온도가 ΔT 만큼 상승할 때 기체의 부피 V 는 다음과 같다.

$$V = V_0\left(1 + \frac{1}{273}\Delta T\right)$$

정답 및 해설 38쪽

Q1 금속판에 구멍을 뚫은 후, 금속의 온도를 높이면 구멍의 지름은 어떻게 변하는가?

① 감소한다. ② 증가한다. ③ 일정하다. ④ 금속의 처음 온도에 따라 다르다.

3 기체 분자 운동

1. 기체의 압력, 부피, 절대 온도의 관계

(1) 기체의 압력 : 기체 분자가 용기 벽에 가하는 압력을 기체의 압력 또는 기압이라고 한다. 단위 면적 당 수직으로 작용하는 힘이며, 기체 분자가 면적 A인 벽에 수직으로 작용하는 힘을 F라고 할때, 압력 P는 다음과 같다.

$$P = \frac{F}{A} \quad [\text{단위 : N/m}^2 = \text{Pa(파스칼)}]$$

(2) 보일·샤를 법칙

① **보일 법칙** : 온도가 일정할 때, 기체의 부피는 압력에 반비례한다. → $P_1V_1 = P_2V_2 =$ 일정

② **샤를 법칙** : 압력이 일정할 때, 기체의 부피는 절대 온도에 비례한다. → $\frac{V_0}{T_0} = \frac{V}{T} =$ 일정

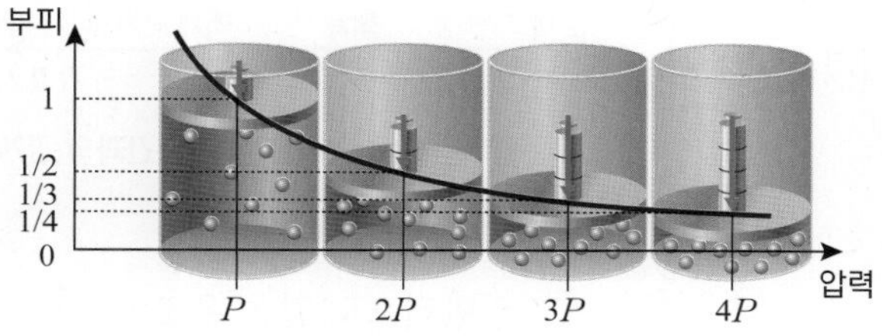

▲ 보일 법칙

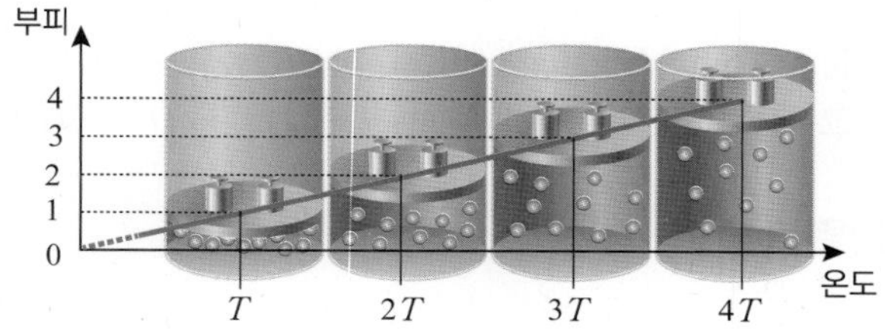

▲ 샤를 법칙

③ **보일·샤를 법칙** : 기체의 양이 일정할 때, 기체의 부피는 압력에 반비례하고, 절대 온도에 비례한다.

$$\frac{P_0V_0}{T_0} = \frac{PV}{T} = \text{일정}$$

(3) 아보가드로 법칙 : 기체는 종류와 상관없이 같은 온도, 같은 압력에서 같은 부피를 차지하며, 같은 수의 분자를 가진다.

$$N_0(\text{아보가드로수}) = 6.02 \times 10^{23} \text{ 개/mol}$$

① **몰질량** : 어떤 물질에서 1mol의 질량으로, 그 물질의 g분자량과 같다.

② **기체 1mol의 부피, 분자 수** : 기체의 종류와 상관없이 표준 상태인 0℃(273 K), 1기압(1.013×10^5 N/m^2)에서 기체 1mol의 부피는 22.4 L(22.4×10^{-3} m^3) 이고, 분자 수는 6.02×10^{23} 개(N_0) 이다.

2. 이상 기체 상태 방정식

① **이상 기체** : 기체 분자 자체의 부피가 0 이고, 분자들 사이에 인력이 작용하지 않은 이상적인 기체로 보일·샤를 법칙을 만족한다.

② **기체 상수(R)** : 보일·샤를 법칙에서 1mol 기체의 $\frac{PV}{T}$ 값은 기체의 종류와 상관없이 R로 일정하다.

$$R = \frac{P_0V_0}{T_0} = \frac{1.013 \times 10^5 \times 22.4 \times 10^{-3}}{273} \simeq 8.31(\text{J/K·mol})$$

③ **이상 기체의 상태 방정식** : 이상 기체 n (mol)의 압력을 P, 부피를 V, 온도를 T라고 할 때, 다음과 같은 관계가 성립하며, 이를 이상 기체의 상태 방정식이라고 한다.

$$\frac{PV}{T} = nR \rightarrow PV = nRT$$

3. 돌턴의 부분압 법칙

① **부분압 :** 밀폐된 용기 안에 여러 종류의 기체가 혼합되어 있을 때, 각각의 기체가 단독으로 용기 전체의 부피를 차지할 때 나타내는 압력을 그 기체의 부분압이라고 한다.

② **돌턴의 부분압 법칙 :** 밀폐된 용기 안에 여러 종류의 기체가 혼합되어 있을 때, 혼합 기체 전체가 작용하는 압력은 각 성분 기체의 부분압의 합과 같다. 이때 기체의 부분압이나 전체 압력에 대해서도 각각 보일·샤를 법칙이 성립한다.

4. 기체 분자 운동

(1) 기체 분자 운동과 압력 : 한 변의 길이가 L 인 정육면체 모양의 밀폐된 용기 속에서 질량이 m 인 기체 분자 N 개가 평균 속도 $\overline{v}$ 로 운동하고 있을 때, 기체 분자 1개가 벽에 탄성 충돌을 하는 경우 각각의 물리량은 다음과 같다.

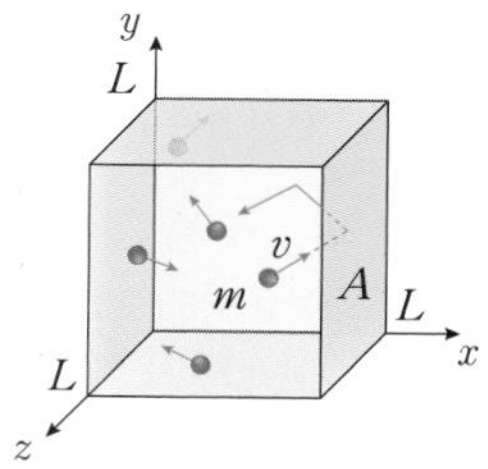

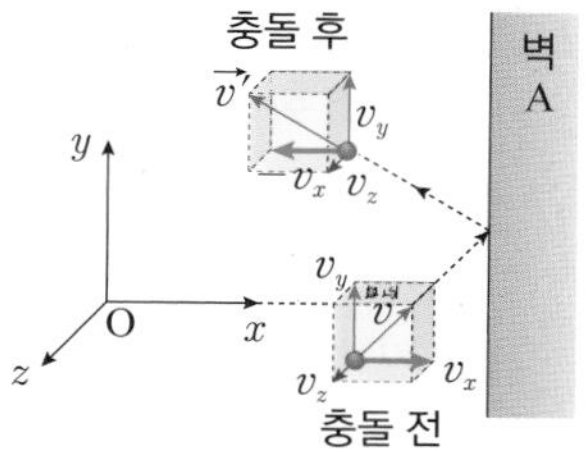

㉠ 분자 1개가 벽에 충돌할 때 운동량의 변화량 크기 : $\Delta p = mv_x - (-mv_x) = 2mv_x$

㉡ 기체 분자가 x축을 따라 1회 왕복하는 데 걸리는 시간 : $\Delta t = \dfrac{2L}{v_x}$

㉢ 분자 1개가 벽에 작용하는 평균 힘(충격력) : $f = \dfrac{\Delta p}{\Delta t} = \dfrac{m\overline{v_x^2}}{L} = \dfrac{1}{3}\dfrac{m\overline{v^2}}{L}$

㉣ 분자 N개가 벽에 작용하는 평균적인 힘 : $F = Nf = \dfrac{1}{3}\dfrac{Nm\overline{v^2}}{L}$

→ 기체 분자들이 벽에 미치는 압력 : $P = \dfrac{F}{A} = \dfrac{F}{L^2} = \dfrac{Nm\overline{v^2}}{3L^3} = \dfrac{1}{3}\dfrac{Nm\overline{v^2}}{V}$ $(V = L^3)$

$$PV = \frac{1}{3}Nm\overline{v^2} = \frac{2}{3}E_k$$

(2) 기체 분자의 평균 운동 에너지

① **기체의 평균 운동 에너지(E_k)** : 기체의 압력이 P, 부피가 V 일 때, 기체의 평균 운동 에너지 E_k는 $\dfrac{3}{2}PV$로 나타난다.

$$E_k = \frac{3}{2}PV = \frac{3}{2}nRT$$

② **기체 분자 1개의 평균 운동 에너지(내부 에너지) :** 단원자 기체 분자 1개의 평균 운동 에너지는 종류에 관계없이 절대 온도에 비례한다. 분자의 개수를 N 으로 할 때, 기체 분자 1개의 평균 운동 에너지(내부 에너지)는 다음과 같다.

$$E_k = \frac{3}{2}\frac{nRT}{N} = \frac{3}{2}kT \quad (k : \text{볼츠만 상수})$$

(3) 기체 분자의 평균 속력 : 단원자 기체 분자의 평균 운동 에너지 $\dfrac{1}{2}mv^2 = \dfrac{3}{2}kT$ 이고, $k = \dfrac{R}{N_0}$, $N_0 m = M$ (M = 몰질량)이므로, 기체 분자의 평균 속력 v 는 다음과 같다.

$$v = \sqrt{\overline{v^2}} = \sqrt{\frac{3kT}{m}} = \sqrt{\frac{3RT}{mN_0}} = \sqrt{\frac{3RT}{M}} \text{ (m/s)}$$

(4) 기체 내부 에너지

① **내부 에너지** : 열운동하는 모든 분자들이 가지고 있는 운동 에너지와 퍼텐셜 에너지의 총합이다. 물체의 온도가 높아지면 물체의 내부 에너지가 증가한다.

② **이상 기체의 내부 에너지(U)** : 이상 기체는 분자 사이의 힘이 무시되므로 분자력에 의한 퍼텐셜 에너지가 0이다. 따라서 이상 기체의 내부 에너지는 분자의 운동 에너지의 총합이 된다.

$$U(\text{단원자 분자, } N \text{ 개, } n \text{ 몰}) = N \cdot \frac{3}{2}kT = \frac{3}{2}nRT \text{ (J)}$$

정답 및 해설 38쪽

Q2 이상 기체의 절대 온도가 4 배가 되는 동안 부피는 2 배가 되었다. 압력은?

① 일정하다. ② $\dfrac{1}{2}$로 감소한다. ③ $\dfrac{1}{4}$로 감소한다. ④ 2배로 증가한다. ⑤ 4배로 증가한다.

4 열역학 법칙

1. 열역학 제1법칙

(1) 열역학 제0법칙 : 접촉하고 있는 물체 A와 C가 열평형을 이루고, 물체 B와 C가 열평형을 이룬다면, 물체 A와 B는 열평형을 이룬다. 이를 열역학 제0법칙이라 한다.

(2) 기체가 하는 일 : 그림과 같이 기체가 단면적이 A 인 피스톤에 일정한 압력 P 를 작용하면서 ΔL 만큼 이동시켜 부피가 ΔV 만큼 증가했을 때, 기체가 피스톤에 한 일 W 는 다음과 같다.

$$W = F \cdot \Delta L = PA \cdot \Delta L = P\Delta V$$

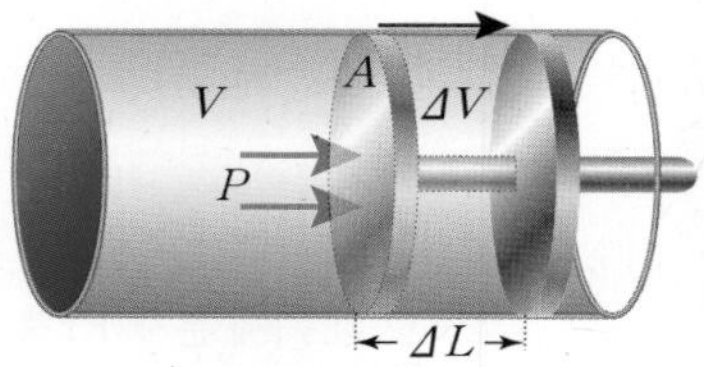

▲ 기체가 팽창할 때 하는 일

(3) 열역학 제1법칙 : 외부에서 기체에 가해준 열량(Q)은 기체의 내부 에너지 변화량(ΔU)과 기체가 외부에 한 일의 양(W)의 합과 같다(열역학계의 에너지 보존 법칙).

$$Q = \Delta U + W$$

(4) 열역학 과정 : 기체가 외부와 상호 작용(일과 열의 교환)을 하면서 한 상태에서 다른 상태로 바뀌는 것을 말한다.

경로	과정	일정한 물리량	Q	ΔU	W	열역학 제1법칙
A → B	등적	V	$+Q_1$	+	0	$Q_1 = \Delta U$
B → C	등압	P	$+Q_2$	+	$+W_1$	$Q_2 = \Delta U + P\Delta V$
C → D	등온	T	$+Q_3$	0	$+W_2$	$Q_3 = W$
D → A	등압	P	$-Q_4$	−	$-W_3$	$Q_4 = \Delta U + P\Delta V$

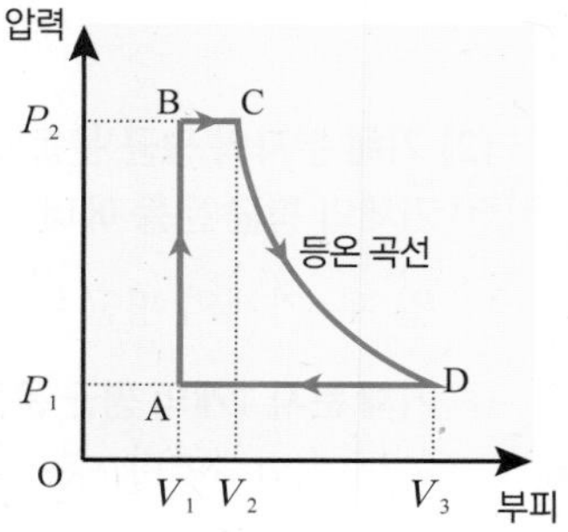

① **단열 과정** : 외부에서의 열출입 없이($Q = 0$) 기체의 변화를 일으키는 과정이다.
→ $\Delta U = -W$

② **단열 과정에서의 자유 팽창** : 한쪽은 기체로 가득 차 있고 다른 한쪽은 진공 상태인 공간으로 되어 있는 단열 실린더에서 외부와 주고 받는 열량이 없을 때, 중간의 칸막이를 제거하면 기체는 빠르게 팽창하여 용기 전체를 채우게 된다. 이를 자유 팽창 과정이라고 한다. → $Q = 0,\ W = 0,\ \Delta U = 0$

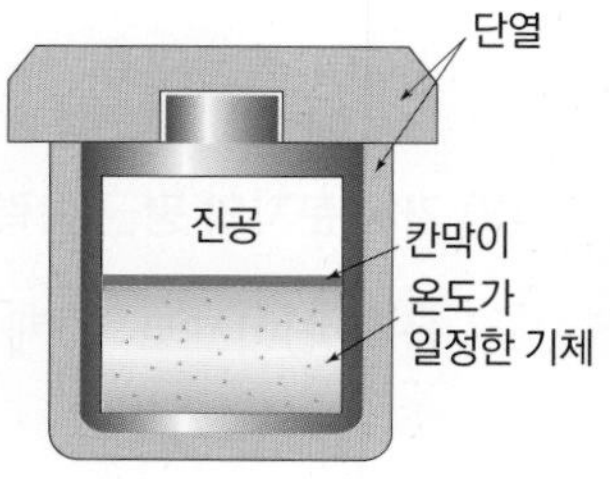

2. 열역학 제2법칙

① **가역 과정과 비가역 과정** : 외부에 어떤 변화도 남기지 않고 스스로 원래의 상태로 되돌아갈 수 있는 과정을 가역 과정, 스스로 원래의 상태로 되돌아갈 수 없고, 시간에 대해서 한쪽 방향으로만 진행하는 과정을 비가역 과정이라고 한다.

② **열역학 제2법칙** : 자연에서 일어나는 변화의 비가역적인 방향성을 제시하는 법칙으로 열은 항상 고온의 물체에서 저온의 물체로 흐르고 그 반대 방향으로는 흐를 수 없다.

③ **엔트로피(S)** : 계의 무질서도를 의미하는 엔트로피는 열역학 과정에 참여하는 모든 계를 고려할 때 전체 엔트로피는 감소하지 않으며, 고립된 계에서 엔트로피가 증가하는 쪽으로 변화가 일어나며, 그 반대쪽으로는 일어나지 않는다. → 자연 현상은 대부분 비가역적이며, 엔트로피가 증가하는 방향으로 진행한다.
온도가 T_1 인 물체에서 T_2 인 물체로 열량 Q가 이동하면 전체 엔트로피의 변화량 ΔS 는 다음과 같다.

$$\Delta S = \Delta S_2 - \Delta S_1 = Q\left(\frac{1}{T_2} - \frac{1}{T_1}\right) \quad \text{[단위 : J/K]}$$

3. 열기관과 열효율

(1) 열기관 : 순환 과정 동안 온도 T_1 인 고열원에서 Q_1 의 열에너지를 흡수하여 외부에 W 의 일을 하고, 온도 T_2 인 저열원으로 Q_2 의 에너지를 방출한다. 열기관이 한 번 순환하는 동안 열기관의 내부 에너지는 변하지 않으므로($\Delta U = 0$), 열역학 제 1 법칙에서 $Q = Q_1 - Q_2 = W$ 가 된다.

(2) 열효율 : 한 순환 과정동안 흡수한 열 Q_1 에 대하여 외부에 한 일 W 의 비를 **열효율**(e)이라고 한다.

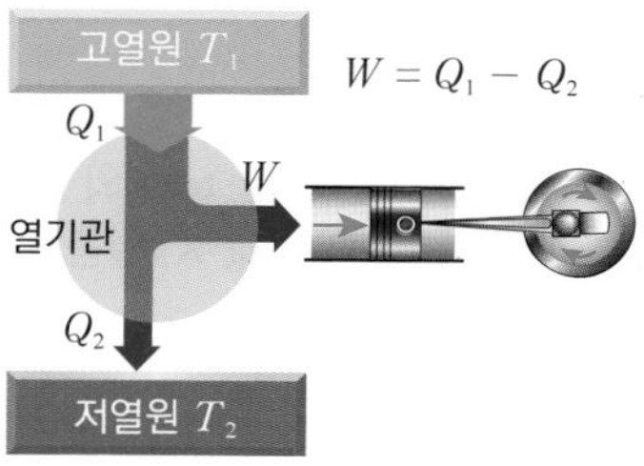

▲ 열기관

$$e = \frac{\text{한 일}}{\text{공급한 에너지}} = \frac{W}{Q_1} = \frac{Q_1 - Q_2}{Q_1} = 1 - \frac{Q_2}{Q_1}$$

(3) 카르노의 이상적인 열기관 : 프랑스의 카르노가 고안한 열효율이 가장 높은 이상적인 열기관으로 순환의 모든 과정이 가역적 과정으로 이루어져 있다.

열역학 과정	과정
A → B (등온 팽창)	이상 기체가 온도 T_1 인 고열원에서 열 Q_1 을 흡수하여 부피 V_1 에서 V_2 까지 등온 팽창하면서 일을 한다.
B → C (단열 팽창)	저열원의 온도 T_2 가 될 때까지 부피 V_2 에서 V_3 까지 단열 팽창하면서 외부에 일을 한다.
C → D (등온 압축)	온도 T_2 인 이상 기체가 부피 V_3 에서 V_4 까지 등온 압축하면서 Q_2 인 열을 저열원으로 방출한다.
D → A (단열 압축)	이상 기체가 부피 V_4 에서 V_1 까지 단열 압축하면서 온도가 T_1 으로 상승하고, 열기관은 원래의 상태로 되돌아 온다.

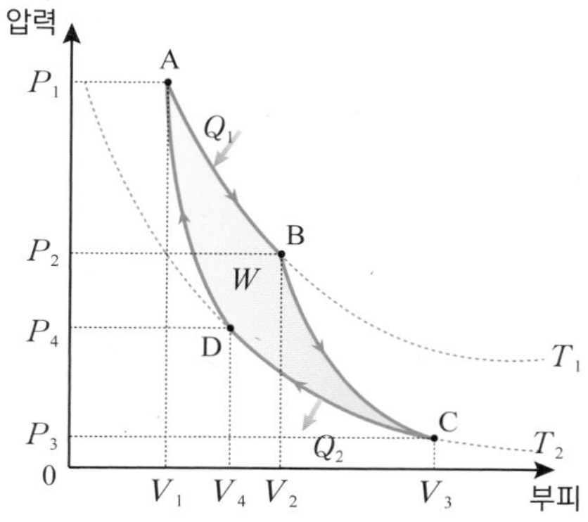

▲ 카르노의 순환 과정

① **카르노 열효율(이상적인 열기관의 열효율) e_c** : 카르노 기관은 임의의 두 고정 온도 사이에서 작동하는 열기관에게 허용된 최대 열효율을 가지는 이상적인 열기관이다.

$$e_c = 1 - \frac{T_2}{T_1} = \frac{T_1 - T_2}{T_1}$$

② **실제 열기관의 열효율** : 실제 열기관의 효율은 비가역적 변화(마찰 등)에 의한 손실로 인하여 카르노 기관의 열효율 값보다 작다.

$$e = \frac{W}{Q_1} = 1 - \frac{Q_2}{Q_1} \leq 1 - \frac{T_2}{T_1}$$

(4) 열펌프 : 저온의 열원에서 열을 흡수하여 고온의 열원으로 옮기는 기계나 장치를 말하며, 열이 자연적으로 흘러가는 방향과 반대 방향으로 흐르게 한다. 냉난방 장치들과 냉동기 등이 해당된다.

· **열펌프의 열효율(작동 계수 K)** : 열펌프의 열효율이 좋을 수록 작은 일 W_{in} 을 사용하여 저열원에서 많은 열 Q_C 을 뽑아낼 수 있다. 즉, 계에 수행된 일 W_{in} 에 대한 저열원에서 뽑아낸 열량 Q_C 의 비를 작동 계수 K 라고 한다.

$$K = \frac{Q_C}{W_{in}} = \frac{Q_C}{Q_H - Q_C}$$

정답 및 해설 38쪽

Q3 무한이가 액체 커피가 들어 있는 보온병을 잠깐 동안 흔들었다. 커피의 온도는 어떻게 변하는가?

① 감소한다. ② 변화없다. ③ 증가한다.

Q4 열역학 제2법칙에 대한 표현으로 적절하지 않은 것은?

① 우주의 엔트로피는 모든 자연 과정에서 증가한다.
② 차가운 물체에서 뜨거운 물체로 자연적으로 열이 전달되지 않는다.
③ 열기관은 고열원에서 흡수한 에너지를 전부 일을 하는 데 사용할 수 없다.
④ 내부 에너지의 변화는 열의 형태로 계에 전달된 에너지와 계에 한 일의 합이다.
⑤ 고열원과 저열원 사이에서 작동하는 열기관은 같은 열원 사이에서 작동하는 카르노 기관보다 효율이 더 좋을 수 없다.

128 -15 ℃, 60 g 의 얼음을 단열 용기에 담긴 20 ℃, 500 g 의 물에 넣었다. (단, 외부로 열의 출입은 없으며, 물의 비열은 1 kcal/kg·K, 얼음의 비열은 0.5 kcal/kg·K, 얼음의 융해열은 80 kcal/kg이다.)

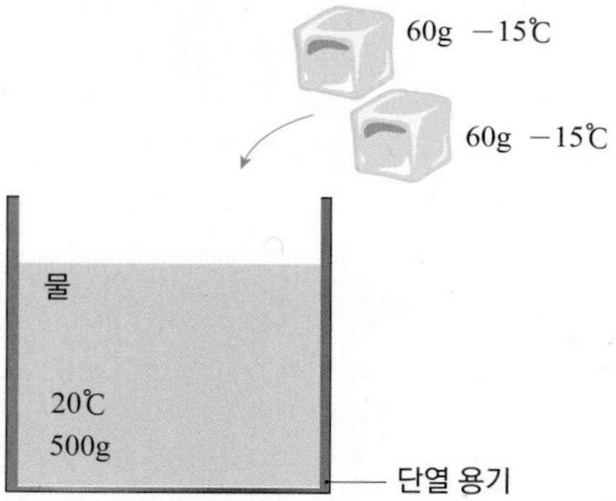

(1) 얼음 2개를 동시에 넣는 경우 다음과 같은 상황을 고려하여 열평형 온도를 구하시오.

> 얼음과 물이 열평형을 이루는 경우는 다음 세 가지가 가능하다.
> ㉠ 얼음이 녹지 않은 채 얼음의 녹는점 이하에서 열평형 상태에 이르는 경우
> ㉡ 얼음의 일부가 녹은 후 얼음의 녹는점에서 열평형 상태에 이르는 경우
> ㉢ 얼음이 모두 녹은 후 얼음의 녹는점 이상에서 열평형 상태에 이르는 경우

(2) 얼음을 한 개만 넣은 경우 열평형 온도를 구하시오.

정답 및 해설 38쪽

129 기차 선로는 여름철 기온이 상승했을 때를 대비하여 레일과 레일 사이를 떼어 놓는다.

0 ℃일 때, 레일 한 개의 길이가 30 m 이고, 여름철 최고 기온이 38 ℃까지 올라간다고 할 때, 레일과 레일 사이는 최소 몇 cm 떼어 놓아야 할까? (단, 레일은 강철로 되어 있으며, 강철의 선팽창 계수는 11×10^{-6}/℃이다.)

130 스코틀랜드의 식물학자 로버트 브라운(Robert Brown)은 1827년 물 위에 떠 있는 꽃가루를 현미경으로 관찰하여 꽃가루 입자의 운동을 발견하였다. 이후에 물질의 작은 입자가 무질서하고 활발하게 운동하는 것을 브라운 운동(Brownian)이라고 부르게 되었다. 이 운동은 열에 의한 입자의 운동과 물 분자 운동과의 상호 작용 때문에 발생하며, 입자들은 질량이 클수록 느리게 운동한다. 브라운 운동을 기체 분자에 적용시킬 때 밀폐된 같은 통 속에 들어 있는 산소 분자와 수소 분자의 운동 속력의 비 $v_{산소} : v_{수소}$ 는? (산소 분자와 수소 분자의 분자량은 각각 32 g 과 2 g 이다.)

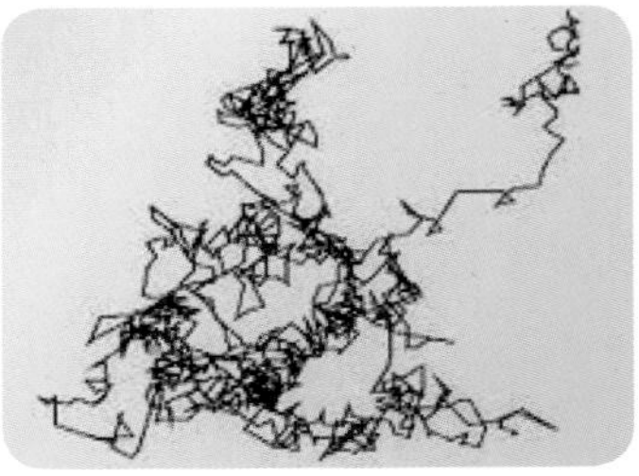

유형 Problem

131 열기구는 내부에 공기를 가득 넣은 후, 버너를 가동하여 내부 공기를 가열하면 하늘로 떠오른 후 바람의 흐름을 따라 공중 비행을 하는 기구이다.

공기가 들어 있지 않을 때 버너를 포함한 자체 질량이 100 kg 인 열기구가 있다. 열기구에 공기를 가득 넣었을 때 들어갈 수 있는 공기의 부피는 100 m^3 이고, 열기구의 아래 부분은 열려 있어서 공기가 자유롭게 출입할 수 있으며, 현재 공기의 밀도는 1.3 kg/m^3, 기압은 1기압(atm), 기온은 27 ℃ 이다.

(1) 열기구 내부의 온도가 T(K)가 되었을 때, 열기구 내부의 공기의 밀도는 어떻게 되는가?

(2) 열기구 내부의 온도가 몇 ℃가 될 때 열기구가 상승하는가?

132 벽은 맨 안쪽이 두께 L_A인 전나무 판이고 바깥쪽은 두께 $L_C(=2L_A)$인 벽돌로 이루어져 있다. 두 벽 사이에는 열전도도가 다른 판이 들어가 있다. 전나무와 벽돌의 열전도도는 각각 k_A, k_C 이고, $k_C = 4k_A$ 이다. 벽을 통한 열전도가 일정하게 일어날 때 $T_1 = 28°C$, $T_2 = 16°C$, $T_4 = -12°C$ 이다. T_3는 얼마인가?

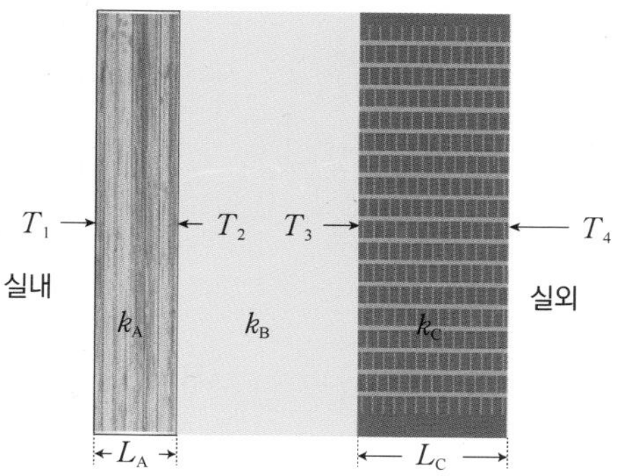

133 추운 날씨에 옥외의 뚜껑이 없는 단열 물탱크 속 물의 표면에 3 cm 의 얼음이 만들어져 있는 모습이며, 시간이 지날수록 얼음의 두께가 두꺼워진다. 얼음 위의 대기의 온도가 -15 °C 일 때 얼음판에서 얼음이 만들어지는 비율을 cm/h(= 단위 시간당 높이 변화량)단위로 구하시오. (단, 얼음의 열전도도 $k = 0.004$ cal/s·cm·°C, 1 kcal = 4186 J, 융해열 $H_{융해열} = 333 \times 10^3$ J/kg, 얼음의 밀도 $\rho = 0.92 \times 10^3$ kg/m^3 이고, 복사 효과는 무시한다.)

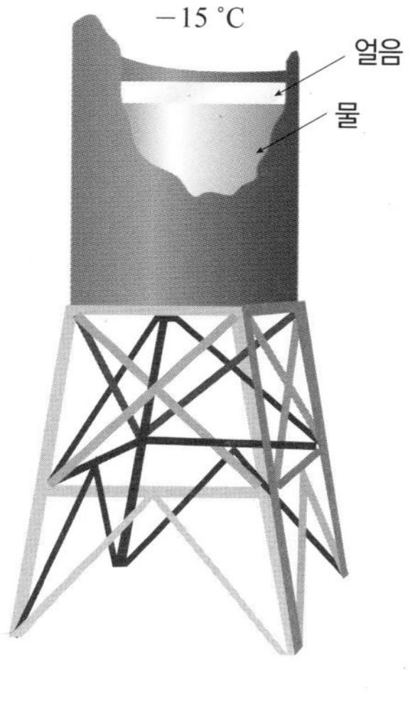

134 절대 온도 T 의 단원자 이상 기체 분자 1개의 평균 운동에너지($\bar{E}_K$)는 $\frac{3}{2}kT$ (k 는 볼츠만 상수)이다. 그렇다면 같은 온도의 헬륨(He) 기체 분자의 평균 속력은 네온(Ne) 기체 분자의 평균 속력의 몇 배인가? (단, 헬륨의 분자량은 4 g 이고, 네온의 분자량은 20 g 이다.)

[대회 기출 유형]

135 네온 원자 1개의 질량과 아르곤 원자 1개의 질량의 비는 1 : 2 이다. 부피가 같은 두 개의 상자에 네온 기체와 아르곤 기체가 각각 1g 씩 들어 있을 때 아르곤 기체의 온도를 1 ℃ 올리는데 드는 열량은 네온 기체의 온도를 1 ℃ 올릴 때 드는 열량의 몇 배인가?

[대회 기출 유형]

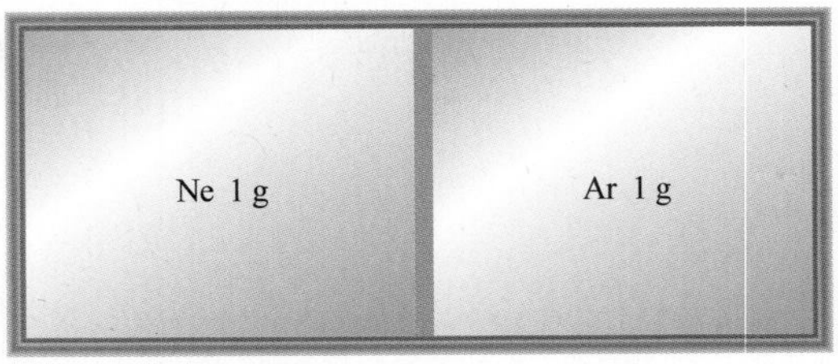

136 단열 실린더 내부에 마찰 없이 운동할 수 있는 피스톤이 장치되어 있다. 처음 실린더 내부의 압력은 10^5 N/m², 부피는 V_0 로 평형을 이루고 있었다. 이때 실린더 내부의 부피가 $1.5V_0$ 가 되도록 피스톤을 잡아당긴 후 놓는 순간 피스톤의 가속도의 크기는 얼마인가? (단, 실린더 내, 외부의 온도는 모두 T_0 이고, 피스톤의 질량은 3 kg, 단면적은 27 cm² 이다.)

[대회 기출 유형]

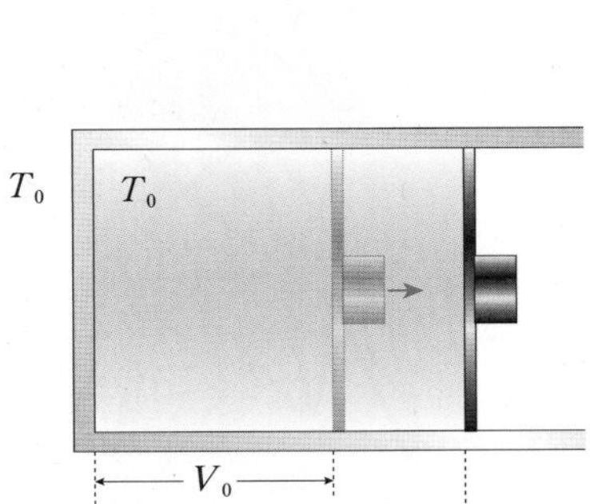

정답 및 해설 39쪽

137 지표면에서의 대기압은 P_0, 온도는 T(K)이었다. 지표면에서 높이 h 인 곳에서는 대기압이 $\frac{1}{8}P_0$, 온도는 $\frac{1}{2}T$(K) 로 측정되었다. 지표면에 비해 높이 h 인 곳에서의 공기의 밀도는 몇 배가 되는가?

[대회 기출 유형]

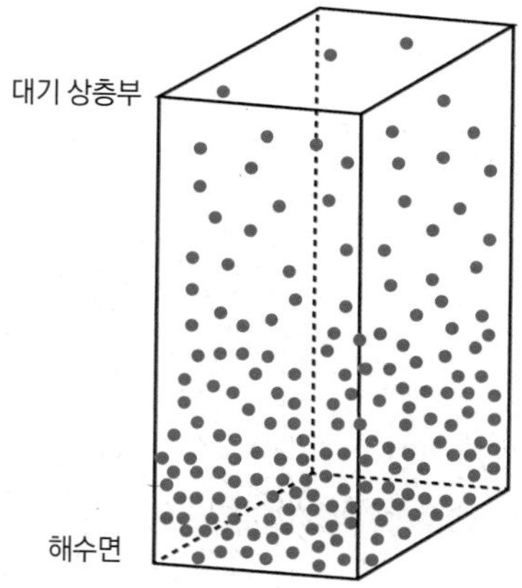

138 그림처럼 A → B → C → D 과정으로 이상 기체의 압력(P)과 부피(V)가 변하고 있다. 이 과정 중 이상 기체가 열을 흡수하는 구간을 있는 대로 쓰시오.

[대회 기출 유형]

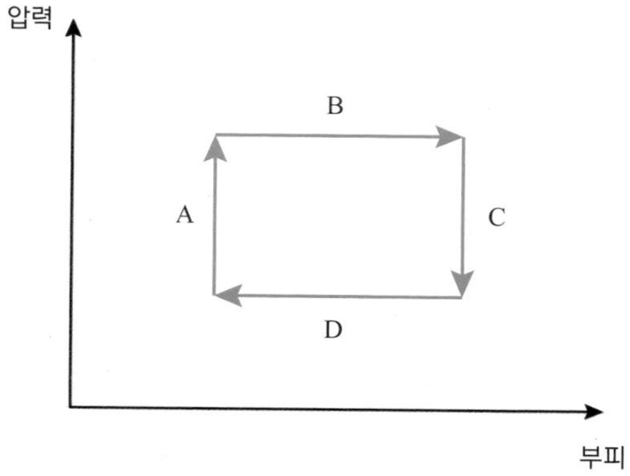

139 지면 위에 놓여 있는 동일한 단열 실린더 A, B가 있다. 두 실린더 내에는 질량이 같은 피스톤이 천장에 고정된 도르래에 연결되어 정지해 있다. 이 줄의 다른 쪽 끝은 각각 질량이 m_A, m_B 인 물체와 연결되어 있다. 실린더 안과 밖의 온도는 모두 T_0로 같고, A 에서 이상 기체의 부피는 B 에서 보다 크다. (실린더 벽과 피스톤 사이의 마찰은 무시한다.)

[대회 기출 유형]

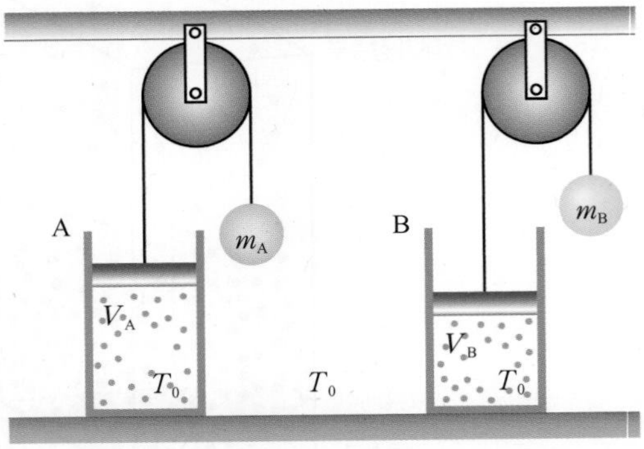

(1) 실린더 A와 B 중 기체의 압력이 더 큰 곳은?

(2) 질량 m_A, m_B 를 비교하시오.

(3) 실린더 A와 B 의 기체 분자 1개의 평균 운동 에너지를 비교하시오.

140 밀폐된 단열 실린더 내부에 단원자 분자 이상 기체 1mol 이 들어 있다. 이 실린더 내부에는 마찰없이 자유롭게 움직일 수 있는 면적이 A 인 피스톤이 있으며, 이 피스톤은 용수철에 연결되어 정지해 있고, 용수철은 원래 길이 $2L$ 의 절반으로 압축되어 있는 상태이다.

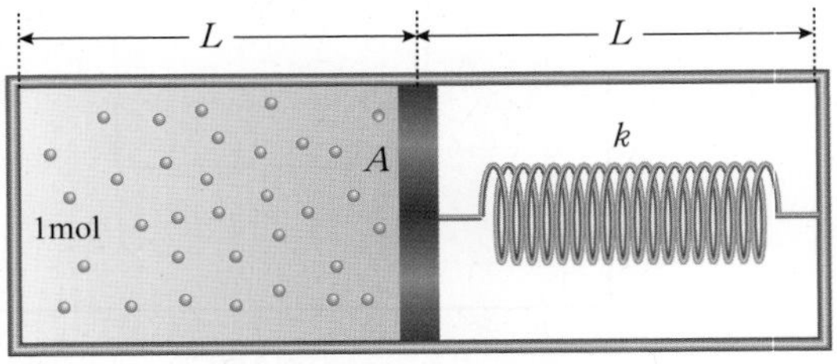

이 상태에서 기체에 열량 Q를 공급하였을 때, 기체의 나중 온도를 구하시오. (단, 용수철과 용기의 열팽창, 피스톤의 부피는 모두 무시하며, 용수철 상수 k는 온도에 무관하고, 기체의 처음 온도와 압력은 각각 T_0, P_0, 기체 상수는 R 이다.)

정답 및 해설 40쪽

141 일정량의 단원자 분자 이상 기체의 상태가 A → B → C → A 과정을 따라 변하는 것을 나타낸 그래프이다. C → A 과정은 단열 변화이고, A, B, C 점에서 기체의 부피와 압력은 각각 $(V_0, 32P_0)$, $(V_0, 8P_0)$, $(8V_0, P_0)$이다.

[대회 기출 유형]

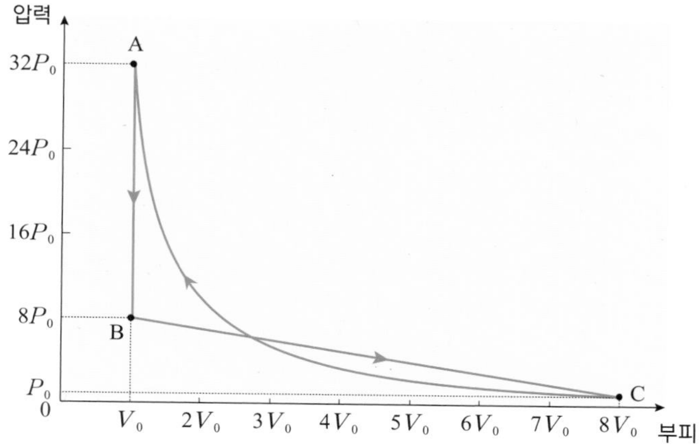

(1) A → B 과정에서 기체가 방출한 열량을 P_0, V_0를 이용하여 나타내시오.

(2) B → C 과정에서 압력과 부피 사이의 관계를 식으로 나타내시오.

(2) A → B → C → A 순환 과정 동안 기체에 한 일을 P_0, V_0를 이용하여 나타내시오.

142 $T_1 = 127$ ℃, $T_2 = -127$ ℃ 사이에서 작동하는 카르노 열기관과 이 기관에 의해 온도 $T_3 = 50$ ℃, $T_4 = -50$ ℃ 사이에서 작동하는 카르노 냉동기를 나타낸 것이다. 카르노 열기관의 고열원에서 열기관으로 흡수되는 열량(Q_1)과 냉동기의 고열원에 유입되는 열량(Q_3)의 비$\left(\frac{Q_3}{Q_1}\right)$를 구하시오.

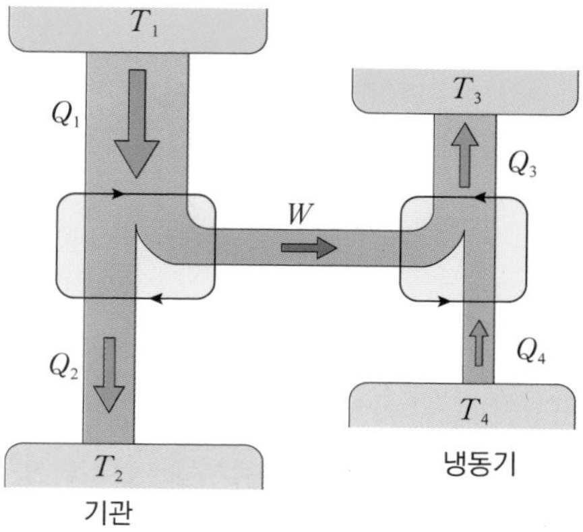

143 질량 100 g, 200 g 의 구형 모양의 납덩어리 A, B 가 각각 200 m/s, 100 m/s 의 속력으로 반대 방향에서 날아와 정면 충돌한 후 한 덩어리가 되어서 멈췄다.

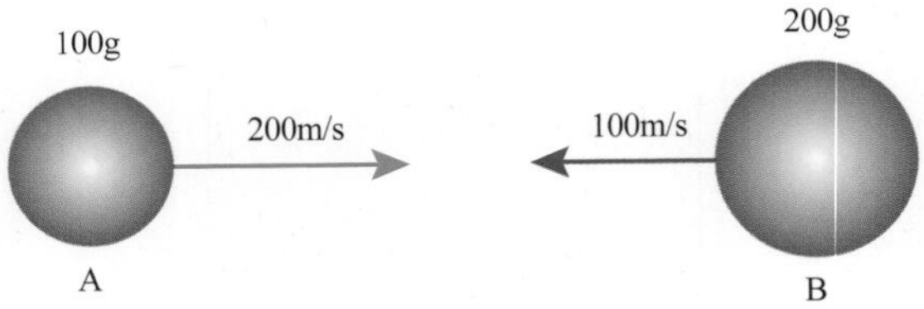

충돌로 인해 손실된 에너지가 모두 열로 변하여 납덩어리의 온도를 상승시키는 데 사용된다면 납의 온도는 얼마나 상승하겠는가? (단, 1 cal 는 4.2 J 이고, 납의 비열은 0.03 cal/g · ℃이다.)

144 총은 총알이 피스톤 역할을 하는 일종의 열기관이다. 단, 총알이 단열 팽창 과정에서 떨어져 나가므로 주기적으로 작동하는 열기관이라고 볼 수는 없다. 질량이 2 kg 인 총이 있다. 이 총은 질량이 2.5 g 인 총알을 300 m/s 의 속력으로 발사한다. 이때 에너지 효율이 1 % 이고, 나머지 99 % 에너지는 총 전체가 흡수하여 순식간에 총의 온도를 높이며, 이 에너지는 열에 의하여 외부로 전달된다. 발사 직후 총의 온도 변화량을 구하시오. (단, 총은 모두 철로 만들어져 있다고 가정하며, 철의 비열은 420 J/kg·℃ 이다.)

145 80 ℃, 6 g 의 납 총알이 500 m/s 의 일정한 속력으로 날아가서 마찰이 없는 면에서 총알과 마주보는 방향으로 일정한 속도로 운동하는 0 ℃, 200 g 의 얼음 덩어리에 박힌 후, 정지하였다. (단, 납의 비열은 0.030 cal/g 이고, 얼음의 융해열을 80 cal/g, 1 cal = 4.2 J 이며, 얼음은 총알이 박힐 때까지 깨지지 않는다고 가정한다.)

(1) 얼음 덩어리가 움직이던 속도는 얼마인가?

(2) 발사된 총알이 얼음에 박힐 때, 최대로 녹일 수 있는 얼음의 양은 얼마인가?

146 수면에서 깊이가 50 m, 온도가 7 ℃인 호수 바닥에 부피가 20 cm^3 인 공기 방울이 있다. 이 공기 방울이 온도가 27 ℃인 수면에 막 도달했을 때의 부피는 몇 cm^3 인가? (단, 공기 방울의 온도는 둘러 싸고 있는 물의 온도와 같으며, 호수 물의 밀도는 $\rho = 1 \times 10^3\ kg/m^3$ 으로 균일하고, 수면의 대기압은 $1.013 \times 10^5\ N/m^2$, 중력 가속도 $g = 9.8\ m/s^2$ 이다.)

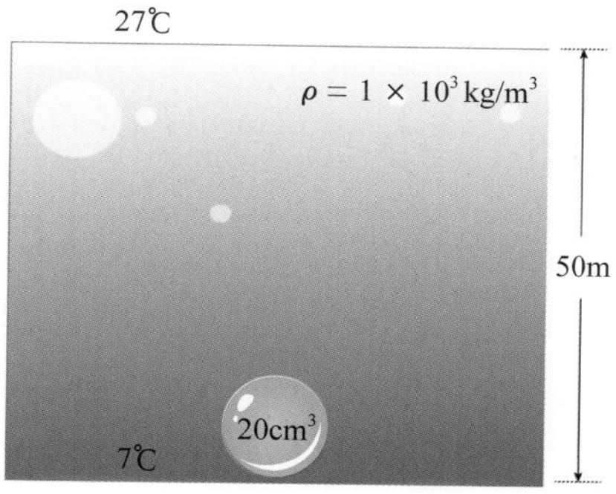

147 온도가 280 °C 인 프라이팬 위에 물방울이 올려져 있는 모습을 나타낸 것이다. 물방울과 프라이팬의 금속 표면 사이에는 얇은 공기층이 형성되어 있어서 물방울이 프라이팬 위에서 평평한 형태를 유지할 수 있다. (단, 물방울의 높이 $h = 1.0$ mm, 면적 $A = 5 \times 10^{-6}\ m^2$, 물방울과 프라이팬의 사이 거리(공기층) $L = 0.2$ mm, 물방울의 온도 $T = 100$ °C, 물의 밀도 $\rho = 1 \times 10^3\ kg/m^3$, 공기층의 열전도도 $k = 0.026\ W/m{\cdot}K$, 증발열 $H_{증발열} = 2.256 \times 10^6\ J/kg$ 이고, 전도 외의 열의 전달 수단은 모두 무시한다.)

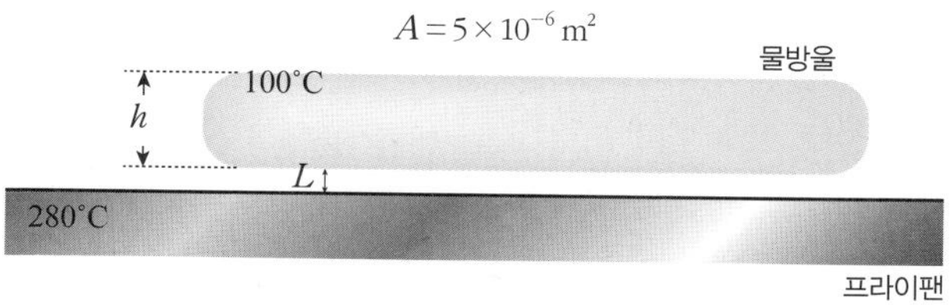

(1) 프라이팬으로부터 물방울의 바닥면으로 단위 시간 동안 전달되는 에너지는 얼마인가?

(2) 물방울은 프라이팬 위에서 몇 초 동안에 모두 증발되는가?

148 얕은 연못에 얼음이 얼어 있는 모습을 나타낸 것이다. 얼음 바로 위의 공기 온도는 -8 °C 이고, 연못 바닥의 온도는 4 °C 이다. 얼음과 물을 합친 깊이가 1.0 m 라면, 얼음의 두께는 얼마인가? (단, 얼음의 열전도도 $k_{얼음} = 0.4$ cal/m·s·°C, 물의 열전도도 $k_{물} = 0.12$ cal/m·s·°C 이다.)

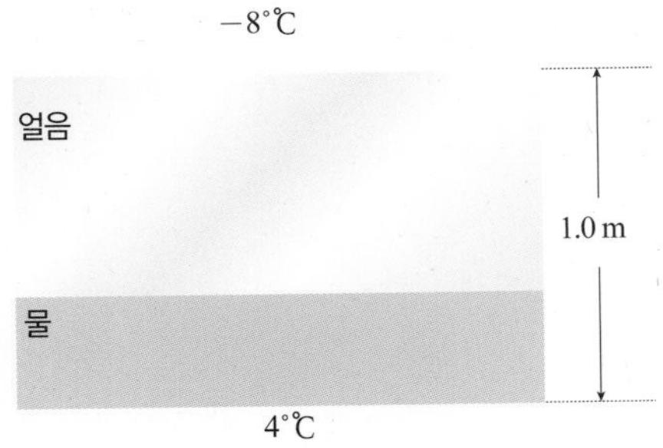

149 지구가 태양으로부터 받는 복사 에너지 중 대기가 흡수하는 에너지는 초당 약 1.7×10^{17} W 라고 한다. 이 복사열이 100 % 지구 밖으로 다시 방출되지 않는다면 지구의 온도는 계속 증가할 것이다. 공기층의 두께를 10 km 라고 하고, 대기의 밀도는 평균 1 kg/m^3, 지구 표면적은 5.1×10^{14} m^2, 대기의 비열 1 J/g·K, 1년은 약 3×10^7 초라고 하자.

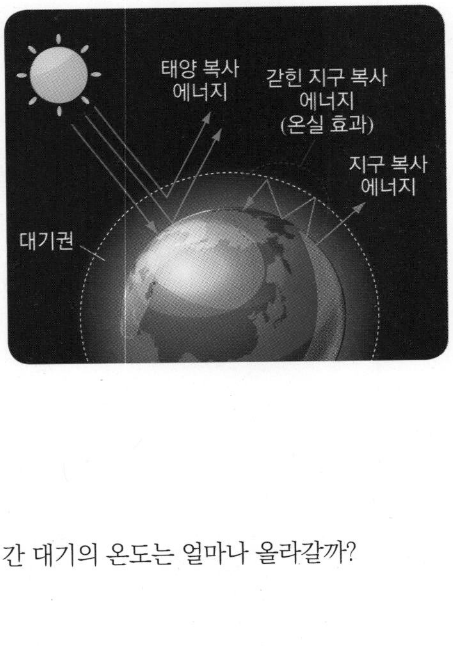

(1) 공기 1 m^3 가 1년 동안 흡수하는 에너지는 얼마인가?

(2) 1년 동안 태양으로부터 받는 에너지를 모두 흡수만 한다면 1년 간 대기의 온도는 얼마나 올라갈까?

(3) 매년 공기의 온도가 0.01℃ 씩 올라간다고 하자. 이는 태양으로부터 받는 열 중에서 몇 J 이 지구 밖으로 방출되지 않음을 뜻하는가? 지구의 인구를 10^{10} 명이라고 한다면, 1인당 매년 몇 J 의 에너지 소비를 줄이면 지구 온난화를 막을 수 있을까?

150 절연이 잘 되어 있는 전기 온수기를 이용하여 100 kg 의 물을 20 ℃에서 80 ℃ 로 데우는 데 20분이 걸렸다. 온수기의 열선은 220 V 의 전압에 연결되어 있다. (단, 외부로 손실되는 열은 없으며, 물의 비열은 4,186J/kg·℃ 이다.)

(1) 열선의 저항을 구하시오.

(2) 현재 우리나라의 전기 요금은 kWh 당 약 100원이다. 물을 끓이는 데 드는 비용을 구하시오.

151 옥수수를 기름이나 버터에 튀겨내면 팝콘이 된다. 팝콘이 튀겨지는 원리는 옥수수 알갱이 속에 있는 수분과 관련이 있다. 옥수수 알갱이의 껍데기는 단단하여 가열하는 동안 수분이 수증기 상태로 갇혀 밖으로 빠져 나오지 못하게 하지만 점점 내부 압력이 증가하게 되어 온도가 약 180 ℃ 가 되면 내부 수증기 압력이 약 9기압까지 올라가게 되고, 압력과 온도를 버티지 못하고 터지게 된다. 이때 내부에서 끓었던 단백질과 전분이 거품으로 올라온 후 그 거품이 순식간에 굳으면서 팝콘이 되는 것이다.

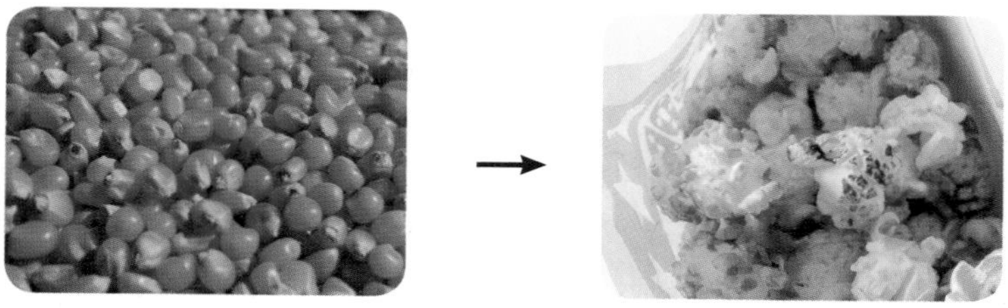

만약 옥수수 알갱이 한 개의 껍데기 안에 들어 있는 물의 질량이 3 mg 이라면 기화되고 팽창하는 동안 물의 엔트로피 변화는 얼마인가? (단, 수증기의 팽창 과정은 매우 빨리 일어나 주위와 열에너지 교환을 하지 않는다고 가정하며, 물의 기화열은 2,260 kJ/kg 이다,)

152 단원자 분자 이상 기체가 그림과 같이 피스톤 모양의 용기에 들어 있다. 피스톤과 용기는 단열재로 제작되었고 용기 속에는 500 W 의 발열량을 낼 수 있는 열원이 부착되어 있다. 또 피스톤은 용기와 마찰이 없이 움직일 수 있다. 그래프는 이 기체의 상태를 A → B → C → D의 순으로 변화하는 모습을 보여주는 그래프이다. 상태 A 에서의 온도는 300 K 이고 피스톤은 대기압과 평형을 이루고 있다.

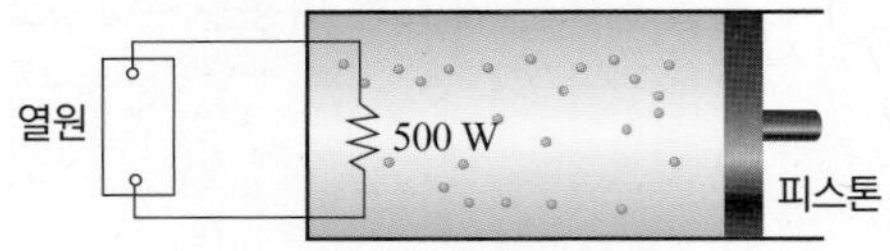

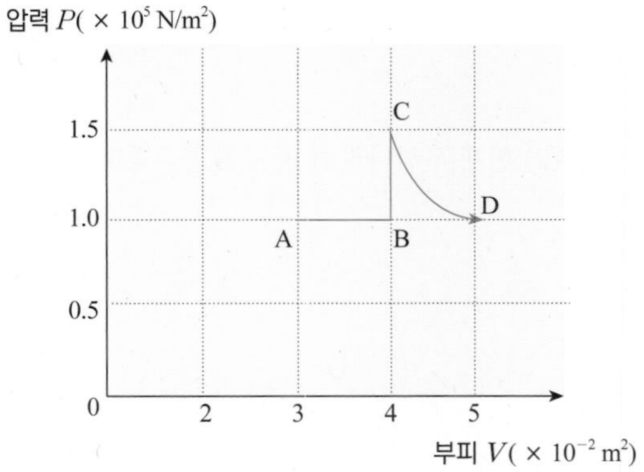

상태 A 에서 피스톤을 자유롭게 움직이게 한 상태에서 열원으로 기체를 5 초간 가열하여 부피 $4 \times 10^{-2}\ m^2$ 인 상태 B, 다시 상태 B 에서 피스톤을 고정시켜 6 초간 가열하여 상태 C 가 되었다. 다시 피스톤을 자유로이 움직이게 하여 열은 가하지 않고 상태 C 에서 기체의 압력이 대기압과 평형이 될 때까지 기다린다. 이때 대기압과 같아지는 순간의 부피가 $5 \times 10^{-2}\ m^2$ 인 상태 D 이다. 물음에 답하시오. (단. 대기압은 $P_{대기압} = 1.0 \times 10^5\ N/m^2$ 이고, 열원에 의한 가열은 용기 내의 기체에 균일하게 전달되며 용기, 피스톤 ,열원에 의한 열 손실은 무시한다.)

(1) 상태 B, C, D 의 기체의 온도는 각각 얼마인가?

(2) A → C 과정에서 기체의 내부 에너지 증가량은 얼마인가?

(3) 상태 C에서 D로 변화하는 동안 기체가 한 일은 얼마인가?

정답 및 해설 42쪽

153 1mol의 단원자 분자 이상 기체의 순환 과정을 나타낸 것이다. B → C 과정은 단열 과정이고, A, B, C 점에서 온도는 각각 200K, 500K, 400K 이다. (단, 기체 상수 $R = 8.31\,J/mol \cdot K$ 이다.)

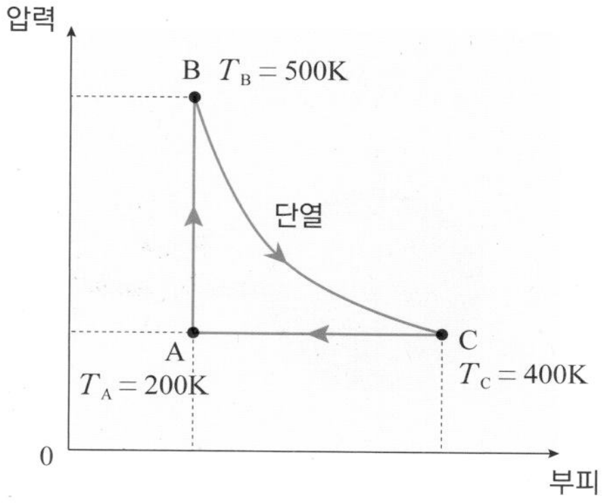

(1) A → B, B → C, C → A 각 과정에서 열량 Q, 내부 에너지 변화 ΔU, 한 일 W를 각각 구하시오.

(2) 전체 순환 과정에서 열량 Q, 내부 에너지 변화 ΔU, 한 일 W를 각각 구하시오.

(3) A점에서 기체의 압력이 $1.013 \times 10^5\,N/m^2$ 일 때, B점과 C점에서 부피와 압력을 각각 구하시오.

154 부피가 3L, 5L 이고 온도가 같은 A, B 두 개의 용기가 있다. A 용기에는 2기압의 헬륨(He)과 3기압의 아르곤(Ar)을 넣고, B 용기에는 2기압의 헬륨(He)과 4기압의 네온(Ne)을 넣고 차단 장치를 한 상태에서 두 용기를 연결하고 차단 장치를 열어서 기체들이 섞이게 하였다. 이 과정에서 온도는 변하지 않는다고 한다면 차단 장치를 열었을 때 용기 내부 압력은 얼마인가? (연결관의 부피는 무시한다.)

[특목고 기출 유형]

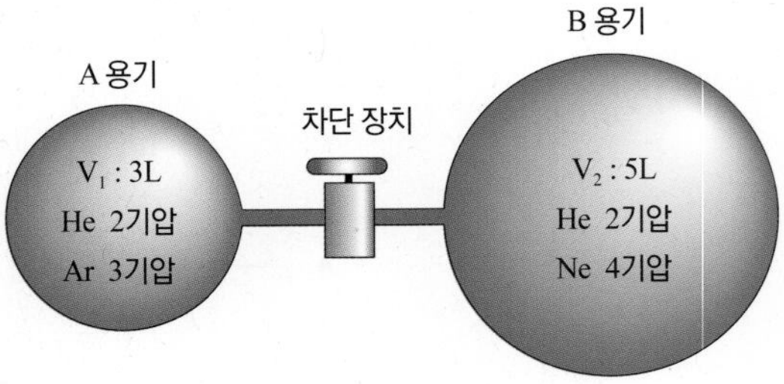

155 어떤 행성의 대기압을 측정하기 위해서 그 행성의 지표 면에서 다음과 같은 실험을 하였다. 끝이 막혀 있는 유리관에 밀도가 5 g/cm^3 인 액체를 가득 담은 다음 입구를 손으로 막고 같은 액체가 들어 있는 수조에 거꾸로 세운 다음 손을 떼었다. 유리관 속의 액체는 아래로 내려와 수조의 액체 면 위 100 cm 높이에서 멈추었다. 이 행성에서 질량 1 kg 인 물체의 무게는 10 N 으로 한다.

[특목고 기출 유형]

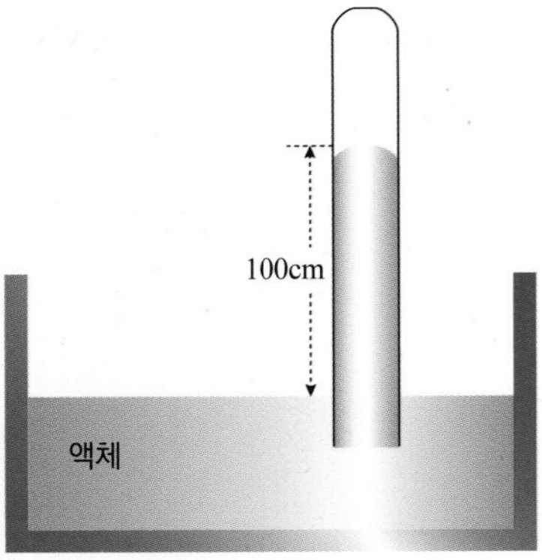

(1) 이 행성의 대기압 P 를 구하시오

(2) 이 행성의 기온이 27 ℃ 이고 3 행성기압일 때 부피 2L인 행성의 대기를 압력 2×10^5 N/㎡, 온도를 227 ℃로 변화시키면 부피는 몇 L 가 되겠는가?

정답 및 해설 43쪽

156 겨울철에 연못 위의 공기 온도가 영하로 내려가면 연못 표면에 얼음이 얼게 된다. 이때 얼음층과 접촉하는 연못 물의 온도는 거의 0 ℃ 에 가깝다. 얼음층이 형성되는 과정을 살펴보면, 얼음 아래 부분에서 발생하는 응고열이 얼음층을 통하여 얼음 위 부분으로 전도되어 대기 중으로 방출되면서 얼음층이 점점 두꺼워진다.

[특목고 기출 유형]

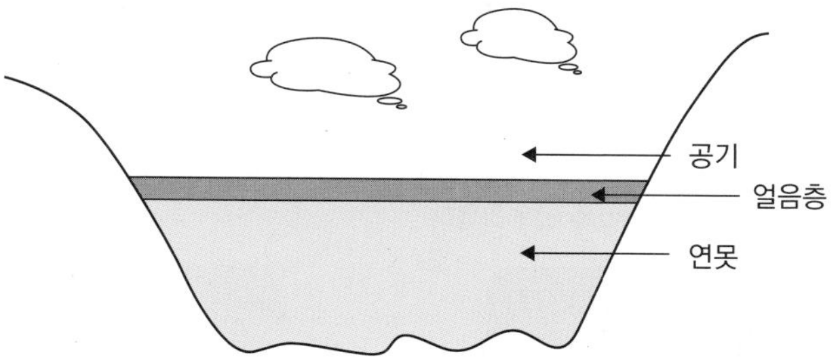

(1) 다음 자료를 이용하여 얼음층이 두꺼워지는 속도를 나타내는 식을 유도하시오.

(가) 물의 응고열 : $L = 300$ kJ/kg
(나) 얼음의 열전도도 : $k = 2.0$ J/s·m·℃
(다) 얼음의 밀도 : $d = 0.9 \times 10^3$ kg/m^3
(라) 대기의 온도 : $T = -5.0$ ℃
(마) 초기 얼음의 두께 : $x_0 = 1.0 \times 10^{-2}$ m

(2) 초기 얼음층의 두께가 1.0×10^{-2} m 일 때, 얼음층이 두꺼워지는 속도를 m/s 단위로 구하시오.

157 그림은 서로 다른 액체 A, B, C 를 단열 용기에 넣고 서로 접촉시켰을 때 각각의 온도를 시간에 따라 나타낸 그래프이다. (단, 외부와의 열 출입은 없고, 물의 비열은 1cal/g .℃ 이다.)

①

[2021~23 기출 유형]

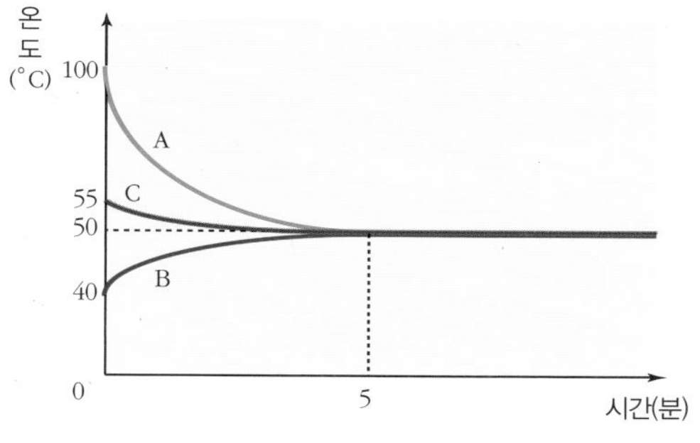

(1) 액체 A, B, C의 질량, 비열, 열용량의 관계를 서술하시오.

(2) 액체 A, B, C의 질량이 각각 50g, 150g, 100g 이고, 액체 B의 비열이 0.8 cal/g ·℃이고, 액체 C는 물일 때 액체 A의 비열을 구하시오.

기출 Check

158 현대의 건축가들은 자연친화적인 건물을 만들기 위한 노력을 계속하고 있다. (가)와 (나)는 열이동의 원리를 이용하여 에어컨 없이 냉방 효과를 얻은 사례에 대한 설명이다.

[서울/경기과학고 기출 유형]

(가) 길쭉하게 솟아있는 흰개미집의 높이는 대개 2m 이상 이며 그 안에서 200만 마리 이상의 흰개미들이 버섯을 길러 먹고 산다. 그 결과 많은 열과 이산화 탄소가 발생한다. 흰개미집의 위쪽에는 내부에서 이어지는 굴뚝 모양의 공기 통로가 있고 지표면 아래 지하에는 관이, 집의 표면에는 작은 구멍들이 나 있어 공기가 드나들 수 있다.
환경 건축가인 믹 피어스는 흰개미집을 모방한 자연 통풍 시스템의 쇼핑 센터를 디자인하여 더운 지역에서도 에어컨 가동없이 24℃ 정도의 실내 온도를 유지할 수 있게 하였다.

▲ 흰개미집

▲ 믹 피어스가 설계한 쇼핑센터

(나) 건조한 지역에서는 증기 냉각탑을 이용한다. 증기 냉각탑의 위쪽에는 물에 젖은 습기 패드가 있어 공기의 이동이 가능하게 되며, 증기 냉각탑 내부에서는 공기 흐름에 의한 냉방 효과를 얻을 수 있다.
미국 유타주 시온국립공원 방문객 센터는 이러한 증기 냉각탑을 이용한 건물이다.

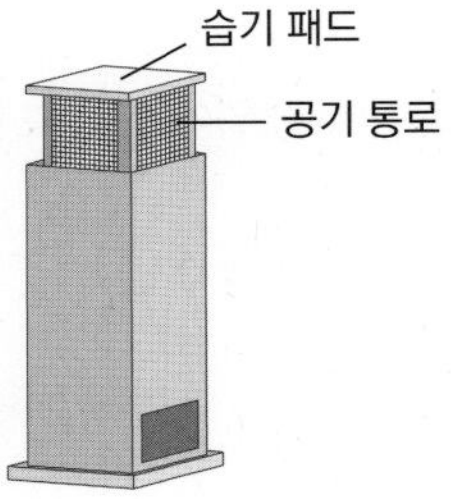

▲ 증기 냉각탑

▲ 시온(Zion) 국립공원 방문객 센터

(1) 흰개미집 내부에서 일어나는 공기의 흐름을 화살표를 이용하여 나타내고, 그 원리를 설명하시오.

<개미집 내부의 공기 흐름>

(2) 믹 피어스가 설계한 건물 내부 구조를 추측하여 이를 적용한 3층 집의 구조를 설명하시오.

(3) 증기 냉각탑 내부에서 일어나는 공기의 흐름을 화살표를 이용하여 나타내고 그 원리를 설명하시오.

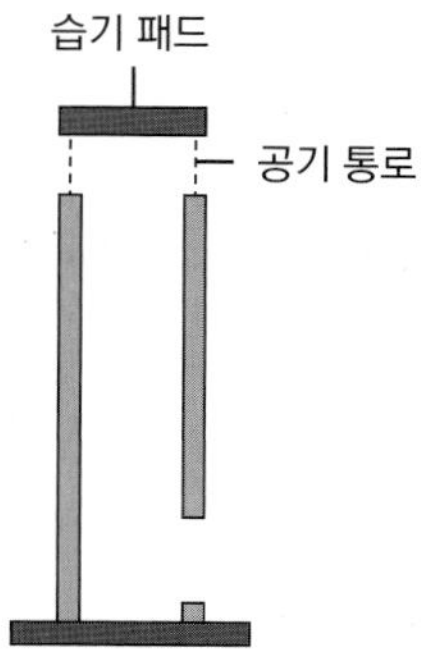

(4) (3)의 원리를 이용하여 냉방 효과가 더욱 좋아지도록 아래의 집 구조를 변경하고자 할 때, 가능한 변경 방법을 이유와 함께 설명하시오.

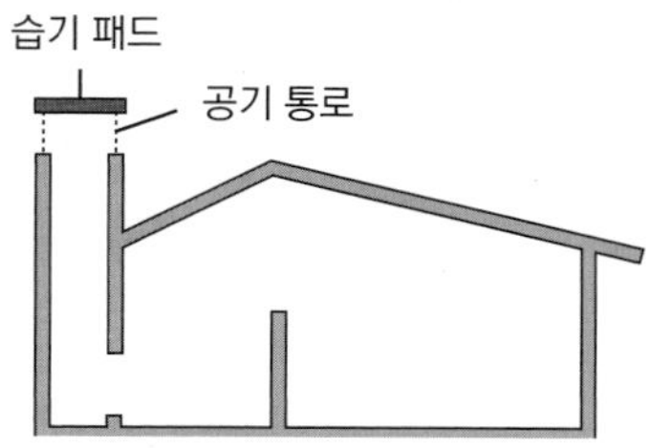

159 깊이가 20 m 인 호수 바닥에 있는 물고기가 부피 6 mm^3 인 공기 방울을 내어놓았다. 공기방울을 이상 기체로 가정할 때, 공기방울이 천천히 올라가며 표면에 도달하는 동안 공기방울과 물 사이의 열 이동에 대하여 설명하시오. (단, 호수 전체의 온도는 23 ℃ 이고, 물의 밀도는 일정하다. 표면 장력은 무시하고, 물과 공기방울 사이의 입자 교환은 없으며, 대기압은 10^5 N/m^2 이다.)

[대회 기출 유형]

주제 탐구 및 논술

증기 기관

증기 기관은 사람의 힘을 들이지 않고, 물체를 움직이고자 한 인류의 오랜 꿈을 이뤄주었다. 증기 기관의 기본 원리인 증기 압력을 이용하여 물체를 움직일 수 있다는 생각은 기원전 250년 전부터 존재하였지만, 증기 기관을 처음으로 실용화한 사람은 18세기의 뉴커먼이었다. 뉴커먼의 증기 기관을 토대로 산업 혁명의 동력으로 작용한 제임스 와트의 증기 기관이 개발될 수 있었다.

뉴커먼의 증기 기관과 와트의 증기 기관의 원리는 다음과 같다.

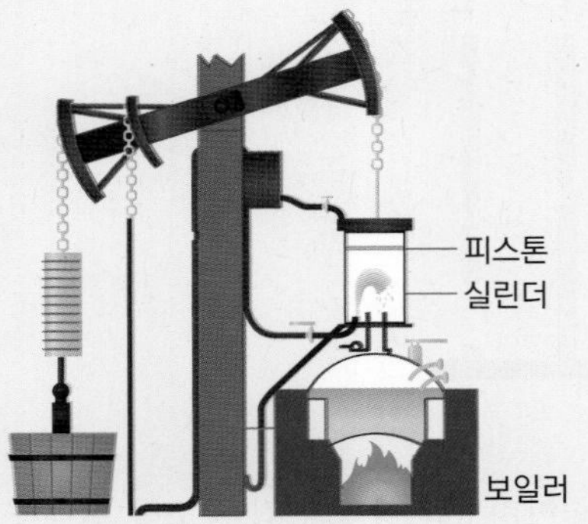

▲ 뉴커먼의 증기 기관

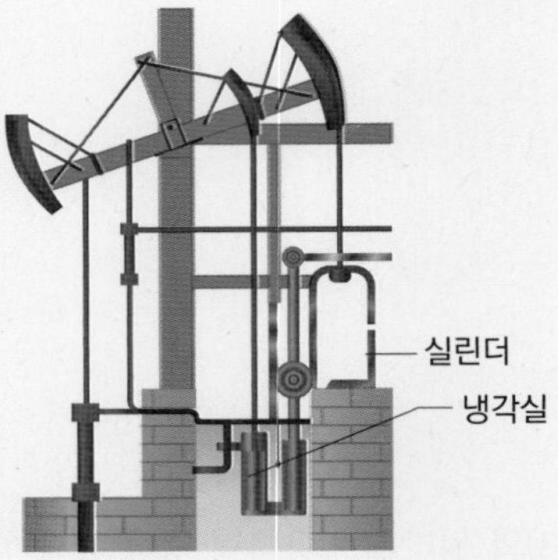

▲ 와트의 증기 기관

① 보일러에서 물을 가열하여 발생된 증기가 실린더에 직접 유입된다.
② 실린더에 증기가 가득 차면, 보일러와 실린더 사이의 증기 밸브가 닫힌다.
③ 실린더의 피스톤이 위로 올라간 상태에서 냉각수가 뿌려지면, 공기가 응축되어 물이 되고, 실린더 내부가 부분적으로 진공 상태가 된다.
④ 대기압과의 차이로 인해 실린더 위쪽의 피스톤이 아래로 내려간다.
⑤ 피스톤이 실린더 바닥까지 내려가면, 다른 마개를 열어 고인 물을 배출하고, 마개를 잠근다.
⑥ ①~⑤의 과정이 반복된다.

① 보일러에서 물을 가열하여 발생된 증기가 피스톤 헤드 밸브를 통해 실린더에 유입된다.
② 실린더에 증기가 가득차면, 피스톤 헤드 밸브가 닫히면서 동시에 냉각실의 밸브가 열려 실린더 내부에 있던 고온의 증기가 냉각실로 이동한다.
③ 냉각수가 분사되면 증기가 순간적으로 응축되어 물이 되고, 실린더 내부가 부분적으로 진공 상태가 된다.
④ 대기압과의 차이로 인해 실린더 위쪽의 피스톤이 아래로 내려간다.
⑤ 다시 피스톤 헤드의 밸브가 열리고, 냉각실의 밸브는 닫히면서 ①~④의 과정이 반복된다.

와트는 자신이 고안한 증기 기관이 뉴커먼의 증기 기관보다 열 효율성 측면에서 훨씬 우수하다는 것을 소형 모델을 제작하여 증명하였다. 와트의 증기 기관의 발명으로 인간은 이전보다 훨씬 효율적인 에너지원을 가질 수 있게 되었다.

글래스고 대학교에는 뉴커먼 기관을 정확한 비례로 축소시켜 놓은 교육용 뉴커먼 기관의 모형이 있었다. 그 구조는 실물 그대로였지만 실제로 작동하지 않아 제임스 와트가 수리하는 일을 맡게 되었고, 엔진 모형을 수리하던 와트는 뉴커먼의 증기 기관이 엔진의 효율성 측면에서 문제가 있다는 것을 발견하면서 새로운 모형의 증기 기관을 고안해 냈다.

정답 및 해설 45쪽

자료 해석 및 일반화

Q1 교육용 뉴커먼 기관이 작동하지 않았던 이유는 무엇일까?

Q2 뉴커먼의 증기 기관과 비교할 때, 와트의 증기 기관의 장점은 무엇이 있을까?

Q3 뉴커먼의 증기 기관이 한 번의 과정을 거치는 동안 실린더 내부의 압력(P) - 부피(V) 그래프를 완성하시오.

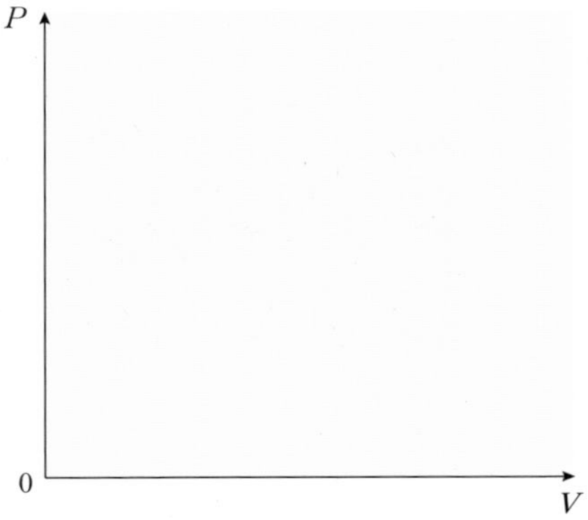

읽기 자료

우리나라 주요 발전소는 대부분 화력 발전소와 원자력 발전소이다. 이 두 종류의 발전소의 단점은 환경오염물질이 배출된다는 점, 그리고 전기를 생산할 때 발생하는 열손실이 크다는 것이다. 보통 화력 발전소나 원자력 발전소에서 발전을 위해 들어간 에너지 중에서 전기로 바뀌는 비율은 35% 정도이다. 전기를 생산할 때 쓰이지 못한 나머지 열은 폐열이 되어서 밖으로 버려지게 된다.

이처럼 전기를 생산하고 남은 폐열을 지역 냉·난방, 공업용 스팀 등으로 이용하는 것을 열병합 발전이라고 한다. 열병합 발전은 에너지 이용 효율이 80% 이상으로 높아지기 때문에 경제적인 발전 방식이다.

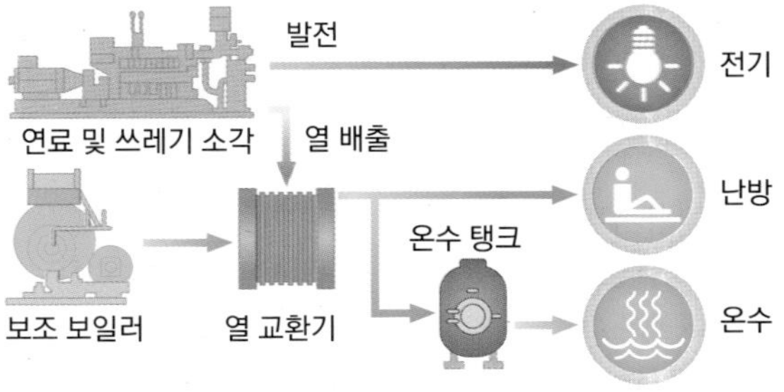

▲ 열병합 발전

쓰레기 소각장에서 쓰레기를 태울 때 나오는 폐열로 온수를 만들어 공급하는 방법 등 자원을 효율적으로 이용하기 위한 하나의 방법으로 폐열 이용 시스템에 대한 연구가 활발해지고 있다.

주제 탐구 및 논술

내연 기관 자동차 판매 금지?

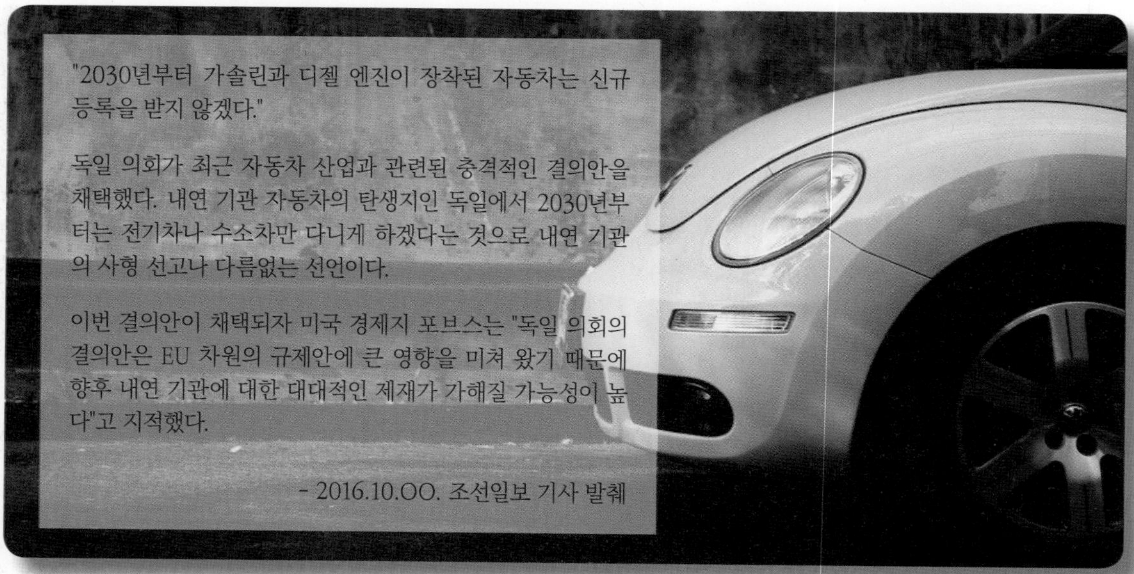

"2030년부터 가솔린과 디젤 엔진이 장착된 자동차는 신규 등록을 받지 않겠다."

독일 의회가 최근 자동차 산업과 관련된 충격적인 결의안을 채택했다. 내연 기관 자동차의 탄생지인 독일에서 2030년부터는 전기차나 수소차만 다니게 하겠다는 것으로 내연 기관의 사형 선고나 다름없는 선언이다.

이번 결의안이 채택되자 미국 경제지 포브스는 "독일 의회의 결의안은 EU 차원의 규제안에 큰 영향을 미쳐 왔기 때문에 향후 내연 기관에 대한 대대적인 제재가 가해질 가능성이 높다"고 지적했다.

- 2016.10.OO. 조선일보 기사 발췌

친환경 자동차

친환경 자동차 시장을 선점하기 위한 경쟁이 세계적으로 치열해지고 있다. 환경적인 부분에서 석유 의존도를 개선하고, 온실가스 배출을 억제하기 위해 글로벌 주요국들은 자동차 분야에 대한 환경 규제를 점차 강화하고 있으며, 새로운 수요 창출과 미래 시장을 선점하고자 자동차 제조업체들은 기술력을 바탕으로 친환경 자동차 개발을 서두르고 있다.

친환경 자동차는 에너지 소비 효율이 우수하고 무공해 또는 저공해 기준을 충족하는 자동차를 말한다. 친환경 자동차의 개발 및 보급 촉진에 관한 법 제2조에 의하면 전기 자동차, 태양광 자동차, 하이브리드 자동차, 연료전지 자동차, 천연가스 자동차, 클린 디젤 자동차 등이 여기에 속한다.

엔진-변속기 시대에서 모터-배터리 시대로

내연 기관 자동차의 경우 휘발유·경유에서 힘을 뽑아내므로 이들을 저장해 둘 연료탱크가 필요하다. 시동을 걸면 기름이 엔진으로 흘러가고, 엔진은 연료를 태워 동력을 발생시킨다. 변속기는 여기서 생긴 힘을 바퀴로 전달해준다. 엔진과 변속기가 얼마나 좋은 궁합을 이루는지에 따라 차량의 힘과 연료 효율이 크게 달라진다.

전기 자동차에서는 엔진과 변속기가 조화를 이뤄서 해내던 일을 모터와 배터리가 하게 된다. 배터리는 이와 더불어 연료 탱크의 역할도 수행하기 때문에 전기 자동차의 모든 부품 중 배터리가 차지하는 비중이 40~50%에 이른다. 배터리에 저장된 전기 에너지를 가져오는 부품은 모터로 전기 에너지를 받아서 출력을 만들어내고 이를 각 바퀴에 배분한다. 즉, 엔진과 변속기의 역할을 동시에 수행하는 것이다.

하이브리드(Hybrid) 자동차

초기 친환경 자동차 시장은 하이브리드 자동차가 시장의 약 80%를 차지할 것으로 보인다. 그에 따른 관련 기술 개발 및 인프라, 제도에 따라 활성화 정도는 국가마다 다를 것으로 판단된다.
하이브리드 자동차란 두 가지의 동력원을 함께 사용하는 자동차를 의미한다. 내연 기관과 전기 자동차의 배터리를 동시에 사용하는 것으로 내연 기관(엔진)의 동력을 이용하여 차량 내부에 장착된 고전압 배터리를 충전시킨 후, 전기 모터는 배터리로부터 전원을 공급받고, 배터리는 자동차가 움직일 때 다시 충전되는 시스템이다.

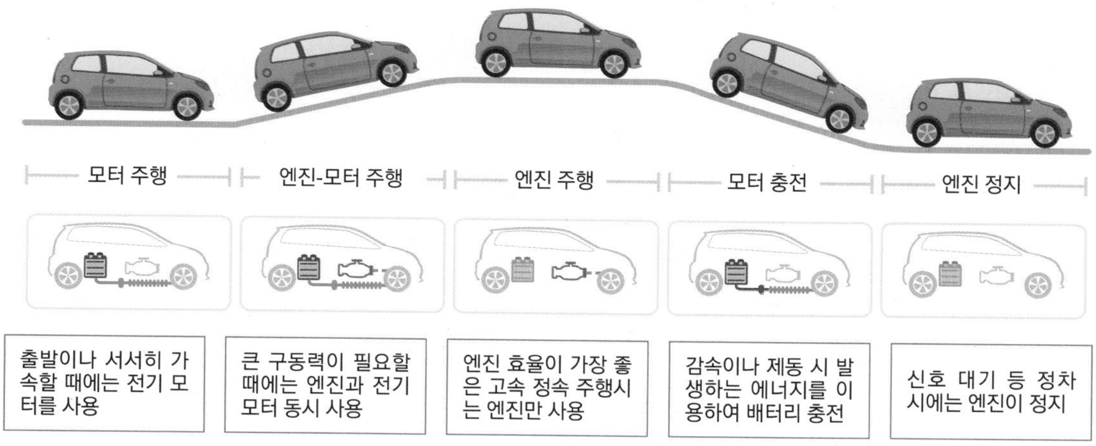

기존 자동차의 에너지 손실은 대부분 교통 체증으로 인한 공회전 시간과 운전 정지로 인해 발생한다. 하이브리드 자동차는 정차 시에 엔진과 전기 모터를 멈춰 공회전으로 인한 연료 낭비를 막을 수 있어서 연비가 좋다. 또한, 저속 주행 시에는 전기 모터 특유의 정숙성 덕분에 조용한 운전을 즐길 수 있으며, 전기를 사용하면서도 엔진이 있으므로 주행 거리 제약이 없다.
하지만 하이브리드 자동차에 단점이 없는 것은 아니다. 엔진에 모터가 결합한 형태이므로 차체가 더 무거울 수밖에 없고 내연 기관 자동차 대비 가격이 높다. 또한, 전기 배터리를 사용하기 때문에 관리를 잘못할 경우 감전의 위험성이 있으며, 휘발유나 디젤 등의 화석 연료도 사용하기 때문에 소량이라 해도 배기가스가 발생하게 되므로 완벽한 친환경 자동차라고 하기에는 무리가 있다.

Q4 친환경 자동차를 개발해야 하는 이유를 열역학 법칙을 이용하여 서술하시오.

Q5 전기 자동차나 하이브리드 자동차의 경우 무거운 무게를 견딜 수 있는 전용 타이어가 필요하다. 그 이유를 보일·샤를 법칙을 이용하여 서술하시오.

5F
화학

I 물질의 상태 변화와 분자 운동

1 물질의 상태 변화

1. 물질의 상태 변화 : 물질의 성질은 변하지 않고, 고체, 액체, 기체로 상태만 변하는 현상이다.

① 물질의 상태는 온도나 압력에 의해 변하게 되며, 일상생활에서는 주로 온도에 의해 변한다.

② 물질의 상태가 변해도 물질을 이루는 분자와 수는 변하지 않으므로 물질의 성질과 질량은 변하지 않는다.

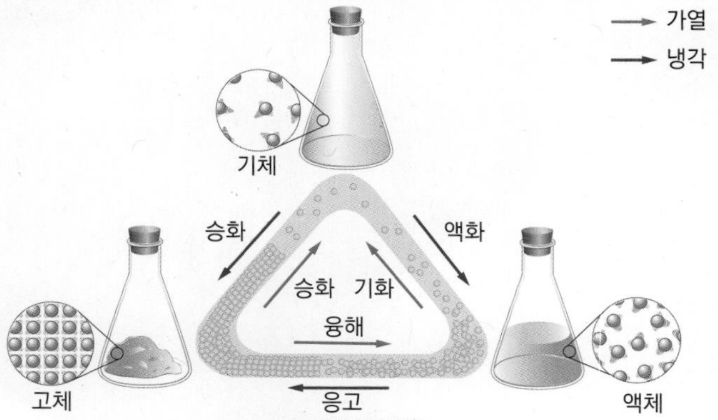

▲ 물질의 상태 변화

구분	가열할 때 일어나는 상태 변화	냉각할 때 일어나는 상태 변화
상태 변화	융해, 기화, 승화(고체 → 기체)	응고, 액화, 승화(기체 → 고체)
분자 운동 변화	활발해짐	둔해짐
분자 배열 변화	불규칙적으로 됨	규칙적으로 됨
분자 사이의 거리 변화	멀어짐	가까워짐
분자 사이의 인력 변화	약해짐	강해짐
부피 변화	증가(물은 예외)	감소(물은 예외)

2. 물의 상태 변화 : 물은 고체 상태인 얼음, 액체 상태인 물, 기체 상태인 수증기의 형태로 존재한다.

① **상태 변화시 물의 부피 변화** : 대부분 물질의 부피 변화는 고체 < 액체 ≪ 기체 이지만 물의 부피 변화는 액체 < 고체 ≪ 기체 이다.

② 얼음은 내부에 빈 공간이 많은 육각 구조로 분자들이 배열되어 있기 때문에 물은 액체(물)에서 고체(얼음)으로 응고될 때 부피가 증가한다.

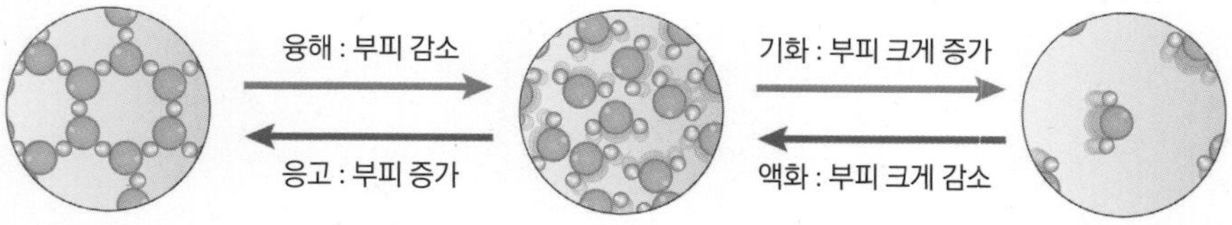

▲ 고체(얼음) ▲ 액체(물) ▲ 기체(수증기)

③ 4℃에서 물은 부피가 가장 작고 밀도가 가장 크다.

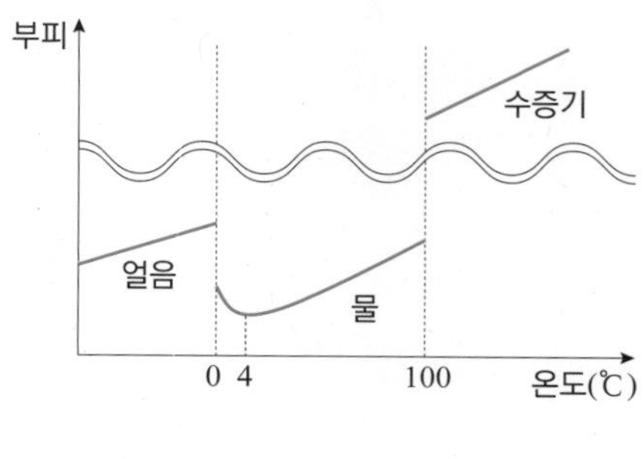

3. 상태 변화와 에너지 : 순물질은 고체에서 액체, 액체에서 기체로 상태 변화하는 동안 온도가 일정하게 유지된다. 이것은 흡수된 열에너지가 분자 사이의 인력을 끊고 상태를 변화시키는 데 쓰이기 때문이다.

4. 열량 구하기 : 가열 시간이 길수록 열량이 많이 공급되며, 열량은 물질의 비열, 질량, 온도 변화의 곱으로 나타낸다.

$$\text{열량}(Q) = \text{비열}(c) \times \text{질량}(m) \times \text{온도 변화}(\Delta t)$$

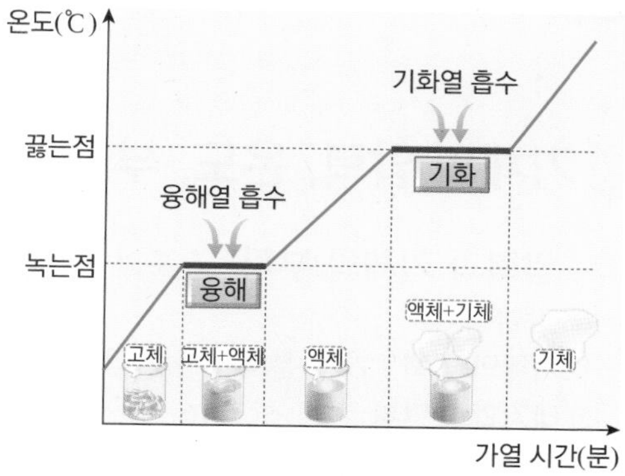

2 분자 운동

1. 확산 : 물질을 이루는 분자들이 스스로 운동하여 다른 물질 속으로 퍼져 나가는 현상이다.

① **확산이 일어나는 방향** : 농도가 높은 쪽에서 낮은 쪽으로 퍼져 나간다.

② **확산이 빨리 일어나는 조건** : 분자량이 작을수록, 온도가 높을수록 분자의 움직임이 활발하기 때문에 확산이 빠르게 일어나며, 분자의 움직임을 방해하는 입자가 적을수록 확산이 빠르게 일어난다. (액체 < 기체 < 진공)

③ **그레이엄의 확산 속도의 법칙** : 같은 온도와 압력에서 두 기체의 분출 속도는 분자량의 제곱근에 반비례한다.

$$\frac{v_A}{v_B} = \sqrt{\frac{M_B}{M_A}} = \sqrt{\frac{d_B}{d_A}}$$

(v_A, v_B : 기체의 확산 속도, M_A, M_B : 기체의 분자량, d_A, d_B : 기체의 밀도)

2. 증발 : 액체 상태의 분자 일부가 액체 표면에서 떨어져 나와 기체 상태로 변하여 공기 중으로 날아가는 현상이다.

① **증발이 빨리 일어나는 조건** : 온도가 높을수록, 습도가 낮을수록, 바람이 강할수록, 표면적이 넓을수록, 분자 사이의 인력이 약할수록 증발이 빠르게 일어난다.

② **증발과 끓음의 비교**

구분	증발	끓음
모형	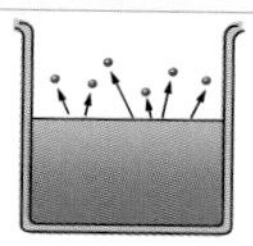	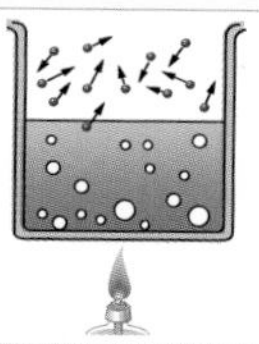
발생 장소	액체 표면	액체 전체(표면 + 내부)
기포 생성	액체 내부에 기포가 생성되지 않는다.	액체 내부에 기포가 생성된다.
온도	모든 온도	끓는점(액체가 끓기 시작하는 온도) 이상의 온도
기화 속도	천천히 일어난다.	급격하게 일어난다.
원인	에너지가 큰 분자가 액체 표면에서 공기 중으로 날아간다.	액체 내부의 분자가 외부의 열을 얻어서 액체 내부에서 기화(기포 생성)된다.

정답 및 해설 46쪽

Q1 추운 겨울날 숨을 쉬면 입김이 생기지만 금방 사라진다. 이 현상을 과학적으로 설명하시오.

3 기체의 압력, 온도, 부피

1. 압력과 기체의 부피 : 온도와 기체의 양이 일정할 때, 기체의 부피는 압력이 작아지면 커지고, 압력이 커지면 작아진다.

① **기체의 압력** : 기체 분자들이 끊임없이 운동하면서 용기 벽면에 충돌하는 힘에 의해 나타난다.

② **대기압의 단위** : 1 atm = 760 mmHg = 1.013×10^5 Pa = 1013 hPa ≒ 10 N/cm^2

2. 보일 법칙 : 일정한 온도에서 일정량의 기체의 부피(V)는 압력(P)에 반비례한다.

$$P \times V = k \ (k\text{는 비례상수})$$
$$P_1V_1 = P_2V_2$$
(P_1 : 처음 압력, V_1 : 처음 부피, P_2 : 나중 압력, V_2 : 나중 부피)

3. 온도와 기체의 부피 : 압력과 기체의 양이 일정할 때, 기체의 부피는 온도가 높아지면 커지고, 온도가 낮아지면 작아진다.

4. 샤를 법칙 : 일정한 압력에서 일정량의 기체의 부피는 온도가 1℃ 상승할 때마다 0℃ 때 부피의 $\frac{1}{273}$씩 증가한다.

$$V_t = V_0 + V_0 \times \frac{t}{273} = V_0\left(1 + \frac{t}{273}\right) = V_0\left(\frac{273 + t}{273}\right)$$
(V_t : t ℃때 기체 부피, V_0 : 0 ℃때 기체 부피)

① **절대 온도** : -273℃를 0으로 하는 온도, 단위는 K(켈빈)이다.

절대 온도(K) = 273 + 섭씨 온도(℃)

② 절대 온도를 기준으로 273 + t(℃)를 T로 나타내고, $\frac{V_0}{273}$ 는 일정한 상수 값 k 로 나타낸다.

$$V = kT \ (k\text{는 비례상수})$$
$$\frac{V_1}{T_1} = \frac{V_2}{T_2}$$
(V_1 : 처음 부피, T_1 : 처음 온도, V_2 : 나중 압력, T_1 : 나중 온도)

5. 보일 · 샤를 법칙 : 일정량의 기체에 대해 온도와 압력이 모두 변할 때 부피(V)는 압력(P)에 반비례하고, 절대 온도(T)에 비례한다.

보일 법칙 : $P_1V_1 = P_2V_2$ 샤를 법칙 : $\frac{V_1}{T_1} = \frac{V_2}{T_2}$

보일 - 샤를 법칙 : $\frac{PV}{T} = k$ (k는 비례상수)

$$\frac{P_1V_1}{T_1} = \frac{P_2V_2}{T_2}$$
(P_1, V_1, T_1 : 처음 상태, P_2, V_2, T_2 : 나중 상태)

6. 아보가드로 법칙 : 압력과 온도가 일정할 때, 기체의 부피(V)는 몰수에 비례한다.

$$V = k \times n \ (k\text{는 비례상수})$$

① 온도와 압력이 같을 때, 기체는 종류와 관계없이 같은 부피 속에 같은 수의 입자를 갖는다.

② 기체 1몰(6.02×10^{23} 개)은 표준 상태(0℃, 1기압)에서 22.4 L 의 부피를 갖는다.

③ 기체의 몰수가 많아지면 부피도 비례하여 증가한다.

4 이상 기체 상태 방정식

1. 이상 기체 상태 방정식 : 기체 상수(R)로 이상 기체 법칙을 나타낸 식이다.

$$PV = nRT$$

(P : 기체의 압력(atm), V : 기체의 부피(L),
n : 기체의 몰수(mol), R : 기체 상수(0.082 atm · L / mol · K), T : 절대 온도(K))

2. 이상 기체와 실제 기체 : 이상 기체는 분자 자체의 부피가 없고, 분자 사이의 인력과 반발력이 작용하지 않는 가상적인 기체로 이상 기체 상태 방정식에 적용되는 기체이고, 실제 기체는 분자 자체의 부피가 존재하고, 분자 사이의 인력과 반발력이 작용하며 이상 기체 상태 방정식에 적용되지 않는 기체이다.

구분	이상 기체	실제 기체
분자의 크기	없음	기체의 종류에 따라 다르다.
분자의 질량	있음	있음
0 K 에서의 부피	없음	0 K 이전에 고체나 액체가 된다.
기체에 관한 법칙	일치	고온, 저압에서 일치
분자 사이의 인력과 반발력	없음	있음

3. 기체 분자의 평균 운동 속도 : 온도가 같을 때 모든 기체의 평균 운동 에너지는 같지만 평균 운동 속도는 분자량이 작을수록 빠르다. 온도가 높을수록 기체의 평균 운동 속도도 증가하여 평균 운동 에너지가 증가한다.

4. 부분 압력 법칙 : 혼합 기체의 전체 압력은 각 성분 기체의 부분 압력의 합과 같다.

$P_T = P_A + P_B + P_C + \cdots$ (P_T : 전체 압력, P_A, P_B, P_C : 각 성분 기체의 부분 압력)

① **몰 분율** : 혼합 기체에서 성분 기체의 몰수를 전체 기체의 몰수로 나눈 값이다.

$$\text{기체 A의 몰 분율}(X_A) = \frac{\text{기체 A의 몰수}}{\text{전체 기체의 몰수}} = \frac{n_A}{n_A + n_B} \text{(기체 A, B가 혼합된 경우)}$$

$$\text{기체 B의 몰 분율}(X_B) = \frac{\text{기체 B의 몰수}}{\text{전체 기체의 몰수}} = \frac{n_B}{n_A + n_B} \text{(기체 A, B가 혼합된 경우)}$$

② **몰 분율과 부분 압력** : 혼합 기체에서 성분 기체의 부분 압력은 몰 분율에 비례한다.

$$P_A = P_T \times \frac{n_A}{n_A + n_B} = P_T \times X_A \text{ (기체 A, B가 혼합된 경우)}$$

$$P_B = P_T \times \frac{n_B}{n_A + n_B} = P_T \times X_B \text{ (기체 A, B가 혼합된 경우)}$$

정답 및 해설 46쪽

Q2 실제 기체가 압력이 높을수록 이상 기체에서 벗어나는 이유를 기체 분자가 차지하는 부피와 연관지어 설명하시오.

Q3 아보가드로 법칙이 모든 기체에서 성립할 수 있는 이유를 서술하시오.

001 초콜릿이 녹아도 초콜릿의 맛과 냄새는 변하지 않는다. 그 이유를 쓰시오.

002 그림 (가)는 얼음의 구조를, (나)는 물의 구조를 나타낸 것이다. (가)에서 (나)가 될 때 부피가 감소한다. 그 이유를 쓰시오.

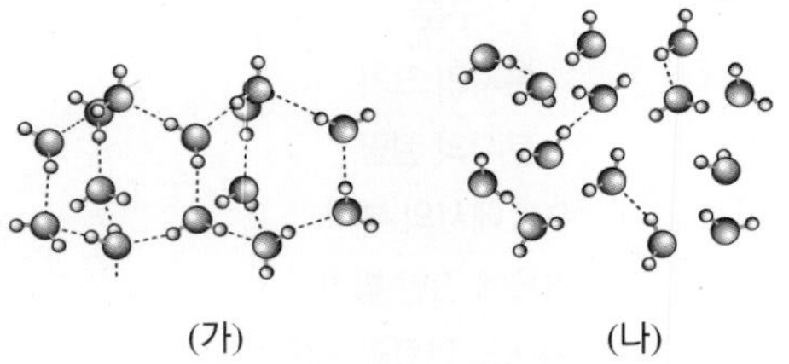

003 그림은 물의 온도에 따른 밀도 변화를 나타낸 것이다. A ~ E 중 부피가 최소인 곳을 쓰고, 그 이유를 서술하시오.

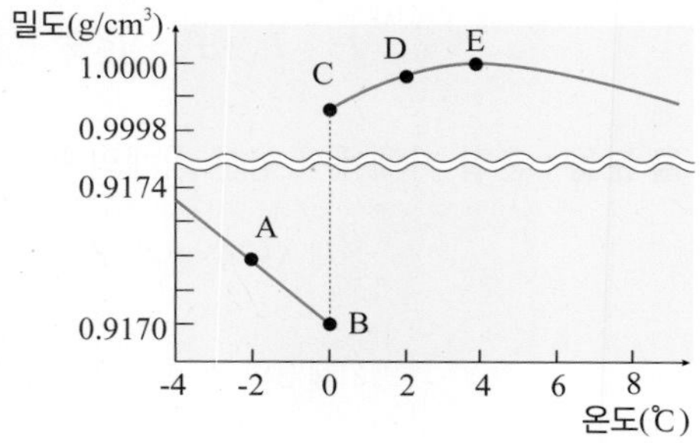

004 그림은 1 g 의 얼음을 -10 ℃ 부터 가열하면서 측정한 열에너지 곡선이다.

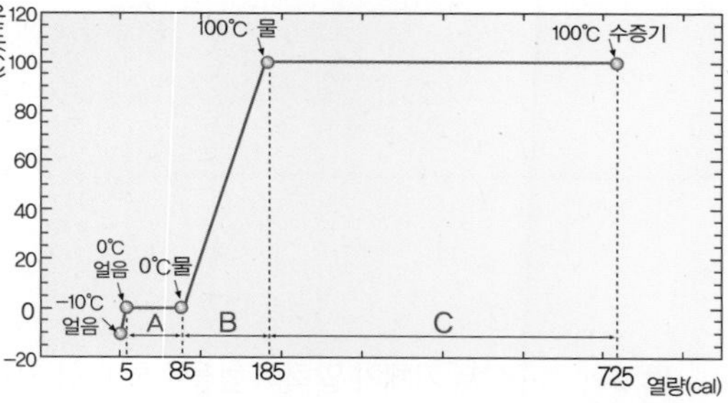

(1) 물의 기화열은 얼음의 융해열의 몇 배인지 쓰시오.

(2) A ~ C 구간 중 얼음과 물이 공존하는 구간을 쓰시오.

(3) 0℃의 물을 가열하여 100℃가 될 때 흡수한 열량을 구하시오. (단, 상태 변화는 일어나지 않았다.)

005 그림과 같이 같은 질량의 0℃ 얼음과 0℃ 물이 있다. 이들의 열에너지 크기를 비교하고, 그 이유를 함께 쓰시오.

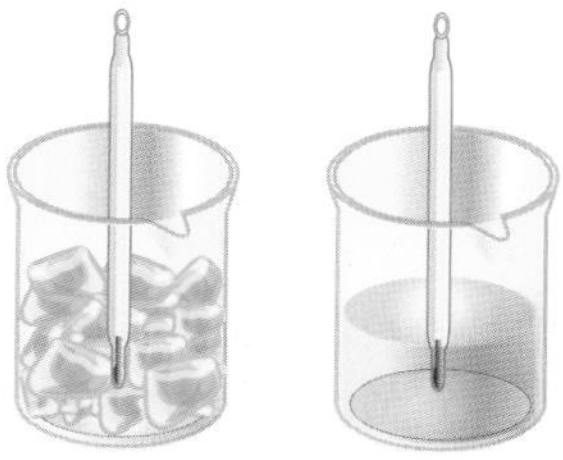

▲0℃의 얼음　▲0℃의 물

006 2원자 분자로 구성된 미지의 기체는 같은 온도에서 O_2 속도의 0.67배 속도로 분출된다. 다음 물음에 답하시오. (단, O의 원자량은 16이다.)

(1) 미지의 기체의 분자량을 구하시오. (단, 소수점 둘째 자리까지 나타낸다.)

(2) 분자량을 이용하여 어떤 기체인지 예상해 보자.

007 그림은 온도가 서로 다른 물체 사이에서 열이 이동하는 모습을 나타낸 것이다. (가)와 (나)의 분자 운동을 비교하고, 시간이 흐르면 각각의 분자 운동이 어떻게 변하는지 서술하시오, (단, (가)와 (나)는 같은 물질이고, (가)가 (나)보다 온도가 높다.)

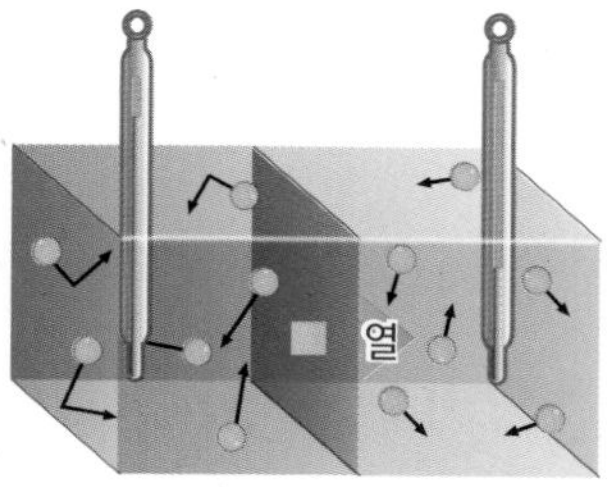

(가)　(나)

유형 Problem

008 어떤 연구에서 1.5 몰의 CO_2, 18 몰의 O_2, 80.5 몰의 Ar 으로 구성된 합성 대기를 조성하기로 하였다. 이 대기에 대한 물음에 답하시오.

(1) 합성 대기의 전체 압력이 1 기압일 때, 혼합물 중 O_2의 부분 압력을 구하시오.

(2) 이 합성 대기를 1 기압, 300 K 에서 부피 120 L 의 용기에 넣었을 때, 용기에 들어 있는 O_2는 몇 g인가? (단, O의 원자량은 16이고, 기체 상수(R) = 0.08 atm·L/mol·K이다.)

009 그림과 같은 실린더에 헬륨(He) 2.4 g 과 산소(O_2) A 몰을 넣었더니 그림 (가)와 같이 되었다. 온도를 일정하게 유지하며 용기의 오른쪽에 B g 의 산소를 더 넣었더니 그림 (나)와 같이 되었다. (단, He, O의 원자량은 각각 4, 16이고, 헬륨과 산소는 이상 기체로 가정한다.)

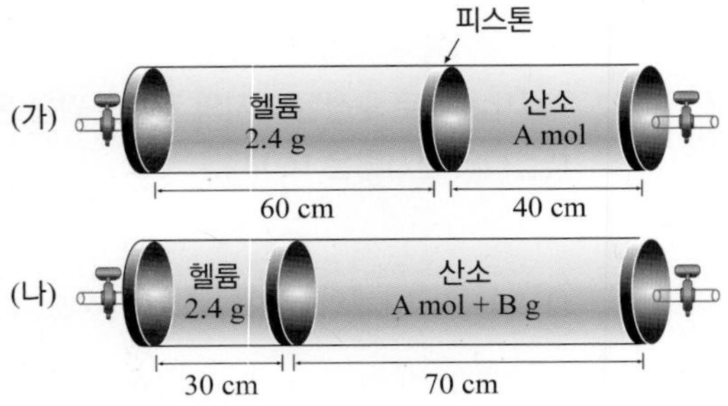

(1) 그림 (가)에서 산소의 몰수 A 를 구하시오.

(2) 더 넣어준 산소의 질량 B를 구하시오

010 미지 시료 기체의 몰수를 측정하기 위해 몇 가지의 무게를 측정하였다. 31℃에서 134 g 의 진공 플라스크에 물을 가득 채우고 무게를 측정했더니 1134 g 이었고, 물을 모두 빼고 미지의 기체로 채운 후, 무게를 측정하였더니 137 g 이었다. 이때 플라스크 안 기체의 압력은 0.9 기압이었다. 이상 기체 방정식에 따른다고 가정하면 미지 기체의 몰수는 얼마인지 구하시오. (단, 31℃에서 물의 밀도는 0.997 g/mL 이고, 기체 상수(R) = 0.08 atm·L/mol·K이다.)

011 잠수부의 탱크에는 압축된 산소(O_2)가 0.16 kg 이 들어 있다. 다음 물음에 답하시오. (단, 기체 상수(R) = 0.08 atm·L/mol·K이고, O의 원자량은 16이다.)

(1) 온도가 7 ℃이고, 탱크의 부피가 2.24 L 일 때 탱크 내부 압력을 구하시오.

(2) 탱크 내부의 압력이 5 기압이고, 탱크의 부피가 8 L 일때 내부의 온도를 구하시오.

(3) 37℃, 탱크 내부 압력이 0.8 기압일 때 탱크 내부에서 이 산소가 차지하는 부피를 구하시오.

012 다음을 보고 물음에 답하시오.

〈자료〉

빙산은 바다 위를 표류하는 큰 얼음 덩어리이다. 빙산의 일각이란 바닷물 아래에는 바닷물 위 질량의 8 ~ 9 배 정도 되는 빙산이 잠겨 있기 때문에 바닷물 위에 보이는 빙산은 전체 빙산의 일부분에 지나지 않는다는 말이다. 1912년 4월 14일 밤 대서양을 횡단하기 위해 첫 항행를 하던 타이타닉호는 빙산과 충돌 후 침몰하여 1500여명의 희생자를 내었다.

▲ 타이타닉 호

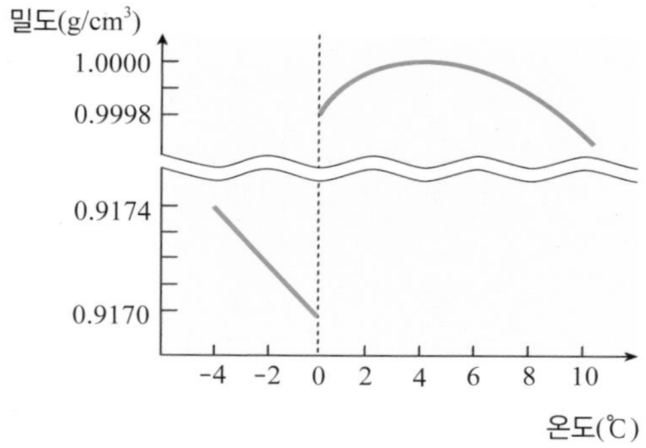

(1) 거대한 빙산이 어떻게 물 위에 뜰 수 있는지 설명하시오.

(2) 어느 지역을 떠돌던 빙산이 물과 온도가 같게 되었다면, 전체 부피 중 그 빙산의 물 위에 보이는 부분의 부피 비율을 구하시오.

(3) 같은 크기의 빙산이 같은 온도의 강물과 바닷물에 떠 있다면 어디에 있는 빙산이 수면 위에 더 올라와 있는지 쓰고 그 이유를 설명하시오.

(4) 10 mL 의 0℃ 물과 10 mL 의 8℃ 물을 섞으면 20 mL 가 되지 않는다. 그 이유를 설명하시오.

013 과학에서 온도는 ℃ 대신 K 을 많이 쓴다. 이들 관계는 다음과 같다.

$$T(\mathrm{K}) = t(℃) + 273$$

표는 수소 1 g 이 여러 가지 압력(P)과 온도(T)에서 차지하는 부피를 측정한 값이다. 표를 보고 수소 기체의 부피(V), 압력(P) 및 온도(T) 사이의 관계를 나타내는 식을 만들고, 이 식이 유도된 과정을 서술하시오.

온도(K) / 압력(기압)	200	300	400	500	600
1	8.207	12.31	16.41	20.52	24.62
2	4.104	6.155	8.205	10.26	12.31
3	2.736	4.103	5.470	6.840	8.208
4	2.052	3.075	4.103	5.130	6.155
5	1.641	2.462	3.282	4.104	4.924

014 얼음의 융해열을 측정하는 실험에서 각각 질량이 같고, 온도가 0℃인 물과 얼음을 온도가 8℃인 실내에서 온도 변화에 따른 시간을 측정한 결과 0℃인 물이 4℃가 되는데 30분이 걸렸고, 0℃ 얼음이 녹아 4℃ 물이 되는데 10시간 30분이 걸렸다.

(1) 0℃의 물과 0℃의 얼음이 각각 4℃의 물로 될 때, 얼음은 물의 몇 배의 열을 필요로 하는지 쓰시오.

(2) 위 실험 결과에 의하면 0℃ 얼음 1 kg 을 0℃ 물로 만드는데 얼마의 열량이 필요한지 쓰시오. (단, 물의 비열은 1 cal/g·℃이다.)

015 그림과 같이 콕으로 연결된 1 L 용기 3개가 있다. 각 용기는 온도가 일정한 단열재에 담겨 있고, 단열재의 온도는 그림에 표시한 것과 같다. 용기 A에만 $H_2O(g)$, $CO_2(g)$, $N_2(g)$의 혼합 기체가 들어 있고, 용기 B와 C는 진공 상태이다. 이때 용기 A의 전체 압력은 0.74 기압이다. (단, CO_2의 승화점은 -78℃이고, N_2의 끓는점은 -196℃이며, 연결관의 부피는 무시한다.)

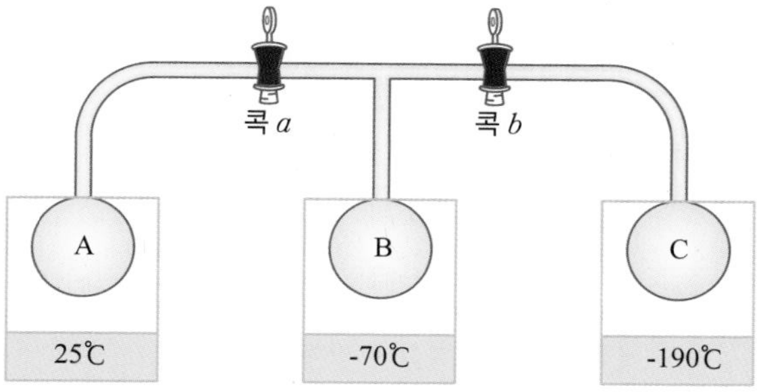

(1) 콕 a만 열린 상태에서 다시 평형 상태가 되었을 때, 용기 A와 B에서 기체의 압력은 0.29 기압이었다. 용기 A와 B에 들어 있는 물질의 상태 변화에 대해 서술하시오.

(2) 콕 a와 b가 모두 열린 상태에서 다시 평형 상태가 되었을 때, 용기의 기체 압력은 0.044 기압이다. 각 용기에 들어 있는 물질의 상태 변화에 대해 서술하시오.

(3) 혼합 기체에 들어 있는 $H_2O(g)$, $CO_2(g)$, $N_2(g)$의 분자 수의 비를 구하시오. (단, 같은 온도와 압력에서 기체의 부피는 기체의 분자 수에 비례한다.)

016 어떤 기체가 들어 있는 용기가 두 개의 압력계와 연결되어 있다. 한 압력계는 수은을 사용하였고, 다른 압력계는 다이뷰틸프탈산의 기름이 들어 있다. 이 압력계의 한 끝은 용기와 연결되어 있고, 다른 한 끝은 대기와 통하고 있다. 압력계의 액체 기둥 높이 차를 측정하면 용기 속의 압력을 구할 수 있다. 관 속에 들어 있는 액체가 수은이고 외부 압력이 1 기압인 경우, 대기로 연결된 U자관의 기둥이 장치 쪽 기둥보다 15 mm 낮았다. 다음 물음에 답하시오. (이때 유체의 압력은 $P = \rho gh$로 구한다. ρ는 밀도이고, g는 중력 가속도이며, h는 높이이다. Pa = $kg/m \cdot s^2$ 이고, 1 기압 = 1.01×10^5 Pa 이다.)

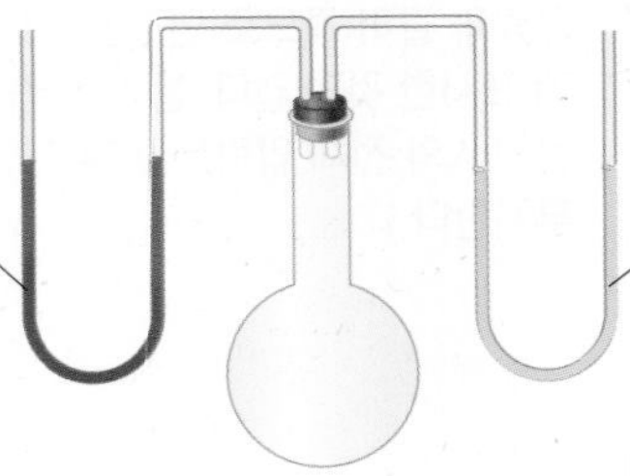

(1) 용기 속에 들어 있는 기체의 압력(Pa)을 구하시오.

(2) 기름이 들어 있는 압력계에서 양쪽 기름의 높이 차이를 구하시오. (단, 기름의 밀도는 1.5×10^3 kg/m^3 이고, 수은의 밀도는 13.5×10^3 kg/m^3 이다.)

017 폐로 들어오는 공기는 폐포라고 하는 조그마한 주머니에서 피 속으로 확산되어 들어간다. 폐포의 평균 반지름을 1 cm로 가정한다. 폐포의 압력은 1 기압이고, 온도는 37℃이다. 폐포 1개 속에 들어가는 산소의 몰수를 구하시오.(단, 반지름 r일 때, 부피는 $\frac{4}{3}\pi r^3$이고, 공기는 20 % 의 산소를 포함하다. 기체 상수(R) = 0.08 atm·L/mol·K이고, 1 cm^3 = 1 mL 이다.)

정답 및 해설 48쪽

018 다음을 읽고 각 물음에 답하시오.

과염소산 암모늄(NH_4ClO_4)은 우주 왕복선의 고체 연료로 사용되고 있다. 이것을 200℃ 이상으로 가열하면, 여러 기체로 분리되는데 주로 질소, 염소, 산소, 수증기 등이 생긴다. 만약 이 4 가지 화합물이 생성물의 전부라고 가정하면 분해 반응의 균형 화학 반응식은 다음과 같다.

$$2NH_4ClO_4(s) \rightarrow N_2(g) + Cl_2(g) + 2O_2(g) + 4H_2O(g)$$

◀ 우주 왕복선의 발진

(1) 순식간에 고열의 기체 생성물이 생성되면서, 압력과 온도가 급격하게 증가하여 로켓트가 추진된다. 7.00×10^5 kg (우주 왕복선 부스터 로켓의 전형적인 연료량)을 800℃에서 진화하여 부피가 6400 m^3(6.40×10^6 L) 인 공간을 채운다면, 기체의 전체 압력은 얼마인가? (단, NH_4ClO_4의 분자량은 117.5이고, 기체 상수(R) = 0.0821 atm·L/mol·K이다.)

(2) 생성된 기체 혼합물에서 염소의 몰 분율과 부분 압력을 구하시오.

(3) (1)의 기체 혼합물을 냉각시켜서 200℃와 3.20 기압이 되도록 하였다. 이때의 혼합물의 부피를 구하시오.

019 그림과 같이 25℃, 1 기압에서 피스톤의 오르내림에 따라 부피가 변할 수 있는 실린더에 $O_2(g)$ 100 mL 를 넣고 전극을 넣어 고전압을 걸어 방전시켰더니 $O_3(g)$이 생성되었다. 이때 실린더의 부피는 89 mL 가 되었다.

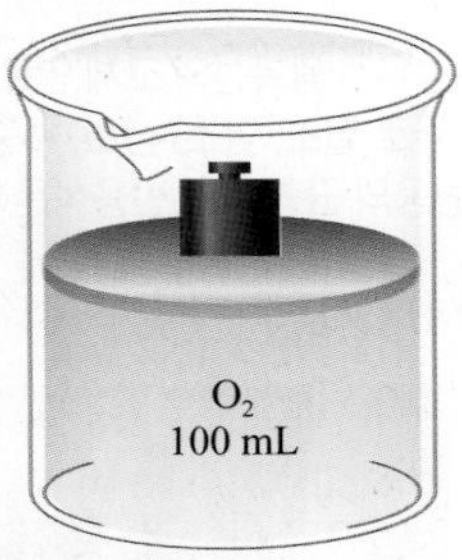

(1) 실린더에서 일어나는 화학 반응을 화학 반응식으로 쓰시오.

(2) 반응 후 실린더 내에 있는 $O_2(g)$와 $O_3(g)$의 부피를 구하시오.

(3) 100 mL 크기의 강철 용기에서 반응시켰을 때, 전체 압력과 성분 기체의 부분 압력을 구하시오.

020 그림과 같이 냉장고에 넣어 두었던 차가운 병의 입구를 물로 바른 후 동전을 올려 놓고, 따뜻하게 감싸면 동전은 어떻게 되는지 분자들의 운동 에너지와 관련하여 설명하시오.

정답 및 해설 49쪽

021 그림은 일정한 양의 $N_2(g)$를 부피에 따른 압력의 변화 그래프로 나타낸 것이다.

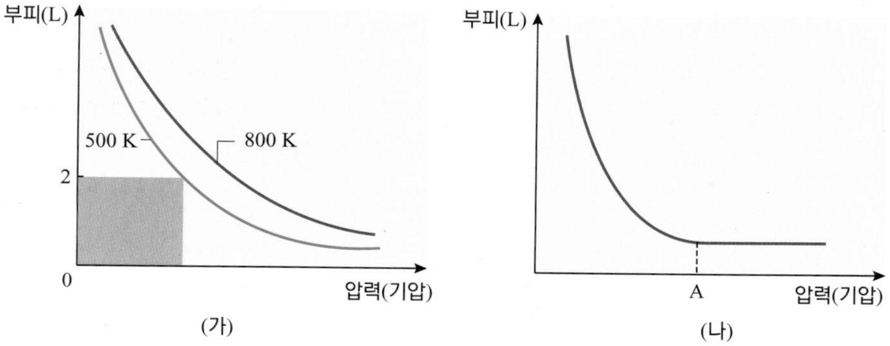

(1) 500 K에서 부피가 2 L일 때 빗금 친 부분의 넓이는 40이다. 800 K에서 부피가 2 L일 때 압력을 구하시오.

(2) (나)의 A에서 어떤 변화가 일어나는지 설명하시오.

022 그림과 같이 상온(25℃)에서 가지달린 플라스크에 30 mL 크기의 고무풍선을 넣고 100 mL 주사기를 공기가 새지 않게 연결한 후 주사기의 피스톤을 실린더의 부피가 50 mL 인 위치에 고정시키고, 플라스크의 위를 고무마개로 막았다. 다음 물음에 답하시오. (단, 플라스크는 가지 부분을 포함한 내부 부피가 100 mL이고, 내부 압력은 1기압이며, 풍선 내부의 기체 온도는 플라스크 내부의 온도와 같다. 고무풍선의 수축은 온도의 영향을 받지 않으며 잘 늘어난다.)

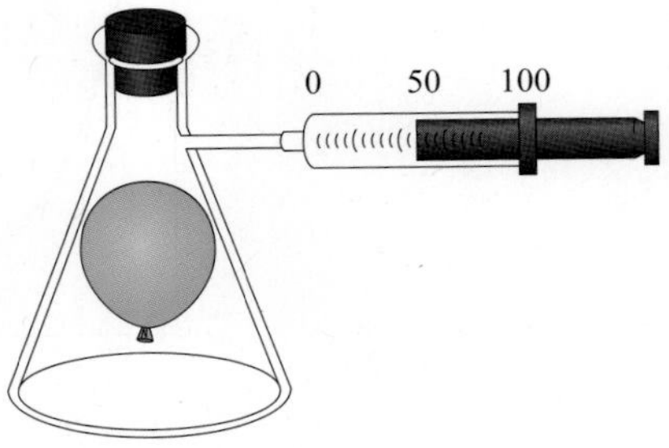

(1) 상온에서 주사기의 피스톤을 잡아 당겨 실린더의 내부 부피가 100 mL 가 되었을 때 풍선의 부피를 구하시오.

(2) 피스톤을 움직이면 풍선의 부피 변화가 생기는 이유를 분자 충돌로 설명하시오.

(3) 플라스크 내부 온도를 40℃로 올리고 유지하면서 주사기의 피스톤을 밀어 실린더의 내부 부피가 0 mL 가 되었을 때, 풍선의 부피를 구하시오.

정답 및 해설 49쪽

023 타이어 내부의 공기 온도가 27℃, 압력이 2.0 기압인 자전거를 타고 뜨거운 아스팔트 위에서 달렸더니 타이어 내부의 공기 온도가 57℃, 압력이 2.1 기압이 되었다. 타이어 내부의 공기 부피는 처음보다 몇 % 증가하였는지 구하시오.

024 그림과 같이 물에 담긴 큰 비커 속에 물이 담긴 작은 비커를 넣고 알코올 램프로 가열하였다. 시간이 지난 후, 큰 비커와 작은 비커 속에 물의 온도 변화를 비교하였다. 다음 물음에 답하시오.

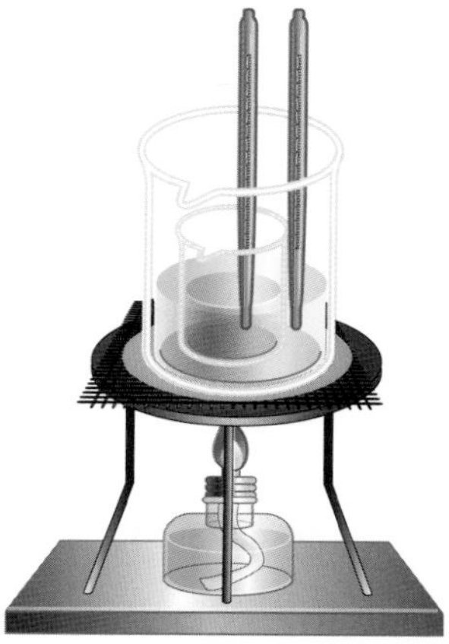

(1) 어느 비커의 물이 끓는지 쓰시오.

(2) 물이 끓지 않는 비커가 있다면, 어떤 비커인지 그 이유와 함께 쓰시오.

025 그림과 같이 부피가 각각 2L, 3L인 부피가 변하지 않고 콕으로 연결된 두 강철 용기에 $HCl(g)$, $Ar(g)$, $Ne(g)$, $NH_3(g)$를 각각 넣고 콕을 열었다. 각 기체의 분압은 그림과 같다.

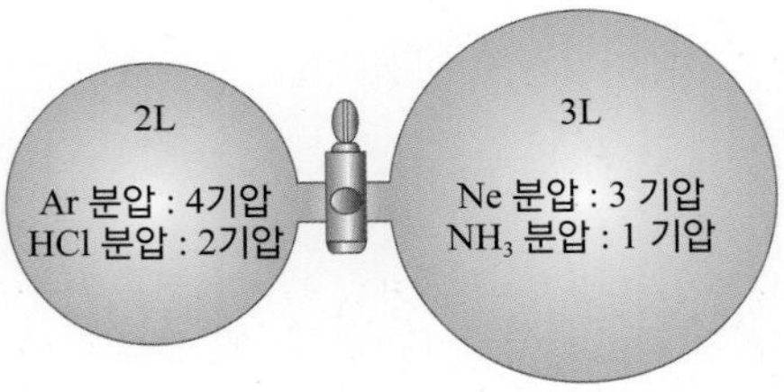

(1) 콕을 열었을 때 용기 안에서 일어나는 화학 변화를 서술하시오.

(2) 콕을 열고 시간이 지난 후 용기에 남아 있는 각 기체의 부분 압력을 구하시오. (단, 온도는 일정하다.)

정답 및 해설 50쪽

026 다음은 고무마개로 끝을 막은 주사기에 변인이 다른 두 조건의 수소 기체를 넣고 압력을 변화시켰을 때 부피의 변화를 그래프로 나타낸 것이다.

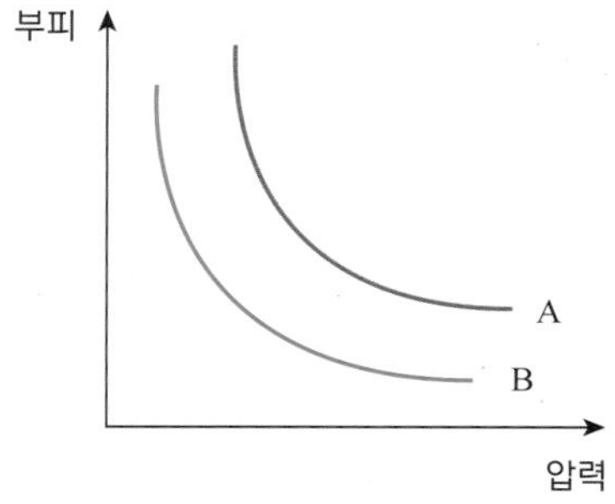

위 그래프에서 A와 B는 어떤 변인이 어떻게 다른 경우인지 아래 예시처럼 말하시오. (단, 조건에 해당하는 변인은 한 가지씩 변화시켰다.)

[경기과학고 기출 유형]

[예시 : A가 B보다 ○○○○가 크(작, 높, 낮, 많, 적)다.]

027 주어진 준비물을 이용하여 실험한 후 문제를 해결하시오.

[준비물] 3자 밸브, 스탠드, 클램프, 비눗물, 500 mL 물, 플라스틱 관, 고무관, 1회용 스포이드 10개, 종이컵 小 10개, 종이컵 大 10개, 피스톤 2개, 초시계 1개, 계산기 1개 등

[서울과학고 실험 기출 유형]

(1) 비눗방울 부피에 따른 비눗방울 속의 공기가 다 빠져나가는 데 걸리는 시간을 측정한 그래프를 그리고, 그 이유를 설명하시오.

(2) 비눗방울의 비눗물 농도에 따른 비눗방울 속의 공기가 다 빠져나가는 데 걸리는 시간을 측정한 그래프를 그리고, 그 이유를 설명하시오.

(3) 그림은 주어진 준비물로 실험한 실험 장치에서 만들어진 비눗 방울이다. 크기가 다른 비눗방울 안의 공기 이동 방향을 예측하시오.

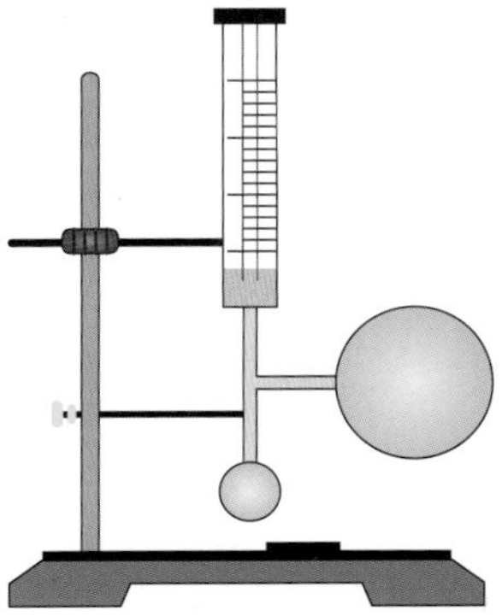

028 다음은 온도에 따른 물의 밀도와 물과 얼음의 구조를 그림으로 표현한 것이다.

[경기과학고 기출 유형]

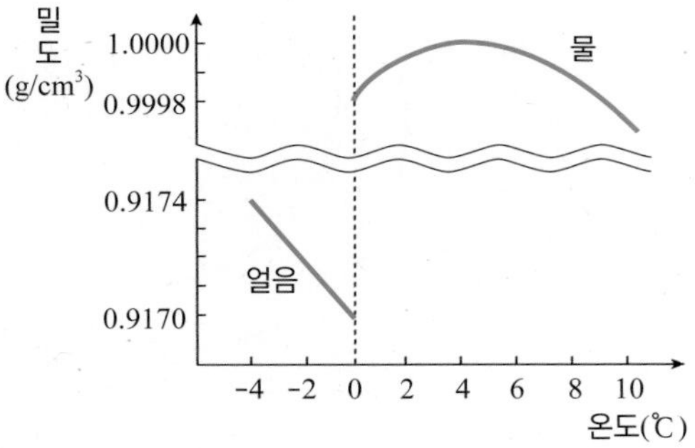

▲ 온도에 따른 물 1 g의 밀도 변화

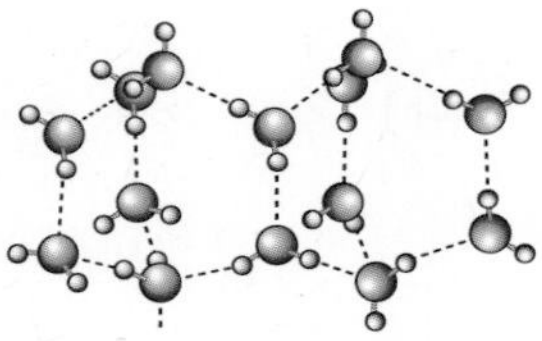

▲ 얼음의 구조

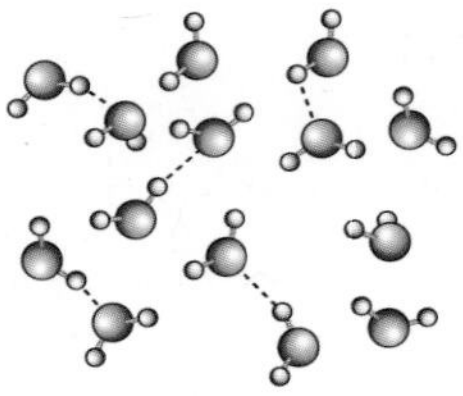

▲ 물의 구조

(1) 일정량의 얼음을 0℃에서 모두 녹였을 때 부피는 감소한다. 그 이유를 설명하시오.

(2) 0℃에서 4℃로 온도가 높아질 때 물의 밀도가 증가하는 이유를 설명하시오.

029 다음 그림과 같이 컵에 물을 가득 채우고 물에 젖지 않는 종이로 컵을 반을 덮은 후에 적외선 카메라를 통하여 촬영하였다.

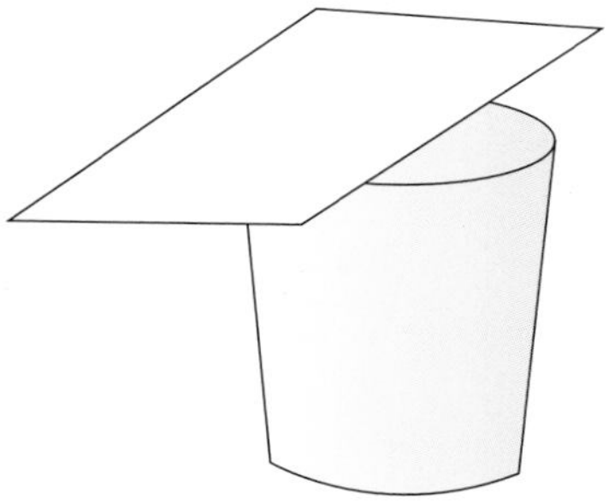

종이로 덮은 부분의 물의 온도가 덮여 있지 않는 부분에 비하여 상대적으로 높은 이유는 무엇인가?

[서울과학고 기출 유형]

030 어떤 행성의 대기압을 측정하기 위해 끝이 막혀있는 유리관을 밀도가 5 g/cm^3 인 액체를 담은 수조에 거꾸로 세웠더니 100 cm의 높이에서 액체 기둥이 정지하였다. 다음 물음에 답하시오. (단, 질량 1 kg은 10 N의 힘을 나타낸다.)

[서울과학고 기출 유형]

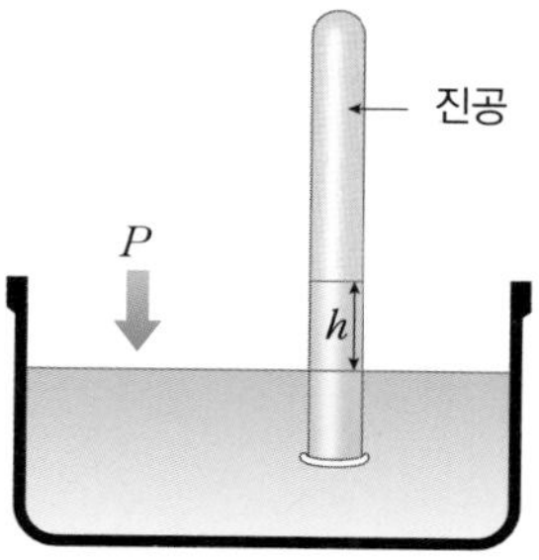

(1) 이 행성의 대기압(P)을 구하시오.

(2) 27℃, 3기압일 때 이 행성의 대기 2 L를 압력 1×10^5 N/m^2, 온도 177℃로 변화시키면 부피는 몇 L 가 되는지 쓰시오.

기출 Check

031

그림은 수은이 들어 있는 시험관을 그린 것이다. [그림 2]와 [그림 3]은 [그림 1]에 수은을 더 부은 상태를 표현한 것이다. 다음 물음에 답하시오. (단, 대기압은 1 기압이고, 수은 1 mL = 1 mmHg 이다.)

[한성과학고 기출 유형]

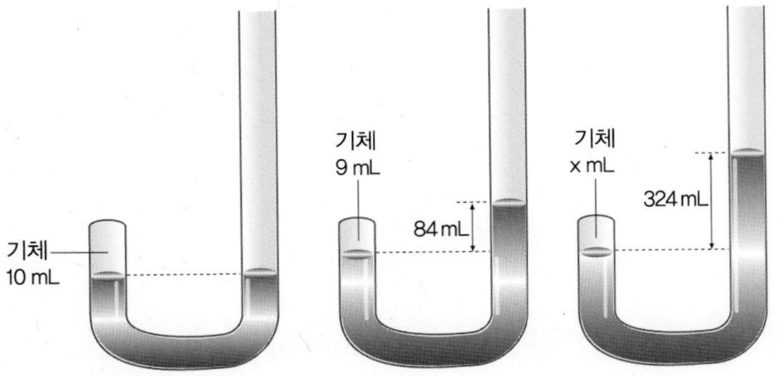

[그림 1] [그림 2] [그림 3]

(1) 1 기압에 해당하는 수은 기둥의 높이는?

(2) [그림 3]에서 기체의 부피를 구하시오.

정답 및 해설 51쪽

032 물질의 상태 변화에는 열에너지의 출입이 따른다. −50℃의 얼음 1 kg 을 가열하여 100℃의 수증기를 만드는데 필요한 총 열에너지는 765 kcal 이며, 물의 기화열은 융해열의 7배이다. 아래의 표를 보고 다음 물음에 답하시오.

[과학고 기출 유형]

물의 융해열(cal/g)	물의 기화열(cal/g)	얼음의 비열(cal/g·℃)	물의비열(cal/g·℃)
a	b	0.5	1.0

(1) -50℃의 얼음 1 kg 을 가열하여 100℃의 수증기가 될 때까지의 과정을 쓰시오.

(2) 물의 융해열(a)과 기화열(b)을 구하고, 풀이 과정도 함께 쓰시오.

033 그림과 같이 좌우로 움직이는 피스톤으로 분리된 용기에 헬륨 2.4 g 과 산소 12.8 g 을 넣었더니 그림 (가)와 같이 평형을 이루었다. 이후 용기의 오른쪽에 일정량의 산소를 더 넣었더니 그림 (나)와 같이 피스톤이 중앙으로 이동하였다.

[2021~23 기출 유형]

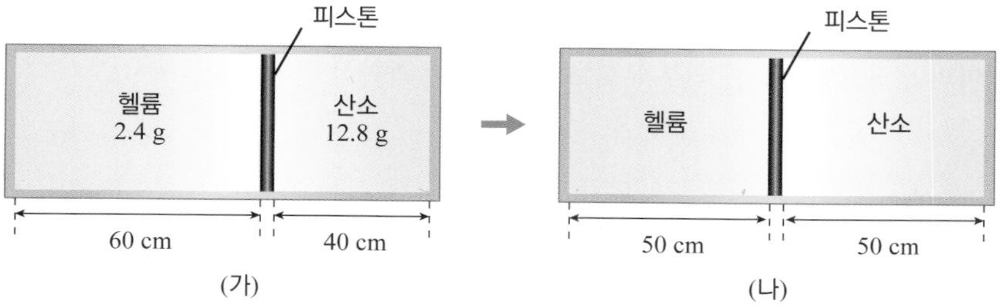

(1) 헬륨 기체(He)와 산소 기체(O_2) 분자 1개의 질량을 비교 설명하시오.

(2) (가)에서 산소와 헬륨의 분자 수의 비를 구하시오.

(3) (가)와 (나)에서 헬륨의 압력비를 구하시오.

(4) (가)에서 (나)로 변화시키는데 필요한 산소의 질량을 구하시오.

기출 Check

034 제시문을 읽고 물음에 답하시오. [세종, 한성 과학고 기출 유형]

아프리카 어느 지역에서는 힘들게 수확한 채소나 과일이 쉽게 상하기 때문에 이를 보관할 수 있는 냉장고가 필요하다. 그러나 전기냉장고는 이 지역 사람들의 소득 수준에서는 엄두도 내기 힘든 고가의 제품인데다 전기 보급률도 떨어져 사용하기 어렵다. 그래서 만들어진 것이 전기를 쓰지 않는 항아리 냉장고이다. 항아리 냉장고는 큰 항아리 안에 작은 항아리를 넣고 그 사이에 모래를 채운 후 물을 넣어 준 것이다. 항아리는 진흙을 빚어 만드는데, 그 중 큰 항아리는 유약을 바르지 않기 때문에 공기가 통한다.

아래 그림은 항아리 냉장고의 모형도이다.

(1) 항아리 냉장고의 온도가 외부 온도보다 낮아지는 과학적 원리를 서술하시오.

(2) 항아리 냉장고의 큰 항아리와 작은 항아리 사이에 모래와 물을 넣었을 때가 물만 넣었을 때보다 온도가 더 내려간다고 한다. 이 이유 두 가지를 쓰시오.

(3) 항아리 냉장고의 효과를 높일 수 있는 날씨 조건 세 가지를 쓰시오.

정답 및 해설 51쪽

035 그림 (가)는 3 g의 금속 M을 가열했을 때 시간에 따른 금속 M의 온도 변화를 나타낸 것이고, (나)는 금속 M의 성질을 나타낸 것이다.

[한성 과학고 기출 유형]

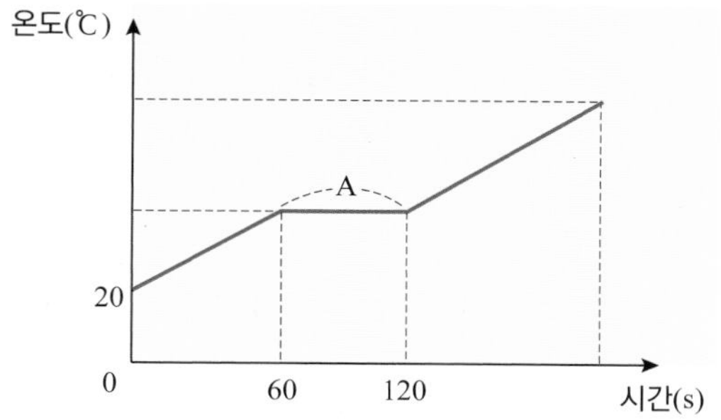

(가)

밀도(g/cm^3)		융해열(J/g)	끓는점(℃)
고체	액체		
2.5	2	120	2,000

(나)

(1) 금속 M 의 A 구간에서의 부피 변화는 (　　　　　) cm^3 만큼 (증가, 감소) 하였다.

(2) 금속 M 을 120초 동안 가열 후 76초 동안 더 가열하여 1,000℃가 되었을 때, A 구간에서의 온도를 구하시오. (단, 액체의 비열은 고체의 2배이다.)

036 다음과 같이 증류수와 바닷물이 각각 100 mL 씩 들어 있는 두 비커를 한 용기에 넣고 밀폐한 후 변화를 관찰하였다.

[2021~23 기출 유형]

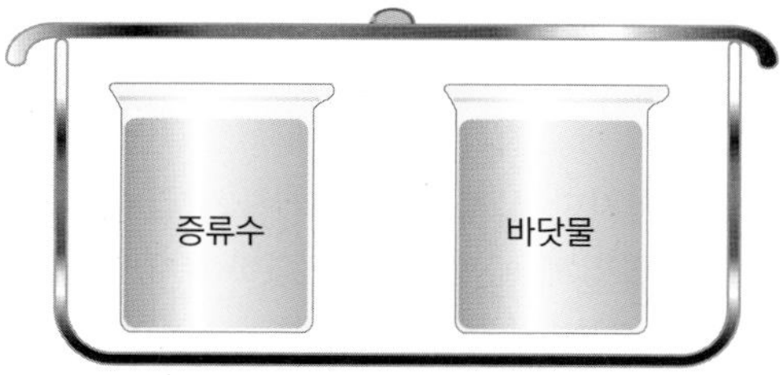

충분한 시간이 지난 후 예상되는 결과를 설명해 보시오.

열기구(Hot air balloon) 주제 I

열기구의 시초

열기구는 지금으로부터 220여년 전 프랑스의 '몽골피에 형제'에 의해 탄생되었다. 몽골피에 형제는 1782년에 더운 공기는 일반 공기보다 가벼워 상승한다는 원리를 적용하여 열기구 내부에 나무와 젖은 밀집을 태워서 발생한 뜨거운 공기를 채워 지상으로부터 30여 미터 상승 시키는데 성공하게 된다. 이것이 최초 열기구의 탄생이었다. 이후 몽골피에 형제는 조금씩 더 큰 기구들을 제작하였고, 사람의 무게를 실을 수 있을 만큼 큰 체적의 기구도 성공적으로 제작하게 되었다. 유인 열기구의 비행은 1783년 9월 19일 파리의 베르사이유 광장에서 루이 16세가 참석한 가운데 이루어 졌으며, 시험 비행의 탑승자는 오리와 양 그리고 닭으로 결정되었다. 열기구는 광장을 이륙한 후 8분 간 3km의 거리를 비행하고 안전하게 착륙하였으며 탑승했던 동물들도 모두 무사한 것으로 확인되었다.

◀ 인류 최초의 유인 비행 (1783년)

▲ 몽골피에 형제 (조셉 몽골피에:1740 ~ 1810, 에띠앙 몽골피에:1745 ~ 1799)

열기구 속 과학 원리

공기는 무게가 없는 것으로 느껴지지만 실제로 1m^{3}의 공기 질량은 약 1.25kg이다. 그리고 여기에 열을 가하게 되면 공기 분자의 운동이 활발해 지고 밀도가 희박해져 일정 부피의 공기 무게는 가볍게 되고 여기서 발생하는 주변 공기와의 밀도 차이에 의해 생성되는 부력으로 열기구는 하늘을 나는 것이다.

예를 들어 보통 77size라고 하는 77.000ft^3(2180m^3)의 3~4인승 기구 내의 공기 무게는 15°C에서 2.6톤 가량이다. 그러나 열기구 내부 온도를 100°C 정도로 올리게 되면 약 2톤으로 공기 무게가 줄어들면서, 그 공기 무게의 차이 만큼인 주변 공기에 비해 0.6톤의 부력을 발생시킨다. 열로 인하여 가벼워진 밀도에 의해 뜨게 되는 열기구의 부피는 가스 기구에 비하여 매우 크다. 즉, 가스 기구에 사용되는 수소나 헬륨의 밀도는 더워진 공기보다도 더 희박하기 때문에 동일 부력을 얻어내는 체적이 열기구에 비하여 훨씬 작다. 이런 이유로 같은 상승력을 얻기 위하여 열기구는 가스 기구보다 훨씬 더 크게 제작되어야 한다.
(※가스기구(Gas balloon) : 가스기구는 매우 큰 애드벌룬에 바구니를 매단 형태로 공기보다 가벼운 헬륨 가스의 부력을 이용하여 비행한다. 고도를 높이고 싶을 때는 장비에 포함된 모래를 덜어내어 장비 무게를 가볍게 하고, 내려가고 싶을 땐 풍선내부의 헬륨가스를 방출시키는 기구이다.)
 이와 같이 열기구는 공기를 열로 뜨겁게 만들면 가벼워지는 원리를 이용하여 공중에 뜨게 되는 것이다. 열기구는 상승과 하강이라는 운동을 하게 되고 거리의 이동은 바람을 이용한다.

◀ 열기구의 내부

Q1 열기구가 상승하는 원리를 무게와 부력을 사용하여 서술하시오.

Q2 가스 기구는 주로 헬륨 가스의 부력을 이용하여 비행한다. 수소는 헬륨보다 더 가볍지만 가스 기구에는 잘 사용하지 않는다. 그 이유는 무엇인가?

이글루에 찬물을 뿌린다? 주제 II

에스키모의 집

이글루는 캐나다, 그린란드, 알래스카, 시베리아 등 추운 지방의 에스키모(이누이트족)가 짓는 얼음 집을 말한다. 원래는 목재, 석재, 가죽 등으로 만든 다양한 집을 모두 뜻하는 말이었지만 얼음 집이 유명해지면서 눈으로 만든 얼음 집의 고유 명사처럼 쓰이고 있다.

▲ 에스키모의 얼음집인 이글루

눈과 얼음으로 만드는 이글루

눈과 얼음으로 만든 이글루는 만드는 과정은 단순하다. 눈과 눈칼, 영하 30 ~ 40℃의 차가운 공기를 이용해 2시간 가량이면 지름 5m의 이글루를 짓는데 충분하다. 눈덩이를 폭 50 ~ 60cm 길이의 벽돌 모양으로 잘라 둥근 지붕 모양이 되게 쌓아 올린 후 문을 닫고 안에서 램프를 켜거나 가벼운 난방을 해서 실내 온도를 높인다. 내부의 눈 벽돌이 녹을 때 천정이 둥근 원형을 띄고 있기 때문에 녹은 눈은 바닥으로 떨어지지 않고 벽을 타고 흐르게 된다. 잠시 뒤 난방을 끄고 문을 열어 외부의 찬 공기가 실내로 들어오게 하면 녹아 내리던 눈이 순식간에 얼어붙어 눈 벽돌들을 강력하게 접착시킴으로써 이글루가 완성된다.

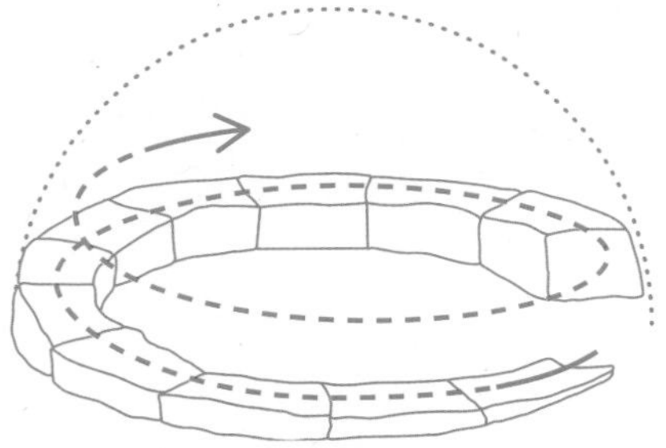

▲ 이글루의 눈벽들을 쌓는 방법

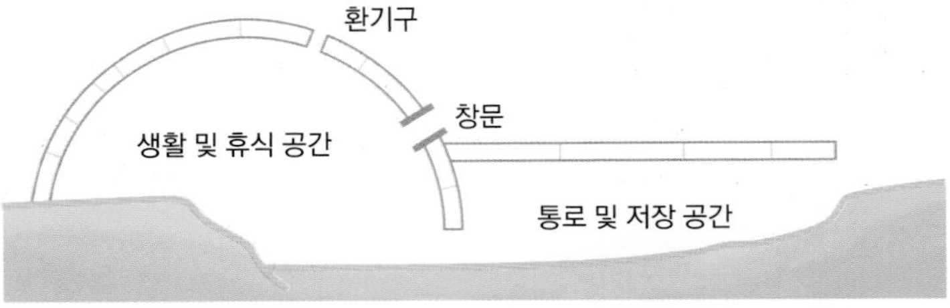

▲ 이글루의 구조

이글루 내의 실내 온도 높이기

이글루 안은 별다른 난방을 하지 않아도 영상 5℃ 정도의 기온을 유지한다. 눈 알갱이는 사이사이에 공기를 많이 지니고 있어 스타이로폼처럼 열이 빠져나가는 것을 방지하는 단열재로서의 역할을 하기 때문이다. 비슷한 원리로 겨울에 눈이 많이 오면 다음 해 보리 농사가 풍년이라는 말이 있는데, 밭이 눈으로 덮이면 보리 싹이 외부의 찬바람으로부터 보호되어 보다 따뜻한 겨울을 날 수 있기 때문이다.
또한, 추운 날이면 에스키모들은 이글루 내부 벽에 물을 뿌린다. 추운 날씨에서 물을 뿌리면 단번에 얼어버려 더 추워질 것 같지만 그렇지 않다. 물이 얼 때 자체의 열을 내보내는 발열 반응을 일으키기 때문이다. 따라서 물이 어는 동안 주위의 온도는 오히려 따뜻해진다.

흡열, 발열 반응

물을 뿌려 이글루 내부를 따뜻하게 만드는 방법은 물의 발열 반응을 이용한 것이다. 얼음이 녹을 때나 물이 수증기로 증발할 때 주위의 열을 흡수하고, 수증기가 물방울이 될 때나 물이 얼음으로 얼 때 열을 방출한다. 이것은 얼음보다 물이, 물보다 수증기가 더 많은 열에너지를 가지고 있기 때문이며, 반응 후 생성물이 반응 전의 반응물보다 에너지가 작다면 남은 에너지가 주위로 열에너지로 방출되게 되고, 이것을 발열 반응이라 한다.
반대로 반응 후 생성물이 반응 전의 반응물보다 에너지가 크다면 주위의 열에너지를 흡수하게 되고, 이것을 흡열 반응이라 한다.

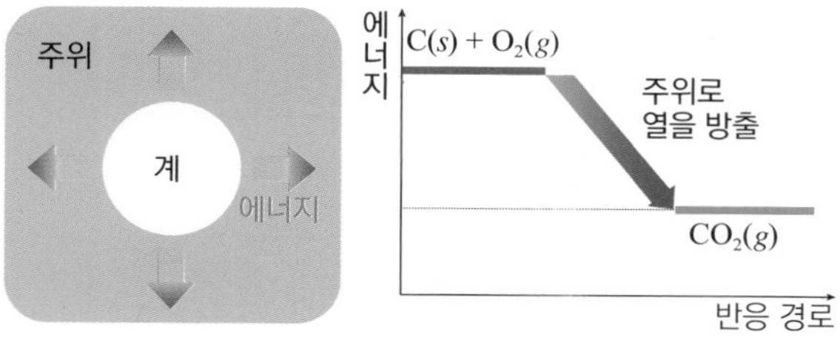

▲ 발열 반응에서 에너지 변화

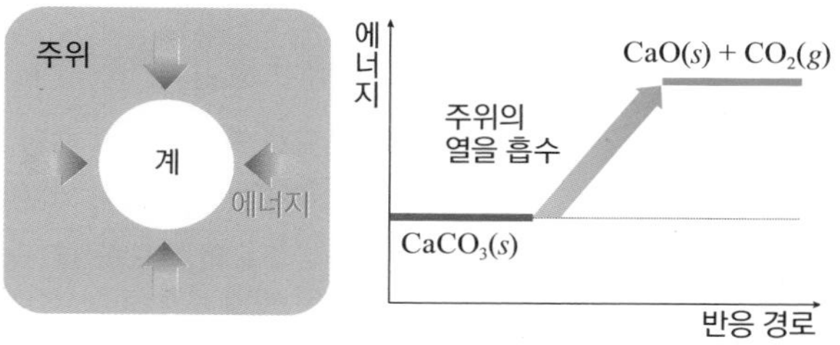

▲ 흡열 반응에서 에너지 변화

또 다른 흡열, 발열 반응의 이용

발열 반응의 다른 예는 겨울철에 체온 조절을 위해 사용하는 핫팩이 대표적이다. 핫팩에 쓰이는 재료는 여러 가지가 있는데, 흔들면 철가루가 공기 중 산소와 반응하여 산화 철이 되면서 열을 내는 고체형과, 불안정한 아세트산 나트륨의 과포화 용액을 똑딱이 금속으로 자극을 주어 고체로 응고시킴으로써 열을 방출하는 액체형이 있다. 액체형 핫팩의 고체 아세트산 나트륨은 뜨거운 물에 잘 녹으므로 재사용이 가능하다. 염화 칼슘에 물주머니가 있어 이를 터뜨려서 염화 칼슘이 물에 녹을 때 방출하는 열을 이용하기도 한다.

▲ 외부적 충격을 받았을 때 액체에서 고체로 변하면서 발열하는 액체형, 산소와 접촉했을 때 철이 산화하면서 발열하는 고체형 핫팩은 대표적인 발열 반응을 이용한 것이다.

흡열 반응의 예는 질산 암모늄이 물에 녹을 때 열을 흡수하는 것을 이용한 냉찜질용 주머니와 더운 여름날 마당에 물을 뿌리면 물이 증발하면서 주위의 열을 흡수하는 것, 아이스크림 포장에 드라이아이스를 넣어 녹지 않도록 막는 것, 냉장고와 에어콘의 냉매가 기화할 때 공기의 열을 빼앗아서 내부를 차갑게 만드는 것 등이 있다.

Q3 완성된 이글루 내부는 열린계, 닫힌계, 고립계 중 어디에 속하는지 그 이유와 함께 쓰시오.

Q4 고체형 핫팩은 철가루가 공기 중 산소와 반응하는 산화 과정에서 열을 낸다. 그렇다면 모든 산화 반응을 발열 반응이라 할 수 있을까? 예를 들어 서술하시오.

Ⅱ 물질의 특성

1 물질의 특성

1. 물질의 특성 : 물질이 가진 여러 가지 성질 중 다른 종류의 물질과 구별할 수 있는 고유한 성질로, 물질의 양에 관계없다. 물질의 특성에는 끓는점, 녹는점, 어는점, 밀도, 용해도, 겉보기 성질 등이 있고, 물질의 특성이 아닌 것에는 부피, 질량, 무게, 길이, 온도, 상태 변화, 농도 등이 있다.

밀도	단위 부피에 해당하는 물질의 질량 밀도 = $\frac{질량}{부피}$ (g/cm^3, $kg.m^3$ 등)
녹는점	고체가 액체로 변할 때의 온도
끓는점	액체가 그 내부에서 기포를 만들며 끓어 오를 때의 온도
비열(c)	물질 1 g 의 온도를 1℃ 높이는 데 필요한 열량 물의 비열 = 1 cal/g·℃ = 4.2 J/g·℃

2. 용해와 용액

① **용해** : 한 물질이 다른 물질에 균일하게 섞여 들어가는 현상이다.

② **용액** : 용해에 의해 생긴 균일한 혼합물이다.

포화 용액	일정한 온도에서 일정한 양의 용매에 용질이 최대한 녹은 용해 평형 상태의 용액이다. 용해 속도 = 석출 속도
불포화 용액	포화 용액보다 용질이 적게 녹아 있어 용질을 더 녹일 수 있는 용액이다. 용해 속도 > 석출 속도
과포화 용액	포화 용액보다 용질이 더 많이 녹아 있어 불안정한 상태의 용액이다.

③ **농도** : 용액의 진한 정도로 용액 속에서 용질이 차지하는 비율이다. 퍼센트 농도, 몰 농도, 몰랄 농도 등이 있다.

· **퍼센트 농도(%)** $= \frac{용질의\ 질량}{용액의\ 질량} \times 100 = \frac{용질의\ 질량}{(용매 + 용질)의\ 질량} \times 100$

· **몰 농도(M)** $= \frac{용질의\ 몰수(mol)}{용액의\ 부피(L)}$ (단위 : M 또는 mol/L)

· **몰랄 농도(m)** $= \frac{용질의\ 몰수(mol)}{용매의\ 질량(kg)}$ (단위 : m 또는 mol/kg)

3. 용해도 : 일정한 온도에서 일정량의 용매에 최대로 녹을 수 있는 용질의 g 수이다.

① **용해도 곡선** : 온도에 따른 용해도의 변화를 나타낸 그래프이다.

고체의 용해도	일반적으로 온도가 높을수록 증가하고($Ce_2(SO_4)_3$ 예외), 압력의 영향은 거의 받지 않는다.
기체의 용해도	온도가 낮을수록, 압력이 높을수록 증가한다. 기체의 종류에 따라 다르므로 온도와 압력을 반드시 표시한다.

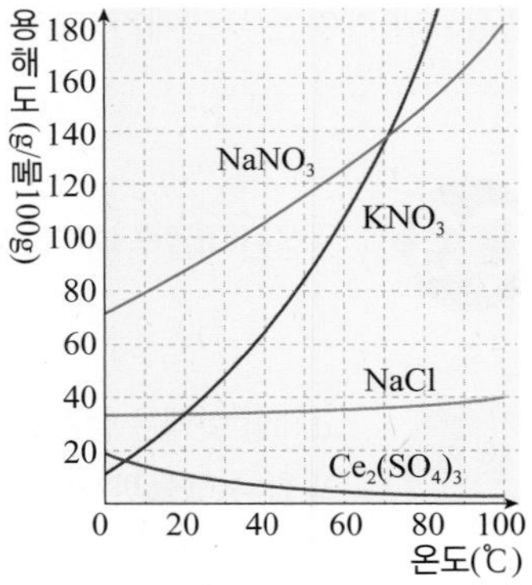

② **석출량 계산** : 온도 t_1에서 용해도가 a, 온도 t_2에서 용해도가 b일 때, 온도 t_2에서 포화 용액 w (g)의 온도를 t_1으로 낮추었을 때 석출되는 용질의 질량(x)을 구하면 다음과 같다.

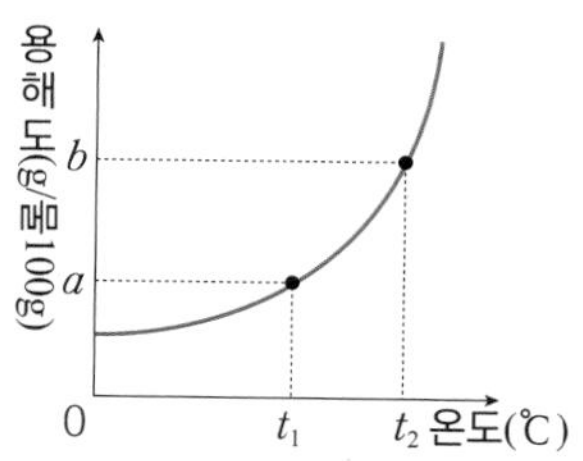

$$(100 + b) : (b - a) = w : x(\text{석출량}),\ x = \frac{(b - a)w}{100 + b}$$

4. 증기 압력

4. 증기 압력 : 일정한 온도에서 액체와 그 증기가 동적 평형 상태에 있을 때 증기가 나타내는 압력이다.

① **동적 평형 상태** : 액체의 증발 속도와 기체의 응축 속도가 같은 상태이다.

② **분자 간 인력과 증기 압력** : 분자 사이의 인력이 작을수록 증기 압력이 크다.

③ **온도와 증기 압력** : 온도가 높을수록 분자들의 평균 운동 에너지가 크므로 분자 간 인력이 약해져 증기 압력이 크다.

④ **끓는점과 증기 압력** : 액체의 온도가 증가하여 기화될 때 증기 압력이 증가하고, 증기 압력이 대기압과 같아지면 액체가 끓게되는 데 이때 온도가 끓는점이다.

⑤ **라울의 법칙** : 비휘발성, 비전해질 용질이 녹아 있는 묽은 용액의 증기 압력($P_{용액}$)는 순수한 용매의 증기 압력($P^\circ_{용매}$)과 용매의 몰 분율($X_{용매}$)의 곱과 같고, 용질의 종류와 무관하다.

$$P_{용액} = P^\circ_{용매} \times X_{용매} \quad (X_{용매} : \text{용매의 몰 분율})$$

5. 상평형 : 물질이 두 가지 이상의 상태를 가지도 동적 평형을 이루는 것을 말한다. 온도와 압력에 따른 물질의 세 가지 상을 나타낸 그래프를 상평형 그림이라고 한다.

① **융해 곡선** : 고체와 액체가 평형을 이루는 온도와 압력을 나타내는 곡선이다.

② **증기 압력 곡선** : 액체와 기체가 평형을 이루는 온도와 압력을 나타내는 곡선이다.

③ **승화 곡선** : 고체와 기체가 평형을 이루는 온도와 압력을 나타내는 곡선이다.

④ **삼중점** : 고체, 액체, 기체의 세 가지 상이 평형을 이루어 함께 존재하는 온도와 압력이다.

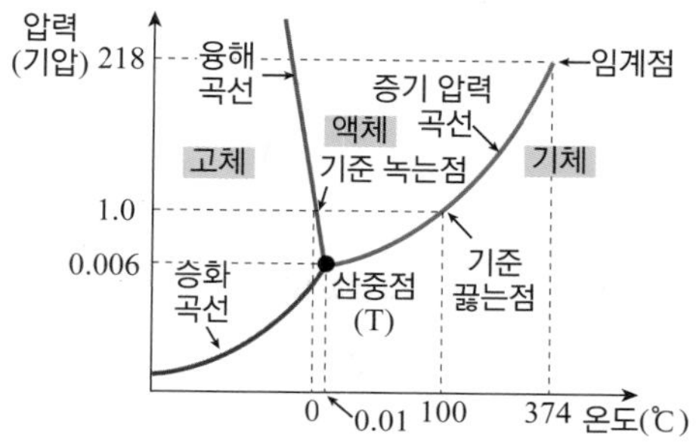

▲ **물의 상평형 그림** 물의 융해 곡선은 온도가 높아짐에 따라 압력이 낮아지지만 보통 물질의 융해 곡선은 온도가 높아짐에 따라 압력이 높아진다.

6. 끓는점 오름과 어는점 내림 : 용액의 증기 압력이 낮아지면 묽은 용액의 끓는점은 순수한 용매보다 높아지고, 어는점은 순수한 용매보다 낮아진다.

$$\text{끓는점 오름}(\Delta T_b) = K_b \times m,\ \text{어는점 내림}(\Delta T_f) = K_f \times m$$
$$(K_b : \text{몰랄 오름 상수},\ m : \text{용액의 몰랄 농도},\ K_f : \text{몰랄 내림 상수},\ m : \text{용액의 몰랄 농도})$$

7. 삼투압 : 삼투 현상이 일어날 때 반투막이 받는 압력이다.

① **삼투** : 반투막을 사이에 두고 진한 용액과 묽은 용액을 넣으면 묽은 용액의 용매 분자가 반투막을 통해 진한 용액 쪽으로 이동하는 현상이다.

② **반투막** : 물과 같은 작은 분자의 용매는 통과시키고, 설탕과 같은 큰 분자의 용질은 통과시키지 못하는 막이다.

$$\text{삼투압}(\pi) = CRT\ (C : \text{몰 농도},\ R : \text{기체 상수},\ T : \text{절대 온도})$$

정답 및 해설 52쪽

Q1 물이 들어 있는 유리 컵을 시원한 냉장고에 넣어 두었다가 꺼내서 식탁 위에 놓아두면 물 표면에 기포가 생기는 것을 볼 수 있다. 이러한 현상이 일어나는 이유를 용해도와 관련지어 설명하시오.

Q2 LPG를 사용하는 자동차는 겨울에 시동이 잘 걸리지 않을 때가 있다. 그 이유에 대해 설명하시오.

2 혼합물의 분리

1. 물질의 분류

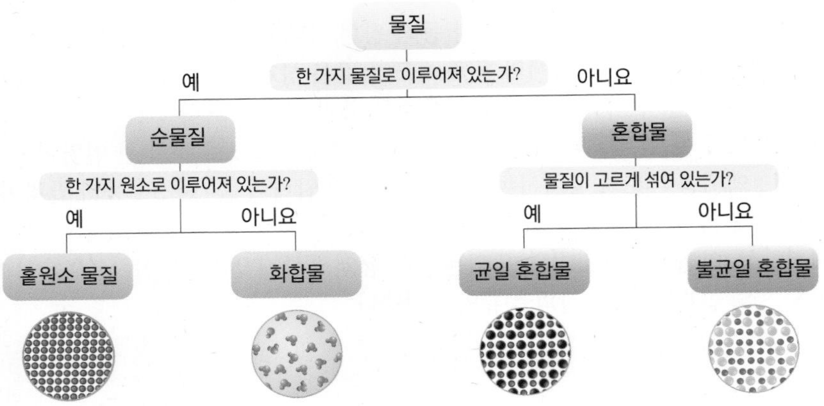

분류	순물질		혼합물	
	홑원소 물질	화합물	균일 혼합물	불균일 혼합물
정의	한 가지 원소로만 이루어진 물질	두 가지 이상의 원소가 결합하여 생성된 물질	두 종류 이상의 물질이 고르게 섞여있는 혼합물	두 종류 이상의 물질이 고르지 않게 섞여있는 물질
예	산소, 수소, 질소, 다이아몬드 등	물, 이산화 탄소, 염화 나트륨 등	설탕물, 바닷물, 식초, 공기 등	흙탕물, 과일주스, 암석, 우유 등
성질	· 물리적인 방법으로 분리할 수 없다. · 물질의 특성이 물질의 양에 관계없이 일정하다.		· 물리적인 방법으로 분리할 수 있다. · 성분 물질에 따라 물질의 특성이 달라진다. · 성분 물질의 성질을 그대로 가지고 있다.	

2. 혼합물의 분리

① 밀도 차이에 의한 혼합물의 분리

고체 혼합물의 분리	· 두 고체 밀도의 중간 밀도이고, 두 고체를 녹이지 않는 액체에 혼합물을 넣어 위에 뜬 것과 가라앉은 것을 분리한다. (예) 소금물에서 신선한 달걀 고르기, 소금물에서 볍씨와 쭉정이 고르기 등
액체 혼합물의 분리	· 서로 섞이지 않는 두 액체의 밀도가 다를 경우, 밀도가 큰 물질은 아래로 가라앉고 밀도가 작은 물질은 위에 뜬다. · 액체의 양이 적을 때 스포이트로 위층의 액체를 뽑아내고, 액체의 양이 많을 때 분별 깔때기로 콕을 열어 아래층의 액체를 분리한다. (예) 기름이 유출된 바다에 오일 펜스 설치하기, 원심 분리기로 우유 분리하기 등

② 입자 크기에 의한 혼합물의 분리

녹지 않는 고체 혼합물의 분리	액체에 녹지 않고 섞여 있는 고체를 체나 헝겊 등을 이용하여 분리한다.
액체 중에 앙금 상태로 있는 고체 혼합물의 분리	거름종이로 액체를 여과시켜 고체 혼합물만 분리한다.

정답 및 해설 52쪽

Q3 속이 찬 볍씨와 쭉정이를 소금물에 넣어 분리하였다. 이때 볍씨, 쭉정이, 소금물의 밀도를 부등호(>, <, =)로 비교하시오.

③ 용해도 차이에 의한 혼합물의 분리

용매의 성질 차이	고체 혼합물의 성분 물질 중 어느 한 가지 물질만 녹이는 용매에 혼합물을 넣어 한 가지 성분을 녹인 후 거름장치로 분리한다. 예 소금과 분필 가루의 분리(용매 : 물), 염화 나트륨과 나프탈렌의 분리(용매 : 물 또는 에탄올) 등	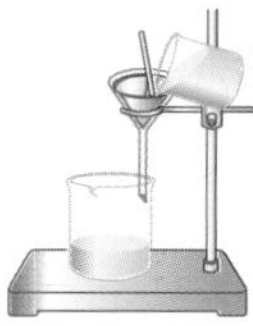
추출	고체나 액체의 혼합물에서 특정한 물질만 녹이는 용매를 사용하여 그 물질을 분리한다. 예 식초의 분리 (용매 : 에테르), 녹차 우려내기 (용매 : 물) 등	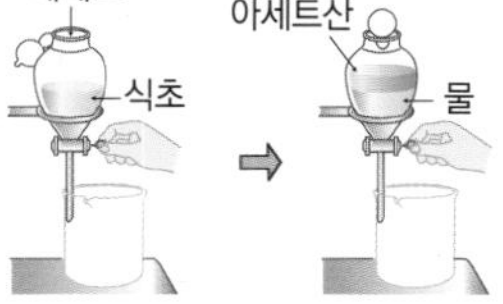
기체 혼합물의 분리	물에 잘 녹는 기체와 잘 녹지 않는 기체가 섞여 있는 혼합 기체를 물에 통과시켜 물에 잘 녹는 기체를 물에 녹여 두 기체를 분리한다. 예 빗물에 의한 오염 물질 제거, 암모니아가 섞인 공기를 물에 통과시켜 분리하기 등	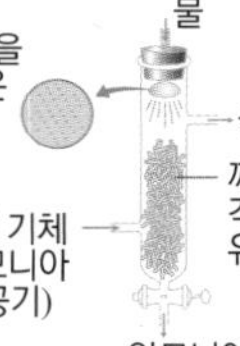
재결정	불순물이 들어 있는 결정을 높은 온도에서 녹이고, 그것을 서서히 냉각시켜 순수한 결정으로 석출시킨다. 이 과정을 여러번 반복하면 순도가 높은 결정을 얻을 수 있다. 예 천일염에서 정제된 소금 얻기, 불순물이 포함된 황산 구리(II)에서 순수한 황산 구리(II) 얻기 등	 ▲ 황산 구리(II)  ▲ 황산 구리(II) 결정
분별 결정	성분 물질의 용해도 차이가 큰 고체 혼합물을 분리한다. 이 과정으로 혼합물 각각의 성분을 모두 얻을 수 있다. 예 붕산과 염화 나트륨 분리하기, 질산 나트륨과 염화 칼륨 분리하기 등	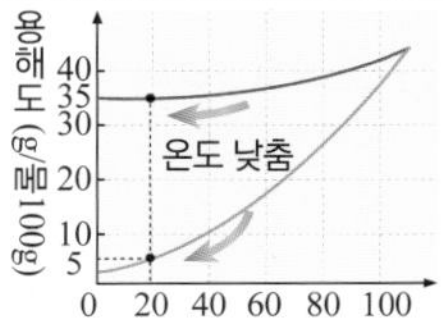

④ 끓는점 차이에 의한 혼합물의 분리

증류	끓는점 차이가 크고, 서로 잘 섞이는 액체 혼합물을 분리하거나, 고체가 녹아 있는 액체 혼합물에서 액체를 분리한다. 예 바닷물에서 식수 얻기, 탁한 술에서 맑은 술 얻기 등
분별 증류	단순 증류의 단점을 보완한 방법으로, 끓는점이 서로 다른 액체가 섞여 있을 때 혼합물을 가열하여 끓어 나오는 순서대로 액체를 받아 분리한다. 예 물과 에탄올의 혼합물 분리, 물과 아세톤의 혼합물 분리, 원유의 분리 등 

정답 및 해설 52쪽

Q4 옷에 기름때가 묻으면 벤젠으로 기름때를 지운다. 이 방법에 대해 설명하시오.

⑤ **크로마토그래피를 이용한 혼합물의 분리** : 크로마토그래피는 혼합물을 이루고 있는 성분들의 매질 내에서 이동 속도 차이를 이용하는 분리 방법이다.

<table>
<tr><td>종이 크로마토그래피</td><td>거름종이에 혼합물의 점을 찍고 용매를 흡수시키면 용매의 영향으로 성분 물질의 이동 속도에 차이가 생기기 때문에 성분이 분리된다.
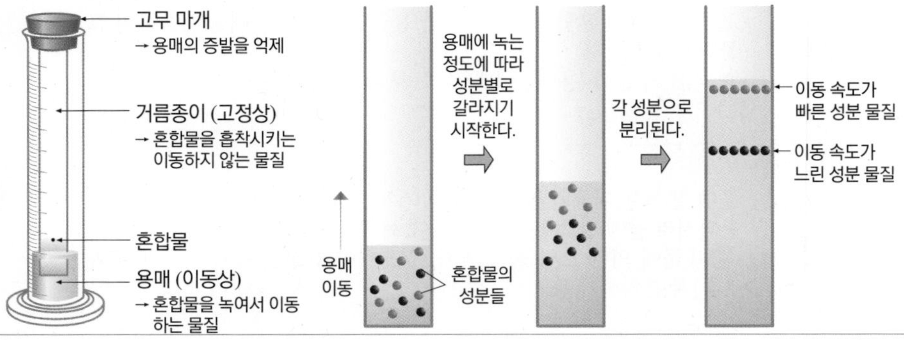
</td></tr>
<tr><td>관 크로마토그래피</td><td>관 속에 고정상으로 쓰일 물질을 채우고, 그 위에 혼합물과 함께 이동상을 흘려주면 고정상 사이로 혼합물과 이동상이 내려가게 된다.
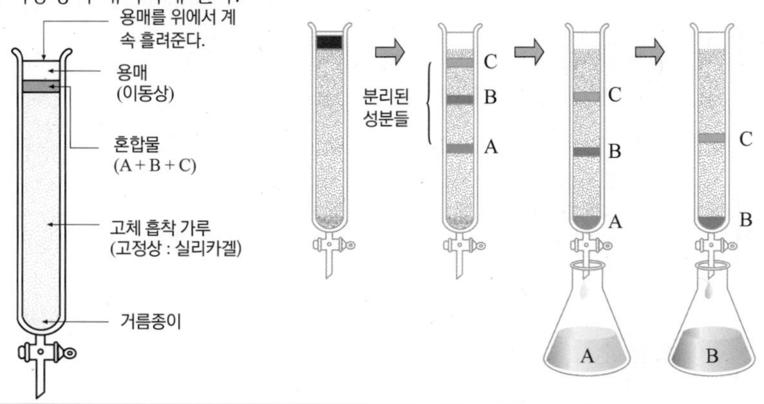
</td></tr>
</table>

정답 및 해설 52쪽

Q5 크로마토그래피에서 사인펜의 색소가 분리되는 원리가 무엇인지 아래의 단어를 포함하여 서술하시오.

고정상	이동상

Q6 그림은 각 트랙에서 선수들이 육상 장애물 경기를 하고 있는 모습니다. 이 장애물 경기와 크로마토그래피의 원리를 연관지어 유사점과 차이점을 쓰시오.

· 유사점 :

· 차이점 :

037 다음은 어떤 비휘발성 고체의 양을 달리하여 각각 물 100g에 녹인 용액 A, B, C를 나타낸 모형이다. 용액 A, B, C의 어는점을 부등호(>, <, =)로 비교하시오.

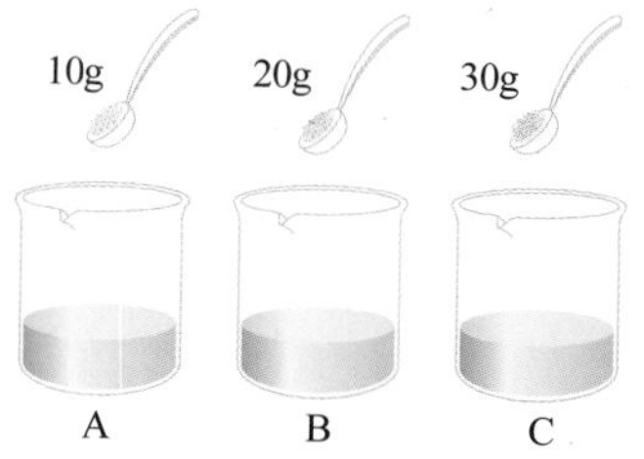

038 밀도가 0.7 g/cm^3 인 고체 A와 밀도가 2.5 g/cm^3 인 고체 B를 분리하려고 한다. 다음 중 A와 B를 분리할 때 사용할 수 없는 액체를 쓰시오. (단, 고체 A와 B는 모든 액체에 녹지 않는다.)

액체	수은	물	메탄올	사염화탄소
밀도 (g/cm^3)	13.6	1.0	0.79	1.6

039 플라스크에 반쯤 물을 채워 끓인 후 뒤집어 고정시켰더니 물이 더이상 끓지 않았다. 그림처럼 고정시킨 플라스크에 찬물을 부었을 때 플라스크 내부에서 나타나는 현상에 대한 원리를 서술하시오.

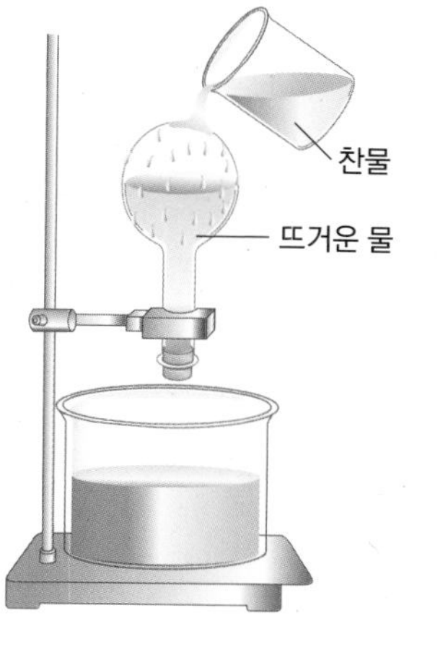

040 그림은 암모니아(NH_3)와 질산 납($Pb(NO_3)_2$)의 용해도 곡선을 나타낸 것이다. 다음 물음에 답하시오.

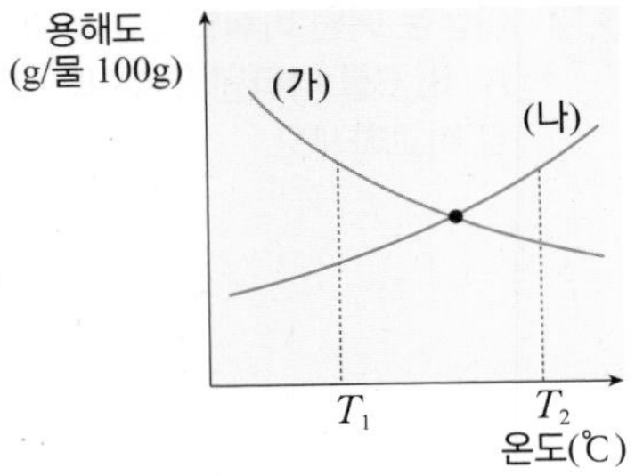

(1) (가)와 (나)는 각각 어떤 물질인지 쓰시오.

(2) 온도를 T_2에서 T_1으로 낮추었을 때, (가)와 (나)에서 일어나는 변화를 설명하시오. (단, T_2에서 용액은 포화 상태이다.)

041 겨울철에 차를 밖에 세워 두면 아침에 차창에 서리가 끼어 있는 것을 볼 수 있다. 시동을 걸고 히터를 틀면 차창에 낀 서리가 서서히 없어지게 되는데, 이때 나타나는 상태 변화를 모두 쓰시오.

042 그림은 어떤 고체 물질 X와 Y의 용해도 곡선을 나타낸 것이다. 80℃의 물 100 g에 X와 Y를 각각 40 g 씩 용해시킨 후 20℃로 냉각시켰다. 석출되는 X와 Y의 혼합물을 모두 녹이는 데 필요한 20℃ 물의 최소량은 몇 g 인지 구하시오.

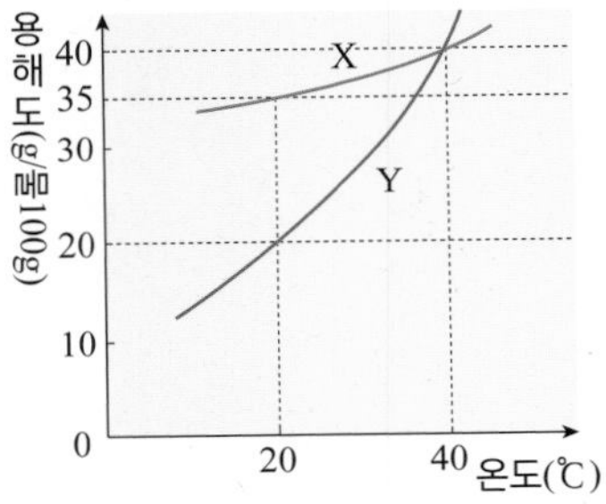

043 표는 온도 T_1과 T_2에서 용질 X의 포화 수용액 (가)와 (나)에 대한 자료이다. 같은 질량의 (가)와 (나)를 혼합한 용액의 온도를 T_3로 유지하였을 때, 녹아 있는 X와 석출된 X의 질량비는 3 : 2 이었다. T_3에서 X의 용해도(g/물 100g)를 구하시오.

포화 수용액	온도	X(s)의 용해도(g/물 100 g)
(가)	T_1	220
(나)	T_2	60

044 다음 플라스크 (가)는 20 ℃ 물 178.2 g 에 포도당 x (g) 녹인 포도당 수용액을 넣은 것이고, 플라스크 (나)는 20 ℃ 물 178.2 g 에 포도당을 18 g 을 녹인 수용액을 넣은 뒤 충분한 시간이 흐른 모습이다. h 가 0.5 mm 일 때, (가)에 녹아 있는 포도당의 질량은 얼마인지 구하시오. (단, 포도당은 비휘발성, 비전해질 물질이며, 포도당의 분자량은 180 이다. 물의 분자량은 18 이고, 20℃에서 물의 증기 압력은 17.6 mmHg 이다.)

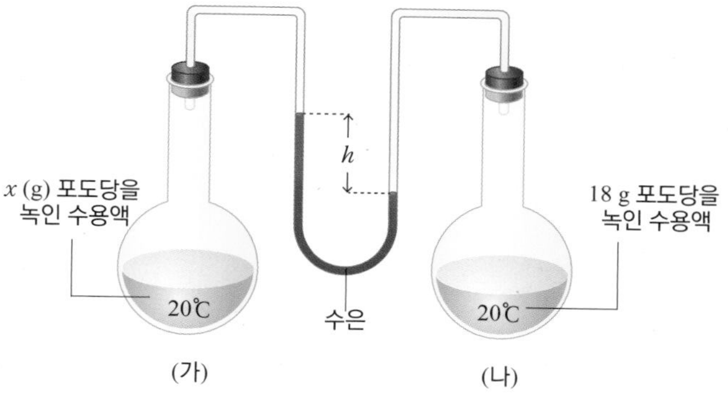

045 그림은 알코올을 용매로 한 크로마토그래피 실험을 나타낸 것이다. 그림에서 분리되지 않은 혼합물 B를 크로마토그래피를 이용하여 분리시키기 위한 적당한 방법을 쓰시오.

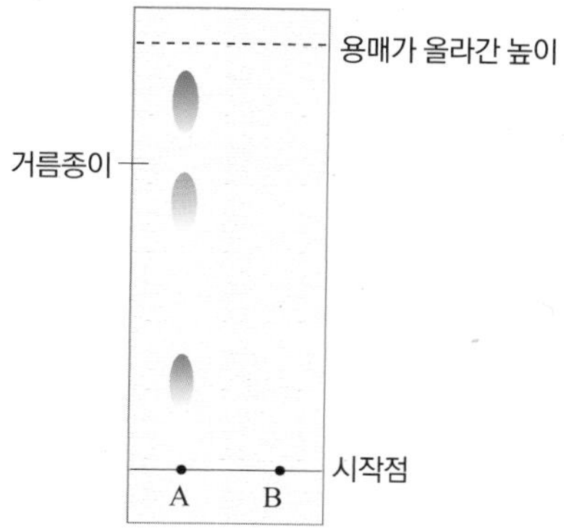

046 표는 여러 가지 액체의 특성을 나타낸 것이다. 물질 A와 B, A와 C를 분리하는 적당한 방법을 각각 쓰시오.

물질	끓는점 (℃)	어는점 (℃)	밀도 (g/cm^3)	용해성
A	100	0	1.00	C와 섞임
B	84	-50	0.79	A와 섞이지 않음
C	78	-117	0.79	A와 섞임

047 15%의 아세트산 수용액 200 mL 와 에테르를 분별 깔대기에 넣고 흔든 후 아세트산을 추출하려고 한다. 다음 물음에 답하시오. (단, 아세트산 수용액의 밀도는 1.0 g/mL 이고, 같은 양의 물과 에테르에 각각 녹는 아세트산의 질량비는 1 : 4 이다.)

[대회 기출 유형]

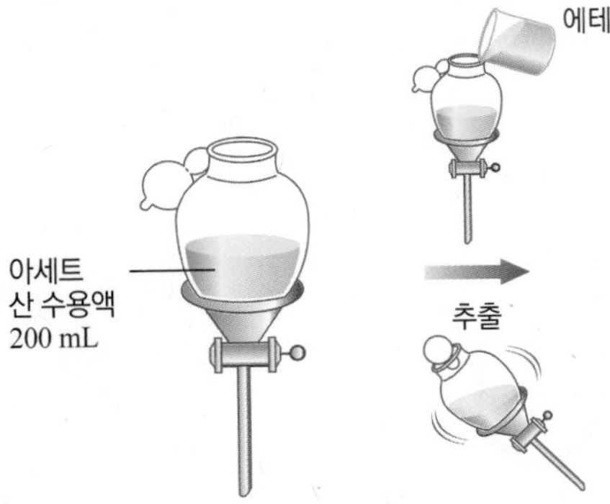

(1) 200 mL 의 아세트산 수용액에 녹아 있는 아세트산의 질량을 구하시오.

(2) 에테르 100 mL 를 이용해서 한 번 추출할 때 추출되는 아세트산의 질량을 구하시오.

(3) 에테르 50 mL 를 이용해서 두 번 추출할 때 추출되는 아세트산의 총 질량을 구하시오.

048 배가 침몰하여 무인도에 표류하게 되었을 때 마실 물이 없어 바닷물을 이용하여 물을 얻으려고 한다. 주어진 도구를 이용하여 마실 물을 얻을 수 있도록 실험 장치를 설계하시오.

정답 및 해설 54쪽

049 그림은 수산화 바륨의 용해도 곡선을 나타낸 것이다.

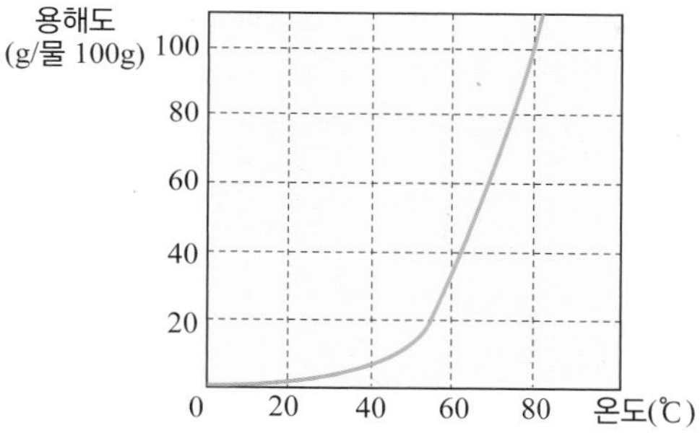

80℃의 물 100 g 에 수산화 바륨 85 g 을 녹이고 온도를 유지하면서 3시간 동안 방치하였다. 다음 물음에 답하시오.
(단, 용액의 물은 1시간 동안 전체 부피의 $\frac{1}{10}$만큼 증발한다고 가정한다.)

(1) 3시간이 지난 후 용액의 퍼센트 농도와 몰랄 농도를 구하시오. (단, 수산화 바륨의 분자량은 154이고, 1 g 은 1 mL 와 같다.)

(2) 3시간이 지난 후 수산화 바륨의 석출량을 구하시오.

050 차가운 술을 좋아하는 사람들을 위해 한 동안 냉동실에 소주와 맥주를 넣었다가 꺼내었더니 맥주는 얼어서 병이 깨졌고, 소주는 차가워졌지만 얼지는 않았다. 다음 물음에 답하시오.

(1) 소주와 맥주 둘 다 냉동실에 넣었는데 맥주만 언 이유를 설명하시오.

(2) 냉동실에서 반만 얼린 맥주를 마실 경우와 냉장고에 보관된 차가운 맥주를 마실 경우 어떤 경우가 먼저 취할지 그 이유와 함께 서술하시오.

(3) 전기도 물도 없는 곳에 소금이 섞인 얼음과 술만 있다고 가정할 때, 순수한 물을 마실 수 있는 방법을 생각하여 설명하시오.

051 다음은 외부 압력에 따른 물의 끓는점을 알아보는 실험이다. 다음 물음에 답하시오.

· 과정 (가) : 그림과 같이 둥근바닥 플라스크에 물을 넣고 끓인다.
· 과정 (나) : 알코올 램프를 제거한 후, 끓어 오르는 기포가 보이지 않을 때 고무마개로 막는다.
· 과정 (다) : 둥근바닥 플라스크를 뒤집은 후 찬물을 붓는다.

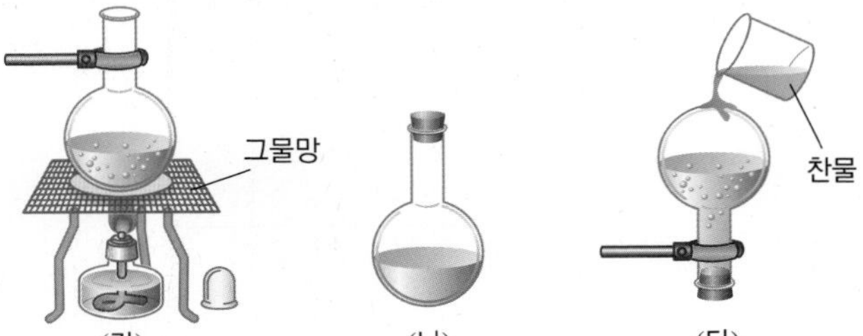

(1) 과정 (다)에서 플라스크 안의 물이 어떻게 변화하는지 그 이유와 함께 서술하시오.

(2) (가) ~ (다) 플라스크 안의 압력을 부등호(>, <, =)로 비교하시오.

052 그림은 산소의 압력에 따른 용해도를 나타낸 것이다.

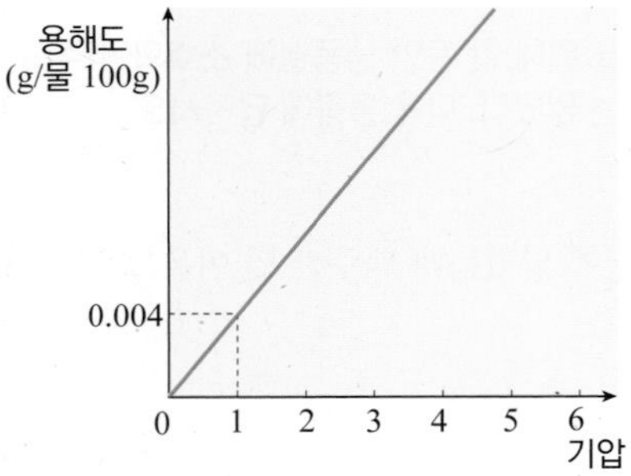

다음 <조건>을 가정으로 체중 60 kg 인 사람이 산소 탱크를 매고 수심 30 m 에서 갑자기 수면으로 올라왔을 때 혈액에 녹아 있던 산소 중 기포로 빠져 나오는 산소의 양이 얼마인지 계산하시오.

· 수심이 10 m 씩 깊어질 때마다 수압은 1 기압씩 증가한다.
· 혈액 속에 들어 있는 물의 질량은 체중의 4%이다.
· 혈액에는 산소만 녹아 있다.
· 수면에서는 1 기압이고, 온도에 따른 용해도 변화는 무시한다.

정답 및 해설 55쪽

053 다음은 와인을 디캔팅(decanting)하는 모습이다. 디캔팅이란 와인에 들어 있는 침전물을 없애기 위해 와인 병을 얼마 동안 가만히 놓아둔 후, 다른 깨끗한 용기인 디캔더(decanter)에 침전물 없이 깨끗한 액체만 옮겨 따르는 과정이다.

디캔딩을 제외하고, 와인에서 깨끗한 액체만 분리해내는 방법을 2 가지 이상 서술하시오

054 다음은 20℃, 1 기압에서 몇 가지 기체의 물리적 성질을 나타낸 것이다.

물질	수소	암모니아	염화 수소
밀도(g/mL)	0.0001	0.0007	0.0016
용해도	0.00016	53.3	72.0

(1) 20℃, 1 기압에서 공기의 밀도는 0.0012 g/mL 이고, 물에 대한 용해도는 0.0024 이다. 공기로 채워진 방 안에 위의 기체들이 흘러 들어갈 때, 천장 쪽으로 올라가는 기체와 바닥 쪽으로 내려가는 기체로 구분하고, 그 이유를 각각 쓰시오.

(2) 암모니아와 염화 수소는 인체에 유독한 기체이다. 밀폐된 실험실 안에 많은 양의 암모니아나 염화 수소가 흘러 들어 올 때, 이들 기체에 대한 피해를 최소화하기 위해 실험실에서 취할 수 있는 방법을 쓰시오. (단, 실험실을 환기시키는 방법은 제외하고, 두 기체 모두에 이용할 수 있는 방법이어야 한다.)

(3) 물에 젖은 손끝에서 떨어지는 물 한 방울의 질량은 약 0.05 g 이다. 이 한 방울의 물에 최대한으로 녹아 들어가는 염화 수소의 질량과 부피를 구하시오.

055 그림과 같이 물 1 L 가 들어 있는 통에 2.24 L 의 이산화 탄소(CO_2) 기체가 들어 있는 실린더를 연결하고 0℃, 1 기압에서 콕을 열었더니 2.24 mL 의 이산화 탄소 기체가 녹아들어 갔다. (단, 이산화 탄소의 분자량은 44이다.)

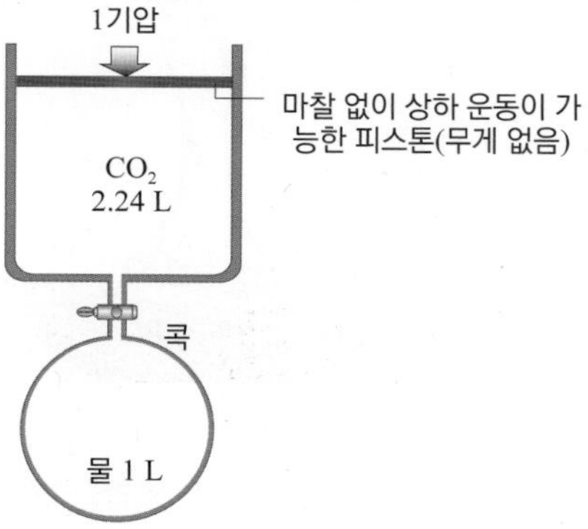

(1) 0℃, 1 기압에서 이산화 탄소 기체의 용해도(g/L)를 구하시오.

(2) 0℃에서 이산화 탄소의 압력을 두 배로 한 다음 콕을 열었을 때, 용해된 이산화 탄소 기체의 부피를 구하시오.

056 다음은 얇은 막 크로마토그래피(Thin Layer Chromatography, TLC)에 관련된 내용이다. 옳지 않은 것을 고르고, 그 이유를 설명하시오.

[대회 기출 유형]

① 분리하고자 하는 혼합물을 녹일 수 없는 용매를 선택한다.
② 분리하려고 하는 혼합물을 될 수 있는 한 큰 점으로 찍어야 한다.
③ 크로마토그래피가 완결될 때는 용매가 얇은 막 끝까지 올라갔을 때로 한다.
④ 찍은 점은 용기 안에 담겨 있는 용매에 잠기지 않도록 한다.
⑤ 용매가 담긴 통은 용매가 조금씩 증발할 수 있도록 구멍을 뚫어야 좋은 결과를 얻을 수 있다.

057 다음은 NaCl 과 H_3BO_3 중 어느 것이 물에 더 많이 녹는지 알아보기 위해 다음과 같이 실험하였다.

(가) 크기가 같은 두 개의 비커 A와 B에 같은 양의 물을 넣는다.
(나) A에는 NaCl 을, B에는 H_3BO_3 를 조금씩 넣고 저어주면서 더 이상 녹지 않을 때까지 넣어 녹인다.
(다) 더 이상 녹일 수 없을 때 양쪽 용액의 부피를 측정하여 비교한다.

실험 결과 A 비커에 들어 있는 용액의 부피가 B 비커에 들어 있는 용액의 부피보다 40 mL 작았다. 이 결과를 보고 다음과 같이 분석하였다.

물의 밀도는 1 g/cm^2 이므로 40 mL 는 40 g 이다. 따라서 H_3BO_3 가 NaCl 보다 40 g 더 많이 녹았다.

분석한 내용 중 틀린 부분을 찾고, 옳게 고치시오.

058 그림과 같이 W 모양의 관에 수은과 기체 X 120 mL 가 들어 있다. 다음 물음에 답하시오. (단, W 관의 단면적은 일정하고, W 관 끝은 대기와 통하고 있으며, 대기압은 760 mmHg 이다.)

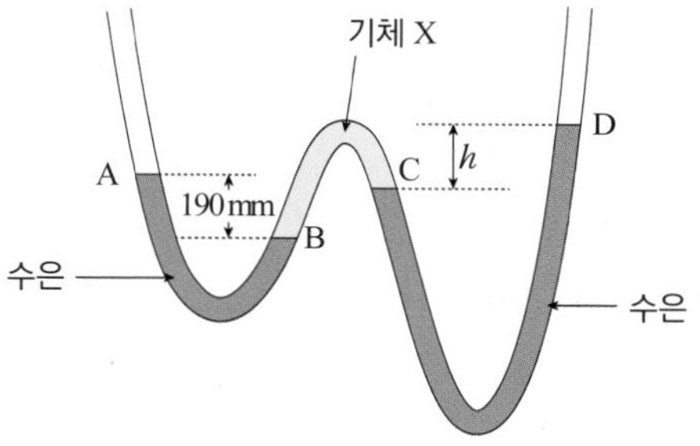

(1) C와 D의 높이차(h)를 구하시오.

(2) W 모양의 관에 들어 있는 기체 X의 압력을 구하시오.

(3) A 쪽에 수은을 더 넣어 A와 B의 높이차가 380 mm 이 되었을 때, 기체의 부피를 구하시오.

059 무한이는 다음 4개의 실험을 각각 2 가지 방법으로 하려고 한다. 방법을 적고, 예상되는 결과와 사용된 원리를 간단히 설명하시오.

[한국과학영재고 기출 유형]

1. 해수의 염분 측정
2. 해수 담수화
3. 미지의 용액을 순수한 물인지 바닷물인지 구별하는 실험
4. 미지의 시료를 염화 나트륨인지 질산 칼륨인지 구별하는 실험

060 그림은 에탄올과 메탄올이 섞여 있는 용액을 각 성분으로 분리하기 위해 꾸민 장치의 일부를 나타낸 것이다.

[경기과학고 기출 유형]

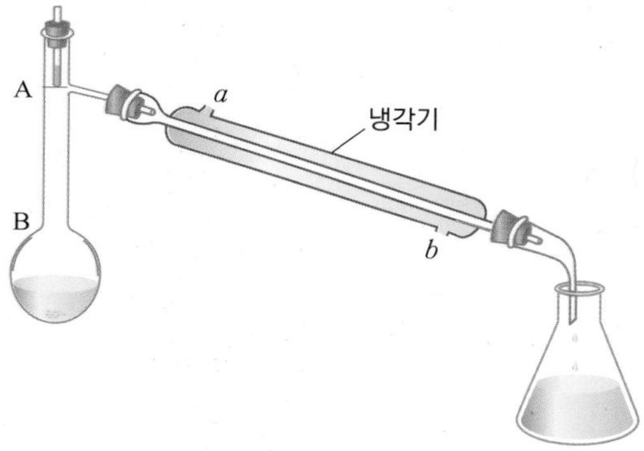

(1) AB의 길이 변화가 용액을 분리하는데 미치는 영향을 설명하시오.

(2) 냉각기에서 냉각수가 흐르는 방향을 말하고, 그 이유를 설명하시오.

정답 및 해설 56쪽

061 25℃, 1기압에서 [그림 1]과 같이 냄비에 물을 채우고, 냄비의 중앙에 투명한 그릇을 엎어두었다. 그릇 내부의 수면 높이는 그릇 외부의 수면 높이와 같다. 이 상태에서 뚜껑을 덮고 ㉠ 냄비를 가열하였다. 시간이 지난 후 ㉡ 물이 끓기 시작하면서 그릇이 들썩거리는 것이 관찰되었다.

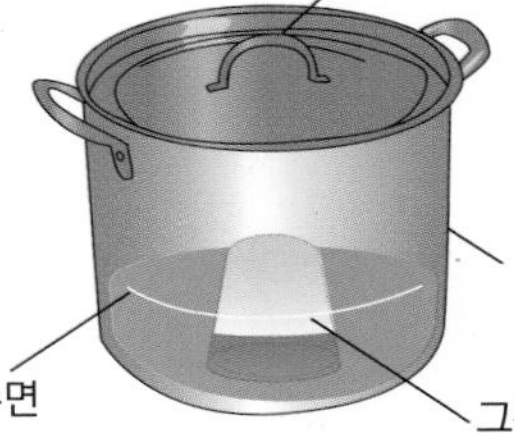

[그림 1]

[그림 2]

물을 더 끓도록 놓아둔 후에 가열을 중지하였더니 잠시 후 그릇이 들썩거리는 것이 멈추었다. 이후 냄비 뚜껑을 열었더니, [그림 2]와 같이 ㉢ 그릇 외부의 물이 그릇 안으로 빨려 들어가며 그릇 안이 물로 가득 찼다.

[서울과학고 기출 유형]

(1) ㉡, ㉢ 단계에서 그릇의 외부와 내부에 어떤 일이 일어나는지를 설명하시오. (㉠의 서술을 참고하되, 겉으로 보이는 현상의 원인을 포함하여 설명할 것)

단계	그릇 외부	그릇 내부
㉠	물의 온도가 상승함에 따라 증발이 더 활발하게 일어난다. 그릇 외부의 수증기량이 점점 증가하지만 냄비에서 기체가 계속 새어나가 압력은 거의 일정하다.	물의 온도가 상승함에 따라 증발이 더 활발하게 일어나고 그릇 내부의 수증기량이 점점 증가하면서 압력이 증가한다. 그릇 외부와의 압력 차이에 의해 내부의 물이 외부로 조금씩 밀려난다.
㉡		
㉢		

(2) ㉢ 단계에서 나타난 현상과 동일한 원리로 설명할 수 있는 다른 실험 한 가지를 제시하고, 위 현상과의 공통점을 설명하시오.

기출 Check

062 그림은 드라이아이스가 승화되는 모습이다. 다음 물음에 답하시오.

[한국과학영재고 기출 유형]

(1) 드라이아이스 주변의 흰 연기가 드라이아이스라는 주장이 있다. 이 주장이 옳은지 않은지를 과학적 논거를 제시하여 설명하시오.

(2) 드라이아이스는 공기 중에서 쉽게 승화하고 부피도 부정확하기 때문에 밀도를 측정하는 것이 어렵다. 드라이아이스의 밀도를 정확하게 측정하기 위한 실험을 설계하시오.

(3) 밀도가 1.6 g/mL 인 드라이아이스 0.4 g 이 승화하여 부피가 250 mL 인 CO_2 기체가 되었다.

① 드라이아이스의 부피는 몇 배로 증가하였는가?

② 드라이아이스에서 승화 후 분자 간 거리가 얼마 증가하였는가?

063 NaCl, CH_3COOH, KNO_3, Na_2SO_4 수용액이 4개의 비커에 각각 담겨 있다. 네 개의 비커에 오른쪽 (가) ~ (다) 의 실험을 순서대로 실시하여 각 수용액이 그림처럼 분류될 수 있도록 (가), (나), (다) 에 알맞은 실험 방법을 쓰시오.

[2021~23 기출 유형]

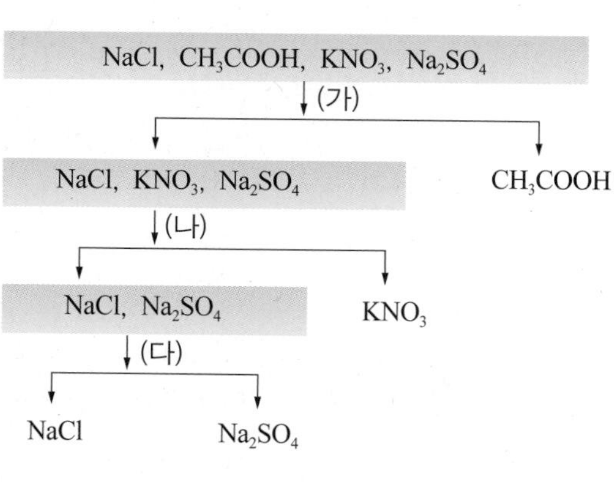

정답 및 해설 57쪽

064 다음 물음에 답하시오.

[한국과학영재고 기출 유형]

(1) 참외를 깎아 그 껍질을 물이 있는 싱크대에 올려놓았을 때와 책상 위에 얹어두었을 때 나타나는 현상을 그림으로 나타낸 것이다.

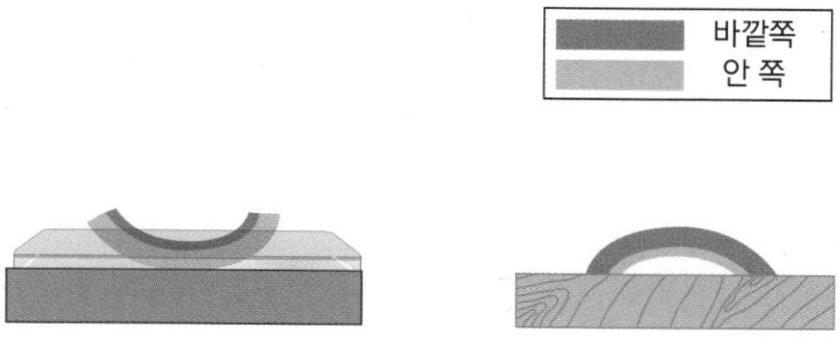

이런 현상이 나타나는 이유는 무엇인지 설명하시오.

(2) 사과 껍질을 깎아 공기 중에 오래 놓아두면 산화효소(폴리페놀 산화효소)에 의해 페놀계 물질이 산소와 결합라여 산화되고 색깔이 변한다. 그러나 껍질을 깎은 뒤 소금물에 담궈 두었다가 공기 중에 놓아두면 갈변 현상이 일어나지 않는다. 이러한 현상이 나타나는 이유를 2 가지 가설을 세워 설명하시오.

(3) 연어는 주로 서식하는 곳이 해수이지만, 산란기가 되면 자신이 태어난 강으로 거슬러 올라가 담수에서 알을 낳는다. 즉, 연어는 담수와 해수의 환경의 변화에 대하여 자신의 체액을 적정하게 조절하지 않으면 살아 남을 수 없게 된다. 이렇게 연어는 서식환경의 차이가 생기면, 환경의 변화로부터 체내의 환경을 일정하게 유지하려고 하는 항상성을 가지게 된다. 그렇다면, 연어가 담수 또는 해수에서 체액의 농도를 일정하게 유지하는 방법을 설명하시오.

065 아람이는 어떤 액체의 정확한 밀도를 측정하기 위해 영점 조정된 양팔저울과 분동, 그리고 비커와 눈금실린더를 사용하여 실험을 하였다. 다음은 실험 과정을 순서 없이 나열한 것이다. 실험 과정의 올바른 순서를 기호로 답하시오.

[한국과학영재고 기출 유형]

[실험 과정]
A. 양팔저울과 분동을 사용하여 빈 비커의 질량을 정확히 측정한다.
B. 비커에 적당량의 액체 시료를 넣은 다음 양팔저울과 분동을 사용하여 정확한 전체 질량을 측정한다.
C. 비커의 액체 시료를 눈금실린더에 붓고, 눈금실린더의 정확한 눈금을 읽어 액체 시료의 부피를 측정한다.

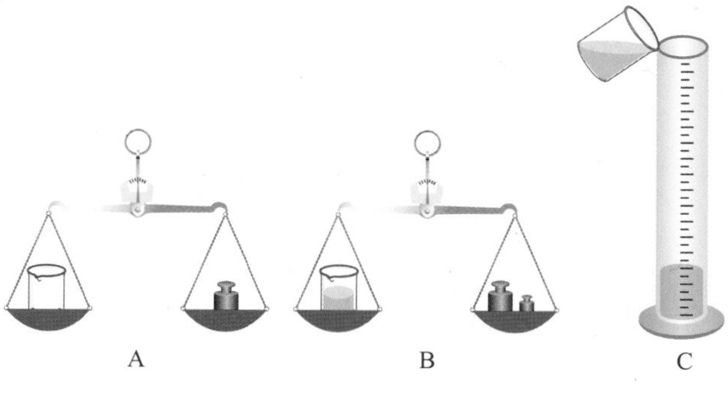

기출 Check

066 어떤 두 가지 액체 A, B가 다음 표와 같은 성질을 가지고 있다. 다음 물음에 답하시오.

[전남과학고 기출 유형]

구분	어는점(℃)	끓는점(℃)	밀도(g/cm^3)	용해성
A	0	100	1.0	A, B는 서로 잘 섞임
B	-117	79	0.79	

(1) 이 두 가지 액체가 섞여 있을 때, 두 액체 혼합물을 분리하는 가장 적절한 방법을 쓰시오.

(2) (1)과 같이 생각한 이유를 설명하시오.

067 그림은 용해도 곡선을 나타낸 것이다. 다음 물음에 답하시오.

[전남과학고 기출 유형]

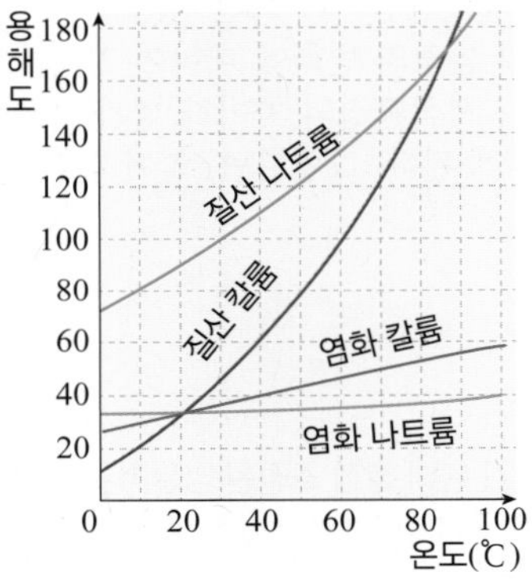

(1) 다음 (　　　　) 안에 들어갈 알맞은 말을 쓰시오.

용해도란 (　　　　) 100 g 속에 최대로 녹을 수 있는 용질의 g 수를 말한다.

(2) 60℃의 질산 칼륨 포화 용액의 % 농도를 구하시오.

(3) 60℃ 질산 칼륨 포화 용액 100 g 을 40℃로 냉각시키면 석출되는 질산 칼륨의 질량을 구하시오.

(4) 용액의 % 농도를 알고 있다. 이 용액의 몰 농도를 계산하기 위해서 꼭 필요한 것을 쓰시오. (단, 몰 농도의 단위는 mol/L이다.)

정답 및 해설 58쪽

068 다음은 유리관 안에 수은을 가득 채운 상태에서 수은이 들어 있는 수조에 유리관을 뒤집었더니 그림과 같이 유리관 속 수은 기둥의 높이가 내려간 결과이다. 그 후 피스톤을 이용하여 물을 넣으려고 한다. 다음 물음에 답하시오.

[경기북과고 기출 유형]

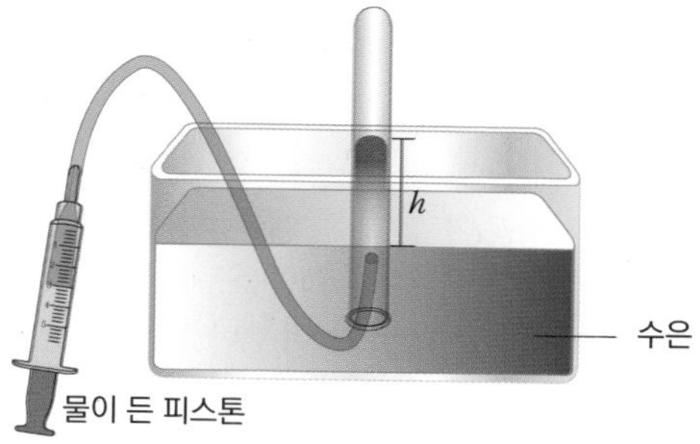

(1) 물을 소량 넣을 때 유리관 속 변화를 쓰고, 그 이유를 설명하시오.

(2) 물을 넣었을 때 h의 변화를 설명하시오.

(3) 위의 실험을 바탕으로 포화 수증기량을 구할 수 있는 실험을 설계하시오. (단, 실험실의 온도는 조절할 수 있다고 가정한다.)

069 몇 가지 물질을 물에 녹여 수용액을 만들어 분류하기 위한 과정을 나타낸 모식도이다.

[2021~23 기출 유형]

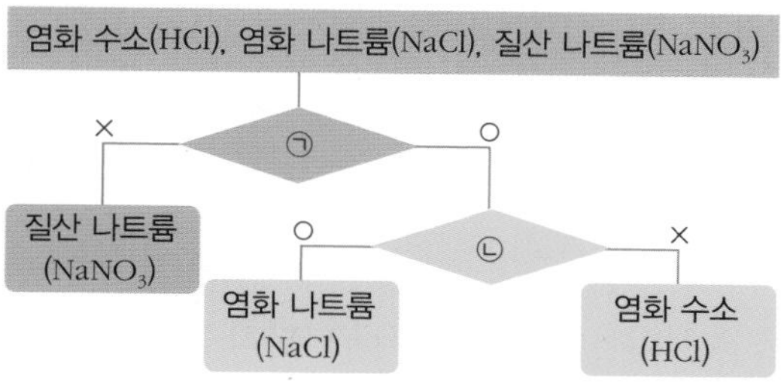

위 모식도의 ㉠과 ㉡에 들어갈 알맞은 말을 써 보고, 근거를 설명하시오.

크로마토그래피의 역사

주제 I

20세기 초기에 과학자들은 생물의 조직을 연구하는데 큰 어려움을 겪고 있었다. 생물의 조직은 엄청난 수의 혼합물들에 의해 구성되어 있고, 혼합물을 구성하는 물질들의 성질이 너무나 비슷해서 따로 분리하여 연구한다는 것이 거의 불가능하였기 때문이다.

예를 들어, 식물의 색을 나타내는 물질들은 한 가지가 아니라 비슷한 색상의 물질들로 이루어져 있는데 이것들이 따로 분리하여 성질을 알아낸다는 것은 어려운 일이 아닐 수 없었다. 이에 대한 해결책을 제시한 사람이 러시아 식물학자 미하일 츠베트(Mihail Tswett)이다.

▲ 미하일 츠베트(Mihail Tswett)

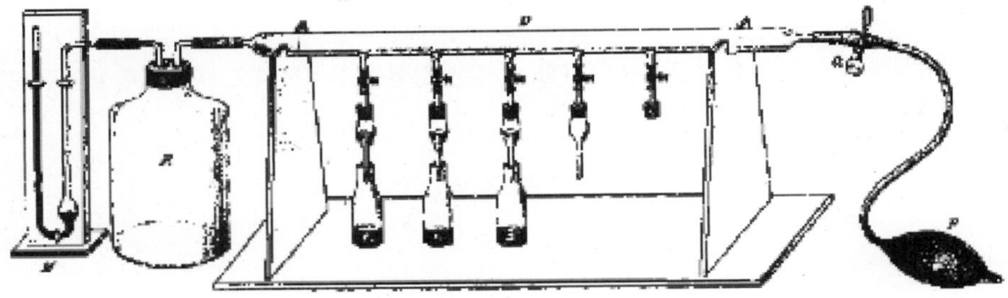

▲ 츠베트가 사용한 색소 분리 실험 기구

츠베트는 다음과 같은 방법으로 색소를 분리하였다.

① 녹색 잎을 빻아 에테르에 녹인 다음 석회석 가루를 빽빽하게 채운 유리관 속에 그 용액을 통과시킨다.

② 용매인 에테르는 흘러내려 갔으나 색소는 석회석 미립자에 단단하게 달라붙어 뒤에 남게 되었다.

③ 계속해서 에테르를 통에 부었더니 색소가 서서히 씻겨 내려갔다.

▲ 츠베트의 실험에 의해 나타난 분리 띠

④ 혼합물 중에서 분리된 각 화합물은 석회석 입자에 얼마나 단단히 붙어 있느냐와 에테르에 얼마나 잘 녹느냐에 따라 약간씩 다른 속도로 씻겨 내려가 빨강, 오렌지, 혹은 황색 등의 분리띠(band)가 나타났다. 각 분리 띠는 하나의 특정 색소를 함유한다.

츠베트는 이 기술을 "크로마토그래피(Chromatography)"라고 불렀는데, '색을 기록한다'라는 의미로 희랍어인 Chroma (color : 색)와 Graphein (write : 기록)가 합쳐진 말로, 혼합물에 관한 정보를 모든 사람이 볼 수 있도록 석회석 원통에 색상으로 기록되기 때문이다.

정답 및 해설 58쪽

그러나 아무도 가난한 러시아 과학자의 말에 귀기울이지 않았기 때문에 미하일 츠베트의 발명이 과학자들에게 인정되기까지 25년이나 걸렸다. 하지만, 오늘날 크로마토그래피는 생화학 등의 분야에서 가장 중요한 분리 방법의 하나로 발전하였다.

▲ Archer John Porter Martin

▲ Richard Laurence Millington Synge

1940년대에 종이를 이용한 크로마토그래피(paper chromatography)를 선보인 아처 마틴(영국)과 리처드 싱(영국)은 분배 크로마토그래피(종이 크로마토그래피가 분배 크로마토그래피의 한 종류)를 발전시킨 공으로 1952년 노벨 화학상을 수상하였고 이후 마틴 등은 가스 크로마토그래피도 개발하였다.

▲ 1950년대에 사용한 크로마토그래피

Q1 미하일 츠베트가 식물의 색을 나타내는 물질들을 분리할 때 왜 크로마토그래피를 사용해야 했을까?

Q2 우리 주위에서 크로마토그래피 기법을 이용하는 것을 찾아보자.

마의 삼각지대 - 버뮤다 삼각지대

주제 II

버뮤다 삼각 지대의 진실은 무엇일까?

버뮤다 삼각지대는 1492년 콜롬버스가 아메리카 신대륙을 발견한 때부터 많은 선박과 항공기들이 감쪽같이 사라졌다는 기록이 남아있을 만큼 악명이 높은 해역이다. 버뮤다를 정점으로, 플로리다와 푸에르토리코를 잇는 선을 밑변으로 하는 3각형의 해역에서는 비행기와 배의 사고가 자주 일어났는데, 시체나 배·비행기의 파편도 발견되지 않는 경우가 많아 '마(魔)의 바다'라고 불리운다.

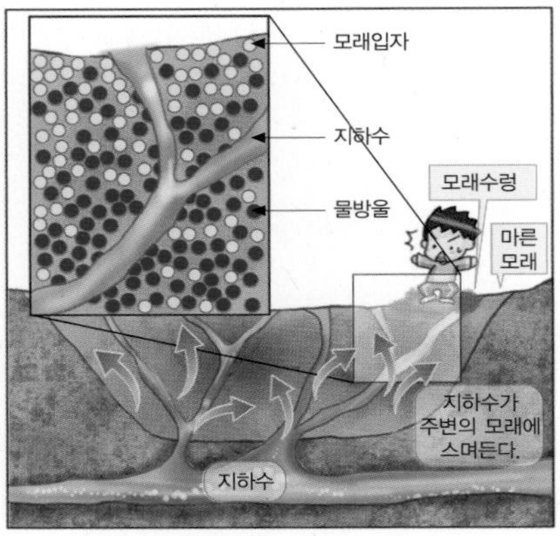

◀ 버뮤다 삼각지대

마의 바다라고 불릴 정도로 세계의 불가사의 중 하나로 손꼽히는 이 해역은 수많은 사람들의 호기심을 자극했다. 또한, 이 해역에서 발생하는 일들의 원인을 찾기 위한 과학적인 노력도 이어졌다. 그 중 메테인 층에 의한 현상이라는 가설이 많은 지지를 받았다.

1998년 지구의 구조와 진화를 밝혀내기 위해 전세계 과학자들과 연구기관이 모여 심해굴착계획(Ocean Drilling Program, ODP)사업에 착수했는데, 버뮤다 심해저에 메테인 하이드레이트 층이 존재한다는 것이 밝혀졌다. 이 사업에 참가했던 미국 석유화학회사 엑슨모빌의 리처드 맥클버 박사는 이 지역의 메테인 하이드레이트 층이 갑자기 붕괴된다면 가스가 포함된 저밀도의 진흙이 분출되어 엄청난 위력을 발휘할 수 있다고 설명했다.

그리고 2010년에 호주의 조세프 모니건 교수에 의해 버뮤다 미스테리의 베일이 벗겨졌다. 조세프 모니건 교수가 버뮤다 삼각지대의 선박·항공기 실종 원인은 메테인 가스로 인한 자연 현상 때문이라는 논문을 발표한 것이다. 모니건 교수는 해저의 갈라진 틈에서 거대한 메테인 거품이 대량으로 발생한다면, 수면으로 상승하면서 사방으로 팽창하는 거대한 메테인 거품이 생길 것이라고 주장하였다. 어떠한 선박이라도 이 메테인 거품에 붙잡히면 즉시 부력을 잃고 바다 밑으로 가라앉는다. 선박이 바다에 떠 있을 수 있는 이유는 선박의 무게보다 물에 뜨려는 힘인 '부력'이 더 크기 때문이다. 따라서 메테인 거품에 의해 부력을 잃게 된다면, 선박은 그 무게를 이기지 못하고 그대로 침몰하게 된다.

또한 거품의 크기와 밀도가 충분히 크다면, 엄청난 양의 메테인 가스가 발생해 하늘에 떠 있는 항공기를 순식간에 덮칠 수 있다. 선박이나 항공기가 실종되는 원인은 밝혀졌지만 메테인 거품의 발생 시기나 빈도를 예측하는 것은 아직까지 연구 과제로 남아 있다. (※메테인 하이드레이트 : 대체에너지로 주목받고 있는 천연가스 에너지원)

▲ 1945년 12월 5일 , 다섯 대의 해군 아벤저 비행기가 길을 잃었다고 통신을 보낸 후 사라져 버렸다.

▲ 미군은 1963년 버뮤다 삼각지대에서 핵 잠수함을 잃어버렸다.

Q3 버뮤다 삼각지대에서 항공기가 사라지는 과정을 본인이 생각하여 단계적으로 서술하시오.

Ⅲ 물질의 구성

1 원소와 원자, 분자

1. 원소

① **원소** : 물질을 구성하는 가장 기본적인 성분으로 더 이상 다른 성분으로 분해되지 않는다.

② **불꽃반응** : 금속 또는 금속 원소가 포함된 화합물이 겉불꽃에서 고유한 색을 나타내는 반응이다.

원소 기호	Li	Na	K	Ba	Cu	Ca	Sr	Cs
원소 이름	리튬	나트륨	칼륨	바륨	구리	칼슘	스트론튬	세슘
불꽃색	빨강	노랑	보라	황록	청록	주황	빨강	파랑

③ **스펙트럼** : 분광기를 통해 빛이 분산되어 나타나는 여러 가지 색의 띠이다.

· **연속 스펙트럼** : 햇빛, 백열등에서 나타나는 연속적인 색의 띠

· **선 스펙트럼** : 원소의 종류에 따라 방출되는 스펙트럼 선의 색, 개수, 위치, 굵기 등이 다르다.

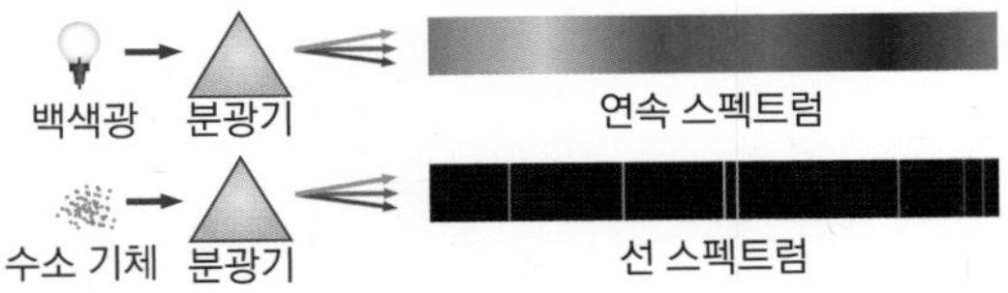

2. 원자

① **원자** : 물질을 구성하는 가장 기본적인 입자이다.

② **원자 모형의 변천**

과학자	돌턴	톰슨	러더퍼드	보어	현대적 원자 모형
연도	1803년	1897년	1911년	1913년	1926년
원자 모형	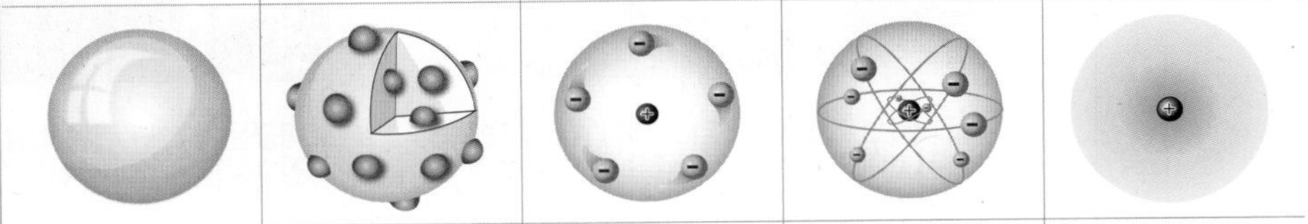				
	딱딱한 공 모형	건포도 박힌 푸딩 모형	태양계 모형	궤도 모형	전자 구름 모형
	원자는 깨지지 않는 입자	전자 발견	원자핵 발견	전자 궤도(전자 껍질) 제시	전자가 분포하는 확률

③ **보어가 제안한 수소 원자의 선 스펙트럼** : 보어는 수소 원자의 스펙트럼이 불연속적인 선 스펙트럼인 것은 수소 원자의 전자 껍질이 가지는 에너지 준위가 불연속적이기 때문이라고 생각했다.

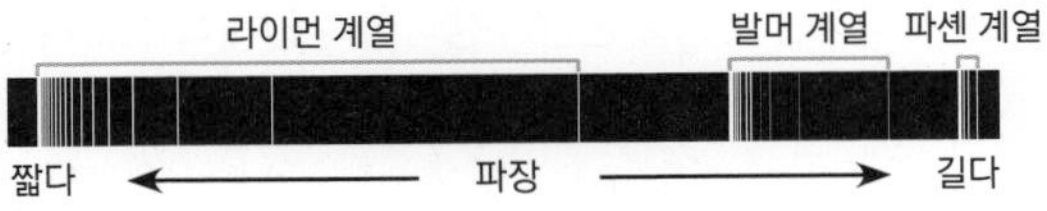

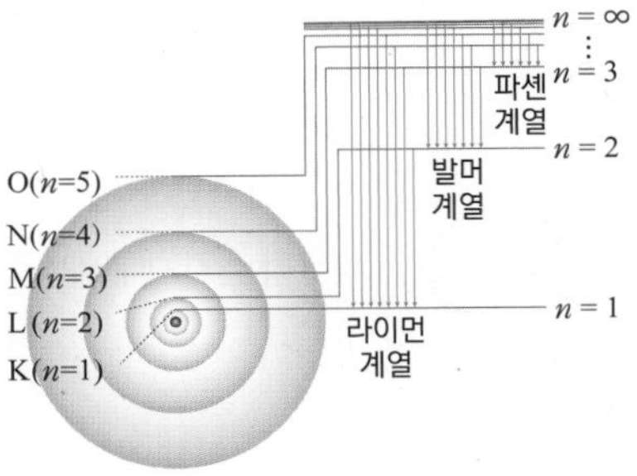

$$\Delta E = h\nu = h\frac{c}{\lambda} \text{(kJ/몰)}$$ (h : 플랑크 상수, ν : 진동수, c : 빛의 속도, λ : 파장)

④ **질량 보존의 법칙(1772년, 라부아지에)** : 화학 변화에서 반응 전과 반응 후 물질을 이루는 원자 질량의 합은 서로 같다.

⑤ **일정 성분비의 법칙(1799년, 프루스트)** : 한 화합물을 이루는 원소들의 질량비는 항상 일정하다.

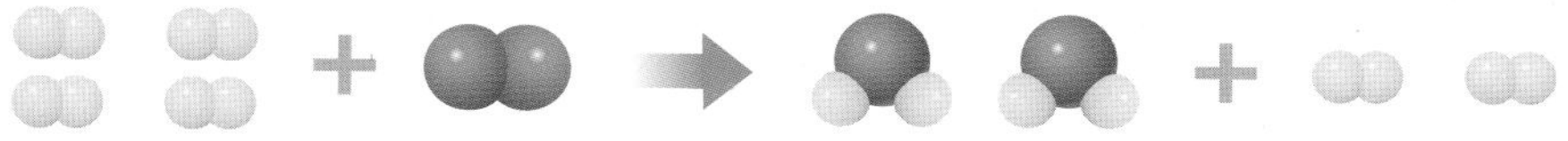

▲ 물의 생성 반응(수소와 산소의 질량비는 항상 1 : 8로 일정)

⑥ **배수 비례의 법칙(1803년, 돌턴)** : 두 원소가 화합해서 두 가지 이상의 화합물을 이룰 때, 한 원소의 일정량과 결합하는 다른 원소의 질량 사이에는 간단한 정수비가 성립된다.

3. 분자

① **분자** : 물질의 성질을 띤 가장 작은 입자이다.

② **기체 반응의 법칙(1808년,게이뤼삭)** : 일정한 온도와 압력에서 기체들이 반응할 때, 반응하는 기체와 생성되는 기체의 부피 사이에는 간단한 정수비가 성립한다.

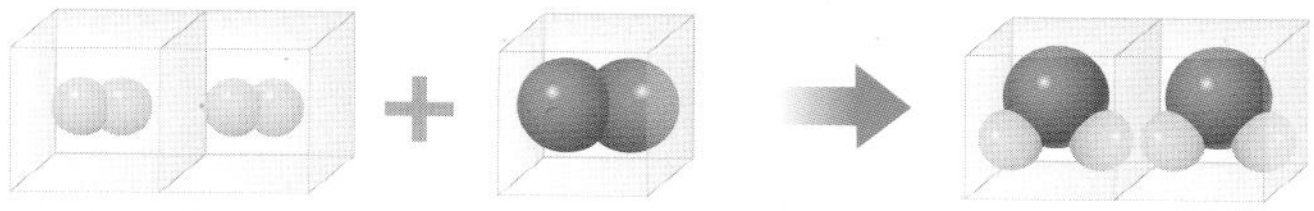

▲ 기체의 반응

③ **아보가드로 법칙(1811년, 아보가드로)** : 일정한 온도와 압력에서 기체는 종류에 관계없이 같은 부피 속에 항상 같은 수의 분자를 포함한다.

기체 1몰의 부피 = 22.4 L (0℃, 1 기압)

4. 화학식의 종류

① **실험식** : 원자의 종류와 수를 간단한 정수비로 나타낸 식이다.

② **분자식** : 분자를 구성하는 원자의 종류와 수를 나타낸 식이다.

③ **시성식** : 물질의 특성을 나타내는 작용기를 써서 나타낸 식이다.

④ **구조식**: 한 분자에 들어 있는 각 원자의 결합 상태를 결합선을 이용하여 나타낸 식이다.

⑤ **분자식의 결정** : 분자식은 실험식의 정수배이다.

$$\text{분자식} = (\text{실험식})_n,\ n = \frac{\text{분자량}}{\text{실험식량}}\ (\text{단, } n\text{은 정수})$$

5. 여러 가지 화학식량

① **원자량** : 질량수가 12인 ^{12}C의 질량을 12.00으로 정하고, 이를 기준으로 하여 비교한 다른 원자의 상대적 질량이다.

원자 1몰의 질량은 원자량의 g을 붙여 나타낸 질량이고, 원자 1개의 질량은 $\frac{\text{원자량}}{6.02 \times 10^{23}}$ g 이다.

② **분자량** : 분자를 구성하는 각 원자의 원자량 합이다.

③ **실험식량** : 실험식을 이루는 원자들의 원자량 합이다.

정답 및 해설 59쪽

Q1 리튬과 스트론튬의 불꽃 반응색은 붉은색 계통으로, 육안으로 쉽게 구분하기 어렵다. 리튬과 스트론튬을 쉽게 구별할 수 있는 방법을 적고, 그 이유를 함께 설명하시오.

Q2 보어의 원자 모형의 한계점을 쓰시오.

2 주기율표

1. 주기율표 : 원소들을 원자 번호 순으로 배열하여 화학적 성질이 비슷한 원소들을 같은 줄에 오도록 나열한 표이다.

① 같은 주기 원소들은 전자 껍질 수가 같다.

② 같은 족 원소들은 원자가 전자 수가 같아 화학적 성질이 비슷하다.

	1족	2족	3족	4족	5족	6족	7족	8족	9족	10족	11족	12족	13족	14족	15족	16족	17족	18족
1주기	1 H 수소																	2 He 헬륨
2주기	3 Li 리튬	4 Be 베릴륨											5 B 붕소	6 C 탄소	7 N 질소	8 O 산소	9 F 플루오린	10 Ne 네온
3주기	11 Na 나트륨	12 Mg 마그네슘											13 Al 알루미늄	14 Si 규소	15 P 인	16 S 황	17 Cl 염소	18 Ar 아르곤
4주기	19 K 칼륨	20 Ca 칼슘	21 Sc 스칸듐	22 Ti 타이타늄	23 V 바나듐	24 Cr 크로뮴	25 Mn 망가니즈	26 Fe 철	27 Co 코발트	28 Ni 니켈	29 Cu 구리	30 Zn 아연	31 Ga 갈륨	32 Ge 저마늄	33 As 비소	34 Se 셀레늄	35 Br 브로민	36 Kr 크립톤
5주기	37 Rb 루비듐	38 Sr 스트론튬	39 Y 이트륨	40 Zr 지르코늄	41 Nb 나이오븀	42 Mo 몰리브데넘	43 Tc 테크네튬	44 Ru 루테늄	45 Rh 로듐	46 Pd 팔라듐	47 Ag 은	48 Cd 카드뮴	49 In 인듐	50 Sn 주석	51 Sb 안티모니	52 Te 텔루륨	53 I 아이오딘	54 Xe 제논
6주기	55 Cs 세슘	56 Ba 바륨	57 La * 란타넘족	72 Hf 하프늄	73 Ta 탄탈럼	74 W 텅스텐	75 Re 레늄	76 Os 오스뮴	77 Ir 이리듐	78 Pt 백금	79 Au 금	80 Hg 수은	81 Tl 탈륨	82 Pb 납	83 Bi 비스무트	84 Po 폴로늄	85 At 아스타틴	86 Rn 라돈
7주기	87 Fr 프랑슘	88 Ra 라듐	89 Ac** 악티늄족	104 Rf 러더퍼듐	105 Db 더브늄	106 Sg 시보귬	107 Bh 보륨	108 Hs 하슘	109 Mt 마이트너륨	110 Ds 다름슈타튬	111 Rg 뢴트게늄	112 Cn 코페르니슘	113	114	115	116	117	118

* 란타넘족 원소	57 La 란타넘	58 Ce 세륨	59 Pr 프라세오디뮴	60 Nd 네오디뮴	61 Pm 프로메튬	62 Sm 사마륨	63 Eu 유로퓸	64 Gd 가돌리늄	65 Tb 타븀	66 Dy 디스프로슘	67 Ho 홀뮴	68 Er 어븀	69 Tm 툴륨	70 Yb 이터븀	71 Lu 루테튬
** 악티늄족 원소	89 Ac 악티늄	90 Th 토륨	91 Pa 프로트악티늄	92 U 우라늄	93 Np 넵투늄	94 Pu 플루토늄	95 Am 아메리슘	96 Cm 퀴륨	97 Bk 버클륨	98 Cf 캘리포늄	99 Es 아인슈타이늄	100 Fm 페르뮴	101 Md 멘델레븀	102 No 노벨륨	103 Lr 로렌슘

1 —— 원자 번호
H —— 원소 기호
수소 —— 원소 이름

금속 원소
비금속 원소
준금속 원소
전이 원소

원소 기호의 색 : 홑원소 물질의 상태(상온, 상압)
고체, 액체, 기체

▲현대의 주기율표

2. 원자가 전자 : 바닥 상태 전자 배치에서 가장 바깥 껍질에 배치된 전자로, 화학 반응에 참여하여 원소의 화학적 성질을 결정한다. 같은 주기에서 원자 번호가 증가함에 따라 원자가 전자 수는 증가하다가 18족 원소에서 0이 된다.

3. 전자 껍질 : 원자핵을 중심으로 한 전자들이 이루는 여러 층의 껍질을 말한다. 원자 내의 전자는 에너지가 낮은 껍질부터 차례로 채워지고, 첫 번째 전자 껍질에는 최대 2개, 두 번째 전자 껍질부터는 최대 8개가 채워진다.

정답 및 해설 59쪽

Q3 Na(나트륨), Cl(염소), F(플루오린) 중 원자 반지름이 가장 큰 원소와 그 이유를 쓰시오.

3 이온

1. 이온 : 중성 원자가 전자를 잃거나 얻어서 전자를 띠는 입자를 말한다.

① **양이온** : 중성 원자가 전자를 잃어 (+) 전하를 띤 입자이다.

② **음이온** : 중성 원자가 전자를 얻어 (-) 전하를 띤 입자이다.

2. 전해질과 비전해질

① **전해질** : 수용액 상태에서 이온으로 나누어져 전류가 흐르는 물질이다.

㉠ NaCl, H_2SO_4, HCl, NaOH, KOH 등

② **비전해질** : 수용액 상태에서 이온으로 나누어지지 않아 전류가 흐르지 않는 물질이다.

㉠ CH_3OH(메탄올), 설탕, 포도당, 녹말 등

4 화학 결합

1. 이온 결합

<table>
<tr><th colspan="2">이온 결합</th><td>금속 양이온과 비금속 음이온 사이의 정전기적 인력에 의해 형성된 이온 간의 결합이다.</td></tr>
<tr><th colspan="2">이온 결합의 형성</th><td>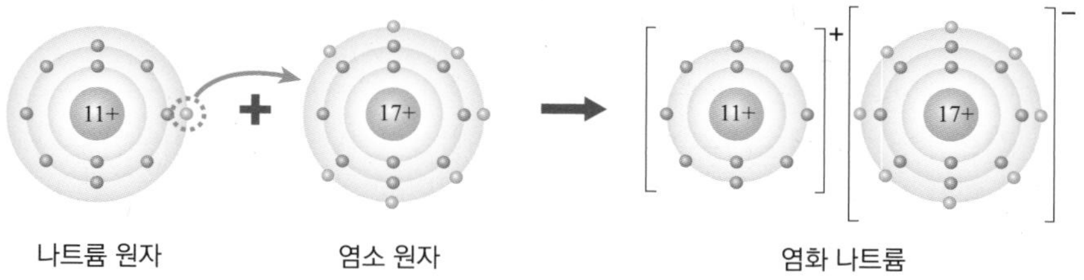
</td></tr>
<tr><th rowspan="4">이온 결합 물질의 특징</th><th>전기 전도성</th><td>고체 상태에서는 없고, 액체와 수용액 상태에서는 전기 전도성이 있다.</td></tr>
<tr><th>용해성</th><td>물 분자는 극성을 띠므로 대부분의 이온 결합 물질은 물에 잘 녹는다.</td></tr>
<tr><th>녹는점과 끓는점</th><td>이온 사이에 작용하는 정전기적 인력때문에 녹는점과 끓는점이 높다.</td></tr>
<tr><th>단단한 정도</th><td>단단하지만 외부 충격에 의해 쉽게 부서진다.</td></tr>
</table>

2. 공유 결합

<table>
<tr><th colspan="2">공유 결합</th><td>비금속 원소끼리 전자쌍을 공유하여 형성된 원자 간의 결합이다.</td></tr>
<tr><th colspan="2">공유 결합의 형성</th><td>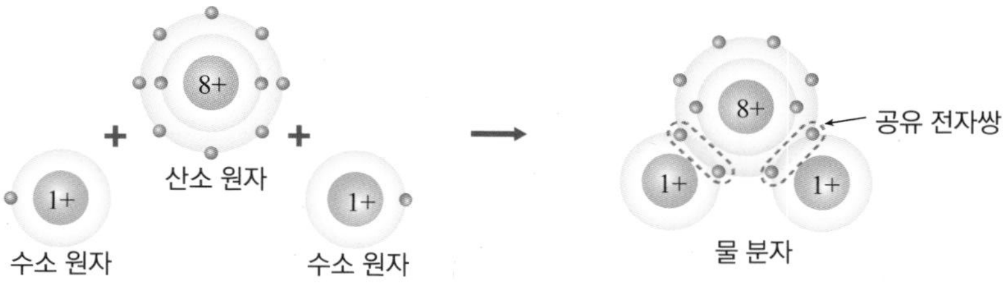
</td></tr>
<tr><th rowspan="3">공유 결합 물질의 특징</th><th>전기 전도성</th><td>일반적으로 고체, 액체, 수용액 상태에서 전기 전도성이 없다.(단, 흑연 예외)</td></tr>
<tr><th>용해성</th><td>대부분 물에 잘 녹지 않지만 설탕, 염화 수소, 암모니아 등과 같은 물질은 물에 잘 녹는다.</td></tr>
<tr><th>녹는점과 끓는점</th><td>분자들 사이의 인력이 약하기 때문에 녹는점과 끓는점이 낮다.</td></tr>
</table>

3. 금속 결합

금속 결합		금속 양이온과 자유 전자 간의 정전기적 인력에 의한 결합이다. 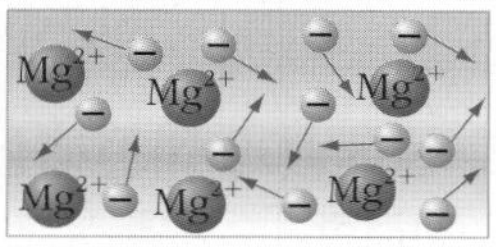
금속 결합 물질의 특징	열/전기 전도성	자유 전자에 의해 전기 전도성과 열 전도성이 매우 크다. 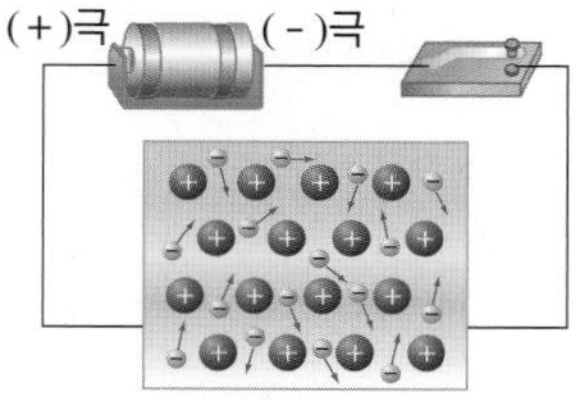 ▲ 전류가 흐르지 않을 때 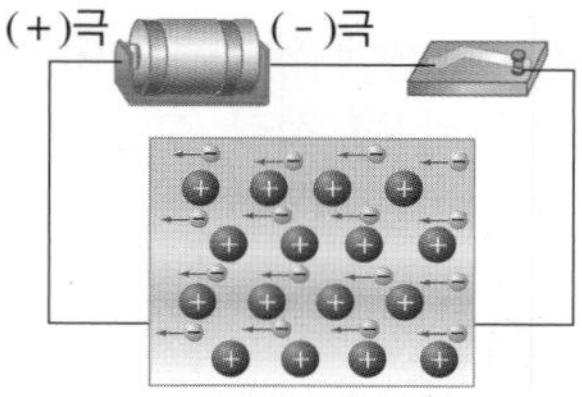 ▲ 전류가 흐를 때
	연성과 전성	외부에서 힘을 받아 금속 양이온의 위치가 바뀌어도 자유 전자가 이동하여 금속 결합은 유지되기 때문에 쪼개지지 않고 모양만 바뀌므로 연성과 전성이 크다.
	녹는점과 끓는점	강한 금속 결합 때문에 녹는점과 끓는점이 높다.
	광택	대부분 광택이 나는 은백색이나 회백색을 띤다.

4. 수소 결합 : 전기 음성도가 큰 F, O, N 원자에 결합된 수소 원자와, 이웃한 분자의 F, O, N 원자 사이에 작용하는 분자 간의 인력이다.

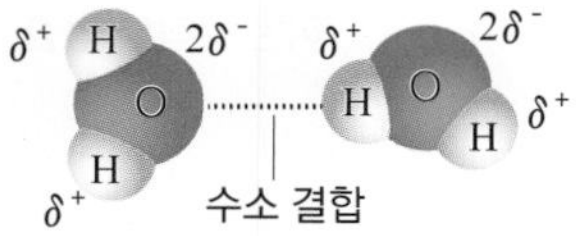

▲ H_2O 분자 사이의 수소 결합

5. 물(H_2O)의 전기 분해와 용융 염화 나트륨(NaCl)의 전기 분해

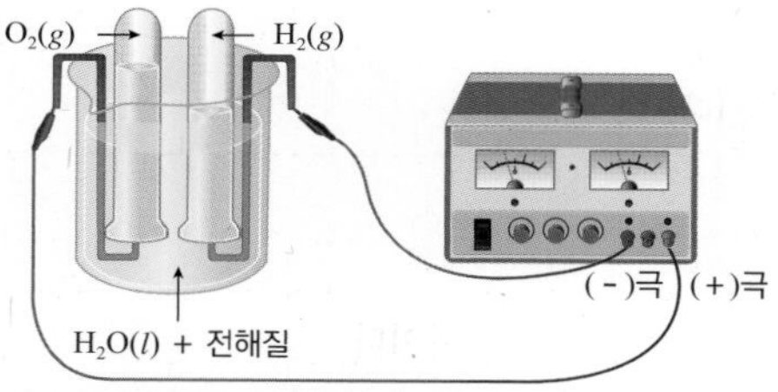

(-)극 : $4H_2O + 4e^- \longrightarrow 2H_2 + 4OH^-$
(+)극 : $2H_2O \longrightarrow O_2 + 4H^+ + 4e^-$
전체 반응 : $2H_2O \longrightarrow 2H_2 + O_2$

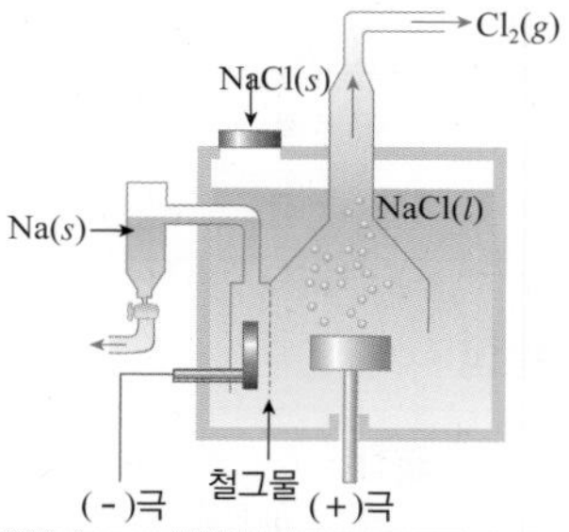

(-)극 : $2Na^+ + 2e^- \longrightarrow 2Na$
(+)극 : $2Cl^- \longrightarrow Cl_2 + 2e^-$
전체 반응 : $2NaCl \longrightarrow 2Na + Cl_2$

정답 및 해설 59쪽

Q4 이온 결합 물질이 잘 부서지는 이유를 쓰시오.

Q5 구리와 니켈로 만들어진 동전은 은회색의 광택을 갖는다. 이와 같이 금속이 특유의 광택을 갖는 이유를 금속을 구성하는 입자와 관련하여 설명하시오.

070 그래프는 금속 마그네슘과 구리를 산소와 각각 반응시켜 얻은 산화물과 금속의 질량 관계를 각각 나타낸 것이다. 산소 1 g 과 결합하는 구리의 질량과 마그네슘의 질량을 구하시오.

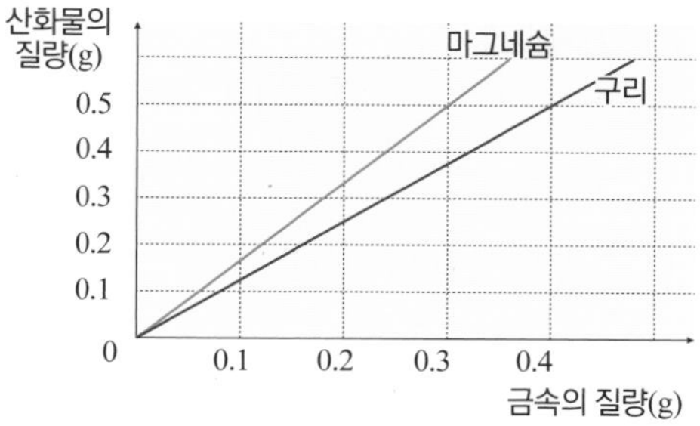

071 표준 상태에서 요소($CO(NH_2)_2$) 30g 속에 들어 있는 질소 원자의 수와 같은 수로 존재하는 산소 분자의 부피를 계산 과정과 함께 쓰시오. (단, 수소, 탄소, 질소, 산소의 원자량은 각각 1, 12, 14, 16이다.)

072 다음은 메테인의 연소 반응식이다.

$$CH_4(g) + 2O_2(g) \longrightarrow CO_2(g) + 2H_2O(g)$$

위 화학 반응식으로 질량 보존의 법칙이 성립함을 설명하시오. (단, 수소, 탄소, 산소의 원자량은 각각 1, 12, 16이다.)

073 다음은 수소의 스펙트럼을 얻는 장치와 그 결과를 나타낸 것이다. 이 스펙트럼을 통해 알 수 있는 수소 원자의 특징을 서술하시오.

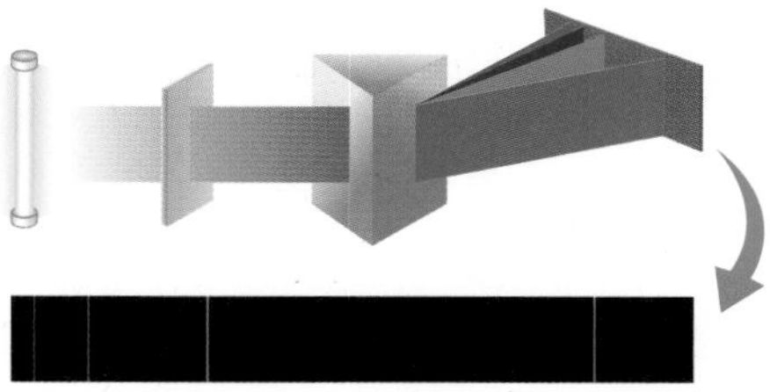

074 수소 원자 스펙트럼에서 파장이 짧은 쪽으로 갈수록 스펙트럼 선의 간격이 좁아진다는 것을 통해 알 수 있는 사실은 무엇인지 서술하시오.

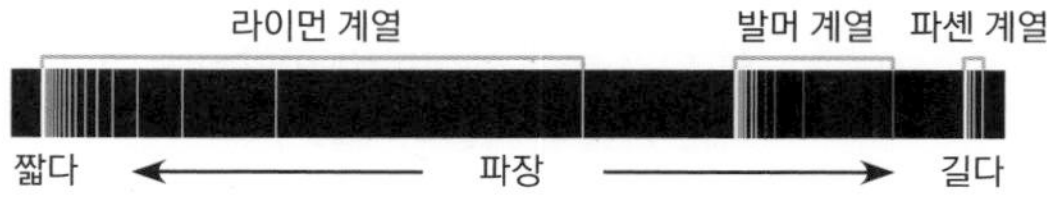

075~076 다음은 작은 공과 큰 공을 각각 4개씩 이용하여 화합물이 생성되는 것을 원자 모형으로 나타낸 것이다. 작은 공과 큰 공 하나의 질량은 각각 2 g, 10 g 이다.

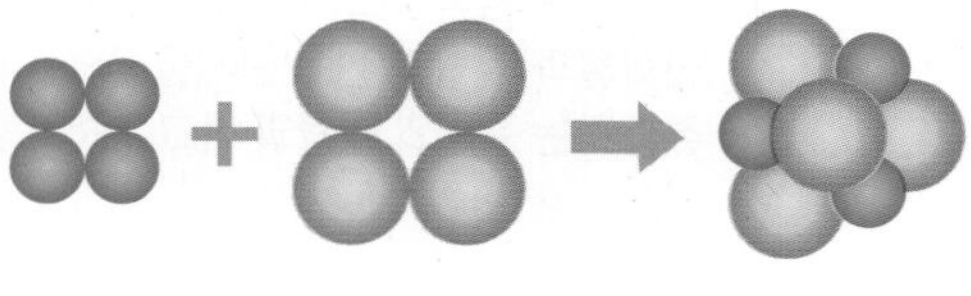

075 8개의 공이 모두 결합한다면 이때 생성물의 질량을 구하고, 생성물을 이루는 작은 공과 큰 공의 개수비와 질량비를 구하시오.

076 위 문제에서 설명할 수 있는 화학 법칙을 모두 쓰고, 각각의 법칙을 설명하시오.

077 그림은 서로 다른 고체 상태의 물질 (가)와 (나)를 가열하면서 온도에 따른 전기 전도성을 측정한 결과를 나타낸 것이다. 다음 물음에 답하시오.

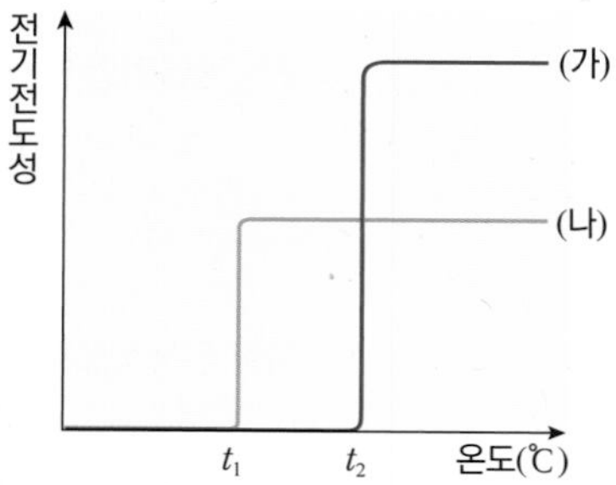

(1) 물질 (가)와 (나)는 어떤 결합을 하고 있는지 쓰시오.

(2) t_1, t_2는 무엇인지 쓰시오.

078 그림은 염화 나트륨의 결정을 모형으로 나타낸 것이다. 염화 나트륨이 고체 상태에서는 전기 전도성이 없으나, 액체 상태나 수용액 상태에서 전기 전도성을 가지는 이유를 서술하시오.

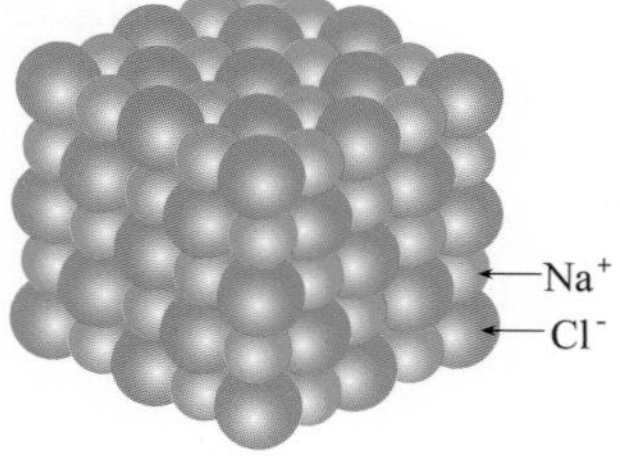

079 그림은 물의 전기 분해 장치를 나타낸 것이다. 전극 (가)와 (나)에서 발생한 전기 분해 생성물의 화학식을 쓰고, 각각의 전기 분해 생성물을 확인하는 방법을 서술하시오.

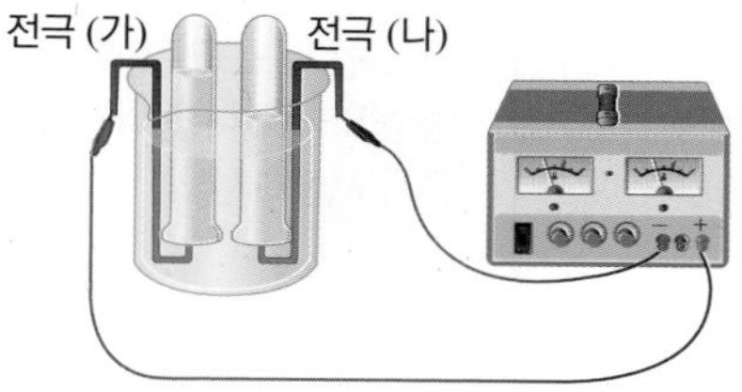

080 수소 기체를 방전관에 넣고 충분한 에너지를 가하면 수소 분자가 원자로 분해되고 수소 원자는 (가)에너지를 흡수하여 불안정한 들뜬 상태로 되었다가 안정한 상태로 되면서 빛에너지를 방출한다. 이 때 방출하는 에너지를 프리즘에 통과시키면 검출기에 선스펙트럼으로 나타난다.

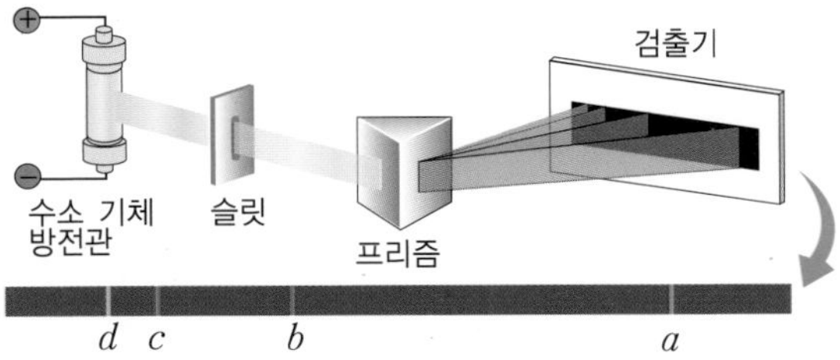

아래는 러더퍼드의 원자 모형으로는 설명할 수 없는 수소 원자의 선스펙트럼을 설명하기 위해 보어가 제안한 가설의 일부이다. 다음 물음에 답하시오.

① 전자는 원자핵 주위의 특정한 에너지 준위의 원형 궤도를 따라 원운동을 한다.
② 각 전자 껍질이 가지는 에너지의 준위는
$E_n = -\frac{1312}{n^2}$(kJ/mol) (n = 1, 2, 3, 4 ...)으로 나타낼 수 있다.
③ 허용된 원 궤도를 운동하는 전자는 에너지를 방출 또는 흡수하지 않는다.
④ 전자가 다른 전자 껍질로 이동할 때에는 두 궤도 사이의 에너지 차이만큼의 에너지를 흡수 또는 방출한다.

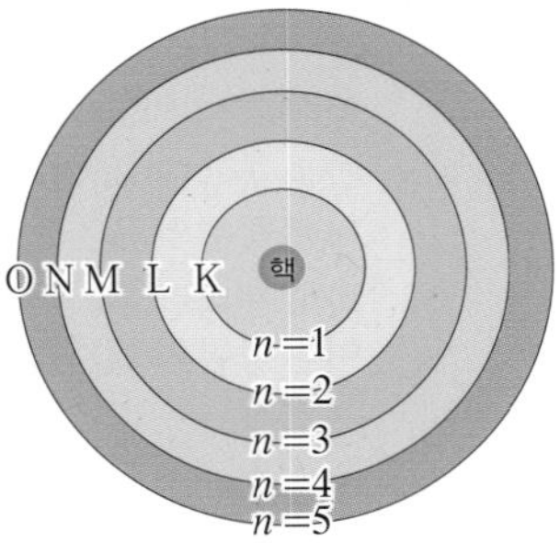

(1) a ~ d 는 전자가 L 전자 껍질로 이동할 때 나타나는 선 스펙트럼이다. a 가 M 에서 L 로 이동할 때 방출하는 빛에너지이라면 선 스펙트럼 c 는 언제 방출하는 빛에너지인지 쓰시오.

(2) a - b, b - c 사이의 스펙트럼의 간격이 다른 이유를 쓰시오.

(3) 수소 원자는 전자를 1개 가지고 있으므로 전자가 K 전자 껍질에 있을 때 바닥 상태이다. 수소 원자의 이온화 에너지 값을 구하시오.

(4) 수소 원자의 선 스펙트럼이 연속 스펙트럼으로 나타났다면 보어의 가설 중 틀린 부분을 수정하시오.

081 과학자들은 자연 현상을 탐구할 때 경우에 따라 모형을 만들어 연구한다. 오른쪽 그림은 원자 모형으로 사용될 수 있는 것의 예를 나타낸 것이다. 다음 물음에 답하시오.

(1) 이와 같이 원자 모형을 사용하는 이유는 무엇인지 쓰시오.

(2) 다음 표는 돌턴의 원자설 내용과 원자 모형이 갖추어야 할 조건을 비교한 것이다. 빈칸에 들어갈 원자 모형의 조건을 쓰시오.

돌턴의 원자설		원자 모형이 갖추어야 할 조건
원자는 더 이상 쪼갤 수 없다.	→	①
같은 종류의 원자는 크기와 질량이 같고, 다른 종류의 원자는 크기와 질량이 다르다.	→	②
화학 변화란 원자가 재배열하는 것이다. (또는 여러 종류의 원자가 결합하여 화합물을 만든다.)	→	③

082 그림은 구리 가루를 도가니에 넣고 알코올 램프 1개로 가열하는 실험에서 시간에 따른 물질의 질량 변화를 나타낸 것이다.

[대회 기출 유형]

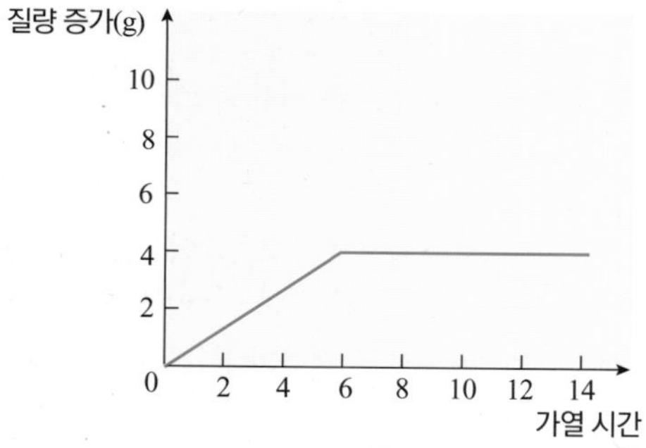

(1) 알코올 램프를 1개 쓰는 대신 2개를 사용하여 가열한다면 그래프는 어떻게 변하는지 그리고, 그 이유를 설명하시오.

(2) 알코올 램프 2개를 사용하고, 구리 가루의 질량도 2배로 증가시켰을 때 그래프는 어떻게 변하는지 그리고, 그 이유를 설명하시오.

정답 및 해설 60쪽

083 그림은 A와 B로 이루어진 기체 X, Y를 각각 분해하였을 때, 생성된 A_2와 B_2의 질량을 나타낸 것이다. 다음 물음에 답하시오. (단, Y는 A_2B이다.)

[대회 기출 유형]

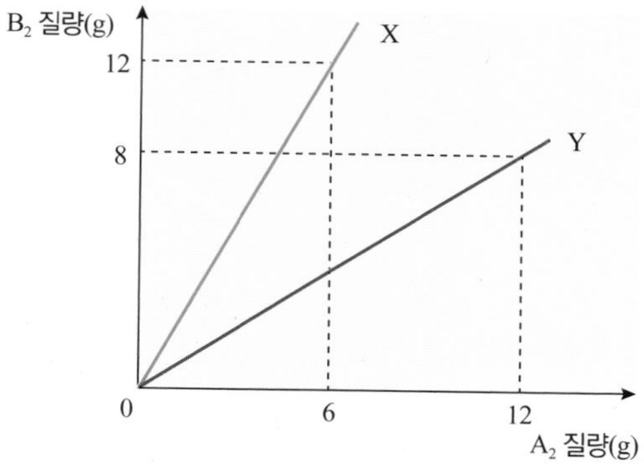

(1) A와 B의 원자 1개의 질량을 비교하시오.

(2) X의 화학식을 쓰시오.

(3) 일정한 온도와 압력에서 1몰의 Y가 분해될 때 반응 전과 후의 몰수를 비교하시오.

084 그림은 일정한 온도에서 주사기에 수소 기체 100 mL 와 산소 기체 100 mL 를 넣고 충분히 반응시켰을 때, 반응 전후 피스톤의 변화를 나타낸 것이다. (단, 대기압은 일정하고, 생성물은 기체이다.)

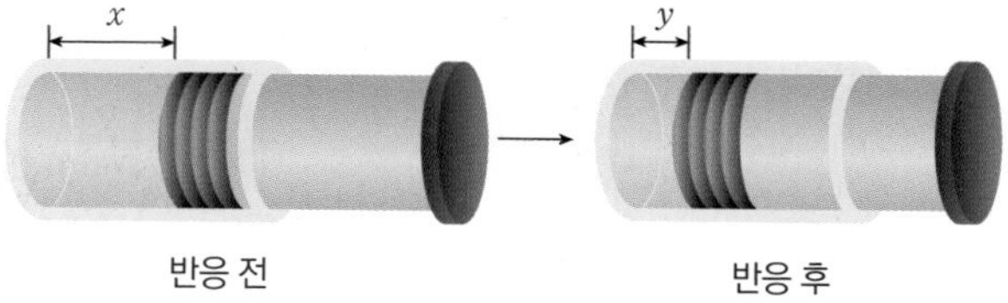

(1) 부피비 $x : y$ 를 구하시오.

(2) 반응 전 수소 기체와 산소 기체의 분자 수는 같다. 그 이유를 설명하시오.

085 게리뤼삭은 질소 기체와 수소 기체가 반응하여 암모니아 기체를 생성할 때 항상 기체 사이에는 일정한 부피비로 반응한다는 사실을 알았다. 다음 물음에 답하시오.

[대회 기출 유형]

(1) 질소와 수소가 반응하여 암모니아가 생성되는 반응의 화학 반응식을 쓰시오.

(2) 일정한 온도와 압력에서 질소 기체 3 L 와 수소 기체 3 L 를 반응시켜 암모니아 기체 1 L 가 생성되었을 때, 반응하지 않고 남은 질소 기체와 수소 기체의 부피 합을 구하시오.

(3) 수소 원자와 질소 원자의 질량비를 1 : 14 라고 가정하고, 질소 기체 2 L 와 수소 기체 6 L 가 모두 반응하여 암모니아를 생성할 때 반응한 수소 기체와 질소 기체의 질량비를 구하시오. (단, 질량비는 가장 간단한 정수비로 나타낸다.)

086 원소 C, H, N 으로 이루어진 기체 화합물 2 L 를 완전히 연소시켰을 때, CO_2 4 L, H_2O 5 L, NO_2 2 L 가 각각 생성되었다. 다음 물음에 답하시오.

(1) 이 화합물의 분자식을 쓰시오.

(2) 원자 1개의 질량비가 C : H : O : N = 12 : 1 : 16 : 14 라고 할 때, 이 기체 화합물 129 g 을 완전히 연소시키는 데 필요한 산소의 질량을 구하시오.

087 염화 나트륨 수용액에 전압을 걸어주면 그림과 같이 (+)전하를 띠는 나트륨 이온은 (-)전극으로, (-)전하를 띠는 염화 이온은 (+)전극으로 이동하며 전류가 흐른다.

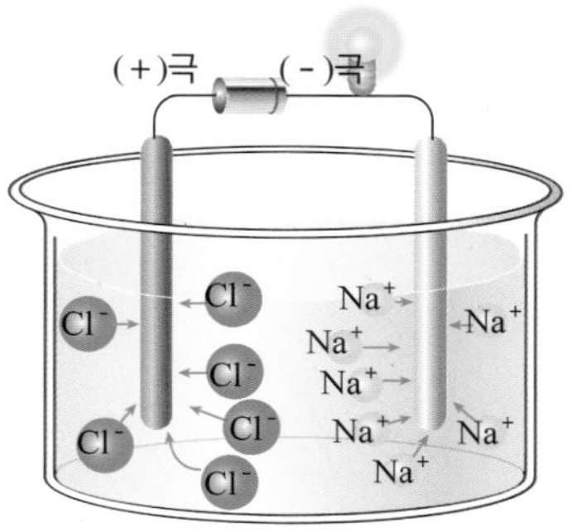

이처럼 수용액 상태의 이온 결합 물질에 전압을 걸어주면 양이온과 음이온이 일정한 방향으로 이동하면서 전류가 흐른다. 그렇다면 전류가 흐르는 용액 속에서 이온의 이동이 빠르게 일어나기 위한 조건을 서술하시오. (단, 수용액의 온도는 일정하게 유지한다.)

088 표는 0℃, 1 기압에서 분자식이 A_2, B_2 인 두 기체를 반응시켰을 때, 반응 전후 질량과 부피를 나타낸 것이다. (단, 0℃, 1 기압에서 A_2, B_2, 생성된 기체의 밀도는 각각 1.2 g/L, 0.09 g/L, 0.735 g/L 이다.)

물질 / 실험	반응 전 기체의 질량(g)		생성된 기체의 질량(g)	반응 후 남은 기체의 부피(L)
	A_2	B_2		
1	7.2	1.8	8.82	B_2, 2
2	3.0	0.27	1.47	(가)
3	(나)	1.35	(다)	없음

(1) 위의 결과를 이용하여 A_2, B_2 기체가 반응하는 화학 반응식을 쓰시오.

(2) (가)에 알맞은 내용을 쓰시오.

(3) (나)와 (다)에 알맞은 내용을 쓰시오.

(4) 위 (1) ~ (3)번 문제를 해결하는 데 이용된 화학 법칙을 2 가지 쓰시오.

089 다음 조건에서 질소의 분자 수를 구할 때, (나)에서 가한 질소 분자 X 를 V_1, V_2, N 을 이용하여 나타내시오. (단, (가)와 (나)에서 용기 내 기체의 온도와 압력은 일정하게 유지된다.)

> (가) 부피 V_1 의 용기에 수소 분자 N개가 들어있다.
> (나) (가)에 질소 분자 X 개를 넣었더니 부피가 V_2 가 되었다.

090 다음 주어진 자료로부터 물질 A ~ E를 결합의 종류에 따라 분류하시오.

> A : 광택이 있는 회백색 고체이고, 전기가 통하는 도체이다. 공기 중에서 태우면 밝은 빛을 내며 물질 B를 생성한다.
> B : A를 공기 중에서 연소시켜 얻는다. 물에 잘 녹지 않으며, 가열하여 녹이기도 어렵지만 일단 녹으면 전기가 통한다.
> C : 100 ℃ 이상 가열하면 녹지만 녹은 상태에서도 전기가 통하지 않아 절연체로 사용하기도 하는 노란색 고체이다. 밀폐된 용기 안에서 산소와 함께 반응시킨 후에 0℃까지 식히면 하연색 가루 물질 D가 된다.
> D : 상온에서 액체이고, 쉽게 증발하며 물에 잘 녹는다. 수용액은 전기가 통하고, 수용액에 물질 A를 넣으면 격렬하게 반응하여 기체가 발생한다.
> E : 물질 A와 C를 가루 상태로 혼합하여 가열하면 생성되는 물질로 가열하여 녹이기는 어렵지만 물에는 잘 녹는다. 수용액에서 전기가 통한다.

(1) 금속 결합 물질

(2) 이온 결합 물질

(3) 공유 결합 물질

정답 및 해설 61쪽

091 그림은 일정한 온도에서 같은 질량의 기체 X 와 Y 가 실린더에 각각 들어 있는 상태에서 마찰없이 움직일 수 있는 피스톤으로 나뉘어져 있는 것을 나타낸 것이다. X 와 Y 는 각각 A_2 와 A_3 중 하나이다. (단, A 는 임의의 원소 기호이다.)

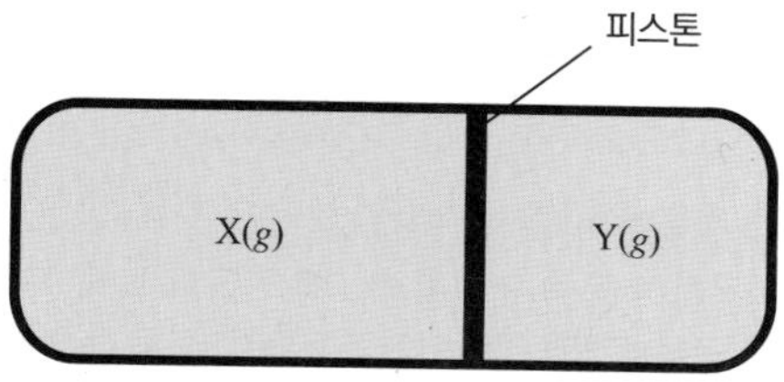

(1) X와 Y의 분자식을 쓰시오.

(2) X와 Y의 부피비를 구하시오.

092 그림 (가)는 고체 염화 나트륨을 가열하여 녹인 것을, (나)는 고체 염화 나트륨을 증류수에 녹인 것을 나타낸 것이다.

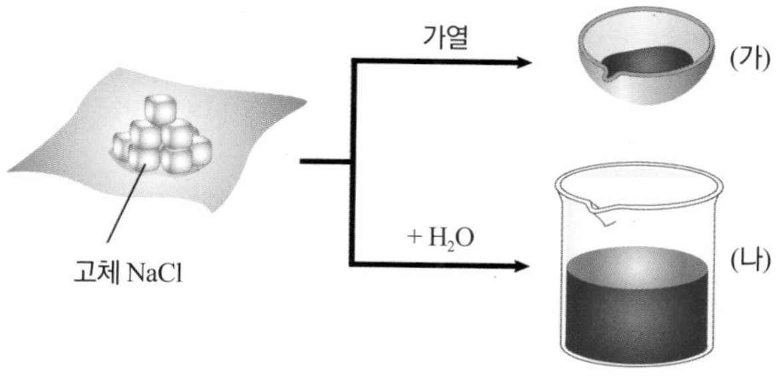

(1) (가)와 (나)의 공통점을 서술하시오.

(2) (가)를 전기 분해 하였을 때 (-) 극에서 일어나는 반응식을 쓰시오.

093 다음 자료를 참고하여 여러 가지 색의 스티로폼 공(이하 공)과 이쑤시개를 사용하여 분자 모형을 만들려고 한다.

[경기과학고 기출 유형]

> * 공은 원소를 나타내고 공의 색이 다르면 다른 원소를 나타낸다.
> * 분자 모형은 다음과 같은 방법으로 만든다.
>
> 1. 공과 공은 이쑤시개를 이용하여 연결시킨다.
> 2. 이쑤시개를 사용하여 공을 연결할 때, 백색 공과 녹색 공은 1개의 이쑤시개를 사용하고, 적색 공은 2개, 흑색 공은 4개의 이쑤시개를 사용하여 공과 연결한다.
> 3. 백색 공 이외의 공에 여러 개의 이쑤시개를 꽂을 때는 최대한 멀리 꽂는다.

(1) 적색 공 1개, 흑색 공 2개, 백색 공 6개를 모두 사용하여 분자 모형 1개를 만들 때 만들 수 있는 물질의 종류는 몇 가지인지 쓰시오.

(2) 흑색 공 1개, 백색 공 2개, 녹색 공 2개를 모두 사용하여 분자 모형을 만들면 한 종류의 물질만 만들어진다. 사용한 공을 점으로 생각하고 연결하면, 만들어진 분자 모형을 기하학적 도형으로 쓰시오.

094 옛날 이야기 중 참기름 장수의 이야기가 있다. 이 사람은 참기름을 따르는 기술이 아주 대단해서 일층 바닥에 놓인 호리병에 송곳 같은 작은 구멍을 뚫어놓고 이층에서 창문 밖으로 참기름을 따르니 참기름이 실 날같이 가늘어져서 작은 구멍을 통해 병으로 들어갔다고 한다. 만일 참기름이 아니고 물이었다면 어떻게 되었겠는지, 그리고 그 이유를 설명하시오.

[부산과학고 기출 유형]

정답 및 해설 62쪽

095 다음 물음에 답하시오.

[전남과학고 기출 유형]

(1) 25℃, 압력 20 N/m^2 에서 부피 10 L 용기에 들어있는 기체 화합물 AB의 분자 수가 100개이면, 25℃, 40 N/m^2 에서 기체 화합물 A_2B_5 20 L 에 들어 있는 B 원자 수를 구하고, 풀이 과정도 함께 쓰시오.

(2) 원자량이 3.01인 원자 X의 분자식은 X_2이다. X_2 한 분자의 질량은 몇 g 인지 구하고, 풀이 과정도 함께 쓰시오. (단, 아보가드로수는 6.02×10^{23}이다.)

096 표는 임의의 화합물의 정보를 나타낸 것이다. (단, 화합물은 기체이다.)

[경기과학고 기출 유형]

화합물의 구조	밀도(g/L)	상대적 질량
	0.08	2
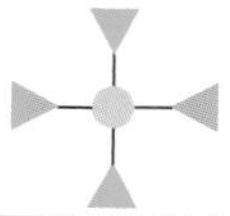	0.64	16

(1) 화합물 A의 밀도는 3.36 g/L 이다. 아래의 값을 참고하여 $(x + y)$값을 구하시오. (단, ●는 결합선이 4개, ▲는 결합선이 1개, ☆는 결합선이 1개이며, 모든 결합은 단일 결합으로 이루어져 있다.)

	●	▲	☆
상대적 질량	x	1	y
A에서의 질량 조성비	28.57	3.57	67.86

(2) 화합물 B의 밀도가 2.4 g/L 일 때, 아래의 자료를 이용하여 가능한 B의 모형을 1가지 그리시오. (단, ■는 결합선이 2개이다.)

	●	▲	■
상대적 질량	x	1	z
B에서의 질량 조성비	39.97	6.67	53.36

기출 Check

097 다음은 수소 원자의 전자 껍질 구조에 관한 설명이다. 다음 물음에 답하시오.

[경기과학고 기출 유형]

> * 수소 원자는 1개의 전자를 갖는다.
> * 수소 원자의 전자는 여러 가지 값의 에너지를 가질 수 있다.
> * 전자의 에너지가 변할 때는 에너지 차이에 해당하는 빛을 방출하거나 흡수한다.
> * 에너지 $E \propto f$ (f : 진동수)
> * $f \times \lambda$ = 일정 (λ : 파장)

(1) 수소 원자의 전자는 다음과 같은 에너지 값을 가진다.

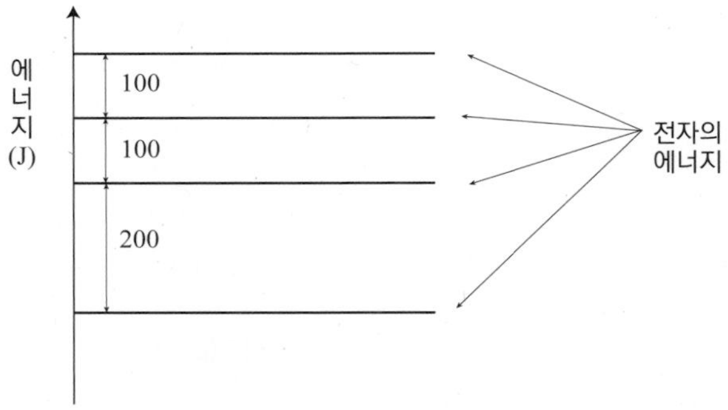

기체를 진공에 가까운 방전관에 채우고 높은 전압을 걸어주었을 때 방출하는 빛을 프리즘에 통과시키면 수소 원자의 선 스펙트럼을 얻을 수 있다. 수소의 전자들이 위와 같은 에너지를 가질 때 나타날 선 스펙트럼으로 가장 적합한 것은 어느 것인지 고르고, 그 이유를 쓰시오.

① 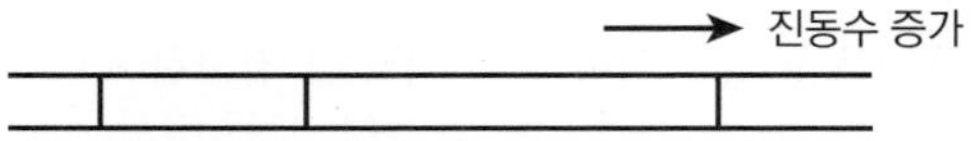

② 

③ 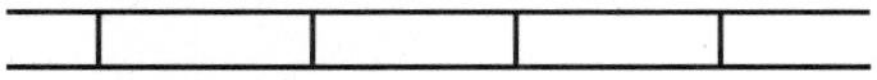

④ 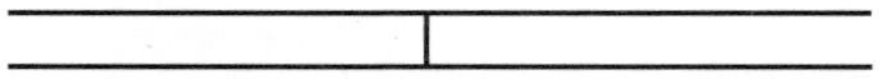

⑤ 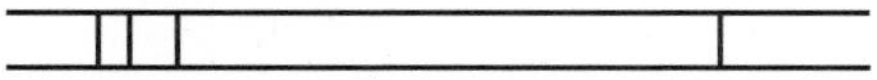

(2) 수소 원자의 선 스펙트럼이 다음과 같이 나타났을 때, 수소 원자의 전자가 가지고 있는 에너지의 크기와 에너지 사이의 간격의 관계를 설명하시오.

정답 및 해설 63쪽

098 그림은 물 분자의 구조를 모형으로 나타낸 것이다. (단, 수소 원자 1개의 질량은 a g 이고, 산소 원자 1개의 질량은 b g 이다.)

[영재학교 기출 유형]

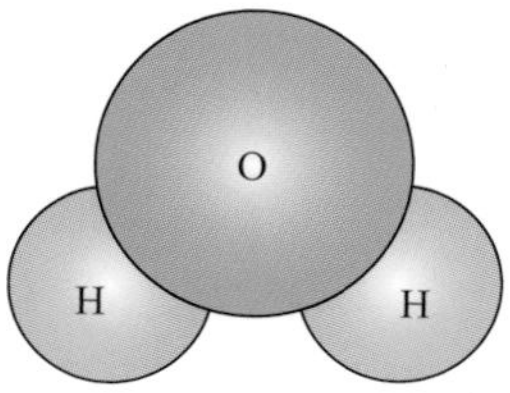

(1) 사람 몸무게의 약 70%가 물로 이루어져 있다고 할 때, 몸무게가 60 kg인 사람 몸속의 물을 구성하는 수소 원자 수를 구하시오.

(2) 사람 몸무게의 약 80%가 물로 이루어져 있다고 할 때, 몸무게가 50 kg인 사람 몸속의 물을 구성하는 산소 원자 수를 구하시오.

099 아래 준비물을 이용하여 질량 보존의 법칙을 설명할 수 있는 실험을 고안하고, 묽은 염산과 베이킹 소다를 섞을 시 나오는 기체의 질량을 재는 방법도 고안하시오.

[서울과학고 기출 유형]

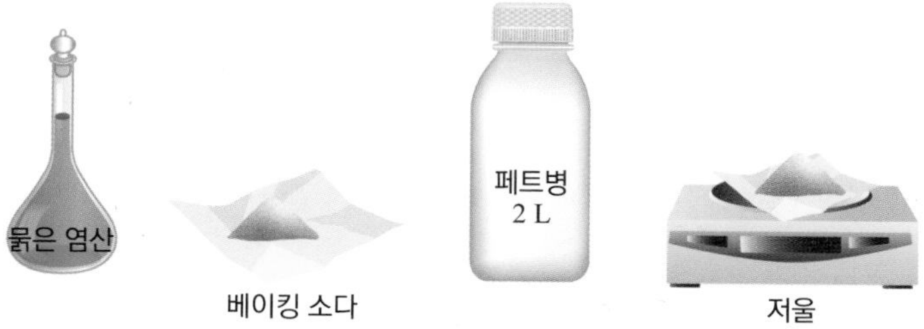

기출 Check

100 외계인이 사는 행성에는 수소 기체와 물의 분자식이 지구와 똑같이 H_2와 H_2O 인데, 산소 기체의 분자식은 그림과 같이 지구와 다른 O_5 라고 한다. 다음 물음에 답하시오.

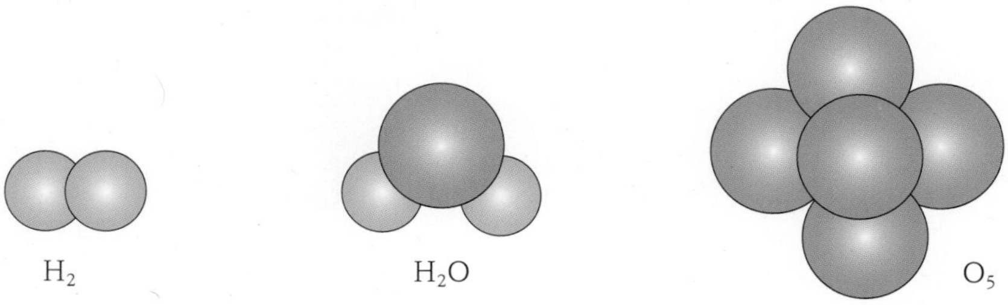

(1) 이 행성에서 수소와 산소가 반응하여 물이 될 때, 반응하는 수소와 산소의 부피비를 구하시오.

(2) 이 행성에서 수소와 산소가 반응하여 과산화 수소가 생성될 때, 반응하는 수소와 산소의 부피비를 구하시오.

101 다음은 여러 가지 질소 산화물(Ⅰ ~ Ⅴ)을 분석한 것이다. [2021~23 기출 유형]

질소 산화물	질소 질량(g)	산소 질량(g)
Ⅰ	28	16
Ⅱ	14	16
Ⅲ	28	48
Ⅳ	14	32
Ⅴ	28	80

(1) 질소 산화물(Ⅰ ~ Ⅴ)에서 질소 1 g 과 결합하는 산소의 질량비를 Ⅰ ~ Ⅴ 순서대로 구하시오.

(2) 질소 산화물 Ⅳ의 실험식이 NO_2라고 할 때 나머지 네 화합물의 실험식을 구하시오.

정답 및 해설 63쪽

102 수소 분자와 산소 분자의 크기의 비율은 1 : 5 이고, 질량비는 1 : 16 이다. 다음 물음에 답하시오.

[전남과학고 기출 유형]

(1) 0℃, 1 기압에서 수소 기체 100개를 풍선에 넣었더니 풍선의 부피가 V (L) 가 되었다. 수소 기체를 빼고, 같은 온도와 압력에서 산소 기체를 넣었더니 부피가 V (L) 가 되었다. 이 풍선에 들어 있는 산소 분자 수가 몇 개인지 그 이유와 함께 쓰시오. (단, 수소 기체와 산소 기체는 이상 기체이다.)

(2) (1)에서 풍선 속에 들어 있는 수소 기체의 질량이 3 g 이었다면, 산소의 질량은 몇 g 인지 쓰시오.

(3) (1)에서 풍선 속에 들어 있는 3 g 의 수소 기체 V (L) 와 산소 기체 V (L) 를 반응 용기에 넣고, 완전히 반응시켜 수증기를 만들었다. 반응 후 용기 속에 들어 있는 분자는 총 몇 개인지 쓰시오.

기출 Check

103 다음과 같이 이산화 탄소 질량을 측정하는 실험을 하여 실험 결과를 얻었다. [2021~23 기출 유형]

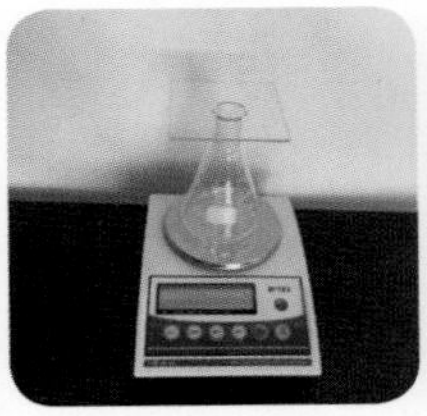
①

②

③

④

⑤

① 공기로 채워진 플라스크에 유리판을 올려놓고 질량을 측정한다.

② 플라스크에 곱게 간 드라이아이스 한 수저를 넣는다.

③ 온도계로 플라스크 안의 온도를 측정한다.

④ 플라스크에 넣은 드라이아이스가 모두 사라지면 조금 기다린 후 플라스크 내부의 온도가 실온과 같아졌을 때 플라스크에 유리판을 올려놓고 질량을 측정한다. (이때, 플라스크 주변에 묻은 수분을 제거해 준다.)

⑤ 플라스크에 물을 채우고 물을 눈금실린더에 따라 부피를 측정한다.

〈실험 결과〉

구분	결과
처음 질량 (공기 + 플라스크 + 유리판)	63.15 g
나중 질량 (CO_2 + 플라스크 + 유리판)	63.25 g
대기압	1atm
삼각플라스크 부피	133mL
플라스크 내부 온도	15℃

(1) 플라스크에 들어 있는 공기의 질량을 계산하시오.
(단, 실내 압력은 1.0 기압으로 하고, R(기체상수) = 0.082 L·atm/mol·K이며, 공기의 평균 분자량은 29g/mol이다.)

(2) 실험 결과로부터 플라스크에 들어 있는 이산화 탄소의 질량을 계산하시오.

(3)이산화 탄소의 분자량을 계산하시오.
(단, 실내 압력은 1.0 기압으로 하고, R(기체상수) = 0.082 L·atm/mol·K이다.)

정답 및 해설 64쪽

104 기체 A 와 B 가 반응하여 기체 C 를 생성하는 화학 반응식과 반응 전과 반응 후의 기체에 대한 정보를 나타낸 표이다. (반응 전후 온도는 0℃, 압력은 1기압으로 유지되었다.)

$$A(g) + 2B(g) \rightarrow xC(g)$$

반응 전		반응 후	
A의 부피(L)	B의 부피(L)	A의 질량(g)	B의 질량(g)
10	㉠	0	30

반응 후 물질의 총 부피가 13 L일 때, 다음 물음에 답하시오. (단, x 는 화학 반응식의 계수이다.)

[2021~23 기출 유형]

(1) 반응 전 기체 B의 부피(㉠)을 구하시오.

(2) 기체 B의 분자량을 구하시오.

라부아지에의 화학 혁명

주제 I

"우리는 사실에만 의존해야 한다. 사실이란 자연이 준 것이라서 속이지 않기 때문이다. 우리는 어떠한 경우에도 실험 결과에 따라 판단해야 한다. (억지로)진리를 찾으려고 하지 말고, 실험과 관찰이 주는 자연적인 길을 따라야 한다"

이 말을 남긴 인물은 1743년 8월 26일 태어난 프랑스 화학자, 앙투안 로랑 라부아지에(Antoine-Laurent Lavoisier, 1743~1794)이다. 객관적인 실험을 중시한 라부아지에는 '질량 보존 법칙' 등 중요한 업적을 많이 남겨 근대 화학의 아버지로 불린다.

▲ 눈이 약간 사시였던 라부아지에와 실험 장비들

재력가 라부아지에

라부아지에는 부유한 법률가인 아버지의 영향을 받아 법학 공부를 했지만 자연과학에 관심이 많았다. 처음에는 지질학자겸 광물학자로 활동했고, 이후 화학에 전념했다. 라부아지에는 과학 아카데미 입회 자격을 얻기 위해 실험실을 세웠으며, 1768년에는 연구 자금을 확보하기 위해 군주를 대신해서 세금을 걷는 사설 조합이었던 세금 징수 조합에 들어갔다. 이로 인해 그는 고가의 실험 장비를 구입하여 많은 실험들을 할 수 있었다.

질량 보존 법칙

라부아지에의 업적 중 우리에게 가장 많이 알려진 것은 질량 보존 법칙이다. 질량 보존 법칙은 화학 반응이 일어나기 전 물질들은 화학 반응 후 생성된 물질들로 변하기 때문에 물질이 소멸되거나 없던 물질이 생기지 않는다는 것으로, 라부아지에 이전의 과학자들은 화학 실험을 할 때 대충 눈짐작으로 반응 물질과 생성 물질을 다뤘지만, 라부아지에는 정확한 양을 측정함으로써 객관적인 실험 결과를 이끌어내었다. 1774년 정립된 이 법칙은 기초 과학의 근간이 되었다.

'산소'를 '산소'라 명명한 라부아지에

1772년 기체 화학으로 눈을 돌린 라부아지에는 공기 중에서 인과 황을 태우면 무게가 늘어나는 것을 발견했다. 1774년 라부아지에는 프리스틀리에게서 '탈플로지스톤화된 공기'(플로지스톤설 : '물질의 연소는 불타는 흙에 의해서 일어난다'는 설)의 존재를 듣게 되고, 당시 라부아지에는 연소에 대해 연구하고 있었으므로 프리스틀리가 발견한 기체가 자신이 연구하던 연소와 관련되어 있다고 생각하여 이 기체의 정체를 밝혀내기 위해 추가적으로 실험을 진행하였다. 결국 그는 연소와 환원, 호흡, 발효, 산성화 과정에 모두 그 기체가 관여한다는 사실을 알게 되었다. 처음에는 그 기체를 '호흡에 탁월한 공기'라고 불렀으며, 그 후 '산소(oxygen, 산성화시키는 원리)'라는 이름을 붙이고 그것을 원소로 정의했다.

모두가 '물'을 '원소'라고 생각했을 때, '물'이 '원소'가 아니라고 한 라부아지에

1785년 2월 27일부터 3월 1일에 걸쳐 라부아지에는 물의 분석과 합성에 대한 실험을 진행했다. 그는 고열을 이용해 물을 수소와 산소로 분리하는 데 성공하였으며 반대로 수소와 산소 기체를 이용해 물을 합성해 보이기도 했다. 또, 물을 생성하는 데 필요한 수소와 산소의 질량을 측정해 보이기도 했다. 이를 통해 라부아지에는 '물은 원소가 아닌 서로 다른 두 원소의 화합물'이라는 것을 밝혀냈다.

라부아지에 부인의 헌신

▲ 라부아지에와 그의 아내

라부아지에가 근대 화학의 아버지가 될 수 있었던 것은 그의 아내 마리 폴즈의 헌신이 있었기 때문이다. 마리는 세금 징수 조합의 고위 간부의 딸이었다. 결혼 뒤 그녀는 남편의 연구를 보조하기 위해 영국에서 발간되는 논문과 보고서를 번역할 수 있도록 영어를 익혔다.

▲ 라부아지에 부인이 그린 실험실의 모습

또한 남편의 실험을 기록하고, 남편이 쓴 글에 들어갈 삽화를 그리기 위해 그림과 판화를 공부했으며, 라부아지에가 세상을 떠난 뒤 남편의 연구를 정리하여 책으로 출간하였다. 이후 그녀는 영국의 물리학자 벤자민 톰슨과 재혼했다.

단두대의 이슬이 된 라부아지에

화학 혁명을 이룬 그임에도 불구하고 프랑스 혁명을 계기로 그의 인생은 바뀌었다. 프랑스 혁명 당시 세금 징수원들이 부패의 온상으로 몰리고, 특히 프랑스 혁명을 주도한 혁명가 장 폴 마라의 미움을 산 라부아지에는 51세의 나이에 사형을 선고받는다. 그는 사형 당하기 전 재판장에게 중요한 실험을 할 수 있도록 2주일만 재판을 연기해 달라고 요청했다. 하지만 재판장은 "프랑스 공화국은 과학자를 필요로 하지 않는다"는 말을 남기며 사형에 처했다. 그렇게 라부아지에는 단두대의 이슬로 삶을 마감하였다. 이를 두고 수학자이자 천문학자인 조제프 루이 라그랑주는 다음과 같은 말을 남겼다.

"그 머리를 싹둑 자르는 것은 한순간이지만, 그와 같은 머리가 우리에게 오는 데는 백 년도 더 걸릴 것이다."

Q1 라부아지에가 많은 업적을 남겨 위대한 화학자가 될 수 있었던 이유는 무엇이라고 생각하는지 자유롭게 서술하시오.

Q2 라부아지에 이전의 과학자들이 물을 원소라고 생각한 이유는 무엇이었을지 생각해 보자.

나폴레옹은 누가 죽였나? 주제 Ⅱ

1815년 워터루에서 패배한 나폴레옹은 대서양의 작은 세인트 헬레나 섬으로 추방되어 그곳에서 생의 마지막을 보낸 후 1821년 5월 5일 51세로 사망하였다.

▲ 헬레나 섬에서 프랑스를 바라보고 있는 나폴레옹

한동안 그의 죽음을 둘러싸고 많은 논란이 있었다. 나폴레옹의 부검을 한 의사는 그가 위암으로 죽었다고 발표하였으나 1961년 그의 머리카락을 분석한 결과, 많은 양의 비소가 포함되어 있어, 독살에 의해 죽었을 것이라는 가능성이 제기되었기 때문이다.

비소(As, 원자번호 33번) 원소 자체는 유해하지 않지만 물에 용해하여 생성된 산화 비소(Ⅲ) As_2O_3는 독약으로 사용된다. '아비산'이라고도 불리우는 As_2O_3는 흰색의 분말로 아무 맛도 나지 않는다. 또한 이 독약은 일정 기간 동안 조금씩 양을 늘려가며 투약하면 나중에는 치사량의 2배까지 복용하게 되어도 독성이 나타나지 않는다. 그러나 어느날 투여를 중단하면 목숨을 잃게 된다.

▲ 나폴레옹의 머리카락

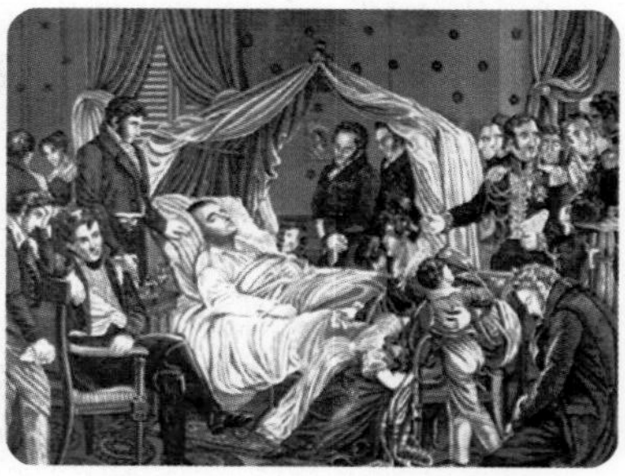

▲ 죽음을 맞이하는 나폴레옹

정답 및 해설 64쪽

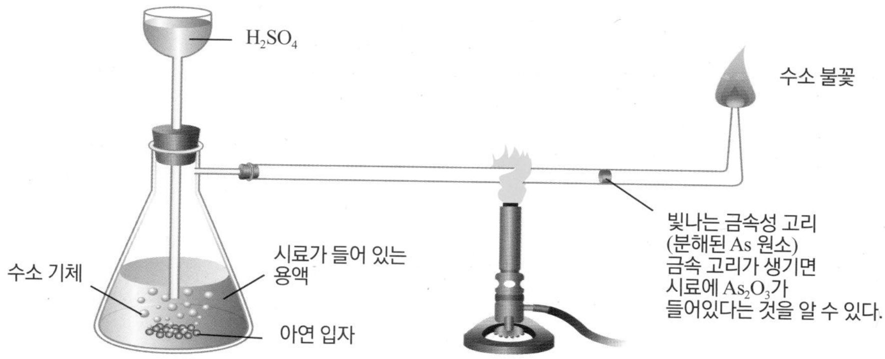

▲ 마쉬 테스트

1832년 영국의 화학자 제임스 마쉬(James Marsh)는 비소를 검출하기 위한 기구로 마쉬 테스트를 고안해 냈다. 이 실험은 As_2O_3가 들어 있을 것이라고 예상되는 시료를 수소와 반응시키면(이때 수소는 아연과 황산을 반응시켜 만든다)) '아르신(As_2H_3)'이라는 유독 가스가 만들어지는 것으로 시료에 비소가 들어 있는지 확인할 수 있다. 아르센 가스에 열을 가하면, 분해하여 비소와 수소 기체가 발생한다.

1961년 마쉬 테스트를 이용해 나폴레옹의 머리카락을 분석한 결과, 다량의 비소가 발견되어 비소로 인한 독살설이 신빙성을 얻게 되었다. 하지만 당시 유럽 왕궁과 귀족 저택에 사용된 페인트나 벽지에서도 많은 양의 비소가 검출되었다. 헬레나 섬의 높은 습도가 벽지의 곰팡이를 잘 자라게 하였고, 곰팡이는 비소 성분을 휘발성이고 독성이 강한 트라이메틸 아르센[$(CH_3)_3As$]으로 바꾸었을 것이다. 따라서 이 증기에 오랫동안 노출된 나폴레옹의 몸에 비소가 축적되어 왔다고 설명할 수 있다. 뿐만 아니라 당시 이 시대 대부분의 사람들의 머리카락에서도 비소가 많이 검출되었기 때문에 나폴레옹의 독살설은 신빙성을 잃게 되었다.

Q3 나폴레옹이 죽었을 때 어떻게 비소를 검출할 수 있었는지 방법을 서술해 보시오.

Q4 나폴레옹의 독살설이 신빙성을 잃게 된 이유를 서술해 보시오.

Ⅳ 여러 가지 화학 반응

1 화학 반응

1. 화학 반응 : 화학 변화가 일어나 새로운 물질이 생성되는 반응으로, 원자의 배열 방식에 따라 화합, 분해, 치환 등으로 구분된다.

① 화학 반응의 종류

화합	두 가지 이상의 물질이 결합하여 새로운 물질을 생성한다.
	예 $Fe + S \longrightarrow FeS$ 철 황 → 황화 철
분해	한 화합물이 두 가지 이상의 물질로 나누어진다.
	· **열분해** : $2NaHCO_3 \longrightarrow Na_2CO_3 + CO_2\uparrow + H_2O$ 탄산 수소 나트륨 → 탄산 나트륨 이산화 탄소 물
	· **촉매 분해** : $2H_2O_2 \longrightarrow 2H_2O + O_2$ 과산화 수소 → 물 산소
	· **전기 분해** : $2H_2O \longrightarrow 2H_2\uparrow + O_2\uparrow$ 물 → 수소 산소
치환	화합물을 구성하는 성분 물질 중 일부가 다른 물질과 결합하여 새로운 물질을 생성한다.
	예 $2KI + Pb(NO_3)_2 \longrightarrow PbI_2\downarrow + 2KNO_3$ 아이오딘화 칼륨 질산 납 → 아이오딘화 납 질산 칼륨

② 화학 변화에서의 질량 보존

앙금 생성 반응	앙금이 생성될 때, 구성 원자들의 배열이 달라져서 새로운 물질이 생성되지만, 반응 전후 물질의 총 질량은 보존된다.
	예 $NaCl + AgNO_3 \longrightarrow AgCl\downarrow + NaNO_3$, $CaCl_2 + Na_2CO_3 \longrightarrow CaCO_3\downarrow + 2NaCl$ 염화 나트륨 질산 은 → 염화 은 질산 나트륨, 염화 칼슘 탄산 나트륨 → 탄산 칼슘 염화 나트륨
기체 발생 반응	밀폐된 용기에서는 발생한 기체가 빠져나가지 못하므로 반응 전후 물질의 총 질량은 보존되지만, 열린 용기에서는 발생한 기체가 빠져나가므로 반응 전후 물질의 질량이 다르다.
	예 $Zn + 2HCl \longrightarrow ZnCl_2 + H_2\uparrow$, $CaCO_3 + 2HCl \longrightarrow CaCl_2 + H_2O + CO_2\uparrow$ 아연 염화 수소 → 염화 아연 수소, 탄산 칼슘 염화 수소 → 염화 칼슘 물 이산화 탄소
연소 반응	밀폐된 용기에서는 발생한 기체가 빠져나가지 못하므로 반응 전후 물질의 총 질량은 보존되지만, 열린 용기에서는 기체의 출입으로 인해 반응 전후 물질의 질량이 다르다.
	예 $C + O_2 \longrightarrow CO_2$ 탄소 산소 → 이산화 탄소

③ 화학 반응에서의 양적 관계 : 1몰(mol)은 분자 6.02×10^{23}개이며, 0℃ 1기압에서의 부피가 22.4 L이다.

화학 반응식	CH_4 +	$2O_2$ ⟶	CO_2 +	$2H_2O$
계수비	1	2	1	2
분자수비	1	2	1	2
몰수비	1	2	1	2
0℃, 1기압에서 1몰의 부피	22.4 L	22.4 L	22.4 L	22.4 L
기체의 부피비	1	2	1	2
질량(비)	16 g (4)	64 g (16)	44 g (11)	36 g (9)

2 산화 환원 반응

1. 산화 환원

① 산화 환원의 정의

산소의 이동에 의한 정의	산화	산소를 얻는 반응	예) $2CuO + C \longrightarrow 2Cu + CO_2$ (산화 구리(Ⅱ), 탄소 → 구리, 이산화 탄소) / C: 산화, CuO: 환원
	환원	산소를 잃는 반응	
전자의 이동에 의한 정의	산화	전자를 잃는 반응	예) $Mg + Cu^{2+} \longrightarrow Mg^{2+} + Cu$ (마그네슘, 구리 이온 → 마그네슘 이온, 구리) / Mg: 산화, Cu^{2+}: 환원
		$Mg \longrightarrow Mg^{2+} + 2e^-$	
	환원	전자를 얻는 반응	
		$Cu^{2+} + 2e^- \longrightarrow Cu$	
산화수에 의한 정의	산화	산화수가 증가하는 반응	예) $Zn + Cu^{2+} \longrightarrow Zn^{2+} + Cu$ (0, +2 → +2, 0) / Cu^{2+}: 환원, Zn: 산화
	환원	산화수가 감소하는 반응	

② 산화제와 환원제

산화제	다른 물질을 산화시키고 자신은 환원되는 물질	예) $Zn + Cu^{2+} \longrightarrow Zn^{2+} + Cu$ (환원제, 산화제) / Cu^{2+}: 환원, Zn: 산화
환원제	다른 물질을 환원시키고 자신은 산화되는 물질	

2. 금속의 이온화 경향 : 금속이 전자를 잃고 양이온이 되려는 경향으로, 이온화 경향이 클수록 금속의 반응성이 커지고 전자를 잃기 쉬워 산화되기 쉽다.

K Ca Na Mg Al Zn Fe Ni Sn Pb H Cu Hg Ag Pt Au

← 이온화 경향이 크다. 이온화 경향이 작다. →

구분	금속과 금속 양이온의 반응($CuSO_4(aq) + Zn(s)$)	금속과 산의 반응
실험 장치		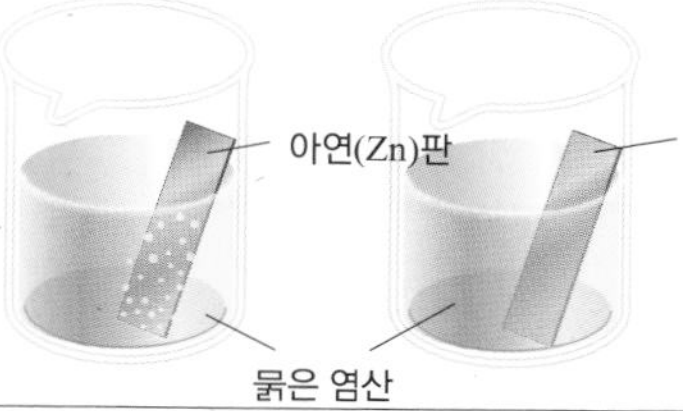
결과	아연(Zn)은 구리(Cu)보다 반응성이 크기 때문에 아연판 표면에 구리가 석출되고, 용액의 푸른색이 옅어진다.(구리 이온(Cu^{2+})은 수용액에서 푸른색을 띤다.)	아연(Zn)은 수소(H)보다 반응성이 크고, 구리(Cu)는 수소(H)보다 반응성이 작으므로 아연판 표면에서는 수소 기체가 발생하고, 구리판 표면에는 수소 기체가 발생하지 않는다.
해석	$Zn + Cu^{2+} \longrightarrow Zn^{2+} + Cu$ (Zn: 산화, Cu^{2+}: 환원)	$Zn + 2H^+ \longrightarrow Zn^{2+} + H_2$ (Zn: 산화, H^+: 환원) $Cu + 2H^+ \longrightarrow$ 반응이 일어나지 않음

정답 및 해설 65쪽

Q1 일정량의 강철솜을 불꽃에서 가열할 때 일어나는 반응의 화학 반응식을 쓰시오.

Q2 양철로 만든 통조림 캔은 한 번 개봉한 후에 캔에 음식물을 계속 보관하지 않고, 반드시 다른 용기로 옮겨야 한다. 그 이유를 서술하시오.

3. 철의 제련 : 철광석(Fe_2O_3+불순물)으로부터 순수한 철(Fe)을 얻는 과정이다.

① 철광석을 코크스, 석회석과 함께 가열하면 코크스는 불완전 연소하여 일산화 탄소를 생성한다.

② 일산화 탄소는 스스로 산화되며 철광석을 환원시켜 순수한 철이 생성되게 한다.

산화: C → CO, 환원: O_2 → CO

$$2C + O_2 \longrightarrow 2CO$$

코크스 산소 일산화 탄소

산화: CO → CO_2, 환원: Fe_2O_3 → Fe

$$Fe_2O_3 + 3CO \longrightarrow 2Fe + 3CO_2$$

산화 철(Ⅲ) 일산화 탄소 철 이산화 탄소

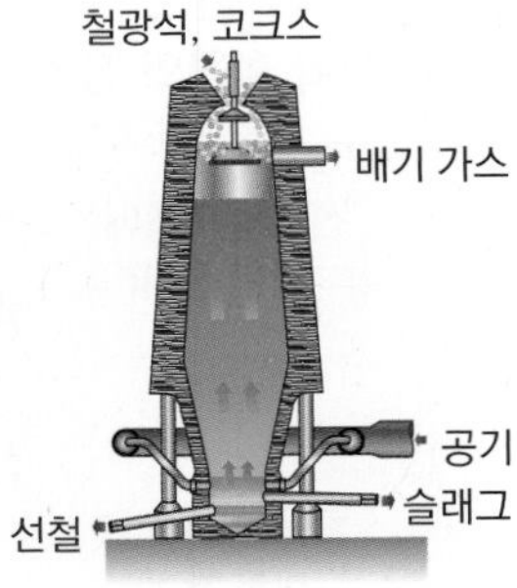

4. 철의 부식 : 철이 산화되어 철 산화물(녹; $Fe_2O_3 \cdot xH_2O$)이 되는 과정이다.

① 철이 물과 산소를 만나 Fe^{2+} 와 OH^-를 생성한다.

$Fe \longrightarrow Fe^{2+} + 2e^-$ (산화), $O_2 + 2H_2O + 4e^- \longrightarrow 4OH^-$ (환원)

(전체 반응) $2Fe + O_2 + 2H_2O \longrightarrow 2Fe^{2+} + 4OH^-$ ($Fe(OH)_2$)

② 수산화 철($Fe(OH)_2$)은 산화되어 $Fe(OH)_3$이 되었다가 녹($Fe_2O_3 \cdot xH_2O$)이 된다.

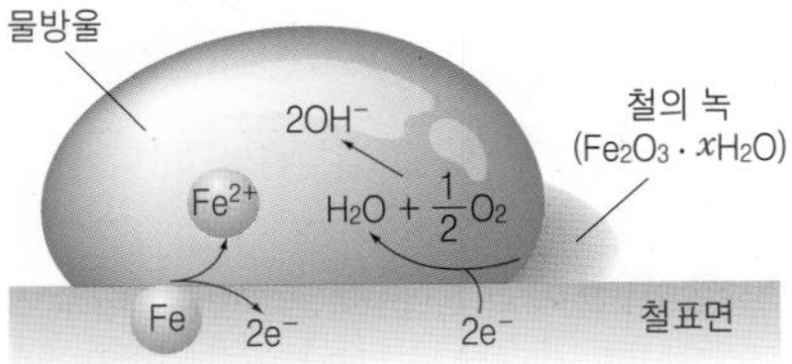

5. 화학 전지 : 산화 환원 반응을 이용하여 화학 에너지를 전기 에너지로 전환시키는 장치이다. (-) 극에서는 금속이 전자를 잃고 산화되고, (+) 극에서는 금속이 전자를 받아 전해질에 전달하여 금속 표면의 전해질의 양이온이 환원된다.

① **볼타 전지** : 발생된 수소 기체가 (+)극 구리판에 달라붙어 H^+이 전자를 얻는 것을 방해하여 분극 현상이 일어난다.

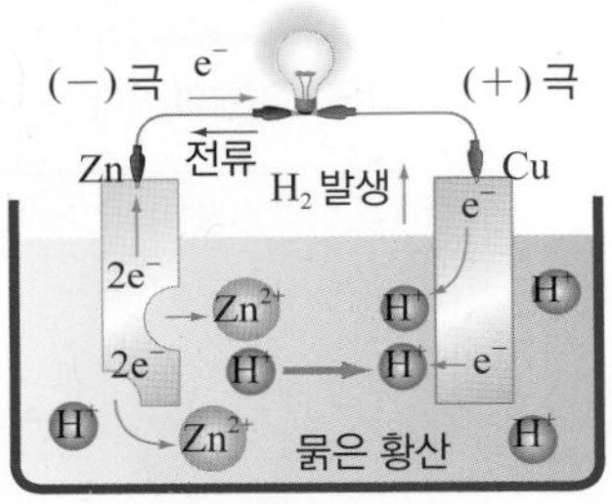

(−) Zn(*s*) | H_2SO_4(*aq*) | Cu(*s*) (+)

(−) 극 : $Zn(s) \rightarrow Zn^{2+}(aq) + 2e^-$

(+) 극 : $2H^+(aq) + 2e^- \rightarrow H_2(g)$

전체 반응 : $Zn(s) + 2H^+(aq) \rightarrow Zn^{2+}(aq) + H_2(g)$

② **수소 – 산소 연료 전지** : 수소를 (-)극에 공급하여 전기에너지를 얻는다. 에너지 효율이 높고, 최종 생성물이 물이기 때문에 환경오염이 거의 일어나지 않는다. 다만 장치가 매우 크고 비싸다는 것이 단점이다.

• 전극: 금속 촉매를 주입한 다공성 탄소 전극 • 전해질 : KOH • 전지식 : (-)(C) H_2 | KOH | O_2 (C)(+)

전극	반응식	모형
(-)극	$2H_2 + 4OH^- \longrightarrow 4H_2O + 4e^-$ (산화 반응) 수소 기체 주입	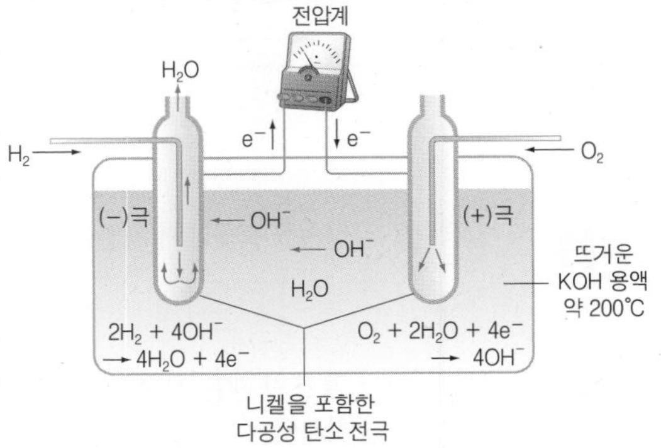
(+)극	$O_2 + 2H_2O + 4e^- \longrightarrow 4OH^-$ (환원 반응) 산소 기체 주입	
전체 반응	$2H_2 + O_2 \longrightarrow 2H_2O$	
장점	• 연료만 공급하면 재충전 없이 전기 계속 생산 • 에너지 손실이 거의 없는 고효율 전지 • 생성물이 물 → 공해 물질의 배출 거의 없음, 소음 적음	

6. 전해질 수용액의 전기 분해 : 전해질 수용액에는 전해질의 양이온과 음이온 외에도 물이 존재하므로 이온의 종류에 따라 전기 분해되는 물질이 달라진다.

① **(+) 극(산화 반응)** : 음이온과 물 분자 중 산화되기 쉬운 것이 먼저 산화된다. 음이온이 I^-, Br^-, Cl^- 등인 경우 음이온이 산화되고, 음이온이 PO_4^{3-}, SO_4^{2-}, CO_3^{2-}, F^-, NO_3^-, OH^- 인 경우 물 분자가 산화된다.

② **(-) 극(환원 반응)** : 양이온과 물 분자 중 표준 환원 전위가 큰 것(환원되기 쉬운 것)이 먼저 환원된다. 양이온이 Cu^{2+}, Ag^+, Zn^{2+}, Fe^{2+} 등인 경우 양이온이 환원되고, 양이온이 NH_4^+, Li^+, Mg^{2+}, Ca^{2+}, K^+, Ba^{2+}, Al^{3+}, Na^+ 등인 경우 물 분자가 환원된다

구분	염화 나트륨 수용액	황산 구리(II) 수용액
모형	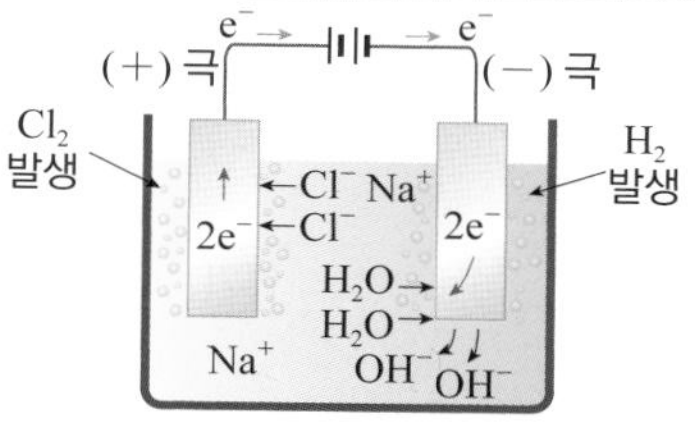	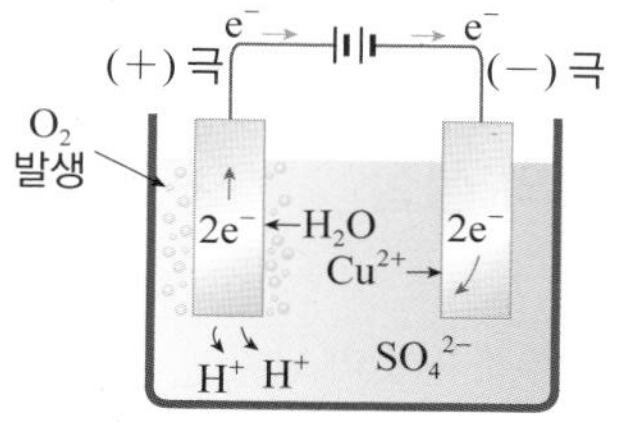
반응	(+) 극 : $2Cl^-(l) \rightarrow Cl_2(g) + 2e^-$ (−) 극 : $2H_2O(l) + 2e^- \rightarrow H_2(g) + 2OH^-(aq)$	(+) 극 : $H_2O(l) \rightarrow \frac{1}{2}O_2(g) + 2H^+(aq) + 2e^-$ (−) 극 : $Cu^{2+}(aq) + 2e^- \rightarrow Cu(s)$

7. 전기 분해의 이용

구분	은도금	구리 정제
모형	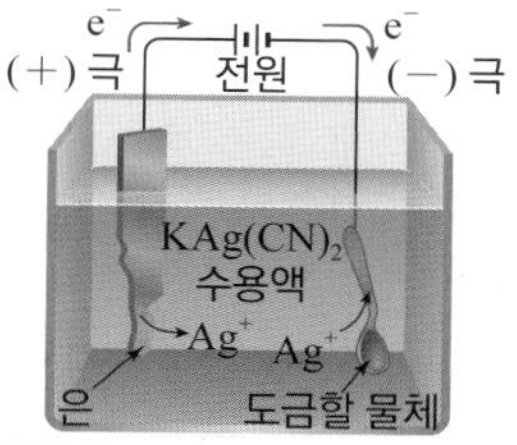	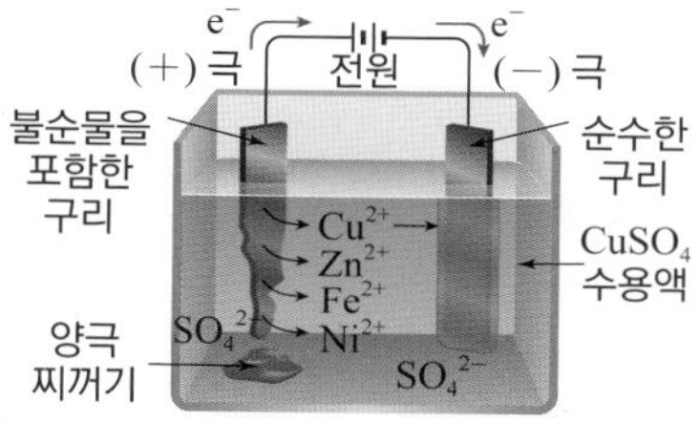
내용	전기 분해를 이용하여 금속의 표면을 은(Ag) 등으로 얇게 입힌다. → 도금에 사용할 금속을 (+) 극에, 도금할 물체를 (−) 극에 연결한다.	전기 분해를 이용하여 불순물이 소량 섞인 구리에서 순도 높은 구리를 얻는다. → 불순물이 섞인 구리판을 (+) 극에, 순수한 구리판을 (−) 극에 연결한다.
반응	(+) 극 : $Ag(s) \rightarrow Ag^+(aq) + e^-$ (−) 극 : $Ag^+(aq) + e^- \rightarrow Ag(s)$	(+) 극 : $Cu(s) \rightarrow Cu^{2+}(aq) + 2e^-$ (−) 극 : $Cu^{2+}(aq) + 2e^- \rightarrow Cu(s)$

8. 전기 분해의 양적 관계 : 전하량(Q)은 전류의 세기(I)에 전류를 공급한 시간(t)을 곱해서 구하며, 단위는 C(쿨롬)이고, 약 96500 C 은 1 F(패러데이)이다.

$$Q = It$$

정답 및 해설 65쪽

Q3 산과 반응하여 수소 기체를 발생시킬 수 있는 금속의 조건을 산화 환원 반응과 관련지어 서술하시오.

Q4 구리 정제 실험에서 수용액에 불순물(Fe^{2+}, Ni^{2+}, Zn^{2+} 등)이 존재하지만 (-) 극에서 Cu 만 석출되는 이유를 쓰시오.

3 산과 염기

1. 산과 염기

① **산** : 수용액에서 이온화하여 수소 이온(H^+)을 내놓는 물질이다.

　예 염산(HCl), 황산(H_2SO_4), 질산(HNO_3), 아세트산(CH_3COOH) 등

② **염기** : 수용액에서 이온화하여 수산화 이온(OH^-)을 내놓는 물질이다.

　예 수산화 나트륨(NaOH), 수산화 칼슘($Ca(OH)_2$), 암모니아(NH_3), 수산화 칼륨(KOH) 등

2. 산과 염기의 성질

산	염기
· 대부분 신맛이 난다. · 수용액에서 전류가 흐른다. · 금속과 반응하여 수소 기체를 발생시킨다. 예 $Mg + 2HCl \longrightarrow MgCl_2 + H_2$ · 달걀 껍데기(탄산 칼슘)와 반응하여 이산화 탄소 기체를 발생시킨다. 예 $CaCO_3 + 2HCl \longrightarrow CaCl_2 + H_2O + CO_2$	· 대부분 쓴맛이 난다. · 수용액에서 전류가 흐른다. · 금속이나 달걀 껍데기(탄산 칼슘)과 반응하지 않는다. · 단백질을 녹이는 성질이 있어 손으로 만지면 미끈거린다.

3. 지시약과 pH

① **지시약** : 용액의 액성을 확인하기 위해 사용하는 물질로, 액성에 따라 달라진다.

지시약	리트머스 종이	페놀프탈레인 용액	메틸 오렌지 용액	BTB 용액
산성	푸른색 → 붉은색	무색	붉은색	노란색
중성	-	무색	주황색	초록색
염기성	붉은색 → 푸른색	붉은색	노란색	파란색

② **pH** : 수용액에 들어 있는 수소 이온(H^+)의 농도를 숫자로 나타낸 것으로, 수소 이온(H^+)의 농도가 진할수록 산성이 강하고, pH가 작다.

$$pH = \log\frac{1}{[H_3O^+]} = -\log[H_3O^+]$$

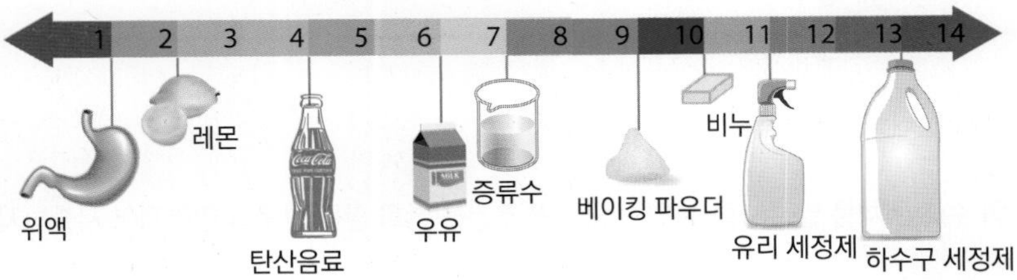

pH < 7 : 산성　　pH = 7 : 중성　　pH > 7 : 염기성

4 중화 반응

1. 중화 반응 : 산과 염기가 반응하여 물과 염을 생성하는 반응이다.

$$HCl + NaOH \longrightarrow NaCl + H_2O + \text{열}$$

① **중화 반응의 알짜 이온 반응식** : $H^+ + OH^- \longrightarrow H_2O$

② **중화점** : 산의 수소 이온(H^+)과 염기의 수산화 이온(OH^-)이 모두 반응하여 중화 반응이 완결된 지점이다.

③ **중화점의 확인**

지시약	색의 변화를 관찰하여 중화점을 확인한다.	
온도 측정	중화 반응은 발열 반응이므로 중화점에서 온도가 가장 높다.	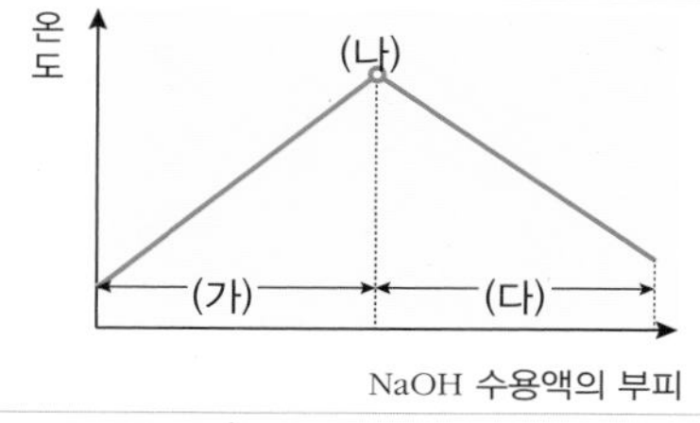
전류의 세기 측정	중화점에서 전류의 세기가 가장 약하다.	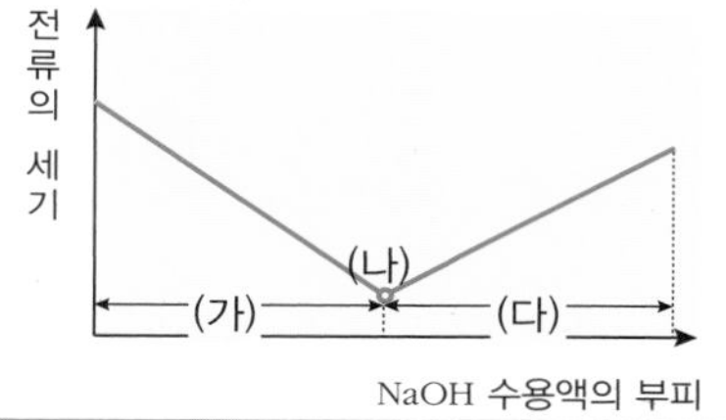

2. 중화 반응에서 이온 수 변화 : 묽은 염산(HCl)에 수산화 나트륨(NaOH)을 가하면, H^+은 OH^-과 반응하여 감소하다가 중화 반응이 완결되면 존재하지 않고, OH^-은 H^+과 반응하므로 처음에는 모두 반응하고, 중화 반응이 완결된 이후에 점점 증가한다. Na^+은 반응에 참여하지 않으므로 이온 수가 증가하고, Cl^-은 반응에 참여하지 않으므로 이온 수가 일정하다.

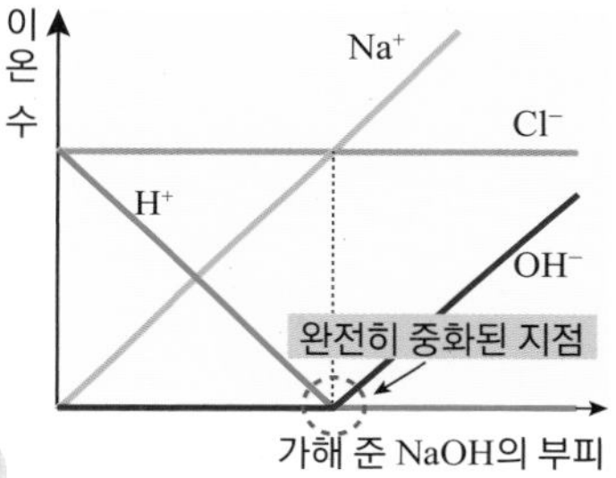

3. 중화 반응의 양적 관계 : 산의 H^+의 몰수 = 염기의 OH^-의 몰수

$$n_1M_1V_1 = n_2M_2V_2$$

(n_1, n_2 : 산, 염기의 가수, M_1, M_2 : 산, 염기의 몰 농도, V_1, V_2 : 산, 염기의 부피)

4. 중화 적정 : 중화 반응의 양적 관계를 이용하여 농도를 모르는 염기나 산 수용액의 농도를 알아내는 방법이다.

강산을 강염기로 적정할 때	강산을 약염기로 적정할 때	약산을 강염기로 적정할 때	약산을 약염기로 적정할 때
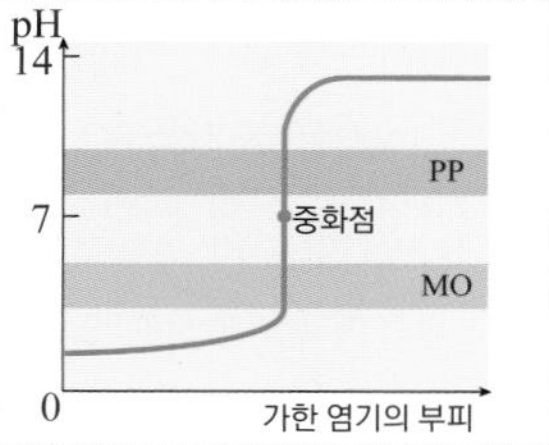	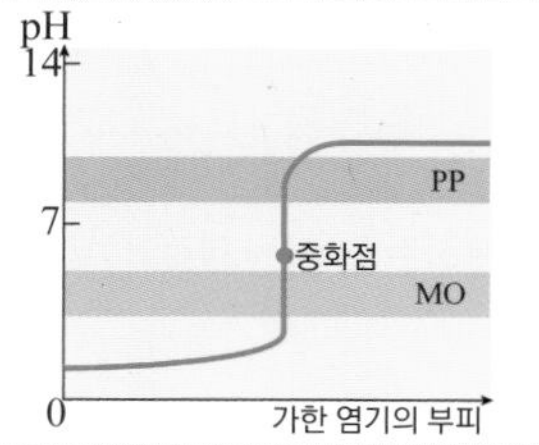	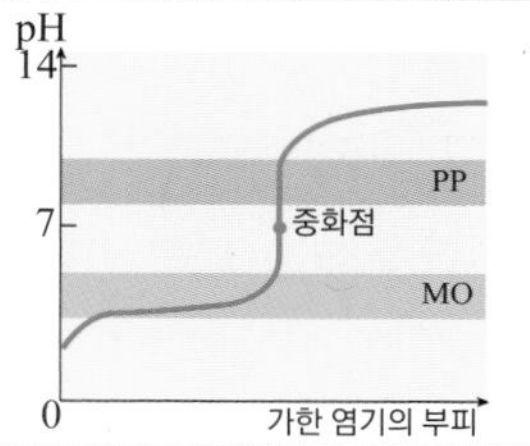	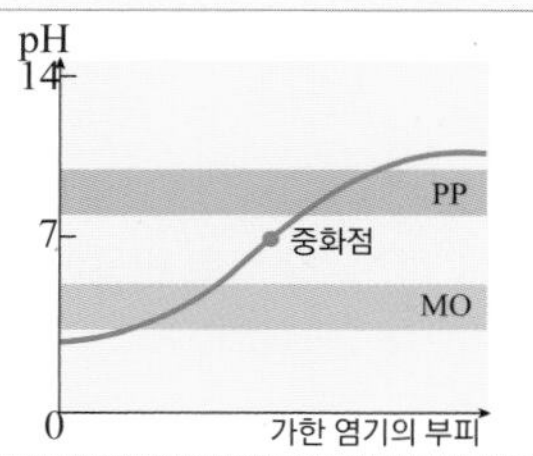
· 중화점의 pH = 7 · 지시약 : 메틸 오렌지(MO), 페놀프탈레인(PP) 사용 가능	· 중화점의 pH < 7 · 지시약 : 메틸 오렌지(MO) 사용 가능	· 중화점의 pH > 7 · 지시약 : 페놀프탈레인(PP) 사용 가능	· 중화점의 pH = 7 · 지시약 : 지시약으로 중화점 찾기 어려움

정답 및 해설 65쪽

Q5 산성화된 호수나 토양을 중화시키기 위해 염기성 물질인 석회를 뿌리기도 한다. 석회의 주성분인 CaO가 염기성 물질인 이유를 쓰시오.

105 밀폐된 용기에 프로페인(C_3H_8) 22 g 과 산소 100 g 을 넣고, 프로페인을 완전 연소시켰다. 반응 후 남은 산소의 질량을 풀이 과정과 함께 구하시오. (단, 수소, 탄소, 산소의 원자량은 각각 1, 12, 16이다.)

106 다음은 기체 A와 B가 반응하여 기체 C를 생성하는 화학 반응식과 반응 전과 반응 후의 기체에 대한 정보를 나타낸 표이다.

$$A(g) + 2B(g) \longrightarrow xC(g)$$

반응 전		반응 후	
A의 몰수(몰)	B의 몰수(몰)	A의 질량(g)	B의 질량(g)
10	㉠	0	30

반응 후 물질의 총 몰수가 13몰일 때, 다음 물음에 답하시오. (단, x는 화학 반응식의 계수이다.)

(1) 반응 전의 B의 몰수(㉠)을 구하시오.

(2) B의 분자량을 구하시오.

107 다음은 과산화 수소(H_2O_2)가 참여하는 반응의 화학 반응식이다.

(가) $H_2O_2 + 2H^+ + 2I^- \longrightarrow 2H_2O + I_2$
(나) $2KMnO_4 + 5H_2O_2 + 3H_2SO_4 \longrightarrow 2MnSO_4 + 5O_2 + K_2SO_4 + 8H_2O$

각 화학 반응에서 과산화 수소(H_2O_2)는 산화제로 작용하는지 환원제로 작용하는지 각각 쓰시오.

108 다음 그림과 같이 황산 구리(Ⅱ) 수용액에 아연(Zn)판을 넣었을 때, 수용액 속의 총 이온 수 변화에 대해 이유와 함께 서술하시오.

정답 및 해설 65쪽

109 다음은 염소 기체(Cl_2)를 물에 녹였을 때 일어나는 반응의 화학 반응식이다. 다음 물음에 답하시오

$$Cl_2 + H_2O \longrightarrow HClO + HCl$$

(1) 반응 후 수용액의 액성을 쓰시오.

(2) 산화되는 물질과 환원되는 물질을 쓰시오.

110 용융된 $CuCl_2$를 전기 분해하여 (−) 극에서 석출되는 입자 수가 n 개라 하면 $AlCl_3$를 용융시켜 같은 전기량으로 전기 분해할 때 석출되는 Al의 원자 수는 몇 개인지 쓰시오.

111 그림은 묽은 염산과 수산화 칼륨 수용액의 부피를 달리하여 혼합한 후, 혼합 용액의 최고 온도를 측정한 결과를 나타낸 것이다. (단, HCl와 KOH은 수용액에서 모두 이온화한다.)

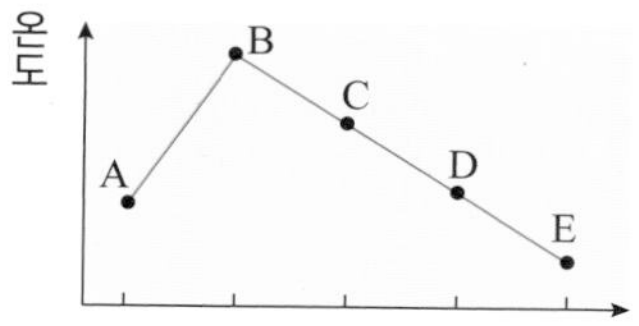

HCl(*aq*) 부피(mL)	10	20	30	40	50
KOH(*aq*) 부피(mL)	50	40	30	20	10

(1) 전류의 세기가 가장 낮은 지점을 쓰시오.

(2) C와 E의 pH를 부등호(>, <, =)로 비교하시오.

(3) 묽은 염산과 수산화 칼륨 수용액의 혼합 전 같은 부피 속에 들어 있는 양이온 수의 비를 구하시오.

112 그림은 묽은 염산(HCl)과 수산화 나트륨(NaOH) 수용액의 부피를 달리하여 반응시켰을 때, 생성되는 물 분자 수를 상댓값으로 나타낸 것이다. (단, HCl 와 NaOH 은 수용액에서 모두 이온화하고, 혼합 전 묽은 염산과 수산화 나트륨 수용액의 온도는 같다.)

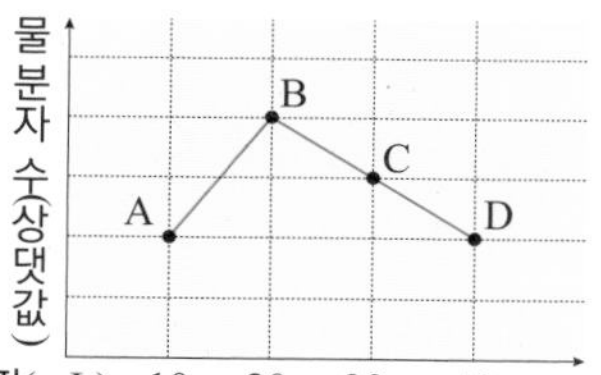

HCl(*aq*) 부피(mL)	10	20	30	40
NaOH(*aq*) 부피(mL)	50	40	30	20

(1) 온도가 가장 높은 지점을 쓰시오.

(2) C 지점의 용액에 BTB 용액을 가했을 때, 수용액의 색을 쓰시오.

(3) 단위 부피당 이온 수가 가장 적은 지점을 쓰시오.

113 그림은 묽은 염산(HCl) 10mL에 수산화 나트륨(NaOH) 수용액을 조금씩 가했을 때, 수산화 나트륨(NaOH)의 부피에 따른 용액의 전체 이온 수를 나타낸 것이다. (단, HCl과 NaOH은 수용액에서 모두 이온화한다.)

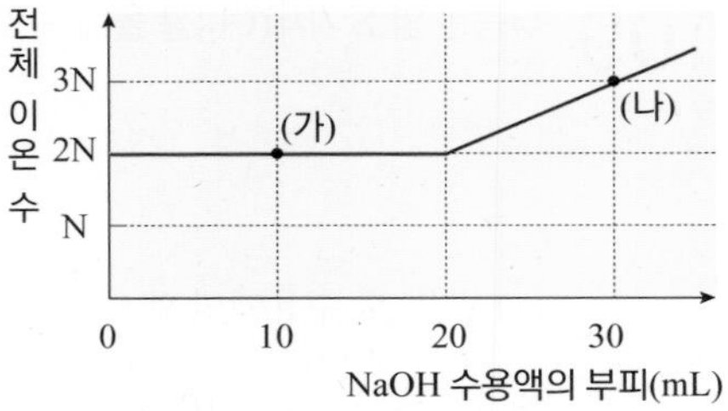

(1) (가) 용액과 (나) 용액의 pH를 비교하시오.

(2) (나) 용액에서 생성된 물 분자 수를 쓰시오.

(3) (나) 용액을 완전히 중화시키는 데 필요한 묽은 염산의 부피를 구하시오.

114 그림은 일정량의 수산화 칼륨(KOH) 수용액에 묽은 염산(HCl)을 10mL씩 가할 때, 혼합 용액 (가) ~ (라)에 존재하는 이온 수의 비율을 이온의 종류에 관계없이 원 그래프로 나타낸 것이다. (단, HCl과 KOH은 수용액에서 모두 이온화한다.)

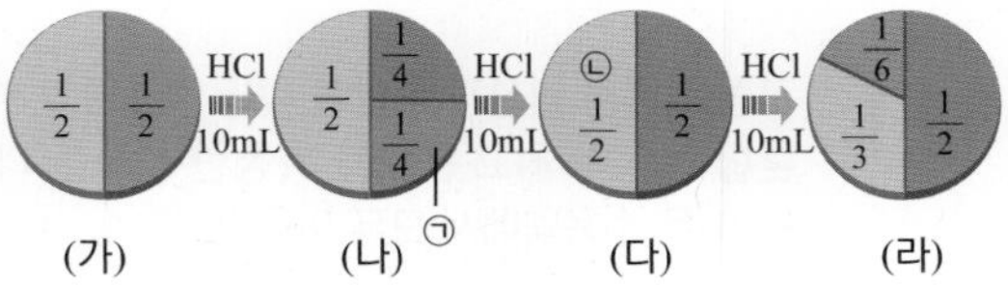

(1) ㉠과 ㉡에 해당하는 이온의 종류를 쓰시오.

(2) (나)와 (라)의 수용액 속 전체 이온 수를 비교하시오.

115 pH는 수용액 속에 들어 있는 수소 이온 농도를 간단히 표시하기 위하여 만든 척도로, 다음과 같이 계산할 수 있다.

$$pH = \log\frac{1}{[H^+]} = -\log[H^+]$$

이와 유사하게 수산화 이온 농도도 수산화 이온 지수(pOH)를 사용하여 나타낼 수 있다. 다음을 참고하여 수용액에서 적용할 수 있는 pOH와 pH의 관계식을 쓰시오. (단, 수용액의 온도는 25℃이다.)

· 물은 매우 약한 전해질로 H^+과 OH^-로 이온화한다. 따라서 수용액에는 H^+과 OH^-이 항상 공존한다.
· 25℃에서 순수한 물의 pH는 7이다.

정답 및 해설 67쪽

116 무한이는 계란을 크게 만들기 위해 다음과 같은 실험을 설계하고 관찰하였다.

<실험 과정>
① 투명하고 큰 컵에 계란을 넣고 계란이 충분히 잠기도록 식초를 붓는다.
② 계란 껍질 표면에서 일어나는 현상을 관찰한다.
③ 3일 정도 그대로 놓아둔다.

<관찰 결과>
① 계란의 껍질 표면에서 기포가 생긴다.
② 계란의 겉껍질이 완전히 녹아 없어지면서 부풀어올라 내부의 얇은 막으로 덮인 커다란 계란이 만들어졌다.

(1) 관찰 결과 ①에서 발생하는 기포가 석회수를 뿌옇게 만드는 기체와 성분이 같다면 계란 껍질의 주성분은 어떤 물질인지 쓰시오.

(2) 계란이 부풀어 올라 커지게 되는 이유를 설명하시오.

117 다음은 물질 A ~ D 의 특징을 설명한 것이다. 그 특성에 해당되는 물질을 바르게 짝지은 것을 고르시오.

A : 불꽃 반응 실험에서 불꽃이 보라색이다.
B : BTB 용액을 가하면 노란색으로 변하며, 건조제로 쓰인다.
C : 수용액에 탄산 나트륨 용액을 가하면 흰 침전이 생긴다.
D : 빛에 의하여 분해되므로 갈색병에 보관한다.

	A	B	C	D
①	$CaCl_2$	H_2SO_4	KCl	HNO_3
②	KCl	H_2SO_4	$CaCl_2$	HNO_3
③	$CaCl_2$	H_2SO_4	HNO_3	KCl
④	KCl	HNO_3	$CaCl_2$	H_2SO_4

118 그림은 탄화수소 C_mH_n 을 강철 용기에서 연소시키기 전과 후에 용기에 존재하는 물질에 대한 자료를 나타낸 것이다. 연소 후 용기 내 H_2O 과 O_2 의 질량은 표시하지 않았다.

[대회 기출 유형]

연소 전	연소 후
C_mH_n : x g O_2 : $4x$ g 전체 몰수 : y몰	CO_2 : $3.3x$ g H_2O, O_2 전체 몰수 : y몰

연소 후 생성물 H_2O의 질량과 남은 O_2의 질량을 x 로 표현하시오. (단, H, C, O 의 원자량은 각각 1, 12, 16 이다.)

119 표시가 없는 시약병 4개에 수산화 나트륨 수용액, 묽은 염산, 묽은 황산, 수산화 칼슘 수용액(석회수)이 각각 들어 있다. 이들을 서로 구별하는 방법은 다음과 같다. 다음 물음에 답하시오.

[대회 기출 유형]

(1) 한 시약병에 이산화 탄소 기체를 유리관을 통과하여 넣었더니 흰색 앙금이 생성되었다. 시약병에 들어 있던 시약의 화학식을 쓰고, 이 변화에 대한 화학 반응식을 쓰시오.

(2) 다른 시약병에는 입구 가까이에 수산화 암모늄을 묻힌 유리 막대를 대었더니 흰 연기가 발생하였다. 시약병에 들어 있던 시약의 화학식과 흰 연기의 이름과 화학식을 쓰시오.

(3) 또 다른 시약병에는 염화 바륨 수용액을 소량 넣었더니 흰 앙금이 생성되었다. 이 시약병에 들어 있던 시약의 화학식을 쓰고, 흰 앙금의 이름과 화학식을 쓰시오.

(4) 나머지 시약병에 들어 있는 용액을 증발 접시에 옮기고 천천히 가열하여 물을 모두 날려보냈더니 흰 고체가 남았다. 이 고체가 이산화 탄소를 흡수하였을 때 생성되는 물질의 이름과 화학식을 쓰시오.

120 표는 5개의 비커 A ~ E에 2% 수산화 나트륨 수용액을 각각 20 mL 씩 넣고 BTB 용액 2 ~ 3 방울을 떨어뜨린 후 묽은 염산의 양을 달리하면서 넣어줄 때, 용액의 색 변화를 나타낸 것이다. 이 실험에서 사용한 염산의 농도는 몇 % 인지 구하시오. (단, 2% 수산화 나트륨 수용액 1 mL 는 2% 묽은 염산 1 mL 로 중화시킨다.)

비커	A	B	C	D	E
2% 수산화 나트륨 수용액의 부피(mL)	20	20	20	20	20
묽은 염산의 부피(mL)	10	20	30	40	50
용액의 색	푸른색	푸른색	푸른색	초록색	노란색

121 전기 분해란 물질에 전기 에너지를 가하여 산화·환원 반응이 일어나도록 함으로써 물질을 분해하는 방법이다. 전해질의 수용액이나 용융액에 직류 전류를 흘려 주면 양이온은 (-)극으로 이동하여 환원되고, 음이온은 (+)극으로 이동하여 산화된다.

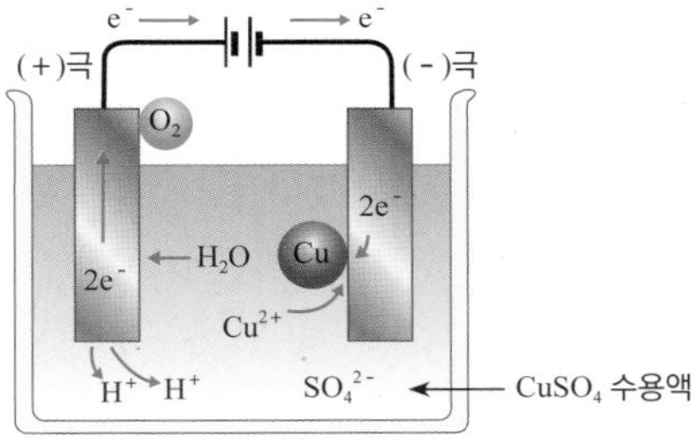

구리는 주로 황동석($CuFeS_2$)과 같이 철이나 아연이 결합된 형태로 산출된다. 이처럼 불순물이 포함된 구리를 전기 분해를 이용하여 순수한 구리 금속으로 정제할 때, (+)극, (-)극 및 전해질의 구성에 대하여 이유와 함께 서술하시오.

122 다음은 수산화 나트륨(NaOH) 수용액과 묽은 염산(HCl)의 부피에 따른 양이온의 총 수와 생성된 물 분자 수를 나타낸 것이다. ㉠, ㉡, ㉢을 구하시오.

[대회 기출 유형]

혼합 용액	혼합 수용액의 부피(mL)		양이온의 총 수	생성된 물 분자 수
	NaOH(*aq*)	HCl(*aq*)		
(가)	5	10	㉠	㉡
(나)	10	10	㉢	2N
(다)	15	10	3N	2N

123 다음은 세 수용액에 금속 A ~ D를 각각 넣고 온도 변화를 관찰한 결과이다. 다음 물음에 답하시오. (단, A ~ D 는 임의의 원소 기호이고, - 는 실험하지 않은 것이다.)

구분	$CuSO_4$	$ZnSO_4$	$AgNO_3$
A	변화 없다	-	5℃ 상승
B	4℃ 상승	변화 없다	-
C	-	2℃ 상승	-
D	변화 없다	변화 없다	변화 없다

(1) 금속 A, B, C, D 의 반응성 크기를 비교하시오.

(2) 금속 A ~ D 를 묽은 황산에 넣고 두 금속 사이의 전압을 측정할 때, 전압이 가장 높은 경우의 (+), (-) 극의 금속을 쓰시오.

(3) 금속 B를 황산 구리 수용액에 넣었을 때의 변화를 알짜 이온 반응식으로 나타내시오. (단, 금속 B 의 산화수는 +2이다.)

(4) (3)의 반응식에서 석출된 구리 원자가 6×10^{23} 개라면 용해된 B의 원자 수는 몇 개인지 구하시오.

(5) (3)의 반응에서 산화제로 작용하는 물질을 쓰시오.

정답 및 해설 67쪽

124 그림은 금속의 성질을 알아보기 위한 실험이다. KNO_3 수용액이 들어 있는 페트리접시에 여러 가지 금속 조각을 넣고 관찰하였다. 다음 물음에 답하시오.

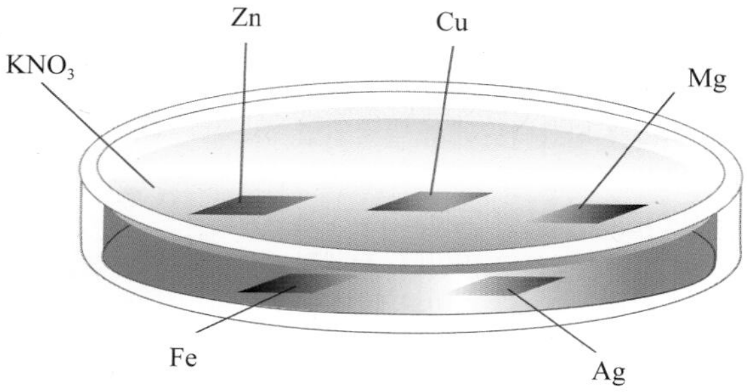

(1) 질량이 증가하는 금속과 감소하는 금속을 쓰시오.

(2) KNO_3 수용액 대신 H_2SO_4 수용액을 넣었을 때 각 금속 표면에서 일어나는 변화를 쓰시오.

125 어떤 전지의 환원 전극에서 일어나는 반쪽 반응은 다음과 같다.

$$MnO_4^- + 8H^+ + 5e^- \longrightarrow Mn^{2+} + 4H_2O$$

이 전지에 0.600암페어(A)의 전류를 844초 간 흘려주니 25.0 mL 의 용액 내에 들어 있는 모든 MnO_4^-이 환원되었다. 이 용액 내 MnO_4^- 의 몰 농도(M)를 구하시오. (단, 패러데이 상수 F = 96485C 이다.)

[대회 기출 유형]

126 다음 물음에 답하시오.

[제시문 1]
약 2000년 전에 만들어진 것으로 여겨지는 '바그다드 전지'라고 불리는 항아리형 전지가 1932년 이라크 바그다드에서 발굴되었다.
이 전지는 항아리에 원통형 동판, 가운데에는 철심을 넣고 아스팔트로 막았다. 전해질은 말라 없어졌지만, 식초나 톱밥을 채운 황산이었을 것으로 추정하고 있다.

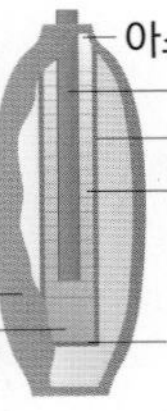

[제시문 2]
1800년 이탈리아의 볼타는 작은 원판으로 만든 은과 아연판 사이에 소금물로 적신 헝겊을 끼우고 이것을 여러 개 쌓아 전지를 만드는 데 성공하여 전기 화학의 발전에 크게 공헌하였다.

[제시문 3]
K > Ca > Na > Mg > Al > Zn > Fe > Ni > Sn > Pb > H > Cu >Hg > Ag > Pt> Au

(1) [제시문 1]과 [제시문 2]에서 같은 역할을 하는 물질들을 서로 연결하시오.

(2) 바그다드 전지와 볼타 전지에서 산화 반응이 일어나는 금속을 쓰시오.

(3) [제시문 2]의 그림에서 금속 원판은 어떤 순서대로 쌓아야 전지의 역할을 할 수 있을지 서술하시오.

(4) 바그다드 전지에서 식초를 사용했을 경우, 만약 반응이 오랫동안 진행된다면 전해질 수용액 속의 양이온 수는 어떻게 될지 쓰시오.

정답 및 해설 68쪽

127 비누를 오래 쓰지 않고 방치해 놓았을 경우 표면에 흰 가루가 생기는 것을 알 수 있다.

(1) 위 현상의 화학 반응식은 다음과 같다. (　　)에 알맞은 화합물을 쓰시오.

$$2NaOH + CO_2 \longrightarrow (\qquad\qquad) + H_2O$$

(2) 흰 가루가 어떻게 만들어지는지 설명하시오.

128 그림과 같이 1% 염산 수용액 20 mL 를 비커에 넣고 페놀프탈레인 용액 3방울을 떨어뜨린 후, 1% 수산화 나트륨 수용액을 조금씩 넣어주며 유리 막대로 저어 주었다. 혼합 용액이 분홍색이 된 후 계속해서 약 2 mL 의 1% 수산화 나트륨 수용액을 넣어주었더니 붉은색으로 변하였다. 이 붉은색 용액에 존재하는 이온 3 가지를 그 수가 많은 것부터 차례로 나열하시오. (단, 이온은 원소 기호를 써서 나타낸다.)

[대회 기출 유형]

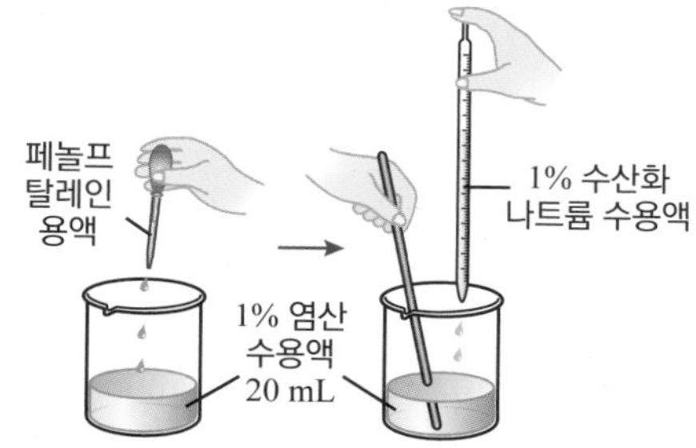

129 그림과 같이 질산 은($AgNO_3$) 수용액에 구리판을 넣고 일어나는 변화를 관찰하였다.

[전남과학고 기출 유형]

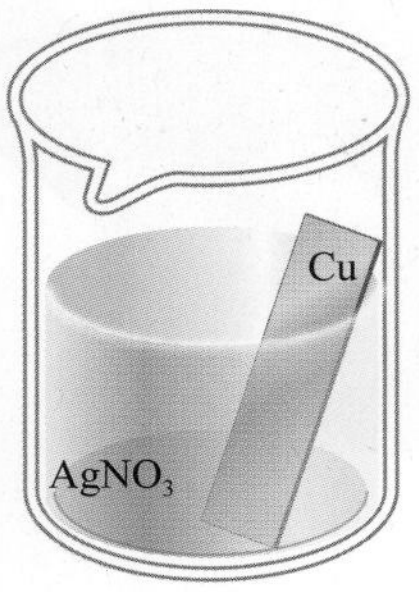

(1) 비커에서 관찰되는 현상을 서술하시오.

(2) 이 실험에서의 반응을 완결된 화학 반응식으로 나타내시오.

(3) 위 반응에서 산화제를 쓰시오.

(4) 구리판 대신 알루미늄(Al) 호일, 마그네슘(Mg) 리본, 철사(Fe)를 각각 넣었을 때 반응성이 큰 순서대로 쓰시오.

130 표는 AX, AY 의 수용액과 다른 수용액을 반응시킬 때, 생성되는 앙금과 수용액의 색깔을 정리한 것이다. 실험 결과에 대한 설명으로 옳은 것을 2개 고르시오. (단, A ~ C, X ~ Z 는 임의의 원소 기호이다.)

[서울과학고 기출 유형]

실험	반응	반응 결과	
		앙금 색깔	수용액 색깔
1	$AX_2 + BY_2 \longrightarrow$ 반응 안함	-	푸른색
2	$AX_2 + BZ \longrightarrow AZ + BX_2$	검은색	무색
3	$AY_2 + CX \longrightarrow AX_2 + CY$	흰색	푸른색

① AX 수용액에서 푸른색을 나타내는 것은 A이다.
② 실험 2에서 검은색 앙금은 AZ이다.
③ CY는 물에 잘 녹는 물질이다.
④ A가 다른 물질과 만나면 항상 앙금이 생성된다.
⑤ BZ와 CX 수용액을 혼합하면 앙금이 생성되지 않는다.

정답 및 해설 68쪽

131 철수는 금속 A, B, C, D 의 반응성의 크기를 알아보기 위해 다음 그림과 같이 (가)는 B^{2+} 용액에 금속 A, (나)는 A^{+} 용액에 금속 C, (나)는 A^{+} 용액에 금속 C, (다)는 D^{2+} 용액에 금속 B, (라)는 D^{2+} 용액에 금속 C를 실에 매달아 용액에 넣고 관찰하였더니 시험관 (나)에서만 변화가 일어났다.

[충북과학고 기출 유형]

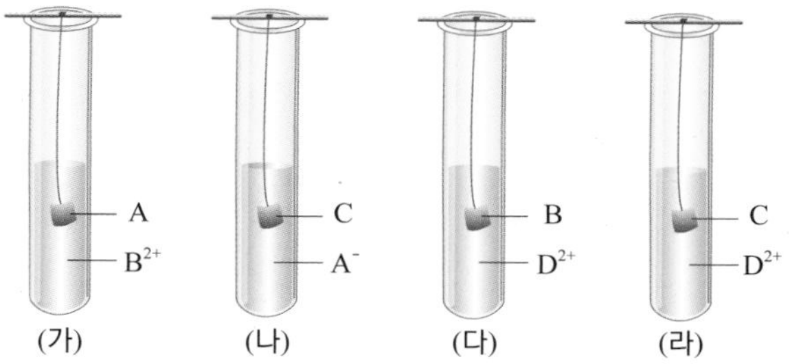

이 결과만으로 네 금속의 반응성 크기 순서를 결정할 수 없다. 다음 중 어느 실험을 더 해야만 순서를 결정할 수 있는지 고르시오.

① A^{+} 용액 + 금속 B
② D^{2+} 용액 + 금속 A
③ C^{2+} 용액 + 금속 A
④ C^{2+} 용액 + 금속 B
⑤ B^{2+} 용액 + 금속 D

132 원통형의 공간에 2가 양이온이 되는 금속 M 이 들어 있고, 시험관을 누르면 묽은 염산이 금속 위로 떨어지게 만들었다. V_A 와 V_B 로 구분하는 막은 무시할만큼 마찰이 적은 칸막이이다. 다음 물음에 답하시오.

[인천과학고 기출 유형]

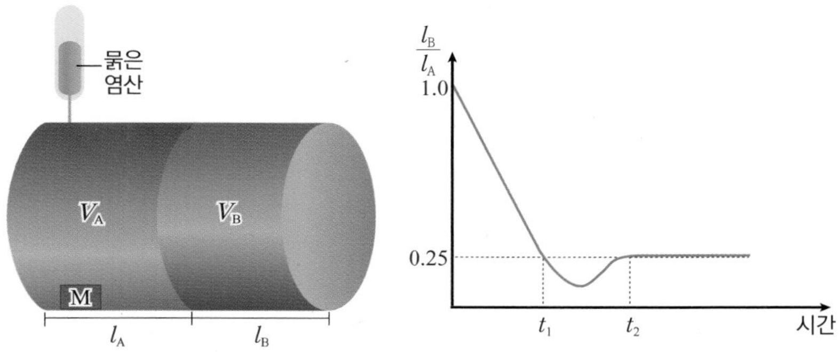

(1) 금속 M 과 염산이 반응할 때 화학 반응식을 쓰시오.

(2) 0 ~ t_1, t_1 ~ t_2, t_2 ~ 의 반응과 칸막이의 이동에 대해 설명하시오.

(3) t_2 이후 l_A 쪽의 부피를 V_A로 표시하시오.

133 그림은 물질의 연소열을 측정하는 통열량계이다. 메탄올(메틸 알코올, CH_3OH)의 연소열을 구하기 위해 시료 접시에 일정량의 메탄올을 놓고, 강철 통 안에는 일정한 양의 산소를 넣은 후 점화선을 통해 전류를 흘려주면 시료 접시 안을 통과하는 열선에 의해 점화되어 메탄올이 연소된다.

[전남과학고 기출 유형]

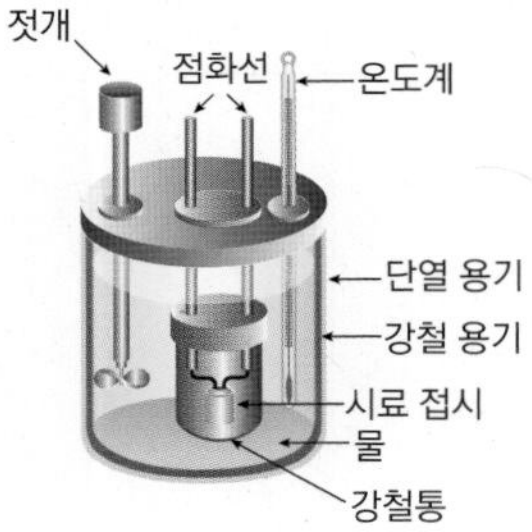

(1) 메탄올의 완전 연소 반응에 대한 화학 반응식을 쓰시오.

(2) 메탄올 6.4 g 을 완전 연소시키기 위해 통 안에 넣어주어야 할 산소의 최소 질량은 몇 g 인지 구하시오. (단, H, C, O의 원자량은 각각 1, 12, 16이다.)

134 금속 A, B 와 전해질 수용액을 이용한 실험이다. (단, A, B 는 임의의 원소 기호이고, A 의 이온은 +2가이다.)

[2021~23 기출 유형]

〈실험 과정〉

전극 A, B 를 그림과 같이 장치하여 금속 표면에서 일어나는 변화를 관찰하였다. (가), (나), (다)에서 일어나는 현상이 각각 다음 결과와 같았다.

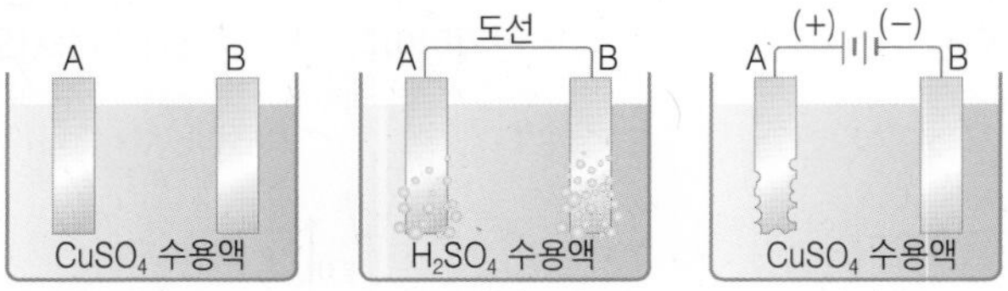

(가) (나) (다)

〈실험 결과〉

(가) A 의 표면이 붉은색으로 변하고, B 는 변화가 없다.

(나) A 와 B 의 표면에서 모두 기체가 발생한다.

(다) A 는 수용액으로 녹아 들어가고 B 의 표면은 붉은색으로 변한다.

(1) 금속 A, B, Cu 의 반응성을 비교하시오.

(2) (나)와 (다)에서 금속 A, B 의 질량 변화를 쓰시오.

(3) (나)에서 반응이 진행되면 수용액 속의 전체 이온 수는 어떻게 될까?

(4) (나)와 (다)에서 산화 반응이 일어나는 금속을 적고, 그 화학 반응식을 쓰시오.

정답 및 해설 69쪽

135 다음 제시문을 읽고 물음에 답하시오.

[2021~23 기출 유형]

> 탄산칼슘은 음료에 녹아있어서 음료의 맛을 시원하게 해주는 역할을 한다. 탄산칼슘을 공기가 차단된 상태에서 825℃ 이상으로 장시간 가열하면 (　　A　　)을 잃고 (　　B　　)를 생성한다. B는 생석회라고도 하는데, 생석회는 백색의 결정으로 녹는점은 2570℃이다. 생석회는 (　　C　　)과 반응하여 100℃에 가까운 열을 내므로 미생물과 바이러스등을 사멸시킨다. 따라서 구제역이 발생하였을 때 구제역 바이러스를 제거하는데 사용되기도 한다.

보기

a. 소금이 물에 녹는 반응
b. 수산화 바륨과 염화 암모늄의 반응
c. 질산 암모늄이 물에 녹는 반응(흡열)
d. 식물의 호흡
e. 탄산수소나트륨의 열분해 반응
f. 메테인의 연소 반응
g. 철가루와 산소의 반응
h. 묽은 염산과 아연 조각의 반응
i. 염산과 수산화 나트륨의 반응
j. 이산화 탄소가 물에 녹는 반응

(1) A, B, C를 각각 화학식으로 쓰시오.

(2) B가 생성되는 반응과 에너지 출입이 같은 반응만을 〈보기〉에서 있는 대로 골라 기호로 쓰시오.

136 다음은 X_2 와 Y_2 가 반응하여 기체 (가)를 생성할 때, 반응시킨 기체 X_2 와 Y_2 의 부피 및 반응 후 혼합 기체의 부피를 나타낸 것이다.

[서울과학고 기출 유형]

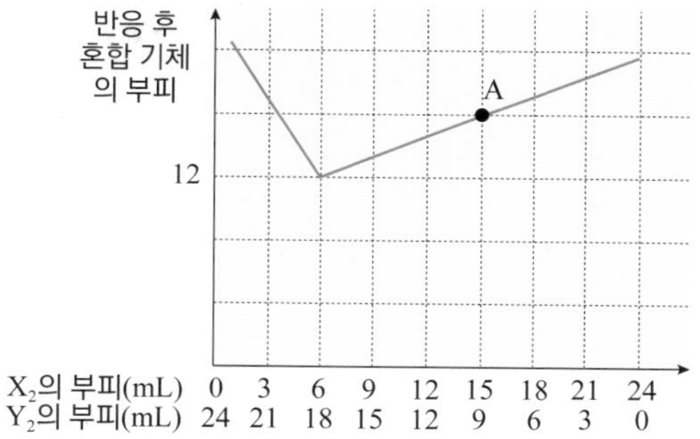

A 지점에서 반응 후 기체 (가)의 질량과 반응하고 남은 기체의 질량비를 구하시오. (단, Y의 원자량은 X 원자량의 3배이다.)

기출 Check

137 다음은 실험 1, 2, 3 을 실시하였을 때 비커에 들어 있는 입자를 나타낸 것이다.

[경기과학고 기출 유형]

[실험 1] H_2SO_4 10 mL + A 화합물 10 mL
[실험 2] H_2SO_4 10 mL + B 화합물 10 mL
[실험 3] H_2SO_4 10 mL + C 화합물 10 mL

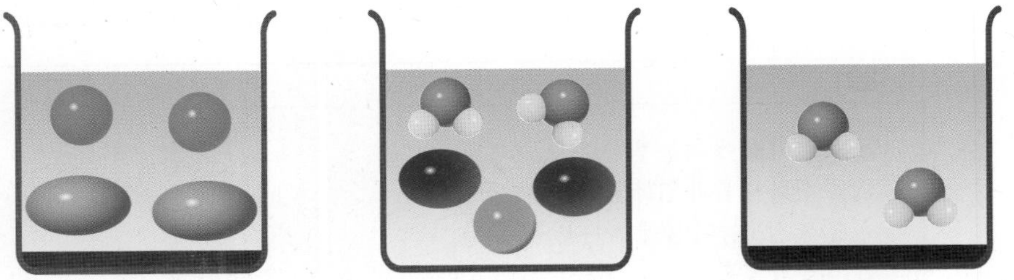

실험 1
(양이온 2, 음이온 2, 앙금)

실험 2
(물 분자 2, 양이온 2, 음이온 1)

실험 3
(물 분자 2, 앙금)

실험 1, 2, 3 의 용액을 모두 섞을 때 총 양이온의 개수 : 총 음이온의 개수를 구하시오. (단, 화합물 A, C의 양이온은 2가이며, A ~ C 는 서로 반응하지 않는다.)

138 (가)와 (나)는 일정한 농도의 염산 용액에 농도가 서로 다른 수산화 나트륨 수용액 A, B 를 각각 혼합한 후, 그 혼합 용액의 최고 온도를 측정하여 나타낸 것이다. (단, 실험 도중 열의 손실은 없다.)

[2021~23 기출 유형]

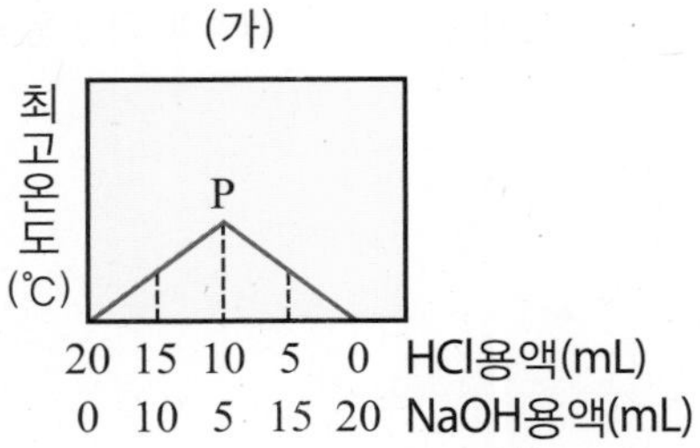

(A)

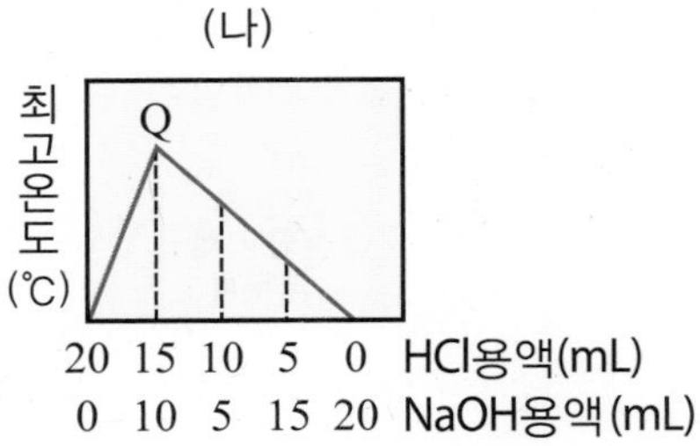

(B)

(1) 그래프 (가), (나)의 P, Q 점에 해당하는 혼합 용액에 존재하는 수소 이온(H^+)과 수산화 이온(OH^-)의 수를 비교하고, 그 이유를 쓰시오.

(2) 이 실험에 사용한 수산화 나트륨 용액 A 10 mL 속의 수산화 이온(OH^-)의 수를 n 개라 할 때, 수산화 나트륨 용액 B 10 mL 속의 수산화 이온의 수를 구하고, 그 이유를 쓰시오.

정답 및 해설 70쪽

139 다음은 바닷물의 염분표이다.

[한국과학영재고 기출 유형]

염류의 각각의 구성 비율(‰)				
염화 나트륨	염화 마그네슘	황산 마그네슘	황산 칼슘	황산 칼륨
77.74	10.89	4.74	3.60	2.46

(1) 염분비는 어느 지역이나 일정하다. 이 염분비가 일정한 이유를 서술하시오.

(2) 바닷물의 불꽃 반응에서 반응을 일으키는 원소와 불꽃색을 쓰시오.

(3) 위의 구성 요소들을 이용하여 만들 수 있는 앙금 3 가지를 쓰시오.

(4) 해수에서 염분을 제거하여 물을 얻으려고 할 때, 가능한 실험을 설계하시오.

기출 Check

140 수소 이온(H^+)과 수산화 이온(OH^-)이 반응하여 물을 생성하는 반응을 중화 반응이라고 한다. 다음은 무한이가 실험한 중화 반응의 내용이다. 다음 물음에 답하시오.

[경기과학고 기출 유형]

<실험 과정>
[과정 1] 무한이는 다음과 같은 두 용액을 준비하였다.
- A 용액 : 진한 황산(H_2SO_4)을 희석하여 만든 수용액 1 L
- B 용액 : 수산화 바륨($Ba(OH)_2$)을 녹여 만든 수용액 1 L

[과정 2] 무한이는 A 용액 10 mL 와 페놀프탈레인 소량을 비커에 넣고, 이 비커에 B 용액을 1 mL 씩 넣으면서 전기 전도성을 측정하였다.
[과정 3] B 용액 10 mL 를 넣는 순간 수용액의 색이 붉은색으로 변하였다.

(1) 실험에 사용한 A와 B 용액의 같은 값으로 측정되는 것을 모두 고르시오.

밀도	질량	(+) 이온 수	총 이온 수	% 농도

(2) [과정 2]의 결과를 나타낸 그래프를 완성하시오.

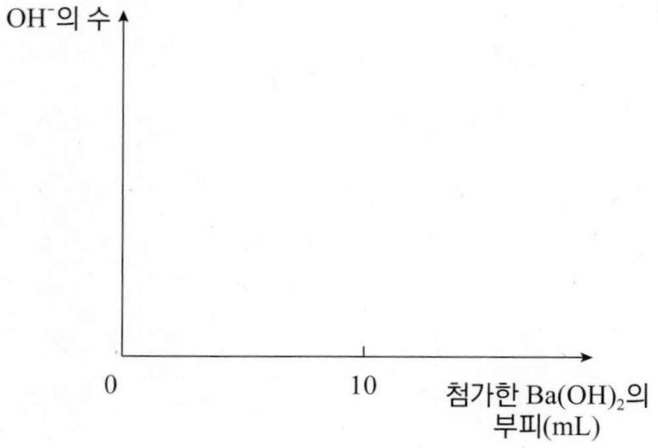

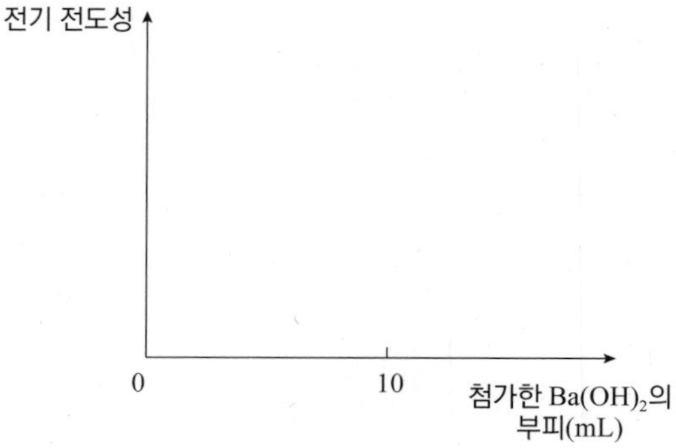

정답 및 해설 70쪽

141 그림은 0.05% 수산화 바륨 수용액 25 mL 에 0.05% 황산 수용액을 조금씩 넣으면서 용액에 흐르는 전류의 세기를 측정한 것이다. 다음 물음에 답하시오.

[충북과학고 기출 유형]

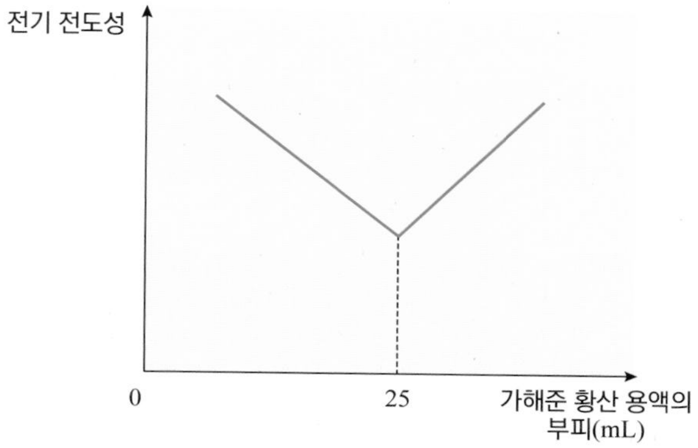

(1) 황산 수용액 10 mL 를 가했을 때, 용액 속에 가장 많이 존재하는 이온을 고르시오.

① Ba^{2+}, SO_4^{2-}
② H^+, OH^-
③ SO_4^{2-}, OH^-
④ Ba^{2+}, OH^-
⑤ Ba^{2+}, H^+

(2) 수산화 바륨 수용액에 황산 수용액을 가하면 어떤 반응이 일어나는지를 화학 반응식으로 쓰시오.

(3) 전기 전도성이 가장 낮을 때, 용액 속에 가장 많이 들어 있는 이온 2개를 화학식으로 쓰시오.

(4) 황산 수용액 25 mL 를 가했을 때, 전기 전도성이 가장 낮은 이유를 설명하시오.

합금을 이용한 다양한 재료의 등장

주제 I

2016년 2월 3일 세계에서 두 번째로 인천 국제공항에 자기 부상 열차 상용화에 성공하였다. 자기 부상 열차는 전자석으로 차량이 궤도 위를 뜬 상태로 주행하기 때문에 친환경적 측면에서 탁월하다. 자기 부상 열차를 띄우기 위해서는 강력한 전자석을 사용하여 강한 전류를 흘려 주어야 한다. 이때 열이 발생하는데 이 열을 발생시키지 않는 방법이 있을까?

청동의 발견

사람들은 처음에 자연 동을 얻어다 썼다. 자연 동은 순수한 상태의 구리를 말한다. 그러나 구리는 무르기 때문에 어떤 때는 돌로 만든 것보다 약하였고, 대부분 다른 금속과 결합한 화합물로 발견되었다. 순수한 구리를 사용하는 과정에서 시간이 지남에 따라 구리 광석을 숯과 가열하여 구리를 제련한 이후, 구리에 약간의 주석을 섞어 단단한 청동을 만들 수 있다는 것을 알게 되었다. 크기가 다른 원소들이 섞여서 녹은 후 굳어진 것이기 때문에 큰 원소들의 사이에 작은 원소가 들어가 빈 공간이 줄어들어 단단해지는 것이다. 구리의 녹는점은 1,080℃이지만 청동은 950℃로 녹는점이 낮아 주조나 가공이 쉬워진다. 청동으로 만든 도구는 사냥하거나 전쟁을 치를 때 돌로 만든 무기보다 강력한 힘을 발휘했기 때문에 청동을 만들 줄 아는 기술을 가진 사람들이 큰 세력을 얻을 수 있었다.

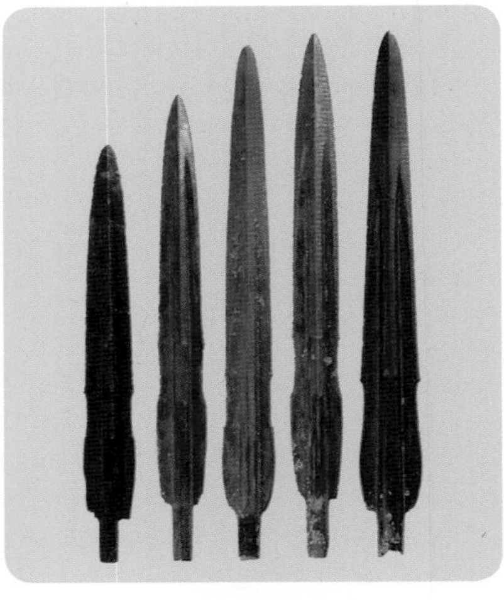

▲ 청동기 시대 유물

정답 및 해설 70쪽

스테인리스 강

▲ 스테인리스 요리 기구

철은 지각에서 2번째로 많은 금속으로 오늘날 철은 조그마한 바늘로부터 우주 공간을 돌아다니는 인공위성까지 다양한 곳에서 사용되고 있다. 하지만 철이 산화되어 철의 질이 저하되면 막대한 경제적 손실이 일어난다. 따라서 산화를 막기 위해 철에 다른 금속을 섞어서 합금을 사용하게 되었다. 1913년 H. 브레얼리가 크로뮴을 첨가해 만든 것이 시초이다. 철에 크로뮴을 넣어 합금한 것으로 크롬 산화물이 표면의 부식을 예방해주고, 금속의 부식이 확산되지 않도록 막아준다. 녹이 잘 슬지 않고 광택이 나며, 열이나 산에 강한 성질을 가지고 있어 파이프, 수술 기구나 조리 도구 등에 사용되고 있다.

형상 기억 합금

형상 기억 합금은 1964년 미국 해군 연구소에서 니티노르라는 니켈 - 티탄 합금의 형상 기억 효과가 발견된 것이 시초이다. 형상 기억 효과란 고온에서 기억시킨 형상을 언제까지나 기억하고 있어, 저온에서 아무리 심한 변형을 가해도 조금만 가열하면 즉시 본래의 형상으로 돌아가 버리는 현상이다.

▲ 아폴로 11호의 안테나

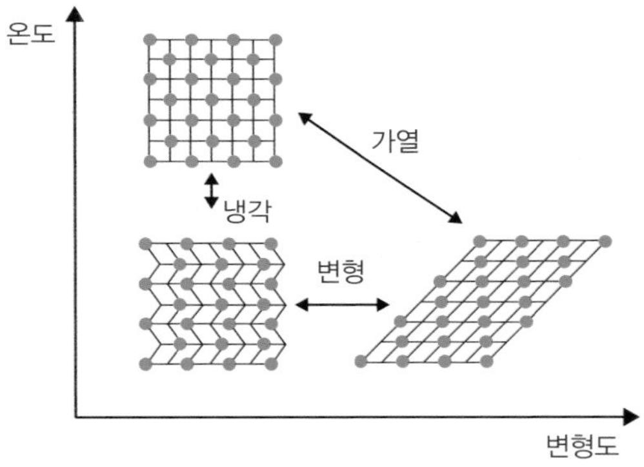

형상 기억 합금이 실제로 활용된 곳은 1969년 아폴로 11호의 안테나이다. 지구와의 통신을 위해서는 꼭 필요하지만, 부피가 너무 컸다. 하지만 형상 기억 합금을 사용하여 평소에는 우산처럼 접혀 있다가 달에 도착하면 펼쳐지도록 형상 기억 합금을 사용하였다. 1980년대 이후에는 밥솥, 안경테, 낚싯줄, 치아 교정용 철사 등 다양한 곳에서 사용되고 있다. 그 밖에도 전류를 흘려주면 원래 길이에서 줄어드는 인공 근육과 우주선의 태양 전지판 등에 사용될 예정이다.

초전도 합금

극저온에서 냉각되면 저항이 0이 되는 합금을 초전도 합금이라고 하고, 이러한 현상을 초전도 현상이라고 한다. 초전도 현상은 전기 저항이 0이 되어 전류의 흐름을 방해하지 않는다. 1911년에 오너스가 초전도 현상을 발견하고, 1933년 마이스너와 오센펠트는 초전도체가 자기장에 대해 반발력을 가짐을 발견하였고, 1986년에는 베드노르쯔와 뮐러가 액체 질소를 냉매로 하는 초전도체를 발견하였으며, 현재에는 고온 초전도체를 개발하기 위해 노력하고 있다. 초전도 합금은 전류의 손실 없이 큰 전류를 흐르게 할 수 있으므로 전자석의 재료로 이용하여 강력한 전자석을 만들 수 있다.

Q1 현재 매우 다양한 곳에서 합금이 사용되고 있다. 미래에는 현재에 없는 어떠한 합금이 등장하게 될지 서술하시오.

http://cafe.naver.com/creativeini

세페이드

5F-A
(물리학, 화학)

개정 2판

영재학교 과학고

창의 기출 150제

정답 및 해설

무한상상

창의력과학

세페이드

5F-A 물리학,화학

정답 및 해설

물리학

Ⅰ. 역학

Question 12 ~ 18 쪽

Q1. 답 ①, ②, ③, ④

해설 물체가 힘의 평형 상태일 때는 알짜힘이 0인 상태이며, 정지하거나 등속도 운동을 할 때이다. 물체에 작용하는 힘의 개수는 힘의 평형 개념에 포함되지 않는다.

Q2. 답 ②

해설

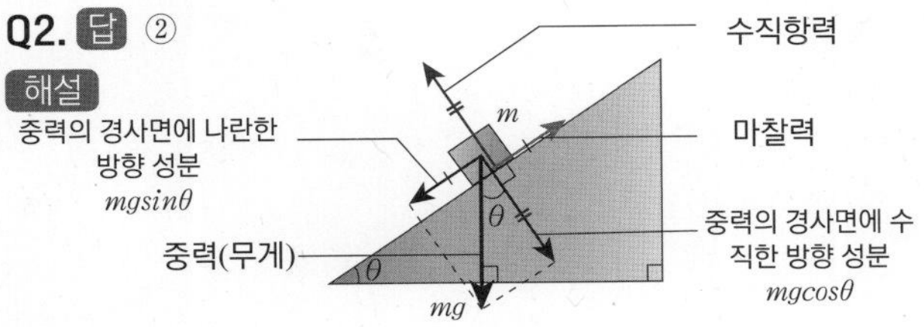

▲경사면에 정지해 있는 물체에 작용하는 힘의 평형

경사면에 나란한 중력 성분의 크기와 물체에 작용하는 마찰력의 크기가 같을 때 평형을 이루어 기울어진 경사면에 정지해 있을 수 있다.

Q3. 답 번지점프를 하는 사람에게 작용하는 중력의 크기는 일정하고, 탄성력은 아래로 떨어질수록 점점 증가하여 중력의 크기보다 커져서 속도가 0 이 되고, 이때 방향을 바꿔 위로 올라올수록 탄성력은 점점 작아져서 가장 높이 올라왔을 때 중력의 크기보다 작아지는 것을 반복하며 왕복 운동하게 된다.

해설

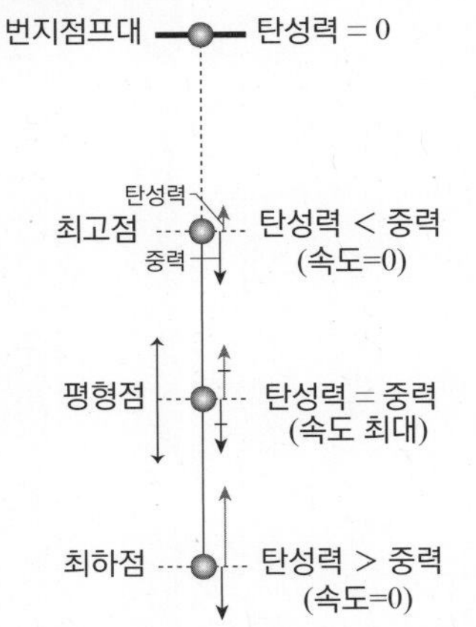

모든 순간 중력의 크기는 항상 일정하다. 처음엔 줄이 늘어나지 않았으므로 탄성력은 0이며, 점점 아래로 낙하함에 따라 줄이 늘어나 윗방향으로 향하는 탄성력의 크기가 점점 증가하여 중력의 크기보다 더 커진다. 사람이 최하점까지 내려갔다가 다시 올라올 때 줄의 늘어난 길이가 줄어듦에 따라 위로 향하는 탄성력의 크기는 점점 작아져서 중력의 크기보다 더 작아진다.

→ 번지 점프하는 사람은 평형점을 중심으로 아래 위 방향으로 왕복 운동을 하며, 그 과정에서 중력은 항상 연직 아래 방향, 탄성력은 항상 연직 위 방향이다.

Q4. 답 ②

해설 가속도 운동하는 자동차 안에서 자동차 바닥과 물체 사이에 마찰력이 작용하지 않으면 물체는 관성력을 받아 자동차 뒤로 쏠리게 된다.

Q5. 답 가속도가 일정하게 증가한다.

해설 수조의 물이 일정한 비율로 빠져나가므로 트럭 전체 질량도 일정한 비율로 감소하게 된다. 현재 트럭에 작용하는 힘은 일정하므로 $F = ma$ 에 의해 트럭의 가속도 a 는 일정한 비율로 증가한다.

Q6. 답 유지되는 물리량 : ③, ④ 변하는 물리량 : ①, ②, ⑤

해설 지구에서 질량이 있는 물체에 중력 가속도가 작용하는 것처럼 달 표면의 진공 속에서 움직이는 동안 중력 가속도가 일정하게 작용한다. 따라서 야구공의 속도의 수평 성분과 야구공의 가속도는 일정하게 유지되고, 야구공은 포물선 운동을 하므로 속도의 연직 성분은 계속 변하기 때문에 야구공의 속도와 속력이 변한다.

Q7. 답 주기는 길어진다.

해설 진자 운동의 주기는 진폭이나 매달린 추의 질량과는 관계가 없으며, 진자의 길이가 길수록 주기가 길어진다. 물이 조금씩 흘러나온다면 물의 질량 중심이 물통의 바닥 쪽으로 가까워지기 때문에 진자의 길이가 길어지는 것과 같이 된다. 따라서 주기는 길어진다.

Q8. 답 ㉠ 트럭 = 소형 자동차 ㉡ 소형 자동차 > 트럭

해설 ㉠ $\Delta p = F\Delta t = m\Delta v$ 이다. 트럭과 자동차가 충돌할때 받는 충격력(F)과 충돌 시간(Δt)은 같으므로 운동량 크기 변화($|\Delta p|$)는 같다.

㉡ $E_k = \frac{1}{2}mv^2 = \frac{(mv)^2}{2m} = \frac{p^2}{2m}$ 로 나타낼 수 있고,

운동 에너지 변화량 $\Delta E_k = \frac{(\Delta p)^2}{2m}$ 이므로 $|\Delta p|$ 가 같으면 질량(m)이 클수록 운동 에너지 변화량(ΔE_k)은 작아진다.

Q9. 답 ③

해설 $E_k = \frac{1}{2}mv^2 = \frac{(mv)^2}{2m} = \frac{p^2}{2m}$

$E_{k1} : E_{k2} = \frac{p_1^2}{2m_1} : \frac{p_2^2}{2m_2} = \frac{1}{m_1} : \frac{1}{m_2}$ 이므로 $p_1 = p_2$ 일 경우 $m_1 = m_2$ 일 때 두 입자의 운동 에너지가 같다.

Q10. 답 ①

해설 정지 상태에서 출발한 두 입자에 작용한 알짜힘이 같고, 같은 거리를 이동할 때는 일의 양이 같다. 따라서 두 물체의 나중 운동 에너지가 서로 같다. 나중 운동 에너지를 E_k 라고 할 때 $p_1^2 : p_2^2 = 2m_1E_k : 2m_2E_k$ 이므로 질량이 클수록 운동량이 크다.

Q11. 답 자동차 B의 일률은 자동차 A의 일률의 4배이다.

해설 자동차의 위치 에너지의 변동이 없으므로 자동차가 한 일은 모두 운동 에너지가 된다.

자동차 A : $W_A = \frac{1}{2}mv^2 \rightarrow P_A = \frac{W_A}{t} = \frac{mv^2}{2t}$

자동차 B : $W_B = \frac{1}{2}m(2v)^2 \rightarrow P_B = \frac{W_B}{t} = \frac{4mv^2}{2t} = 4P_A$

Q12. 답 ㉠ 공 A = 공 B ㉡ 공 A > 공 B

해설 ㉠ $F_{부력} = \rho_{유체}gV$ 이므로, 크기가 같은 공 A와 B의 부피가 같으므로 작용하는 부력이 같다.

㉡ 밀도는 공 A 가 공 B보다 크므로 무게도 공 A가 공 B보다 크다. 부력은 같으므로 공 A를 매단 줄의 장력이 더 크다.

유형 Problem 19 ~ 25 쪽

001 (1) (나), (바) (2) 물체의 무게, 면의 거칠기

해설 (1) 나무도막이 움직이는 순간의 저울의 눈금은 최대 정지 마찰력이다. 수직항력을 N이라 할 때 최대 정지 마찰력 $F = \mu N$이고 수평으로 끌 때에는 수직항력은 물체의 무게와 크기가 같다. μ는 마찰계수이며, 면의 거칠기가 클수록 큰 값을 가진다. 따라서 무게가 가장 무겁고, 거친면인 나무판에서 끌고 있는 (나)와 (바)의 저울의 눈금이 가장 크게 나오며 둘은 눈금 크기가 같다.

(2) 마찰력의 크기에 영향을 미치는 것은 물체의 무게와 면의 거칠기이다.

002 $G\dfrac{(m_A + m_c)m_B}{b^2} - G\dfrac{m_B m_C}{a^2}$

해설 물체에 커다란 구멍이 있는 경우에 외부 물체에 대한 만유인력을 구하려면 일단 구멍이 없다고 가정하여 만유인력을 계산하고 구멍에 의한 만유인력을 빼면 된다.

A와 B 사이의 만유인력 $F_{AB} = G\dfrac{(m_A + m_c)m_B}{b^2}$

B와 C사이의 만유인력 $F_{BC} = G\dfrac{m_B m_C}{a^2}$

물체 B에 작용하는 만유인력 $F = G\dfrac{(m_A + m_c)m_B}{b^2} - G\dfrac{m_B m_C}{a^2}$,

이는 물체 A와 B, B와 C가 각각 b, a 만큼 직선상에서 반대 방향으로 떨어져 있을 때 물체 A, C 가 물체 B에 작용하는 만유인력과 같다.

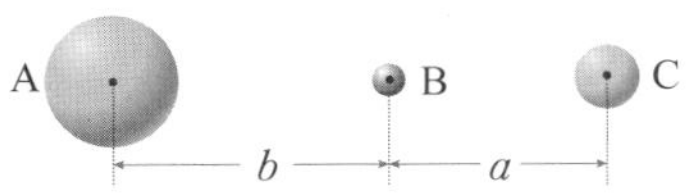

003 $2\sqrt{hs}$

해설 포물선 운동에서 수평 방향 운동은 등속 운동이므로 수평 속도를 구하고, 낙하 시간을 구하여 수평 속도에 곱해준다.

$$mgh = \frac{1}{2}mv^2, \quad v = \sqrt{2gh}\ (\text{B점})\ (\text{수평 방향})$$

중력장 내의 운동의 특징에서 지면에 닿을 때까지 걸리는 시간은

$$s = \frac{1}{2}gt^2 \rightarrow t = \sqrt{\frac{2s}{g}} \quad \therefore x = vt = \sqrt{2gh} \times \sqrt{\frac{2s}{g}} = 2\sqrt{hs}$$

004 56 N

해설 물체 B가 움직이는 순간 힘의 평형 상태이다. 도르래에 마찰이 없으므로 장력(T)는 같다. 물체에 작용하는 힘들은 다음과 같다.

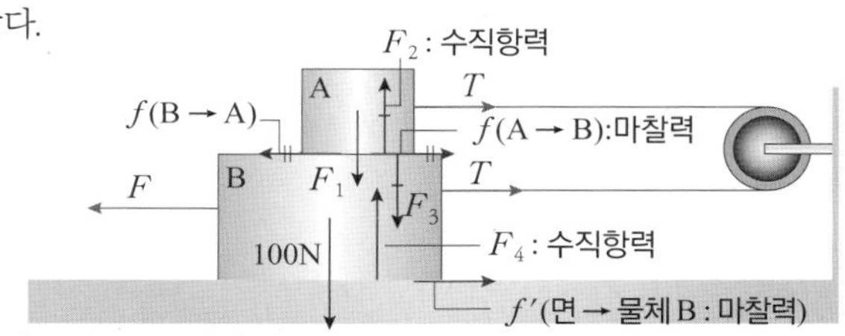

물체 A의 운동 방정식 :

(수평 방향) $T = f(\text{B} \rightarrow \text{A}) = \mu F_2 = 0.2 \times 60 = 12\text{N}$

(연직 방향) F_1(A의 무게) = F_2(A가 받는 수직항력) = 60N

물체 B의 운동 방정식 :

(수평 방향) $F = f(\text{A} \rightarrow \text{B}) + f' + T$

(연직 방향) $F_4 = F_3$(A가 B를 누르는 힘) + 100(B의 무게)

$F_2 = F_3 = 60\text{N}$ (작용,반작용), $f(\text{B}\rightarrow\text{A}) = f(\text{A}\rightarrow\text{B}) = 12\text{N}$(작용,반작용), $f' = \mu F_4 = 160 \times 0.2 = 32\text{N}$

$$\therefore\ F = 12 + 32 + 12 = 56\text{N}$$

005 65N

해설 실에 작용하는 장력과 물체에 작용하는 힘은 그림 (가), (나)와 같다. 도르래의 마찰이 없으므로 T와 F의 크기는 같다.

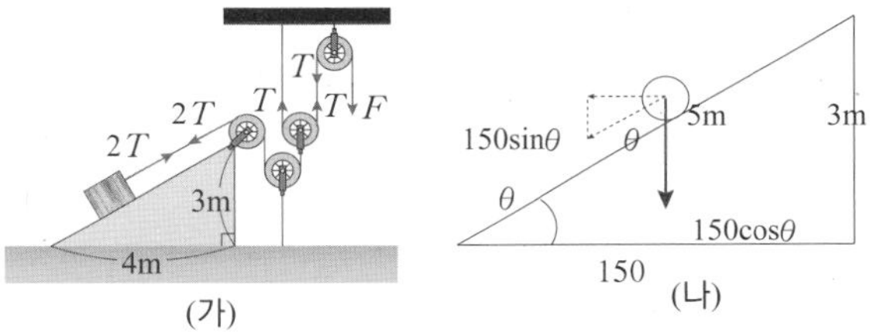

(가) (나)

중력에 의해 빗면 방향의 힘이 발생하므로 빗면과 물체 사이의 마찰이 없는 경우 물체를 빗면 방향으로 끌어올리기 위해서는 최소

$150\sin\theta = 150 \times \dfrac{3}{5} = 90(\text{N})$ 의 힘으로 당겨야 한다.

그런데 40N의 마찰력이 있고, 물체가 빗면 윗방향으로 끌려 올라가기 위해서는 마찰력은 빗면 아래 방향으로 작용하므로, 빗면 위 방향으로 90 + 40 = 130N의 힘을 작용해야 한다.

$$\therefore\ 2T = 130\text{N 이므로, } T = F = 65\text{N}$$

006 2.1m/s^2

해설 빗면 B에 대한 물체 A의 가속도를 구하는 것이므로 빗면 B와 같이 운동하는 사람입장에서 물체 A의 가속도를 구하면 된다. 이때 빗면 B의 운동때문에 물체 A는 관성력을 받게 된다.

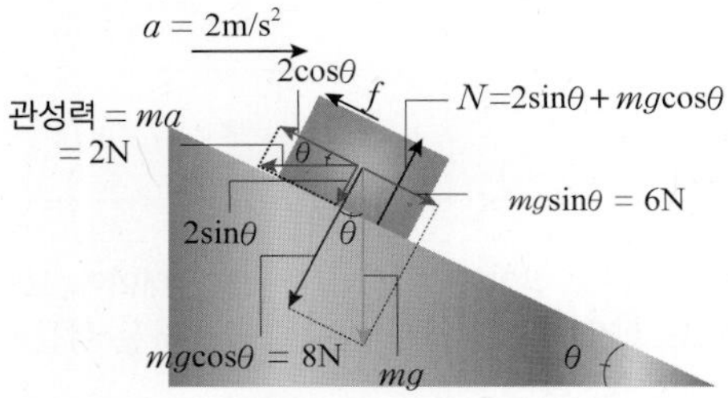

면이 정지해 있을 때 물체 A의 가속도는 4 m/s^2 이므로, 마찰력을 f(빗면 위 방향)라 할 때, 수직항력 = $mg\cos\theta$ = 8N 이다.
물체 A의 운동 방정식 : $mg\sin\theta - f = 6 - f = ma = 1\times4$
$f = 2(N), f = \mu N \rightarrow 2 = \mu \times 8, \quad \mu = 0.25$ 이다.
면이 오른쪽으로 가속도 운동하면 물체 A에는 $ma = 1 \times 2 = 2(N)$의 관성력이 왼쪽으로 작용한다. 이때 수직 항력은 관성력 ×$\sin\theta$ 와 $mg\cos\theta$ 의 합이 된다.

$$N = 2\sin\theta + mg\cos\theta = 2\times\frac{3}{5} + 10\times\frac{4}{5} = 9.2(N)$$

빗면 위에서 물체 A가 받는 알짜힘을 질량×가속도로 놓으면,

$$6(=mg\sin\theta) - 2\cos\theta - \mu N = 1 \times a$$

$$\rightarrow 6 - 1.6 - \frac{9.2}{4} = a, \quad a = 2.1m/s^2 \text{ (B에 대한 A의 가속도)}$$

007 (1) 2 J (2) 2 J (3) 1 m/s

해설 (1) A는 퍼텐셜 에너지의 변화가 없고, B는 20cm = 0.2m만큼 높이가 낮아졌으므로 퍼텐셜 에너지는 $mgh = 1 \times 10 \times 0.2 = 2(J)$ 만큼 감소했다.
(2) 역학적 에너지는 보존되므로 (1)에서 퍼텐셜 에너지가 2J 만큼 감소했으므로 운동 에너지가 2J 만큼 증가한다.
(3) 끈으로 묶여 있어 A, B 두 물체의 속력은 같다. 두 물체의 운동 에너지가 2 J 이므로 속력을 v 라고 하면,

$$2 = \frac{1}{2}(3+1)v^2 \rightarrow v = 1 \text{ (m/s)이다.}$$

008 756 N

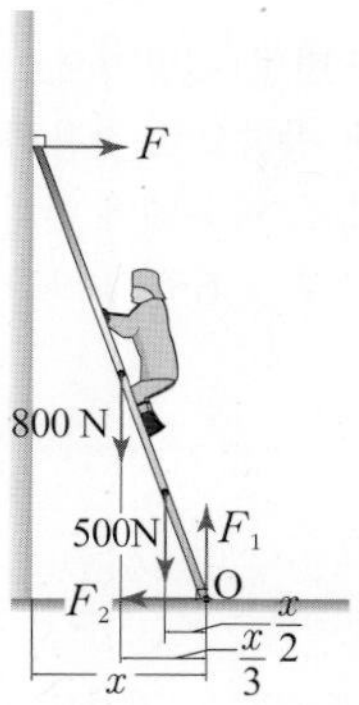

해설 바닥에 닿아 있는 사다리의 끝지점과 벽 사이의 거리를 x 라고 하면,

$$x = \sqrt{15^2 - 9.0^2} = 12 \text{ m}$$

이다.
사다리가 정지 상태이므로 힘의 평형과 돌림힘의 평형 상태이다. 돌림힘을 계산하기 위해 축을 지면과 수직이 되도록 O 점에 잡는다.
(이때 반시계 방향을 (+), 시계 방향을 (−)라고 한다.)
힘 F 가 작용하는 지점에서 지레의 팔의 길이는 바닥면에서의 높이가 되고, 소방수의 질량 중심까지 지레 팔의 길이는 $\frac{x}{2}$, 사다리의 질량 중심까지 지레 팔의 길이는 $\frac{x}{3}$ 가 된다.
원점 O 에 수직 방향과 수평 방향으로 작용하는 돌림힘의 경우 지레의 팔의 길이가 0 이므로, 각각 0이 된다.

$$\rightarrow (-9) \times F + \left(\frac{x}{2}\right) \times 800 + \left(\frac{x}{3}\right) \times 500 = 0,$$

$$\therefore F = 756(N)$$

009 (1) 10 N (2) 30 N

해설 (1) 한 쪽 끝에 5N으로 당기면 움직 도르래의 양쪽에는 5N의 장력이 양쪽에 걸린다. 즉, 움직 도르래의 윗방향으로 작용하는 힘은 10N 이므로 움직 도르래의 무게는 10N 이 된다.
(2) 움직 도르래는 위쪽 방향으로 15N 의 장력 2개인 30N 의 힘을 받고 있고, 아랫 방향으로는 막대가 잡아 당기는 힘과 움직 도르래 자체의 무게 10N 을 받고 있다. 따라서 막대는 움직 도르래를 30 − 10 = 20(N) 힘으로 당기고 있다. 이때 막대는 받침점이 한 쪽 끝에 있는 지레이다.

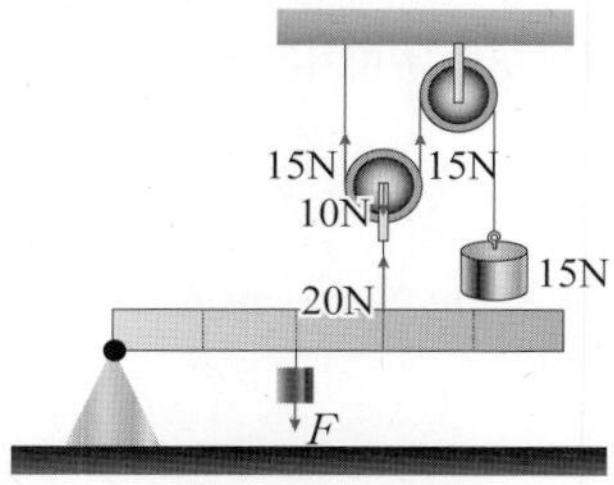

아래 막대에 매달린 추의 무게를 F 라고 하면, 돌림힘의 평형에 의해 20 × 3칸 = F × 2칸, F = 30(N) 이다.

010 (1) 424 m/s (2) $v_2 = 4.24$ m/s, s = 0.99m

해설 (1) 50cm만큼 박혔으므로 마찰력이 작용한 길이도 50cm 이다. 총알의 운동 에너지가 마찰력이 한 일로 모두 전환되었으므로

$$F\cdot0.5 = \frac{1}{2}mv^2 \rightarrow F(\text{마찰력}) = \frac{0.05 \times 300^2}{1} = 4500(N)$$

마찰력은 총알의 속도와 관계없이 같으므로 위의 마찰력은 일정하게 유지된다. 총알은 나무 도막 속에서 1m 만큼 이동하면서 마찰력 4500N을 일정하게 받는다. 속도 v_1 의 총알이 나무 도막을 관통하기 위해서는 마찰력이 한 일보다 총알의 운동 에너지가 더 커야 하므로

$$F\cdot1 \leq \frac{1}{2}mv_1^2 \rightarrow 424 \text{ m/s} \leq v_1$$

따라서 나무 도막을 관통하기 위해 총알의 속력은 최소 424 m/s 이어야 한다.
(2) 운동량 보존법칙 : $mv_1 = (M+m)v_2$, $mv_1 = 0.05\times424 = 21.2$

$$v_2 = \frac{21.2}{4.95 + 0.05} = 4.24 \text{ m/s}$$

총알이 박히기 전의 운동 에너지와 박힌 후의 운동 에너지 차가

마찰력으로 소비되는 에너지이다. 나무도막 속에서 총알의 이동 거리를 s, $v_1 = 424$ m/s, 마찰력 $F = 4500$N 으로 일정하므로

$$F \cdot s = \frac{1}{2}mv_1^2 - \frac{1}{2}(M + m)v_2^2,$$

$$\rightarrow \ 4500 \cdot s = \frac{1}{2}\times 0.05\times 424^2 - \frac{1}{2}\times 5\times 4.24^2$$

$$\therefore s = 0.99(\text{m})$$

011 ㉠ 0.2m ㉡ $v_A = 1$m/s, $v_B = 2$m/s

해설 ㉠ 용수철이 최대로 압축되는 순간은 물체 A가 용수철에 닿은 후 두 물체가 운동하여 두 물체의 속도가 같아질 때이다. 같아진 두 물체의 속도를 v'이라고 하면, 운동량 보존 법칙에 의해

$$m_A v + 0 = (m_A + m_B)v' \ \rightarrow \ 3 = 3v', \ \ \therefore v' = 1(\text{m/s})$$

이다. 처음 운동 에너지 $= \frac{1}{2}m_A v^2 = \frac{9}{2}$ 이고, 용수철이 최대로 압축되었을 때의 운동 에너지 $= \frac{1}{2}(m_A + m_B)v'^2 = \frac{3}{2}$,

즉, 용수철이 최대로 압축될 때까지 운동 에너지는 $\frac{9}{2} - \frac{3}{2} = 3$(J) 만큼 감소하였고, 감소한 운동 에너지가 용수철의 탄성 퍼텐셜 에너지로 전환된다.

용수철이 최대로 압축된 길이를 A 라고 하면,

$$3 = \frac{1}{2}kA^2 \ \rightarrow \ A^2 = \frac{6}{k} = \frac{6}{150}, \ \ \therefore A = 0.2(\text{m})$$

㉡ 용수철이 변형되는 과정에서 용수철에서 발생하는 열이나 소모되는 에너지가 없으므로 두 물체는 탄성 충돌을 하며, 반발 계수 = 1 이다. 물체 A, B 의 처음 속력은 각각 3m/s, 0이고, 물체 A, B의 나중 속도를 각각 v_A', v_B'이라고 하면(오른쪽 +),

$$-\frac{v_A' - v_B'}{v_A - v_B} = 1 \ \rightarrow \ v_B' - v_A' = 3 \ \cdots ㉠$$

두 물체의 운동량은 보존되므로,

$$(1\times 3) + 0 = (1\times v_A') + (2\times v_B') \ \rightarrow \ v_A' + 2v_B' = 3 \cdots ㉡$$

㉠과 ㉡을 연립하여 풀면, $v_A' = -1$(m/s)(속력 1(m/s)), $v_B' = 2$(m/s) 이다.

012 (1) 11.975N (2) 0.3초

해설 (1) A 점에서의 퍼텐셜 에너지 $mgh = 2\times 10\times 6 = 120$(J) 이다. 한편, D 점에서의 용수철의 탄성 퍼텐셜 에너지는 $\frac{1}{2}kx^2 = \frac{1}{2}\times 50\times 0.1^2 = 0.25$(J) 이며, 이것은 B~C 사이에서 물체가 갖고 있던 운동 에너지와 같다. 따라서 마찰이 있는 빗면 A~B 사이에서 119.75(J)의 에너지가 소모되었다. 소모한 119.75 J 은 빗면에서 운동 마찰력(=일정)이 한 일의 양이 된다.

$$f \cdot s = 119.75, \quad f = 11.975(\text{N}) \text{ 이다.}$$

(2) C→D까지 걸린 시간은 용수철이 추를 매달고 진동할 때 주기(T)의 $\frac{1}{4}$ 이다. $T = 2\pi\sqrt{\frac{m}{k}} = 2\pi\sqrt{\frac{2}{50}} = \frac{2\pi}{5}$ 이므로,

C → D 로 압축할 때 걸린 시간은 $t = \frac{T}{4} = \frac{\pi}{10} = 0.3$초($\pi = 3$) 이다.

013 (1) 8 m/s² (2) 장력 : 6 N, 가속도 : $2\sqrt{13}$ m/s²

해설

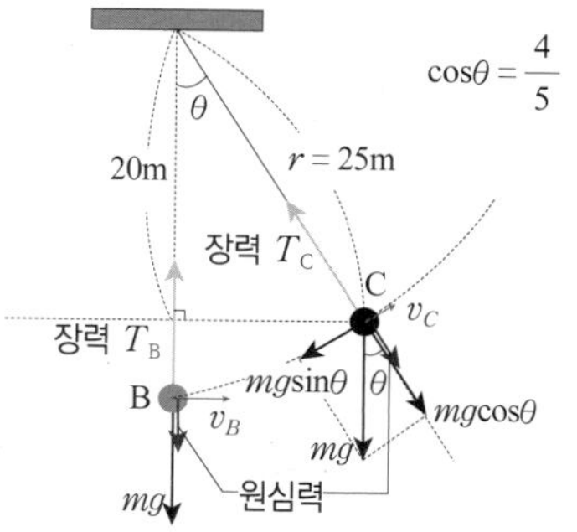

(1) B 점은 원운동 순간이다. 추에 작용하는 장력의 크기에서 중력의 크기를 뺀 힘이 구심력의 크기이다. 물체의 속도가 수평 방향으로 v_B 이므로 원운동에서의 구심 가속도(연직 위 방향)가 존재한다. A점의 위치 에너지가 B점의 운동 에너지로 전환되므로

$$\frac{1}{2}mv_B^2 = 10mg \ \ \rightarrow v_B^2 = 20g$$

이고, B점의 가속도(구심 가속도)a_B는

$$a_B = \frac{v_B^2}{r} = \frac{20g}{25} = 8 \text{ m/s}^2(\text{연직 위 방향})\text{이다.}$$

(2) ① (C점에서 장력 T_C 구하기) C점에서의 장력은 원심력 +$mg\cos\theta$ 이다. A점과 C점 사이의 퍼텐셜 에너지의 차가 C 점의 운동 에너지이므로

$$\frac{1}{2}mv_C^2 = 10mg - 5mg = 5mg \ \rightarrow \ mv_C^2 = 10mg$$

$$\rightarrow \frac{mv_C^2}{r}(\text{C점의 원심력 크기}) = \frac{10mg}{r} = \frac{0.5\times 10\times 10}{25} = 2\text{N}$$

$\therefore T_C$ = 원심력 + $mg\cos\theta = 2 + 4 = 6$ N

② C점에서 물체의 가속도 구하기

C점에서 장력과 $mg\cos\theta$의 차가 구심력이므로 물체에 작용하는 힘은 끈 방향으로 구심력(원심력과 크기가 같다 = 2N)과 접선 아래 방향의 $mg\sin\theta$(= 3N) 두 힘이다. 두 힘의 합력이 알짜힘이다.

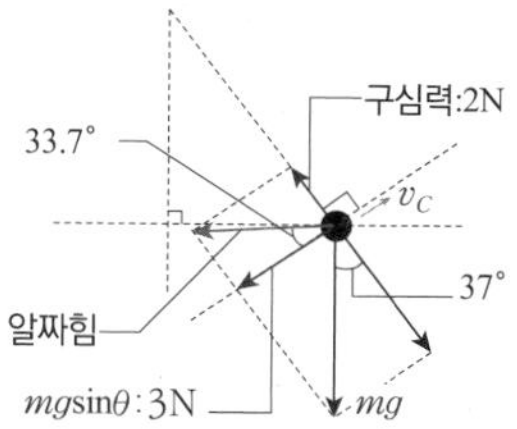

그림과 같이 알짜힘의 크기는 $\sqrt{13}$ N 이며, 질량(m)이 0.5 kg 이므로 C 점에서 가속도는 알짜힘의 방향으로 크기가 $2\sqrt{13}$ m/s² 이다.

014 (해설 참조)

해설 ① (0~1초) 위험을 감지한 이후~브레이크가 작동되는 1초 동안 자동차는 등속 운동하여 30m를 진행한다.

② (1~7초) 이후 90m를 진행하여 멈춘다.

$$2as = v^2 - v_0^2(v_0 = 30\text{m/s}), \ a = \frac{-30^2}{180} = -5\text{m/s}^2.$$

일정한 제동력이 작용하여 자동차는 6초 후 멈춘다.

③ $s'(1\sim7\text{초}) = \frac{v^2 - v_0^2}{2a} = \frac{v^2 - 30^2}{-10} = 90 - \frac{v^2}{10}$

④ $s(0\sim7초) = s' + 30 = 120 - \frac{v^2}{10}(0 \le v \le 30)$

(그래프)

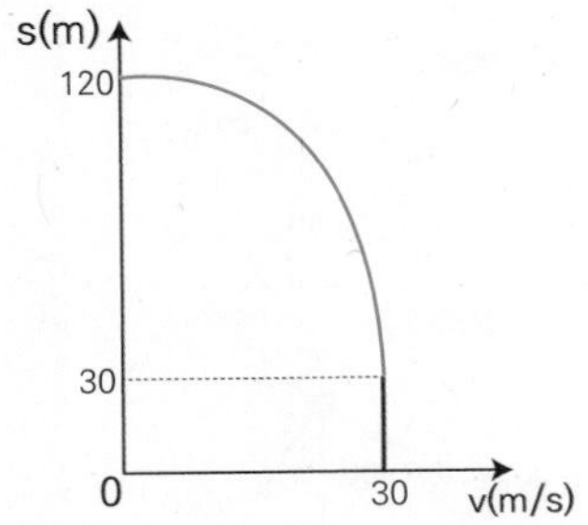

015 ㉠ 4.5 mg ㉡ 1.5 mg

해설

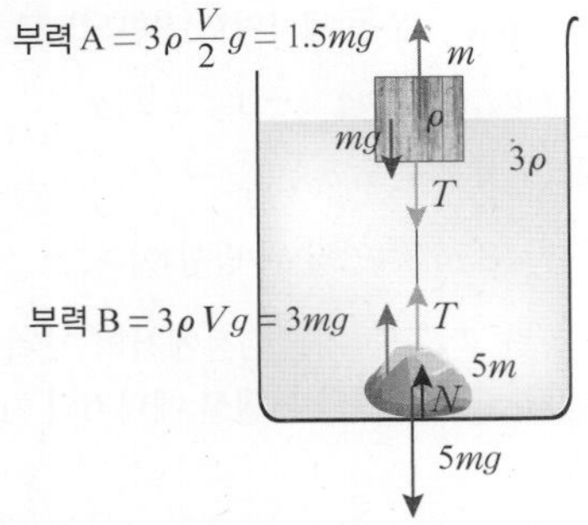

부력은 유체가 물체에 작용해 물체를 뜨게 하는 힘이다. 중력의 방향과 반대로 작용하며, 물체가 밀어낸 유체의 무게와 같다.

물체 A에 작용하는 힘의 평형 : $T = 1.5mg - mg = 0.5mg$

㉠ 물체 A와 B의 질량은 각각 m과 $5m$이고, 부피는 같다. 액체의 밀도는 A의 밀도의 3배이므로 A의 밀도를 ρ 라고 할 때, 액체의 밀도는 3ρ이다. 두 물체가 물에 잠긴 만큼 액체를 밀어냈으므로 밀어낸 액체의 무게가 $F_{부력}$이다. (물체 A : $m = \rho V$)

$\therefore F_{부력} = 3\rho(0.5V + V)g = 4.5\rho Vg = 4.5mg$

㉡ 물체 B에 작용하는 힘의 평형 : N + 부력 B + $T = 5mg$

$\rightarrow N + 3mg + 0.5mg = 5mg, \quad \therefore N = 1.5mg$

016 4 : 5

해설 물체 A, B가 액체에 잠긴 부피를 각각 V 라고 할 때, A에 작용하는 부력은($F_{A.부력} = \rho_1 Vg$)는 A의 무게(mg)와 막대가 A를 누르는 힘(F_A)과 평형을 이룬다. $\rightarrow \rho_1 Vg = mg + F_A$ …㉠

마찬가지로 B에 작용하는 부력은($F_{B.부력} = \rho_2 Vg$)는 B의 무게(mg)와 막대가 B를 누르는 힘(F_B)과 평형을 이룬다.

$\rightarrow \rho_2 Vg = mg + F_B$…㉡

작용 반작용에 의해 F_A와 F_B는 각각 A, B가 막대를 떠받치는 힘의 크기와 같다. 막대에 작용하는 힘에 있어

① 힘의 평형 : $F_A + F_B = 4mg$

② 돌림힘의 평형 : ($2mg\times3L$)(막대의 무게 중심) + ($2mg\times 4L$) (물체C) = $F_B\times6L$(물체 B) (A와 막대의 접촉점이 회전축)

①, ②에서 $F_A = \frac{5}{3}mg$, $F_B = \frac{7}{3}mg$이고, ㉠㉡에 대입하면

$\rho_1 Vg = \frac{8}{3}mg$, $\rho_2 Vg = \frac{10}{3}mg$, $\quad \therefore \rho_1 : \rho_2 = 4 : 5$

017 (1) 증가한다. (2) 〈해설 참조〉

해설 (1)

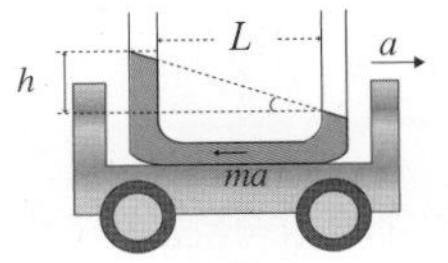

높이 차 h에 해당하는 액체(밀도ρ)의 무게와 U자관(단면적 A)의 길이 L의 액체가 받는 관성력이 평형을 이룬다.

$\rho hAg = \rho LAa \rightarrow gh = LA$

U자 관의 폭과 양쪽관 액체의 높이 차는 비례한다.

(2) ① 마찰력을 무시할 때 물이 든 U자관은 빗면 아래 방향으로 $g\sin\theta$ 의 가속도 운동을 한다. 따라서 U자관 내의 물은 반대 방향으로 관성력을 받게 된다.

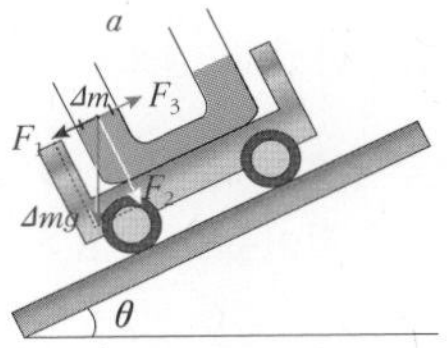

빗면 방향으로 수면 상의 작은 질점 Δm은 중력에 의해 F_1($\Delta mg\sin\theta$)의 힘을 받고, 반대 방향으로 F_3($\Delta mg\sin\theta$)의 관성력을 받아 느껴지는 힘이 0 인 상태가 되지만, 빗면에 수직 방향으로 F_2($\Delta mg\cos\theta$)의 힘을 받으므로 수면은 빗면에 평행한 모습이 된다.

② 수레를 빗면 위에서 등속 운동시키면 작은 질점 Δm에는 그림의 관성력(F_3)이 나타나지 않고 중력만을 받게 되므로 수면은 지면에 평행한 모습이 된다.(수면은 Δm이 받는 힘에 수직인 상태를 유지한다.)

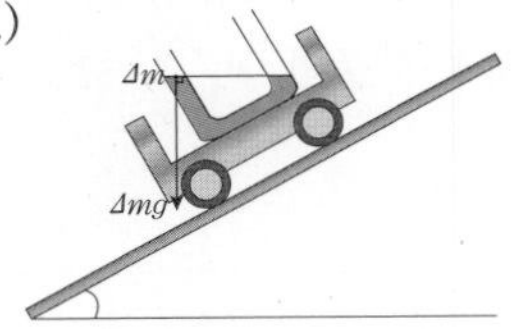

018 (1) 60 N (2) 0.012 m^3/s

해설 (1) 물이 마개에 작용하는 힘(물의 압력과 관의 단면적의 곱)이 마찰력과 평형을 이룬다. 깊이 h 인 곳에서의 물의 압력은 $P_물 = \rho gh$ 이다. 관의 단면적 $A = \pi r^2$ 이므로

마찰력 $f = AP_물 = A(\rho gh) = \pi(0.02)^2 \times (1.0\times10^3)\times10\times5$

$= 60$ N

(2) 초당 빠져나오는 물의 양인 부피 흐름률 $R = Av$ 이다.

(수면) $P_1 + \frac{1}{2}\rho v_1^2 + \rho gh_1$ = (마개 부분) $P_2 + \frac{1}{2}\rho v^2 + \rho gh_2$

$P_1 = P_2$, $v_1 = 0$ (수면의 하강 속력은 0으로 놓을 수 있다.)

$h_1 - h_2 = 5$cm 이므로,

$v^2 = 2g(h_1 - h_2) = 100 \rightarrow v = 10$ m/s

$R = \pi(0.02\text{ m})^2\times10\text{ m/s} = 0.012\text{ m}^3/\text{s}$ 이다.

창의력 Master 26 ~ 31 쪽

019 (1) 해설 참조
(2) 스키 선수는 90m 기준에서 18m 초과되었기 때문에 점수는 36점 가산이 된다.

해설 (1)

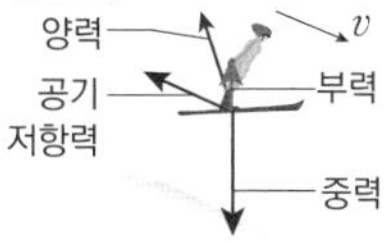

스키 선수가 속력 v 로 비행하고 있을 때 그림과 같이 양력, 공기저항력, 부력, 중력의 4가지 힘이 작용한다. 이중 양력은 공기의 흐름이 주는 뜨는 힘, 부력은 유체인 공기에 의해 발생하는 뜨는 힘, 공기저항력은 속도의 반대 방향인 운동을 방해하는 힘이다.

(2) d 의 수평방향 성분 $x = d\cos\theta$, 연직 방향 성분 $y = -d\sin\theta$, 수평 방향 속력 $v_0 = 25(\text{m/s})$ 이고, 도약 후 착지 지점 P에 도달할 때까지 운동 시간을 t 라고 하면,

수평 방향 이동 거리 $x = v_0 t = d\cos\theta,\ t = \dfrac{d\cos\theta}{v_0}$

연직 방향 이동 거리 $y = -d\sin\theta = -\dfrac{1}{2}gt^2$

$\rightarrow -d\sin\theta = -\dfrac{1}{2}g\left(\dfrac{d\cos\theta}{v_0}\right)^2 \quad \therefore d = \dfrac{2{v_0}^2\sin\theta}{g\cos^2\theta} \cong 108(\text{m})$

스키 선수는 90 m 기준에서 18 m 초과되었기 때문에 점수는 36점 가산이 된다.

020 (해설 참조)

해설 A에서 쇠구슬은 중력의 빗면 방향의 성분을 받아 가속도 $a = g\sin\theta$의 가속도가 일정한 운동을 한다. B에서는 빗면 각 θ가 점점 늘어나서 가속도가 증가하는 운동, C에서는 빗면 각 θ가 점점 줄어들어 가속도가 감소하는 운동을 한다.

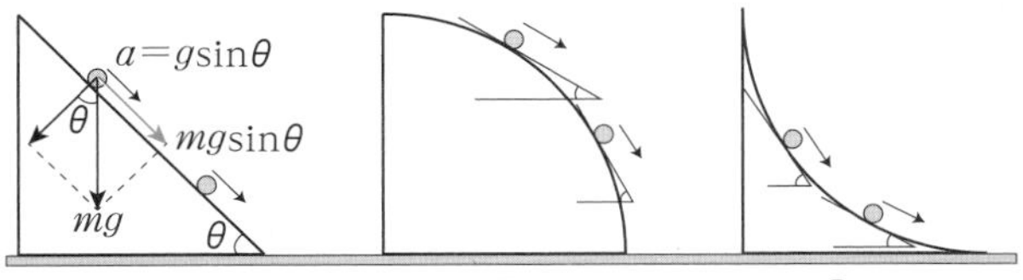

세 경우 모두 빗면의 높이가 같으므로 역학적 에너지 보존에 의해 지면에 도달하는 속력 v는 같다. 속력-시간 그래프의 아래 면적은 이동거리이고, 기울기는 가속도이다. 따라서 기울기가 일정한 그래프는 A, 기울기가 점점 감소하는 것은 C, 기울기가 점점 증가하는 것은 B에 해당한다. 이동 거리는 A가 가장 작지만, 그래프의 형태 상, 동시에 출발할 경우, 지면에 도달하는 시간을 각각 t_A, t_B, t_C 라고 할 때 $t_B > t_A > t_C$ 이다. 동시에 출발한다면 C의 경우가 지면에 가장 먼저 도달한다.
따라서 다음과 같이 속력-시간 그래프를 그릴 수 있다.

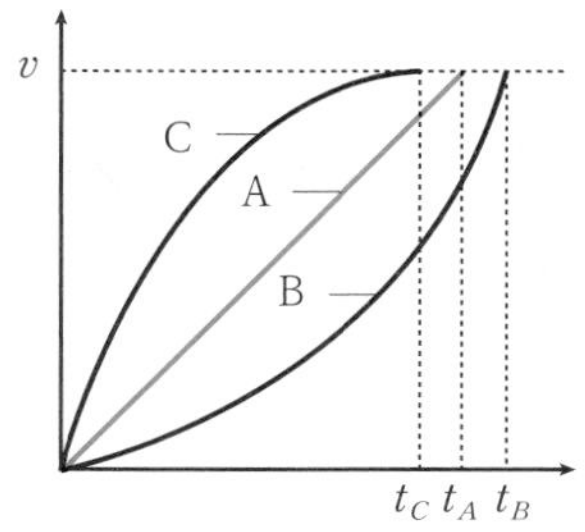

021 (1) 충분하지 않다. 물이 떨어지는 높이를 높이거나, 물이 흐르는 속력을 더 증가시켜 줘야 한다.
(2) 0.38 m/s

해설 (1) 물이 포물선을 그리며 떨어지는 시간을 t 라고 하면, 물의 연직 방향 이동 거리 $h = \dfrac{1}{2}gt^2$ 이다.

$\rightarrow t = \sqrt{\dfrac{2h}{g}} = \sqrt{\dfrac{2 \times 2.5}{9.8}} \cong 0.71(\text{s})$

물의 수평 방향 이동 거리 $s = vt = 1.5 \times 0.71 = 1.07(\text{m})$ 이다. 따라서 보도의 최소 유효 폭인 1.5m 에 못미치므로 보행로를 만들기에 불충분하다. 최소 유효 폭인 1.5m 를 만족하기 위해서는 물이 떨어지는 높이를 높이거나, 물이 흐르는 속력을 더 증가시켜 줘야 한다. 만약 물이 떨어지는 높이를 2.5m로 할 경우 물의 속력을 최소 2.2m/s 로 해야 하며, 물의 속력을 1.5m/s 로 할 경우 물이 떨어지는 높이를 최소 4.9m 로 해야 한다.
(2) 미니어처에서 물이 포물선을 그리며 떨어지는 시간을 t', 연직 방향 높이 $h' = \dfrac{1}{16}h$ 로 해야 하므로,

$t' = \sqrt{\dfrac{2h'}{g}} = \sqrt{\dfrac{2h}{16g}} = \dfrac{t}{4} \fallingdotseq 0.18(\text{s})$ 이고, 물의 수평 방향 이동 거리도 $\dfrac{1}{16}$이 되어야 하므로, 미니어처에서 물의 속력을 v' 이라고 하면, $v' = \dfrac{s'}{t'} = \dfrac{\frac{s}{16}}{\frac{t}{4}} = \dfrac{v}{4} = \dfrac{1.5}{4} = 0.38\ (\text{m/s})$

022 (1) 4 m/s
(2) A, B지점에 있을 때 상상이의 몸무게는 각각 0.84배, 1.16배가 된다.

해설 (1) 등속 원운동하는 회전 관람차의 속도
$v = \dfrac{2\pi r}{T} = \dfrac{2 \times 3 \times 10}{15} = 4\ (\text{m/s})$ 이다.
(2) A 지점에서 상상이에게 작용하는 힘은 의자가 위쪽으로 작용하는 힘 N_A (수직항력), 아래 방향의 중력과 구심력이며, 구심력의 방향은 아래쪽이 된다. 상상이의 질량이 m 이라면,

$mg - N_A = m\dfrac{v^2}{r}$ 이므로,

$\rightarrow N_A = mg\left(1 - \dfrac{v^2}{rg}\right) = mg\left(1 - \dfrac{4^2}{10 \times 9.8}\right) \cong 0.84mg$

B 지점에서 상상이에게 작용하는 힘은 의자에 의해 위쪽으로 작용하는 힘 N_B 과 아래 방향의 중력이며, 구심력의 방향은 위쪽이 된다.

$N_B - mg = m\dfrac{v^2}{r}$ 이므로,

$\rightarrow\ N_B = mg\left(1 + \dfrac{v^2}{rg}\right) = mg\left(1 + \dfrac{4^2}{10 \times 9.8}\right) \cong\ 1.16mg$

023 (1) 지면에 닿는 순간 속도가 72 km/h 정도이므로 충격이 있을 것이다.
(2) 404 m

해설 (1) 스카이 다이버의 고도 2,000m 상공에서 퍼텐셜 에너지는 공기 저항력(마찰력)에 의한 일만큼 감소된 후 운동 에너지로 전환된다. 지면에 도달하는 순간 속력을 v 라고 하면,

$9.8\times80\times2{,}000 - (70\text{N}\times1{,}600\text{m}) - (3{,}600\text{N}\times400\text{ m}) = \dfrac{1}{2}\times80\times v^2 \ \rightarrow\ v = 20\ (\text{m/s})$

20 (m/s) = 72(km/h) 이므로 지면에 닿는 순간 충격이 있다.

(2) 낙하산을 펼치는 높이를 s 라고 하면,

$9.8 \times 80 \times 2{,}000 - 70\text{ N}\,(2{,}000-s) - 3{,}600\text{ N}\times s = \dfrac{1}{2}\times80\times5^2 \qquad \therefore s = 404\ (\text{m})$

024 570번

해설 지방 1 kg 을 대사하여 내는 에너지

$E = 1{,}000\times9\text{ kcal}\times\dfrac{4{,}186\text{J}}{1\text{ kcal}} = 3.77 \times 10^7\ (\text{J})$

이때 근육이 얻는 에너지는 E 의 20% 이고, 이 에너지를 계단을 오르내리는데 사용한다. 계단 100개를 1번 올라가는데 한 일 $W = F\cdot s = 9.8mh$ 이고, 계단이 100개 이므로, $h = 100 \times 0.15 = 15$m 이다. 계단을 오르내린 수를 n 이라고 하면,

$(3.77 \times 10^7) \times 0.2 = n(9.8mh) = n(9.8\times90\times15)$

$\therefore n = 570$번

025 (1) 5.93 cm
(2) 2.16 cm

해설 (1) 수레는 가속 운동하므로 그림과 같이 수면이 기울어지고, 수레와 함께 움직이는 물체들은 관성력을 경험하므로 수면에 수직인 방향으로 중력가속도 g_1 이 형성된다.

(수레 + 추)의 가속도를 구하기 위해 운동 방정식을 세운다.

$30 - 20\sin30° = (2+3)a \ \rightarrow a$(가속도) $= 4\text{ m/s}^2$(빗면 위 방향)

따라서 수조 내에서는 같은 크기의 관성 가속도 a 가 빗면 아래 방향으로 나타난다.

$\therefore g_1 = \sqrt{g^2+a^2+2ga\cos\theta} = \sqrt{10^2+4^2+40} = \sqrt{156} \fallingdotseq 12.5\text{ m/s}^2$

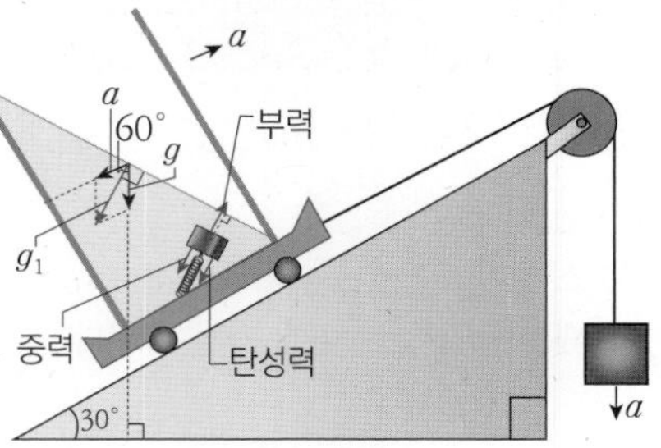

부력과 탄성력도 각각 기울어진 수면에 수직인 방향으로 작용한다.

∴ 나무도막에 작용하는 힘의 평형(크기) : 탄성력 + 중력 = 부력

나무도막에 작용하는 부력 : $\rho_0 V g_1$ (부피: V, 물의 밀도: ρ_0)

$V = \dfrac{0.3}{500}\text{ m}^3$ (나무도막의 밀도 500kg/m³, 질량 0.3 kg)

$\therefore kx_1 + mg_1 = \rho_0 V g_1$

$\rightarrow 200x_1 + 0.1\times12.5 = 1000 \times \dfrac{0.3}{500}\times 12.5$

$x_1 \fallingdotseq 0.0593\text{ m} = 5.93\text{ cm}$

(2) 수레가 빗면 방향으로 미끄러져 내려올 때에는 빗면 아래 방향의 $g\sin\theta$의 가속도 운동하므로 수조 내의 물체들은 빗면 위 방향의 같은 크기의 관성 가속도가 발생하여, 빗면 방향의 힘은 느끼지 못하고, 빗면에 수직 아래 방향의 힘만을 느껴 수면은 빗면과 평행인 상태가 된다. 이때의 수면에 수직 방향의 가속도

$g_2 = g\cos30° = \dfrac{\sqrt{3}}{2}\times10 = 5\sqrt{3}\text{ m/s}^2$

$\therefore kx_2 + mg_2 = \rho_0 V g_2$

$\rightarrow 200x_2 + 0.1\times5\sqrt{3} = 1000 \times \dfrac{0.3}{500}\times 5\sqrt{3}$

$x_2 = \dfrac{\sqrt{3}}{80}\text{ m} \fallingdotseq 0.0216\text{ m} = 2.16\text{ cm}\ (\sqrt{3} = 1.7)$

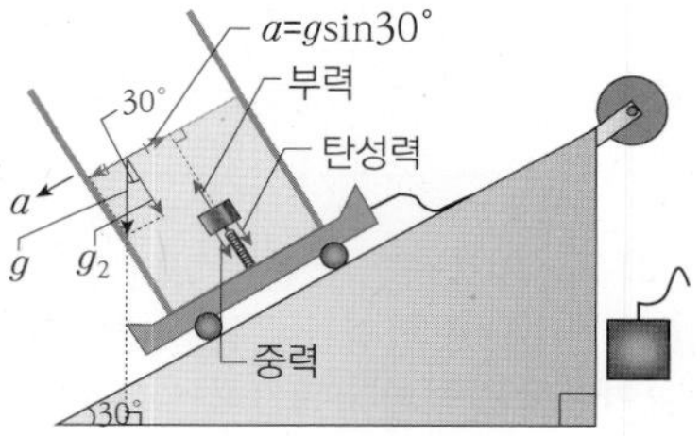

026 (1) $x = 400 + 8t,\ y = 300 + 6t - 5t^2$
(2) $x' = 404.8$(m), $y' = 301.8$(m)

해설 (1) 무한이가 정확히 가운데 지점에서 동전을 떨어뜨렸으므로, 떨어뜨리는 지점은 $x = 400,\ y = 300$이고, 동전은 처음 속도는 케이블카의 속력과 같은 10m/s의 속력으로 수평면과 각 θ 를 이루는 방향으로 물체를 던져 올린 것과 같은 운동을 하게 된다. 따라서 동전의 경로는 다음과 같이 나타낼 수 있다.

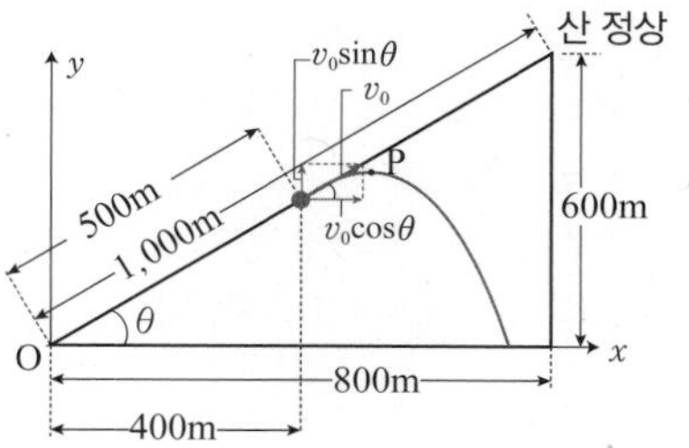

x, y는 변위로, 각각 수평 좌표, 수직 좌표이다.

$x = 400 + v_x t = 400 + v_0\cos\theta \cdot t = 400 + 10 \cdot \frac{4}{5} \cdot t = 400 + 8t$

$y = 300 + v_{0y}t - \frac{1}{2}gt^2 = 300 + v_0\sin\theta \cdot t - \frac{1}{2}gt^2$

$= 300 + 10 \times \frac{3}{5} \cdot t - \frac{1}{2} \times 10t^2 = 300 + 6t - 5t^2$

$(\sin\theta = \frac{600}{1,000} = \frac{3}{5},\ \cos\theta = \frac{800}{1,000} = \frac{4}{5})$

(2) 해발 고도를 기준으로 동전이 가장 높은 위치에 있을 때는 동전의 최고점 높이로 $v_y = 0$ 이므로, 최고점까지 걸린 시간을 t_1이라고 하면,

$v_y = v_0\sin\theta - gt_1 = 0 \rightarrow 10 \times \frac{3}{5} - 10t_1 = 0 \ \therefore t_1 = 0.6$(초)

따라서 P점의 x, y 좌표는 다음과 같다.

$x' = 400 + 8t_1 = 404.8$(m)

$y' = 300 + 6t_1 - 5{t_1}^2 = 301.8$(m)

027 (1) $F_1 = 90$ N, $F_2 = 60$ N (2) 9.9 m/s

해설 (1) F_2의 작용점을 회전축으로 하여 돌림힘의 평형

$0.75F_1 = 30 \times 2.25 \rightarrow F_1 = 90$ N

F_1의 작용점을 회전축으로 하여 돌림힘의 평형

$0.75F_2 = 30 \times 1.5 \rightarrow F_2 = 60$ N

(2) (선수+장대)의 운동 에너지가 (선수+장대)의 위치 에너지로 바뀐다. 장대가 지면과 수직인 상태에서 정지하게 될 때(무게 중심 2.5m 높이) 선수에게 가장 큰 에너지를 전달해 줄 수 있다. 선수의 질량을 M(65kg), 장대의 질량을 m(3kg) 이라고 할 때,

$\frac{1}{2}(M+m)v^2 = Mg(6-0.9) + mg(2.5-0.9)$

$v^2 = \frac{10.2Mg}{M+m} + \frac{3.2mg}{M+m} = \frac{10.2 \times 650 + 3.2 \times 30}{65+3} = 98.9$

$v = 9.9$ (m/s)

6m 높이를 넘기 위한 도움닫기 속력은 최소 9.9 (m/s) 이다.

028 (1) 3692.6 N (2) 3516.2 (N)(위 방향)
(3) 고도가 높아질수록 대기압은 감소하므로 풍선 안과 밖의 압력 차에 의해 풍선이 부풀어올라 터진다.

해설 (1) 풍선의 전체 부피에 해당하는 공기의 무게가 부력($F_{부}$)으로 작용한다. $F_{부} = 600F_{1개} = 600(\rho_{공기}gV)$

$= 600\left(\rho_{공기}g\frac{4\pi r^3}{3}\right) = 600(1.2 \times 9.8 \times \frac{4 \times 3.14}{3} \times 0.5^3) = 3692.6$ (N)

(2) 알짜힘 $F = F_{부} - mg$(전체) $= 3692.6 - (600 \times 0.03 \times 9.8)$

$= 3516.2$ (N)(위 방향)

029 (1) 해설 참조 (2) mgh

해설 (1) B점 기준 퍼텐셜 에너지는 0이며, A, C 점의 위치 에너지는 mgh이다. 역학적 에너지는 $\frac{1}{2}m{v_0}^2 + mgh$로 유지된다.

곡면에서의 속력을 v라고 하면

운동에너지 : $\frac{1}{2}mv^2 = F \cdot s = mg\sin\theta \cdot s$($\theta$: 빗면각, s : 곡면 이동 길이)이므로, 내려갈 때 빗면각 θ(:점점 감소)에 따라 속력이 증가하되, 점차 천천히 증가한다. 올라갈 때는 그와 반대로 감소하되, 점차 빨리 감소한다.

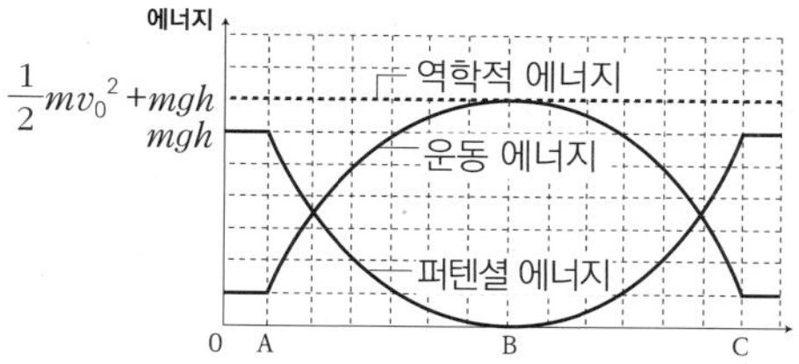

(2) 물체에 작용하는 중력은 mg, 중력 방향으로의 이동 거리는 h 이므로 중력이 한일 $F \cdot s = mgh$ 이다.

기출 Check 32 ~ 41 쪽

030 (1) $A = \frac{\pi dn}{h}$ (2) $A = \frac{e}{e+f}$

(3) 기준값은 1로 정한다. 기준값이 1보다 작은 도구는 투입한 힘에 비해 작은 힘을 얻지만 물체의 이동 거리가 길다. 기준값이 1인 도구는 힘의 크기와 이동 거리에 이익이 없다. 기준값이 1보다 큰 도구는 작은 힘을 투입하여 큰 힘을 얻을 수 있지만 물체의 이동 거리가 짧다.

해설

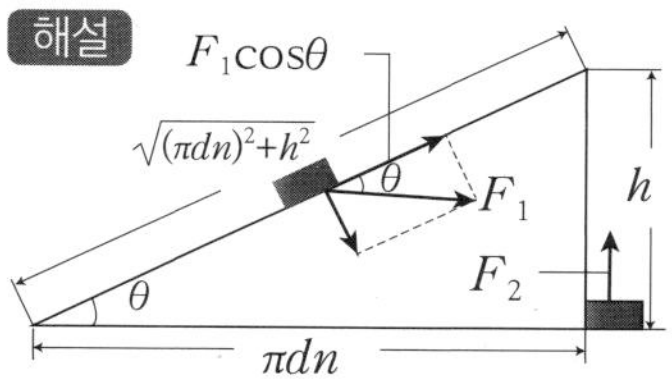

(1) 투입한 F_1(밑면과 평행 방향), F_2를 물체에 작용한 힘의 크기라고 할 때 왼쪽 그림처럼 볼트를 빗면으로 나타낼 수 있다.

이때 $F_1\cos\theta \times \sqrt{(\pi dn)^2+h^2} = F_2 \times h$ (일의 원리)이며,

$A = \frac{F_2}{F_1} = \frac{\sqrt{(\pi dn)^2+h^2}}{h}\cos\theta = \frac{\sqrt{(\pi dn)^2+h^2}}{h}\ \frac{\pi dn}{\sqrt{(\pi dn)^2+h^2}}$

$= \frac{\pi dn}{h}$

(2) P점을 기준으로 하였을 때 Q와 R에서 돌림힘의 크기가 같다.

$eF_Q = (e+f)F_R$

$\therefore A = \frac{\text{물체에 작용한 힘의 크기}}{\text{투입한 힘의 크기}} = \frac{F_R}{F_Q} = \frac{e}{e+f}$

031 (1) 0.6m (2) 5N, 아래 방향

해설 (1) 접촉해 있는 도르래의 반지름의 비는 회전하는 호의 길이 비이다. 5kg 물체를 0.3m 아래로 이동시키면 도르래 (다)의 바깥쪽 도르래가 0.6m 시계 방향으로 회전한다.

따라서 도르래 (다)의 바깥쪽 도르래와 맞물려 있는 도르래 (나)의

바깥쪽 도르래가 0.6m 반시계 방향으로 회전하게 되므로 안쪽 도르래에 매달린 3kg 의 추가 이동하는 길이는 반지름에 비례하므로 0.4(m) 위로 이동한다.

마찬가지로 도르래 (나)의 바깥쪽 도르래가 0.6m 회전하면 이와 맞물려 있는 도르래 (가)에 연결된 줄은 0.6m 이동하게 된다.

(2) 만약 5kg 물체가 0.3m 아래로 내려가면, 3kg의 추는 0.4m 올라가고, 이때 에너지 변화량은 중력이 한 일의 양과 같다.

$W = \Delta E_k = (5\times10\times0.3) - (3\times10\times0.4) = 3(J)$

중력은 아래 방향으로 일을 하므로 (가)의 줄을 잡아당겨 위 방향으로 3 J 의 일을 해주면 도르래의 전체적인 일은 0이 되므로 일정한 속도로 회전한다.

도르래 (가)의 줄에 작용한 힘을 F, 이동한 거리를 s 라고 하면,

$W = Fs \rightarrow 3\,J = F \times 0.6$, $F = 5$ (N) (아래 방향)이다.

032 0.9배

해설 물체를 수평으로 던지면 수평 방향 속도 성분은 등속도를 유지한다. 연직 방향으로는 중력을 받으므로 물체는 등가속도 운동을 한다. 각 구간별 속력과 가속도는 다음과 같다.

시간 (s)	0		1		2		3		4
낙하 거리 (m)	0		4.5		18.0		40.5		72
구간별 평균 속력 (m/s)		4.5		13.5		22.5		31.5	
가속도(m/s^2)			9		9		9		

케플러 P222 행성의 중력 가속도 $g_{행성} = 9(m/s^2)$이므로 지구 중력 가속도의 0.9배이다.

033 (1)

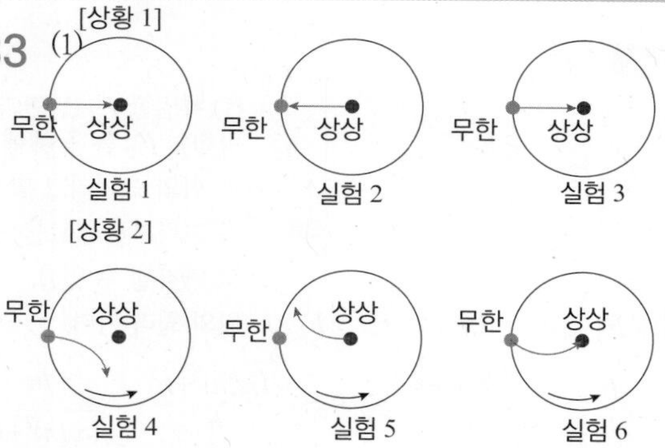

(2) 회전판의 회전때문에 실험 4, 5 모두 공을 받을 수 없다.

(3) 외부에서 관찰한 아빠에게는 공은 직선 운동하고 있으므로, 힘이 작용하지 않는다고 판단한다.

(4)

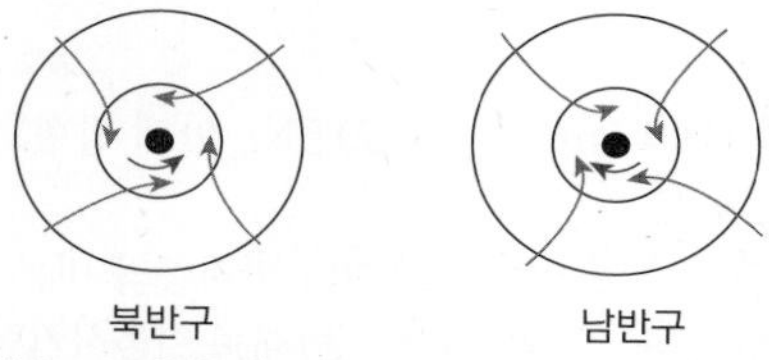

이유 : 〈해설 참조〉

해설 (1) 실험 4, 5에서 공은 전향력에 의해 움직이고, 실험 6에서 공은 고무줄에 의한 탄성력과 전향력의 합력 방향으로 움직이며, 최종적으로 상상이에게로 간다.

(3) 회전판과 함께 회전하고 있는 무한이와 상상이에게는 공에 전향력이 작용하여 공이 휘어지는 것으로 관측된다. 하지만 회전판 바깥쪽에서 관찰하는 아빠의 입장에서는 실험 3과 6에서 묶어 놓은 고무줄에 의한 탄성력이 작용하여 상상이 방향으로 가속 운동하는 것은 관측할 수 있지만 실험 4, 5에서 공은 공을 굴린 방향으로 직선 운동하는 것으로 보이므로 힘이 작용하지 않는 것으로 판단한 것이다.

(4) 지구는 북극에서 볼 때 서에서 동으로 반시계 방향으로 자전한다. 지면에서는 회전판과 같이 회전한다. 태풍은 강한 저기압이므로 지면에서 태풍의 중심을 향하여 바람이 분다. 북반구에서는 진행 경로의 우측으로, 남반구에서는 좌측으로 전향력을 받으므로 경로가 휘어진다. 따라서 그림처럼 저기압 중심에서는 북반구에서는 반시계 방향으로, 남반구에서는 시계 방향으로 돌아 들어가는 소용돌이가 형성된다.

034 (1) $H_m = \frac{5}{2}R$ (2) $\sqrt{10}mg$ (3) $\frac{5}{3}R$

해설 (1) 물체가 E점에서 속력 v_1 으로 레일 위를 운동하고 있을 조건은 (중력 + 레일이 물체에 (아래 방향으로)작용하는 수직항력) = 구심력일 때이다. E점에서 운동할 수 있을 최소 조건은 수직항력(N)=0 일 때이다.

$\therefore$ E점에서 $mg = \frac{mv_1^2}{R} \rightarrow mv_1^2 = mgR$

물체가 언덕 높이 H_m에서 출발할 때, 출발할 때의 역학적 에너지와 E점에서의 역학적 에너지는 보존된다.

$$\therefore mgH_m = \frac{1}{2}mv_1^2 + mg(2R) = \frac{1}{2}mgR + mg(2R)$$

$$= \frac{5}{2}mgR \quad \therefore H_m = \frac{5}{2}R$$

(2) C점에서 면이 물체에 작용하는 수직항력이 구심력의 역할을 한다. 이 외에 물체는 중력을 받고 있으므로, C점에서의 속력을 v_2 라 할 때, 역학적 에너지가 보존되므로

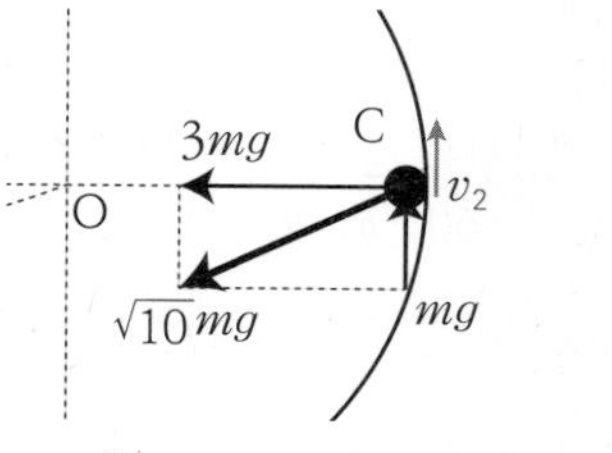

$$mgH_m = \frac{1}{2}mv_2^2 + mgR$$

$$mg(\frac{5}{2}R) = \frac{1}{2}mv_2^2 + mgR$$

$$\rightarrow 3mgR = mv_2^2$$

$\frac{mv_2^2}{R}$(C점에서의 구심력 ; 중심 방향) = $3mg$

$\therefore$ 물체에 작용하는 힘의 크기: $\sqrt{10}mg$

(3) 물체를 언덕 높이 $H=2R$ 에서 정지상태로 출발시켰을 때 분리되는 지점 D에서의 속력을 v_3, 높이를 h 라 할 때 D점에서 물체의 구심력은 다음과 같이 표현된다.

$mg\cos\theta + F = \frac{mv_3^2}{R}$, F(수직 항력)= 0(레일에서 분리)

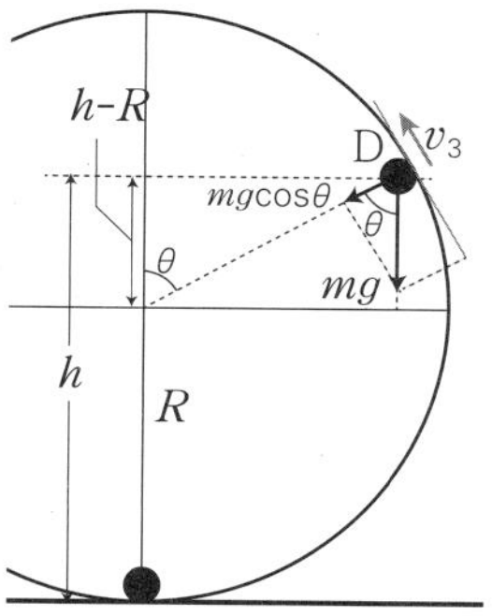

$\therefore mg\cos\theta = \dfrac{mv_3^2}{R}$,

$\cos\theta = \dfrac{h-R}{R}$

$\rightarrow mg(h-R) = mv_3^2$

D지점과 출발 지점(H=2R)의 역학적에너지는 같으므로

$mg(2R) = \dfrac{1}{2}mv_3^2 + mgh$

$\rightarrow mg(2R) = \dfrac{1}{2}mg(h-R) + mgh$

$\rightarrow 4R = (h-R) + 2h \quad \therefore h = \dfrac{5}{3}R$

035 (1) 980초

(2)

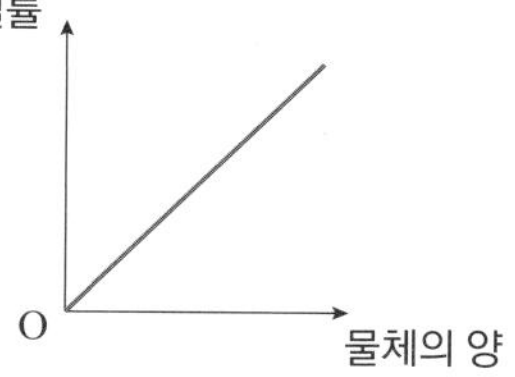

해설 (1) 한 번에 15kg 씩 가져다 나를 때 최대 일률이 25W 이므로, 이때 걸린 시간 t 는

$$P = \frac{W}{t} \rightarrow 25 = \frac{(15\times9.8)\times25}{t}, \quad t = 147(초)$$

이다. 일률은 질량에 따라 결정되므로 20개 상자(980N)를 모두 나르는데 걸리는 최단 시간이 t'이라면,

$$15 \text{ kg} : 147\text{s} = \frac{980}{9.8} : t' \rightarrow t' = 980(초) \text{ 이다.}$$

(2) 운반기의 속도는 일정하므로 한 번에 나르는 물체의 양과 일률은 비례한다. $P = Fv = mgv \propto m$

036 (1) 각궁 326m, 양궁 256m
(2) 편전 14.8%, 목전 5.75%

해설 (1) 활의 탄성 에너지는 그래프 아래의 넓이이다.

〈 각궁 〉 시위를 당겼을 때 탄성 에너지 - 그래프 아래의 넓이

$E_{각궁} = \dfrac{0.05\times80}{2} + \dfrac{0.05\times20}{2} + (0.05\times80) + \dfrac{0.5\times100}{2}$ $+ (0.5\times100) = 81.5$ J 이다. 이 값의 60 % 인 $81.5\times0.6 = 48.9$ J 이 활시위를 떠날 때 화살의 운동 에너지이다. 연직으로 쏘아 올리므로, 최고 높이 $H_{각궁} = \dfrac{48.9}{mg} = \dfrac{48.9}{0.3} = 163$(m) 이고, 조건 상 이 거리의 2배가 최대 수평 이동 거리이다.

$\therefore$ 최대 수평 이동 거리 $R_{각궁} = 2H = 326$(m)

〈 양궁 〉

시위를 당겼을 때 양궁의 탄성 에너지 - 그래프 아래의 넓이

$E_{양궁} = \dfrac{0.2\times80}{2} + \dfrac{0.4\times120}{2} + (80\times0.4) = 64$ (J)

화살의 운동 에너지 $64 \times 0.6 = 38.4$ (J)

화살의 최고 높이 $H_{양궁} = \dfrac{38.4}{mg} = \dfrac{38.4}{0.3} = 128$(m) 이다.

$\therefore$ 최대 수평 이동 거리 $R_{양궁} = 2H = 256$(m)

(2) **〈 편전 〉**: $w_1 = m_1g = 0.2$ (N)

㉠ 공기 저항을 무시하였을 때 :

50 J 의 운동 에너지로 쏘아올린 편전이 올라가는 최대 높이 H_1

$$50 = m_1gH_1 = 0.2H_1 \rightarrow H_1 = \frac{50}{0.2} = 250(\text{m})$$

편전을 쏘아올린 처음 속력 v_1

$$250 = \frac{v_1^2}{2g} \rightarrow v_1^2 = 5000,\ v_1 = 50\sqrt{2} = 70(\text{m/s})$$

㉡ 공기 저항을 고려하였을 때 :

4초 후 주어진 공식에 의한 편전의 속력 v_1'은

$v_1' = 70 - (10 + \dfrac{70}{200\times0.2}) \times 4 = 23$(m/s) 이다.

4초 일 때 상승한 높이 : $\dfrac{70+23}{2} \times 4 = 186$(m)

4초 일 때 퍼텐셜 에너지 : $m_1gH_1 = 0.2 \times 186 = 37.2$(J)

4초 일 때 운동 에너지 : $50 \times \dfrac{23^2}{70^2} = 5.4$(J)

→ 4초 일 때 전체 역학적 에너지 : $37.2 + 5.4 = 42.6$(J)

∴ 4초 동안 공기 저항으로 손실된 역학적 에너지 비

$$\frac{50 - 42.6}{50} \times 100 = 14.8\ \%$$

〈 목전 〉: $w_2 = m_2g = 0.4$ (N)

㉠ 공기 저항을 무시하였을 때 :

목전이 올라가는 최대 높이 H_2

$$50 = m_2gH_2 = 0.4H_1 \rightarrow H_2 = \frac{50}{0.4} = 125\ (\text{m})$$

목전을 쏘아올린 처음 속력 v_2

$$125 = \frac{v_2^2}{2g} \rightarrow v_2^2 = 2500,\ v_2 = 50\ (\text{m/s})$$

목전의 4초 후 속력 $v_2'' = v_2 - gt = 50 - 40 = 10$ (m/s)

㉡ 공기 저항을 고려하였을 때 :

4초 후 주어진 공식에 의한 목전의 속력 v_2'은

$v_2' = 50 - (10 + \dfrac{50}{200\times0.4}) \times 4 = 7.5$ (m/s)

4초 일 때 상승한 높이 : $\dfrac{50+7.5}{2} \times 4 = 115$ (m)

4초 일 때 퍼텐셜 에너지 : $0.4 \times 115 = 46$ (J)

4초 일 때 운동 에너지 : $50 \times \dfrac{7.5^2}{50^2} = 1.125$ (J)

→ 4초 일 때 전체 역학적 에너지 : $46 + 1.125 = 47.125$ (J)

∴ 4초 동안 공기 저항으로 손실된 역학적 에너지 비

$$\frac{50 - 47.125}{50} \times 100 = 5.75\ \%$$

037 (해설 참조)

(1) 비행기가 3칸/s 의 속도로 등속 운동하는 경우 떨어뜨린 폭탄의 x 좌표는 $x = v_0t$, y 좌표는 $y = \dfrac{1}{2}gt^2$ 이다.

폭탄을 처음 떨어뜨렸을 때를 0초라고 하면, 처음 투하된 폭탄의 초당 좌표는 다음과 같이 변한다.(g = 2칸/s^2)
(0, 0)→(3, 1)→(6, 4)→(9, 9)→(12, 16) ⋯
3칸 진행하여 1초일 때 떨어뜨린 두번째 폭탄의 좌표 :
(3, 0)→(6, 1)→(9, 4)→ (12, 9) → (15, 16)
2초일 때 떨어뜨린 폭탄의 좌표 :
(6, 0)→(9, 1),→(12, 4)→(15, 9)→(18, 16) ⋯

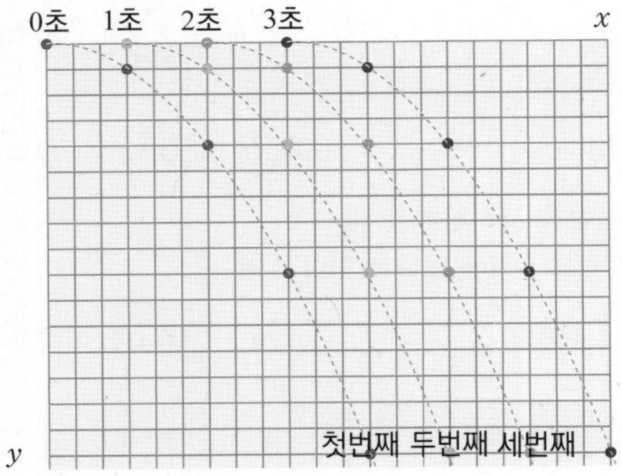

038 (1) $a = \dfrac{4v^2 d}{(d+L)^2}$ (2) $\dfrac{v}{2}$

해설 (1) 정상파는 밀한 곳(앞차와 뒤차가 만나는 곳)의 위치가 변하지 않고 정지한 것처럼 보이는 파동이다. 안전거리 d 는 앞차의 뒷부분과 뒤 차의 앞부분 사이의 거리를 말하며, 안전 거리 d 를 유지하기 위해서 앞차와의 거리가 0 인 상태에서 앞차가 등속도로 $d+L$ 의 거리를 가는 동안 두 번째 차는 감속하고 가속하여 L 만큼 가면 된다. 그 동안 세번째 차도 $d+L$ 만큼 이동하여 두 번째 차와의 거리가 0 이 된다.

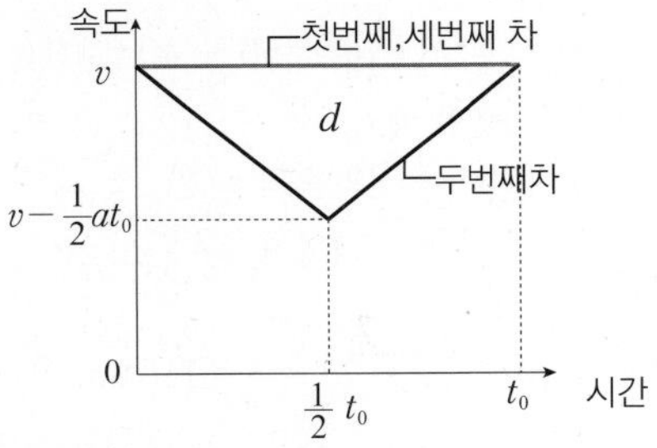

앞차가 이동한 거리 : $vt_0 = d+L$ ⋯⋯①

t_0가 되는 순간 앞차와 뒷차의 거리 : $d = \frac{1}{2}t_0\frac{at_0}{2}$ ⋯⋯②

①,②에서 t_0 를 소거하면

$$a = \frac{4v^2d}{(d+L)^2}$$

(2) t_1 이 되는 순간 첫번째와 두번째 차의 거리

: $d = \frac{1}{2}t_1\frac{at_1}{8}$ ⋯⋯③

②,③에서 $t_1 = 2\,t_0$ 이다.(첫번째 차와 두번째 차가 안전거리 d 를 확보하는데 걸리는 시간)

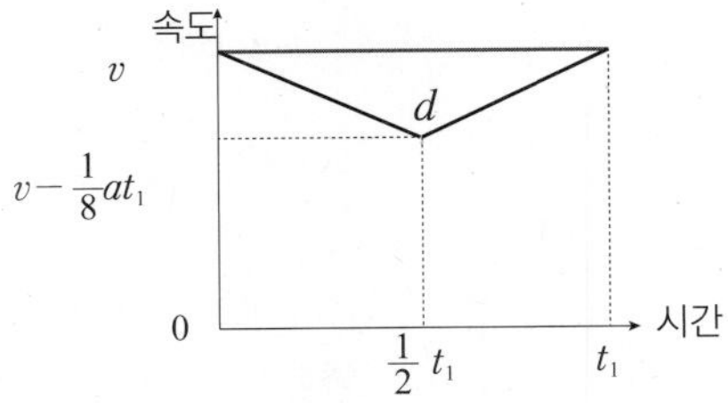

t_1 이 되는 순간 각 차는 현재 위치에서 다음과 같이 이동한다.
첫번째 차 (등속 v) : $vt_1 = 2(d+L)$,
두번째 차(첫번째 차와 안전거리 d 확보) : $d+2L$,
세번째 차 (등속 v): $2(d+L)$
두번째 차와 세번째 차는 첫번째 차와 두번째 차가 만난 곳에서 $d+L$ 만큼 이동한 곳에서 만난다. 이것은 밀한 부분(마디)이 이동한 것이므로

파동의 속도(v_0) : $\dfrac{d+L}{t_1} = \dfrac{vt_0}{2t_0} = \dfrac{v}{2}$

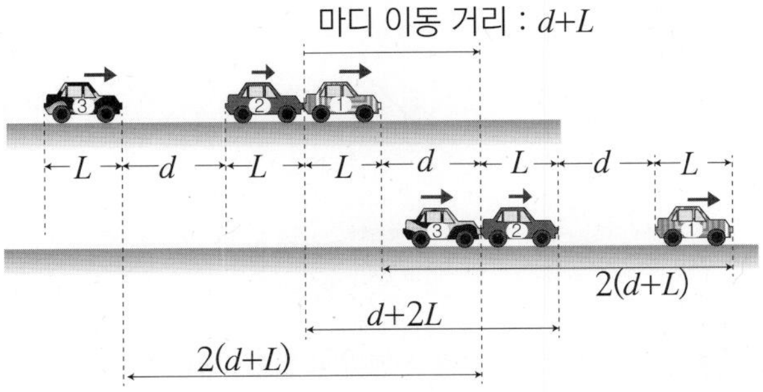

039 (1) a < b < c < d < e
(2) 80 J
(3) 물체 B가 낙하하는 동안 속력이 일정하게 유지되므로 퍼텐셜 에너지만 감소하게 된다. 감소한 B의 퍼텐셜 에너지는 물체 A의 운동에너지와 물체 A와 바닥면 사이의 마찰에 의해 소모되는 에너지로 전환된다.

해설

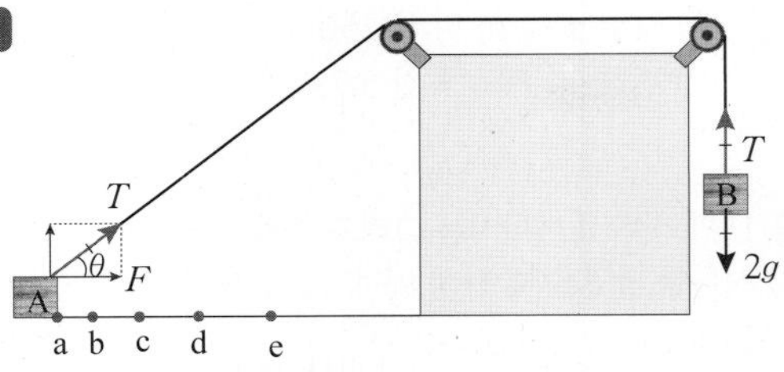

(1) 물체 B가 등속 운동하므로 $T = 2g$ 로 일정하다. 위 그림과 같이 물체 A에 연결된 실과 지면이 이루는 각이 θ 이고, 마찰력이 f 일 때 물체 A에 수평 방향으로 작용하는 힘 $F = T\cos\theta - f$ 이다. 운동 마찰력 f 는 일정하고, 물체가 a → e 로 갈수록 θ 가 커지고 $\cos\theta$ 의 값은 감소하기 때문에 물체 A에 작용하는 수평 방향의 힘 F는 작아지게 된다. 하지만 물체 A가 움직이는 순간부터 계속 힘을 받는 것이므로 속력은 계속 증가한다. 따라서 물체 A의 속력은 $v_a < v_b < v_c < v_d < v_e$ 순이다.
(2) 물체 A가 a → e 로 움직이는 동안 물체 B는 4 m 낙하하므로 감소한 퍼텐셜 에너지 = $mgh = 2\times10\times4 = 80$(J) 이다.

(3)

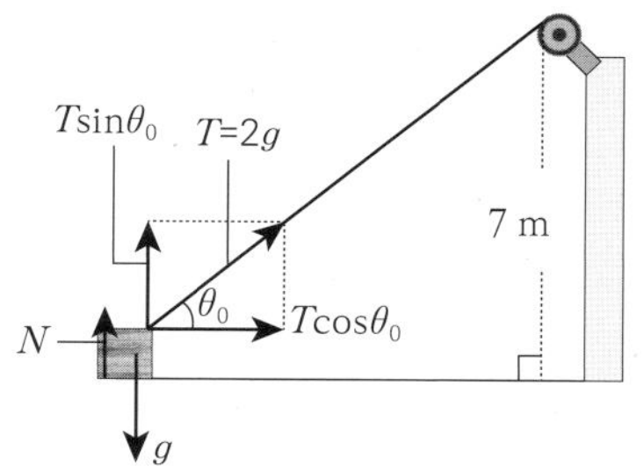

물체가 지면과 분리되는 순간 수직항력 N은 0 이 된다. 왼쪽 그림에서 분리각을 θ_0 라고 할 때 연직 방향의 힘의 평형 $N + T\sin\theta_0 = g$ 이 성립하므로 $N = 0$ 이면 $T\sin\theta_0 = g$ 이고, $T = 2g$ 이므로 $\sin\theta_0 = \frac{1}{2}$, $\theta_0 = 30°$일 때 물체 A는 바닥면과 분리된다. 이때 물체 A로부터 왼쪽 도르래까지의 실의 길이는 14 m 가 된다. 전체 실의 길이가 25 m 이므로 B가 4 m 낙하했을 때, 즉, e 점에서 물체 A 는 바닥면과 분리된다.

040 (1) 18.5N (2) $\frac{48}{49}$ cm (3) 달

해설 (1) 무게는 질량에 중력 가속도를 곱한 값이다. 화성에서는 중력 가속도가 3.7m/s^2 이므로 무게는 5 × 3.7 = 18.5(N)이다.
(2) 고무줄이 늘어난 길이는 무게에 비례하고, 질량이 같으므로 중력 가속도에 비례한다. 달의 중력 가속도가 지구의 $\frac{1.6}{9.8}$ 배이므로 $6 \times \frac{1.6}{9.8} = \frac{48}{49}$ (cm)늘어난다.
(3) 중력 가속도가 가장 작은 천체에서 가장 늦게 떨어진다.
s (떨어지는 거리) = $\frac{1}{2}gt^2$ → t (떨어지는 시간) = $\sqrt{\frac{2s}{g}}$

041 (1) $\frac{\rho_A}{\rho}h$ (2) $\frac{1}{\rho s}(\rho_B V + \rho_A sh)$
(3) $\frac{1}{\rho s}((\rho_B - \rho)V + \rho_A sh)$

해설 (1) 그림 (가)에서 물체 A의 무게와 부력이 평형을 이룬다. 부력은 물체 A가 밀어낸 물의 무게(=질량 × g = 밀도 ×부피 × g)이다. 물체 A의 무게 ; $m_A g = \rho_A shg$,
밀어낸 물의 무게 ; ρsdg
$\therefore \rho_A shg = \rho sdg \rightarrow d = \frac{\rho_A}{\rho}h$
(2) 그림 (나)는 (가)에 비해 A의 잠긴 부피가 $(d_1 - d)s$ 만큼 증가했으므로, 부력이 $\rho(d_1 - d)sg$ 만큼 증가하였다. 이것은 물체 B의 무게에 해당한다.
$\therefore \rho(d_1 - d)sg = \rho_B Vg$, $\rho(d_1 - \frac{\rho_A}{\rho}h)s = \rho_B V$
$\rho d_1 s - \rho_A sh = \rho_B V \rightarrow d_1 = \frac{1}{\rho s}(\rho_B V + \rho_A sh)$
(3) 물체 B의 질량은 $m_B = \rho_B V$ 이다.
그림 (다)에서 물체 B는 전부 잠겨있고, 물체 A가 sd_2 만큼 잠겨 정지해 있으므로 A와 B의 무게 $(m_A + m_B)g$는 B의 전체 부피에 대한 부력과 A의 부력 $\rho sd_2 g$을 합한 것과 같다.

$$\therefore (m_A + m_B)g = \rho Vg + \rho sd_2 g$$
$$\rightarrow \rho_A sh + \rho_B V = \rho V + \rho sd_2$$
$$\rightarrow d_2 = \frac{1}{\rho s}((\rho_B - \rho)V + \rho_A sh)$$

042 (1) 0.5 kg, 1 N (2) 왼쪽에서 $0.9L$ 되는 지점

16. **답** ④
해설 (1) 막대가 수평을 이루며 정지하고 있으므로 역학적 평형 상태이다. (g = 10 m/s^2)

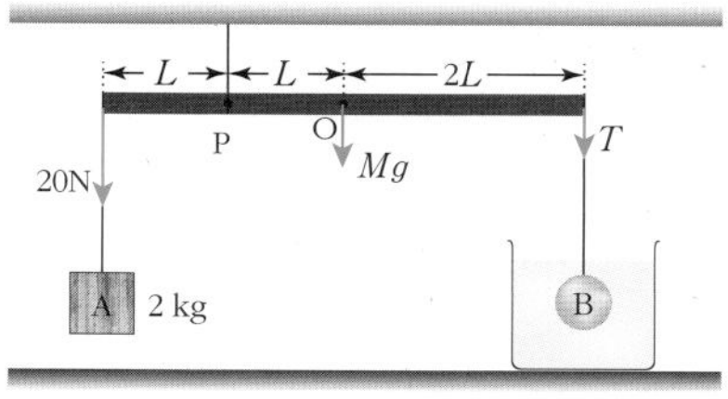

㉠ 물체 A의 돌림힘의 크기(회전축 = 점 P) : $\tau = rF = rmg = L \times 2\text{ kg} \times 10\text{ m/s}^2 = 20L$ (N · m)(반시계 방향)
㉡ 막대만의 돌림힘의 크기 : 막대의 무게 중심은 O점이고, 막대의 무게(Mg)가 O점에 집중된다고 생각한다. O점은 회전축인 점 P에서 오른쪽으로 L만큼 떨어져 있다. → $MgL = 10ML$ (N · m)(시계 방향)
㉢ 물체 B를 매단 끈의 장력 T = 중력 − 부력($F_{부력}$)
$F_{부력} = \rho Vg = 0.5\text{ g/cm}^3 \times 200\text{ cm}^3 \times 10\text{ m/s}^2 = 1\text{ N}$
$\therefore T = (0.6\text{kg} \times 10\text{m/s}^2) - 1 = 5\text{N}$
㉣ 장력 T에 의한 돌림힘의 크기 : 5(N) × $3L$ = $15L$(N · m)(시계 방향)
물체 A의 돌림힘의 크기(㉠)는 막대의 돌림힘의 크기(㉡)와 물체 B에 연결된 실의 장력 T 에 대한 돌림힘의 크기(㉣)의 합과 같다.

$$\therefore 20L = 10ML + 15L$$
$$10ML = 5L \rightarrow M = 0.5\text{ kg}$$

(2) 액체의 밀도가 변하면 부력의 크기가 변한다. 따라서 막대 끝에 작용하는 장력의 크기가 변한다.

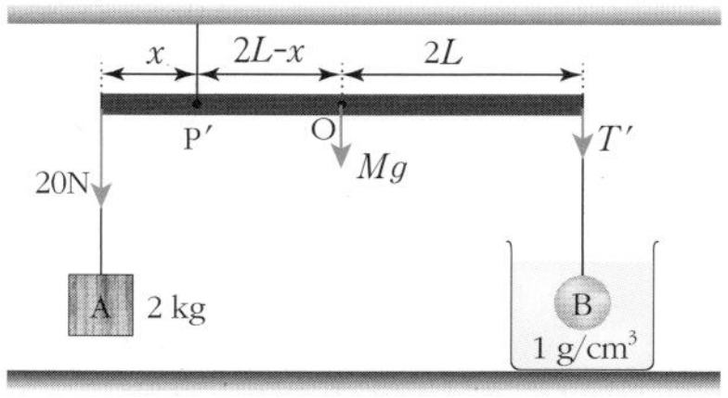

$F'_{부력} = \rho' Vg = 1\text{ g/cm}^3 \times 200\text{ cm}^3 \times 10\text{ m/s}^2 = 2\text{ N}$
$\therefore T' = (0.6\text{kg} \times 10\text{m/s}^2) - 2 = 4\text{N}$
P′중심 돌림힘의 평형 : $20x = Mg(2L - x) + T'(4L - x)$
→ $20x = 5(2L - x) + 4(4L - x)$, $x \fallingdotseq 0.9L$
따라서 왼쪽에서 $0.9L$ 되는 지점에 막대를 매달면 된다.

043 (1) 구름 속에서 정지해 있던 빗방울은 자유 낙하하면서 속력이 점점 빨라지다가 8.9 m/s 속력에 이르면 이 속력을 유지하면서 떨어지게 된다.
(2) 1.27 N

해설 (1) 빗방울이 운동 중 구형을 유지한다고 하고, 자유 낙하하는 빗방울에는 아래 방향으로 중력과 위 방향의 저항력이 작용한다. 빗방울에 작용하는 알짜힘(아래 방향 : (+))

$F = mg - \frac{1}{2}D\rho Av^2$, a(가속도) $= g - \left(\frac{D\rho A}{2m}\right)v^2$ 이다.

물체의 속도가 증가하면 저항력도 차츰 증가하게 되므로 물체에 작용하는 알짜힘은 감소하다가 중력과 저항력이 같아지는 순간 물체에 작용하는 알짜힘은 0 이 되므로 물체의 속도는 일정해진다. 이때의 속도를 종단 속도(v_0)라고 하며 물체의 최종 속도가 된다.

$$0 = g - \left(\frac{D\rho A}{2m}\right){v_0}^2 \rightarrow v_0 = \sqrt{\frac{2mg}{D\rho A}} \quad \cdots ㉠$$

$$\therefore v_0 = \sqrt{\frac{2\times(3.4\times10^{-5})\times9.8}{0.5\times1.3\times(1.3\times10^{-5})}} = 8.9\ (\text{m/s})$$

(2) 야구공에 작용하는 저항력은 속도를 감소시켜 종단 속도 $v_0 = 43$ (m/s)에 이르게 한다.

㉠을 D 에 대하여 정리하면, $D = \frac{2mg}{{v_0}^2\rho A}$ ⋯ ㉡

㉡을 대입하여 야구공의 공기 저항력(R')을 구하면

$$R' = \frac{1}{2}D\rho Av^2 = \frac{1}{2}\left(\frac{2mg}{{v_0}^2\rho A}\right)\rho Av^2 = mg\left(\frac{v}{v_0}\right)^2$$

$$= mg\left(\frac{v_0}{v}\right)^2 = 0.15 \times 9.8 \times \left(\frac{40}{43}\right)^2 = 1.27\ (\text{N})$$

주제 탐구 및 논술 42 ~ 45 쪽

Q1 [예시 답안] 1. 탄성력이 강한 줄을 우주선의 몸체에 부착한 후 사람의 몸에 반대편 줄을 연결하면 중력으로 아래로 잡아당겨지는 듯한 효과가 있다.
2. 우주선을 빠르게 회전시키면 원심력에 의해 바깥쪽으로 잡아당기는 힘이 생겨 중력과 같은 역할을 한다. 등

Q2 [예시 답안] 지구가 자전하는 속도와 태양을 공전하는 속도(태양의 인력), 대기와의 마찰, 지구 자기장 등을 더 고려하여 탈출 속도를 구해야 할 것이다.

해설 지구는 우리가 느끼고 있지는 않지만 약 500m/s의 속도로 자전한다. 만약 우주선을 발사하는 방향이 자전의 방향과 같으면 우주선의 속도는 자전의 속도만큼 느려질 것이다. 따라서 이때는 지구의 탈출속도에 자전 속도를 더해준 만큼 우주선을 출발시켜야 지구를 벗어날 수 있을 것이다. 또한, 지구는 태양의 인력에 의해 태양 주위를 약 30km/s의 속도로 공전하고 있다. 만약 지구로부터의 중력이 0이 되는 지점에 도달하면 우주선의 속력은 0이 된다. 하지만 태양으로부터의 인력은 우주선에 작용하고 있으므로 태양으로 끌려가서 태양 주위를 공전하게 될 것이다. 따라서 태양의 인력으로부터 탈출하기 위한 탈출속도만큼의 속도도 우주선의 발사 속도에 더 필요할 것이다.

Q3 [예시 답안]우주선이 지구에서 발사되어 점점 속도를 높이면, 지구 주위를 도는 타원 궤도가 점점 커질 것이고, 달 주변의 궤도 속도에 맞춰 달 주변의 타원 궤도로 옮겨가서 속도를 낮춰 달에 착륙할 수 있다.

해설 지구에서 출발한 우주 발사선의 운동 궤도는 대략 다음과 같다.

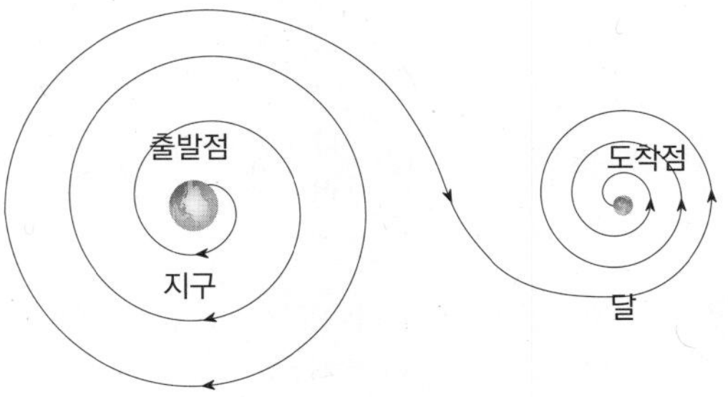

Ⅱ. 전자기학

Question 46 ~ 51 쪽

Q1. 답 ②

해설 대전된 절연체가 대전되지 않은 금속 가까이 놓여 있으면 금속 내의 자유 전자가 이동하여 정전기 유도 현상이 일어난다. 이때 대전된 절연체의 가까운 쪽에는 절연체와 반대 종류의 전하가 유도되므로 대전된 절연체와 금속 사이에는 인력이 발생한다.

Q2. 답 ②

해설 전자와 양성자의 전하량(q)은 동일하며, 부호는 반대이므로 전기장 내에서 힘의 크기는 같고 방향은 반대인 힘을 받는다.

Q3. 답 $\frac{1}{2}$

해설 $R_A = \rho_A \frac{l}{S} = 2\rho_B \frac{l}{S} = 2R_B$ 이다.

$$\therefore P_A : P_B = \frac{V^2}{R_A} : \frac{V^2}{R_B} = \frac{1}{2} : 1$$

Q4. 답 ③

해설 내부 저항이 r 인 전지의 단자 전압(두 극 사이의 전압) V 는 전지의 기전력 E 보다 내부 저항에 의한 전압 강하로 Ir 만큼 작아진다($V = E - Ir$). 따라서 전류 $I = 0$ 이면, $V = E$ 이다.

Q5. 답 ③

해설 $F = qvB\sin\theta$ 이므로, $v = 0$ 이거나 $\theta = 0$ 인 경우에는 입자에 자기력이 작용하지 않는다.

Q6. 답 ③, ④

해설 전하가 움직이는 경우 자기장이 만들어진다.

Q7. 답 ⑤

해설 1차 코일에 직류 전원인 전지가 연결되어 있으므로 2차 코일에 들어가는 자기력선속에 변화가 없다. 따라서 2차 코일에 전압이 걸리지 않는다. (유도 기전력이 발생하지 않는다.

유형 Problem 52 ~ 61 쪽

044 (1) (−)전하 (2) 오므라든다
(3) 금속판 B는 (−) 전기가 유도되고, 금속박 A는 (+) 전기를 띠게 되어서 벌어지게 된다.

해설 (1) 모피 조각에 마찰시킨 에보나이트는 (−) 전기를 띤다. 그러므로 설치된 금속판의 위쪽은 (+) 전기가 유도되고 아래쪽은 (−) 전기로 유도된다. 따라서 검전기의 금속판 B에는 (+) 전기가 유도되면서 전자가 금속박에 몰려 금속박 A는 (−) 전기를 띤다.
(2) 설치된 금속판에 손을 대면 접지가 되는 것이므로 전자가 빠져 나간다. 그래서 금속판 아래 면은 중성 상태가 되고 금속판 B에는 정전기 유도현상이 일어나지 않게 되어서 금속박 A는 오므라들게 된다.
(3) 설치된 금속판은 전자가 빠져 나간 상태이므로 (+) 전기를 띤 상태를 유지한다.

045 (1) S_2 (2) S_1

해설 S_1 만 열었을 때

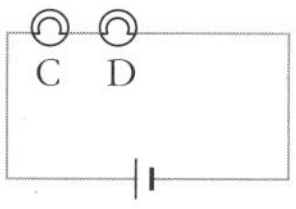

S_2 만 열었을 때

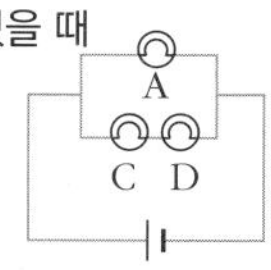

S_3 만 열었을 때

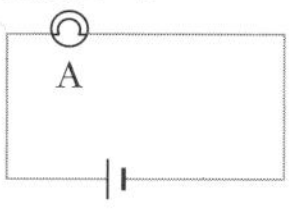

S_4 만 열었을 때

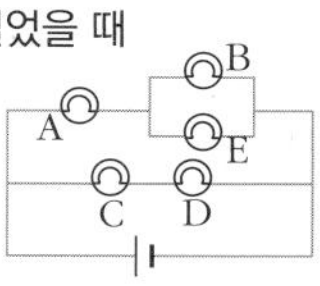

도선의 저항은 0 이므로 각 스위치를 열었을 때 회로는 위와 같다. 각각의 합성 저항은 S_1 만 열었을 때 $2R$, S_2 만 열었을 때 $\frac{2}{3}R$, S_3 만 열었을 때 R, S_4 만 열었을 때 $\frac{6}{7}R$ 이다.
이때 합성 저항이 작을수록 전류가 많이 흐르므로 전력도 많이 소비한다(전지의 전압 동일).

046 6×10^{-3}J 의 일이 필요하다.

해설 전기력을 받아 반지름이 R 인 궤도를 따라 등속 원운동하는 전하의 구심력은 전기력이다. 이때 전하의 속도를 v 라고 하면,

$$F = \frac{mv^2}{R} = k\frac{q_1q_2}{R^2} \rightarrow mv^2 = k\frac{q_1q_2}{R}$$

따라서 전하의 운동 에너지 $E_K = \frac{1}{2}mv^2 = \frac{kq_1q_2}{2R}$ 이고, 전기장에서 q_2 의 퍼텐셜 에너지 $E_p = -k\frac{q_1q_2}{R}$ 이므로, 역학적 에너지

$$E = E_K + E_p = \frac{kq_1q_2}{2R} - \frac{kq_1q_2}{R} = -\frac{kq_1q_2}{2R} \text{ (반지름이 } R \text{ 일 때)}$$

반지름이 3cm인 궤도에서 6cm인 궤도로 옮길 경우 두 궤도의 역학적 에너지의 차이만큼 외부에서 일을 해주어야 한다.

$$W = E_{6cm} - E_{3cm} = -\frac{kq_1q_2}{2}\left(\frac{1}{2R} - \frac{1}{R}\right)$$
$$= -\frac{(9 \times 10^9)(4 \times 10^{-8})(2 \times 10^{-6})}{2 \times 10^{-2}}\left(\frac{1}{6} - \frac{1}{3}\right) = 6 \times 10^{-3}(\text{J})$$

047 (1) 3.125×10^{15} 개 (2) $\frac{1}{8}$ A

해설 (1) 저항 6Ω, 전압 3V이므로 전류는 0.5A이다. 0.001초 동안 전류가 흐르므로 통과하는 전하량은 $0.5 \times 0.001 = 5 \times 10^{-4}$(C) 이다. 1C은 전자 6.25×10^{18} 개의 전하량에 해당하므로 $5 \times 10^{-4} \times 6.25 \times 10^{18} = 3.125 \times 10^{15}$개의 전자가 통과한다.
(2) 주기는 0.004초이다. 그 중 $\frac{1}{4}$ 은 0.5A, $\frac{3}{4}$ 은 전류가 흐르지 않으므로 $I_{평균} = \frac{0.5 \times 1 + 0 \times 3}{4} = \frac{1}{8}$ (A) 이다.

048 $\frac{5kq^2}{9d}$

해설 용수철 상수를 k' 이라고 하면, 용수철 길이가 $2d$ 만큼 늘어나 $3d$ 일 때 힘의 평형을 이루어 멈추었으므로

$$2dk'\text{(탄성력)} = k\frac{q^2}{9d^2}\text{(쿨롱의 힘)} \rightarrow k' = k\frac{q^2}{18d^3}$$

처음 에너지(전기력에 의한 퍼텐셜 에너지) $E_0 = k\frac{q^2}{d}$ 이고, 진동 후 정지한 상태의 총에너지 E(전기 퍼텐셜 에너지 탄성 에너지) 는

$$E = \frac{kq^2}{3d} + \frac{1}{2}k'(2d)^2 = \frac{kq^2}{3d} + \frac{1}{2}\frac{kq^2}{18d^3}(2d)^2 = \frac{4kq^2}{9d}$$

$$\therefore Q_{열} = E_0 - E = \frac{kq^2}{d} - \frac{4kq^2}{9d} = \frac{5kq^2}{9d}$$

049 (1) $V_A = 4V$, $V_B = 4V$, $V_C = 8V$, $V_D = 0V$
(2) $V_A = 7.5V$, $V_B = 5V$, $V_C = 7.5V$, $V_D = 0V$

해설 (1)

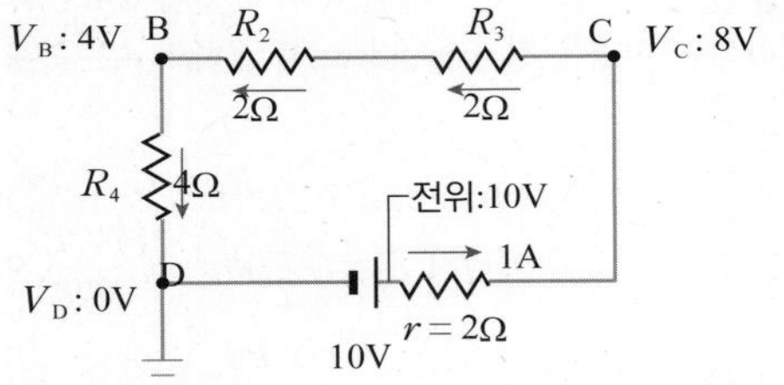

$10 = I(10)$, $\therefore I = 1(A)$, 접지된 곳으로 전류는 흐르지 않으나 전위는 0 V 이고, 전류는 전위가 높은 곳에서 낮은 곳으로 흐른다. 전압(전위차)는 내부 저항 2V, R_4 4V, R_2 2V, R_3 2V 가 걸린다. 따라서 각 점에서 전위는 D = 0V, B = 4V, C = 8V 이다. R_1 에는 전류가 흐르지 않으므로 A는 B 와 전위가 같은 4V이다.

$$\therefore V_A = V_B = 4V,\ V_C = 8V,\ V_D = 0V$$

(2)

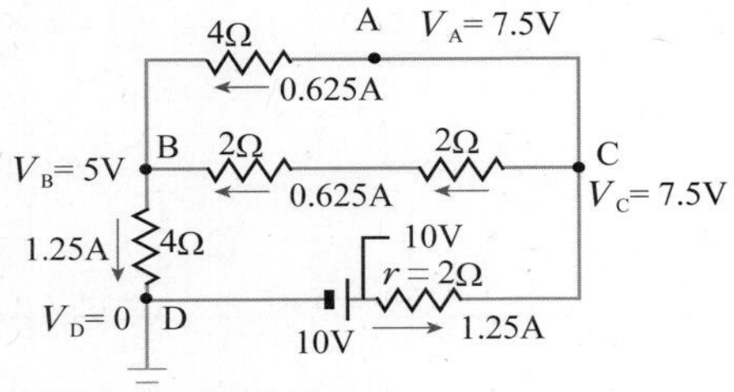

전체 합성 저항은 8Ω이다. $10 = I(2 + 2 + 4)$, $\therefore I = 1.25A$
D는 접지되었으므로 전위가 0이며, B의 전위는 D보다 R_4 에 걸리는 전압 $4 \times 1.25 = 5$ V 만큼 전위가 높다.
A 와 C는 같은 도선 위에 있으므로 같은 전위를 갖고 B점보다 전위가 $4 \times 0.625 = 2.5$V 높다.

$$\therefore V_A = V_C = 7.5V,\ V_B = 5V,\ V_D = 0$$

050 $P_1 < 4P_0$, $P_2 > P_0$

해설 전구의 밝기는 전력(P)과 비례한다. 그림 (가)에서 전구의 저항을 R, 전지의 내부 저항과 기전력을 각각 r, E 라고 하였을 때, 회로의 전체 저항은 $R + r$ 이므로,

회로 전류 $I_0 = \dfrac{E}{R + r}$ 이고, $P_0 = I_0^2 R = \left(\dfrac{E}{R + r}\right)^2 R$

그림 (나)에서 회로의 전체 저항은 $R + 2r$ 이므로,

회로 전류 $I_1 = \dfrac{2E}{R + 2r}$ 이고, $P_1 = I_1^2 R = \left(\dfrac{2E}{R + 2r}\right)^2 R$

그림 (다)에서 회로의 전체 저항은 $R + \dfrac{r}{2}$ 이므로,

회로 전류 $I_2 = \dfrac{E}{R + \dfrac{r}{2}}$ 이고, $P_2 = I_2^2 R = \left(\dfrac{2E}{2R + r}\right)^2 R$

따라서 $P_1 < 4P_0$, $P_2 > P_0$ 이다.

051 (1) 10V (2) 2Ω

해설 (1),(2) 전압계에 측정되는 전압은 전지의 단자 전압(V)이다. 전지의 내부 저항(r)으로 인해 전류와 단자 전압은 비례하지 않는다. 전지의 기전력(E)은 전류(I)가 0 일 때의 단자 전압(V)이다.
$E = I(R + r) = V + Ir \rightarrow E = 8 + 1r$, $E = 6 + 2r$(그래프)
풀면, E(기전력)는 10V, r(내부 저항)는 2Ω 이다.

052 1.5Ω

해설 전류가 A에서 B 로 흐를 때 다음과 같은 회로가 된다.

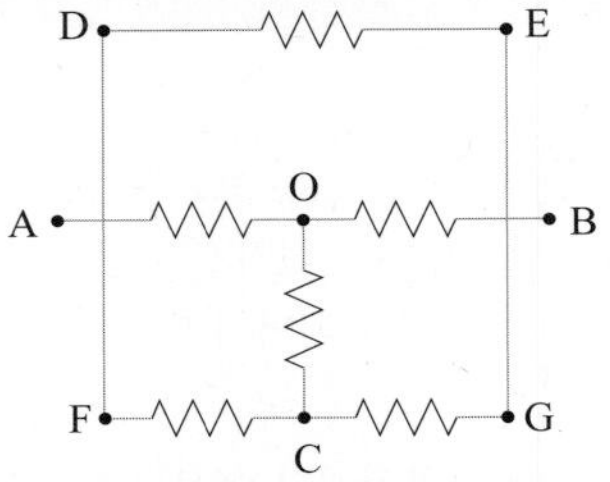

그림과 같이 병렬 연결된 저항에는 같은 전압이 걸리므로, O와 C 사이에 전위차는 0이고, 그 사이의 저항에 흐르는 전류도 0이다. 따라서 OC 사이의 저항을 없앤 전체 합성 저항이 회로의 총 저항이다.

$$\therefore R = \dfrac{1}{\dfrac{1}{3} + \dfrac{1}{3 + 3} + \dfrac{1}{3 + 3}} = 1.5\ (\Omega)$$

053 $(1 + \sqrt{3})r$

해설 저항이 무한대로 연결되어 있으므로 A와 B 사이의 합성 저항을 R 이라고 할 때, 그림에서 CD 사이의 합성 저항도 R 이 된다.

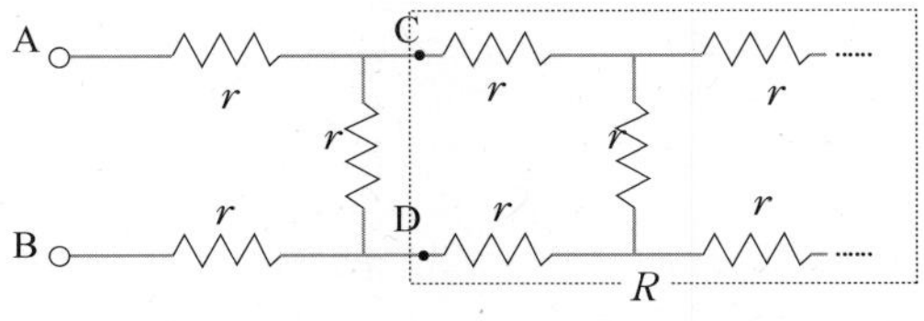

$$2r + \dfrac{Rr}{R + r} = R \rightarrow \dfrac{R^2}{r + R} = 2r \rightarrow R^2 - 2rR - 2r^2 = 0$$

$$r + \sqrt{r^2 + 2r^2} = 0,\quad \therefore R = (1 + \sqrt{3})r$$

054 (1) $\dfrac{7}{12}r$ (2) $\dfrac{3}{4}r$ (3) $\dfrac{5}{6}r$

해설 (1) 전류가 A로 흘러들어가 B로 나올 경우 등전위점은 D와 E 또는 C와 F이다. D와 E, C와 F를 각각 붙어 있는 점으로

하여 다음과 같이 회로를 변형한다. 각 저항은 r 이다.

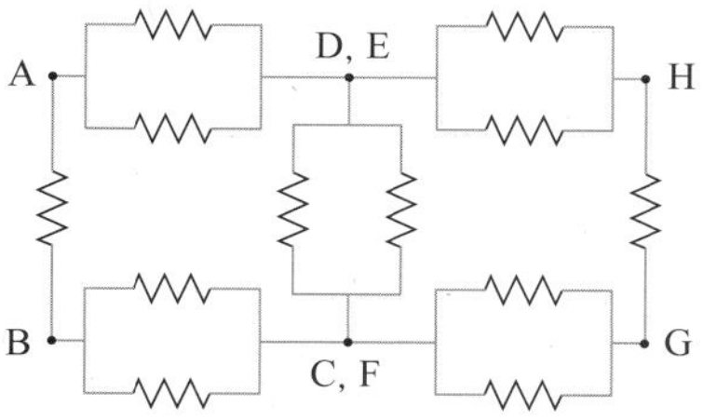

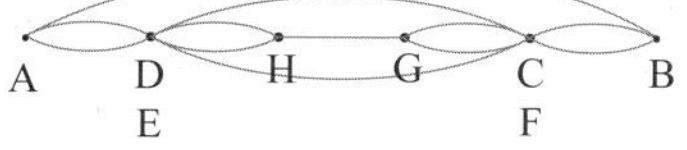

각 도선은 저항이 r 이므로 D(E)와 C(F) 사이의 합성 저항 R_1 은

$$\frac{1}{R_1}=\frac{1}{r}+\frac{1}{2r}+\frac{1}{r}=\frac{5}{2r} \rightarrow R_1=\frac{2}{5}r \text{ 이다.}$$

A와 B 사이에 직접 연결된 저항 r을 뺀 나머지 합성 저항 R_2 은

$$R_2=\frac{r}{2}+\frac{2}{5}r+\frac{r}{2}=\frac{7}{5}r$$

AB사이에서 R_2 와 r 은 병렬연결되어 있으므로

$$\frac{1}{R_{AB}}=\frac{5}{7r}+\frac{1}{r}=\frac{12}{7r} \rightarrow R_{AB}=\frac{7}{12}r$$

(2) 전류가 A로 흘러들어가 C로 나올 경우 등전위 지점은 B, D, F, H 점으로 전위가 같으므로 각 점 사이에는 전류가 흐르지 않고, 또한 붙어 있는 점으로 간주해도 된다. 다음 그림과 같이 전류 I_1, I_2, I_3 을 정하고, 키르히호프 2법칙을 적용한다.

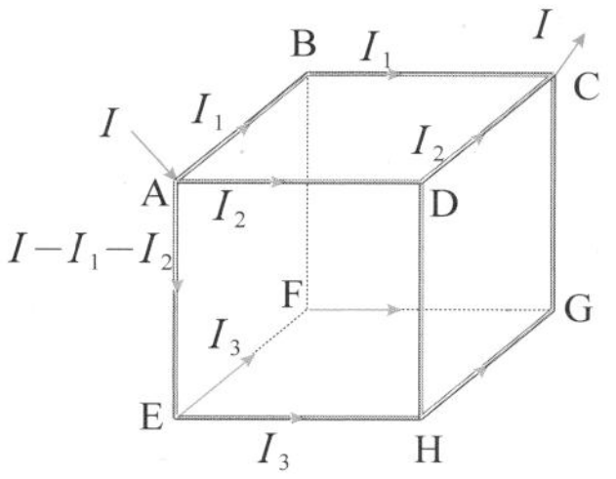

폐회로 ABFEA : $-I_1r+I_3r+(I-I_1-I_2)r=0$ ⋯ ㉡

폐회로 ADHEA : $-I_2r+(I-I_1-I_2-I_3)r+(I-I_1-I_2)r=0$ ⋯ ㉢

대칭성에서 $I_1=I_2$ 이고, $2I_3=I-I_1-I_2$

㉡ → $I=3I_1-I_3$, ㉢ → $2I=5I_1+I_3$, $\therefore I_1=\frac{3}{8}I$

A → B → C 회로에서 AB, BC 사이의 전위차를 각각 V_{AB}, V_{BC} 라고 하면, 외부 전압 $V_{AC}=V_{AB}+V_{BC}=2rI_1$ 이므로, 합성 저항이 R 일 때 다음과 같은 식이 성립한다.

$$V_{AC}=IR_{AC}=2rI_1=\frac{3}{4}rI,\quad R_{AC}=\frac{3}{4}r$$

(3) 전류가 A로 흘러들어가 G로 나올 경우 등전위점 : ㉠ B, D, E ㉡ C, F, H 이므로 ㉠의 각 점과 ㉡의 각 점을 붙어 있는 점이라고 보면, 아래 오른쪽의 회로도가 성립하며, 대칭성으로부터 각 변을 흐르는 전류는 아래 왼쪽과 같이 정할 수 있다.

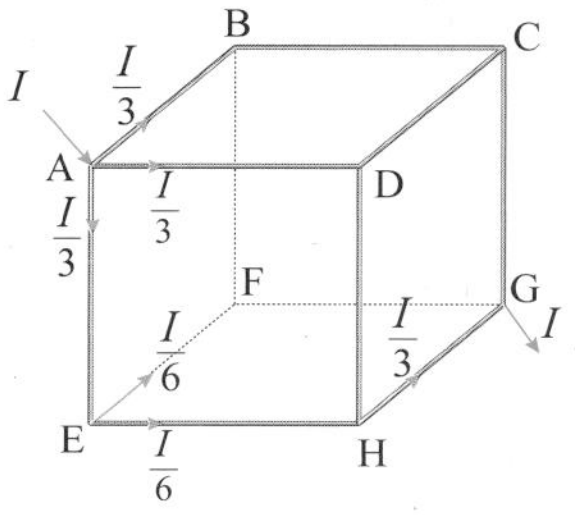

A→E→H→G 경로에서 A점에 G점까지 총 전압 강하 $V_{AG}=IR_{AG}$ 이며, 이것은 걸어준 전압과 같다.

$$V_{AG}=\frac{r}{3}I+\frac{r}{6}I+\frac{r}{3}I=\frac{5}{6}Ir=IR_{AG},\qquad \therefore R_{AG}=\frac{5}{6}r$$

055 16 : 1 : 2 : 2

해설 액체의 온도 변화는 전력에 비례한다.
비커 세 개가 병렬 연결된 부분은 $2R$ 의 저항 2개가 병렬 연결된 것이므로 합성 저항은 R 이다. 따라서 a 에 걸리는 전압은 병렬 연결된 b, c, d 전체에 걸리는 전압의 2배이다. 따라서 a에 걸리는 전압이 V 라면, b 와 c 에는 각각 $\frac{V}{4}$, d 에는 $\frac{V}{2}$ 의 전압이 걸린다. 온도 변화(ΔT)는 전력에 비례하고, 액체의 비열에 반비례하므로, $\Delta T_a : \Delta T_b : \Delta T_c : \Delta T_d$

$$=\frac{V^2}{2R}\times 2 \ : \ \frac{1}{R}\times\left(\frac{V}{4}\right)^2 \ : \ \left(\frac{1}{R}\times\left(\frac{V}{4}\right)^2\right)\times 2 \ : \ \frac{1}{2R}\left(\frac{V}{2}\right)^2$$

$$=1:\frac{1}{16}:\frac{1}{8}:\frac{1}{8}=16:1:2:2$$

056 (1) 6A

(2) 스위치를 닫으면 병렬에 저항이 추가되므로 전체 저항은 감소하지만 전체 전압은 변화가 없다. 전체 저항이 감소하였으므로 전체 전류는 증가할 것이고 전체 소비 전력($P=VI$)도 증가한다.

해설 (1) 전체 소비 전력 = 전기 밥솥의 소비전력 + 형광등의 소비전력 + 백열 전등의 소비전력
= 1000×1 + 20×5 + 50×2 = 1200(W)

$$P=VI \rightarrow I=\frac{P}{V}=\frac{1200}{200}=6(\text{A})$$

따라서 최소 6A까지 견딜 수 있는 퓨즈를 사용해야 한다.

057 $\frac{qLB}{\sqrt{2}v}$

해설 (0, 0), (0, $-L$)을 밑변으로 하는 직각 삼각형의 꼭지점이 원궤도의 중심 O가 되어 다음 그림과 같다.

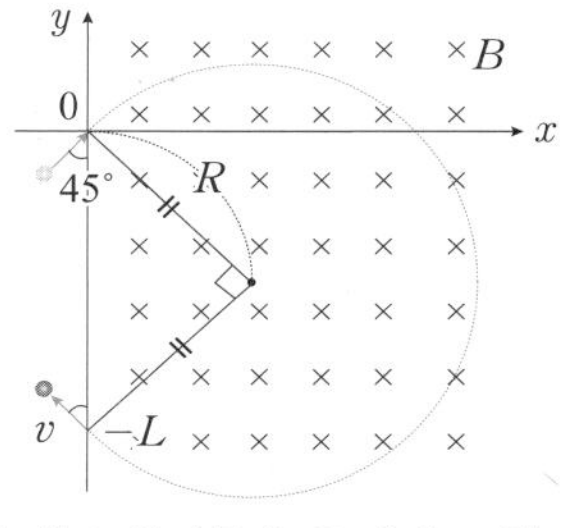

대전 입자의 운동 궤도 반지름을 R 이라고 하면, $L^2=R^2+R^2$ 이므로, $R=\frac{L}{\sqrt{2}}$ ⋯ ㉠ 이다.

대전 입자는 로런츠 힘이 구심력이 되어 등속 원운동하므로,

$$qvB = \frac{mv^2}{R} \rightarrow m = \frac{qRB}{v} \quad \cdots ㉡$$

이다. ㉡에 ㉠을 대입하면 입자의 질량 $m = \frac{qLB}{\sqrt{2}v}$ 이다.

058 (1) 2 m/s (2) 11 cm

해설

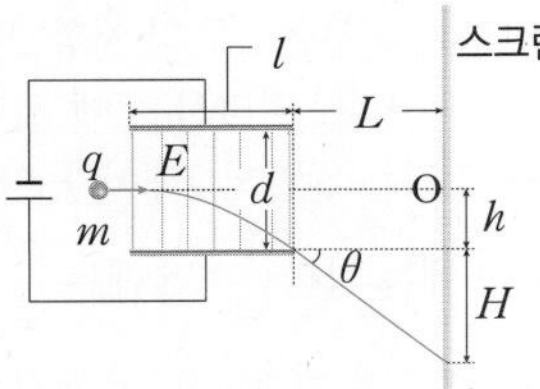

균일한 전기장 E 속에서 운동하는 질량이 m 인 전자는 수평 방향으로는 등속도 운동을 하고, 연직 방향으로는 등가속도 운동을 한다. 이때 중력은 무시하므로 연직 방향으로 가속도 a 는

$ma = qE \rightarrow a = \frac{qE}{m}$ 이다. 처음 속도 v_0 로 도체판 길이 l 을 통과하는 시간 $t = \frac{l}{v_0}$ 이므로, 연직 방향 이동 거리를 h 라고 하면,

$h = \frac{1}{2}at^2 = \frac{qEl^2}{2mv_0^2}$ 이다. 입자가 전기장을 벗어나면 전기력 = 0 이고, $\tan\theta = \frac{v_y}{v_x}$ 를 만족하는 θ 의 각도로 등속도 운동한다.

$v_x = v_0,\ v_y = at = \frac{qEt}{m} = \frac{qEl}{mv_0}$ 이므로 $\tan\theta = \frac{qEl}{mv_0^2}$ 이다.

따라서 $H = L\tan\theta = \frac{qEl \cdot L}{mv_0^2}$ 이 된다.

(1) 도체판에 충돌하지 않기 위해서는 다음 조건을 만족한다.

$$h = \frac{qEl^2}{2mv_0^2} < \frac{d}{2} = 0.01(\text{m}) \rightarrow \frac{qEl^2}{0.02m} < v_0^2$$

$$\frac{(10 \times 10^{-6})(200)(0.2)^2}{0.02 \times 10^{-3}} = 4 < v_0^2 \rightarrow 2 < v_0$$

전하가 도체판을 빠져나온 직 후 $v_x = 2(\text{m/s})$ 로 유지되고,

$$v_y = \frac{qEl}{mv_0} = \frac{(10^{-5})(200)(0.2)}{10^{-3} \times 2} = 0.2 \quad \therefore v = \sqrt{v_x^2 + v_y^2} \fallingdotseq 2(\text{m/s})$$

(2) 스크린에 충돌하는 지점은 중심점 O로부터 연직 방향으로 $h + H$ 만큼 떨어진 지점이다.

$$h + H = 0.01 + \frac{qEl \cdot L}{mv_0^2} = 0.01 + \frac{(10^{-5})(200)(0.2)(1)}{10^{-3} \times 2^2} = 0.11(\text{m})$$

059 $3B$, (+)

해설 반원형 도선에 흐르는 전류에 의한 자기장의 세기는 원형 도선에 흐르는 전류에 의한 자기장의 $\frac{1}{2}$ 이다. 반지름이 r 인 반원형 도선에 흐르는 전류의 세기가 I 일 때 도선의 중심에서의 자기장의 세기 $B = \frac{1}{2} \times k' \frac{I}{r}$ 가 된다. 그림에서 주어진 중심 O에서 자기장은 반지름이 각각 r, $\frac{r}{2}$ 인 반원형 도선에 흐르는 전류에 의한 두 자기장을 합해서 구한다. 전류의 방향이 같으므로 두 반원형 도선에 의한 자기장의 방향은 종이면에서 수직으로 나오는 방향으로 같다. 따라서 중심 O에서 자기장의 세기는 $B + 2B = 3B$ 이고, 종이면에서 수직으로 나오는 방향이다.

060 (1) $E_x = 0,\ E_y = \frac{mg}{2q}$ (2) $\frac{\sqrt{2}mv}{qR}$

해설 (1) 중력 가속도 g 가 작용하는 공간에서 45° 각도로 속력 v 로 물체를 던졌을 때 수평 도달 거리 $R = \frac{v^2\sin2\theta}{g} = \frac{v^2}{g}$ 이다.

지면 도달 시간이 2배가 되었으므로, 물체의 연직 방향 운동에서 던졌을 때 다시 지면에 도달하는 시간 $t = \frac{2v\sin\theta}{g}$ 가 2배로 된 것이고, v 와 θ 가 같으므로 물체는 중력 가속도 $g' = \frac{g}{2}$ 인 공간에서 운동한 것과 같다. 이것은 중력 mg 를 받는 물체에 연직 위 방향으로 $mg/2$ 의 힘이 추가적으로 작용했을 때의 결과이다. 따라서 전기장(E_y)는 $qE_y = \frac{mg}{2} \rightarrow E_y = \frac{mg}{2q}$ 이다. 지면에 도달하는 시간이 2배이면, 수평 도달 거리가 2배가 된다. 문제에서 수평 도달 거리와 시간이 모두 2배로 되었으므로 수평 방향으로 물체에 작용하는 힘 = 0 이므로 $E_x = 0$ 이다.

따라서 $E_x = 0,\ E_y = \frac{mg}{2q}$ 이다.

(2)

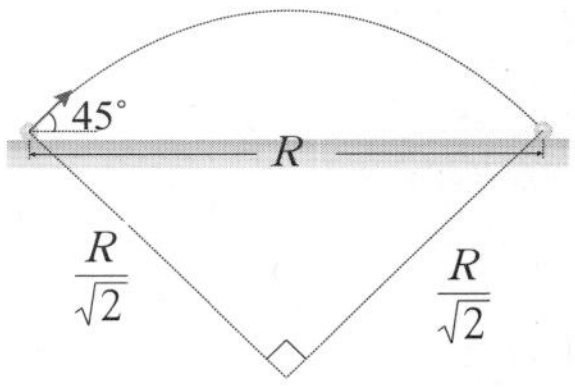

중력과 전기장에 의한 힘은 상쇄되었으므로 전하는 자기장에 의해서 로런츠의 힘만을 받는다. 지면에서 수직으로 나오는 방향으로 균일한 자기장 B 를 걸어주었을 때, 속력 v 로 운동하는 전하 q 로 대전된 질량 m 인 물체는 진행 방향에 대해서 오른쪽으로 로런츠 힘 $F = qvB$ 를 받아 등속 원운동을 하며, 이 힘은 구심력의 역할을 한다. 이때 원운동의 반지름(r)은 $\frac{mv}{Bq}$ 이며, 위 그림에서 원운동 반지름 $r = \frac{R}{\sqrt{2}}$ 이므로 자기장 B 는 다음과 같다.

$$\frac{R}{\sqrt{2}} = \frac{mv}{Bq} \rightarrow \therefore B = \frac{\sqrt{2}mv}{qR}$$

061 (1) ㉠ : 지면에서 수직으로 들어가는 방향
㉡ : 지면에서 수직으로 들어가는 방향
㉢ : 지면에서 수직으로 나오는 방향
㉣ : 지면에서 수직으로 나오는 방향

(2) ㉠ : $\frac{3}{2}B$, ㉡ : $\frac{1}{2}B$, ㉢ : $\frac{3}{2}B$, ㉣ : $\frac{1}{2}B$

해설 (1) 오른손 법칙에 의해 각 사분면에서 도선 A와 B에 의해 형성되는 자기장의 방향은 다음과 같다.

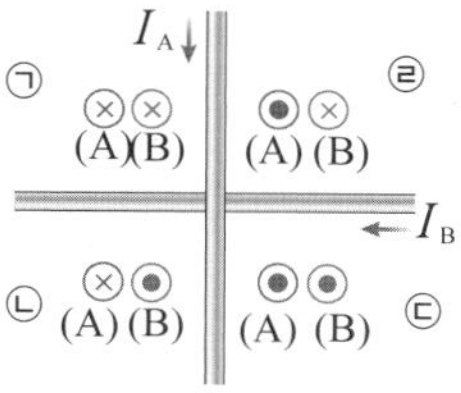

지면에서 수직으로 나오는 방향을 (+)로 할 때,
㉠ : I_A에 의한 자기장의 방향은 (−)이고, I_B에 의한 자기장의 방향도 (−) 방향이다. 그러므로 ㉠에서 자기장의 방향은 지면에서 수직으로 들어가는 방향이다.
㉡ : I_A에 의한 자기장의 방향은 (−)이고, I_B에 의한 자기장의 방향은 (+) 방향이다. 하지만 전류의 세기는 I_A가 I_B 보다 더 크므로 자기장의 방향은 I_A에 의한 자기장의 방향과 같다. 따라서 ㉡에서 자기장의 방향은 지면에서 수직으로 들어가는 방향이다.
㉢ : I_A에 의한 자기장의 방향은 (+)이고, I_B에 의한 자기장의 방향도 (+)이다. 따라서 ㉢에서 자기장의 방향은 지면에서 수직으로 나오는 방향이다.
㉣ : I_A에 의한 자기장의 방향은 (+)이고, I_B에 의한 자기장의 세기는 (-)이다. 하지만 전류의 세기는 I_A가 I_B 보다 더 크므로 자기장의 방향은 I_A에 의한 자기장의 방향과 같다. 따라서 ㉣에서 자기장의 방향은 지면에서 수직으로 나오는 방향이다.

(2) ㉠, ㉢ : $k\frac{I}{r} + k\frac{\frac{1}{2}I}{r} = B + \frac{1}{2}B = \frac{3}{2}B$

㉡, ㉣ : $k\frac{I}{r} - k\frac{\frac{1}{2}I}{r} = B - \frac{1}{2}B = \frac{1}{2}B$

062 1 : 1 : 4

해설

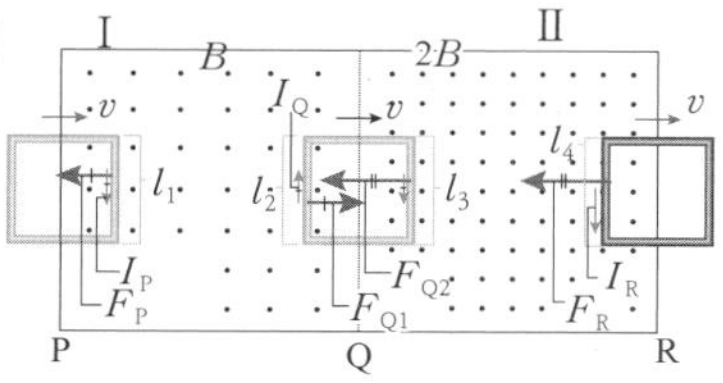

각 힘의 크기는
$F_P = BI_Pl$,
$F_Q = F_{Q2} - F_{Q1} = 2BI_Ql - BI_Ql = BI_Ql$,
$F_R = 2BI_Rl$ 이다.
유도 기전력(V)은 $l_1 \sim l_4$에서 발생하며, 길이는 l 이다.
각 유도 기전력 크기는
$V_P = Bl_1v = Blv$,
$V_Q = 2Bl_3v - Bl_2v = Blv$, ($l_3$의 유도 기전력이 l_2보다 크다.)
$V_R = 2Bl_4v = 2Blv$ 이다.
$V_P : V_Q : V_R = 1 : 1 : 2$이다. 유도 전류는 유도 기전력에 비례한다. 따라서 유도 전류 비 $I_P : I_Q : I_R = 1 : 1 : 2$ 이다. 따라서 전자기력 크기 비 $F_P : F_Q : F_R = 1 : 1 : 4$ 이다.

063 $-z$ 방향, $3\sqrt{3}$ V

해설 ㄷ자 도선 위를 내려오는 도체 막대에 발생하는 유도 기전력의 세기는 자기장의 세기(B) × 도선의 폭(l) × 도선의 속도(v) cos30°이다. $v$cos30°는 자기장 방향에 수직 성분이다.

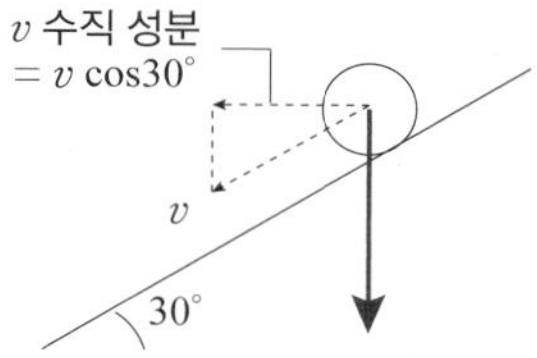

따라서 도선에 유도된 기전력의 크기는 다음과 같다.

$V = Blv\cos30° = 4 \times 0.3 \times 5 \times \frac{\sqrt{3}}{2} = 3\sqrt{3}$ (V)

유도 전류의 방향은 플레밍 오른손 법칙에 의해 도선의 이동 방향으로 오른손 엄지 손가락을 가리키고, 자기장의 방향($+y$)으로 검지 손가락을 향하게 하였을 중지 손가락이 가리키는 $-z$ 방향이 된다.

창의력 Master 62 ~ 67 쪽

064 (1) 500 A (2) 75 km (3) 12시간

해설 (1) 전지가 병렬 연결되었으므로 출력 전압은 10V 이다.

$P = VI \rightarrow I = \frac{P}{V} = \frac{5000\text{W}}{10\text{V}} = 500\text{A}$

(2) $P = \frac{E}{t} \rightarrow t = \frac{E}{P} = \frac{1.5 \times 10^7\text{J}}{5000\text{W}} = 3000\text{s}$(주행 시간)

자동차가 주행할 수 있는 거리를 s 라고 하면,

$s = v\Delta t = \frac{90 \times 1000}{3600} \times 3000\text{s} = 75{,}000\text{m} = 75\text{km}$

(3) 전지 등급 1Ah는 1A의 전류를 1시간 동안 흐르게 한다. 전조등은 2개이다.

$I = \frac{P}{V} = \frac{30\text{W}}{10\text{V}} = 3\text{A}, \quad \therefore t = \frac{72\text{A·h}}{3\text{A} \times 2\text{개}} = 12\text{h}$

065 ㉠ 9개 ㉡ 4 W

해설 ㉠ 전지의 (−)극에서 (+)극으로는 1V의 전압 상승이 일어나고, (+)극에서 (−)극으로는 1V의 전압 강하가 일어난다. P점의 전위를 0V로 정하면, 각 지점의 전위는 다음과 같다.

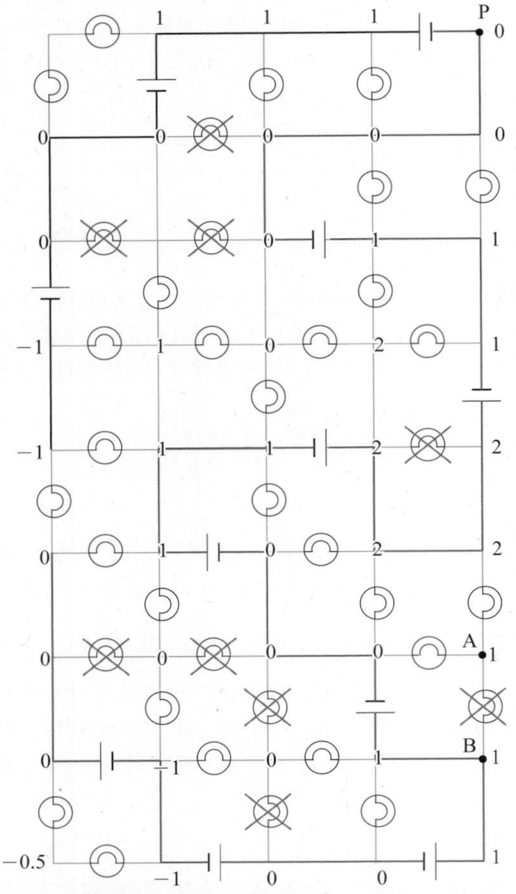

표시된 점 A의 전위가 1 V가 되어야 점 A와 점 B를 포함한 작은 사각형에서 전위가 보존되고, 점 A에서의 전하량이 보존된다.

㉡ 전위차가 가장 큰 지점에 있는 전구가 가장 밝게 빛난다. 회로 상에서 가장 큰 전위차는 2 V이므로, 가장 밝은 전구의 소비 전력 $P = \frac{V^2}{R} = \frac{2^2}{1} = 4$(W)이다.

066 (1) 철 막대 (2) 은 막대

해설 발열량은 전기 에너지에 비례하며[발열량(Q) ∝ 전기 에너지(E)], 전기 에너지(E) = $VIt = I^2Rt = \frac{V^2}{R}t$ 이다.

(1) 저항체를 직렬 연결하는 경우 각 저항에 흐르는 전류가 동일하므로 저항이 클수록 전기 에너지가 커지므로($E = I^2Rt$) 더 큰 열이 발생하게 된다. 전기 전도도가 가장 작은 금속이 저항이 가장 크므로 전기 전도도가 가장 작은 철 막대가 가장 많은 열을 발생시킨다.

(2) 저항체를 병렬 연결하는 경우 각 저항에 걸리는 전압이 동일하므로 저항이 작을수록 발생하는 전기 에너지가 커지므로 ($E = \frac{V^2}{R}t$) 더 큰 열이 발생하게 된다. 따라서 저항이 가장 작은 (전기전도도가 가장 큰) 은 막대에서 가장 많은 열을 발생시킨다.

067 (1) $\frac{P_0}{4}$ (2) $\frac{P_0}{16}$ (3) $\frac{9}{64}P_0$

해설 (1) (가)에서 전구에 흐르는 전류를 I_0, 전구의 저항을 R이라고 하면, 가변 저항 = 0 이면, 전구 B와 D에는 불이 들어오지 않는다.

→ 전구 A에 흐르는 전류 $I_A = \frac{1}{2}I_0$, 전압 $V_A = \frac{1}{2}V$

$$\therefore P = I_A{}^2R = \frac{1}{4}I_0{}^2R = \frac{1}{4}P_0$$

(2) 가변 저항 = ∞ 이면, 전구 A, B, C, D는 직렬 연결된 것과 같다.

→ 전구 A에 흐르는 전류 $I_A = \frac{1}{4}I_0$, 전압 $V_A = \frac{1}{4}V$

$$\therefore P = I_A{}^2R = \frac{1}{16}I_0{}^2R = \frac{1}{16}P_0$$

(3) 가변 저항 대신 같은 전구 E를 연결하면 다음과 같은 회로가 된다.

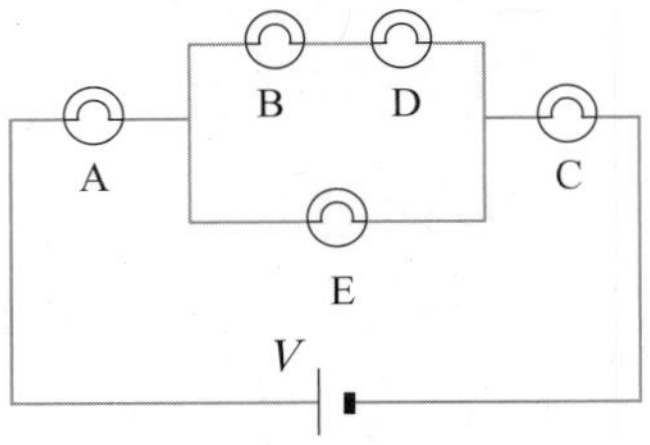

회로 전체 합성 저항 = $\frac{8}{3}R$

→ 전구 A에 흐르는 전류 $I_A = \frac{3}{8}I_0$, 전압 $V_A = \frac{3}{8}V$

$$\therefore P = I_A{}^2R = \frac{9}{64}I_0{}^2R = \frac{9}{64}P_0$$

068 (1) = (2) >

해설 스위치를 P점에 연결하면 휘트스톤 브리지 원리에 의해 A점과 B점의 전위가 같으므로 A점에서 B점으로는 전류가 흐르지 않는다. 따라서 다음 그림 (가)와 같은 전기 회로와 같다. 스위치를 Q점에 연결하면 그림 (나)와 같다.

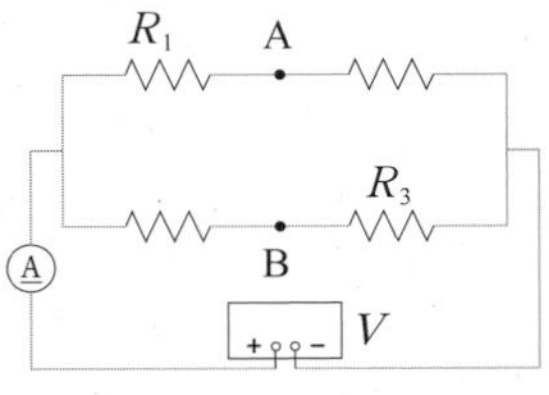

(가)

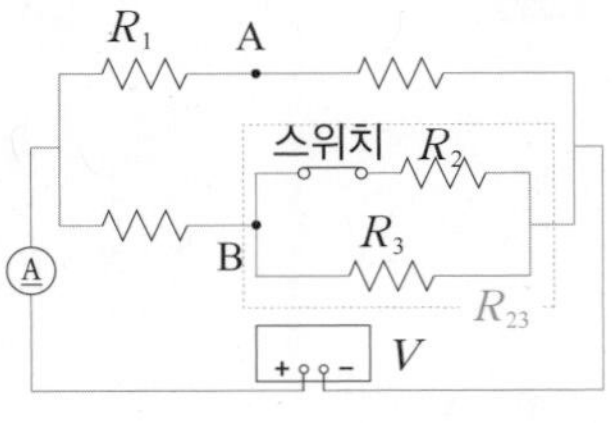

(나)

(가)회로 : 저항 1개의 저항값을 R이라고 하면, 회로의 합성 저항 $R_{(가)}$는 다음과 같다.

$$\frac{1}{R_{(가)}} = \frac{1}{2R} + \frac{1}{2R} \rightarrow R_{(가)} = R$$

전체 전압을 V라고 할 때, 저항 R_1과 R_3에 걸리는 전압과 전류,은 각각 $\frac{V}{2}$, $\frac{V}{2R}$로 같다. 따라서 각 저항에서 소비되는 전력 $P = I^2R = \frac{V^2}{4R}$ 도 같다.

이때 전류계에 흐르는 전류 $I_{(가)} = \frac{V}{2R} + \frac{V}{2R} = \frac{V}{R}$이다.

(나) 회로 : A점의 양 옆에 있는 저항에는 모두 전압 $\frac{V}{2}$가 걸리므로 각 저항에 흐르는 전류는 $\frac{V}{2R}$, 각 저항에서 소비되는 전력은 $\frac{V^2}{4R}$ ($=P_1$)로 같다.

B점의 왼쪽에 있는 저항과 R_2, R_3의 합성 저항 R_{23}의 저항비는 2 : 1 이므로, 전압도 2 : 1 비율로 걸린다.

B점의 왼쪽에 있는 저항에 걸리는 전압은 $\frac{2}{3}V$, 흐르는 전류는 $\frac{2V}{3R}$, 소비되는 전력은 $\frac{4V^2}{9R}$이다.

R_{23}에 걸리는 전압은 $\frac{V}{3}$, 흐르는 전류는 $\frac{2V}{3R}$, 소비되는 전력은 $\frac{2V^2}{9R}$ ($=P_2$)이다.

전류계에 흐르는 전류 $I_{(나)} = \frac{V}{2R} + \frac{2V}{3R} = \frac{7V}{6R}$이다.

(1) R_1에 걸리는 전압은 (가)와 (나)에서 $\frac{V}{2}$로 같다.

(2) $P_1 = \frac{V^2}{4R}$, $P_2 = \frac{2V^2}{9R} \rightarrow P_1 > P_2$

069 $R_1 = \frac{1}{60}\Omega$, $R_2 = \frac{1}{30}\Omega$, $R_3 = \frac{9}{20}\Omega$,

해설 (S - a)연결 : 최대 15A가 흐를 때 (가)를 통과하는 전류는 100mA(0.1A)이 되어 최대 눈금을 가리킨다.

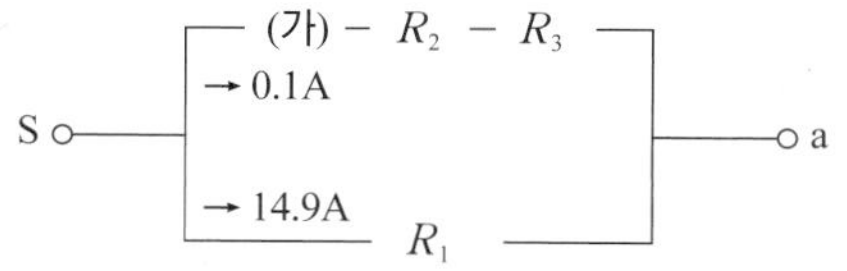

$$\therefore 0.1(2 + R_2 + R_3) = 14.9\,R_1 \quad \cdots ①$$

(S - b)연결 : 최대 5A가 흐를 때 (가)를 통과하는 전류는 100mA(0.1A)이 되어 최대 눈금을 가리킨다.

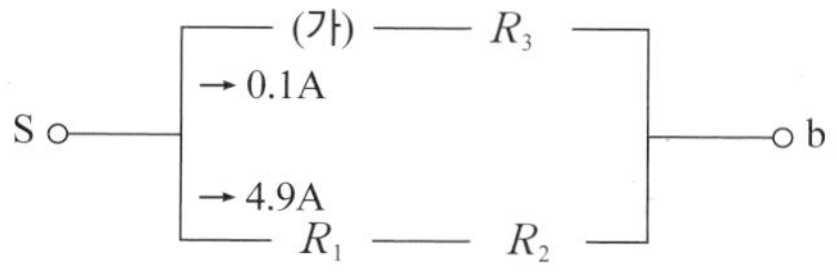

$$\therefore 0.1(2 + R_3) = 4.9\,(R_1 + R_2) \quad \cdots ②$$

(S - c)연결 : 최대 0.5A가 흐를 때 (가)를 통과하는 전류는 100mA(0.1A)이 되어 최대 눈금을 가리킨다.

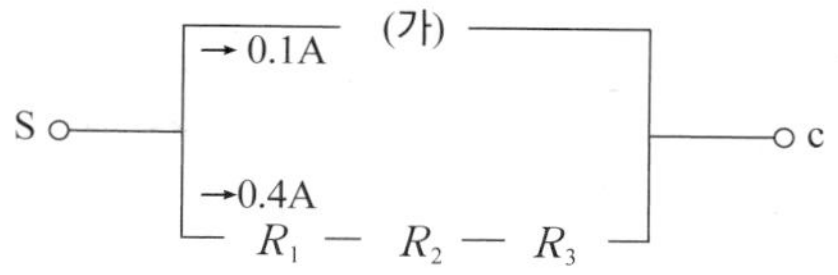

$$\therefore 0.1 \times 2 = 0.4\,(R_1 + R_2 + R_3) \quad \cdots ③$$

$$①, ②, ③ \rightarrow R_1 = \frac{1}{60}\Omega,\ R_2 = \frac{1}{30}\Omega,\ R_3 = \frac{9}{20}\Omega,$$

070 (해설 참조)

해설

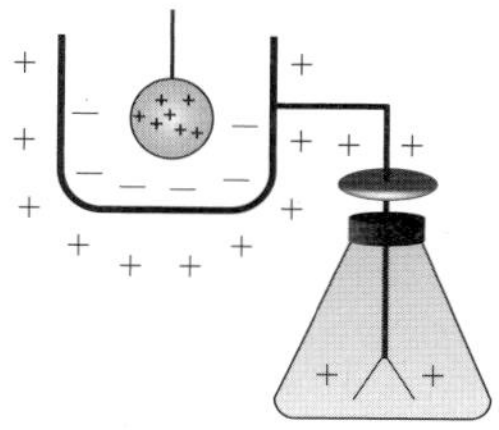

금속 통의 안쪽 표면으로 바깥쪽 전자가 끌려가 (−) 전기가 유도된다. 정전기 유도 현상에 의해 금속 통의 바깥 쪽 표면에 연결되어 있는 검전기 전체에도 (+) 전기가 유도된다.(금속박이 벌어진다.)

071 (1) A 에서 자기장 영역으로 들어갈 때는 시계 반대 방향으로 유도 전류가 흐르고, 자기장 영역에서 나올 때는 그 반대인 시계 방향으로 전류가 흐른다. 반면에 B 와 같이 자기장 영역 안에서 진동을 할 때에는 유도 전류가 발생하지 않는다.

(2) 사각형 코일이 자기장 영역으로 들어왔다 나갔다 하면서 진동 운동을 계속하는 경우 전자기 유도 현상에 의해 운동과 반대 방향으로 힘이 작용하여 코일의 운동이 방해받게 된다. 따라서 진동 폭이 점차 작아지다가 결국엔 멈추게 된다.

해설 A 의 경우 사각형 도선이 자기장 속으로 들어갈 때는 도선을 통과하는 자속은 지면에서 수직으로 들어가는 방향으로 증가하므로, 증가를 방해하는 방향인 지면에서 수직으로 나오는 방향으로의 유도 자기장이 발생한다. 따라서 사각 도선에 시계 반대 방향으로 전류가 유도된다. 반대로 사각형 도선이 자기장 밖으로 나갈 때는 사각형 도선을 통과하는 지면에서 수직으로 들어가는 방향으로 자속이 감소하므로, 감소를 방해하는 방향인 수직으로 들어가는 방향으로의 유도 자기장이 발생한다. 따라서 사각 도선에 시계 방향으로 전류가 유도된다. B 의 경우 균일한 자기장 속에서 움직이는 도선을 통과하는 자속의 변화는 없기 때문에 유도 전류가 발생하지 않는다.

072 (1) 0.35T, 종이면을 나오는 방향
(2) 자기장의 크기가 커지면 수평 도선에 작용하는 자기력의 크기가 중력보다 커지므로 도선이 위쪽 방향으로 가속도 운동을 한다.

해설 (1) 등속 운동은 힘을 받지 않는 상태이다. 합력이 0 이 되려면 자기력은 위로 작용해야 하므로 자기장은 지면에서 수직으로 나오는 방향으로 형성되어 있다.

$F = BIl = mg \rightarrow B = \frac{mg}{Il} = \frac{0.01 \times 9.8}{2 \times 0.14} = 0.35\ (\mathrm{T})$

즉, 최소 0.35T 크기의 자기장이 종이면을 수직으로 나오는 방향으로 형성되어 있을 때 수평 도선은 위쪽 방향으로 등속 운동한다.

기출 Check 68 ~ 73 쪽

073 (1) 약 3.3% 증가
(2) 하나의 전자 제품이 망가지면 다른 전자 제품도 사용할 수 없다. 또 전압이 전자 제품마다 달라지므로 추가 장치가 필요하다.

해설 (1) ㉠ 에어컨과 컴퓨터를 모두 사용하였을 때 :

회로의 전체 저항 $R = \frac{125}{6} + 5 = \frac{155}{6}\ (\Omega)$,

전체 전류 $I = \frac{750}{155} = \frac{150}{31}(\mathrm{A})$, $I_{에} : I_{컴} = \frac{1}{125} : \frac{1}{25} = 1 : 5$

이므로 컴퓨터에 흐르는 전류 $I_{컴} = \frac{150}{31} \times \frac{5}{6} = \frac{125}{31}(\mathrm{A})$ 이다.

㉡ 에어컨을 껐을 때 :

회로의 전체 저항 $R' = 30(\Omega)$, 전체 전류 $I' = \frac{125}{30}$ (A) 이므로,

컴퓨터에 흐르는 전류도 동일하게 $I_{컴}' = \frac{125}{30}$ (A) 이다.

따라서 에어컨을 켰다 껐을 때 컴퓨터에 흐르는 전류는 약 3.3% 증가한다.

(2) 전자 제품을 모두 직렬 연결할 경우 전자제품 하나를 끄면 모든 전자제품이 꺼진다. 또, 각 전자 제품에 걸리는 전압이 저항값에 따라 달라지게 된다. 따라서 전자 제품을 추가로 연결하면 각 전자 제품에 걸리는 전압이 각각 달라지므로 전자제품에 알맞는 전압을 걸어주기 위해선 또다른 장치가 필요하다.

074 (1) 75A (2) $I_{max} = \frac{700}{33}$ A, $I_{min} = 15$ A

해설 (1) 회로에 흐르는 전류의 세기는 합성 저항이 작을수록 크다. 합성 저항은 저항값이 작은 저항끼리 병렬 연결할수록 작아진다. 따라서 합성 저항값이 작은 순서대로 나열하면

1Ω + 2Ω, 1Ω + 3Ω, 1Ω + 4Ω, 1Ω + 6Ω, 1Ω + 12Ω, 2Ω + 3Ω, 2Ω + 4Ω, … 이므로, 2Ω 과 4Ω 을 병렬 연결하는 경우 전류의 세기가 7번째로 크다.

$\therefore I_7 = \frac{V}{R} = \frac{100}{\frac{4}{3}} = 75(\mathrm{A})$

(2) 윗 열의 합성 저항값과 아랫 열의 합성 저항값의 차이가 작을수록 합성 저항값이 커진다. 따라서 합성 저항값이 가장 큰 경우는 1Ω, 2Ω, 12Ω 직렬 연결 + 2Ω, 4Ω, 6Ω 직렬 연결한 경우이므로, 이때 저항 값은 $R_{max} = \frac{20}{3}$ (Ω)이다.(I_{min})

합성 저항값이 가장 작은 경우는 1Ω, 2Ω, 3Ω 직렬 연결 + 4Ω, 6Ω,12Ω 직렬 연결한 경우이므로, 이때 저항 값은 $R_{min} = \frac{33}{7}$ (Ω)이다. (I_{max}) 전압은 100V 이므로,

$\therefore I_{max} = \frac{V}{R_{min}} = \frac{700}{33}(\mathrm{A}),\ I_{min} = \frac{V}{R_{max}} = 15(\mathrm{A})$

075 (1) $\frac{40}{3}$ Ω (2) 0.375A

해설 주어진 전기 회로도는 다음과 같은 휘트스톤 브리지이다.

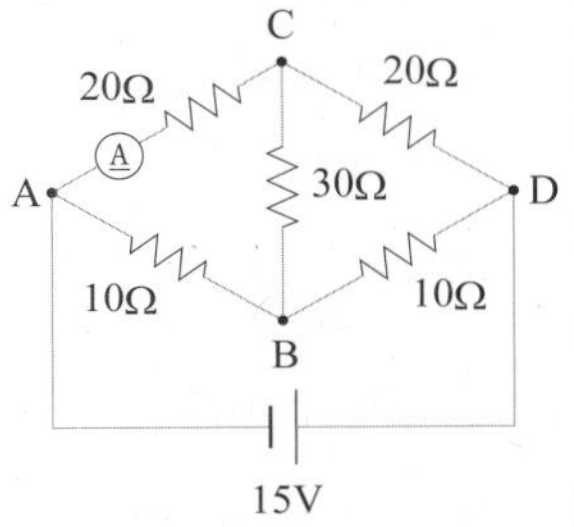

B점과 C점의 전위는 같으므로 저항 30Ω에는 전류가 흐르지 않는다.(B와 C 점은 서로 떨어져 있는 점이거나, 붙어있는 점이다.)

$\frac{1}{R_{Total}} = \frac{1}{20+20} + \frac{1}{10+10} \rightarrow R_{Total} = \frac{40}{3}(\Omega)$

B,C 점이 서로 떨어져 있는 점이라고 할 때, A~C의 저항은 20Ω, 전압은 7.5V이므로 전류는 이 구간에서 0.375A가 흐르며 전류계를 통과하는 전류이기도 하다.

076 ㄷ

해설 (가) 회로의 합성 저항 $R_1 = \frac{R}{3}$ 이므로, $I_1 = \frac{3V}{R}$ 이다.

(나)에서 A - B, A′ - B′ 은 전위가 같다. 따라서 A와 B′ 사이에 저항이 2R 인 도선을 연결하는 것은 저항이 2R 인 도선을 (가) 회로에 병렬 연결한 것과 같다.

(나) 회로의 합성 저항 $R_2 = \frac{2R}{7}$ 이므로, $I_2 = \frac{7V}{2R}$ 이다.

ㄱ. $I_1 < I_2$

ㄴ. $I_1 : I_2 = \frac{3V}{R} : \frac{7V}{2R} = 6 : 7$

ㄷ. 만약 저항 2R 이 A′B 사이에 연결해도 회로의 합성 저항은 R_2 로 변하지 않으므로 I_2 도 변화가 없다.

077 (1) 1 : 2 (2) 29℃

해설 (1) 하나의 저항 값을 R 이라고 할 때, A 쪽의 병렬 연결된 저항 4개의 합성 저항은 $\frac{3}{4}R$ 이고, B 쪽의 병렬 연결된 저항 2개의 합성 저항은 $\frac{R}{2}$이다. A, B 두 부분은 서로 직렬 연결이므로 A, B 전체 저항의 비 = A,B 전체 전압의 비 = 3 : 2 이다.
A는 3이고, B는 2 라고 할 때, A의 직렬 연결된 3개의 저항에서는 각각 전압이 같게 나눠지므로 각 저항의 전압은 1이 된다. 그러므로 잠겨 있는 A와 B의 저항에 걸리는 전압의 비는 1 : 2이다.
(2) 잠겨 있는 A와 B의 저항에 걸리는 전압의 비가 1 : 2 이므로 저항이 같으므로 발열량의 비는 $Q_A : Q_B = 1^2 : 2^2 = 1 : 4$ 이다.
5분 뒤 B의 온도를 T라고 하면,
$Q_A = cm_A \Delta t = 1 \times 200 \times (24-21)$, $Q_B = cm_B \Delta t = 1 \times 300 \times (T-21)$, $Q_B = 4Q_A$ 이므로, $T = 29$ ℃ 이다.

078 (1) 전구 A는 점점 밝아지고, 전구 B는 점점 어두워진다.
(2) 전구 A

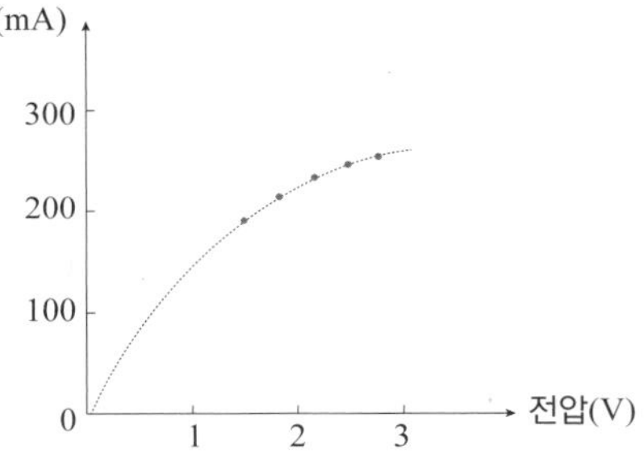

(3) 약 276mA, 약 661 Lux

해설 (1), (2) 가변 저항기의 저항이 무한대일 때 전구 A와 B는 직렬 연결된 것과 같으므로 그 밝기는 같다. 가변 저항기의 저항을 감소시키면 회로 전체의 저항이 감소하고, 흐르는 전류의 세기가 증가하므로 전구 A에 흐르는 전류의 세기는 증가하고, 전구 B에 흐르는 전류의 세기는 처음보다 감소한다. 전구의 밝기는 전력($P = I^2R$)에 비례하므로 전구 A의 밝기는 점점 밝아지고, 전구 B는 점점 어두워진다. → 표는 전구 A의 실험값임을 알 수 있다.
(3) 3V 일 때 밝기(Lux)는 다음과 같이 위 항과 아래 항의 차로 추정할 수 있다.(전구 A)

전압(V)	전류 (mA)	전력 (VI)	밝기(Lux) (측정전력)	$\frac{밝기}{전력}$	위항과 아래항의 차	밝기(Lux) 위 항과 아래 항의 차		
1.5	190	0.285	21	73.7				
1.8	210	0.378	88	232.8	159.1	67		
2.1	230	0.483	181	374.7	141.9	93	26	
2.4	245	0.588	304	517.0	142.3	123	30	4
2.7	260	0.702	462	658.1	141.1	158	35	5
3.0	276	0.827	661	799.1	141	199	41	6

전압과 전류를 곱해 이론적인 전력(VI)을 구하고 밝기(Lux ; 측정 전력)과 비교하였다. $\frac{밝기}{전력}$의 차가 141로 유지되었다(결과 159.1 은 제외시킴). 미리 구해 놓은 밝기를 사용하여 위 결과와 같이 이론적인 전력과 전류를 구할 수 있다.

079 2.45

해설 직사각형 도선에 전류가 흐르고 있으므로 자기 모멘트에 의한 돌림힘이 발생한다. 이때 도선이 회전하지 않기 위해서는 자기 모멘트에 의한 돌림힘과 추의 중력에 의한 돌림힘이 평형을 이루어야 한다. 추는 도선의 중심축 P로부터 d = 8cm 떨어져 있으므로 추의 중력에 의한 돌림힘 $\tau_{추}$는
$\tau_{추} = F \cdot d = mg \cdot d = 0.5 \times 9.8 \times 0.08 = 0.392$(N·m) 이다.
자기 모멘트에 의한 돌림힘 $\tau_{자기}$는
$\tau_{자기} = \mu B = IA \cdot B = 2.5 \times (0.40 \times 0.16) \times B = 0.16B$ 이며, A는 도선의 면적이다. $\therefore 0.392 = 0.16B \rightarrow B = 2.45$(T)

080 전자(−전하)는 균일한 자기장에 수직하게 일정한 속도로 운동하고 있으므로 운동 방향에 수직 방향으로 로런츠 힘을 받는다. 이 로런츠 힘이 구심력이 되어 시계 방향의 원운동을 한다. 이때 전자에 작용하는 힘의 크기 $F = m\frac{v^2}{r} = Bev$ 이다.

해설

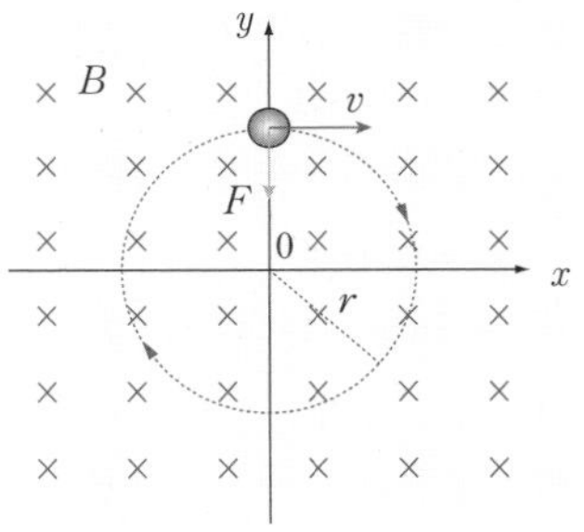

원운동 주기 $T = \frac{2\pi r}{v} = \frac{2\pi m}{Bq}$ 이다.

081 (1) 0.4A, 시계 방향 (2) 3.2W (3),(4) 해설 참조

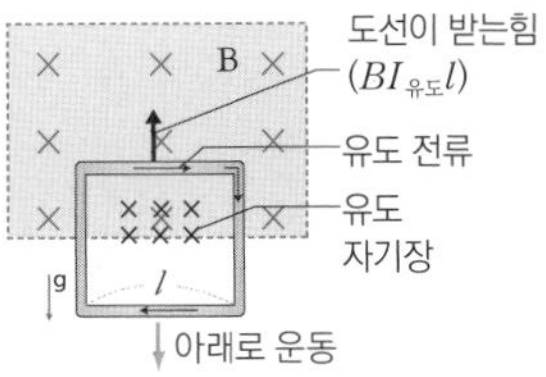

해설 (1) 등속 운동을 했으므로 사각 도선이 자기장 영역을 빠져나올 때 유도 전류에 의한 전자기력(자기장 속의 가로 도선이 받는 힘이며, 두 세로 도선이 받은 힘은 서로 상쇄된다.)과 정사각형 도선에 작용하는 중력이 평형을 이룬다.
$mg = BI_{유도}l \quad \therefore I_{유도} = \frac{mg}{Bl} = \frac{2}{5} = 0.4$A
사각 도선의 위쪽 가로 도선이 받는 전자기력은 위쪽이므로(중력의 반

대 방향) 플레밍 법칙에 의해 위쪽 가로 도선을 흐르는 유도 전류는 오른쪽으로 생기므로 사각 도선에서 전류 방향은 시계 방향이다.

(2) $P = VI = I^2R$ $\therefore P = 0.4^2 \times 20 = 3.2\text{W}$

(3)

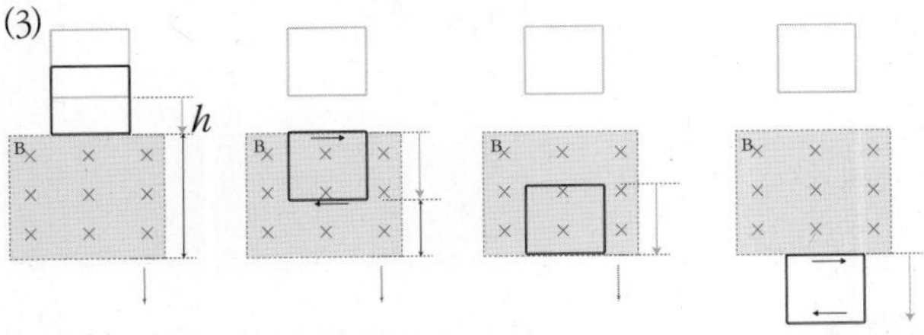

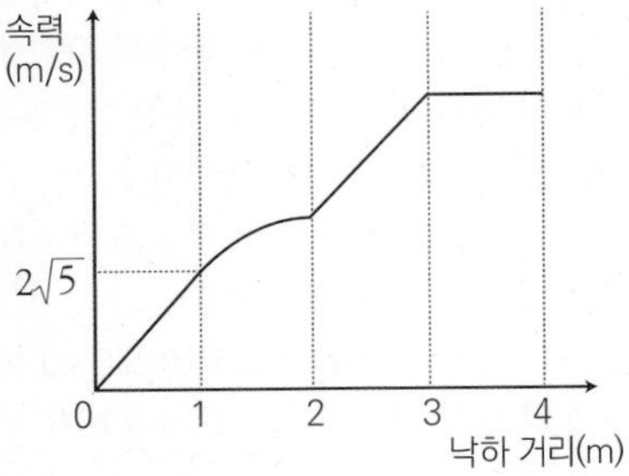

(가) [출발~1m 낙하] 중력에 의한 자유낙하 운동이다. 아랫변이 자기장 영역을 통과하기 직전 속력(v_1)은 다음과 같다.

$v_1^2 = 2gh = 20$, $v_1 = 2\sqrt{5} \fallingdotseq 4.8\text{m/s}$

(나) [1~2m 낙하] 도선의 아랫변이 자기장 영역에 진입하는 순간 속도는 $2\sqrt{5} \fallingdotseq 4.8\text{m/s}$ 이지만 도선의 낙하 속도가 증가하므로 중력 반대 방향의 전자기력이 증가하므로 낙하 속력이 점점 감소한다.

(다) [2~3m 낙하] 사각형 도선 전체가 자기장 영역에 포함될 때는 사각형 도선의 윗변과 아랫변에서 반대 방향으로 유도 전류가 발생하므로 사각형 도선 전체적으로는 유도 전류가 발생하지 않아 중력에 의한 가속도 운동을 한다.

(라) [3~4m 낙하] 중력과 유도 전류에 의한 전자기력이 평형을 이루어 등속 운동한다. → 문제 (1)의 조건

(4) [출발~1m 낙하] 중력에 의한 자유낙하 운동이다. 아랫변이 자기장 영역을 통과하기 직전 속력(v_1)은 $2\sqrt{5} \fallingdotseq 4.8\text{m/s}$이다.

$t_0 = \sqrt{\dfrac{2h}{g}} = \sqrt{\dfrac{2}{10}} \fallingdotseq 0.45\text{ s}$

A구간은 사각 도선의 밑변만 자기장 영역에 포함된 구간이며, 유도 전류 I가 일정하므로 자기력 BIl 이 중력과 반대 방향으로 작용하여 가속도가 감소한다.

B구간은 사각 도선이 모두 자기장 영역에 포함되어 유도 전류가 발생하지 않으므로 자유 낙하한다.

C구간은 사각 도선의 윗변만 자기장 영역에 포함된 구간이며, 유도 전류가 발생하므로 가속도가 중력가속도보다 작은 등가속도 운동을 한다.

각 구간 그래프 아랫 면적은 동일하므로 각 구간의 시간 간격은 점점 작아지며, A구간과 C구간의 기울기(가속도)는 서로 같다.

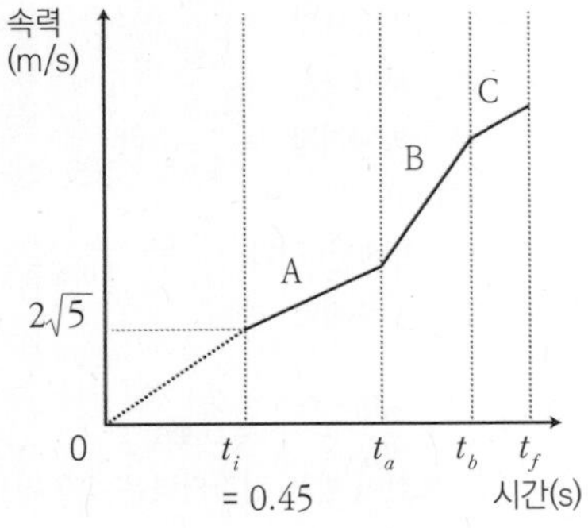

082

(1)

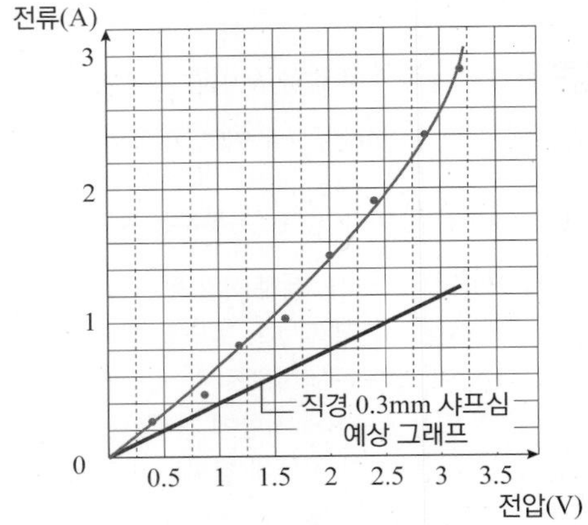

(2) 샤프심의 중심부가 열전도에 의해 가늘어지면 저항이 증가하게 되고, 저항이 증가하면 샤프심의 온도도 계속 증가하게 되므로 샤프심은 계속 얇아지다가 결국은 끊어지게 된다.

(3) 〈예시 답안〉 1. 샤프심과 샤프심의 접촉점이 너무 작기 때문에 저항이 크게 측정되었으므로 둥근 샤프심을 납작하게 만들어 접촉점의 넓이를 넓혀준다.
2. 저항이 매우 작은 선으로 연결 부위를 잘 묶어준다.

해설 (1) 전압-전류 그래프에서 기울기는 저항의 역수이다. 따라서 직경이 얇아지면 저항이 커지므로 그래프의 기울기가 작아진다.

(3) 샤프심이 둥글기 때문에 샤프심과 샤프심의 연결 부위인 접촉 지점은 매우 작게 된다. 따라서 샤프심을 따라 흐르던 전류가 매우 좁은 지점을 통과하게 되어 저항이 증가하는 것이다.

083 ㄷ

해설 ㄱ. 전기력은 전하량의 곱에 비례하므로 표에 제시되어 있는 것만으로 두 공의 전하량을 각각 알 수는 없다.

ㄴ. 저울에 놓인 공에 작용하는 힘은 중력과 전기력이다. 만약 두 공 사이에 인력이 작용한다면 중력과 전기력의 방향은 반대가 되므로 두 공 사이의 거리가 멀어져 인력이 점점 작아지면 저울의 눈금이 증가해야 한다. 하지만 두 공사이의 거리가 멀어질수록 저울 눈금이 감소하므로, 두 공 사이에는 척력이 작용하는 것을 알 수 있다.

ㄷ. 10cm 거리일 때 알짜힘

$mg + k\dfrac{q_1q_2}{0.1^2} = 600$ … ①

20cm 거리일 때 알짜힘

$mg + k\dfrac{q_1q_2}{0.2^2} = 525$ … ②

①과 ②에 의해 $kq_1q_2 = 1$, $mg = 500$(g·중) 임을 알 수 있다.

따라서 50cm 거리일 때 공에 작용하는 알짜힘

$500 + \dfrac{1}{0.5^2} = 504$(g·중) 이므로, 저울의 눈금은 504g 을 가리킬 것이다.

084 ㄱ, ㄴ, ㄷ

해설 ㄱ. 입자 D에 작용하는 전기력의 방향은 입자 A와 D, B와 D, C와 D 사이에 작용하는 전기력의 합력의 방향이다. 이때 각각의 전기력의 크기는 모두 같으므로 전기력의 방향은 무게 중심 D 점에서 연직 방향에 있는 O를 향한다.

ㄴ.

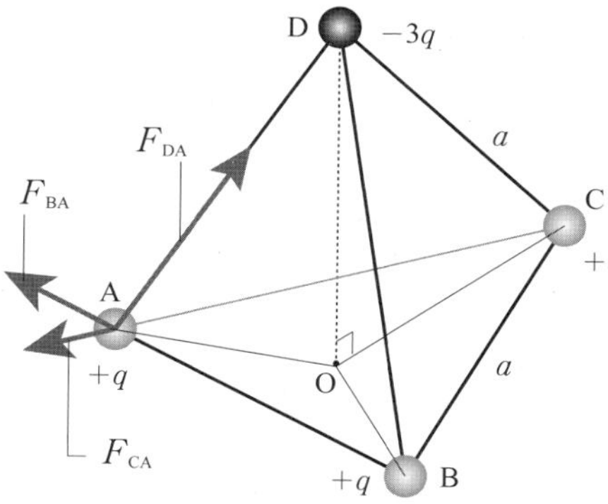

A에 작용하는 힘은 그림처럼 나타낼 수 있다. 벡터합을 이용하면, $F_{OA}+F_{OB}+F_{OC}=0$ 이므로

A에 작용하는 힘 $=3F_{DA}+F_{CA}+F_{BA}=3(F_{OD}-F_{OA})+(F_{OA}-F_{OC})+(F_{OA}-F_{OB})=3F_{OD}-(F_{OA}+F_{OB}+F_{OC})=3F_{OD}$

따라서 입자 A에 작용하는 전기력은 O에서 D를 향하는 방향과 평행하다.

ㄷ. D에 작용하는 힘$=3F_{AD}+3F_{BD}+3F_{CD}=3(F_{OA}-F_{OD})+(F_{OB}-F_{OD})+(F_{OC}-F_{OD})=3(F_{OA}+F_{OB}+F_{OC})-9F_{OD}$
$=-9F_{OD}$

따라서 D에 작용하는 힘은 A에 작용하는 힘 크기의 3배이며 방향은 반대이다.

주제 탐구 및 논술 74 ~ 77 쪽

Q1 기전력 = 750V, 내부 저항 = 8.9Ω

해설 오른쪽 그림과 같이 전기 뱀장어 세포 1개는 기전력이 150mV = 0.15V이고, 내부 저항이 0.25Ω인 전지로 볼 수 있다.

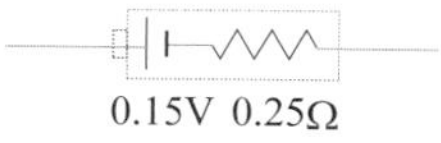

이러한 전지 5,000개가 직렬 연결되어 있으므로 한 줄의 기전력은 0.15 × 5,000 = 750(V) 이고, 내부 저항은 0.25 × 5,000 = 1,250(Ω) 이다. 따라서 한 줄은 기전력이 750(V), 내부 저항이 1,250(Ω)인 전지로 생각할 수 있고, 이러한 줄이 140개가 그림과 같이 병렬 연결되어 있다.

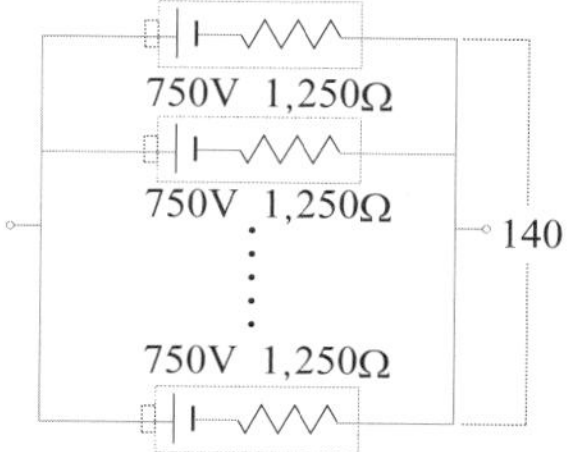

전지를 병렬 연결할 경우 기전력의 변화는 없으므로 총 기전력은 750(V)이다. 이때 내부 저항은 열의 수에 반비례하게 줄어드므로 총 내부 저항은 $\frac{1,250}{140}$ ≒ 8.9(Ω) 이다.

Q2 0.93A

해설 전기 뱀장어가 헤엄치고 있는 물은 오른쪽 그림과 같은 전기 회로도라고 볼 수 있다.

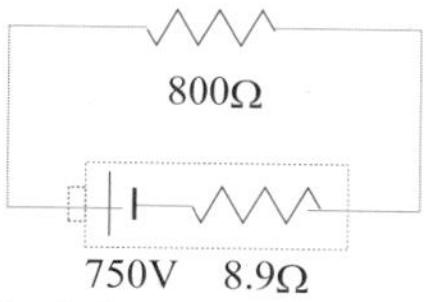

따라서 물에 흐르는 총 전류는 다음과 같다.

$$I=\frac{V}{R}=\frac{750}{800+8.9} ≒ 0.93(A)$$

개념 응용하기

강물에는 약 0.93A, 즉 930mA의 전류가 흐르게 되므로 전기 뱀장어 근처의 물고기들에게는 930mA의 전류가 흐른다. 따라서 주어진 본문 (다)에 의해서라면 930mA의 전류가 몸에 흐를 경우 심실 세동이 일어나고, 자연 회복이 불가능한 상태가 되어 매우 위험하다. 하지만 뱀장어의 경우 이 전류가 140개의 줄로 나뉘져 몸 속을 흐르게 된다.

따라서 한 줄에 흐르는 전류는 $I=\frac{0.93}{140}$ ≒ 0.0066(A) = 6.6(mA) 가 되므로 전기 뱀장어에게 충격을 주지 않는다.

Q3 자동차에 번개가 쳐서 자동차 표면에 전하가 쏟아진다고 하여도 금속으로 된 자동차 표면의 전하는 내부의 자기장이 0이 되도록 분포하므로 자동차 내부 물체는 번개에 아무런 영향을 받지 않는다. 따라서 자동차 안에 있는 사람은 번개의 영향을 받지 않고 안전하다.

Q4 도체에 분포하는 전하는 전자이며 같은 전기를 띠므로 가장 멀리 떨어질때까지 서로 밀어낸다. 전하가 표면에 있을 때 서로 가장 멀리 떨어진 것이므로 도체의 표면에만 전하가 분포하게 되어 도체 내부 전기장은 0이 된다.

Q5 그림처럼 전하가 도체의 표면에 분포할 때 서로 밀어내는 힘이 작용하므로 서로 멀리 떨어지려고 한다. 그러므로 구의 경우 전하는 골고루 구의 표면에 분포한다.

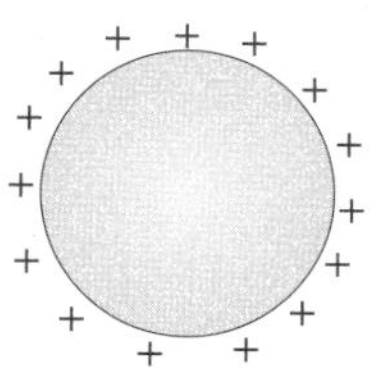

Q6 삼각형 도체인 경우는 뾰족한 곳이 전하들끼리 가장 멀리 떨어진 곳이므로 전하는 뾰족한 부분에 많이 분포하게 된다.

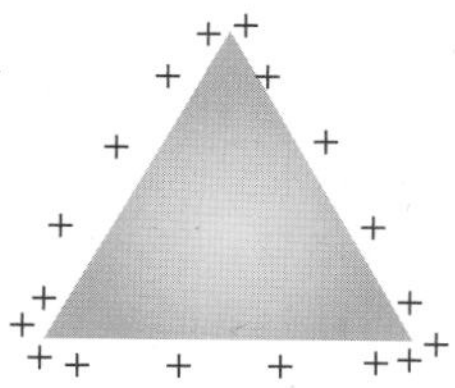

III. 파동과 빛

Question 78 ~ 85 쪽

Q1. 답 ②

해설 매질이 진동하는 횟수는 매질이 달라져도 변하지 않는다.

Q2. 답 ①

해설 $v = \sqrt{\frac{T}{\mu}}$ 이다. 줄을 팽팽히 당길수록 장력(T)이 커지므로 파동의 진행 속력이 빨라진다.

Q3. 답 ③

해설 속력이 2배가 되기 위해서는 장력이 4배가 되어야 한다.

Q4. 답 20 rad/m

해설 $k = \frac{2\pi}{\lambda} = \frac{2 \times 3}{0.3} = 20(\text{rad/m})$

Q5. 답 ②

해설 파동의 일률(단위 시간 당 전파 에너지)은 진폭의 제곱에 비례한다.

Q6. 답 ③

해설 처음에는 정립상이 보이다가 일정 거리 이상에서 도립상이 보이므로 오목 거울이다.

Q7. 답 $\frac{2}{3}$

해설 θ는 임계각 i_c보다 커야 한다. $\sin i_c = \frac{n_1}{n_2} = \frac{1}{1.5} = \frac{2}{3}$

Q8. 답 ④

해설 간섭 무늬의 간격은 파장에 비례한다. 빛의 파장은 물속에서 감소하므로 물속에서 밝은 무늬 사이의 간격은 좁아진다.

Q9. 답 스크린을 이중 슬릿에 더 가깝게 이동하거나, 슬릿의 간격을 넓힌다.

해설 무늬 사이의 간격은 스크린과 이중 슬릿 사이의 간격에 비례하고, 이중 슬릿의 간격에 반비례한다.

Q10 답 ①

해설 기름의 굴절률(n)은 1보다 크다. 보강 간섭을 일으키는 최소 두께 $d_{min} = \frac{\lambda}{4n}$ 이므로, 얇은막의 최소 두께가 가시광선의 파장보다 얇다.

Q11. 답 ①

해설 음파의 속력는 공기 중에서보다 물속에서 빠르다. 따라서 공기 중에서 물속으로 전파할 때 매질의 경계 부분에서 파장은 길어지고, 속력은 증가하지만, 진동수는 변하지 않는다.

Q12. 답 ②, ④, ①, ③, ⑤

해설 ① $f_{①} = \frac{343}{343} = 1$ ② $f_{②} = \frac{343}{343 - 23} = 1.071$

③ $f_{③} = \frac{343}{343 + 23} = 0.937$ ④ $f_{④} = \frac{343 + 23}{343} = 1.067$

⑤ $f_{⑤} = \frac{343 - 23}{343} = 0.932$

Q13. 답 ③

해설 양쪽이 고정된 길이가 l 인 줄에 배가 2개($n = 2$)인 정상파가 생겼으므로 $\lambda_2 = \frac{2l}{n} = \frac{2l}{2} = l$ 이다. 진동수 $f = n\frac{v}{2l}$ 이며, 줄에서 파동의 전파 속력은 일정하게 유지되므로, 진동수를 2배로 하면 파장은 $\frac{1}{2}$ 배가 되어 $\lambda' = \frac{l}{2}$ 이다.

$f' = \frac{v}{\lambda'} = \frac{2v}{l} = 4\frac{v}{2l}$ 이므로 $n = 4$ 이다.

유형 Problem 86 ~ 97 쪽

085 2.5 m

해설

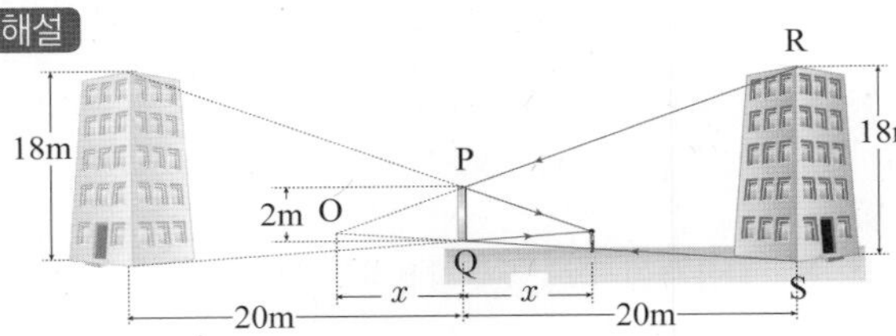

평면거울에 의한 상은 거울에 대칭적인 위치에 좌우가 바뀐 모습으로 생긴다. 삼각형 ORS는 삼각형 OPQ와 닮은꼴이므로,

PQ : RS = x : (x + 20) → 2m : 18m = x : (x + 20) 이다.

$18x = 2x + 40$, $\therefore x = 2.5$(m)

따라서 거울 앞 2.5m 지점에 이르면 건물의 전부를 볼 수 있다.

086 반지름이 4.48cm인 빛이 통하지 않는 원판을 정육면체의 6면 각각의 중심에 붙이면 정중앙에 있는 점을 볼 수 없다.

해설 정육면체의 정중앙에 있는 점 P에서 나온 빛이 점 P를 포함한 면을 따라 진행하는 모습은 다음과 같다.

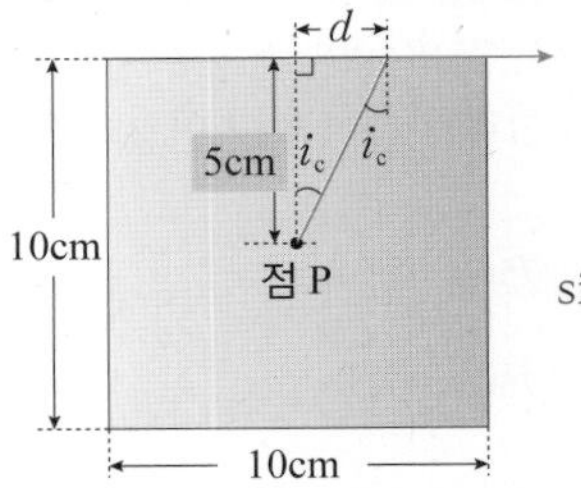

$\sin i_c = \frac{d}{\sqrt{d^2 + 5^2}}$

점 P에서 나오는 빛의 임계각을 i_c라고 할 때, 반지름이 d인 영역 밖에서는 점을 볼 수가 없다(임계각보다 큰 각도로 나오므로

전반사가 일어난다). 따라서 점을 외부에서 보이지 않게 하려면 반지름이 d인 불투명한 원판을 정육면체의 각 면에 붙이면 된다.

$$\sin i_c = \frac{n_{공기}}{n_{유리}} = \frac{1}{n} = \frac{1}{1.5} = \frac{2}{3}$$

$$\frac{2}{3} = \frac{d}{\sqrt{d^2+5^2}} \rightarrow \frac{4}{9} = \frac{d^2}{d^2+5^2}$$

$$4d^2 + 100 = 9d^2,\ \ d^2 = 20,\ \ \therefore d = 2\sqrt{5} = 4.48(\text{cm})$$

087 (1) $\frac{\sqrt{5}}{2}$ (2) 10°

해설 (1) 그림(가)의 정사각형의 윗면에서 입사각 = 30°, 굴절각을 r, 공기의 굴절률 = 1, 정사각형의 굴절률을 n으로 하여, 굴절 법칙을 적용하면,

$$\frac{\sin i}{\sin r} = \frac{n_{물체}}{n_{공기}},\ \ \frac{\sin 30°}{\sin r} = \frac{n}{1} \rightarrow n\sin r = \frac{1}{2}\ \cdots ㉠$$

정사각형의 오른쪽 면에서 입사각 = 90 − r, 굴절각 = 90°이므로, 굴절 법칙은 다음과 같다.

$$\frac{\sin(90° - r)}{\sin 90°} = \frac{1}{n} \rightarrow n\cos r = 1 \cdots ㉡$$

$[\sin(90 - r) = \cos r,\ \sin 90° = 1]$

$$㉠^2 + ㉡^2 \text{ 하면, } n^2(\sin^2 r + \cos^2 r) = \frac{1}{4} + 1 = \frac{5}{4}$$

$\sin^2 r + \cos^2 r = 1$ 이므로, $n^2 = \frac{5}{4},\ \ \therefore n = \frac{\sqrt{5}}{2}$ 이다.

(2) 직각 삼각형 내부에서 빛의 진행 경로는 다음과 같다.

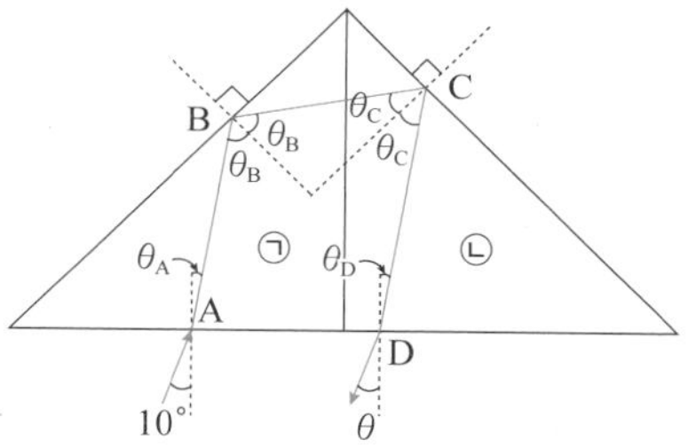

A점으로 입사각 10°로 입사한 빛은 각 θ_A로 굴절한 후, ㉠의 왼쪽 면에 각 θ_B로 입사한 후, 같은 각도로 반사한다. 이 빛은 ㉡의 오른쪽 면에 각 θ_C로 입사한 후, 같은 각도로 반사하여 D점에서 각 θ_D로 입사한 후 로 각 θ로 굴절하여 나간다.

이때 $\theta_B + \theta_C = 90°$ 이고, $2(\theta_B + \theta_C) = 180°$ 이므로 선분 AB와 DC는 평행함을 알 수 있다. 따라서 $\theta_A = \theta_D$ 가 되므로, $\theta = 10°$ 이다.

088 (1) (가), 물과 공기의 경계면 (2) A, F
(3) 물고기는 0.75m 수면 아래에 위치한 것으로 보인다.

해설 (1) 전반사는 굴절률이 큰 밀한 매질에서 굴절률이 작은 소한 매질로 파동이 진행할 때 일어날 수 있다. (가)에서 빛이 물에서 공기로 나오는 과정에서 매질의 경계면에서 전반사가 일어날 수 있다.

(2) 빨간색은 파장이 길고 진동수가 작아 굴절률이 작다.
(가) 밀한 매질에서 소한 매질로 나오는 과정에서는 제일 굴절이 되지 않은 A에 빨간색이 위치할 것이다.
(나) 소한 매질에서 밀한 매질로 나오는 과정에서는 굴절각이 입사각과 비슷한 F 에 빨간색이 위치할 것이다.
(3) 다음과 같이 a 를 가정하였을 때,

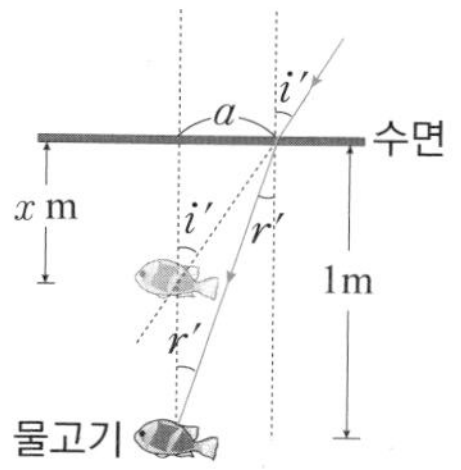

i'의 동위각으로 $\tan i' = \frac{a}{x}$, r'의 엇각으로 $\tan r' = \frac{a}{1}$ 이다.

$$\frac{\sin i'}{\sin r'} \cong \frac{\tan i'}{\tan r'} = \frac{1}{x} = \frac{4}{3},\ \ x = \frac{3}{4}\ (i' \text{ 와 } r' \text{ 가 작을 때})$$

그러므로 $x = 0.75$(m)이다.

089 (1) 2.1m
(2) 전갈과 곤충 사이의 거리도 점점 증가하게 된다.

해설 (1) 전갈과 곤충 사이의 거리를 L 이라고 하면,

종파가 전갈에게 도달하는 데 걸린 시간 = $\frac{L}{175}$

횡파가 전갈에게 도달하는 데 걸린 시간 = $\frac{L}{50}$ 이고,

이때 두 파의 도착 시간의 차이가 0.03초 이므로,

$$0.03 = \frac{L}{50} - \frac{L}{175} \rightarrow L = 2.1(\text{m})$$

(2) 파의 도착 시간 차이가 점점 증가할수록 전갈과 곤충 사이의 거리도 점점 증가하게 된다. 이때 도착 시간 차이와 전갈과 곤충 사이의 거리의 관계는 다음과 같다.

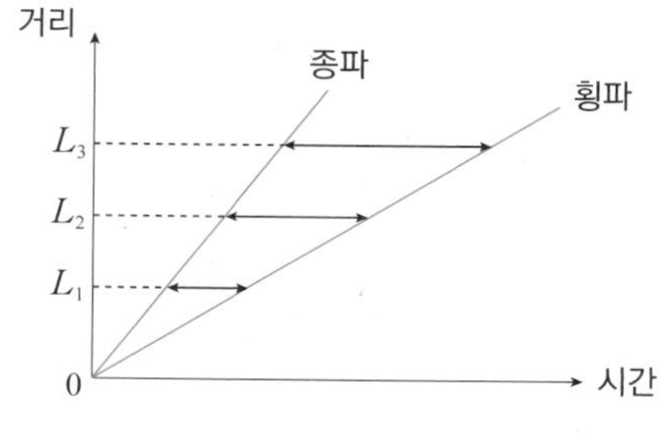

090 (1) ②, ④ (2) ①

해설 (1) 물에서 공기로 진행할 때 입사각이 굴절각보다 작거나 전반사가 일어난다. 그러므로 입사각이 굴절각보다 작은 ②, 전반사가 일어난 ④가 적당하다. ①은 입사각이 굴절각보다 크다. ③, ⑤는 입사각과 반사각이 같지 않으므로 가능하지 않다.
(2) 음파도 파동이지만 물속에서의 속도가 공기 중에서의 속도

보다 크다. 속도가 빠른 물속에서 속도가 느린 공기 중으로 나가는 것이므로 입사각이 굴절각보다 커야 한다. 그러므로 ①의 경로로 진행할 것이다. 이런 경우 전반사는 일어나지 않는다.

091 (1) b

(2)

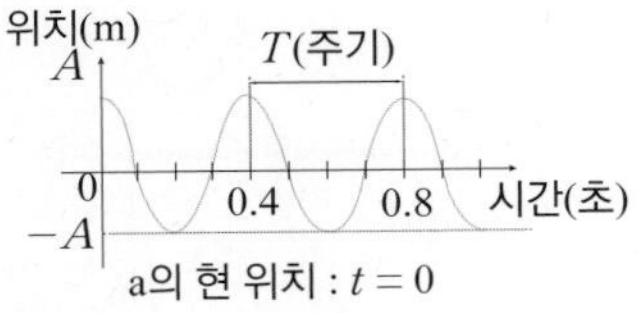

(3) 아래 방향

해설 (1) 주어진 파동의 연직 변위 $y = A\sin kx$ 로 나타낼 수 있다. 따라서 파동의 속력 $v = \frac{dy}{dx} = A\cos kx$ 이다. 따라서 변위 y 가 최대일 때, 속력은 0이 된다.

→ 단진동과 같은 원리로 마루와 골의 매질은 가속도가 가장 크고 속력은 0이다. 평형점(축 상)에 있을 때(b점) 가속도는 0이지만 진동 속력은 가장 크다.

(2) a 점은 최대 변위 상태이고, 진행 속도가 5m/s이고, 파장은 2m이므로, $v = f\lambda$, $f = 2.5$Hz, 주기 $T = 0.4$초이다.

(3)

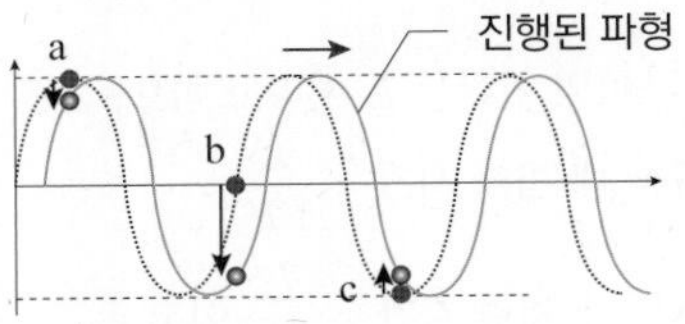

매질의 각 지점은 연직면 상에서 상하 진동한다.

092 (1) $\frac{\sqrt{3}}{\sqrt{2}}$

(2) 얕은 물에서는 바닥과의 마찰이 커지므로 속력이 느려진다.

해설 (1) 상대 굴절률을 구하는 공식을 이용한다. 깊은 물에 대한 얕은 물의 굴절률은 $\frac{n_{얕은물}}{n_{깊은물}} = \frac{\sin 60^\circ}{\sin 45^\circ} = \frac{\sqrt{3}}{\sqrt{2}}$ 이다.

093 (1) 1.9cm

(2) 물과 수정체/유리체의 굴절률이 거의 비슷하기 때문에 빛이 굴절되지 않아 상이 원시안처럼 뒤쪽에 맺히게 되어 상이 흐리게 보이게 된다.

해설 사람의 수정체는 볼록 렌즈의 역할을 한다.

볼록 렌즈의 공식 → $\frac{1}{a} + \frac{1}{b} = \frac{1}{f}$

(1) 먼 곳의 물체를 바라볼 때 물체와 렌즈 까지의 거리 $a = \infty$ 이므로 $\frac{1}{b} = \frac{1}{f}$ 이다. 따라서 상(망막)과 수정체와의 거리 b 가 초점 거리 f 가 되고, 이는 2.0cm이다. 물체와 렌즈까지의 거리가 $a' =$ 30 cm일 때에도 상(망막)과 수정체와의 거리($b = f$)는 변함이 없으므로 초점 거리 f'은 다음과 같다.

$$\frac{1}{a'} + \frac{1}{f} = \frac{1}{f'} \rightarrow f' = \frac{a'f}{f + a'} = \frac{30 \times 2.0}{30 + 2.0} = 1.9(\text{cm})$$

094

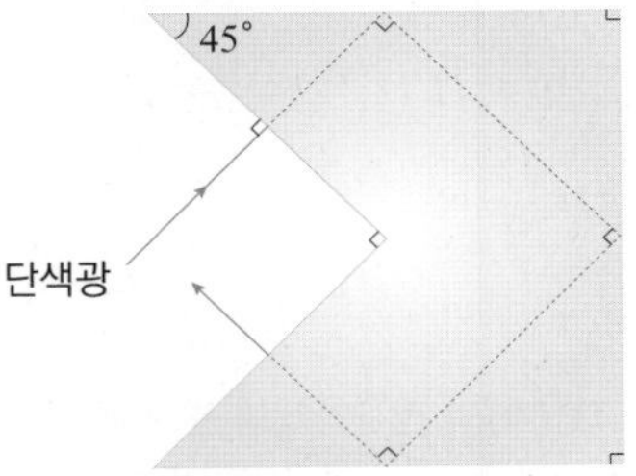

해설 유리에서 공기 중으로 진행할 때 임계각인 42° 보다 큰 각도로 입사하면 빛은 전반사한다. 빛이 각면으로의 입사각이 모두 임계각보다 큰 45° 이므로 빛은 각 면에서 전반사를 하여 나가게 된다.

095 400 nm

해설 굴절률의 크기는 $n_{유리} > n_{황화\ 아연} > n_{공기}$ 이다. 따라서 코팅된 황화 아연의 윗면과 아랫면에서 모두 고정단 반사가 일어나 두 빛이 간섭한다.

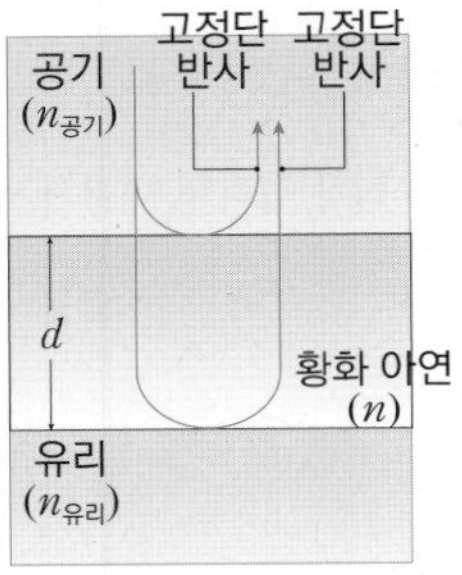

따라서 빛의 세기가 세지는 보강 간섭이 일어나는 조건은

$\rightarrow 2nd = \frac{\lambda}{2}(2m)$

$(m = 0, 1, 2, \cdots)$

빛의 세기가 최소가 되는 상쇄 간섭이 일어나는 조건은

$\rightarrow 2nd = \frac{\lambda}{2}(2m+1)$ $(m = 0, 1, 2, \cdots)$ 이다.

실험이 시작한 후 20분이 지난 시점은 코팅을 시작하고, 두 번째 밝을 때이므로, 보강 간섭 조건에서 $m = 2$ 일 때 황화 아연 막의 두께를 구할 수 있다.

$$2nd = \frac{\lambda}{2}(2m) \rightarrow d = \frac{\lambda}{4n}(2m) = \frac{500 \times 4}{4 \times 1.25} = 400(\text{nm})$$

096 (1) 기울기 θ 를 더 크게 한다.

(2) 초록색 광선의 일부는 굴절되어 물 밖으로 전행하고 일부는 경계면에서 반사하여 물 쪽으로 되돌아온다.

해설 빛의 진행 경로는 다음과 같다.

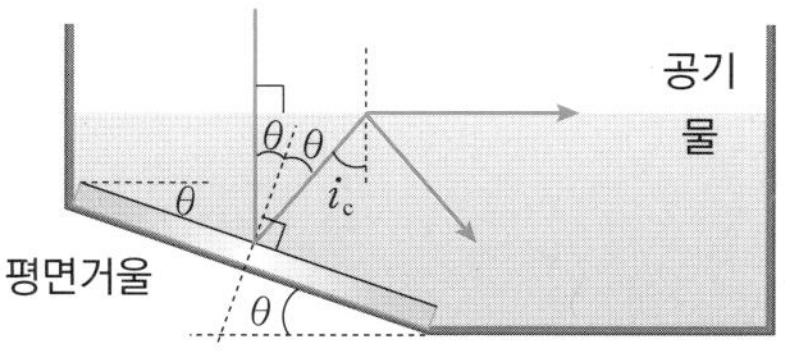

파란색 광선이 물과 공기의 경계면에서 일부는 반사하고, 일부는 수면을 따라 진행하였으므로 이때의 입사각이 임계각 i_C 이다.

$i_C = 2\theta$ 이고, 임계각의 사인값 $\sin i_C = \dfrac{n_{공기}}{n_{물}} = \dfrac{1}{1.3}$이므로,

$\sin 2\theta = \dfrac{1}{1.3}$ 이다.

(1) 기울기 θ 를 증가시키면 임계각 보다 입사각이 커지므로 전반사가 일어난다.

(2) 초록색 광선은 파란색 광선보다 파장이 길다. 파장이 길수록 굴절 정도가 작으므로 굴절각이 작아지고, 그림의 임계각은 커진다. 따라서 2θ 의 입사각에서 초록색 광선은 전반사하지 않고 일부가 굴절되어 물 밖으로 나오고, 일부는 경계에서 반사하여 물속으로 되돌아 온다.

097 광섬유의 코어에 쓰이는 물질은 클래딩에 쓰이는 물질 A 보다 굴절률이 커야 하므로 물질 B 와 C 물질은 모두 코어로 사용할 수 없다.

해설

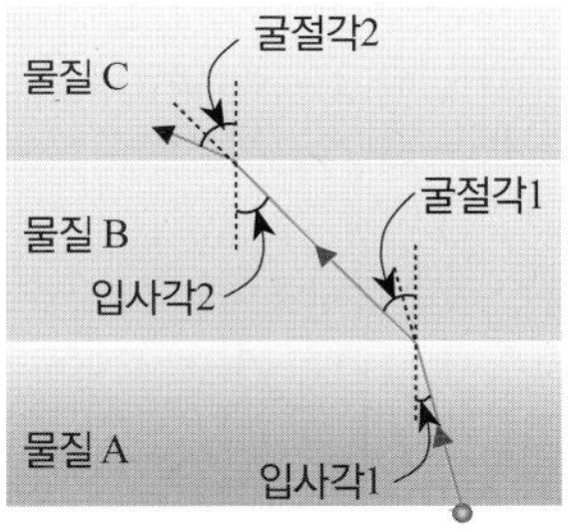

물질 A → 물질 B : 입사각 1 < 굴절각 1 = 입사각 2
물질 B → 물질 C : 입사각 2 < 굴절각 2

∴ 굴절률 A > B > C

코어의 굴절률이 클래딩A보다 커야 하므로 A보다 굴절류이 더 작은 B, C 는 모두 코어의 재료로 쓸 수 없다.

098 큰 북의 소리가 작은 북의 소리보다 파장이 길어 회절이 더 잘 되기 때문에 무한이에게 큰 북 소리가 더 잘 들린다.

해설 파면과 다음 파면 사이의 거리는 파장이므로, 큰 북 소리의 파장이 작은 북 소리의 파장보다 길다. 파장이 길수록 회절이 잘 일어나서 장애물에 의해 더 잘 꺽이므로, 큰 북의 소리가 골목 모서리 뒤에 있는 무한이에게 더 잘 전달된다.

099 1,700 Hz = 1.7 kHz

해설

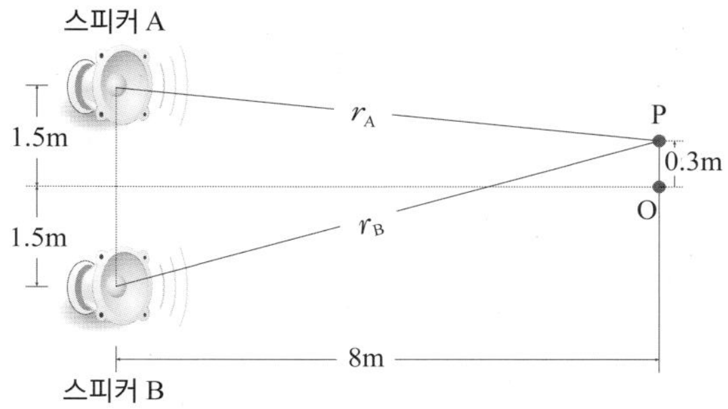

스피커 A ~ P점, 스피커 B~P점 사이 거리를 각각 r_A, r_B 라 할 때

$r_A = \sqrt{8^2+(1.5-0.3)^2} \cong 8.1$, $r_B = \sqrt{8^2+(1.5+0.3)^2} = 8.2$

따라서 두 음파의 경로차 $|r_A - r_B| = 0.1(\text{m})$이다.

두 스피커에서 O점까지의 거리는 같고, 경로차는 0 이므로 O점에서는 소리가 보강되어 크게 들린다. P점은 O점으로부터 첫번째 상쇄 간섭이 일어난 지점이므로 다음의 조건에서 $m=0$ 이다.

$$|r_A - r_B| = 0.1 = \frac{\lambda}{2}(2m+1) = \frac{\lambda}{2}, \quad \therefore \lambda = 0.2(\text{m})$$

$$\therefore f = \frac{v}{\lambda} = \frac{340}{0.2} = 1{,}700(\text{Hz}) = 1.7(\text{kHz})$$

100 (1) 낙하산(파원)의 속도가 증가하므로 진동수가 증가한다.

(2) $f\dfrac{kv}{kv - mg}$

해설 (1) 종단 속도에 다다르기 전까지 낙하산(파원)의 속도는 증가하므로 도플러 효과도 점점 커지게 된다. 따라서 진동수가 점점 증가하여 소리의 높이가 증가한다. 단, 증가량은 감소한다.

(2) 공기 저항력 F는 물체의 속도에 비례하여 증가하므로 $F = kv$ (비례 상수 k 는 물체의 모양에 따라 다름)로 나타낼 수 있다. 공기 중에서 낙하하는 물체에 작용하는 힘은 중력과 공기저항력이므로 $mg - F = ma$ 로 나타낼 수 있으며, 이때 낙하속력이 점점 커지면서 공기 저항력과 물체에 작용하는 중력이 같아지면 물체는 등속 운동을 한다. 이때의 속도를 v_f (이를 종단 속도 라고 한다.) 라고 하면,

$mg - kv_f = 0 \rightarrow v_f = \dfrac{mg}{k}$ 가 된다.

낙하산(음원)이 다가오고 있으므로, 상상이가 듣는 소리의 진동수는 다음과 같다.

$$\therefore f_{상상} = f \times \frac{v}{v - v_f} = f\frac{v}{v - \frac{mg}{k}} = f\frac{kv}{kv - mg}$$

101 (1) 1.6m, 1.66m (2) 332m/s
(3) 207.5 Hz, 200Hz

해설 (1) 유리관에서 물이 차 있지 않은 부분은 한쪽이 막힌 관으로 볼 수 있고, 유리관에서 큰 소리가 난다는 것은 유리관 속 공기 기둥에서 정상파가 만들어져서 공명 현상이 일어났다는 것이다. 이때 관 입구는 정상파의 배, 수면에는 정상파의 마디가 형성된다.
기주 공명 실험 장치에서 소리굽쇠의 소리의 파장은 첫 번째 공명이 일어난 물의 높이와 두 번째 공명이 일어난 물의 높이의 차이의 2배가 된다.

λ (소리 굽쇠 파장) $= 2(l_1 - l_2)$

∴ 소리굽쇠 A의 파장$(\lambda_A) = 2(118 - 38) = 160(cm) = 1.6(m)$
소리굽쇠 B의 파장$(\lambda_B) = 2(122.5 - 39.5) = 1.66(m)$

(2) 소리굽쇠 A, B를 동시에 울려서 2초 사이에 15회의 맥놀이 현상이 일어났으므로, 두 소리굽쇠의 진동수의 차이가 7.5(Hz)라는 것을 의미한다. 음파의 속력을 v 라고 하고 소리굽쇠 A, B의 진동수를 각각 f_A, f_B라 하면,

$$f_A = \frac{v}{\lambda_A} = \frac{v}{1.6},\ f_B = \frac{v}{\lambda_B} = \frac{v}{1.66}$$

$$\rightarrow 7.5 = \frac{v}{1.6} - \frac{v}{1.66},\ v = 332(m/s)$$

(3) $f_A = \dfrac{332}{1.6} = 207.5(Hz),\ f_B = \dfrac{332}{1.66} = 200(Hz)$

102 (1) 창문을 이중창으로 하면 100배 정도 소음을 줄일 수 있다.
(2) 방음벽을 설치한다. 실내에 방음 커튼을 친다.

해설 (1) 그래프에서 단일창으로 연 상태에서 소음은 평균 70dB, 이중창을 닫은 상태에서 소음은 평균 50dB 이므로 소음도는 약 100배 차이이다. 이중창은 유리와 유리 사이에 진공으로 둔다. 소리는 매질이 있어야 전달이 되는데 진공으로 되면 소리는 전달이 안된다. 단, 유리와 창틀 사이로는 소리가 전달될 수는 있으나 일반 창문에 비해서 소음을 효과적으로 줄일 수 있음을 그래프에서 알 수 있다.
(2) 차단벽을 설치하거나 방음 커튼을 사용하면 소음을 상당량 줄일 수 있다. 개인적으로는 소음차단 귀마개, 헤드셋을 사용하거나 노이즈캔슬링 방법을 사용할 수 있다.

창의력 Master

98 ~ 107 쪽

103 (1) $I_A = 25\ J/m^2 \cdot s,\ I_B = 200\ J/m^2 \cdot s$
(2)

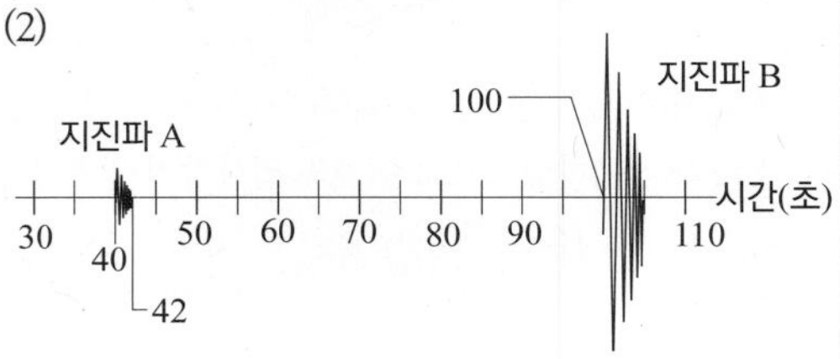

해설 (1) 물체가 가진 에너지의 30%를 가지고 퍼져나간다고 하였으므로, 지진파 A, B 의 에너지는 다음과 같다.

$$E = (4 \times 10^{11}) \times \frac{30}{100} = 12 \times 10^{10}(J)$$

충돌이 0.5초 지속될 동안 지진파 A, B가 모두 r 만큼 진행했을 때 전파 면적(S)은 각각 $2\pi r^2$(반구 표면적), $2\pi r \times 5000$(높이 5000m 인 원형 고리의 단면적)이다.
파동의 에너지 $I = \dfrac{E}{S \cdot t}$ 이고, $t = 0.5$초, $r = 4 \times 10^4$ m 이므로

$$I_A = \frac{12 \times 10^{10}}{\pi(4 \times 10^4)^2} = 25(J/m^2 \cdot s), (\pi = 3)$$

$$I_B = \frac{12 \times 10^{10}}{\pi(4 \times 10^4)(5 \times 10^3)} = 200(J/m^2 \cdot s), (\pi = 3)$$

(2) 지진파 A와 B가 각각 충돌 지점으로부터 40km 떨어져 있는 지진 관측소에 도달하는데 걸리는 시간은 각각 다음과 같다.

$$t_A = \frac{40}{1} = 40초,\ t_B = \frac{40}{0.4} = 100초$$

파동의 세기 $I \propto A^2 f^2$ 이므로,
$A_A^2 3^2 : A_B^2 1^2 = 25 : 200 = 1 : 8 \rightarrow A_A^2 : A_B^2 = 1 : 72$ 가 되고, 두 파동의 진폭의 비 $A_A : A_B = 1 : 6\sqrt{2}$ 이다. 따라서 충돌 후 40초 후에 지진파 A가 1초 동안 3번 진동이 2초 동안, 60초 후에 지진파 B는 지진파 A의 진폭보다 $6\sqrt{2}$배 큰 진폭으로 1초 동안 1번 진동이 5초 동안 관측된다.

104 (1) B, 9번 (2) C, 8번

해설 (1) 직사각형 방의 가로, 세로 길이의 비가 7 : 4 일 때 빛의 진행 경로는 다음과 같다.

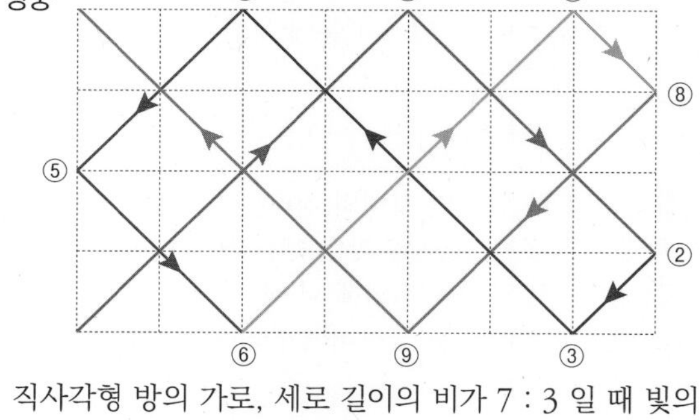

(2) 직사각형 방의 가로, 세로 길이의 비가 7 : 3 일 때 빛의 진행 경로는 다음과 같다.

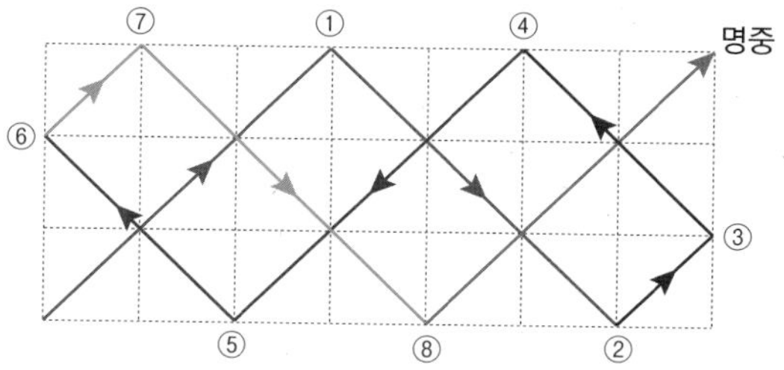

105 0.1 cm

해설 거울면에 입사하는 각을 라고 하면, 다음 그림과 같다.

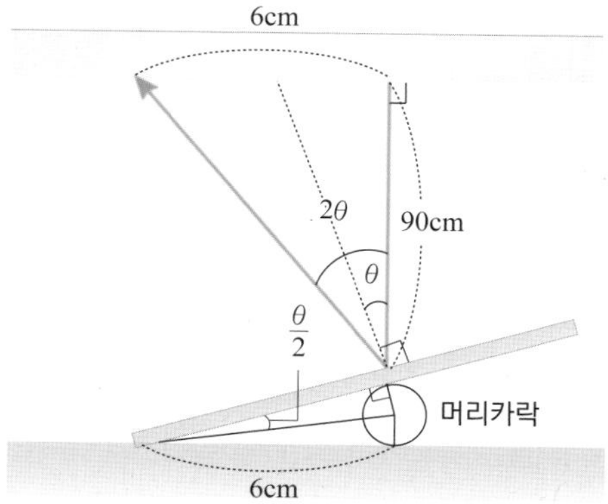

이때 θ 는 매우 작으므로 $\tan\theta \approx \sin\theta \approx \theta$ 라고 할 수 있다.

$\tan 2\theta = \dfrac{6}{90} = \dfrac{1}{15} \rightarrow 2\theta = \dfrac{1}{15}$ 이고,

머리카락의 반지름을 d 라고 하면,

$\tan\dfrac{\theta}{2} = \dfrac{d}{6} \rightarrow \dfrac{\theta}{2} = \dfrac{d}{6}, \quad \therefore d = 3\theta = \dfrac{3}{30} = 0.1(\text{cm})$

106 (1) $n = \dfrac{\sin i}{\sin r} = \dfrac{2a}{R}\left(2-2\sqrt{1-(\frac{a}{R})^2}\right)^{-\frac{1}{2}}$

(2) 실물이 확대된 정립상(허상)

해설 (1) $\sin i = n \sin r$, $\sin i = \dfrac{a}{R}$

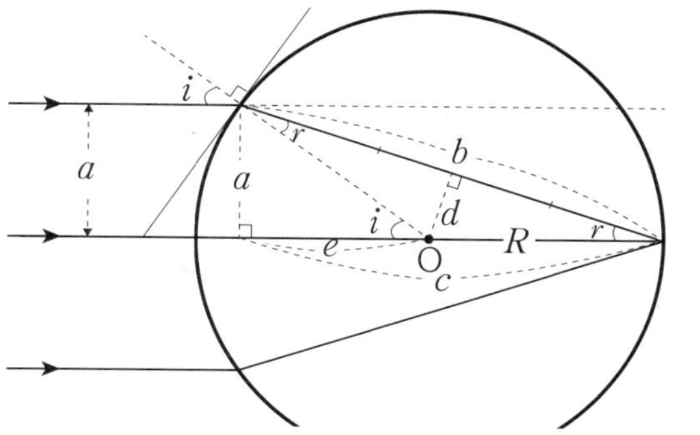

$\sin r$ 의 값을 구하기 위해 중심에서 선분 QP로 내린 수선의 길이를 d 라고 하면,

$\sin r = \dfrac{d}{R}$

$d^2 = R^2 - (\frac{b}{2})^2$ 이고, $b^2 = a^2 + c^2$, $c = e + R$, $e^2 = R^2 - a^2$

여기서 d 를 R 과 a 만 포함된 식으로 나타낼 수 있다.

$d = \dfrac{R}{2}\left(2-2\sqrt{1-(\frac{a}{R})^2}\right)^{\frac{1}{2}}$

$\therefore \sin r = \dfrac{d}{R} = \dfrac{1}{2}\left(2-2\sqrt{1-(\frac{a}{R})^2}\right)^{\frac{1}{2}}$

$\therefore n = \dfrac{\sin i}{\sin r} = \dfrac{2a}{R}\left(2-2\sqrt{1-(\frac{a}{R})^2}\right)^{-\frac{1}{2}}$

(2) 우리 눈은 빛이 직진하는 것으로 인식하므로 실물이 확대된 정립상(허상)을 보게 된다.

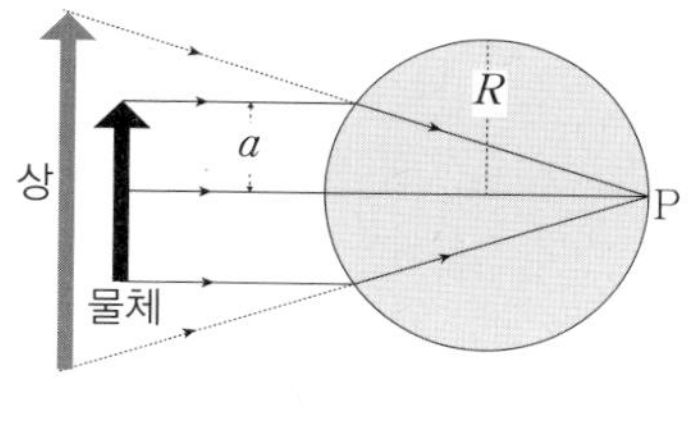

107 (1) 공기 층(높이)에 따라 빛의 속력이 달라지기 때문에 빛이 굴절하여 신기루 현상이 생겼다.

(2) 상대적으로 지표면은 지상의 공기보다 온도가 높고, 수면의 온도는 지상의 공기보다 온도가 낮다.

(3) 소나기에 의해 지표면이 식고, 바람에 의해 공기 층의 섞여 온도 차이가 없어졌기 때문에 신기루 현상이 사라졌다.

해설

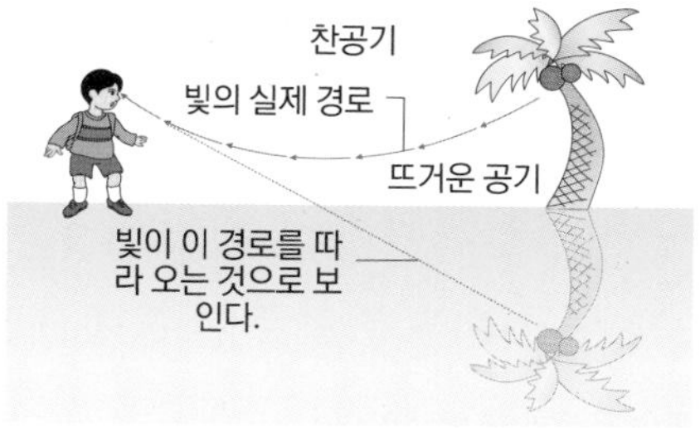

빛은 공기의 온도가 높을수록 밀도가 작아져서 속도가 더 빨라진다. 뜨거운 햇빛에 의해 지표면이 뜨겁게 달궈지면 상대적으로 지표면과 멀리 떨어질수록 온도가 낮아지게 된다. 이와 같이 빛의 속도가 변하는 매질을 통과할 때 빛의 진행 경로도 연속적으로 굴절하게 되어(빛이 아래에서 위로 꺽이게 되어) 신기루 현상이 발생한다.

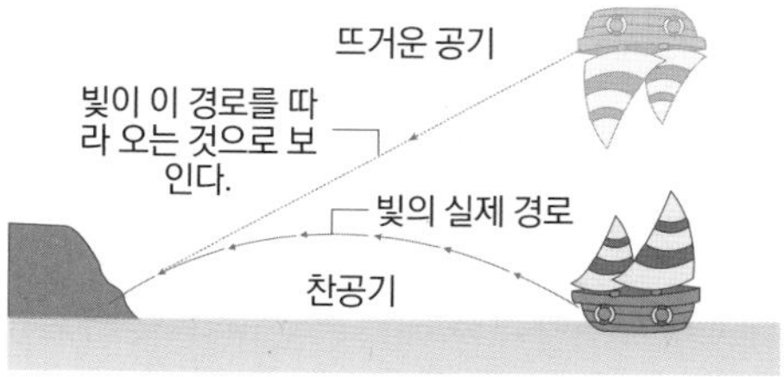

또한 햇빛이 수면에 입사되면 수면 가까이의 공기의 온도가 수면 위 높은 곳의 공기의 온도보다 더 낮게 된다. 물은 비열이 커서 공기처럼 쉽게 달궈지지 않기 때문이다. 이때에는 도로 위와 반대로 빛이 굴절되어 수평선 위쪽 하늘에 배의 상이 거꾸로 나타나게 된다.

108 해설 참조

해설

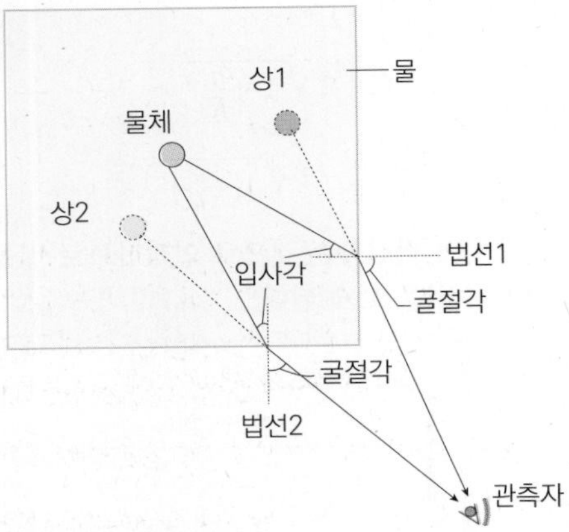

물체에서 나온 빛은 물과 공기의 경계면에서 굴절한다. 이때 유리의 두께는 관측거리에 비해 매우 작으므로 고려하지 않는다. 빛이 물에서 공기로 굴절해 나갈 때 입사각이 굴절각보다 작음을 이용한다. 물체로부터 나온 빛이 굴절되더라도 우리 눈을 빛이 똑바로 오는 것이라고 인식하므로 그림과 같이 상이 2개가 생긴다. 빛이 물속에서 공기보다 더 천천히 진행하므로 상이 관측자에게 더 가까이 다가온 것으로 보인다.

109 (1) $\lambda_n = \dfrac{4L_n}{(2n-1)}$

(2) 귀 속에서 소리가 공명이 일어나는 진동수가 약 3522Hz 이므로 3,000 ~ 4,000 Hz 사이에서 소리를 잘 들을 수 있다.

해설 (1) 한쪽 끝이 막힌 관 속에서 정상파가 발생하여 큰 소리가 난 것이다. 한 쪽이 막힌 관에서는 관 전체의 길이가 $\dfrac{1}{4}$ 파장의 홀수배일 때만 정상파가 발생한다.

$$\therefore L_n = \frac{\lambda_n}{4}(2n-1) \rightarrow \lambda_n = \frac{4L_n}{(2n-1)}$$

(2) 귀 속의 공기 온도는 37℃ 이므로, 귀 속에서 음파의 속력은 $330 + (0.6 \times 37) = 352.2(\text{m/s})$ 이고, 외이의 길이는 관의 길이 L 에 해당하고 관의 길이의 4배가 소리의 파장일 경우 정상파가 만들어진다.

$$\therefore f = \frac{v}{\lambda} = \frac{352.2}{4 \times 0.025} = 3522(\text{Hz})$$

따라서 3522Hz 사이의 소리를 잘 들을 수 있다.

110 (1) $F_2 = \dfrac{L_1}{L_2}F_1$ (2) $K = \dfrac{P_2}{P_1} = \dfrac{L_1A_1}{L_2A_2}$

해설 (1) 고정점이 받침점 역할을 하여 $L_1F_1 = L_2F_2$ 이다.

(2) $P_1 = \dfrac{F_1}{A_1}$, $P_2 = \dfrac{F_2}{A_2}$ 이고, (1)에 의해 $F_2 = \dfrac{L_1}{L_2}F_1$ 이다.

$$\therefore K = \frac{P_2}{P_1} = \frac{\dfrac{F_2}{A_2}}{\dfrac{F_1}{A_1}} = \frac{F_2}{F_1}\cdot\frac{A_1}{A_2} = \frac{\dfrac{L_1}{L_2}F_1}{F_1}\cdot\frac{A_1}{A_2} = \frac{L_1A_1}{L_2A_2}$$

111 (1) $\dfrac{\sqrt{7}}{3}R$ (2) $\dfrac{\sqrt{7}}{4}R$ (3) R 이 커진다.

해설

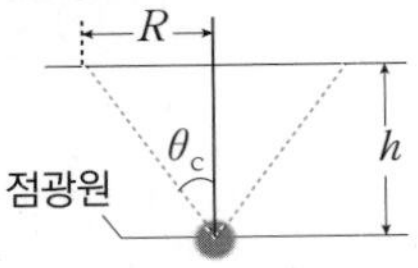

(1) 파란색 빛은 수면에서 반지름이 R 인 원 바깥으로 나올수 없다. 전반사하는 각(임계각)을 θ_c 라고 하면,
공기의 굴절률 $n_1 = 1$, 물의 굴절률 $n_2 = \dfrac{4}{3}$ 이므로,

$$n_1\sin 90° = n_2\sin\theta_c \rightarrow \sin\theta_c = \frac{n_1}{n_2} = \frac{3}{4}$$

이다. 따라서 $\tan\theta_c = \dfrac{R}{h} \rightarrow h = \dfrac{R}{\tan\theta_c} = \dfrac{\sqrt{7}}{3}R$ 이다.

(2) $h' = \dfrac{h}{n_2} = \dfrac{3}{4} \times \dfrac{\sqrt{7}}{3}R = \dfrac{\sqrt{7}}{4}R$

(3) 점광원을 빨간색 LED 로 바꾸면 파장이 길어지므로 굴절률 n_2 가 작아진다. 따라서 $\sin\theta_c = \dfrac{n_1}{n_2}$ 가 커지므로 임계각 θ_c 도 커지기 때문에 $R = h\tan\theta_c$ 도 커진다.

112 (1) 현을 진행하는 파동의 속력은 현의 굵기가 얇을수록, 장력이 클수록 빨라진다.

(2) 현의 굵기가 굵을수록 높은 소리, 얇을수록 낮은 소리가 난다.
현의 길이가 길수록 낮은 소리, 짧을수록 높은 소리가 난다.

(3) 현의 진동으로 발생한 소리가 공명통에 전달되듯이 자동차 엔진의 시끄러운 소리가 머플러라는 부품에 들어가면 공명 현상을 일으켜 소리가 상쇄된다.

해설 (1) 줄의 장력을 T, 줄의 단위 길이당 질량(줄의 선밀도)를 μ 라고 할 때, 줄에서의 파동의 속력 $v = \sqrt{\dfrac{T}{\mu}}$ 이다.

(2) 현의 굵기는 선밀도가 같다면 굵을수록 질량이 커진다. 질량이 클수록 관성이 커서 움직이기가 힘들다. 따라서 진동이 천천히 일어나게 되어 진동수가 작아지므로 낮은 소리가 난다. 현의 굵기가 같을 경우 현의 길이가 길어지면 현에서 생기는 정상파의 파장도 길어진다. 따라서 현에서의 속력($v = \lambda f$)이 일정할 때 진동수가 작아져서 낮은 소리가 난다. 따라서 긴 줄로 되어 있는 첼로는 바이얼린에 비해 낮은 소리를 연주하기에 좋다.

(3) 현악기를 연주할 때 현을 진동시키면 그 진동으로 발생한 소리가 공명통에 전달되어 공명통에서 발생한 진동과의 공명 현상을 일으켜 소리가 조화롭게 발생하는 것이다. 자동차의 머플러는 현악기의 공명통 역할을 한다. 머플러 내부로 음파가 들어오면 길이가 다른 2개의 통로로 나누어진 음파가 팽창실 내부의 벽을 통해 반사되어 돌아오는데 이러한 벽 사이에 거리를 조절하여 반사되어 돌아오는 소리와 이후에 발생된 소리가 만났을 때 음파가 서로 상쇄되도록 한다(공명식).

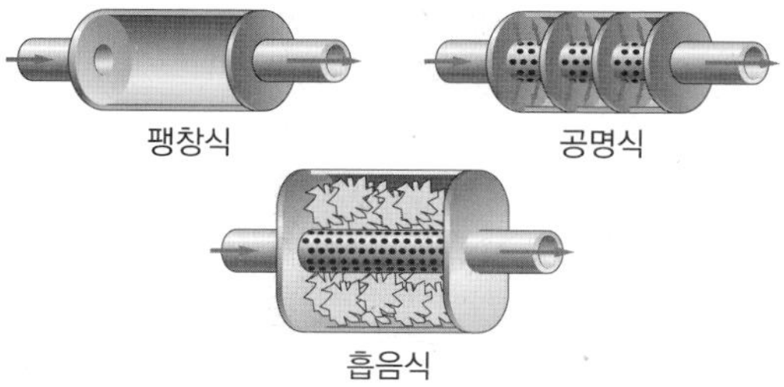

공명식 뿐만 아니라 머플러 내부에 몇 개의 팽창실로 공간을 나누어 배기가스가 이러한 팽창실을 지나며 단계적으로 압력을 낮춰 소음 발생을 억제하기도 한다. 이는 관의 단면을 갑자기 확대 또는 축소시켜 관을 지나가는 음파를 상쇄간섭시켜 소리를 줄이는 원리의 방식으로 팽창식이라고 한다.
또한 배기가스가 다공질의 흡음재를 통과하며 소음 에너지를 마찰 에너지에 의한 열에너지로 변환하는 방식인 흡음식 방식도 있다.
일반적으로 이러한 팽창식, 공명식, 흡음식 등의 여러 타입을 1개의 소음기 내에 복합적으로 사용하여 소음 발생을 억제시킨다.

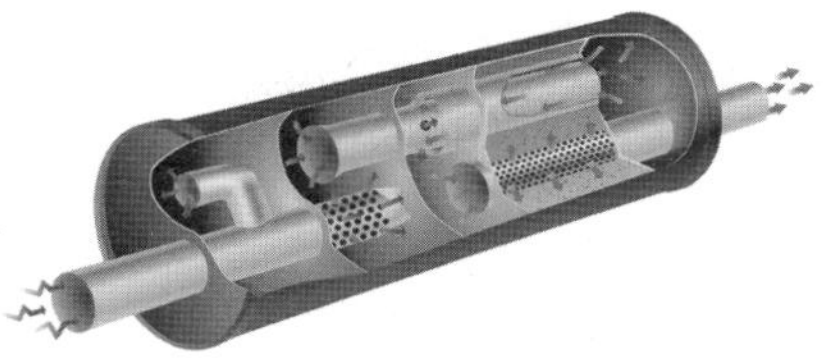

113 568 Hz

해설 높이 h = 19.6m 인 곳에서 지면에 도달하는 데 까지 걸린 시간 $t = \sqrt{\frac{2h}{g}}$ 이므로, 자유 낙하하는 물체가 지면에 닿기 직전 속력 $v' = gt = \sqrt{2gh} = \sqrt{2\times9.8\times19.6} = 19.6$(m/s) 이다.
따라서 도플러 효과에 의해 관측자가 듣는 진동수는

$$f = f_0\frac{v \pm v_D}{v \mp v_s} = f_0\frac{v}{v + 19.6} = 600\times\frac{343}{343 + 19.6} = 568(\text{Hz})$$

이다.

114 7.71 m

해설 발코니 높이 d = 20m, 상상이의 키 h = 1.60 m, 소리의 속력 v = 343m/s, 상상이가 경고에 반응하는 시간 0.3초
경고음이 발코니부터 상상이에게 도달하는 시간 $t_1 = \frac{18.4}{343}$
경고음을 낸 후 상상이가 반응하는 시간 $t_2 = t_1 + 0.3 = 0.3536$초
한편, 화병이 발코니에서부터 상상이의 머리까지 떨어지는 데(자유낙하) 걸리는 시간 t_3

$$d - h = \frac{1}{2}gt_3^2 \rightarrow t_3 = \sqrt{\frac{2(d-h)}{g}} = 1.938 \text{ 초}$$

간신히 피할 수 있는 경고음을 울릴 때 상상이 머리로부터 화병까지의 높이를 h' 이라고 하고, 발코니로부터 화병이 $(1.6 + h')$높이까지 떨어지는 시간을 t' 라고 하면
$t_3 - t' = t_2$ 인 조건에서 피할 수 있다. t' 은 1.584초 이다.

$$\therefore 20 - (1.6 + h') = \frac{1}{2}g(t')^2$$

$$h' = 18.4 - \frac{1}{2}g(t')^2 = 18.4 - \frac{1}{2}\times9.8\times(1.584)^2 = 6.11 \text{ m}$$

그러므로 지면에서의 높이는 1.6 + 6.11 = 7.71 m 이다.

115 5분

해설 액체의 굴절률이 $\sqrt{5}$ 이고, 레이저가 지면에 대해 45° 의 방향으로 입사하므로 굴절각이 θ 일 경우,

$$n_1\sin45° = n_2\sin\theta \rightarrow \sin\theta = \frac{\sin45°}{\sqrt{5}} = \frac{1}{\sqrt{10}}$$

$$\therefore \tan\theta = \frac{1}{3}$$

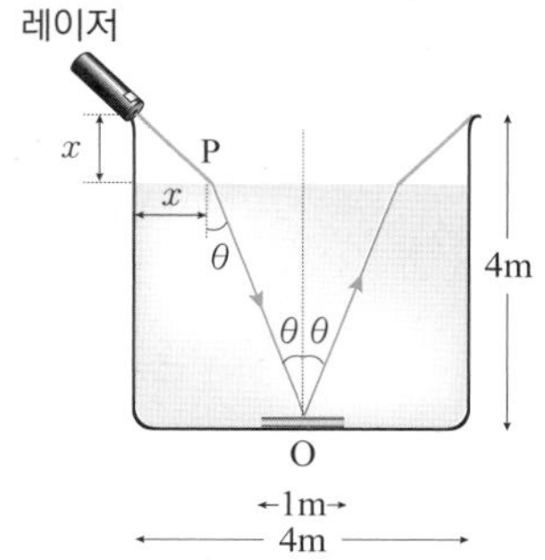

이다. 오른쪽 면 위에서 최초로 빛을 볼 수 있을 때는 오른쪽 그림과 같이 굴절할 때 이다. 이때 레이저 빛이 액체와 처음 만나는 위치의 깊이를 x 라고 하면, 수평 거리도 x가 된다. 따라서

$$\tan\theta = \frac{1}{3} = \frac{2-x}{4-x}, \therefore x = 1$$

즉, 액체의 깊이가 3m 일 때 빛이 수조 오른쪽 끝을 스쳐서 빠져나오기 시작한다. 따라서 액체를 붓기 시작한 순간부터 3m 까지 수조를 채울 때까지 걸린 시간 $t = \frac{3\text{m}}{0.6\text{m/분}} = 5$(분) 이다.

116 ㄴ, ㄹ

해설 각 유리관 속의 물은 용수철에 매달린 추의 경우로 생각할 수 있다. 물기둥이 길수록 용수철에 매달린 추의 질량이 큰 것으로 생각할 수 있으므로 이것은 운동의 주기가 큰 것으로 생각할 수 있다.
ㄱ. 진동수 f 가 변하면 물기둥이 진동한다. 이때 물기둥 높이가 짧을수록 물기둥이 더 많이 진동하여 높은 소리가 난다. 진동수가 높아질수록 물기둥의 길이가 짧은 A 쪽 유리관이 공명한다.
ㄴ. 기주 공명 장치와 같이 공기 기둥이 진동하는 것이 아니므로 유리관 높이 H 는 물기둥의 성질에 영향을 주지 않으므로 공명

진동수와 무관하다.
ㄷ. 물기둥의 길이가 길수록 중력의 영향을 더 많이 받는다. 중력이 커지면 복원력으로 작용하는 힘이 강해지므로 주기는 짧아진다.
ㄹ. 물의 밀도가 커지면 물의 질량이 커지므로 공명 진동수가 낮아진다.

117 (1) 빛이 물줄기를 따라가는 길이가 짧아진다.
(2) 빛이 물줄기를 따라 더 길게 진행한다.

해설 (1) 레이저 빛은 물줄기 속에서 전반사를 하면서 물줄기를 따라 진행한다. 이때 곡률이 커지면(많이 휘면)물줄기 속에서 전반사를 하지 못해 더 이상 따라가지 못하고 물줄기 밖으로 빠져나온다. 수면과 깊이 h 에서 베르누이 방정식을 적용하면,

$$P_1 + \rho g h_1 + \frac{1}{2}\rho v_1^2 \text{(수면)} = P_2 + \rho g h_2 + \frac{1}{2}\rho v_2^2 \text{(깊이 } h\text{)}$$

$h_1 = h$, $h_2 = 0$ 이고, 수면의 속도 $v_1 = 0$, 물줄기의 분출 속도가 v_2, P_1, P_2 는 대기압으로 같다.

$$\therefore \rho g h = \frac{1}{2}\rho v_2^2 \rightarrow v_2 = \sqrt{2gh} \text{ (분출 속도)}$$

따라서 h 가 작아지면 분출 속도가 작아지므로 물줄기의 곡률이 커서 물물기 속에서 반사할 때 임계각을 벗어날 수 있으므로 물줄기를 따라 계속 진행하기 어렵다.
(2) 물보다 굴절률이 더 큰 액체를 사용할 경우 분출 액체와 공기의 경계면의 임계각이 작아지므로 전반사가 더 잘 일어난다. 따라서 물줄기를 따라 가는 길이가 길어진다.

118 (1) 수심에 따라 수온/밀도/염분 이 달라지기 때문에 음속이 변한다.
(2)
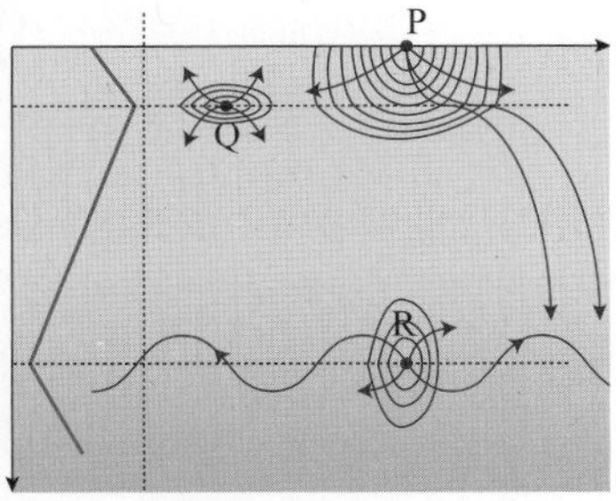

(3) 수심 1,000m 지점에 해저 통신의 송수신 장치를 설치하여 통신에 활용한다.

해설 (1) 해수면 ~ 200m 까지는 햇빛에 의한 가열과 바람에 의한 혼합 작용으로 수온이 거의 일정한 혼합층, 수심 200 ~ 1,000m 는 깊이에 따라 수온이 급격하게 낮아지는 수온 약층, 1,000m 이하는 햇빛이 거의 도달하지 않아 수온이 낮은 심해층이다. 보통 음속은 매질이 밀할수록, 온도가 높을수록 빠르다. 염분이 높아질수록, 용존 기체의 양이 작을수록, 수압이 클수록 밀한 매질이 된다. 혼합층에서는 깊어질수록 용존 기체의 감소로 인해서 밀도가 증가하여 음속이 증가한다. 수온 약층에서는 수온의 변화 때문에 깊어질수록 음속이 감소하여 수심 1000m 지점에서 1,484m/s 로 최소가 된다. 심해층에서는 주로 염분의 변화로 인해 음속이 증가한다.
(2) 파면 사이의 거리는 속도와 비례한다. 진행 경로는 파면에 수직 방향이다.
(3) 이로 인해 수심 1,000m 경계에서 음속의 전반사가 일어나는 사운드 채널이 발생한다. 이 지역에서의 음파는 같은 깊이로만 전달된다. 수심 200m 에서 발생한 소리가 아래로 향한다면 사운드 채널을 통해서 에너지 손실없이 멀리 진행이 가능하다. 이런 이유로 사운드 채널은 고래들의 통신 통로로 활용된다. 수심 200m ~ 1,000m 사이에서 음파는 그 밖의 영역으로 퍼져나가지 못하여 음파의 암영대라고 한다.

기출 Check

108 ~ 113 쪽

119 (1)
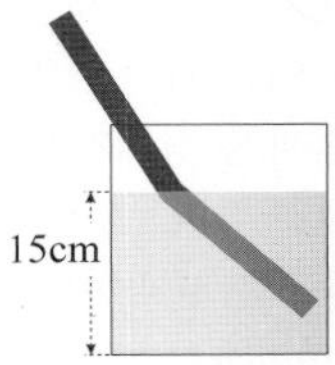

(2)
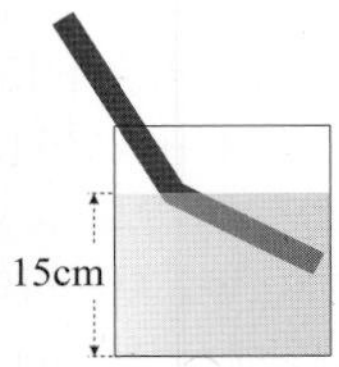

(2) 이유 : 기름의 굴절률이 물보다 크므로 겉보기 깊이가 얕아진다(더 많이 꺾인다.)
(3)
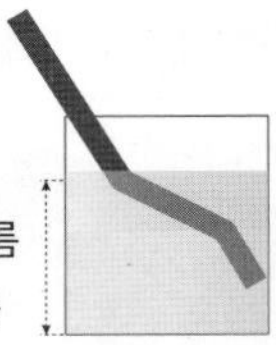

(3) 이유 : 기름에서 물로 입사할 때는 겉보기 깊이가 커진다.

해설 (1) 공기 중에서 물속에 있는 물체를 볼 때 빛의 굴절에 의해 물체는 실제보다 수면에 가까이 있는 것처럼 보이며, 이것은 경계에서 막대가 수면 쪽으로 꺽인 형태이다.
(2) $n_{기름} > n_{물}$ 이므로, 겉보기 깊이($\therefore h' = \frac{n_{공기}}{n_{기름}} h$)가 작아진다.
따라서 수면 쪽으로 더 꺽여서 보인다.
(3) 기름과 물의 경계에서 $n_{기름} > n_{물}$ 이므로, 겉보기 깊이($\therefore h' = \frac{n_{기름}}{n_{물}} h$)가 커진다. 그림과 같이 두 번 꺽인 형태이다.

120 (1) 파동의 속력은 진동수와 파장의 곱이다. 따라서 진동수를 알면 〈실험 2〉를 통해 얻은 파장을 이용하여 각 온도에서 속력을 알 수 있다.
(2) 〈실험 1〉을 통해 진동수가 일정할 때, 기압에 상관없이 파장이 일정하므로 소리의 속력이 기압과는 무관하다는 사실을 알 수 있다.
〈실험 2〉를 통해 진동수가 일정할 때, 온도가 올라갈수록 파장이 증가하므로 소리의 속력은 온도에 비례한다는 사실을 알 수 있다.

121 (1) 해설 참조 (2) ⓐ-E, ⓑ-C, D ⓒ-B

해설 (1) (작도 : 아래 그림)물체의 한 점에서 나온 빛이 거울이나 렌즈에 반사되거나 굴절되어 다른 한 곳에서 만난다면 그 점이 상이 만들어지는 곳이다. 물체의 다른 점에서 나온 빛도 연속되어 상이 만들어질 것이기 때문이다. 빛의 경로는 ①경축에 평행한 빛은 초점을 지나거나 초점에서 나온 것처럼 진행한다. ② 경심(거울이나 렌즈가 경축과 만나는 점)을 향한 빛은 입사각과 반사각이 같게 반사하거나(거울) 직진(렌즈)한다. 허상은 우리 눈이 빛이 모인 것처럼 인식하는 상이다.
(2) A는 평면거울에 의한 같은 크기의 허상, B는 오목거울에 의한 작은 크기의 도립 실상, C는 볼록거울에 의한 작은 크기의 정립허상 D는 오목렌즈에 의한 작은 크기의 정립허상, E는 볼록렌즈에 의한 물체보다 큰 크기의 정립허상이다. ⓐ는 E에 해당하고, ⓑ는 C, D에 해당하며, ⓒ는 B에 해당한다.

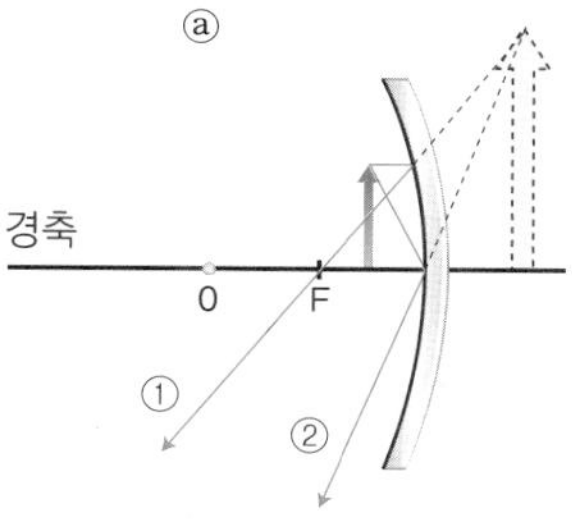

물체보다 큰 정립 허상

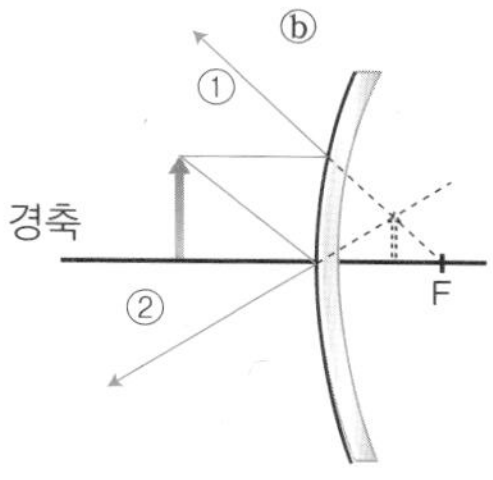

물체보다 작은 정립 허상

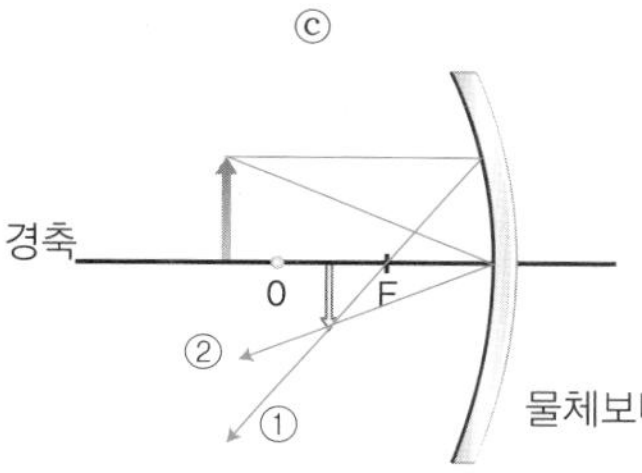

물체보다 작은 도립 실상

122 (1) $\frac{1}{3}(\frac{b}{a})(24-x)$ mm

유리로의 입사각과 유리에서 나올 때의 각이 같으므로 공기 중에서 직선 경로와 굴절된 빛의 경로는 평행하다.

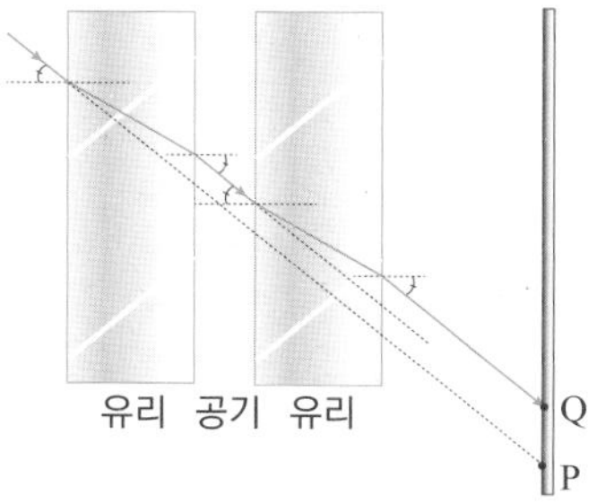

(2) ① P와 Q 사이의 거리를 흰 종이에 그대로 점을 찍어 옮긴 후, 두 점 옆에 자를 놓고 사진을 이 사진을 확대하여 거리를 측정한 후 비례식을 이용하여 x 를 계산한다.
② 이중창 뒤에 같은 간격으로 공기-유리-공기-유리 식으로 덧대어 PQ 사이의 거리를 측정할 수 있을 만큼 넓혀준다.
③ a 를 작게, b 를 넓혀준다. 즉, 입사각을 최대한 크게 해 준다.
④ 이중창 앞뒤로 거울을 붙인 뒤 빛이 그 사이에서 반복적으로 반사하게 하여 PQ 사이의 누적 거리를 길게 한 후 측정한다.

해설 (1)

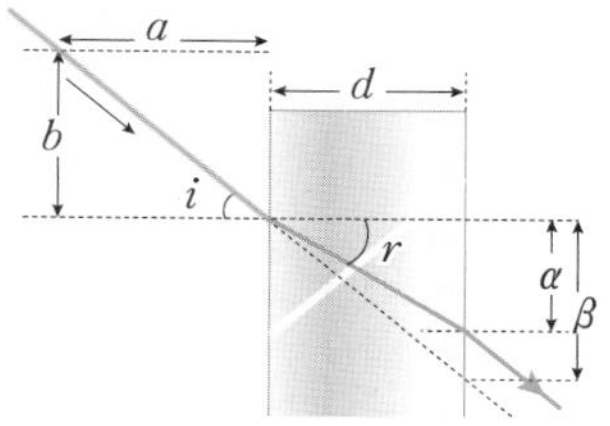

$\alpha = d\tan r$, $\beta = d\tan i = d\cdot\frac{b}{a}$, 굴절법칙 $\frac{\sin i}{\sin r} = \frac{3}{2} \fallingdotseq \frac{\tan i}{\tan r}$

$\therefore \beta - \alpha = d(\tan i - \tan r) = d\left[\frac{b}{a} - \frac{2}{3}(\frac{b}{a})\right] = \frac{1}{3}(\frac{b}{a})d$

유리창의 두께가 d 인 경우 PQ 사이의 거리 $(\beta - \alpha)$는 $\frac{1}{3}(\frac{b}{a})d$ 만큼 벌어진다. 문제에서 유리 전체 두께 $d = 24 - x$ 이므로,
PQ 사이의 거리 $= \frac{1}{3}(\frac{b}{a})$ $(24-x)$ (mm) 이다.

123 $\frac{9}{4}\pi R^2$

해설 수면에서 스크린 까지의 거리를 b, 입사각과 굴절각을 각각 i, r 이라고 하면, 스넬 법칙에 의해 입사각과 굴절각의 사인값의 비는 항상 일정하므로 $\frac{\sin i}{\sin r} = \frac{\frac{R}{a}}{\frac{2R}{b}} = \frac{b}{2a} = \frac{n_{공기}}{n_{물}}$이다.

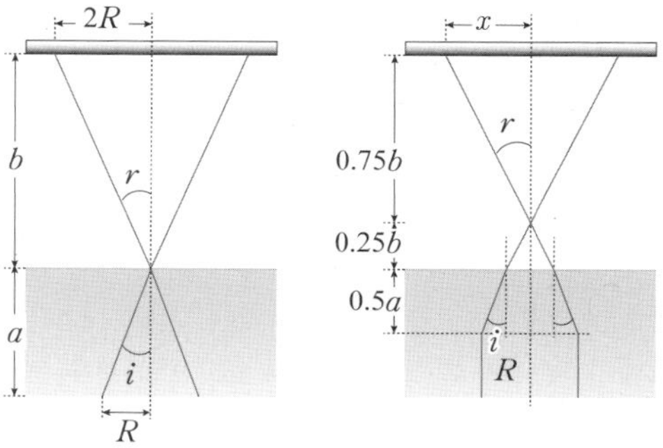

볼록 렌즈를 $0.5a$ 인 곳으로 옮길 경우 빛이 휘어지는 정도는 같으므로 물속에서 공기 중으로 입사하는 각도는 i 로 같다. 이때 빛이 굴절하므로 빛이 모이는 점은 물 위로 $0.5a$ 로 옮겨가는 것이 아니

라, 물 위로 0.25b 위치가 된다 $\left(=\frac{a}{2}\times\frac{n_{공기}}{n_{물}}=\frac{a}{2}\times\frac{b}{2a}=\frac{b}{4}\right)$.

$$\frac{\sin i}{\sin r}=\frac{\frac{R}{a}}{\frac{4x}{3b}}=\frac{3Rb}{4xa} \rightarrow \frac{b}{2a}=\frac{3Rb}{4xa},\quad \therefore x=\frac{3}{2}R$$

따라서 스크린에 생기는 밝은 원의 면적은 $\frac{9}{4}\pi R^2$ 이다.

124 11

해설 오늘날 국제 표준 음계는 440Hz 를 표준 진동수로 하여 1 옥타브를 12개의 반음으로 균일하게 나누는 평균율을 사용한다. 평균율에 의하면 낮은 도와 높은 도 사이(한 옥타브)의 진동수가 1배이고, 낮은 도와 높은 도 사이에 음이 12단계로 나누어져 있으므로 각 음과 다음 음의 진동수 배율은 $2^{\frac{1}{12}}=1.06$배 이다.

진동수	261	277	293	311	329	349	370	392
비율	1	1.06	1.12	1.19	1.26	1.33	1.41	1.50
계이름	도	도#	레	레#	미	파	파#	솔

진동수	415	440	466	493	523
비율	1.59	1.68	1.78	1.89	2
계이름	솔#	라	라#	시	도

온음계 A음(미)과 B음(솔)은 중간에 반음이 하나 있어 3도 차이가 나므로 진동수 비 $\frac{q}{p}=\frac{(1.06)^3}{1}=\frac{1.2}{1}=\frac{6}{5}$

$\rightarrow q+p=6+5=11$

125 〈예시 답안〉 ① 점묘법과 같이 셀로판지를 작게 잘라 창문을 채우면 주황색 빛과 초록색 빛이 합성되어 노란색 빛이 방으로 들어올 것이다.
② TV 화면을 이루는 화소와 같이 가늘게 자른 셀로판지를 교대로 붙여서 창문을 채우면 노란색 빛이 방으로 들어올 것이다.

해설 빨간 빛(R)과 초록 빛(G)을 합성하면 노란색 빛이 된다. 주황색 빛과 초록색 빛을 모두 들어오게 하되, 주황색 빛의 세기를 더 크게 해야 노란색 빛이 만들어진다. 각 색깔의 작은 점을 많이 찍어 그림을 그리고 멀리서 봤을 때 합성된 색으로 보이게 하는 그림을 점묘화라고 한다.

126 (1) ①, ②, ⑤ (2) 75°

해설 (1) ① A, B가 각각 빨간색과 초록색인 경우, 사람 눈에는 노란색으로 보인다.(O)
②, ③ (가)와 (나)는 각각 같은 갯수의 A와 B가 켜진 상태이므로 같은 색상으로 보이지만, (나)에서 꺼진 상태의 C가 더 많으므로 (나)가 (가)에 비해 어둡게 보인다.
④ 빛을 풍선에 비추면 풍선의 색깔에 해당되는 빛만 반사하고, 그외의 빛은 흡수하여 풍선이 그 색으로 보이는 것이다. 청록색 빛은 파란빛과 초록빛이 합성된 빛이므로 어떠한 빛을 비춰도 풍선 표면에서 빨간색 빛이 반사될 수 없다.
⑤ 청록색 빛은 파란빛과 초록빛이 합성된 빛이다.
A, B 가 각각 빨간색과 초록색 빛이면 C는 파란색 빛이다. 따라서 B와 C가 켜지면 초록색 빛과 파란색 빛이 켜지는 것이므로 청록색으로 보인다.
(2)

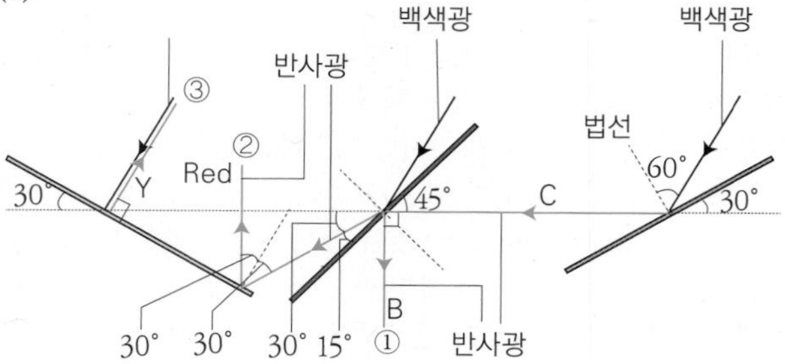

그림처럼 반사하여 반사광①(파란색 빛(B))은 연직 아래 방향, 반사광 ②(빨간색 빛(R))이 연직 위 방향을 향하게 하여 반사광을 스크린에 도달하지 못하도록 하는 경우가 최소이다. 이때 M, Y의 회전각의 합은 45°+ 30° = 75°이다.

127 (1) ㉠ 분산 ㉡ 무지개 ㉢ 빨간색 ㉣ 보라색
(2) AB 거리는 가까워진다.
(3) 90° − θ

해설 (1) 백색광이 여러가지 색으로 나누어지는 현상을 분산이라고 하며, 파장이 짧을수록 매질 속에서 속도가 느리고 굴절률이 크다.
(2) 입사각과 굴절각의 사인값의 비는 굴절률의 비와 같다. 따라서 이 장치를 물속에 넣고 실험을 하면 공기와 프리즘 사이의 굴절비 보다 유리와 물 사이의 굴절률의 비가 작아지므로 굴절 정도도 작아지게 된다. 따라서 AB 사이의 거리는 가까워진다.
(3) 프리즘을 통과하여 A점에 도달한 빛의 입사각은 90° − θ 이고, 옆 거울과 빛이 이루는 각도 90° − θ 이다.

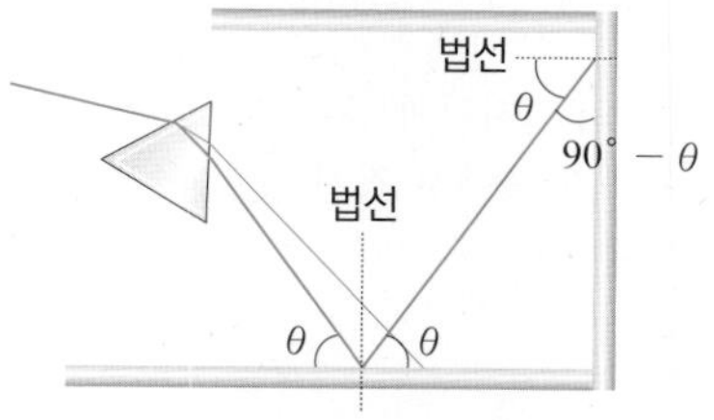

주제 탐구 및 논술 114 ~ 117 쪽

Q1 〈예시 답안〉 소리는 물체를 진동시킬 때 발생하며, 매질이 필요한 탄성파이다. 따라서 소리 에너지를 전달할 수 있는 매질이 있으면 어디든 진행이 가능하기 때문에 어떤 방법으로든 달팽이관으로 소리만 전달되면 소리를 들을 수 있는 것이다.

해설 물체의 진동에 의해 생긴 음파는 귓바퀴에 모여 외이도를 지나 고막을 진동시키고, 이 진동이 귓속뼈에서 증폭된다. 증폭된 귓속뼈의 진동이 달팽이관에 전달되면 청각 세포가 이를 감각하여 흥분하고, 청각 세포의 흥분이 전기 신호로 바뀌어 청각 신경을 통해 대뇌로 전달되면 소리를 듣게 되는 것이다. 즉, 달팽이관의 청세포를 자극해서 청세포가 받은 자극이 뇌에 전달되어야 들을 수 있게 된다.

Q2 〈예시 답안〉 시각 정보와 청각 정보를 인식하여 전기 신호로 직접 바꿀 수 있는 전자 칩을 개발하여 각 세포에 직접 이식을 하면 보거나 들을 수 있을 것이다.

해설 사람이 사물을 인식하는 것은 물체에서 반사된 빛이 수정체를 통과하면서 굴절되어 망막에 맺히고, 망막에 있는 시각 세포(색을 인식하는 원뿔 세포, 명암을 인식하는 막대 세포)가 빛을 자극으로 받아들이면, 이 자극이 전기 신호로 바뀌어 시각 신경을 통해 대뇌로 전달되어 물체를 볼 수 있는 것이다. 이와 같이 사람이 볼 수 있거나 들을 수 있는 것은 시각 신경과 청각 신경을 통해 전기 신호가 대뇌에 전달될 때에만 가능한 것이다.

자료 해석 및 일반화

Q3

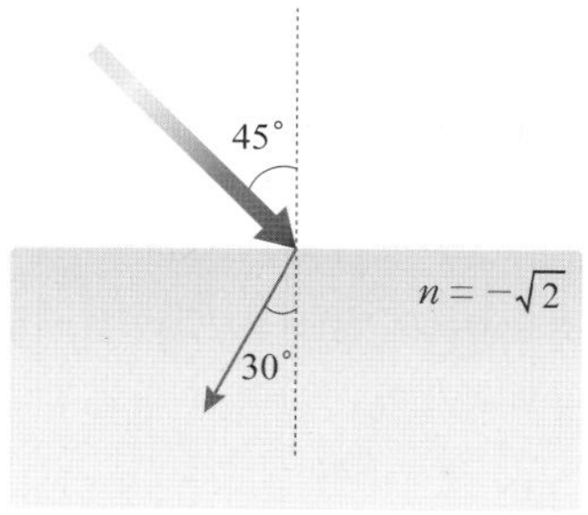

해설 굴절률이 n_1 인 물질에서 굴절률이 n_2 인 물질로 진행하는 빛이 경계면에서 굴절할 때 입사각 i과 굴절각 r의 사인값의 비는 항상 일정하다(스넬 법칙).

$$n_1\sin i = n_2\sin r \rightarrow \sin 45^\circ = -\sqrt{2}\sin r,\ \frac{\sqrt{2}}{2} = -\sqrt{2}\sin r$$

$$\therefore \sin r = -\frac{1}{2},\ r = -30^\circ$$

Q4 굴절각이 -30°보다 점점 작아져서 반대 방향으로 더 많이 굴절한다.

해설 입사각 $i > 45^\circ$ 일 경우, $\sin r = \frac{\sin i}{-\sqrt{2}}$ 이므로,

$$\sin i > \sin 45^\circ \rightarrow \frac{\sin i}{-\sqrt{2}} < \frac{\sin 45^\circ}{-\sqrt{2}}$$

$$\therefore \sin r < -\frac{1}{2},\ r < -30^\circ$$

따라서 굴절각이 -30°보다 작아지므로(예 -40°, -50°, …) 다음 그림과 같이 반대 방향으로 더 많이 굴절한다.

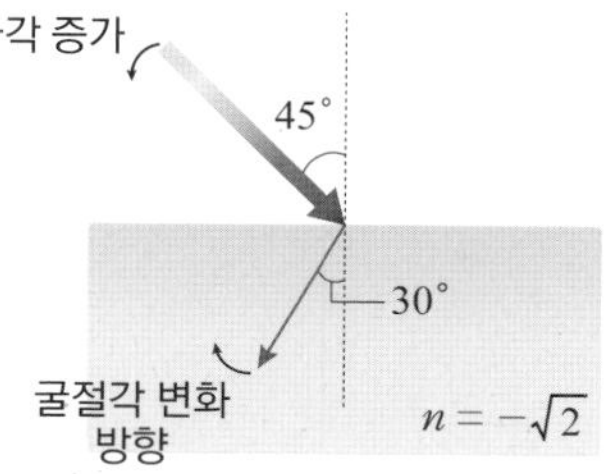

반대로 $i < 45^\circ$ 일 경우, $\sin r > -\frac{1}{2}$, $r > -30^\circ$

따라서 굴절각이 -30°보다 커지므로 법선 방향으로 더 많이 굴절한다.

개념 응용하기

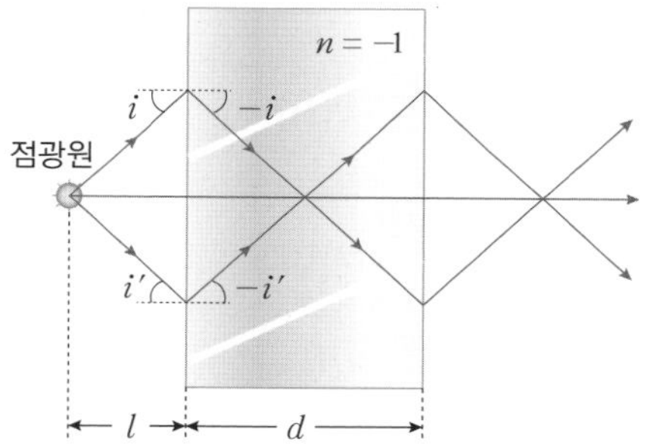

상은 투명한 직육면체 도막 내부에 1개, 점광원과 반대편에 1개가 생긴다.

해설 점광원에서 나온 빛이 굴절률이 -1인 직육면체 토막을 통과할 때 스넬 법칙은 다음과 같다.

$$n_1\sin i = n_2\sin r \rightarrow \sin i = -1\sin r,\ r = -i$$

입사각과 굴절각의 크기는 같고, 방향은 반대가 되므로, 위의 그림과 같이 빛이 진행하게 된다. 따라서 세 빛이 만나는 각 지점인 직육면체 토막 내부에 상이 하나 생기고, 점광원과 반대편에 상이 하나 생긴다.

Ⅳ. 열역학

Question 118 ~ 123 쪽

Q1. 답 ②

해설 구멍이 뚫린 금속판의 온도를 높이면 금속판이 팽창하면서 구멍의 크기도 증가한다.

Q2. 답 ④

해설 $\frac{P_1V_1}{T_1} = \frac{P_2V_2}{T_2} =$ 일정

$\rightarrow P_2 = \frac{V_1}{V_2}\cdot\frac{T_2}{T_1}P_1 = \frac{1}{2}\cdot\frac{4}{1}P_1 = 2P_1$

Q3. 답 ③

해설 보온병을 흔들어 준 것은 보온병에 일을 한 것이므로 내부 에너지가 증가하고, 온도가 증가한다.

Q4. 답 ④

해설 ④ 은 열역학계의 에너지 보존 법칙으로 열역학 제1법칙을 표현한 것이다. ΔU(내부 에너지 변화량) $= Q - W$

유형 Problem 124 ~ 131 쪽

128 (1) 0 ℃ (2) 8.5 ℃

해설 (1) −15℃, 질량이 60g(0.06 kg)인 얼음 2개(0.12 kg)가 모두 녹아 0℃ 물이 될 때까지 필요한 열량은

$$Q_{얼음} = m_{얼음}c_{얼음}\Delta T_{얼음} + mH_{융해열} = 0.9 + 9.6 = 10.5\ \text{kcal}$$

이고, 20℃, 질량이 500g인 물을 0℃ 로 만드는 데 필요한 열량은

$$Q_{물} = m_{물}c_{물}\Delta T_{물} = 10\ \text{kcal}$$

이다. 즉, 얼음의 일부가 녹았을 때 열평형을 이룬다.

이때 $Q_{물}$ 중 0.9kcal는 얼음을 0℃로 온도를 높이는데 사용되고 나머지가 얼음을 녹인다. 녹은 얼음의 질량을 m이라고 하면,

$\rightarrow m = \frac{10 - 0.9}{80} = 0.114\ (\text{kg}) = 114(\text{g})$

얼음 120g 중 114g 이 녹은 후 0℃에서 열평형 상태가 된다.

(2) 열평형 온도 T 까지 60g 의 얼음이 얻는 열량은

$Q_{얼음} = m_{얼음}c_{얼음}(0 + 15) + 0.06H_{융해열} + 0.06c_{물}(T - 0)$

$= 0.45 + 4.8 + 0.06T$

$Q_{물}$ (물이 온도 T 까지 내려오면서 방출한 열량) = $0.5(20 - T)$

$Q_{얼음} = Q_{물} \rightarrow T = 8.5$(℃) 이다.

129 약 1.3cm

해설 레일의 온도 변화가 38℃일 때, 레일이 늘어난 길이는 다음과 같다.

$$\Delta L = \alpha L_0 \cdot \Delta T = 11 \times 10^{-6} \times 30 \times 38 = 0.013(\text{m})$$

즉, 온도가 38℃ 증가할 때, 레일은 30.013m가 되므로 0.013m = 1.3cm 만큼 간격을 두면 된다.

130 1 : 4

해설 같은 통 속의 산소 기체와 수소 기체의 온도가 같으므로 운동 에너지가 같다.

$\frac{1}{2}m(v_{평균})^2 = \frac{3}{2}kT \rightarrow (v_{평균})^2 = \frac{3kT}{m},\ v_{평균} = \sqrt{\frac{3kT}{m}} \propto \frac{1}{\sqrt{m}}$

$$\therefore v_{산소} : v_{수소} = \frac{1}{\sqrt{32}} : \frac{1}{\sqrt{2}} = 1 : 4$$

131 (1) $\frac{390}{T}$ (2) 1,027℃

해설

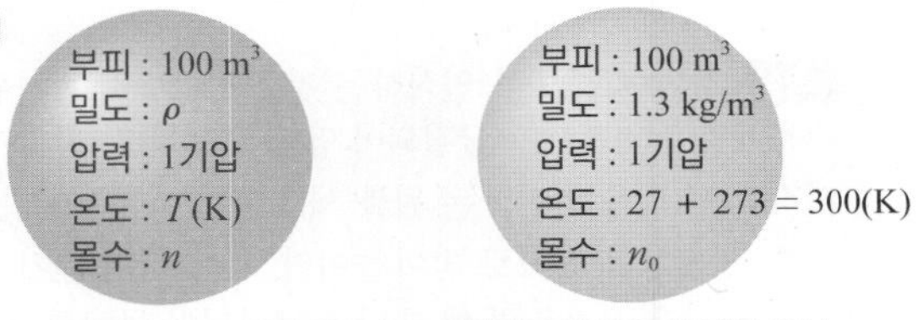

공기가 출입하는 열기구 내부 공기의 물리량 / 열기구와 같은 부피의 외부 공기의 물리량

(1) 열기구 내의 공기의 온도가 올라가면 공기의 부피가 팽창하지만 열기구의 부피는 100m^3 로 고정되어 있으므로 일정량의 공기는 밖으로 빠져나가게 된다. 이때 열기구의 아래 부분은 열려 있으므로 열기구 내의 압력은 대기압인 1기압과 같다.

이상 기체의 상태 방정식 $PV = nRT \rightarrow n = \frac{PV}{RT}$ 이고, 기구 내부와 외부의 같은 부피의 공기의 몰수 비는 다음과 같다.

$\therefore n : n_0 = \frac{1 \times 100}{RT} : \frac{1 \times 100}{R \cdot 300} = \frac{100}{T} : \frac{1}{3} = 300 : T$

몰질량이 M, 질량이 m인 기체의 몰수 $n = \frac{m}{M} \rightarrow m = nM$ 이고, 몰수는 질량에 비례한다. 현재 외부 공기의 밀도가 1.3이므로, 기구 내부와 외부의 공기 밀도의 비는 다음과 같다.

$$\rho : 1.3 = \frac{n}{100} : \frac{n_0}{100} = 300 : T \quad \therefore \rho = \frac{390}{T}$$

(2) 열기구는 (열기구 + 열기구 내부의 공기)의 무게가 동일한 부피의 대기의 무게보다 작을 때 상승하게 된다(부력이 더 커지므로). 질량은 부피 × 밀도이고, 열기구의 질량은 100kg, 부피는 100m^3이므로 다음과 같은 식이 성립한다.

$(100 + 100\rho)g \le (100 \times 1.3)g \rightarrow 100 + 100 \times \frac{390}{T} \le 130$

$$\therefore T \ge 1{,}300(\text{K}) = 1{,}027(℃)$$

132 −6 ℃

해설 단위 시간당 전달되는 에너지인 전도율 $P=\dfrac{Q}{t}=kA\dfrac{\Delta T}{L}$

$$k_A A\dfrac{T_1-T_2}{L_A}=k_C A\dfrac{T_3-T_4}{L_C}$$

$\rightarrow L_C k_A(T_1-T_2)=L_A k_C(T_3-T_4)$

$\rightarrow T_3 L_A k_C = L_C k_A(T_1-T_2)+L_A k_C T_4$

$$\therefore T_3=\dfrac{L_C k_A}{L_A k_C}\times(T_1-T_2)+T_4=\dfrac{2(L_A)k_A}{L_A(4k_A)}\times(T_1-T_2)+T_4$$

$$=\dfrac{2}{4}\times(28-16)-12=-6(℃)$$

133 0.98 cm/h

해설 얼음의 단면적을 A, 높이(두께)를 L, 질량을 m 이라 하면, 물이 얼면서 단위 시간당 방출되는 에너지는(Δt : 시간 간격)

$$P=\dfrac{Q}{\Delta t}=\dfrac{H_{융해열}\Delta m}{\Delta t}$$

단위 시간당 질량의 증가량 $\dfrac{\Delta m}{\Delta t}=\rho A\dfrac{\Delta L}{\Delta t}$ 이므로,

$$P=H_{융해열}\rho A\dfrac{\Delta L}{\Delta t}$$

단위 시간당 얼음을 통해 표면 위로 전도 열량은 $P=kA\dfrac{\Delta T}{L}$ 이므로, 이때 $H_{융해열}\rho A\dfrac{\Delta L}{\Delta t}=kA\dfrac{\Delta T}{L}$ 이다.

$$(k=\dfrac{(0.004\ \text{cal/s}\cdot\text{cm}\cdot^\circ\text{C})\times(4.186\ \text{J/cal})}{1\times10^{-2}\ \text{m/cm}}=1.6744\ \text{W/m}\cdot\text{K})$$

$$\therefore \dfrac{\Delta L}{\Delta t}=\dfrac{k\Delta T}{H_{융해열}\rho L}$$

$$=\dfrac{(1.6744\ \text{W/m}\cdot\text{K})\times(0^\circ\text{C}-(-15^\circ\text{C}))}{(333\times10^3\ \text{J/kg})\times(0.92\times10^3\ \text{kg/m}^3)\times0.03\ \text{m}}$$

$$=2.73\times10^{-6}\ \text{m/s}=2.73\times10^{-6}\times3600\times100=0.98\ \text{cm/h}$$

134 $\sqrt{5}$ 배

해설 $\overline{E}_K=\dfrac{1}{2}m\overline{v^2}=\dfrac{3}{2}kT$ 이므로 $v_{평균}=\sqrt{\overline{v^2}}=\sqrt{\dfrac{3kT}{m}}$ 이다.

즉, 평균 속력은 질량의 제곱근에 반비례한다. 따라서 헬륨의 질량이 네온 질량의 $\dfrac{1}{5}$배이므로 평균 속력은 $\sqrt{5}$ 배가 된다.

135 $\dfrac{1}{2}$ 배

해설 부피가 일정한 단원자 분자 기체(He, Ne, Ar 등) 1몰의 온도를 1℃ 올릴 때 필요한 열량은 기체마다 같다.
원자의 질량비가 1 : 2 이므로 네온 1g과 아르곤 1g의 몰수의 비는 2 : 1 이다. 그러므로 1℃ 올리는데 필요한 열량비도 2 : 1 이다.

136 30 m/s²

해설 실린더 내부와 외부의 온도가 T_0로 일정하므로, 보일 법칙에 의해 압력과 부피는 반비례 관계이다. 따라서 부피가 $1.5=\dfrac{3}{2}$ 배가 되었으므로 압력은 $\dfrac{2}{3}$ 배가 되므로, 피스톤을 잡아당겼을 때 실린더 내부의 기체의 압력 $P'=\dfrac{2}{3}\times10^5(\text{N/m}^2)$ 이다.
대기압은 평형을 이루고 있던 $10^5(\text{N/m}^2)$로 일정하므로 피스톤을 잡아당겼을 때 대기압에 의해 왼쪽 방향으로 $10^5(\text{N/m}^2)$의 압력이 가해지며, 기체의 압력 P'은 오른쪽 방향으로 작용한다. 따라서 왼쪽 방향을(+) 라고 하면,
피스톤은 $(1-\dfrac{2}{3})\times10^5=\dfrac{1}{3}\times10^5(\text{N/m}^2)$ 의 압력으로 왼쪽으로 밀리게 된다.
이때 피스톤이 받는 힘 F = 피스톤의 단면적 × 압력 P'이므로,

$$F=(27\times10^{-4})\times(\dfrac{1}{3}\times10^5)=90(\text{N})$$

$$\rightarrow F=ma=3\times a=90,\quad \therefore a=30(\text{m/s}^2)$$

즉, 피스톤을 잡아 당겼다가 놓는 순간 왼쪽 방향으로 30m/s² 의 가속도로 운동한다.

137 $\dfrac{1}{4}$ 배

해설 지표면에서 부피 V_0, 밀도 ρ_0(질량 $m=\rho_0 V_0$), 온도 T(K)인 공기가 들어있는 풍선이 P_0인 압력(기압)을 받고 있었다고 하자. 이 풍선을 압력(대기압)이 $\dfrac{1}{8}P_0$, 온도는 $\dfrac{1}{2}T$ (K)인 높이 h 인 곳에 갖다 놓으면,

$$\dfrac{P_0V_0}{T_0}=\dfrac{PV}{T}\ \rightarrow\ \dfrac{P_0V_0}{T}=\dfrac{\frac{1}{8}P_0\times V}{\frac{1}{2}T},\quad \therefore V=4V_0$$

풍선 내부의 공기의 질량 변화는 없으므로 밀도는 $\dfrac{1}{4}$배가 된다.

138 A, B 과정

해설 $PV=nRT$ 에서 R 은 기체상수이므로 이상 기체의 몰수(n)가 변하지 않는다면 압력(P)×부피(V)의 값과 절대온도(T)는 비례한다. 따라서 온도가 증가하는 과정($\Delta U>0$)은 A과정(등적변화)와 B과정 (등압변화)이다. C와 D과정은 각각 온도가 감소하므로 $\Delta U<0$ 인 과정이다. 또, A와 C과정은 각각 기체가 외부에 하는 일 $W=0$인 과정이며 B과정은 $W>0$, D과정은 $W<0$ 인 과정이다. 따라서 $Q=\Delta U+W>0$ 인 과정은 A, B 과정이다.

139 (1) B (2) $m_A > m_B$ (3) 같다.

해설 (1) 이상 기체 상태 방정식 $PV = nRT$ 에 의해 온도와 몰수가 같을 때, 부피와 압력은 반비례 관계이다. 주어진 문제에서 $V_A > V_B$ 이므로, A에서 기체의 압력은 B보다 작다.
(2) 기체의 압력이 작기 위해서는 누르는 힘(피스톤 무게 − 장력)이 작아야 하므로 $m_A > m_B$ 이다. 장력은 각각 m_Ag, m_Bg이다.
(3) 기체 분자 1개의 평균 운동에너지는 $\frac{3}{2}kT$ 로 온도에 비례하므로 두 기체가 같다.

140 $\frac{Q}{2R} + \frac{kL^2}{R}$

해설 기체의 처음 온도와 압력이 각각 T_0, P_0 라 하고, 처음 상태에서 피스톤이 정지해 있으므로 피스톤에 작용하는 탄성력(왼쪽 방향)과 기체에 의한 힘(오른쪽 방향)이 평형 상태이다.

$$P_0A = k(2L - L) = kL$$

$PV = nRT$ 이므로,

$$P_0V_0 = P_0A\cdot L = kL\cdot L = nRT_0 \rightarrow T_0 = \frac{kL^2}{R} (\because n = 1)$$

기체에 열량 Q 를 가하였을 때 피스톤이 오른쪽으로 이동한 거리를 x 라고 하면, 기체가 한 일은 용수철을 평형 상태에서 x 만큼 변형시키기 위해 외부에 해준 일(용수철의 퍼텐셜 에너지)과 같다.

$$W = \frac{1}{2}k[(L + x)^2 - L^2] = \frac{1}{2}kx^2 + kLx = k(\frac{1}{2}x^2 + Lx)$$

기체의 나중 온도와 압력, 부피를 각각 T, P, V 라고 하면, 용수철은 $(L + x)$ 만큼 늘어난 상태이므로 $PA = k(L + x)$ 이다.

$$PV = PA\cdot(L + x) = k(L + x)\cdot(L + x) = RT$$

$$\therefore T = \frac{k(L + x)^2}{R}$$

이때 내부 에너지 변화량은($n = 1$)

$$\Delta U = \frac{3}{2}R\Delta T = \frac{3}{2}R\left(\frac{k(L + x)^2}{R} - \frac{kL^2}{R}\right) = \frac{3}{2}k(2Lx + x^2)$$

$(\rightarrow R\Delta T = k(2Lx + x^2))$

$$\therefore Q = \Delta U + W = \frac{3}{2}k(2Lx + x^2) + [k(\frac{1}{2}x^2 + Lx)]$$

$$= 4kLx + 2kx^2 = 2R\Delta T \rightarrow \Delta T = T - T_0 = \frac{Q}{2R}$$

$$\therefore T = \frac{Q}{2R} + T_0 = \frac{Q}{2R} + \frac{kL^2}{R}$$

141 (1) $36P_0V_0$ (2) $P = -\frac{P_0}{V_0}V + 9P_0$ (3) $\frac{9}{2}P_0V_0$

해설 (1) A → B 과정은 기체의 부피가 일정하게 유지되는 등적 과정이다. 따라서 기체가 한 일 $W = 0$이므로, 기체가 방출한 열량은 기체의 내부 에너지 변화량과 같다($Q = \Delta U = \frac{3}{2}nR\Delta T$).

$$\therefore Q = \frac{3}{2}nR\Delta T = \frac{3}{2}\Delta PV_0 = \frac{3}{2}(8P_0 - 32P_0)V_0 = -36P_0V_0$$

(−)는 방출된 열량을 의미한다.
(2) B → C 과정에서 압력과 부피가 일정한 비율로 변하므로 일차함수($P = aV + b$)가 된다.
기울기는 $-\frac{P_0}{V_0}$ 이고, 점 $(V_0, 8P_0)$, $(8V_0, P_0)$를 지나므로,

$$\therefore P = -\frac{P_0}{V_0}V + 9P_0$$

(3) A → B 과정은 기체의 부피가 일정하게 유지되는 등적 과정이므로 기체가 한 일 $W_{AB} = 0$ 이다. B → C 과정에서는 기체는 외부에 +일을 하고, 크기는 그래프의 아래 면적이 된다.

$$W_{BC} = \frac{1}{2}(P_0 + 8P_0)(8V_0 - V_0) = \frac{63}{2}P_0V_0$$

C → A 과정은 단열 압축 과정이므로, 기체가 외부에서 받은 일만큼 내부 에너지가 증가하고, 온도가 올라간다($\Delta U = -W$).

$$W_{CA} = -\Delta U_{CA} = -\frac{3}{2}nR\Delta T = -\frac{3}{2}nR\left(\frac{32P_0V_0}{nR} - \frac{8P_0V_0}{nR}\right)$$
$$= -36P_0V_0$$

그러므로 기체가 외부에 총 한 일은

$$W = W_{BC} + W_{CA} = \frac{63}{2}P_0V_0 - 36P_0V_0 = -\frac{9}{2}P_0V_0$$

그러므로 순환하는 동안 $\frac{9}{2}P_0V_0$ 만큼 기체에 일을 해주었다.

142 2.05

해설 카르노 기관에서 고열원과 저열원의 온도를 각각 T_1, T_2, 고열원에서 흡수하고 저열원으로 방출하는 열량을 각각 Q_1, Q_2일 때, 카르노 열효율은 다음과 같다.

$$e = \frac{W}{Q_1} = 1 - \frac{Q_2}{Q_1} = 1 - \frac{T_2}{T_1} = \frac{T_1 - T_2}{T_1}$$

$$\rightarrow W = \frac{T_1 - T_2}{T_1}\cdot Q_1 \quad \cdots ㉠$$

카르노 냉동 기관에서 고열원과 저열원의 온도를 각각 T_3, T_4, 고열원으로 이동하는 열량을 Q_3, 저열원에서 빼앗긴 열량을 Q_4, 라고 할 때, 작동 계수는 다음과 같다.

$$K = \frac{Q_4}{W} = \frac{Q_4}{Q_3 - Q_4} = \frac{T_4}{T_3 - T_4} \quad \cdots ㉡$$

냉동 기관에서 한 번의 순환 과정동안 내부 에너지는 변하지 않고($\Delta U = 0$), 열역학 제1법칙에 의해 $Q_4 = Q_3 - W_{in}$ 이므로,

㉡은 $\frac{Q_3 - W}{W} = \frac{T_4}{T_3 - T_4}$ 가 된다. W에 ㉠을 대입하면,

$$\frac{Q_3}{W} - 1 = \frac{Q_3T_1}{Q_1(T_1 - T_2)} - 1 = \frac{T_4}{T_3 - T_4}$$

$T_1 = 127 + 273 = 400(\text{K})$, $T_2 = -127 + 273 = 146(\text{K})$,
$T_3 = 50 + 273 = 323(\text{K})$, $T_4 = -50 + 273 = 223(\text{K})$,

$$\therefore \frac{Q_3}{Q_1} = \left(\frac{T_4}{T_3 - T_4} + 1\right)\left(\frac{T_1 - T_2}{T_1}\right) = \left(\frac{T_3}{T_3 - T_4}\right)\left(\frac{T_1 - T_2}{T_1}\right)$$
$$= 2.05$$

창의력 Master 132 ~ 137 쪽

143 79.4 ℃

해설 납덩어리는 정면 충돌한 후 정지하였으므로 납덩어리 A, B 의 운동 에너지가 모두 손실되어 열에너지로 전환된다.

납 A 의 운동 에너지 $= \frac{1}{2} m_A v_A{}^2 = \frac{1}{2} \times 0.1 \times 200^2 = 2000\text{J}$

납 B 의 운동 에너지 $= \frac{1}{2} m_B v_B{}^2 = \frac{1}{2} \times 0.2 \times 100^2 = 1000\text{J}$

$3000\text{J} = \frac{3000}{4.2} = 714.3\text{cal}$ 이므로,

$Q = c_{납}(m_A + m_B)\Delta t$

$\rightarrow \Delta t = \frac{Q}{c_{납}(m_A + m_B)} = \frac{714.3}{0.03 \times 300} = 79.4\ (℃)$

144 13.3 ℃

해설 총은 총알에 일을 해준다.

$W = E_k = \frac{1}{2} m_{총알} v^2 = \frac{1}{2} \times 0.0025 \times 300^2 = 112.5\text{ J}$

열기관의 열효율 $e = \frac{\text{얻은 에너지}}{\text{공급한 에너지}} = \frac{W}{Q_1}$

→ 총이 공급한 총 에너지 $Q_1 = \frac{W}{e} = \frac{112.5}{0.01} = 11250\text{ J}$

따라서 총이 흡수한 에너지 Q_2 는

$Q_2 = Q_1 - W = 11250 - 112.5 = 11137.5\text{ J}$ 이다.

$\therefore Q = mc\Delta T \rightarrow \Delta T = \frac{Q_2}{mc} = \frac{11137.5}{2 \times 420} = 13.3(℃)$

145 (1) -15 m/s (2) 2.3 g

해설 (1) 운동량은 보존된다.

$\rightarrow 500 \times 6 + v \times 200 = 0,\ \therefore v = -15\ (\text{m/s})$

(2) 손실된 운동 에너지가 열에너지로 전환되어 얼음을 녹인다.

$\frac{1}{2} m_{총알} v^2 + \frac{1}{2} m_{얼음} v^2 = \frac{1}{2} \times 0.006 \times 500^2 + \frac{1}{2} \times 0.2 \times 15^2$

$= 772.5\ (\text{J}) = 184(\text{cal})$

$\therefore \frac{184}{80} = 2.3(\text{g})$

146 125 cm³

해설 호수 물의 밀도가 ρ로 균일하므로, 깊이가 $h = 50\text{m}$인 호수 바닥에서 압력 P_b = 대기압$(P_0) + (\rho g h)$ 이다.

$PV = nRT \rightarrow n$(공기방울의 몰수) $= \frac{PV}{RT}$ 는 일정하므로,

수면에서의 온도 $T_t = 273 + 27 = 300\text{K}$, $T_b = 273 + 7 = 280\text{K}$ 이고, 호수 바닥에서 공기 방울의 부피를 V_b, 수면에서의 부피를 V_t 라고 하면,

$$\frac{P_b V_b}{RT_b} = \frac{P_t V_t}{RT_t} \quad \therefore V_t = \left(\frac{T_t}{T_b}\right)\frac{P_b V_b}{P_t} = \left(\frac{T_t}{T_b}\right)\frac{P_0 + (\rho g h)}{P_t} V_b$$

$$\therefore V_t = \left(\frac{300}{280}\right)\frac{1.013 \times 10^5 + (1 \times 10^3 \times 9.8 \times 50)}{1.013 \times 10^5}(20 \times 10^{-6})$$

$$= 1.25 \times 10^{-4}\ (\text{m}^3) = 125\ (\text{cm}^3)$$

147 (1) 0.117 W (2) 96 초

해설 (1) 프라이팬에서 공기를 통해 물방울로 단위시간 동안 전도되는 열은

$P = kA\frac{\Delta T}{L} = (0.026) \times (5 \times 10^{-6}\ \text{m}^2) \times \frac{280℃ - 100℃}{2 \times 10^{-4}\ \text{m}}$

$= 0.117\ \text{W}$ 이다.

(2) $Q = Pt = H_{증발열} m = H_{증발열} \rho A h$ 이므로

$$t = \frac{H_{증발열}\rho A h}{P} = \frac{(2.256 \times 10^6\ \text{J/kg}) \times (1 \times 10^3\ \text{kg/m}^3)}{0.117} \times (5 \times 10^{-6}\ \text{m}^2) \times (1 \times 10^{-3}\ \text{m}) = 96\text{초}$$

148 0.87m

해설 얼음과 물 사이의 경계 온도는 0℃이다. 얼음의 두께가 h로 유지된다면, 물 밑바닥에서 대기로 물이 빠져 나갈 때 물과 얼음을 단위 시간 당 전도되어 통과하는 열량은 각각 같다.

$P_{물} = k_{물} A \frac{\Delta T}{1.0 - h} = (0.12) A \frac{4 - 0}{1.0 - h}$

$P_{얼음} = k_{얼음} A \frac{\Delta T}{h} = (0.4) A \frac{0 + 8}{h}$

$P_{물} = P_{얼음} \rightarrow (0.12)\frac{4 - 0}{1.0 - h} = (0.4)\frac{0 + 8}{h}$

$0.48h = 3.2 - 3.2h,\ \therefore h = 0.87\ \text{m}$

149 (1) $10^6\ \text{J/m}^3$ (2) $10^3\ \text{K}$
(3) $5.1 \times 10^{19}\ \text{J}$, $5.1 \times 10^9\ \text{J}$

해설 (1) 지구 전체 공기의 부피는

$10\text{km} \times (5.1 \times 10^{14}\text{m}^2) = 5.1 \times 10^{18}\ (\text{m}^3)$

이고, 지구가 1년 동안 태양으로부터 받는 에너지는

$(1.7 \times 10^{17}) \times (3 \times 10^7) = 5.1 \times 10^{24}\ (\text{J})$

이다. 따라서 공기 1m^3 가 1년 동안 흡수하는 에너지는

$\frac{5.1 \times 10^{24}}{5.1 \times 10^{18}} = 10^6\ (\text{J/m}^3)$ 이다.

(2) 공기의 비열은 $1\ \text{J/g·K} = 10^3\ \text{J/kg·K}$ 이고, 1kg 의 공기는 약 1m^3 의 부피를 차지한다. 따라서 1년 간 $10^6\ \text{J/m}^3$ 의 에너지를 모

두 흡수만 한다면 $Q = mc\Delta T$, $10^6 = 1 \cdot 10^3 \cdot \Delta T$, $\Delta T = 10^3$(K). 공기의 온도는 매년 10^3 K 씩 증가한다.

(3) 매년 공기의 온도가 0.01℃ = 0.01K 씩 증가한다면, 태양열의 10^{-5} 만큼이 지구 밖으로 방출되지 않는 것을 의미한다.

$$\therefore \text{방출되지 않는 에너지} = \frac{5.1 \times 10^{24}}{10^5} = 5.1 \times 10^{19}\ (\text{J})$$

이를 1인당 에너지로 환산하면, $\dfrac{5.1 \times 10^{19}}{10^{10}} = 5.1 \times 10^9$ (J)

이다. 따라서 1인당 5.1×10^9 J 만큼의 에너지 소비를 줄이면 지구 온난화를 막을 수 있다.

150 (1) 2.31 Ω (2) 약 698원

해설 (1) 물의 내부 에너지 증가는 전기 온수기의 저항으로부터 열의 형태로 물에 전달된다.

온수기의 전기 에너지 $E = P\Delta t = \dfrac{V^2 \Delta t}{R}$

물이 받은 열량 $Q = mc\Delta T \rightarrow \dfrac{V^2 \Delta t}{R} = mc\Delta T$

$$\therefore R = \frac{V^2 \Delta t}{mc\Delta T} = \frac{(220)^2 \times (20\text{분} \times 60\text{s})}{100 \times 4186 \times (80 - 20)} = 2.31(\Omega)$$

(2) 물을 20분 동안 끓이는데 사용한 전력은

$$P\Delta t = \frac{(\Delta V)^2 \Delta t}{R} = \frac{(220)^2 \times 20\text{분}}{2.31}\frac{1}{60} = 6984(\text{Wh}) = 6.984(\text{kWh})$$

따라서 물을 끓이는 데 약 698원이 든다.

151 0.015J/K

해설 옥수수 알갱이가 팝콘이 될 때까지는 180℃에서 일어나는 기화 과정(ΔS_1)과 증기의 단열 팽창(ΔS_2) 두 가지 가역 과정에 대한 엔트로피 변화가 생긴다.

㉠ 기화 과정 : 절대 온도가 T 인 열역학적 계가 열량 Q 를 흡수하거나 방출하였을 때, 그 계의 엔트로피 변화 $\Delta S = \dfrac{Q}{T}$ 이다.

$$\therefore \Delta S_1 = \frac{Q}{T} = \frac{mH}{T} = \frac{(3 \times 10^{-6}) \times (2{,}260 \times 10^3)}{180 + 273}$$

$$= 14.9668\cdots \times 10^{-3} \fallingdotseq 15 \times 10^{-3}\ (\text{J/K})$$

㉡ 수증기의 팽창 과정 : 주위와 열에너지 교환을 하지 않는다고 가정하였으므로 $Q = 0$ 이다. 따라서 $\Delta S_2 = 0$ 이다.

따라서 총 엔트로피 변화량은

$$\Delta S = \Delta S_1 = 15 \times 10^{-3}\ (\text{J/K}) = 0.015\ (\text{J/K})$$

즉, 팝콘이 튀겨지는 동안 생기는 펑하는 소리를 통해 물의 엔트로피가 0.015J/K만큼 증가함을 알 수 있다.

152 (1) B : 400 K C : 600 K D : 500 K
(2) 4500 J (3) 1500 J

해설 (1) A → B 과정에서는 압력이 일정한 등압 과정이므로

$PV = nRT$ 에서 $\dfrac{V}{T}$ = 일정 하므로 $T_A V_B = T_B V_A$이다.

$$\therefore 300\text{ K} \times (4 \times 10^{-2}\text{ m}^2) = T_B \times (3 \times 10^{-2}\text{ m}^2),$$
$$T_B = 400\text{ K}$$

B → C 과정에서는 부피가 일정한 정적 과정이므로

$PV = nRT$ 에서 $\dfrac{P}{T}$ = 일정 하므로 $T_B P_C = T_C P_B$이다.

$$\therefore 400\text{ K} \times (1.5 \times 10^5\text{ N/m}^2) = T_C \times (1.0 \times 10^5\text{ N/m}^2)$$
$$T_C = 600\text{ K}$$

$P_B = P_D$ 이므로 $T_B V_D = T_D V_B$이다.

$$\therefore 400\text{ K} \times (5 \times 10^{-2}\text{ m}^2) = T_D \times (4 \times 10^{-2}\text{ m}^2),$$
$$T_D = 500\text{ K}$$

(2) A → B 과정에서 한 일은

$$W = P\Delta V = (1.0 \times 10^5\text{ N/m}^2) \times (4 - 3) \times 10^{-2}\text{ m}^2$$
$$= 1.0 \times 10^3\text{ J}$$

이고, B → C 과정은 정적 과정이므로 한 일은 0이다. 따라서 A → B → C 과정에서 한 일은 1.0×10^3 J이다.

그리고 기체에 가한 열량은 500 W이고 총 11 초간 가열하였으므로 Q = 500W × 11s = 5500 J 이다.

$\therefore \Delta U = Q - W$ = 5500 J − 1000 J = 4500 J (열역학 제1법칙)

(3) C → D 과정에서 내부 에너지 변화는 $\Delta U = \dfrac{3}{2} nR\Delta T$이고

기체의 몰수는 일정하므로, $\dfrac{PV}{T} = nR = 10$ 로 일정하다.

$$\therefore \Delta U = \frac{3}{2} \times 10 \times (500 - 600)\text{ K} = -1500\text{ J}$$

C → D 과정은 단열 과정이므로 열역학 제1법칙에 의해 $\Delta U = -W$이다. 따라서 기체가 한 일 W = 1500 J이다.

153 (1) A → B : $Q_{AB} = 3.74 \times 10^3$ J, $W_{AB} = 0$,
$\Delta U_{AB} = 3.74 \times 10^3$J
B → C : $Q_{BC} = 0$, $W_{BC} = 1.25 \times 10^3$ J,
$\Delta U_{BC} = -1.25 \times 10^3$ J
C → A : $Q_{CA} = -4.16 \times 10^3$ J,
$W_{CA} = -1.67 \times 10^3$ J,
$\Delta U_{CA} = -2.49 \times 10^3$ J
(2) $Q_{Total} = 420$ J, $W_{Total} = 420$ J, $\Delta U_{Total} = 0$
(3) B : $P_B = 2.53 \times 10^5\text{ N/m}^2$,
$V_B = 1.64 \times 10^{-2}\text{ m}^3$
C : $P_C = 1.013 \times 10^5\text{ N/m}^2$
$V_C = 3.28 \times 10^{-2}\text{ m}^3$

해설 (1) ㉠ A → B 과정은 부피가 일정한 등적 과정이므로,

$Q = \Delta U + W = \Delta U = \dfrac{3}{2} nR\Delta T$ 이다. n = 1mol 이므로,

$$Q_{AB} = \frac{3}{2} \times 1 \times 8.31 \times (500 - 200) = 3.74 \times 10^3(\text{J})$$

$W_{AB} = 0$, $\Delta U_{AB} = 3.74 \times 10^3$(J)

㉡ B → C 과정은 단열 과정이므로 $Q_{BC} = 0$ 이고, $W = -\Delta U$ 이다.

$$\Delta U_{BC} = \frac{3}{2} \times 1 \times 8.31 \times (400 - 500) = -1.25 \times 10^3(\text{J})$$

$W_{BC} = 1.25 \times 10^3$(J)

ⓒ C → A 과정은 등압 과정이므로 $Q = \Delta U + P\Delta V$ 이다. 단원자 분자 이상 기체일 경우, $Q = \frac{5}{2}nR\Delta T = \frac{5}{2}P\Delta V$ 이므로,

$Q_{CA} = \frac{5}{2} \times 1 \times 8.31 \times (200 - 400) = -4.16 \times 10^3$(J)

$\Delta U_{CA} = \frac{3}{2}nR\Delta T = \frac{3}{2} \times 1 \times 8.31 \times (200 - 400)$

$= -2.49 \times 10^3$(J)

$W_{CA} = Q_{CA} - \Delta U_{CA} = (-4.16 + 2.49) \times 10^3 = -1.67 \times 10^3$(J)

(2) $Q_{Total} = Q_{AB} + Q_{BC} + Q_{CA}$

$= (3.74 \times 10^3) + (0) + (-4.16 \times 10^3) = 420$ (J)

$\Delta U_{Total} = \Delta U_{AB} + \Delta U_{BC} + \Delta U_{CA}$

$= (3.74 \times 10^3) + (-1.25 \times 10^3) + (-2.49 \times 10^3) = 0$ (J)

$W_{Total} = W_{AB} + W_{BC} + W_{CA}$

$= (0) + (1.25 \times 10^3) + (-1.67 \times 10^3) = 420$ (J)

(3) A에서 B로 변할 때 부피는 일정하므로, $V_A = V_B$ 이고, 이상 기체 상태 방정식 $PV = nRT$ 에 의해

$V_A = \frac{nRT_A}{P_A} = \frac{1 \times 8.31 \times 200}{1.013 \times 10^5} = 1.64 \times 10^{-2}$ (m³)

$V_B = 1.64 \times 10^{-2}$ (m³)

C에서 A로 변할 때 압력이 일정하므로, $P_A = P_C = 1.013 \times 10^5$ 이다.

$V_C = \frac{nRT_C}{P_C} = \frac{1 \times 8.31 \times 400}{1.013 \times 10^5} = 3.28 \times 10^{-2}$ (m³)

$P_B = \frac{nRT_B}{V_B} = \frac{1 \times 8.31 \times 500}{1.64 \times 10^{-2}} = 2.53 \times 10^5$ (N/m²)

기출 Check 138 ~ 141 쪽

154 5.625 기압

해설 $PV = nRT$ 에서 $n = \frac{PV}{RT}$ 이고, 압력의 단위는 기압, 부피의 단위는 L(리터)로 하며, 온도는 T로 일정하므로

A 용기: 헬륨의 몰수 $= \frac{2\times3}{RT}$ 아르곤의 몰수 $= \frac{3\times3}{RT}$

B 용기: 헬륨의 몰수 $= \frac{2\times5}{RT}$ 네온의 몰수 $= \frac{5\times4}{RT}$

이제 차단장치를 열면 전체 부피는 8L가 되고 온도는 변함없다.

헬륨은 두 용기의 합한 양만큼 존재하고, $P = \frac{nRT}{V}$ 이므로,

헬륨의 압력 $= \frac{16}{8RT}RT = 2$ 기압,

아르곤의 압력 $= \frac{9}{8RT}RT = 1.125$ 기압

네온의 압력 $= \frac{20}{8RT}RT = 2.5$ 기압 이다.

∴ 용기가 받는 전체 압력 = 2 + 1.125 + 2.5 = 5.625기압

155 (1) 5×10^4 N/m² (2) 2.5 L

해설 (1) 유리관의 윗부분은 진공이어서 아무런 압력이 작용하지 않으므로 유리관의 높이 100 cm 되는 액체의 무게가 아랫면에 미치는 압력과 행성의 대기압은 같다.

유리관의 단면적을 A (m²)라고 하면,

밀도 $\rho = 5$g/cm³ = 5000kg/ m³ 이고,

높이가 100cm = 1m 인 액체의 질량 = 부피 × 밀도 = A × 1 × 5000 kg이고, 무게 = 질량 × 10 = 50000A (N)이다.

∴ 행성의 대기압 = 액체기둥이 밑면에 미치는 압력 $= \frac{무게}{A}$

= 50000N/m² = 5×10^4 N/m²

(2) 3행성기압 = 1.5×10^5 N/m² 이다.

$\frac{P_0V_0}{T_0} = \frac{PV}{T} \rightarrow \frac{(1.5 \times 10^5) \times 2}{27 + 273} = \frac{(2 \times 10^5) \times V}{227 + 273}$,

∴ $V = 2.5$ L

156 (1) $\frac{k\Delta T}{Ldx}$ (2) 3.7×10^{-6} m/s

해설 (1) 얼음의 단면적을 A, 질량을 m 두께를 x(초기 두께 x_0)라 하면, 물이 얼면서 단위 시간당 방출되는 에너지는

$$P = \frac{\Delta Q}{\Delta t} = \frac{L\Delta m}{\Delta t}$$

이다. 얼음의 단위 시간당 질량 증가율은 $\frac{\Delta m}{\Delta t} = \frac{dA\Delta x}{\Delta t}$ 이므로,

$$P = LdA\frac{\Delta x}{\Delta t}$$

이다. 열전도식에서 $P = kA\frac{\Delta T}{x}$ 이므로,

$$LdA\frac{\Delta x}{\Delta t} = kA\frac{\Delta T}{x} \qquad \therefore \frac{\Delta x}{\Delta t} = \frac{k\Delta T}{Ldx}$$

(2) $\frac{\Delta x}{\Delta t} = \frac{k\Delta T}{Ldx} = \frac{2 \times (0 - (-5))}{(300 \times 10^3) \times (0.9 \times 10^3) \times (1 \times 10^{-2})}$

$= 3.7 \times 10^{-6}$ (m/s)

157 (1) $10c_Am_A + c_Cm_C = 2c_Bm_B$ (질량, 비열 관계)
$10C_A + C_C = 2C_B$(열용량 관계)
(2) 0.28 cal/g·℃

해설 (1) 질량 m, 비열 c, 온도 변화 ΔT라고 할 때, 물체가 잃고 얻은 열량 $Q = mc\Delta T$ 이다. 외부와의 열 출입이 없으므로 열평형이 될 때까지 A와 C가 잃은 열량은 B가 얻은 열량과 같다. 각각의 비열을 c_A, c_B, c_C, 각각의 질량을 m_A, m_B, m_C 라고 할 때,

$c_Am_A(100 - 50) + c_Cm_C(55 - 50) = c_Bm_B(50 - 40)$

→ $10c_Am_A + c_Cm_C = 2c_Bm_B$ 이다.

물체의 온도를 1 ℃ 높이는 데 필요한 열량인 열용량(C)

은 질량 × 비열이므로 각각의 열용량을 C_A, C_B, C_C라고 하면 $10C_A + C_C = 2C_B$ 이다.
(2) $10c_Am_A + c_Cm_C = 2c_Bm_B$ → $10c_A \times 50 + 1 \times 100 = 2 \times 0.8 \times 150$ ∴ $c_A = 0.28$ cal/g·℃

158 (1)

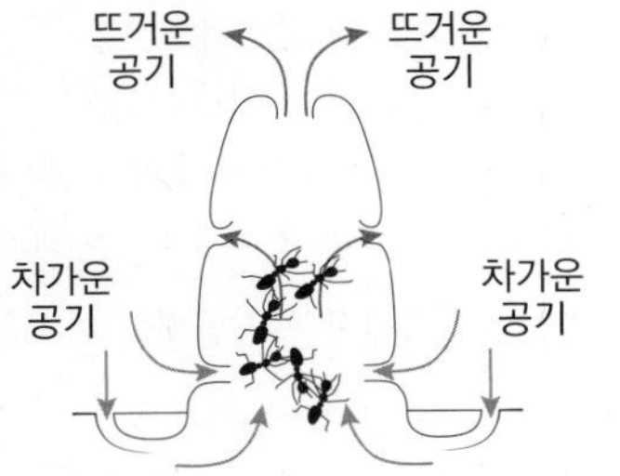

내부의 공기가 데워지면 더운 공기는 밀도가 작아져서 위로 이동하여 위쪽 구멍으로 나가고, 내부의 공기가 빠져나간 자리에 아래쪽 구멍을 통해 시원한 공기가 들어온다.
(2) 막피어스가 설계한 건물 내부 구조는 아래쪽에 외부 공기의 출입이 가능한 통풍구가 설치되어 있고, 건물의 꼭대기에 굴뚝을 설치하였다.
따라서 이를 적용한 3층 집의 구조도 이와 같으며, 각 방에도 위쪽에 더운 공기가 출입할 수 있는 환기구를 설치한다.
(3)

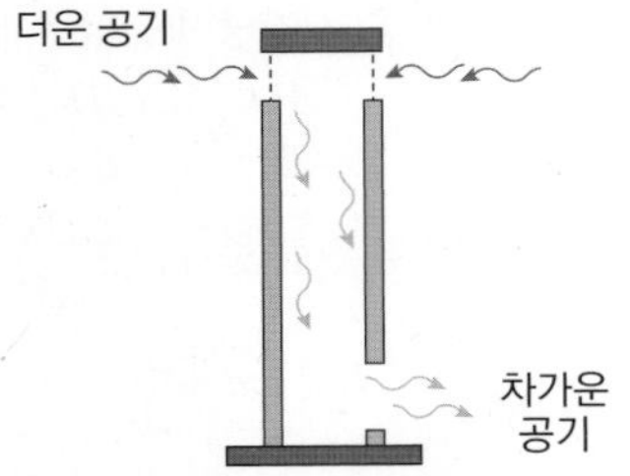

위쪽 공기 통로에 외부의 더운 공기가 들어오면 습기 패드의 물이 증발하면서 온도가 떨어지고 차가워진 공기가 탑 아래로 내려와 집과 연결된 통로로 빠져나오게 된다.
(4) ① 방 중간에 있는 칸막이를 없애서 공기 순환이 원활하게 될 수 있도록 한다.
② 증기 냉각탑 반대편 지붕에 더워진 공기가 빠져나갈 수 있는 굴뚝을 만든다.
③ 해인사의 장경판전 보관소와 같이 바람이 들어오는 쪽 벽면은 위쪽에 작은 창, 아래쪽에 큰 창을 만들고, 마주보는 벽면은 그와 반대로 위쪽에 큰 창, 아래쪽에 작은 창을 만들어서 통풍과 환기를 돕는다.

해설 (1) 흰개미의 집에는 엄청나게 많은 통로가 복잡하게 얽혀 개미탑 표면의 수많은 구멍을 통해 바깥과 연결된다. 흰개미는 곰팡이와 버섯을 키우는 부분과 주요 생활공간을 집의 아래쪽에 두는데, 여기서 나오는 열이 집 내부의 공기를 위로 밀어 올려서 개미탑의 위쪽 구멍을 통해 덥고 탁한 공기가 바깥으로 빠져나가게 한다(대류 현상). 내부의 공기가 빠져나간 자리에 아래쪽 구멍을 통해 시원하고 신선한 공기가 유입된다. 흰개미는 개미탑의 구멍들을 열고 닫으면서 공기의 흐름을 조절함으로써 집 내부의 온도를 일정하게 유지한다.
또한 흰개미집은 구조적으로 충분한 열용량을 가지고 있어 밤에 축적된 냉기가 낮 동안 내부 환경이 가열되는 것을 완화해주기도 한다. 이러한 각각의 시스템들이 전체적으로 조화를 이루어 외부 온도가 섭씨 1~40도(℃)를 오가는 동안에도, 흰개미집의 내부 온도는 최적인 30℃를 유지하는 것으로 나타났다.
(2) 흰개미집의 이러한 순환시스템을 건축물에 모방한 대표적인 사례가 바로 짐바브웨에 위치한 이스트게이트 센터(Eastgate Center) 빌딩이다. 이 건물을 설계한 환경 건축가인 믹 피어스(Mick Pearce)는 흰개미집을 모방하여 건물 옥상에 뜨거운 공기를 배출할 수 있는 통풍구를 만들고 건물 아래쪽에는 찬 공기를 건물로 끌어들이는 자연통풍 시스템을 디자인했다. 또한 두 개의 건물 사이에 저용량 선풍기를 이용하여 약한 바람을 계속 공급하여 공기의 순환을 돕고 있다. 건물 전체가 밤에 찬 공기를 머금었다가 낮에 공기 배관을 통해 위로 올려 보내고, 낮동안 가전 제품이나 사람으로 인해 더워진 공기도 각 방의 상부에 있는 구멍을 통해 빠져나간다.

159 공기방울은 약 0.002 J 의 열을 물로부터 받는다.

해설 물의 온도는 23℃ 로 일정하게 유지되므로(등온 팽창), $\Delta T = 0$ 이므로, $\Delta U = 0$ 이다.
대기압은 1기압이고, 수심 10m 마다 1기압씩 증가하므로 수심 20m 인 곳의 압력은 3기압이다. 보일의 법칙 $P_1V_1 = P_2V_2$ 이므로,
$P_1 = 3$기압 $= 3 \times 10^5$ N/m², $V_1 = 6 \times 10^{-9}$ m³
$P_2 = 1$기압 $= 1 \times 10^5$ N/m², $V_2 = 18 \times 10^{-9}$ m³ 이다.
열역학 제1법칙에 의해 공기방울이 얻은 열량 $Q = \Delta U + W = W$ 이므로 P-V 그래프에서 등온곡선을 따라 처음 위치 A(P_1, V_1)에서 나중 위치 B (P_2, V_2)까지 한 일(넓이)을 구한다.
$PV = nRT$ 에서 $P = \frac{nRT}{V} = \frac{P_AV_A}{V}$

$$Q = W = \int_{V_A}^{V_B} PdV = P_AV_A\int_{V_A}^{V_B} \frac{1}{V}\, dV$$

$$= P_AV_A\ln\left(\frac{V_B}{V_A}\right) = P_AV_A\ln(3)$$

$$= 3\times10^5 \times 6\times10^{-9} \times \ln(3) = 18\times10^{-4} \times 1.1$$

$$= 1.98 \times10^{-3}\,(\mathrm{J})$$

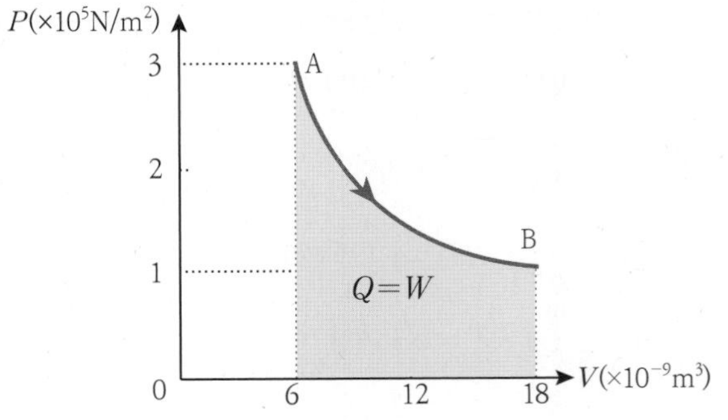

주제 탐구 및 논술 142 ~ 145 쪽

Q1 뉴커먼의 증기 기관은 증기가 가득찬 실린더에 냉각수가 뿌려지면, 공기가 응축되어 물이 되고, 내부가 부분적으로 진공 상태가 되면서 대기압과의 차이로 인한 압력으로 피스톤이 움직이는 것이다. 그런데 실린더에 냉각수가 뿌려질 때, 공기만 응축되는 것이 아니라 물의 일부가 증기로 변하면서 실린더가 진공 상태가 되기 어려웠고, 그만큼 피스톤이 충분히 움직일 수 있는 동력을 얻기 어려웠다.

Q2 실린더와 냉각실이 분리가 되어 있기 때문에 실린더는 항상 고온 상태를 유지하고, 냉각실은 저온 상태를 유지할 수 있었다. 따라서 열효율이 우수하여 충분한 압력을 유지할 수 있었다.

Q3

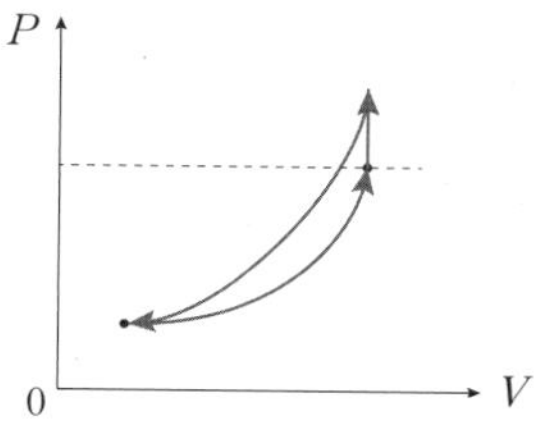

해설

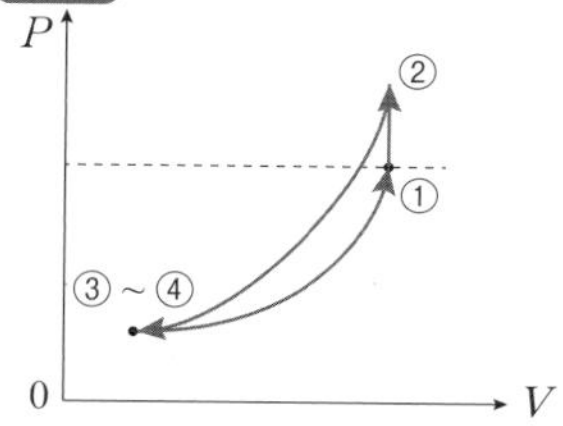

① ~ ② 실린더 내부에 증기가 차있지 않을 때는 외부 기압과 같은 1기압이 유지되고, 증기가 차기 시작하면서 기압은 증가하지만, 실린더 부피는 변하지 않는다.

② ~ ③ 실린더에 냉각수가 뿌려지면 공기가 응축되어 물이 되고, 실린더 내부가 부분적으로 진공 상태가 되기 때문에 압력은 작아지고, 피스톤이 내려오면서 실린더 부피도 감소한다.

Q4 〈예시 답안〉 우리가 사용하는 일반적인 자동차는 화석 연료를 이용하여 움직인다. 화석 연료와 같이 우리가 사용할 수 있는 연료는 한정되어 있다. 또한 열역학 제 2법칙에 의해 내연 기관을 이용하여 움직일 때 사용할 수 있는 형태의 에너지가 다시 사용할 수 없는 형태의 열 에너지로 대부분 전환된다. 일반적인 내연 기관의 경우 효율이 20%를 넘기가 힘들다. 이는 전체의 80%가 쓸모없는 에너지로 전환된다는 것을 의미한다. 따라서 대체할 수 있는 연료도 필요하며, 화석 연료의 의존도를 줄여야 하므로 친환경 자동차를 개발해야 한다.

Q5 〈예시 답안 〉 자동차의 무게가 무거울수록 바닥과의 마찰이 더욱 커지므로 이로 인하여 발생하는 열도 많아지게 된다. 따라서 타이어 내부 기체의 온도도 더 많이 올라가고, 압력도 더욱 높아지므로 이를 견딜 수 있는 전용 타이어가 필요하다.

해설 전기 자동차나 하이브리드 자동차는 무거운 차체로 인하여 더욱 큰 회전 저항과 무거운 무게를 견딜 수 있는 전용 타이어가 필요하다.

전기차는 200kg 상당의 배터리가 장착되고, 전기 모터는 토크가 크기 때문에 가속력이 강하므로 타이어가 받는 무리는 강해지고, 타이어 마모도 빨리 오게 된다. 또한, 소음이 적은 탓에 상대적으로 타이어 소음이 크게 들릴 가능성이 커져 타이어의 저소음 설계가 필수이다.

소형 전기 자동차의 경우 타이어의 폭을 좁히는 대신 지름을 키운다. 지름이 작으면 주행 시 운동량이 커서 타이어의 변형이 발생하기 쉬우므로 지름을 키워 변형을 줄이고, 운동 에너지 손실을 줄일 수 있다. 또한, 회전 저항이 감소하고 얇아진 만큼 공기 저항이 줄어들기 때문에 효율성이 높아진다.

화학

Ⅰ. 물질의 상태 변화와 분자운동

Question 148 ~ 151 쪽

Q1. 답 숨을 쉴 때 나오는 수증기는 일정한 온도를 유지하고 있다. 그러나 추운 겨울날 숨을 쉬면 날숨에 포함된 수증기의 온도가 낮아지고, 액화되어 물방울이 된다. 이것이 입김이다. 액화된 물방울들은 증기압이 낮은 공기 중에서 다시 기화되어 수증기가 되기 때문에 입김은 금방 사라지게 된다.

Q2. 답 낮은 압력에서는 기체 분자가 차지하는 부피가 전체 부피에 비해 매우 작으므로 무시할 수 있으나, 높은 압력에서는 기체 분자가 차지하는 부피가 전체 부피에 비해 상당한 비율을 차지하게 되므로 무시할 수 없다. 따라서 높은 압력에서 실제 기체의 부피는 이상 기체 상태 방정식으로부터 계산된 값보다 훨씬 큰 값을 가지게 된다.

Q3. 답 같은 온도와 압력에서 모든 기체 분자들 사이의 평균 거리는 같고, 모든 기체 분자의 크기는 기체 분자가 차지하는 공간에 비해 매우 작기 때문에 모든 기체에 성립한다.

유형 Problem 152 ~ 154 쪽

001 초콜릿이 녹는 것은 고체에서 액체로 상태 변화한 것이다. 초콜릿을 이루고 있는 분자의 종류나 수가 변한 것이 아니므로 맛과 냄새는 변하지 않는다.

002 (가) 얼음은 물 분자가 육각형 고리 모양으로 결합하고 있어 빈 공간이 생긴다. 때문에 부피가 큰 반면 (나) 물은 육각형 고리 모양이 끊어지면서 물 분자들이 자유롭게 이동할 수 있어 (가)에서 (나)로 될 때 부피가 감소한다.

003 E, 물은 일반적인 물질과는 다르게 고체 상태에서 수소 결합에 의해 빈 공간이 많은 육각 고리형 구조를 가지기 때문에 예외적으로 부피가 액체 < 고체 < 기체 순이다. 0℃의 물이 4℃가 될 때까지 부피는 감소하여 4℃에서 최소가 되며, 밀도는 4℃에서 최대가 된다. 따라서 부피가 최소인 곳은 E이다.

004 (1) 6.75 배 (2) A (3) 100 cal

해설 (1) 물의 기화열이 흡수되는 구간이 C이므로 기화열은 725 - 185 = 540 cal 이고, 얼음의 융해열이 흡수되는 구간은 A이므로 융해열은 85 - 5 = 80 cal 이다. 따라서 물의 기화열은 얼음의 융해열의 $\frac{540}{80}$ = 6.75배이다.

(2) A 구간에서 얼음과 물이 공존한다. 얼음이 물이 될 때 열을 흡수하므로 온도가 일정하다.

(3) 185 - 85 = 100 cal 이다.

005 같은 물질, 같은 질량일 때 같은 온도에서는 고체보다 액체, 액체보다는 기체의 열에너지가 크다. 따라서 0℃의 물이 ℃의 얼음보다 열에너지가 크다.

006 (1) 71.11 (2) Cl_2

해설 (1) 미지 기체(X)의 분출 속도 = 0.67 × O_2의 분출 속도이다. 그레이엄 법칙에서 일정한 온도와 압력에서 두 기체의 확산 속도는 기체의 분자량의 제곱근에 반비례한다.

$$\frac{v_x}{v_{O_2}} = \sqrt{\frac{32}{M_x}} = 0.67$$

$$\frac{32}{M_x} = (0.67)^2 \fallingdotseq 0.45$$

$$M_x = \frac{32}{0.45} \fallingdotseq 71.11\text{이다.}$$

(2) 미지 기체는 동종 핵 2원자 분자로 구성되어 있으므로 분자량은 미지 기체 원자량의 두 배를 나타내야 한다. 따라서 미지 기체는 원자량이 약 35.5인 Cl의 2원자 분자 Cl_2(염소 기체)이다.

007 열은 온도가 높은 (가)에서 온도가 낮은 (나)로 이동하고, 같은 물질이므로 (가)의 분자 운동이 (나)보다 더 활발하다. 시간이 흐르면 (가)는 열을 잃고 온도가 낮아져 분자 운동이 둔해지고, (나)는 열을 얻어 온도가 높아져서 분자 운동이 활발해진다. 열평형에 도달하면 두 물체의 분자 운동 속도는 같아진다.

008 (1) 0.18 기압 (2) 28.8 g

해설 (1) 혼합 기체에서 성분 기체의 부분 압력은 몰 분율에 비례한다. 따라서 O_2의 부분 압력은 1 기압 × $\frac{18}{1.5 + 18 + 80.5}$ = 0.18 기압이다.

(2) 이상 기체 상태 방정식 $PV = nRT$에서

$n = \frac{PV}{RT} = \frac{1\ atm \times 120\ L}{0.08\ atm \cdot L/mol \cdot K \times 300\ K} = 5\ mol$ 이므로 필요한 대기의 몰수가 5mol이다.

그 중 O_2의 몰수는 $5 \times \frac{18}{1.5 + 18 + 80.5} = 0.9$ 몰이다.

따라서 $0.9\ mol \times \frac{32g}{1\ mol} = 28.8\ g$ 이 필요하다.

009 (1) 0.4 mol (2) 32 g

해설 (1) (가)에서 온도와 압력이 일정하므로 기체의 부피는 몰수에 비례한다. 헬륨과 산소의 부피비는 3 : 2이고, 헬륨의 몰수는 $\frac{2.4\ g}{4\ g/mol} = 0.6\ mol$ 이다. 따라서 산소의 몰수는 0.4 mol 이다.
(2) (나)에서 헬륨과 산소의 부피비는 3 : 7이고, 헬륨의 몰수는 0.6 mol 이므로 산소의 몰수는 1.4 mol 이다. 따라서 (나)에서 더 넣어준 산소의 몰수는 1.4 - 0.4 = 1 mol 이고, 질량은 32 g 이다.

010 0.037 mol

해설 (1) 기체의 질량 구하기
기체가 들어 있는 플라스크의 질량 - 플라스크 질량 = 기체의 질량
137g - 134g = 3 g
(2) 기체의 부피 구하기
물이 들어 있는 플라스크의 질량 - 플라스크 질량 = 물의 질량
1134 - 134 = 1000 g
(물의 질량) ÷ (31℃ 에서 물의 밀도) = 플라스크의 부피
1000 g ÷ 0.997 g/mL ≒ 1003 mL
(3) 이상 기체 상태 방정식 $PV = nRT$에서
$n = \frac{PV}{RT} = \frac{0.9\ atm \times 1.003\ L}{0.08\ atm \cdot L/mol \cdot K \times (273 + 31)\ K} = 0.037\ mol$ 이다.

011 (1) 50 기압 (2) 100 K (3) 155 L

해설 (1) 몰수$(n) = \frac{질량(w)}{분자량(M)}$ 이다. 따라서 $O_2(g)$ 0.16 kg 은 $\frac{0.16 \times 10^3\ g}{32\ g/mol} = 5\ mol$이다.
이상 기체 상태 방정식 $PV = nRT$에서 $P = \frac{nRT}{V}$
$= \frac{5\ mol \times 0.08\ atm \cdot L/mol \cdot K \times (273 + 7)\ K}{2.24\ L} = 50$ 기압
(2) 이상 기체 상태 방정식 $PV = nRT$에서
$T = \frac{PV}{nR} = \frac{5\ atm \times 8\ L}{5\ mol \times 0.08\ atm \cdot L/mol \cdot K} = 100\ K$ 이다.
(3) 이상 기체 상태 방정식 $PV = nRT$에서
$V = \frac{nRT}{P}$
$= \frac{5\ mol \times 0.08\ atm \cdot L/mol \cdot K \times (273 + 37)\ K}{0.8\ atm} = 155\ L$

창의력 Master

155 ~ 164 쪽

012 (1) 물이 얼어서 얼음으로 응고되어 육각 구조로 배열되면서 밀도가 작아져 물 위에 뜰 수 있다.
(2) 8.28 %
(3) 바닷물의 밀도가 크므로 부력을 더 크게 받아 잠기지 않는 부분은 커진다.
(4) 4℃ 에서 물의 부피는 최소이다. (해설 참조)

해설 (1) 물이 얼어서 얼음이 될 때는 물 분자들이 수소 결합에 의해 규칙적으로 배열되면서 육각 구조가 되면서 빈 공간이 많아지므로 밀도가 작아진다.
(2) 얼음의 중력과 얼음에 대한 부력이 평형을 이룬다.
얼음의 질량 × 중력가속도 = 잠긴 부분 물의 질량 × 중력가속도
질량 = 밀도 × 부피이므로, 얼음의 밀도 × V_1(얼음의 전체 부피) = 물의 밀도 × V_2(잠긴 부분 부피)가 된다.
물과 빙산이 온도가 같은 지점은 0 ℃ 이다. 0 ℃ 에서 얼음의 밀도는 0.917 g/cm^3, 물은 0.9998 g/cm^3 이다.
$\frac{V_2}{V_1} = \frac{얼음의\ 밀도}{물의\ 밀도} = 0.9172$
잠기지 않은 부분 비율 $\frac{V_1 - V_2}{V_1} = (1 - \frac{V_2}{V_1}) = 0.0828$, 8.28 % 이다.
(3) $\frac{V_2}{V_1} = \frac{얼음의\ 밀도}{물의\ 밀도}$ 에서 바닷물은 물보다 밀도가 크므로 그 값이 작아진다. 따라서 잠기지 않는 부분은 커진다.
(4) 같은 부피의 0 ℃ 물과 8 ℃ 물을 섞으면 온도가 대략 4 ℃ 정도가 되고 밀도가 커진다. 질량은 변하지 않으므로 부피가 작아진다.

013 $PV = 0.041T$, 각 온도에서 P와 V는 반비례 관계임을 알 수 있다. 즉, $PV = a$(상수)T이고, 온도에 따른 a값의 변화를 보면 $a = 0.041\ T$ 임을 알 수 있으므로 $PV = 0.041\ T$ 이다. (또는 $\frac{PV}{T} = 0.041$ 기압·L/K)

014 (1) 21배 (2) 80 kcal

해설 (1) 온도가 8℃인 실내에서 일정한 열량으로 상태 변화 시켰으므로 10시간 30분 : 30분 = 21 : 1, 얼음은 물의 21배의 열을 필요로 한다.
(2) 물의 비열이 1 cal/g·℃이므로 물 1 kg 의 비열은 1 kcal/kg·℃이다. 0℃ 물 1 kg 이 4℃의 물이 될 때 온도가 4℃ 증가하였으므로 필요한 열량은 4 kcal 이고, 0℃ 얼음이 4℃의 물로 될 때 열량은 0℃ 물이 4℃의 물이 될 때의 21배이므로 0℃ 얼음이 4℃의 물로 될 때 필요한 열량은 21 × 4 kcal = 84 kcal 이다. 따라서 0℃ 얼음 1 kg 을 0℃ 물로 만드는데 필요한 열량은 84 - 4 = 80 kcal 이다.

015 (1) 용기 B의 온도가 -70℃이므로 $H_2O(g)$는 모두 고체 상태인 얼음이 되어 전체 압력이 낮아진다.
(2) 용기 C의 온도가 -190℃이므로 $CO_2(g)$가 모두 고체 상태가 되어 전체 압력이 낮아진다.
(3) $H_2O : CO_2 : N_2 = 1 : 15 : 9$

해설 (1), (2) 콕 a가 열리면 용기 A에 들어 있는 기체가 용기 B로 확산되고, B의 온도가 -70℃이므로 $H_2O(g)$가 모두 얼음이 되어 B에 남게 된다. 콕 a, b가 열린 후 평형 상태가 되면 C의 온도가 -190℃이므로 $CO_2(g)$ 또한 모두 고체가 된다.

(3) $PV = nRT$, $P = R\frac{nT}{V}$ 이다.

초기 상태의 용기 A의 기체의 압력은 다음과 같이 0.74기압이다.

$$P_A = \frac{R}{V}n_0T_A = \frac{R}{V}n_0(298) = 0.74\text{기압}\ (n_0\text{=전체 기체의 몰 수})$$

(콕 a가 열린 후 평형 상태가 되었을 때) 기체의 압력은 0.29 압력이므로 이때 용기 A와 B에서 압력은 다음과 같다.

$$P_A = \frac{R}{V}n_AT_A = \frac{R}{V}n_A(298) = 0.29\text{기압}$$
(n_A : 용기 A 내 기체의 몰 수)

$$P_B = \frac{R}{V}n_BT_B = \frac{R}{V}n_B(203) = 0.29\text{기압}$$
(n_B : 용기 B 내 기체의 몰 수)

초기 상태에서 콕 a만을 연 후 용기 A의 분자수는 온도와 부피가 일정하게 유지되므로 압력에 비례한다. 콕 a를 연 후 용기 A에 들어 있는 기체의 몰 수는 다음과 같다.

$$n_A = \frac{0.29}{0.74}n_0 ≒ 0.39n_0$$

용기 B의 온도는 -70℃이므로 절대 온도는 T_B = 203 K이다. 따라서 용기 B에 들어 있는 기체의 몰 수는 다음과 같다.

$$n_B = \frac{T_A}{T_B}n_A = \frac{298}{203} \times 0.39n_0 ≒ 0.57n_0\ ;\ \text{압력, 부피 동일}$$

H_2O는 모두 고체 상태로 상태 변화하였으므로 초기 상태 기체의 분자 수에서 용기 A와 B에 들어 있는 기체의 몰 수를 빼면 H_2O의 몰 수를 알 수 있다.

$$H_2O\text{의 몰 수} = n_0 - n_A - n_B = 0.04n_0$$

(콕 b가 열린 후(콕이 모두 열린 후) 평형 상태가 되었을 때) 기체의 압력은 0.044 기압이므로 각 용기의 압력은 다음과 같다.
(n'_A, n'_B, n'_C : 콕을 모두 열었을 때 용기 A, B, C 내 각각의 기체의 몰 수)

$$P_A = \frac{R}{V}n'_AT_A = \frac{R}{V}n'_A(298) = 0.044\text{ 기압,}$$

$$P_B = \frac{R}{V}n'_BT_B = \frac{R}{V}n'_B(203) = 0.044\text{ 기압,}$$

$$P_C = \frac{R}{V}n'_CT_C = \frac{R}{V}n'_C(83) = 0.044\text{ 기압}$$

초기 상태에서 용기 A의 온도와 콕 a와 b를 모두 연 후의 용기 A의 온도는 같으므로 용기 A에 들어 있는 기체의 몰 수는 압력에 비례한다.

$$n'_A = \frac{0.044}{0.74}n_0 ≒ 0.059n_0$$

용기 B의 온도 T_B = 203 K 이고, 용기 C의 온도는 절대 온도 T_C = 83 K 이다. 따라서 용기 B와 C에 들어 있는 기체의 몰 수는 각각 다음과 같다. (압력×부피 동일)

$$n'_B = \frac{T_A}{T_B}n'_A = \frac{298}{203} \times n'_A ≒ 0.087n_0$$

$$n'_C = \frac{T_A}{T_C}n'_A = \frac{298}{83} \times n'_A ≒ 0.21n_0$$

콕 a와 b를 모두 열면, 용기 내 존재하는 기체는 N_2 밖에 없으므로 N_2의 몰 수 = $n'_A + n'_B + n'_C = 0.36n_0$이다. 따라서 CO_2의 몰 수 = n_0 - H_2O의 몰 수($0.04n_0$) - N_2의 몰 수($0.36n_0$) = $0.60n_0$이다.
∴ 처음 혼합 기체에 들어 있던 $H_2O(g)$, $CO_2(g)$, $N_2(g)$의 분자 수의 비(= 몰 수의 비)는 다음과 같다.
$H_2O : CO_2 : N_2 = 0.04n_0 : 0.60n_0 : 0.36n_0 = 1 : 15 : 9$

016 (1) 9.9×10^4 Pa (2) 135 mm

해설 (1) 용기 속의 기체의 압력은 760 - 15 = 745 mmHg 이다.

$$745\text{ mmHg} \times \frac{1\text{ atm}}{760\text{ mmHg}} \times \frac{1.01 \times 10^5\text{Pa}}{1\text{ atm}} = 9.9 \times 10^4\text{ Pa}$$

(2) 용기의 압력은 일정하므로 $P_{수은} = P_{기름}$ 이다.
$\rho_{수은}gh_{수은} = \rho_{기름}gh_{기름}$ 이므로
$(13.5 \times 10^3\ kg/m^3)(9.8\ m/s^2)(15\ mm) = (1.5 \times 10^3\ kg/m^3)(9.8 m/s^2)h_{기름}$, $h_{기름}$ = 135 mm 이다.

017 $1.08\pi \times 10^{-5}$ mol

해설 폐포의 부피 $= \frac{4}{3}\pi r^3 = \frac{4}{3}\pi(1\text{ cm})^3 = \frac{4}{3}\pi\text{ cm}^3$ $= \frac{4}{3}\pi \times 10^{-3}$ L이다. $PV = nRT$에서

$$n = \frac{PV}{RT} = \frac{1\text{ atm} \times \frac{4}{3}\pi \times 10^{-3}\text{ L}}{0.08\text{ atm·L/mol·K} \times (273 + 37)\text{ K}} ≒ 5.4\pi \times 10^{-5}$$

공기는 20% 의 산소를 포함하므로 $5.4\pi \times 10^{-5}$ mol 의 공기에는 약 $1.08\pi \times 10^{-5}$ mol의 산소가 들어 있다.

018 (1) 328 기압 (2) 몰 분율 : 0.125, 압력 : 41 기압
(3) 2.89×10^8 L

해설 (1) 이상 기체 상태 방정식을 이용하여 압력을 구한다.
i) NH_4ClO_4의 분자량으로 기체의 전체 몰수를 구한다.
7.00×10^5 kg = 7.00×10^8 g

$$\text{몰수} = \frac{\text{질량}}{\text{분자량}} = \frac{7 \times 10^8}{117.5} = 5.96 \times 10^6\text{ mol}$$

$$2NH_4ClO_4(s) \longrightarrow N_2(g) + Cl_2(g) + 2O_2(g) + 4H_2O(g)$$

반응전 5.96×10^6 mol

반응 $+\frac{1}{2}\times5.96\times10^6$ $+\frac{1}{2}\times5.96\times10^6$ $+5.96\times10^6$ $+2\times5.96\times10^6$

반응 후 $\frac{1}{2}\times5.96\times10^6$, $\frac{1}{2}\times5.96\times10^6$, 5.96×10^6, $2\times5.96\times10^6$

따라서 발생한 기체의 전체 몰수는 N_2 몰수 + Cl_2 몰수 + O_2 몰수 + H_2O 몰수 = $2.98\times10^6 + 2.98\times10^6 + 5.96\times10^6 + 11.92\times10^6 = 23.84\times10^6$ mol 이다.

ii) 전체 압력 구하기

$P = \frac{nRT}{V}$, $P_{(연료통)} = \frac{23.84\times10^6\times0.0821\times1073}{6.40\times10^6} \fallingdotseq 328$ atm

(2) 몰수를 이용하여 몰 분율과 부분 압력을 구한다.

i) 몰 분율

$x_{Cl_2} = \frac{2.98\times10^6}{23.84\times10^6} = \frac{1}{8} = 0.125$

ii) 부분 압력 $P_{Cl_2} = x_{Cl_2}P_{(전체)} = 0.125 \times 328 = 41$ atm

(3) 나중 부피 구하기

$\frac{PV}{T} = \frac{P'V'}{T'} \rightarrow \frac{328 \times 6.4 \times 10^6}{1073} = \frac{3.20 \times V'}{473}$

$V' = 289\times10^6$ L $= 2.89\times10^8$ L

019 (1) $3O_2 \longrightarrow 2O_3$ (2) $O_2 = 67$ mL, $O_3 = 22$mL
(3) $P_{전체} = 0.89$ 기압, $P_{O_2} = 0.67$ 기압, $P_{O_3} = 0.22$ 기압

해설 (1) 반응 전후 원자의 종류나 수는 변함이 없으므로 O_2가 O_3이 되는 반응의 반응식은 다음과 같다.

$3O_2 \longrightarrow 2O_3$

(2) 반응식이 $3O_2 \longrightarrow 2O_3$이므로 O_2가 O_3이 될 때 부피비는 3 : 2 이다.

	$3O_2(g)$ $\longrightarrow$	$2O_3(g)$
반응 전	100	0
반 응	$-3x$	$+2x$
반응 후	$100-3x$	$2x$

반응 후 전체 부피는 $100 - 3x + 2x = 89$ mL 이다. 따라서 $x = 11$이다. 반응 후 O_2의 부피는 $100 - 3x = 67$ mL, $O_3 = 2x = 22$ mL 이다.

(3) 강철 용기는 부피가 변하지 않으므로 같은 온도에서 압력이 변한다. $PV = k$이므로, 반응 후 $1 \times 89 = P' \times 100$, $P' = 0.89$ 기압이다. O_2와 O_3의 부피비가 67 : 22이므로 성분 기체의 부분 압력은 다음과 같다.

$P_{O_2} = \frac{67}{89} \times 0.89 = 0.67$ 기압, $P_{O_3} = \frac{22}{89} \times 0.89 = 0.22$ 기압

020 차가운 병의 입구를 물로 바른 후 동전을 올려 놓고, 따뜻하게 감싸면 병 속의 온도가 증가하기 때문에 기체 분자의 운동 에너지가 증가한다. 분자의 운동 에너지가 증가하면 기체 분자의 평균 운동 속도가 증가하게 되어 압력이 증가하므로 동전이 들리면서 병 속의 기체가 빠져나가게 된다. 병 속의 기체가 대기압과 같아지면 다시 동전이 닫힌다. 이렇게 동전은 병 위에서 달가닥 거리는데, 병의 온도, 동전의 크기에 따라 반복 회수의 주기는 달라진다.

021 (1) 32 기압
(2) 액화, (나)에서 압력이 증가할수록 부피가 점점 감소하다가 A 지점부터 압력이 증가하여도 부피가 일정하다. 이 것은 상태 변화가 일어나 압력이 더 이상 부피에 영향을 주지 않는다는 것이므로 A 지점에서 액화가 일어났음을 알 수 있다.

해설 (1) 보일 법칙에 의해 $PV = k$이다. (가) 500 K 에서 부피가 2 L 일 때 빗금 친 부분의 넓이가 40이므로 $P \times 2 = 40$이고, $P = 20$이다. 보일-샤를 법칙에 의해 $\frac{PV}{T} = \frac{P'V'}{T'}$ 이므로 $\frac{20 \times 2}{500} = \frac{P' \times 2}{800}$ 이고, $P' = 32$이다.

022 (1) 40 mL (2) 피스톤을 움직이면 풍선 바깥의 기체 분자 수는 변함이 없이 부피만 변하게 된다. 온도가 일정하므로 분자들의 운동 속도는 일정하고, 부피가 커지면 분자들이 운동하는 거리가 커져 단위 시간 당 충돌 수가 줄어들어 압력이 작아지게 된다. 풍선 안쪽 분자들은 단위 시간 당 충돌 수가 그대로인데, 바깥쪽 압력은 작아지므로 양쪽 압력이 평형이 될 때까지 풍선의 부피가 커지게 된다.
(3) 20 mL

해설 (1) 초기에 플라스크 내부의 압력은 1 기압이고, 내부 전체 부피는 150 mL 이다. 피스톤을 잡아 당겨 실린더의 내부 부피가 100 mL 가되면 플라스크를 포함한 전체 부피는 200 mL이다. 이 때 압력은 다음과 같이 구할 수 있다.

$PV = P'V'$, 1 기압 × 150 mL = P' × 200 mL $\rightarrow P' = \frac{3}{4}$ 기압

풍선 내부의 압력과 플라스크 내부의 압력은 같게 유지된다.

1 기압일 때 고무풍선의 부피가 30 mL 이므로 $\frac{3}{4}$ 기압일 때 고무풍선의 부피는 $1 \times 30 = \frac{3}{4} \times V'$, $V' = 40$ mL 이다.

(3) 온도를 올리면 모든 기체의 부피가 증가하므로 증가한 온도는 고려할 필요가 없다. 실린더 내부 부피가 0 mL 이면 플라스크의 부피는 100 mL 가 된다. 플라스크 + 실린더 부피가 150 mL 일 때 풍선의 부피는 30 mL 이므로 플라스크 + 실린더 부피가 100 mL 일 때 풍선의 부피는 20 mL 가 된다.

$150 : 30 = 100 : x$, $x = 20$

023 4.8 %

해설 $\frac{PV}{T} = \frac{P'V'}{T'}$ 이므로 $\frac{2 \times V}{273 + 27} = \frac{2.1 \times V'}{273 + 57}$ 이다.

$V' \fallingdotseq 1.048V$ 이다. 따라서 부피 증가율은 $\frac{1.048V - V}{V} \times 100 = 4.8$ % 이다.

024 (1) 큰 비커의 물만 끓는다.

(2) 큰 비커 속의 물은 알코올 램프로부터 열에너지를 흡수하여 온도가 올라간다. 물의 온도가 100℃에 도달하면 열에너지가 모두 기화하는데 사용되므로 온도는 더 이상 올라가지 않는다. 큰 비커 속의 물은 작은 비커 속의 물보다 온도가 높으므로 열에너지가 큰 비커 속의 물에서 작은 비커 속의 물로 이동한다. 그런데 큰 비커 속의 물은 온도가 100℃에서 유지되고, 작은 비커 속의 물은 증발하면서 열에너지를 끊임없이 잃게 되므로 100℃에 가까워지기는 하지만 끓는 온도인 100℃에는 도달하지 못한다. 따라서 큰 비커 속의 물은 끓고 작은 비커 속의 물을 끓지 않는다.

025 (1) HCl(염화 수소)와 NH_3(암모니아)가 만나면 흰 연기인 NH_4Cl(염화 암모늄)이 생성된다.

$HCl(g) + NH_3(g) \longrightarrow NH_4Cl(s)$

(2) Ar : $\frac{8}{5}$ 기압, Ne : $\frac{9}{5}$ 기압, HCl : $\frac{1}{5}$ 기압

해설 (2) 기체 상태 방정식 $PV = nRT$에서 온도가 일정하므로 $PV = n$ 으로 하여 문제를 푼다. 이렇게 Ar은 4기압×2L = 8몰, HCl은 2 기압×2L = 4몰, Ne은 3기압×3L = 9몰, NH_3은 1기압×3L = 3몰로 하자.

콕을 열면 $HCl(g) + NH_3(g) \longrightarrow NH_4Cl(s)$의 반응이 일어나는데 4몰의 HCl과 3몰의 NH_3가 반응하여 1몰의 HCl이 남게 된다. 따라서 용기에 남아 있는 기체는 Ar(8몰), Ne(9몰), HCl(1몰) 이고, $PV = n$ 에서 $P = \frac{n}{V}$ 이고, V는 5L가 되므로

각 기체의 부분 압력은 Ar $\frac{8}{5}$ 기압, Ne $\frac{9}{5}$ 기압, HCl $\frac{1}{5}$ 기압이다.

기출 Check 165 ~ 171 쪽

026 · A가 B보다 온도가 높다.
· A가 B보다 기체의 양(몰수, 분자 수)이 많다.

해설 그래프는 압력×부피(= PV)값이 큰 경우의 A와 작은 경우의 B에 대한 것이다.

$PV = nRT$ 에서 압력×부피(= PV)값이 커지기 위해서는 온도(T)가 일정하다면 A는 B보다 기체의 양(몰수(n), 분자 수)이 많다. 기체의 양(몰수(n), 분자 수)이 일정하다면 A는 B보다 온도(T)가 높다.

027 (1) 비눗방울 부피에 따른 비눗방울 속 공기가 빠져나가는 데 걸린 시간 그래프는 다음과 같다.

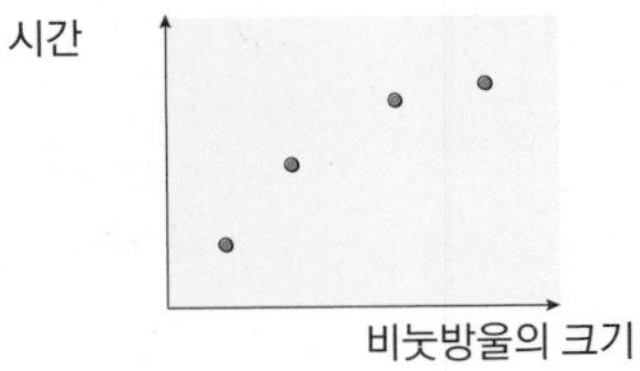

비눗 방울은 막을 이루는 비누 분자와 물분자 사이의 인력이 만드는 표면 장력과 내부 공기의 압력에 의해 크기가 유지된다. 큰 비눗방울은 작은 비눗 방울에 비해 비누 방울을 구성하는 비누 분자와 물분자 사이의 거리가 크므로 공기가 빠져 나가기 쉽다. 그러나 포함하는 공기의 양이 많으므로 크기가 작은 비눗방울에 비해 공기가 다 빠져나가는 데 걸린 시간이 길게 걸리긴 하나 크기에 따른 걸린 시간 증가율는 감소한다.

(2) 크기가 같은 경우 비눗방울의 비눗물 농도에 따른 비눗방울 속 공기가 빠져나가는 데 걸린 시간 그래프는 다음과 같다.

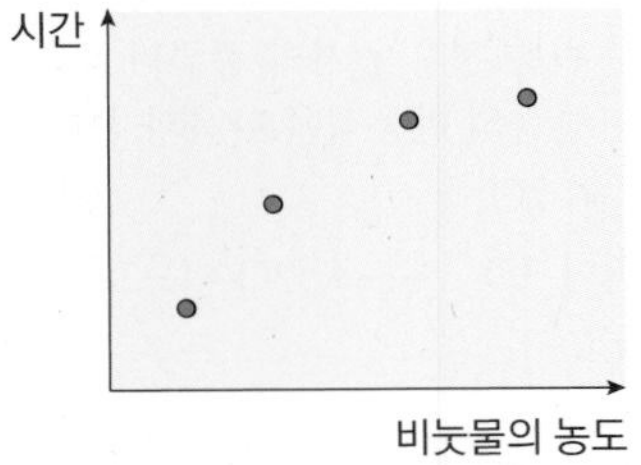

비눗방울의 비눗물 농도가 진할수록 막의 비누 분자와 물분자의 인력이 강해져 분자 사이의 거리가 가까워지고 막의 신축성이 감소하므로 농도가 클수록 공기가 빠져나가는 데 더 많은 시간이 걸린다. 농도에 따른 시간 증가율은 감소한다.

(3) 작은 쪽에서 큰 쪽으로 이동한다.

해설 (3) 작은 비눗방울의 경우 막을 구성하는 비누 분자와 물분자 사이의 인력이 더 크기 때문에 막의 탄력이 커져서 비눗 방울 내부의 압력이 크며, 큰 비눗방울보다 공기를 밀어내는 힘이 더 크다. 따라서 작은 비누 방울과 큰 비누 방울을 붙이면 공기는 비눗방울이 작은 쪽에서 큰 쪽으로 이동하게 된다.

028 (1) 얼음이 녹아 물이 될 때 분자 사이의 수소 결합이 끊어지면서 육각형 구조가 깨진다. 육각형 구조의 빈 공간이 줄어들기 때문에 부피는 감소한다.

(2) 물은 0°C~4°C에서 육각형 구조를 일부 유지하므로, 이 온도 구간에서 온도가 올라가면 수소 결합의 일부가 끊어져 빈 공간을 채우기 때문에 부피가 감소하므로 밀도는 증가한다

029 컵에 들어 있는 물은 기화되고, 공기 중의 수증기는 액화되어 평형을 이루는데 종이로 덮여 있는 부분은 기화와 액화가 거의 일어나지 않는 반면, 덮여있지 않은 부분은 액화보다 기화가 더 많이 일어나 물이 줄어듦으로 열을 빼앗기게 된다. 따라서 덮여있지 않은 부분의 온도가 상대적으로 낮게 측정된다.

030 (1) 50,000 N/m^2 (2) 4.5 L

해설 (1) 대기압은 액체 기둥의 무게를 밑면적으로 나눠서 구할 수 있다. 유리관의 단면적이 1 cm^2 일 때 액체 기둥의 질량은 밀도×부피 = $5g/cm^3 \times (100cm \times 1cm^2)$ = 500g = 0.5kg 이다. 질량 1kg 은 10N 의 힘을 나타내므로 액체의 무게는 5N 이다. 따라서 대기압은 5 N/cm^2 = 50,000 N/m^2 이다. ($1m^2 = 10,000cm^2$)

(2) $\frac{PV}{T} = \frac{P'V'}{T'}$ 이므로 $\frac{3 \times 2\ L}{273 + 27} = \frac{2 \times V'}{273 + 177}$ 이다. 따라서 V' = 4.5 L 이다. ($1 \times 10^5\ N/m^2$ = 2 행성기압)

031 (1) 756 mm (2) 7 mL

해설

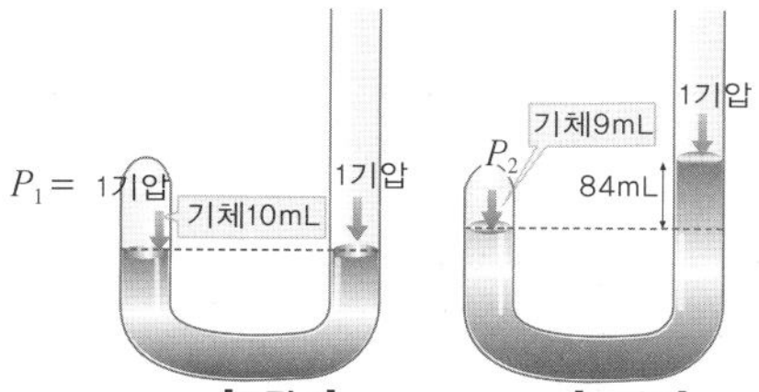

[그림 1] [그림 2]

(1) [그림 1]과 [그림 2]의 기체의 부피와 압력을 각각 구하여 보일의 법칙을 적용한다. [그림 1]의 기체의 압력 P_1 = 1 기압이고, 수은의 양쪽에서 같은 압력을 받아서 평형을 이루고, 기체의 부피는 10 mL 이다.

[그림 2]의 기체의 압력 P_2 = 1기압 + 84mmHg 이고, 부피 = 9 mL 이다.

$PV = P'V'$ 에서 $P_1 \times 10 = P_2 \times 9$,

1기압×10 = (1기압 + 84mmHg)×9,

1기압×10 - 1기압×9 = 756 mmHg,

∴1기압 = 756 mmHg이고, 수은 기둥의 높이는 756 mm이다.

(2) 온도가 일정할 때 PV 는 일정하므로 [그림1]과 [그림3]을 비교하면 756×10 = (756 mL + 324 mL)× V', V' = 7

따라서 [그림 3]에서 기체의 부피 x는 7 mL 이다.

032 (1) -50℃ 얼음 → 0℃ 얼음 → 0℃ 물 → 100℃ 물 → 100℃ 수증기 (2) a = 80, b = 560

해설 (2) ① -50℃ 얼음에서 0℃ 얼음이 될 때 필요한 열량 = 1,000 g × 0.5 cal/g·℃ × 50℃ = 25,000 cal = 25 kcal

② 0℃ 얼음에서 0℃ 물이 될 때 필요한 열량 = 1,000 g × a cal/g·℃ = 1,000a cal = a kcal

③ 0℃ 물에서 100℃ 물이 될 때 필요한 열량 = 1,000 g × 1 cal/g·℃ × 100℃ = 100,000 cal = 100 kcal

④ 100℃ 물에서 100℃ 수증기가 될 때 필요한 열량 = 1,000 g × b cal/g·℃ = 1,000 g × 7a cal/g·℃ = 7,000a cal = 7a kcal

필요한 에너지 총량은 ① + ② + ③ + ④ = (125 + 8a) kcal = 765 kcal 이므로 a = 80, b = 7a = 560 이다.

033 (1) 해설 참조 (2) 3 : 2 (3) 5 : 6 (4) 6.4g

해설 He은 단원자 분자로 원자량이 4이며, 산소 기체 O_2는 분자량이 32이다. 같은 온도와 압력에서 기체의 부피비 = 몰수비이므로 (가)에서 헬륨과 산소의 몰수비는 6 : 4 = 3 : 2이다.

① 분자 1개의 질량은 전체 질량을 몰수(부피)로 나누어 비교한다.
$\frac{2.4}{6} : \frac{12.8}{4}$ = 1 : 8 이므로 분자 1개의 질량은 산소가 헬륨보다 크다.

② 그림 (가)에서 헬륨과 산소의 분자 수의 비는 3 : 2이다.

③ 온도가 일정할 때 압력은 부피와 반비례하므로 (가)와 (나)에서 헬륨의 압력비는 5 : 6이다.

④ 그림 (가)에서 (나)와 같이 변화하기 위해서는 추가로 넣어 준 산소의 양이 (가)에서의 헬륨의 양과 같아야 한다. 따라서 (가)에서 헬륨이 0.6몰이므로 (나)에서 산소의 양도 0.6몰 = 19.2g이 되어야 하므로 필요한 산소의 질량은 6.4 g 이다.

034

(1) 항아리 냉장고는 기화열을 이용한다. 항아리 냉장고에 들어 있는 물이 기체가 되려면 기화열이 필요하다. 큰 항아리는 유약을 바르지 않아 공기가 통하기 때문에 뜨겁고 건조한 아프리카에서 모래에 스며든 물이 열을 빼앗아 증발하면서 항아리 내부를 서늘하게 만든다.

(2) ① 모래와 물을 같이 넣으면 모래 알갱이로 인해 물과 공기의 접촉면이 많아진다. 즉, 물의 표면적이 넓어지기 때문에 기화 현상이 잘 일어난다.

② 물은 비열이 커서 모래보다 쉽게 가열되거나 냉각되지 않고 열전도도 느리다. 작은 항아리에서 열을 빼앗아 온도를 낮춰야 하는데, 모래는 열 전도율이 커서 모래와 물을 같이 넣었을 때가 물만 넣었을 때보다 작은 항아리 표면에서 열을 잘 이동시켜 작은 항아리 온도가 효율적으로 낮아진다.

(3) 온도가 높고, 햇빛이 잘 들며, 건조하고, 바람이 잘 부는 기후에서 물이 잘 증발하기 때문에 기화 현상이 잘 일어나 항아리 냉장고 효과를 높일 수 있다.

035 (1) 0.3, 증가 (2) 620 ℃

해설 (1) A 구간은 고체가 액체로 상태 변화하는 구간이다. 고체 3 g 의 부피는 $\frac{3\ g}{2.5\ g/cm^3} = 1.2\ cm^3$, 액체 3 g 의 부피는 $\frac{3\ g}{2\ g/cm^3} = 1.5\ cm^3$이므로 부피가 0.3 cm^3 증가하였다.

(2) 융해열이 120 J/g 이므로 3 g 의 금속을 상태 변화시키기 위해 60 초 동안 가한 에너지는 120 J/g × 3 g = 360 J 이다. 따라서 매초 6 J 의 열이 금속 M 에 가해진 것이다. 따라서 76 초 동안 더 가해진 에너지는 6 J/s × 76s = 456 J 이다.
처음 60초 동안 가해진 에너지는 6 J/s × 60s = 360 J 이다.
3g 금속 M은 고체 상태에서 60초 동안 가열하여 A구간이 되었고, 액체 상태가 된 후 76초 동안 가열하여 온도 1000℃가 되었다. 구간 A에서의 온도를 t(℃), 고체와 액체의 비열을 각각 c 와 $2c$로 하자. $Q = cm\Delta t$에서
(0~60초 ; 고체) $360 = 3c(t - 20)$
(120~196초 ; 액체) $456 = 3(2c)(1000 - t)$
풀면 $t = 620$ ℃, $c = 0.2$ cal/g·℃ 이다.

036 바닷물은 용질이 녹아 있어 증기압이 감소하여 증발 속도가 같은 온도의 증류수보다 느리다. 증류수와 바닷물을 한 용기에 담았으므로 증류수 표면에서는 증발이 일어나고, 바닷물은 상대적으로 증기압이 작아서 표면에서는 오히려 응축이 일어난다.
즉, 증류수 표면에서는 증발 속도가 응축 속도보다 빠르고, 바닷물 표면에서는 증발 속도가 응축 속도보다 느려서 증류수의 수위는 내려가고 바닷물의 수위는 계속 올라가서 증류수 비커에서 바닷물 비커로 물이 이동하게 된다. 증류수 비커에서 바닷물 비커로 물이 이동하면서 바닷물의 농도는 점점 작아지므로 이동 속도는 점점 느려진다.

주제 탐구 및 논술 172 ~ 175 쪽

Q1 열기구 안에 있는 공기에 열을 가하게 되면 공기 분자의 운동이 활발해지고 밀도가 희박해져 일정 부피의 공기 무게는 가볍게 되고 여기서 발생하는 주변 공기와의 무게 차이에서 생성되는 부력으로 열기구가 하늘을 나는 것이다.

Q2 수소는 스스로 타는 성질이 있기 때문에 폭발의 위험이 있다. 그래서 수소 다음으로 가벼운 기체인 헬륨을 사용한다.

Q3 열린계이다. 내부와 외부를 눈벽으로 단열하는 기능이 있긴 하지만 환기구와 창문을 통해 물질과 에너지가 오고갈 수 있기 때문이다.

해설 열린계는 주위와 물질, 에너지를 모두 교환할 수 있고 닫힌계는 주위와 물질은 교환되지 않고 에너지만 교환할 수 있다. 고립계는 주위와 물질, 에너지가 모두 교환되지 않는다. 이글루는 연기가 빠져나가기 위한 환기구와 창문 등으로 인해 외부와 물질, 에너지 교환이 모두 가능한 열린계이지만 그 크기가 작고 눈벽 사이에 갇힌 공기로 인해 외부와 내부의 열에너지 출입이 최대한으로 차단되므로 온도가 유지되게 된다.

Q4 모든 산화 반응을 발열 반응이라 할 수 없다. 예를 들어 물을 전기분해할 때 산화·환원 반응을 통해 분해하게 되는데, (+)극과 (-)극에 모두 물이 있지만 (+)극에서는 물이 전자를 잃고 산화되어 산소 기체를 발생하게 되고, (-)극에서는 물이 전자를 얻어 환원되고 수소 기체를 발생하는 이 과정은 산화 반응을 포함하고 있음에도 에너지를 필요로 하는 흡열 반응이다.

Ⅱ. 물질의 특성

Question 177 ~ 180 쪽

Q1. 답 유리컵 표면의 온도가 낮은 상태에서 공기 중에 두면 표면 근처에서 포화수증기량이 감소하여 대기 중 수증기가 컵 표면에 물방울로 응결되는 현상이 일어난다. 이때 물에 녹아있던 공기 등의 기체의 용해도는 온도가 낮을수록 증가한다. 냉장고 내부는 상온보다 온도가 낮으므로 기체(공기 등)가 물에 잘 녹을 수 있는데 바깥에서 온도가 높아지면 기체의 용해도가 감소하기 때문에 물에 녹아 있던 기체(공기 등)가 빠져나오면서 컵 표면의 물방울에 기포가 생기게 된다

Q2. 답 LPG 성분은 주로 뷰테인이고, 끓는점이 -0.5℃이다. 자동차 연료로 사용되는 LPG의 보관은 액체 상태로 보관하지만 연소시킬 때는 기체 상태가 된다. 겨울철에 기온이 끓는점(-0.5℃) 이하로 낮아지면 기화시키기 어려우므로 시동이 잘 걸리지 않는다.

Q3. 답 볍씨를 소금물에 넣으면 속이 찬 볍씨는 소금물 아래로 가라앉고, 쭉정이는 위에 뜬다. 따라서 밀도는 볍씨 > 소금물 > 쭉정이 순이다.

Q4. 답 옷에 묻은 기름때는 무극성이다. 극성인 물은 기름과 잘 섞이지 않지만 무극성인 벤젠은 기름과 잘 섞여 기름때를 녹일 수 있다. 이처럼 특정한 한 성분만을 녹일 수 있는 용매를 사용하여 그 물질을 분리하는 것을 추출이라고 한다.

Q5. 답 사인펜에 들어 있는 각 혼합물 성분들인 이동상이 고정상에 대한 흡착력이 각각 다르기 때문에 이동상의 고정상에서의 이동 속도의 차이로 분리된다.

Q6. 답 · 유사점 : 크로마토그래피에서는 각 성분 물질들이 한 종류의 고정상에서의 이동 속도 차이로 분리된다. 육상 장애물 경기에서도 모든 선수들이 같은 트랙 위를 뛰고, 같은 장애물을 넘는다는 점에서 고정상이 같다고 할 수 있다.
· 차이점 : 크로마토그래피에서는 성분 물질이 고정상과의 친화력, 용매와의 친화력 때문에 이동 속도 차이가 생기는데 육상 장애물 경기에서는 각 선수 개개인의 운동 신경이나 근육의 발달 정도 때문에 이동 속도의 차이가 생긴다.

유형 Problem 181 ~ 183 쪽

037 A > B > C

해설 비휘발성 고체 용질의 양이 많을수록 용액의 농도는 진하다. 용액의 농도가 진할수록 어는점은 낮아진다. 그러므로 어는점은 A > B > C 순이다.

038 수은

해설 어떤 두 물질을 밀도 차이로 분리할 때 사용되는 액체의 밀도는 두 물질의 밀도 사이 값이어야 한다. 수은은 고체 A, B 물질보다 밀도가 높으므로 사용할 수 없다.

039 플라스크에 차가운 물을 부으면 온도가 내려가 플라스크 위 공간의 뜨거운 수증기가 응축하게 되어 압력이 낮아지고 증기 압력이 작아지면서 물의 끓는점이 낮아져 물의 내부에서 기포가 발생하며 다시 끓게 된다.

040 (1) (가) : 암모니아, (나) : 질산 납
(2) (가)는 용해도가 증가하므로 불포화 용액이 되고, 용질을 더 녹일 수 있다.
(나)는 용해도가 감소하므로 용질이 석출된다.

해설 (1) 기체의 용해도는 온도에 따라 감소하고, 고체의 용해도는 대체적으로 온도에 따라 증가한다.

041 겨울철에 날씨가 추워서 온도가 급격히 내려가면 차 내부 공기 중의 수증기가 승화하여 서리가 된다. 이때 시동을 걸고 히터를 켜면 온도가 높아져 차 내부 공기의 포화수증기량이 증가하여 서리가 수증기로 승화하거나, 서리가 액화되어 수증기로 기화하기 때문이다.

해설 포화수증기량은 어느 온도에서 $1m^3$의 공기가 최대로 포함할 수 있는 수증기의 질량(g)으로 온도가 높아질수록 증가하므로 온도가 높아질수록 서리에서 수증기로 승화하거나 액화된 물이 수증기로 기화하기가 더 쉬워진다.

042 100 g

해설 20℃에서 X의 용해도는 35, Y의 용해도는 20이므로 X는 40g - 35g = 5g , Y는 40g - 20g = 20g 이 석출된다. X 5g 과 Y 20g 을 녹이려면 20℃에서 물 100g 에 X는 35g, Y는 20g 이 녹을 수 있으므로 최소 물 100g 이 필요하다.

043 68 (g/물 100g)

해설 용매를 물 100g이라고 하면, (가)는 X가 220g 이 녹은 용액의 질량은 320g 이고, (나)는 X가 60g이 녹은 160g 이다. 같은 질량의 (가)와 (나)를 혼합한다고 하였으므로 각 포화 수용액 320 g 씩 혼합하여 640g 을 만들었을 때 (가)는 물 100 g, 용질 220 g, (나)는 물 200 g, 용질 120 g 이 녹아 혼합 포화 수용액 640g 에 물은 300 g, 용질 X는 340 g 이 녹아있게 된다.
온도 T_3에서 혼합 용액에 녹아 있는 X와 석출된 X의 질량비가 3 : 2 라고 하였으므로 300g의 물에 포화 상태로 용해된 X의 양은 $340 \times \frac{3}{5} = 204$ g , 석출된 양은 $340 \times \frac{2}{5} = 136$ g 이다.
이때 물의 양이 300 g 이므로 T_3에서 X의 용해도(x)는
$204 : 300 = x : 100$, $x = 68$이다.

044 72 g

해설 (나) 수용액 속 물의 몰수 = $\frac{178.2}{18} = 9.9$ (mol)
(나) 수용액 속 포도당의 몰수 = $\frac{18}{180} = 0.1$ (mol)
(나) 수용액 속 용매의 몰 분율 = $\frac{9.9}{9.9 + 0.1} = 0.99$
(나) 수용액의 증기 압력 = $P^\circ_{용매} \times X_{용매}$,(라울 법칙)
$= 17.6 \times 0.99 \fallingdotseq 17.42$ (mmHg) 이다.
$h = 0.5$ (mm) 이므로
(가) 수용액의 증기 압력 = 17.42 - 0.5 = 16.92(mmHg),
(가) 수용액의 증기 압력 내림 = 17.6 - 16.92 = 0.68 (mmHg),
$\Delta P = P^\circ_{용매} \times X'_{용질}$,(라울 법칙 : 수용액의 증기 압력은 순수한 물에 비해 용질의 몰 분율만큼 감소한다.)
$0.68 = 17.6 \times X'_{용질}$, $X'_{용질} \fallingdotseq 0.039$,
(가) 수용액 속 용질의 몰 분율
$= \frac{x}{9.9 + x} = 0.039$, x(용질의 몰수) = 0.40 (mol),
따라서 (가) 수용액 속 용질의 질량 = 0.40 × 180 = 72 (g) 이다.

045 알코올 대신 B를 녹일 수 있는 물질로 용매를 바꾼다.

해설 크로마토그래피는 용매에 녹은 물질이 거름종이를 타고 이동하는 속도의 차이를 이용한다. 분리하고자 하는 물질이 용매에 녹지 않으면 (용매 분자와 결합하지 않으면) 분리할 수가 없으므로 용매의 선택이 중요하다.

046 A와 B는 분별 깔대기를 이용하여 분리하고, A와 C는 분별 증류를 이용하여 분리한다.

해설 A와 B는 서로 잘 섞이지 않고 밀도 차이가 있는 액체이다. 따라서 분별 깔때기를 이용하여 밀도가 큰 A를 먼저 분리하는 것이 가장 적당하다. (끓는점 차이를 이용하여 분별 증류를 이용할 수도 있지만 분별 깔때기를 이용하여 분리하는 것이 효율적이다.) A와 C는 서로 잘 섞이고 끓는점 차이가 있기 때문에 분별 증류를 이용하여 끓는점 차이를 이용해 분리하는 것이 가장 적당하다.

창의력 Master 184 ~ 189 쪽

047 (1) 30 g (2) 21.1 g (3) 23.7 g

해설 (1) 15% 아세트산 수용액 200 mL (밀도 1.0 g/mL)에 들어 있는 아세트산의 양을 x라고 하면 용질인 아세트산의 질량을 다음과 같이 구할 수 있다.

$$15\ \% = \frac{x}{200} \times 100\ ,\ x = 30\ \text{g}$$

따라서 아세트산 수용액 200 mL 는 물 170 mL 와 아세트산 30 g 으로 이루어져 있다.

(2) 에테르 100 mL 를 넣었을 때 에테르에 녹아 추출되는 아세트산의 양을 y라고 하면 다음과 같이 구할 수 있다.(에테르는 빨리 증발되므로 에테르에 녹아있는 아세트산을 얻는다.)

$$\frac{(30 - y)}{170} : \frac{y}{100} = 1 : 4,\ y ≒ 21.1\ \text{g}$$

(3) 에테르 50 mL 를 넣었을 때 첫 번째 추출되는 아세트산의 양을 a라 하고, 두 번째 추출되는 아세트산의 양을 b라고 하면 다음과 같이 구할 수 있다.

i) $\frac{(30 - a)}{170} : \frac{a}{50} = 1 : 4,\ a ≒ 16.2\ \text{g}$

ii) $\frac{(13.8 - b)}{170} : \frac{b}{50} = 1 : 4,\ b ≒ 7.5\ \text{g}$

따라서 두 번 추출할 때 추출되는 아세트산의 총 질량은 16.2 + 7.5 = 23.7 g 이다.
따라서 에테르 100mL로 한 번 추출하는 것보다 같은 양이지만 50mL씩 두 번에 걸쳐 추출하는 것이 더 많은 아세트산을 얻을 수 있다.

048 사발에 바닷물을 담고 가운데에 빈 컵을 고정시킨 다음, 투명한 랩으로 덮어 고무줄로 고정시켜 사발을 씌우고 가운데 부분에 동전을 올려놓는다. 랩은 투명하므로 햇빛이 사발 안을 비추고, 사발 안의 바닷물에서 순수한 물이 증발하여 뚜껑으로 씌운 랩에 도달하면 액화되어 물방울이 맺힌다. 랩 위에 올려진 동전에 의해 랩의 중앙이 깔때기처럼 가라앉아 있으므로 물방울은 랩을 타고 가운데로 모여지고, 컵 안으로 떨어져 물을 얻을 수 있다.

해설

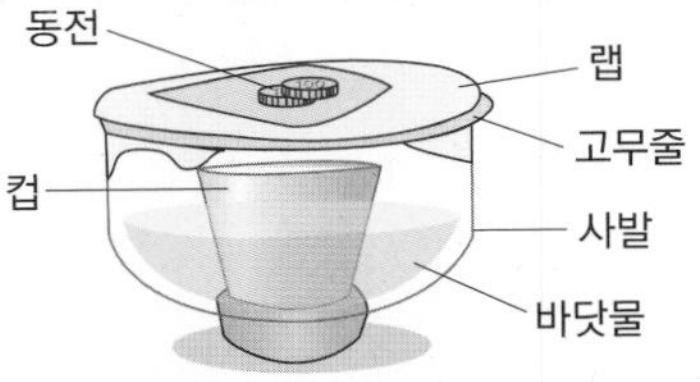

049 (1) 50%, 6.45 m (2) 12.1 g

해설 (1) 3시간이 지난 후 물의 양은 다음과 같다.

$$100\ \text{g} \times \frac{9}{10} \times \frac{9}{10} \times \frac{9}{10} = 72.9\ \text{g}$$

- 퍼센트 농도 : 80 ℃ 물 72.9 g 에 녹아 있는 수산화 바륨의 질량(x)은 다음과 같다. 100 : 100 = 72.9 : x, x = 72.9 g

따라서 퍼센트 농도 = $\frac{72.9}{72.9 + 72.9} \times 100 = 50\%$이다.

- 몰랄 농도 : 수산화 바륨의 몰수는 $\frac{72.9}{154} ≒ 0.47$mol이다.

따라서 몰랄 농도 = $\frac{0.47}{0.0729} ≒ 6.45$ m 이다.

(2) 80℃에서 수산화 바륨의 용해도는 100이므로 같은 온도에서 물 72.9 g 에 녹아 있는 수산화 바륨은 72.9 g 이다. 수산화 바륨이 85 g 녹아 있었으므로 85 g - 72.9 g = 12.1 g 이 석출된다.

050 (1) 소주가 맥주보다 녹아있는 에탄올의 비율이 높기 때문에 소주가 맥주보다 어는점이 더 낮다. 따라서 소주는 얼지 않을 수 있다.
(2) 에탄올 수용액이 얼 때, 어는점이 낮은 에탄올은 얼지 않고 순수한 물만 얼기 때문에 얼지 않은 액체에는 에탄올의 농도가 더 진해진다. 따라서 냉동실에서 반만 얼린 맥주를 마셨을 때 먼저 취한다.
(3) 큰 용기에 소금이 섞인 얼음 속에 술병을 넣고 뚜껑을 닫는다. 얼음과 소금을 적절한 비율로 섞으면 온도가 -21℃까지 내려간다. 술병 안의 온도가 내려가 술이 반쯤 얼었을 때 얼음을 꺼내 녹이면 순수한 물이 되어 마실 수 있다.

051 (1) 과정 (다)에서 플라스크에 찬물을 부우면 물 위 공간의 수증기가 냉각되어 물로 액화되며, 플라스크 안 압력이 낮아진다. 외부 압력이 낮아졌으므로 물의 끓는점도 낮아지게 되어 100℃보다 낮은 온도에서 물이 끓는다. 따라서 과정 (다)에서 물이 다시 끓는다.
(2) (나) > (가) > (다)

해설 (2) (가)에서는 1 기압이다. 물이 끓을 때 물의 증기 압력은 1 기압이며, 플라스크가 열려 있기 때문에 외부 압력과 같다.
(나)에서는 1 기압일 때 고무마개를 막았지만 플라스크 안의 수증기의 증발로 인해 증기압이 1기압보다 높아진다.(끓지 않는다.)
(다)에서는 찬물로 인해 수증기가 줄어들어 플라스크 안의 압력은 1 기압보다 작아진다.

052 0.288 g

해설 수심 30 m 에서 압력은 3 기압 증가한 4 기압이다. 압력과 용해도는 비례하므로 1 : 0.004 = 4 : x, x = 0.016으로 물 100 g 에 0.016 g 이 녹을 수 있다. 혈액 속에 들어 있는 물의 질량은 60 kg × 0.04 = 2.4 kg = 2400 g 이므로 수심 30 m 에서 혈액 속의 물 2400 g 에는 100 : 0.016 = 2400 : x, x = 0.384 g 의 산소가 용해될 수 있다. 1 기압에서 2400 g 에는 0.096 g 의 산소가 용해될 수 있으므로 수면으로 올라오면 0.384 - 0.096 = 0.288 g 의 산소가 기포로 빠져나온다.

053 와인을 가만히 놓아두면 침전물이 생긴다는 것은 물에 용해되지 않으며, 밀도가 물보다 큰 물질이 있다는 것이다. 따라서 거름 종이를 이용해서 와인을 여과시키면 침전물이 제거된 깨끗한 액체만 얻을 수 있다. 또한, 와인을 분별 깔때기에 넣고 얼마 동안 가만히 놓아둔 후 침전물이 가라앉은 아래 부분만 받아내면 분별 깔때기에는 깨끗한 액체만 남게 된다.

054 (1) 천장 쪽에는 공기보다 밀도가 작은 수소, 암모니아가 떠오르고, 바닥 쪽에는 공기보다 밀도가 큰 염화 수소가 내려간다. 오랜 시간이 지나면 서로 섞일 수 있다.
(2) 물줄기를 분무기로 공중 사방으로 뿌린다.
(3) 질량 : 0.036 g, 부피 : 22.5 mL

해설 (2) 암모니아와 염화 수소는 극성 분자로 이루어져 있어 물에 잘 녹고, 최소한의 물로 다량을 녹일 수 있다. 따라서 분무기로 물을 뿌려 암모니아와 염화 수소를 물에 녹여 바닥에 떨어뜨려 피해를 최소화 할 수 있다.
(3) 물 한 방울에 최대로 녹을 수 있는 염화 수소의 질량을 x, 부피를 y라 하면, 염화 수소의 용해도는 72로 제시되었으므로 100 g : 72 g = 0.05 g : x, x = 0.036 g이고,
부피 = $\frac{질량}{밀도}$ 이므로, $y = \frac{0.036}{0.0016}$ = 22.5 mL이다.

055 (1) 0.0044 g/L (2) 2.24 mL

해설 (1) 기체는 종류에 관계없이 0℃, 1 기압에서 1몰의 부피가 22.4 L 이다. 이산화 탄소의 1몰의 질량은 44 g 이므로 44 g 의 부피는 22.4 L 이다. 콕을 열었을 때 2.24 mL 의 기체가 녹아들어 갔으므로 $\frac{2.24 \text{ mL}}{22,400 \text{ mL}} = \frac{x \text{ g}}{44 \text{ g}}$, x = 0.0044 g 의 이산화 탄소가 녹아 들어갔음을 알 수 있다. 따라서 0℃, 1 기압에서 이산화 탄소 기체의 용해도는 0.0044 g/L 이다.
(2) 기체의 용해도는 압력에 비례하지만 용해된 기체의 부피는 일정하다. 압력이 두 배가 되면 용해된 이산화 탄소의 질량은 0.0088 g 이고, 0.0088 g의 이산화 탄소의 부피는 0℃, 1 기압에서 4.48 mL 이다. 압력과 부피는 반비례하므로(보일 법칙) 2 기압에서 용해된 이산화 탄소의 부피는 2.24 mL 로 변하지 않는다.

056 ① 용매에 혼합물이 녹지 않으면 용매를 따라올라가며 전개되지 않으므로 실험을 할 수가 없다.
② 점을 크게 찍으면 물질의 범위가 넓어 겹쳐지기 쉬우므로 분리가 잘 되지 않는다.
③ 용매가 끝까지 올라가면 가장 높게 올라간 물질은 멈추고, 그 밑의 물질은 계속 올라가게 되므로 올라간 정도의 비교가 어렵다. 용매가 끝까지 올라가기 전에 멈추어야 분리된 물질이 올라간 정도를 측정하여 비교할 수 있다. 또한, 크로마토그래피의 끝을 핀셋으로 잡아 꺼내야 하므로 끝부분은 비워두어야 한다.
⑤ 구멍을 뚫어 용매가 계속 증발되면 용매가 계속 올라가지 못하고 증발하므로 전개가 잘 되지 않는다. 따라서 통에 구멍을 뚫지 않아야 한다.

해설 ④ 찍은 점이 용매에 잠기면 용매에 녹아 들어가므로 전개되지 않아 실험할 수가 없으므로 옳은 내용이다.

057 물의 밀도와 NaCl 수용액, H_3BO_3 수용액의 밀도는 같지 않다. 따라서 40 mL 가 40 g 이라는 결론은 잘못되었다. 실험은 하였지만 각 수용액의 밀도를 모르기 때문에 물에 녹은 용질의 질량을 알 수 없다. 그리고 어떤 물질이 더 많이 녹았는지 판단하기 위해서는 몰수 또는 몰 농도 등을 비교해야 한다. 질량만으로는 어떤 물질이 더 많이 녹았는지 알 수 없다.

058 (1) 190 mm (2) 950 mmHg
(3) 100 mL

해설 (1) 대기압이 양쪽에 같고, 기체 X의 압력도 같으므로 C와 D의 높이차(h)는 A와 B의 높이차와 같다. 따라서 190 mm 이다.
(2) W 모양의 관에 들어 있는 기체 X의 압력은 대기압과 수은의 압력의 합과 같다. 따라서 760 + 190 = 950 mmHg 이다.
(3) A 쪽에 수은을 더 넣어 A와 B의 높이 차가 380 mm 이 되면 C와 D의 높이차도 380mm가 된다. 기체의 압력은 760 + 380 = 1140 mmHg 이다. $PV = P'V'$이므로 기체의 압력은 다음과 같다.
950 mmHg × 120 mL = 1140 mmHg × V', V' = 100 mL

기출 Check 190 ~ 195 쪽

059 1. ① 증발법
방법 : 일정량의 해수에 남아 있는 염분의 질량을 측정한다. 원리 : 끓는점 차이에 의한 혼합물의 분리
② 비중 분석
방법 : 용해도 값을 알고 있는 용액의 비중에 대한 상댓값을 계산한다. 원리 : 용질의 양에 따른 밀도의 변화
- 전기 전도도 측정, 염화 이온 적정법, 염분 측정기 이용 등
2. ① 역삼투
방법 : 삼투압 이상의 압력을 주었을 때 삼투막을 통하여 순수한 물을 걸러낸다. 원리 : 삼투압 원리
② 증류법
방법 : 끓는점 차이를 통해 순수한 물을 걸러낸다.
원리 : 끓는점 차이에 의한 혼합물의 분리
- 전기 투석법, 이온 교환 수지법 등
3. ① 맛보기
방법 : 짠 물은 바닷물이고, 짜지 않은 물은 순수한 물이다. 원리 : 겉보기 성질, 혼합물의 물리적 성질
② 끓는점 비교
방법 : 끓는점을 비교하여 끓는점이 낮은 물은 순수한 물이고, 끓는점이 높은 물은 바닷물이다. 원리 : 증기 압력에 의한 끓는점 차이 비교
- 전기 전도도 측정, 삼투압, 밀도 측정 등
4. ① 용해도 차이
방법 : 온도를 낮추어 석출된 양에 따라 물질을 구별한다. 원리 : 용해도 차이
② $AgNO_3$ 첨가
방법 : 염화 나트륨은 흰색 앙금을 생성하고, 질산 칼륨은 앙금이 생성되지 않는다. 원리 : 염화 이온의 앙금 생성
- 불꽃 반응(선스펙트럼) 등

060 (1) AB 길이가 길어지면 끓는점이 낮은 메탄올이 올라가는 도중에 액화되므로 에탄올 증기와 혼합되어 빠져 나갈 확률이 줄어든다. 따라서 AB 길이가 길수록 성분 물질의 분리가 정확해지므로 실험의 오차가 줄어든다.
(2) 냉각수는 b에서 a 쪽으로 흘러야 냉각기 내에 물이 가득차고, 냉각 효과가 좋기 때문에 b에서 a 방향으로 흘려주어야 한다.

061
(1)

단계	그릇 외부	그릇 내부
㉡	물이 끓기 시작하여 기포가 발생하고, 외부 압력과 증기 압력이 같은 끓는점에 도달한 상태이다. 뚜껑에서는 온도가 낮아져 수증기가 액화되어 물방울이 맺힌다.	물이 끓으면서 그릇 내부 물에서 기포가 생기기 때문에 그릇 내부의 공기에는 수증기가 가득차게 되고, 온도가 높아진 공기는 부피가 심하게 증가하여 그릇 외부로 빠져나가면서 그릇이 들썩거린다.
㉢	뚜껑을 열고 가열을 중지하였기 때문에 서서히 온도가 상온과 같아지고 뚜껑을 열었으므로 수증기가 밖으로 빠져나온다. 물의 증발은 계속 일어나고, 물이 그릇 안으로 들어가기 때문에 수면이 낮아진다.	그릇 내부의 온도가 내려가므로 수증기가 다시 액화되고 남아 있는 공기는 별로 없으므로 내부 압력이 낮아지기 때문에 빈 공간을 채우기 위해서 물이 그릇 안으로 빨려들어가게 된다.

(2) 암모니아 분수 실험, 이 실험은 플라스크에 암모니아 기체를 가득 담고 유리관과 물이 들어 있는 스포이트를 끼운 후, 물과 페놀프탈레인 용액이 들어 있는 비커에 담근다. 스포이트를 눌러 플라스크에 물이 들어가면 비커에 들어 있던 물+페놀프탈레인 용액이 플라스크 안으로 빨려들어가 붉은색 용액이 분수가 되어 플라스크 속을 채운다. 스포이트의 물이 플라스크 안으로 들어가면 극성인 암모니아가에 녹아 암모니아수가 되면서 플라스크 속에서는 암모니아의 양이 줄어 압력이 낮아지게 된다. 때문에 비커에 들어 있던 물+페놀프탈레인 용액이 빨려들어가는 것이다. 용기 안의 압력이 낮아져 외부의 물이 들어가는 것은 그릇 내부에 압력이 낮아져 물이 가득차는 것과 같은 현상이다.

062

(1) 드라이아이스가 승화성 물질이기 때문에 드라이아이스 주변의 흰 연기를 승화되어 나오는 이산화 탄소 기체로 알고 있는 경우가 많다. 하지만 흰 연기는 이산화 탄소가 아니라 드라이아이스가 기체로 승화되는 과정에서 주위의 열을 흡수하기 때문에 주위의 공기 중에 있던 수증기가 물로 액화되어 이산화 탄소 주변에 엉겨 붙은 것이다. 따라서 마치 드라이아이스가 승화된 것처럼 보인다.

(2) ① 눈금실린더에 물을 가득 채우고 물이 든 수조에 거꾸로 세운다. 이때 거꾸로 세운 눈금실린더에 물은 가득 채워져야 한다.

② 고체 드라이아이스를 눈금실린더 안으로 넣고 시간이 지나면 드라이아이스가 승화되어 생성된 이산화 탄소 기체와 물이 증발하여 생성된 수증기로 인해 눈금실린더 내의 물의 부피가 감소하여 물이 아래로 내려온다.

③ 온도를 일정하게 유지시키면 드라이아이스가 용해도 평형을 이루게 되는데 이때 눈금실린더 내부의 부피를 측정한다.

V_1 : 물 + 고체 드라이아이스, V_2 : 수증기 + 기체 이산화 탄소

④ 일정한 온도 T 에서 이상 기체 상태 방정식을 통해 수증기의 질량(w_{H_2O}), 이산화 탄소의 질량(w_{CO_2})을 구한다. (단, 온도 T 에서 물의 증기압(P_{H_2O})과 이산화 탄소의 증기압(P_{CO_2}), V_1에서의 고체 드라이아이스의 용해도(X_{CO_2})를 알고 있다고 가정한다.)

⑤ 밀폐시킨 눈금실린더의 질량(w_1)을 측정한다. 이때 w_1은 (물+수증기+기체 이산화탄소+고체 드라이아이스+용해된 이산화 탄소+눈금실린더 통)의 질량이다.

⑥ 눈금실린더 안에 남아 있던 고체 드라이아이스를 재빨리 빼고, 물의 부피(V_3)를 측정한다. V_1 - V_3은 고체 드라이아이스 부피이다.

⑦ 뚜껑을 열어 용해된 이산화 탄소가 대기로 빠져나가면 눈금실린더의 질량(w_2)을 잰다. w_2는 (물+눈금실린더 통)의 질량이다.

⑧ w_1 - w_2는 (수증기+기체 이산화 탄소+고체 드라이아이스+용해된 이산화 탄소)의 질량이므로 여기에 ④에서의 w_{H_2O}, w_{CO_2}, P_{CO_2}를 이용하여 고체 드라이아이스의 질량(w)을 구할 수 있다.

⑨ 위 실험으로 구한 값으로 고체 드라이아이스의 밀도 = $\frac{질량}{부피} = \frac{w}{V_1 - V_3}$ 을 구한다.

(3) ① 1,000배 ② 10배

해설 (3) ① 밀도가 1.6 g/mL 인 드라이아이스 0.4 g 의 부피는 0.25 mL 이고, 승화하여 250 mL 가 되었으므로 부피는 1,000배 증가하였다.

② 승화 후 부피가 1,000배 증가하였으므로 드라이아이스 분자 간 거리는 $1{,}000^{\frac{1}{3}}$배 즉, 10배가 증가하였다.

063

여러 가지 실험 설계가 있을 수 있다.

(가) 리트머스 종이를 넣어본다. (CH_3COOH 만 산성이므로 붉게 변한다. 나머지는 중성) 금속을 넣어본다. (CH_3COOH 만 반응하여 수소 기체 발생)

(나) 불꽃 반응색을 조사해본다. (NaCl, Na_2SO_4 - 노란색, KNO_3 - 보라색)

(다) 염화 바륨($BaCl_2$) 또는 염화 칼슘($CaCl_2$) 수용액을 넣어본다. (Na_2SO_4 수용액과 반응하여 각각 $BaSO_4$, $CaSO_4$ 의 흰색 앙금을 생성한다.)

064

(1) 참외 껍질을 물이 있는 싱크대에 올려 놓으면 참외 껍질과 물의 농도 차이에 의해 삼투 현상이 일어난다. 껍질 부분은 얇은 층으로 싸여 있어 물이 이동이 일어날 수 없고, 참외 안쪽 부분으로 물이 이동하게 된다. 안쪽 부분이 물의 흡수로 인해 팽창되면 그림과 같이 아래로 볼록하게 오그라들게 된다. 참외 껍질을 물이 없는 책상에 올려 놓으면 껍질 안쪽의 수분이 증발되어 수축되고, 껍질 부분은 얇은 층이 수분 증발을 막아 차단시켜주므로 위로 볼록하게 오그라든다.

(2) [가설 1]사과 껍질을 소금물에 담궈 두면 산화 효소가 기질과 결합하지 못하고, 사과 껍질과 소금물의 농도 차이에 의한 삼투 현상으로 사과 껍질에 있는 수분이 모두 빠져나가 산화 효소가 이동할 수 없어 갈변 현상이 일어나지 않을 것이다.

[가설 2] 소금물의 나트륨 이온이나 염화 이온이 산화 효소의 형태를 변화시켜 기질과 결합 수 없게 만들어 산화 반응이 일어나지 않아 갈변 현상이 일어나지 않을 것이다.

[가설 3] 소금물이 사과 껍질에 막을 형성하여 산소와 차단시켜 산화 반응이 일어나지 않는다.

(3) 연어는 주로 해수에서 서식하는데 외부 환경보다 자신의 체액이 저농도를 띠므로 삼투 현상에 의해 저농도인 체내에서 고농도인 외부 쪽으로 물이 빠져나가게 된다. 이 때문에 연어는 수분 손실이 크므로 해수에서 물을 흡수하고, 소량의 오줌으로 염분을 배설시켜 체내를 저농도로 유지한다. 그러나 산란기 때에는 담수에서 서식하므로 체내가 고농도가 되고 외부가 저농도가 되어 삼투 현상으로 인해 체내로 물이 유입된다. 따라서 물의 염분을 흡수하고 다량의 물을 오줌으로 배설시켜 체내를 고농도로 유지한다.

해설 (2) 실제 소금물에 사과 껍질을 두면 소금물에 들어 있는 염화 이온에 의해 폴리페놀 산화 효소의 작용을 억제시켜 공기 중에 방치하여도 갈변 현상이 일어나지 않는다. 즉, 산화 효소가 억제되므로, 사과 껍질의 산화 효소가 공기 중의 산소와 결합하는 산화 반응이 일어나지 않게 되므로 갈변 현상이 일어나지 않는다.

065 B → C → A

해설 액체를 눈금실린더에 부을 때 비커에 액체가 남아 있을 수 있으므로 액체가 들어 있는 비커의 질량을 먼저 재고, 눈금실린더에 액체를 다 부은 후 비커의 질량을 나중에 재야 오차를 줄일 수 있다. 비커 + 액체에서 비커의 질량을 빼면 눈금실린더에 넣은 액체의 질량을 알 수 있고, 눈금실린더로 액체의 부피를 재서 두 값으로 액체의 밀도를 구한다.

066 (1) 분별 증류

(2) 액체 상태에 있는 두 혼합물이 잘 섞이고, 끓는점 차이가 있으므로 분별 증류가 적절하다.

067 (1) 용매 (2) 50%

(3) 20 g (4) 용액의 밀도, 용질의 화학식량

해설 (2) 60℃에서 질산 칼륨의 용해도는 100이다. 따라서 60℃ 용액 200g에 질산 칼륨이 100g 녹아있으면 포화 용액이다.

% 농도 = $\frac{100}{200}$ × 100 = 50% 이다.

(3) 40℃에서 질산 칼륨의 용해도는 60이다. 석출되는 질산 칼륨의 질량을 x 라 하면

200 : (100 - 60) = 100 : x, x = 20 g 이다.

(4) 몰농도는 용액 1L에 녹아있는 용질의 몰수이다. 반면 % 농도는 용액의 질량에 대한 용질의 질량비이므로 용액의 밀도, 용질의 분자량(화학식량)을 더 알아야 한다.

068

(1), (2) 물방울은 수은 위로 올라간다. 물의 밀도가 수은보다 작기 때문에 밀도가 작은 물은 위로 뜨고, 밀도가 큰 수은은 아래에 위치한다. 유리관 속 수은 위는 진공 상태이므로 물이 기화되어 증기 압력이 생긴다. 압력이 생겼으므로 1기압이 되기 위한 유리관 속 수은의 높이 h는 낮아진다.

(3) 포화 수증기량은 공기 1 m^3 속에 최대한 들어갈 수 있는 수증기의 질량으로 온도가 높을수록 많아진다. 진공 상태에서 물을 주입하면 일부는 수증기가 되고, 일부는 물로 남게 된다. 물이 더 이상 기화되지 않을 때까지 물을 넣고 넣어 준 물의 질량을 잰다. 이때 수은 위 유리관 내부의 공기는 포화 상태가 된다. 주입한 물의 양에서 액체로 남아 있는 물의 양을 뺀 결과(a)와 수은 위 유리관 내부의 부피도 표시해서 잰 후(b), a를 b로 나누면 현재 온도에서의 포화수증기량이 된다. 이때 물과 수증기가 평형 상태에 도달할 수 있도록 충분한 시간을 두고 실험해야 한다.

069 ㉠ $AgNO_3$ 수용액과 반응하여 앙금을 생성하는가?

㉡ 불꽃 반응 시 불꽃색이 나타나는가?

해설 ㉠ 질산 나트륨($NaNO_3$) 수용액은 ×로, 염화 수소(HCl)와 염화 나트륨(NaCl) 수용액은 ○로 나누어졌으므로 $AgNO_3$ 수용액과 반응하여 앙금을 생성했는지의 여부로 분류했다는 것을 알 수 있다. 염화 이온(Cl^-)은 은 이온(Ag^+)와 반응하여 흰색 앙금인 AgCl을 생성한다.

㉡ 염화 나트륨(NaCl) 수용액은 ○로, 염화 수소(HCl) 수용액은 ×로 나누어졌으므로 불꽃 반응 시 불꽃색이 나타나는지의 여부로 분류했다는 것을 알 수 있다. 남은 물질의 원소 중 금속 원소인 나트륨만 불꽃 반응 시 노란색의 불꽃색이 나타나므로 염화 나트륨(NaCl)만 불꽃색이 나타나게 된다.

주제 탐구 및 논술 196 ~ 199 쪽

Q1 식물의 색을 나타내는 물질들의 양이 적어도 분리할 수 있고, 몇 가지의 성분이 섞여있는 혼합물인지 알 수 없는 상태였으므로 크로마토그래피가 가장 적절한 방법이었다.

해설 미하일 츠베트가 분리하고자 했던 식물의 색을 나타내는 물질은 몇 가지의 성분이 섞여있는지 알 수 없었고, 양이 많지 않았다.

Q2 스포츠에서 선수의 금지약물 복용 여부를 검사하는 도핑 테스트와 먹의 농담, 번짐 등으로 그림을 그리는 수묵화 등이 크로마토그래피 기법을 이용하는 예이다.

Q3 ① 해저의 갈라진 틈에서 거대한 메테인 거품이 대량으로 발생한다.

② 메테인 거품이 수면으로 상승하면서 사방으로 팽창하는 거대한 메테인 거품이 생성된다.

③ 거품의 크기가 매우 크다면, 매우 많은 양의 메테인 가스가 발생하여 하늘에 떠 있는 항공기를 덮쳐 항공기가 추락하게 된다.

해설 버뮤다 심해저에는 메테인 하이레이트 층이 존재한다. 이 하이레이트 층이 갑자기 붕괴된다면 가스가 포함된 저밀도의 진흙이 분출되어 엄청난 위력을 발휘할 수 있다.

Ⅲ. 물질의 구성

Question 201 ~ 204 쪽

Q1. 답 불꽃 반응색이 같은 원소는 분광기에 의한 선 스펙트럼으로 구별할 수 있다. 선 스펙트럼을 분석하면 원소마다 선의 색깔, 위치, 개수, 굵기 등이 다르기 때문에 불꽃색이 비슷한 원소를 구별하는데 적절하다.

Q2. 답 수소 원자 이외의 다른 다전자 원자의 스펙트럼 선의 개수와 오비탈, 불확정성의 원리를 설명할 수 없다.

Q3. 답 원자 반지름은 나트륨(Na)이 가장 크다. 같은 족의 원소인 경우 전자 껍질 수가 증가할수록 원자 반지름이 커지고, 같은 주기의 원소인 경우 원자 번호가 커질수록 유효 핵전하가 커지기 때문에 원자 반지름이 작아진다. 즉, 원자 반지름은 플루오린(F)보다 염소(Cl)가 크고, 나트륨(Na)이 염소(Cl)보다 크므로 주어진 원소 중 나트륨(Na)의 원자 반지름이 가장 크다.

Q4. 답 양이온과 음이온은 강한 정전기적 인력으로 결합하고 있지만 외부의 강한 힘을 받으면 양이온과 음이온의 위치에 변화가 생겨 같은 전하를 띤 이온끼리 반발력이 작용하고, 쉽게 부서지게 된다.

Q5. 답 금속 내부의 원자는 대칭적으로 배열되어 있으며, 또한 금속 내부의 자유 전자는 가시광선을 흡수하여 들뜬 상태가 되었다가 바닥 상태로 돌아오면서 거의 모든 파장의 가시광선을 같은 방향으로 방출하게 된다. 따라서 대부분의 금속은 외부에서 비치는 은백색이나 은회색의 광택을 갖는다.

유형 Problem 205 ~ 206 쪽

070 구리의 질량 : 4 g, 마그네슘의 질량 1.5 g

해설 구리 0.4 g 이 산소와 반응하여 산화물 0.5 g 을 생성하였으므로 반응한 산소의 질량은 0.1 g 이고, 구리와 산소는 4 : 1의 질량비로 반응한다. 또한 마그네슘 0.3 g 이 산소와 반응하여 산화물 0.5 g 을 생성하였으므로 반응한 산소의 질량은 0.2 g 이고, 마그네슘과 산소는 3 : 2의 질량비로 반응한다. 따라서 산소 1 g 과 반응하는 구리의 질량은 4 g, 마그네슘 질량은 1.5 g 이다.

071 요소($CO(NH_2)_2$)의 분자량은 (14 + 1×2)×2 + 12 + 16 = 60이므로 요소 30 g 의 몰수는 $\frac{30}{60}$ = 0.5몰이다. 요소 한 분자에는 질소 원자가 2개 포함되어 있으므로 요소 0.5몰의 질소 원자의 몰수는 0.5몰 × 2 = 1몰이다. 따라서 표준 상태(0℃, 1 기압)에서 산소 기체 1몰의 부피는 22.4 L 이다.

072 화학 반응식을 통해 원자의 종류와 수를 비교해보면 C 1개, H 4개, O 4개로 반응 전후가 같다. 반응 전후의 원자의 종류와 수가 같으므로 화학 반응이 일어날 때 각 물질의 질량의 합은 반응 전후가 같다는 질량 보존의 법칙이 성립한다. 반응한 CH_4과 O_2의 질량 총합은 16 + (32 × 2) = 80 g 이고, 반응 후 생성된 CO_2와 H_2O의 질량은 44 + (18 × 2) = 80 g 이다. 반응물의 총 질량과 생성물의 총 질량이 같으므로 질량 보존의 법칙이 성립한다.

073 수소 원자는 불연속적인 에너지 준위를 가지고 있다.

해설 수소 기체를 방전관에 넣고 방전시키면 수소 원자가 에너지를 흡수하였다가 방출한다. 이때 각 전자 껍질의 에너지 준위 차이에 해당하는 에너지가 흡수, 방출되는데 수소 원자의 스펙트럼은 불연속적인 선 스펙트럼이므로 수소 원자는 특정한 에너지만 흡수하거나 방출할 수 있다. 따라서 수소 원자는 불연속적인 에너지 준위를 가지고 있다고 할 수 있다.

074 파장이 짧은 빛은 에너지가 큰 것이므로 수소 원자에서 에너지 준위가 높아질수록(바깥 전자 껍질일수록) 이웃한 두 전자 껍질의 에너지 준위의 차이가 작아진다는 것을 알 수 있다.

075 생성물 질량 : 48 g, 개수비 1 : 1, 질량비 1 : 5

076 일정 성분비의 법칙 - 화합물을 이루고 있는 작은 공과 큰 공의 질량비가 1 : 5로 일정하다.
질량 보존의 법칙 - 생성물 전체의 질량은 반응물 전체의 질량과 같다.

077 (1) 이온 결합
(2) t_1 : (나)의 녹는점, t_2 : (가)의 녹는점

해설 물질 (가)와 (나) 모두 어느 온도에서 전기 전도성이 급격하게 증가한다. 따라서 고체에서 액체로 융해될 때 전기 전도성을 갖는 이온 결합 물질임을 알 수 있고, 각 온도는 물질의 녹는점임을 알 수 있다.

078 이온 결합 물질은 고체 상태에서는 양이온과 음이온이 강한 정전기적 인력으로 결합하고 있기 때문에 자유롭게 이동할 수 없어 전기 전도성이 없지만, 액체 상태나 수용액 상태에서는 양이온과 음이온이 비교적 자유롭게 이동할 수 있어 전기 전도성을 가진다.

079 전극 (가)에서는 O_2가 발생한다. 꺼져가는 불꽃을 가까이 했을 때 불꽃이 더 크게 타오르면 조연성 기체인 O_2가 발생한 것을 알 수 있다.
전극 (나)에서는 H_2가 발생한다. 불꽃을 가까이 했을 때 '펑' 소리가 나며 타서 수증기가 발생한다면 H_2가 발생한 것을 알 수 있다.

해설 물을 전기 분해하면 생성되는 H_2와 O_2의 부피비가 2 : 1이고, (-)극에서는 H_2, (+)극에서는 O_2가 발생하므로 (가)가 (+)극, (나)가 (-)극이다.
(-)극 : $4H_2O + 4e^- \longrightarrow 2H_2 + 4OH^-$
(+)극 : $2H_2O \longrightarrow O_2 + 4H^+ + 4e^-$

창의력 Master 207 ~ 213 쪽

080 (1) O 전자 껍질 → L 전자 껍질
(2) 원자핵으로부터 멀어질수록 전자 껍질의 에너지 준위 차가 작아지기 때문에 파장의 간격도 좁아진다. $\Delta E = h\frac{c}{\lambda_n} - h\frac{c}{\lambda_{n-1}}$
(3) 1312 kJ/mol
(4) ①번 가설 → 전자는 원자핵 주위의 특정한 에너지 준위의 궤도에 있지 않고, 원자핵 주위의 모든 지점에 있을 수 있다.

해설 (1) $a \sim d$는 모두 L 전자 껍질로 전이될 때 나타나는 선 스펙트럼이므로 가시광선 영역이다. 바깥 전자 껍질에서 올수록 간격이 좁아진다. a는 M → L, b는 N → L, c는 O → L 이 된다.
(3) 수소 원자의 이온화 에너지는 전자를 n = 1 궤도에서 $n = \infty$로 떼어낼 때 필요한 에너지로 $\Delta E = E_\infty - E_1 = 0 - (-\frac{1312}{n^2}) =$ 1312 kJ/mol 이다.
(4) 수소 원자의 선 스펙트럼이 나타나는 이유는 전자가 허용된 특정 에너지 상태에만 존재하기 때문이다. 만일 전자가 모든 에너지 값을 가질 수 있다면 전자가 에너지가 낮은 상태로 전이할 때 모든 파장의 빛을 방출하여 연속 스펙트럼이 나타난다.

081 (1) 원자는 크기가 매우 작아 눈으로 볼 수 없다. 눈으로 볼 수 없는 대상을 설명하기 위해서 원자 모형을 사용한다.
(2) ① 원자 모형이 쉽게 쪼개지지 않아야 한다.
② 원자 모형은 원자의 종류마다 크기, 모양 등이 달라야 한다.
③ 원자 모형으로 결합을 할 수도 있고, 결합을 풀 수도 있어야 한다.

082 (1) 알코올 램프를 2개 사용하면 에너지가 2배가 되므로 가열 시간이 절반으로 단축된다.

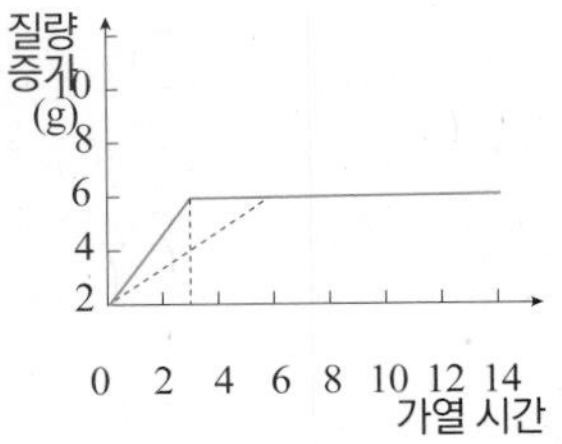

(2) 알코올 램프를 2개 사용하고, 구리 가루 질량도 2배로 증가시키면 투입된 에너지가 2배가 되고, 물질의 양도 2배이므로 가열 시간은 그대로이고, 생성된 물질의 질량이 2배가 된다.

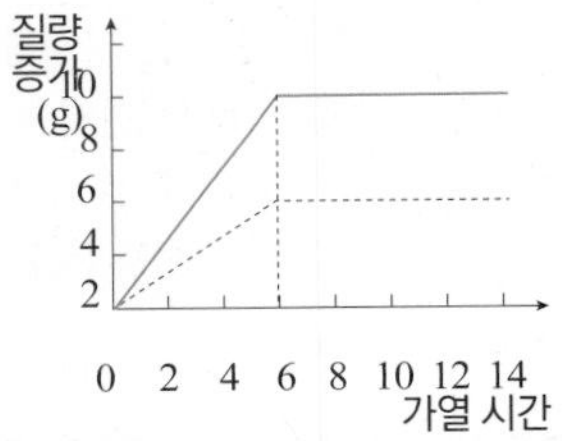

083 (1) B가 A보다 크다. (2) A_2B_3
(3) 반응 후가 반응 전보다 크다.

해설 (1) Y가 A_2B이므로 질량비 2A : B = 12 : 8 이고, 원자량의 비는 A : B = 6 : 8 = 3 : 4이다. 따라서 원자 1개의 질량은 B가 A보다 크다.
(2) X의 질량비 A : B = 6 : 12이므로 원자량 비 A : B = 3 : 4로 나누어 주면 몰수비 A : B = $\frac{6}{3} : \frac{12}{4}$ = 2 : 3이다. 따라서 X는 A_2B_3 이다.
(3) Y(A_2B)의 분해 반응식은 다음과 같다.

$2A_2B \longrightarrow 2A_2 + B_2$
1몰 1몰 0.5몰

따라서 몰수는 반응 전이 1몰, 반응 후가 1.5몰이고, 반응 후가 반응 전보다 크다.

084 (1) $x : y = 4 : 3$
(2) 아보가드로 법칙에 의해 같은 온도와 압력에서 같은 부피에 들어 있는 기체의 분자 수는 같으므로 같은 온도와 압력에서 반응 전 100 mL에 들어 있는 수소 기체와 산소 기체의 분자 수는 같다.

해설 (1) 반응 전후 기체의 부피는 다음과 같다.

	$2H_2(g)$ +	$O_2(g)$ ⟶	$2H_2O(g)$
반응 전	100	100	
반 응	-100	-50	+100
반응 후	0	50	100

반응 전 기체의 총 부피는 200 mL, 반응 후 기체의 총 부피는 150 mL 이므로 $x : y = 4 : 3$이다.

085 (1) $N_2 + 3H_2 \longrightarrow 2NH_3$
(2) 4 L
(3) 3 : 14

해설 (1) $aN_2 + bH_2 \longrightarrow cNH_3$ 에서 반응 전후 원자의 종류와 수가 일정하므로 $2a = c$, $2b = 3c$ 가 성립해야 한다. 따라서 $a = 1$, $b = 3$, $c = 2$ 이다.
(2) 반응 전후 부피는 다음과 같다.

	N_2 +	$3H_2$ ⟶	$2NH_3$
반응 전	3	3	
반 응	-0.5	-1.5	+1
반응 후	2.5	1.5	1

따라서 반응 후 질소 기체와 수소 기체의 부피 합은 4 L 이다.
(3) 질소 기체 2 L , 수소 기체 6 L가 모두 반응하면 다음과 같다.

	N_2 +	$3H_2$ ⟶	$2NH_3$
반응 전	2	6	
반 응	-2	-6	+4
반응 후	0	0	4

수소 원자와 질소 원자의 질량비(원자량비)또는 분자량비는 1 : 14 이고, 반응한 부피비(몰수비)는 3 : 1이다. 반응한 수소 기체와 질소 기체의 질량비(분자량비)는 1 × 3 : 14 × 1 = 3 : 14이다.

086 (1) C_2H_5N　　(2) 408 g

해설 (1) 같은 온도와 압력에서 분자수비 = 기체의 부피비이므로 생성물의 분자수비는 $CO_2 : H_2O : NO_2 = 4 : 5 : 2$ 이고, 각 분자 당 C는 1개, H는 2개, N는 1개가 결합하고 있으므로 원자수비 C : H : N = 4 : 10 : 2 = 2 : 5 : 1 이므로 분자식은 C_2H_5N 이다.
(2) 질량비에 따른 C_2H_5N의 분자량은 12×2 + 1×5 + 14 = 43 이다. 129 g 의 몰수 = $\frac{129}{43}$ = 3몰이고, 3몰의 C_2H_5N이 반응할 때 반응 전후 원자의 종류와 수가 같으므로 반응식은 다음과 같다. $3C_2H_5N + 12.75\ O_2 \longrightarrow 6CO_2 + 7.5H_2O + 3NO_2$
따라서 필요한 산소의 질량은 12.75 × 32 = 408 g 이다.

087 수용액에 걸어준 전압의 세기가 클수록, 이온의 전하량이 클수록 전류가 흐르는 용액 속에서 이온의 이동이 빠르게 일어난다. 또한, 이온의 전하가 같을 때 이온의 질량이 가벼울수록 더 빠르게 속도가 변화하므로 가벼운 이온일수록 이온의 이동이 빠르다.

088 (1) $A_2 + 3B_2 \longrightarrow 2AB_3$
(2) A_2, 1.5 L　　(3) (나) 6 g, (다) 7.35 g
(4) 기체 반응의 법칙과 질량 보존의 법칙 또는 일정 성분비의 법칙

해설 (1) 실험 1에서 남은 기체 B_2 2 L 의 질량은 2 × 0.09 g/L = 0.18 g 이다. 따라서 반응 전후 질량은 다음과 같다.

	$A_2(g)$ +	$B_2(g)$ ⟶	생성물
반응 전	7.2	1.8	
반 응	-7.2	-1.62	+8.82
반응 후	0	0.18	8.82

반응 전후 질량비 7.2 : 1.62 : 8.82 를 밀도로 나누면 부피비는 $\frac{7.2}{1.2} : \frac{1.62}{0.09} : \frac{8.82}{0.735} = 1 : 3 : 2$ 이다. 따라서 화학 반응식은 $A_2 + 3B_2 \longrightarrow 2AB_3$ 이다.
(2) 실험 1을 통해 A_2가 모두 반응하면 생성물의 질량은 A_2 보다 큰 것을 알 수 있다. 실험 2에서 생성물의 질량이 1.47 g 이고, A_2의 질량보다 작으므로 A_2 가 남은 것을 알 수 있다. 질량비가 7.2 : 1.62 : 8.82이므로 $A_2 : B_2 = 7.2 : 1.62 = x : 0.27$ 이다. 따라서 $x = 1.2$이다. 반응하고 남은 A_2 의 질량은 3 - 1.2 = 1.8 g 이고, 부피는 $\frac{1.8\ g}{1.2\ g/L}$ = 1.5 L 이다.

(3) 실험 3에서 반응 후 남은 기체가 없으므로 반응 전 기체는 모두 반응하였다. 질량비가 7.2 : 1.62 : 8.82일 때, B_2의 질량이 1.35 g 이므로 반응 전 A_2의 질량 (나)는 6 g, 생성된 기체의 질량 (다)는 7.35 g 이다.

089 $\frac{N(V_2 - V_1)}{V_1}$

해설 같은 온도와 압력에서 분자 수의 비는 기체의 부피비와 같으므로 $V_1 : V_2 = N : N + X$ 이 성립한다. 따라서 $X = \frac{N(V_2 - V_1)}{V_1}$ 이다.

090 (1) A (2) B, E (3) C, D

해설 A : 광택을 가지고 있고, 고체에서 전기 전도성을 가지는 물질은 금속 결합 물질이다.
B : 금속 결합 물질인 A를 공기 중에 태우면(연소시키면) 금속과 산소가 결합한 이온 결합 물질이 된다. 또한 이온 결합 물질은 액체 상태에서 전기 전도성을 가진다.
C : 액체 상태에서도 전기 전도성을 갖지 않아 절연체로 사용되는 물질은 공유 결합 물질이다.
D : 수용액에서 전기가 통하고, 금속과 반응하여 기체가 발생하는 물질은 공유 결합 물질인 산(acid)이다.
E : 금속 결합 물질인 A와 공유 결합 물질인 C를 혼합하여 생성되고, 녹는점이 높아 녹이기는 어려우나 물에 녹아 전기가 통하는 물질은 이온 결합 물질이다.

091 (1) X : A_2 , Y : A_3 (2) 3 : 2

해설 (1) 두 기체의 압력은 같다. A의 원자량을 a라 하면 A_2와 A_3 의 분자량비는 2a : 3a 이다. X와 Y가 같은 질량이고 분자 수 $= \frac{질량}{분자량}$ 이므로 분자수비는 $A_2 : A_3 = \frac{1}{2a} : \frac{1}{3a} = 3 : 2$ 이다.
같은 온도와 압력에서기체의 부피비는 분자수비와 같으므로 부피가 큰 X(g)는 분자 수가 많은 A_2이고, Y(g)는 분자 수가 적은 A_3 이다.
(2) 기체의 분피비는 분자수비와 같으므로 기체 X와 Y의 부피비는 3 : 2 이다.

092 (1) (가)는 염화 나트륨을 가열하여 녹인 것으로 용융액 상태에고 (나)는 물에 녹인 것으로 수용액 상태이다. 이온 결합 물질인 염화 나트륨은 액체, 수용액 상태에서 양이온과 음이온이 자유롭게 이동하므로 전기 전도성을 가진다.
(2) (-)극 : $2Na^+ + 2e^- \longrightarrow 2Na$

기출 Check 214 ~ 221 쪽

093 (1) 2가지 (2) 사면체

해설 (1) 흑색 공이 가운데에서 결합한 구조 1 가지와 적색공이 가운데에서 결합한 구조 1 가지가 있다.

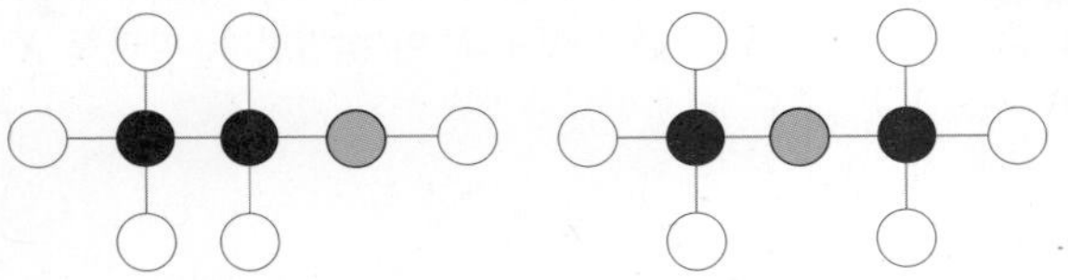

(2) 흑색 공을 중심으로 4 방향으로 백색 공 2개와 녹색 공 2개가 결합해야 하므로 이 모형은 사면체와 같다.

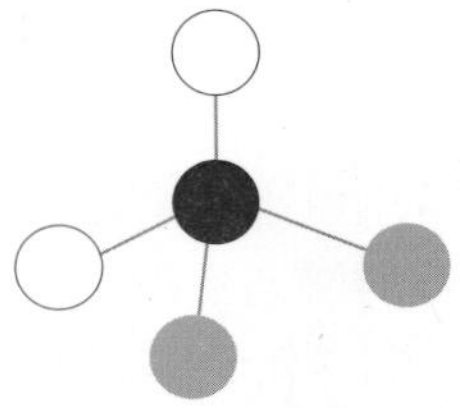

094 물 분자는 모든 방향으로 결합이 가능하고, 분자 간 인력이 강하다. 물의 표면에 존재하는 분자들은 한쪽 방향으로만 결합이 가능하기 때문에 (표면장력이 나타난다.) 불안정하여 표면 분자 수를 최소화하기 위해 아주 가늘어지는 물 방울은 구의 모형을 하게 된다. 참기름과 다르게 작은 물 방울이 되어 흩어지게 된다. 따라서 작은 구멍을 통해 병으로 넣기 어려웠을 것이다.

095 (1) 기체의 종류에 관계없이 같은 온도에서 압력×부피는 몰수에 비례한다 ($PV = nRT$). 따라서 기체 화합물 AB에 대해 A_2B_5 기체의 몰수는 4배가 되고, 분자수도 4배인 400개이다. A_2B_5 기체 분자 1개 당 B의 원자 수는 5개이므로 B의 총 원자 수는 400 × 5 = 2,000 개이다.
(2) X_2의 분자량은 6.02 이다. 물질 1몰의 질량은 아보가드로수만큼의 분자의 질량과 같다. 따라서 X_2 1몰의 질량은 6.02g 이고, 이것은 분자 6.02×10^{23} 개의 질량과 같으므로 X_2 한 분자의 질량은 $\frac{6.02}{6.02 \times 10^{23}} = 1.0 \times 10^{-23}$ g 이다.

096 (1) 31 (2) 해설 참조

해설 (1) 0.08 : 2 = 3.36 : X, X = 84 이므로 A의 분자량은 84 이다. ▶—◀ 의 상대적 질량이 2이므로 ●의 상대적 질량(x)은 12이고, 화합물 A의 분자를 이루는 ●, ▲, ☆ 의 개수비는
$\frac{28.57}{12} : \frac{3.57}{1} : \frac{67.86}{y} = 2.38 : 3.57 : z'$ 이다.
모두 단일 결합으로 이루어져 있고, 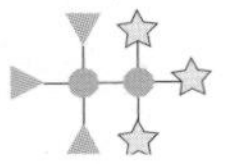 의 구조만 가능하므로 분자식 $●_a▲_b☆_c$에서 $a : b : c = 2 : 3 : 3$이다. 따라서 y는 19이고, $x + y = 12 + 19 = 31$이다.
(2) 0.08 : 2 = 2.4 : X, X = 60이므로 B의 분자량은 60이다. ■는 2중 결합을 하므로 16족 원소인데, O(산소)일 때 실험식량이 12 + 2 + 16 = 30이고, 분자량이 60이 될 수 있어 성립한다 (16족인 S, Se....등의 원소일 경우 분자량이 60이 될 수 없음). 따라서 실험식은 ● $▲_2$ ■, 분자식은 $●_2▲_4■_2$이다. 이에 해당하는 B의 모형 종류는 다음과 같다.

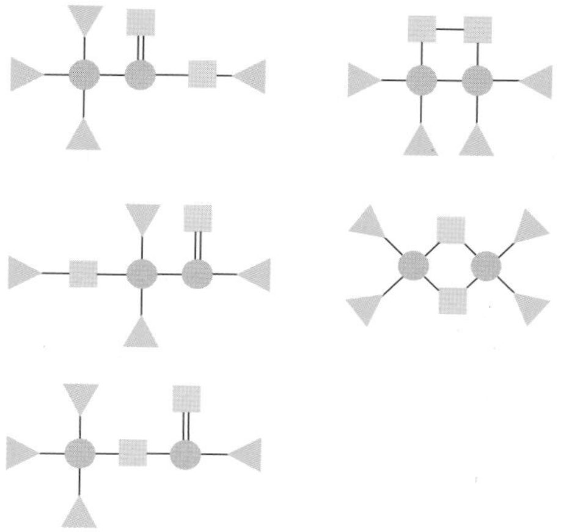

097 (1) 에너지 준위에서 전자 전이를 통해 방출될 수 있는 에너지는 각 준위의 에너지 차인 100 J, 200 J, 300 J, 400 J로 4 종류이고, 각 에너지가 100 J 차이이므로 에너지 간격이 동일하다. 따라서 ③과 같은 선 스펙트럼이 나타난다.
(2) 에너지는 파장에 반비례하므로 왼쪽인 바깥궤도로 갈수록 에너지 준위가 커지고, 에너지 준위가 커질수록 에너지 간격이 줄어든다.

098 (1) $\frac{84000}{2a+b}$ 개　　(2) $\frac{40000}{2a+b}$ 개

해설 (1) 물의 질량은 60 kg × 0.7 = 42 kg = 42000 g 이고, 물 분자는 2개의 H와 1개의 O로 이루어져 있으므로 물 분자 1개의 질량은 $2a + b$이다. 따라서 사람 몸속의 물을 구성하는 수소 원자 수는 $\frac{42000}{2a+b} \times 2 = \frac{84000}{2a+b}$ 개이다.
(2) 물의 질량은 50 kg × 0.8 = 40 kg = 40000 g 이고, 물을 구성하는 산소 원자 수는 $\frac{40000}{2a+b}$개이다.

099

주어진 준비물로 실험을 했을 때 일어나는 화학 반응식은 $HCl(aq) + NaHCO_3(aq) \longrightarrow NaCl(aq) + H_2O(l) + CO_2(g)$ 이다.

1. 베이킹 소다의 질량을 잰다.

2. 페트병에 묽은 염산을 넣어 빠르게 뚜껑을 닫고, 질량을 잰다. (질량 보존의 법칙에 의해 반응이 일어나도 질량은 일정하다. 페트병 + 묽은 염산의 질량)

3. 베이킹 소다를 **2**에 넣고 느슨하게 솜으로 막아 반응 전후 질량 변화를 측정한다.
(느슨하게 막은 솜은 수증기가 빠져나가는 것을 막아준다.)

4. 반응 후 감소한 질량은 이산화 탄소 기체가 빠져 나간 후의 질량이므로 이산화 탄소의 질량을 구할 수 있다.

100 (1) 5 : 1　　(2) 5 : 2

해설 (1) 지구에서 수소와 산소가 반응하는 화학 반응식은 $2H_2 + O_2 \longrightarrow 2H_2O$ 이고, 수소와 산소의 부피비는 2 : 1이다. 이 행성에서 산소 기체의 분자식은 O_5이므로 화학 반응식은 $5H_2 + O_5 \longrightarrow 5H_2O$ 이고, 수소와 산소의 부피비는 5 : 1이다.
(2) 과산화 수소의 분자식은 H_2O_2이므로 이 행성에서 과산화 수소가 생성될 때 반응식은
$5H_2 + 2O_5 \longrightarrow 5H_2O_2$
반응하는 수소와 산소의 부피비는 5 : 2 이다.

101 (1) 1 : 2 : 3 : 4 : 5
(2) Ⅰ : N_2O, Ⅱ : NO, Ⅲ : N_2O_3 ,Ⅴ : N_2O_5

해설 (1) 질소 1 g 과 결합하는 산소의 질량은 $\frac{\text{산소의 질량}}{\text{질소의 질량}}$ 으로 구할 수 있다. 각 화합물에서 산소의 질량비는 Ⅰ ~ Ⅴ 순서대로 다음과 같이 구할 수 있다.
$\frac{16}{28} : \frac{16}{14} : \frac{48}{28} : \frac{32}{14} : \frac{80}{28} = 1 : 2 : 3 : 4 : 5$
(2) (1)의 질량비 중 질소 1 g 에 결합하는 산소의 질량이 4일 때의 실험식이 NO_2이다.
Ⅰ : 질소 1 g 에 결합하는 산소의 질량이 1이다. 산소의 질량이 4가 되려면 질소가 4 g 이 필요하다. $N_4O_2 \rightarrow N_2O$
Ⅱ : 질소 1 g 에 결합하는 산소의 질량이 2이다. 산소의 질량이 4가 되려면 질소가 2 g 이 필요하다. $N_2O_2 \rightarrow NO$
Ⅲ : 질소 1 g 에 결합하는 산소의 질량이 3이다. 산소의 질량이 4가 되려면 질소가 $\frac{4}{3}$ g 이 필요하다. $N_{4/3}O_2 \rightarrow N_4O_6 \rightarrow N_2O_3$
Ⅴ : 질소 1 g 에 결합하는 산소의 질량이 5이다. 산소의 질량이 4가 되려면 질소가 $\frac{4}{5}$ g 이 필요하다. $N_{4/5}O_2 \rightarrow N_4O_{10} \rightarrow N_2O_5$

102 (1) 100개　　(2) 48 g　　(3) 150개

해설 (1) 아보가드로 법칙에 의해 기체는 같은 온도, 압력, 부피에서 같은 분자 수를 갖는다. 이상 기체의 경우 분자가 차지하는 공간에 비해 기체 분자의 부피가 매우 작기 때문에 분자의 부피를 무시할 수 있다.
(2) $PV = nRT$에서 $w = \frac{PVM}{RT}$ P, V, R, T가 일정하므로 질량은 분자량에 비례함을 알 수 있다. 수소 분자량은 2, 산소 분자량은 32이므로 $3 : 2 = W : 32$, $W = 48$ g 이다.
(3)

	$2H_2(g)$	+ $O_2(g)$	$\longrightarrow 2H_2O(l)$
반응 전	V	V	
반 응	$-V$	$-0.5V$	$+V$
반응 후	0	$0.5V$	V

따라서 반응 후 총 부피는 $V + 0.5V = 1.5V$ 이므로 분자수는 150개이다.

103 (1) 0.163 g (2) 0.263 g (3) 46.7(g/mol)

해설 (1) 이상기체 상태 방정식을 이용한다. 공기의 평균 분자량은 29g/mol이고, 압력은 1기압, 온도는 15℃(288K), 삼각 플라스크의 부피는 133mL(0.133L)이다.
플라스크 내 공기의 질량을 m이라고 하면

$$PV = nRT,\ n(\text{몰수}) = \frac{\text{공기의 질량}}{\text{공기의 분자량}} = \frac{m}{29}$$

$$\therefore m = \frac{29PV}{RT} = \frac{29\times1\times0.133}{0.082\times288} = 0.163\text{ g}$$

(2) 처음 질량이 63.15g 이고, 공기의 질량이 0.163g이므로, (플라스크+유리판)의 질량은 63.15 - 0.163 = 62.987g이다.
나중 질량 (CO_2 + 플라스크 + 유리판)의 질량 = 63.25g이므로 플라스크 속의 CO_2의 질량은 63.25 - 62.987 = 0.263g이다.
(3) CO_2의 분자량을 M이라고 하면

$$PV = nRT = \frac{0.263}{M}RT$$

$$M = \frac{0.263RT}{PV} = \frac{0.263\times0.082\times288}{1\times0.133} \fallingdotseq 46.7(\text{g/mol})$$

104 (1) 23 L (2) 224

해설 (1) A(g) + 2B(g) → xC(g)
화학 반응식에서 계수의 비는 물질들의 부피의 비이다. 부피의 비는 A : B : C = 1 : 2 : x이다.
반응 후 B가 30g 남아 있고, 반응 전 A 10 L는 모두 반응한다는 것을 알 수 있다. A와 B의 부피 비는 A : B = 1 : 2이므로 C의 계수 x가 2 이상이라면 A가 10 L 반응할 때 C의 부피는 20 L 이상이 된다. 문제에서 반응 후 물질의 총 부피는 13 L라고 했으므로 C의 계수 x는 1이 되어야 한다. 따라서 화학 반응식은 A(g) + 2B(g) → C(g)이 된다.
부피 비는 A : B : C = 1 : 2 : 1이므로 A 10 L가 모두 반응하게 되면 반응 후 부피는 다음 표와 같다.

구분	A	B	C
반응 전 부피(L)	10	㉠	0
반응(L)	10	20	10
반응 후 부피(L)	0	㉠ − 20	10

반응 후 총 부피가 13 L이므로 (㉠ - 20) + 10 = 13 L이고, ㉠은 23 L이다.
(2) B는 23 L 중 20 L가 반응했으므로 반응 후 3 L가 남게 된다. 반응 후 B의 질량이 30g이므로 B의 1몰(22.4 L)의 질량을 M이라고 할 때, 3 : 30 = 22.4 : M → M = 224g., 따라서 분자량은 224이다.

주제 탐구 및 논술 222 ~ 225 쪽

Q1
〈예시 답안1〉 어린 시절부터 부유해서 공부와 여러 실험을 할 수 있었기 때문에 많은 업적을 남길 수 있었다.
〈예시 답안2〉 객관적인 실험을 중시하였기 때문에 여러 실험의 자료가 남아있을 수 있었다. 그를 토대로 과학적 진리를 이끌어 낼 수 있었다.
〈예시 답안3〉 부인의 헌신이 있었기에 해외의 논문을 공부할 수 있었고, 실험이 모두 기록될 수 있었다. 그로 인해 후세에 라부아지에의 업적이 전해질 수 있었다.

Q2
모든 것이 생성될 수 있는 것, 삶의 필수적인 것, 움직일 수 있는 것, 변화할 수 있는 것, 주변에 많이 존재하는 것, 그 당시의 기술로 그 이상 쪼갤 수 없었던 것 등에 해당하는 물질이 물이라고 생각했기 때문에 물을 원소라고 생각했을 것이다.

Q3
마쉬 테스트를 사용하여 검출하였다. 이 테스트는 산화비소(As_2O_3)가 들어 있을 것이라고 예상되는 시료를 수소와 반응시켜 아르신(AsH_3)을 발생시킨다. 아르신은 독성이 강한 유독 가스인데 아르센 가스에 열을 가하면 시료를 분해하여 비소와 수소 기체를 발생시킬 수 있다.

Q4
나폴레옹이 살았던 당시의 유럽 왕궁과 저택에 있는 페인트나 벽지에서 다량의 비소가 검출되었다. 또한, 나폴레옹이 생의 마지막을 보냈던 헬레나 섬의 높은 습도가 벽지의 곰팡이를 잘 자라게 하였고, 곰팡이는 비소 성분을 휘발성이고 독성이 강한 트라이메틸아르센[$(CH_3)_3As$]으로 바꾸었을 것이다. 따라서, 이 증기에 오랫동안 노출된 나폴레옹의 몸에 비소가 축적되어 왔다고 설명할 수 있다. 이러한 이유로 나폴레옹의 독살설이 신빙성을 잃게 되어 미스테리로 남게 되었다.

Ⅳ. 여러 가지 화학 반응

Question 227 ~ 231 쪽

Q1. 답 $4Fe + 3O_2 \longrightarrow 2Fe_2O_3$

Q2. 답 양철은 철 표면을 철보다 반응성이 작은 주석(Sn)으로 도금한 것이다. 양철로 만든 통조림 캔의 표면이 긁혀 철이 노출되면 부식(산화) 속도가 빨라지므로 한 번 개봉한 캔의 철은 급격히 부식된다. 따라서 개봉한 통조림 캔의 음식물을 반드시 다른 용기로 옮겨 보관해야 한다.

Q3. 답 산과 반응하여 전자를 잃고 산화되기 위해서는 수소보다 반응성이 큰(이온화 경향이 큰) 금속이어야 한다. 수소보다 반응성이 큰 K, Ca, Na, Mg, Al, Zn, Fe 등은 산과 반응하여 자신은 산화되고, 수소를 환원시켜 수소 기체를 발생시킨다.

Q4. 답 구리 정제 실험에서 수용액에는 다양한 불순물이 존재하지만 그 중 Cu^{2+}이 가장 환원되기 쉽기 때문에 전자를 얻어 Cu로 석출된다.

Q5. 답 CaO은 물에 녹아 $Ca(OH)_2$ 이 되고, 이온화하여 Ca^{2+}과 OH^-이 되므로 염기성 물질이다.
$CaO + H_2O \longrightarrow Ca(OH)_2 \longrightarrow Ca^{2+} + 2OH^-$

유형 Problem 232 ~ 234 쪽

105 프로페인을 완전 연소시킬 때의 화학 반응식은 다음과 같다.
$C_3H_8(g) + 5O_2(g) \longrightarrow 3CO_2(g) + 4H_2O(g)$
이 화학 반응식을 통해 반응물과 생성물의 몰수비는 $C_3H_8 : O_2 : CO_2 : H_2O = 1 : 5 : 3 : 4$임을 알 수 있다. 프로페인의 분자량은 44이므로 프로페인 22 g 은 프로페인 0.5몰에 해당한다. 즉, C_3H_8 0.5몰은 O_2 2.5몰과 반응하여 CO_2 1.5몰과 H_2O 2몰을 생성한다. 산소의 분자량은 32이므로 산소 2.5몰의 질량은 2.5 × 32 = 80 g 이다. 따라서 산소 100 g 중 80 g 은 반응하고, 20 g 은 남게 된다.

106 (1) 23몰 (2) 10

해설 (1) $A(g) + 2B(g) \longrightarrow xC(g)$
화학 반응식에서 계수비 = 몰수비이므로 몰수비는 A : B : C = 1 : 2 : x 이다.
반응 후 B가 30 g 남아 있으므로 반응 전 A 10몰은 모두 반응한다는 것을 알 수 있다. A와 B의 몰수비 A : B = 1 : 2 이므로 C의 계수 x 가 2 이상이라면 A가 10몰 반응할 때 C의 몰 수는 20몰 이상이 된다. 문제에서 반응 후 물질의 총 몰 수는 13몰이라고 했으므로 C의 계수 x 는 1 이 되어야 한다. 따라서 화학 반응식은 $A(g) + 2B(g) \longrightarrow C(g)$이 된다.
몰수비는 A : B : C = 1 : 2 : 1 이므로 A 10몰이 모두 반응하게 되면 반응 후 몰 수는 다음 표와 같다.

구분	A	B	C
반응 전 몰 수(몰)	10	㉠	0
반응(몰)	10	20	10
반응 후 몰 수(몰)	0	㉠ - 20	10

반응 후 총 몰 수가 13몰이므로 (㉠ - 20)몰 + 10몰 = 13몰이고, ㉠은 23몰이다.
(2) B 는 23몰에서 20몰이 반응했으므로 반응 후 3몰이 남게 된다. 반응 후 B 의 질량이 30 g 이므로 B의 분자량은 30 ÷ 3 = 10 이다.

107 (가)에서 H_2O_2는 산화제로 작용하고, (나)에서 H_2O_2는 환원제로 작용한다.

산화제: H_2O_2 (O: -1), 환원제: I^- (-1)
$H_2O_2 + 2H^+ + 2I^- \rightarrow 2H_2O + I_2$
O: -1 → -2 (환원), I: -1 → 0 (산화)

산화제: $KMnO_4$ (Mn: +7), 환원제: H_2O_2 (O: -1)
$2KMnO_4 + 5H_2O_2 + 3H_2SO_4 \rightarrow 2MnSO_4 + 5O_2 + K_2SO_4 + 8H_2O$
Mn: +7 → +2 (환원), O: -1 → 0 (산화)

108 Zn이 Zn^{2+}으로 산화되고, Cu^{2+}이 Cu로 환원된다. 따라서 수용액 속 Cu^{2+}의 수가 감소하는 만큼 Zn^{2+}이 생성되므로 수용액 속의 총 이온의 수는 일정하다.

해설
$Zn + Cu^{2+} \rightarrow Zn^{2+} + Cu$
Zn → Zn^{2+} (산화), Cu^{2+} → Cu (환원)

109 (1) 산성 (2) Cl_2

해설 (1) Cl_2를 물에 녹였을 때 생성된 HCl은 이온화하여 H^+을 내놓을 수 있다. 따라서 염소 기체를 물에 녹이면 수용액은 산성이 된다.

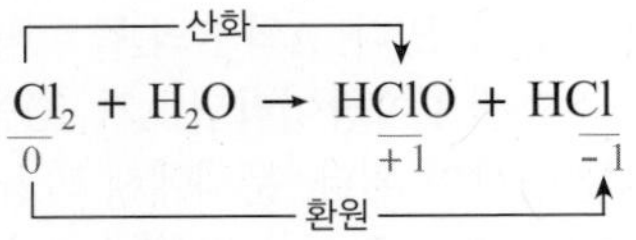

(2) H_2O을 이루는 H와 O의 산화수는 반응 전후에 변하지 않으므로 H_2O는 산화되거나 환원되지 않는다. 반면에 Cl_2 중 한 원자는 산화수가 증가하고, 한 원자는 산화수가 감소한다. 따라서 Cl_2는 산화되기도 하고, 환원되기도 한다.

110 $\frac{2n}{3}$

해설 $CuCl_2$ 용융액을 전기 분해할 때 (−) 극에서 반응은 $Cu^{2+} + 2e^- \rightarrow Cu$이다. $AlCl_3$ 용융액을 전기 분해할 때 (−) 극에서 반응은 $Al^{3+} + 3e^- \rightarrow Al$이다. Cu의 입자 수가 n개일 때 같은 전기량으로 생성된 Al의 입자 수는 $\frac{2n}{3}$개이다.

111 (1) B (2) C > E (3) 2 : 1

해설 (1) 온도가 가장 높은 B가 중화점이다. 중화점에서 수소 이온과 수산화 이온이 모두 반응하고 구경꾼 이온만 남아 있으므로 전류의 세기가 가장 작다.
(2) 묽은 염산의 비율은 C보다 E에서 더 크므로 pH는 C > E이다.
(3)중화점인 B에서 HCl(aq)과 KOH(aq)은 1 : 2의 부피비로 반응한다. 따라서 혼합 전 같은 부피 속에 들어 있는 양이온의 수는 HCl(aq) : KOH(aq) = 2 : 1이다.

112 (1) B (2) 노란색 (3) B

해설 (1) 물 분자가 가장 많이 생성되는 B가 중화점이다. 따라서 B의 온도가 가장 높다.
(2) 중화점인 B에서 반응한 묽은 염산과 수산화 나트륨 수용액의 부피 비는 HCl(aq) : NaOH(aq) = 1 : 2이므로 혼합 전 같은 부피 속에 들어 있는 양이온의 수는 HCl(aq) : NaOH(aq) = 2 : 1이다. 따라서 두 수용액의 부피가 같다면 혼합 용액의 액성은 산성이 된다. BTB 용액은 산성에서 노란색, 중성에서 녹색, 염기성에서 푸른색을 띤다.
(3) B가 중화점이므로 묽은 염산 20mL 속에 들어 있는 H^+의 수와 수산화 나트륨 수용액 40mL 속에 들어 있는 OH^-의 수가 같다. 이때 H^+과 OH^-의 개수를 각각 4N이라고 할 때 각 혼합 용액에서 반응 전과 반응 후의 이온 수는 다음과 같다.

용액	HCl(aq) 부피(mL)	NaOH(aq) 부피(mL)	반응 전 이온 수				생성된 H_2O 수
			H^+	Cl^-	Na^+	OH^-	
A	10	50	2N	2N	5N	5N	2N
B	20	40	4N	4N	4N	4N	4N
C	30	30	6N	6N	3N	3N	3N
D	40	20	8N	8N	2N	2N	2N

용액	HCl(aq) 부피(mL)	NaOH(aq) 부피(mL)	반응 후 이온 수				액성
			H^+	Cl^-	Na^+	OH^-	
A	10	50	0	2N	5N	3N	염기성
B	20	40	0	4N	4N	0	중성
C	30	30	3N	6N	3N	0	산성
D	40	20	6N	8N	2N	0	산성

혼합 용액의 부피는 모두 같으므로 용액 속 이온 수가 가장 적은 B에서 단위 부피당 이온 수가 가장 적다.

113 (1) (가) 용액 < (나) 용액
(2) N 개 (3) 5 mL

해설 (1) 전체 이온 수는 중화점까지 일정하다. 따라서 전체 이온 수가 증가하기 시작하는 부분이 중화점이다. 즉, HCl(aq) 10 mL 는 NaOH(aq) 20 mL 와 반응하여 완전 중화되므로, HCl(aq)과 NaOH(aq)이 1 : 2의 부피비로 반응한다는 것을 알 수 있다. (가) 용액은 H^+이 남아 있으므로 산성 용액이고, (나) 용액은 OH^-이 존재하므로 염기성 용액이다. 따라서 (가) 용액의 pH가 (나) 용액의 pH보다 작다.
(2) 반응 전 HCl(aq)에 들어 있는 전체 이온 수가 2N개이므로 HCl(aq) 10mL에는 H^+과 Cl^-이 각각 N개씩 들어 있다. 따라서 중화점에서 생성된 물 분자 수는 N개이다. 중화점 이후에는 물 분자가 더 이상 생성되지 않으므로 (나) 용액에서 생성된 물 분자 수는 N개이다.
(3) (나) 용액은 중화점 이후에 NaOH(aq)을 10mL 더 넣은 용액이다. NaOH(aq) 10mL에 OH^-이 0.5N개 들어 있으므로 (나) 용액을 완전 중화시키기 위해서는 H^+이 0.5N개 더 필요하다. HCl(aq) 10mL에 H^+이 N개 들어 있으므로 HCl(aq) 5mL가 필요하다

114 (1) ㉠ : OH^- ㉡ : K^+ (2) (라) > (나)

해설 (1) ㉠은 존재하다가 (다)에서 없어졌으므로 OH^-이고, 중화점은 (다)이다. ㉡은 처음부터 계속 존재하는 이온이므로 K^+이다.
(2) 중화 반응에서 총 이온 수는 중화점까지 일정하고, 중화점 이후 증가한다. 따라서 중화점 이후의 용액인 (라)는 중화점 이전의 용액인 (나)보다 총 이온 수가 더 많다. .

115 pH + pOH = 14

해설 25℃ 수용액에서 수소 이온 농도와 수산화 이온 농도의 곱은 1.0×10^{-14}이고, 25℃에서 순수한 물의 pH는 7이므로 pOH 역시 7이다.

창의력 Master

235 ~ 241 쪽

116 (1) 이산화 탄소(CO_2), 탄산 칼슘($CaCO_3$)
(2) 계란 내부의 얇은 막은 반투막으로 물이 통과할 수 있다. 계란 내부의 물질은 농도가 높고, 식초는 농도가 낮기 때문에 식초에 들어 있는 물이 막을 통해 계란 내부로 들어가 계란이 커진다.

117 ②

해설 A : 불꽃 반응에서 보라색을 띠는 물질은 K(칼륨)이다.
B : 건조제로 쓰이는 물질은 조해성이 있는 NaOH, KOH, H_2SO_4 등이 있다.
C : 탄산 나트륨(Na_2CO_3)과 침전이 생기려면 Ca^{2+} 이 있는 화합물이여야 한다.
D : 빛을 쪼이면 분해 반응이 일어나 갈색병에 보관해야 하는 물질은 질산(HNO_3)이다.

118 $0.9x$ g, $0.8x$ g

해설 C_mH_n의 화학 반응식은 다음과 같다.

$$C_mH_n + (m + \frac{n}{4})O_2 \longrightarrow mCO_2 + \frac{n}{2}H_2O$$

반응 전후 몰수가 y몰로 같기 때문에 $1 + (m + \frac{n}{4}) = m + \frac{n}{2}$ 이므로 $n = 4$이다. 연소 후 산소가 남아 있으므로 반응에서 모두 반응한 물질은 C_mH_n이고, 생성된 이산화 탄소가 $3.3x$ g 이므로 C_mH_n에 포함된 C의 질량은 $3.3x \times \frac{12}{44} = 0.9x$ 이다. 반응 전 C_mH_n x g 에서 C의 질량이 $0.9x$ g 이므로 H의 질량이 $0.1x$ g 이다. 따라서 C_mH_n는 C_3H_4이다.
$C_3H_4 + 4O_2 \longrightarrow 3CO_2 + 2H_2O$에서 몰수비는 1 : 4 : 3 : 2 이고, 질량비는 10 : 32 : 33 : 9이므로 C_3H_4이 x g 연소되면 생성되는 H_2O의 질량은 $0.9x$ g, 남아 있는 O_2의 질량은 $0.8x$ g 이다.

119 (1) 수산화 칼슘($Ca(OH)_2$)
$Ca(OH)_2 + CO_2 \longrightarrow CaCO_3\downarrow + H_2O$
(2) 염산(HCl), 염화 암모늄(NH_4Cl)
(3) 묽은 황산(H_2SO_4), 황산 바륨($BaSO_4$)
(4) (NaOH는 흰 고체이다.) 탄산 나트륨(Na_2CO_3)

120 1 %

해설 수산화 나트륨 수용액과 묽은 염산이 20mL : 40mL로 섞였을 때 BTB용액이 녹색을 띠기 때문에 D점에서 중화점이다.
1 : 2의 부피비로 반응하여 중화점에 도달한다면, 수산화 나트륨 수용액의 농도가 묽은 염산의 농도보다 2배 진한 것을 알수 있다. 따라서 묽은 염산의 농도는 1%이다.

121 불순물이 포함된 구리를 (+)극, 순수한 구리를 (-)극으로 하고, 황산 구리(II) 수용액을 전해질로 하여 전기 분해한다. (+)극에서는 Cu를 포함한 금속들이 산화되어 Cu^{2+}, Fe^{2+}, Zn^{2+} 등으로 모두 녹아 나오고, (-)극에서는 가장 환원되기 쉬운 Cu^{2+}만이 전자를 얻어 Cu로 석출된다.

122 ㉠ 2N ㉡ N ㉢ 2N

해설 혼합 용액 (나)와 (다)를 비교하면 NaOH(aq)의 부피가 증가했지만 생성된 물 분자 수가 같다. (다)에서 HCl(aq)에 2N개의 HCl이 들어 있음을 알 수 있고, 양이온의 총 수가 3N개이므로 구경꾼 이온인 Na^+의 개수가 3N개임을 알 수 있다. 따라서 각 용액의 반응 전 이온 수는 다음과 같다.

혼합 용액	혼합 수용액의 부피(mL)	
	NaOH(*aq*)	HCl(*aq*)
(가)	1N Na^+, 1N OH^-	2N H^+, 2N Cl^-
(나)	2N Na^+, 2N OH^-	2N H^+, 2N Cl^-
(다)	3N Na^+, 3N OH^-	2N H^+, 2N Cl^-

123 (1) C > B > A > D
(2) (+) 극 : D, (-) 극 : C
(3) $B + Cu^{2+} \longrightarrow B^{2+} + Cu$
(4) 6×10^{23}
(5) $CuSO_4$(B를 산화시킨다.)

해설 (1) $CuSO_4$ 수용액에서 B > Cu > A, D이고, $ZnSO_4$ 수용액에서 C > Zn > B, D이고, $AgNO_3$ 수용액에서 A > Ag > D이므로 반응성의 크기는 C > B > A > D이다.
(2) 전압이 가장 높은 경우는 반응성 차이가 큰 금속을 연결했을 경우이므로 (+)극에는 D, (-)극에는 C가 연결되었을 경우이다.
(4) B의 산화수가 +2 이므로 용해된 B의 원자 수는 6×10^{23}이다.

124 (1) 페트리접시에 들어 있는 금속의 반응성이 모두 K보다 작으므로 반응이 일어나지 않고, 질량 변화가 없다.
(2) Zn, Mg, Fe의 경우 산화되고, 수소 이온이 전자를 얻어 수소 기체가 발생한다. Cu, Ag의 경우 반응성이 수소보다 작기 때문에 아무 변화가 일어나지 않는다.

125 4.2×10^{-2} M

해설 $MnO_4^- + 8H^+ + 5e^- \rightarrow Mn^{2+} + 4H_2O$
5F(5×96485C)의 전하량을 가하면 1몰의 MnO_4^-이 환원된다.
가해준 전하량 $Q = It = 0.6\ A \times 844\ s = 506.4\ C$
506.4 C 의 전하량을 가했을 때 생성되는 MnO_4^-의 몰수는

$$506.4\ C \times \frac{1몰}{5 \times 96485\ C} = 0.0010497몰이다.$$

$$몰\ 농도 = \frac{용질의\ 몰수}{용액의\ 부피} = \frac{0.0010497몰}{0.025\ L} \fallingdotseq 4.2 \times 10^{-2}\ M$$

126 (1) 철심-아연판-산화 반응, 동판-은판-환원 반응, 식초(황산)-소금물-전해질
(2) 철심, 아연판
(3) ··· 은판-아연판-소금물 적신 헝겊-은판-아연판-소금물 적신 헝겊-은판-아연판 ···
(4) 감소한다.

해설 (2) 바그다드 전지 : (-)극(철판) : $Fe \rightarrow Fe^{2+} + 2e^-$
볼타 전지 : (-)극(아연판): $Zn \rightarrow Zn^{2+} + 2e^-$
(3) 직렬로 연결하여야 한다.
(4) 바그다드 전지가 작동을 했다면 볼타 전지와 원리가 같으므로 동판(+)극에서 환원 반응이 일어나 H^+의 수가 감소한다.
(+)극 : $2H^+ + 2e^- \rightarrow H_2$

127 (1) Na_2CO_3(탄산 나트륨),
화학식 : $2NaOH + CO_2 \rightarrow Na_2CO_3 + H_2O$
(2) 흰 가루는 NaOH가 공기 중의 이산화 탄소를 흡수하여 탄산 나트륨(Na_2CO_3)으로 변하여 생성된 것이다.

해설 수산화나트륨은 공기 중의 이산화탄소를 흡수하여 탄산나트륨(Na_2CO_3)으로 변한다. 수분은 오래 두면 증발한다. 또한 수산화나트륨은 공기 중의 수분을 흡수하는 성질도 있어 습한 여름에 옷장에 넣는 제습제로 사용되기도 한다.

128 $Na^+ > Cl^- > OH^-$

해설 중화점에서 NaOH를 더 넣어 줬으므로 Na^+의 수가 가장 많고, Cl^-은 구경꾼 이온이기 때문에 처음과 끝의 이온 수는 동일하나, Na^+ 수보다는 작다. OH^-은 중화 반응의 알짜 이온이기 때문에 넣어 주는 대로 수소 이온과 반응하여 물을 생성한다. 중화점 이후부터 이온의 수가 증가하므로 이온의 수가 제일 작다.

기출 Check 242 ~ 249 쪽

129 (1) 구리가 산화되어 구리 이온이 되고, 수용액은 푸른색으로 변한다. 전자를 얻은 은 이온은 금속 은으로 석출된다.
(2) $Cu + 2AgNO_3 \longrightarrow Cu(NO_3)_2 + 2Ag$
(3) $AgNO_3$
(4) 마그네슘(Mg) 리본 > 알루미늄(Al) 호일 > 철사(Fe)

해설 (3) 산화제는 자신은 환원되면서 다른 물질을 산화시키는 물질이므로 Cu를 산화시키는 $AgNO_3$이다.

130 ①, ②

해설 실험 1에서 반응을 하지 않고 푸른색을 띠는데, 실험 3에서 반응 후 푸른색을 띠므로 수용액에 공통적으로 들어 있는 AX_2의 A 이온 때문임을 알 수 있다. 실험 1에서 AX_2와 BY_2가 수용액 상태에 있을 때 반응하지 않고 수용액에 이온 상태로 존재하기 때문에 BX_2 는 수용액에서 이온 상태로 존재한다. 따라서 앙금은 AZ이다.

131 ④

해설 (가), (다), (라)에서 반응이 일어나지 않았으므로 반응성은 B > A, D > B, D > C 이다. (나)에서 반응이 일어났으므로 반응성은 C > A이다. 반응성은 D > B > A , D > C > A 이므로 B와 C의 반응성을 비교해야 한다.

132 (1) $M + 2HCl \longrightarrow MCl_2 + H_2$
(2) 반응이 진행되면 기체가 발생하기 때문에 0 ~ t_1에서 칸막이를 V_B 쪽으로 밀어낸다. t_1 ~ t_2에서 반응이 진행되면서 생성된 열에 의해 기체의 온도가 높아졌다가 열평형을 이루면서 다시 처음 온도로 돌아가게 된다. t_2 ~ 에는 평형 상태이다.
(3) $V_A' = \frac{8}{5}V_A$

해설 (3) 전체 부피를 V라고 하면 $V_A = \frac{1}{2}V$이다. t_2 이후 $\frac{l_B}{l_A}$이 0.25이므로 $l_A : l_B = 4 : 1$이다. 평형 상태에서 부피를 V_A'라고 하면 $V_A' = \frac{4}{5}V$가 된다. 따라서 t_2 이후 부피를 처음 부피 V_A로 표현하면 $V_A' = \frac{8}{5}V_A$이다.

133 (1) $2CH_3OH + 3O_2 \longrightarrow 2CO_2 + 4H_2O$
(2) 9.6 g

해설 반응식의 몰수비는 2 : 메탄올의 완전 연소 반응에서 질량비는 $2CH_3OH : 3O_2 : 2CO_2 : 4H_2O = 32\times2 : 32\times3 : 44\times2 : 18\times4$이므로 메탄올 6.4 g 이 완전 연소하기 위해 필요한 산소의 최소 질량은 9.6 g 이다.

134 (1) A > Cu > B
(2) A의 질량 : (나)에서 감소, (다)에서 감소,
B의 질량 : (나)에서 변화 없음, (다)에서 증가
(3) 감소
(4) (나), (다) 모두 금속 A, $A \longrightarrow A^{2+} + 2e^-$

해설 (1) (가)에서 A의 표면에 석출되는 되는 것은 붉은색의 구리이므로 $A(s) + CuSO_4(aq) \longrightarrow ASO_4(aq) + Cu(s)$의 반응이 일어난다. 따라서 A가 Cu보다 반응성이 크다.
$B(s) + CuSO_4(aq) \longrightarrow$ 반응이 일어나지 않는다. 따라서 Cu가 B보다 반응성이 크다.
(2) (나)에서 금속 A 와 황산의 반응
$A(s) + H_2SO_4(aq) \longrightarrow ASO_4(aq) + H_2(g)$
볼타 전지로서의 반응
A극 : $A \longrightarrow A^{2+} + 2e^-$ (산화 반응, (-)극)
B극 : $2H^+ + 2e^- \longrightarrow H_2$ (환원 반응, (+)극)
(다)에서 전기 분해가 진행되면
(+)극에서 $A \longrightarrow A^{2+} + 2e^-$, (-)극에서 $Cu^{2+} + 2e^- \longrightarrow Cu$의 반응이 진행된다.
따라서 A의 질량은 (나), (다)에서 감소하고 B의 질량은 (나)에서는 변화가 없고 (다)에서는 증가한다.
(3) (2)의 반응식을 볼 때 A가 1개 녹아 들어가면, 수소 이온이 2개 없어지므로 전체 이온 수는 감소한다.
(4) 전지에서는 산화 반응이 일어나는 극(반응성이 큰 금속이 전자를 내어 놓는곳)이 (-)극이고, 전기 분해에서는 전원 장치의 (+)극에 연결된 전극에서 산화 반응이 일어난다.

135 (1) A : CO_2 B : CaO C : H_2O
(2) d, f, g, h, i, j

해설 (1) 탄산 칼슘의 화학식은 $CaCO_3$이다. 가열하면 이산화탄소를 낸다.
$CaCO_3 \rightarrow CaO + CO_2$
CaO는 생석회라고도 하며 물에 녹아 $Ca(OH)_2$ 가 되어 이온화되며 많은 양의 열을 낸다.(발열 반응)
(2) a, b, c, e 는 흡열 반응이다.

136 5 : 2

해설 반응 후 혼합 기체의 부피가 가장 작은 지점이 반응물이 모두 반응한 지점이고, 계수비 = 몰수비 = 기체의 부피비이므로 화학 반응식은 다음과 같다. 기체 (가)는 XY_3 이다.

	$X_2(g)$	+ $3Y_2(g)$ ⟶	$2XY_3$
반응 전	6	18	
반 응	-6	-18	+12
반응 후	0	0	12

A 지점에서 반응 후 기체 (가)와 반응하고 남은 기체는 다음과 같다.

	$X_2(g)$	+ $3Y_2(g)$ ⟶	$2XY_3$
반응 전	15	9	
반 응	-3	-9	+6
반응 후	12	0	6

Y의 원자량이 X 원자량의 3배이므로 X 원자량을 a라 하면 Y의 원자량은 $3a$이다. 분자량은 X_2 가 $2a$, Y_2 가 $6a$, XY_3 가 $10a$ 이다. 반응후 기체 (가)의 부피는 6mL, 반응하고 남은 기체의 부피 X_2는 12mL이다. 따라서 반응 후 기체 (가)와 반응하고 남은 기체의 부피비는 1 : 2 이므로 질량비는 $10a : 2a\times2 = 5 : 2$ 이다.

137 2 : 3

해설 H_2SO_2 10 mL에 n개의 분자를 포함하고, W, X, Y, Z는 임의의 원소라고 가정하자. [실험 1]에서 SO_4^{2-} 과 앙금을 생성하고, 음이온이 2개 남아 있으므로 화합물 A 10 mL 에는 WX_2 분자가 n개 들어 있음을 알 수 있다. [실험 2]에서 물 분자 2개, 양이온이 2개 들어 있으므로 H^+ 은 반응하여 물을 생성하였고, 화합물 B 10 mL 에는 YOH 분자가 $2n$개 들어 있음을 알 수 있다. [실험 3]에서 물 분자와 앙금을 형성하였으므로 화합물 C 10 mL 에는 $Z(OH)_2$ 분자가 n개 들어 있음을 알 수 있다. 수용액에 들어 있는 이온 수는 다음과 같다.

	양이온	개수	음이온	개수
1	W^{2+}	n	X^-	$2n$
2	Y^+	$2n$	OH^-	$2n$
3	Z^{2+}	n	OH^-	$2n$

따라서 실험 1 ~ 3을 섞으면 총 양이온의 개수 : 총 음이온의 개수 = 2 : 3 이다.

138 (1) 각각 0 (2) $\frac{3}{4}n$

해설 (1) H^+, OH^- 의 수는 각각 0이다.
온도 변화로 보아 최고 온도를 나타내는 P, Q는 중화점이다. 완전 중화될 때 용액 속의 H^+ 과 OH^- 은 모두 H_2O이 된다.
(2) 수산화 나트륨 수용액(A) 10 mL 의 수산화 이온(OH^-)의 수를 n 개라고 하면 5 mL 에는 $\frac{1}{2}n$ 개가 들어 있다. (가)에서 수산화 나트륨 수용액(A) 5 mL 와 염산 10 mL 가 중화 반응하므로 염산 10 mL 에 수소 이온(H^+)은 $\frac{1}{2}n$ 개가 들어 있음을 알 수 있다. 따라서 (나) 중화점에서 염산 15 mL 에는 수소 이온(H^+)이 $\frac{3}{4}n$ 개가 들어 있어 수산화 나트륨 수용액 (B) 10 mL 에는 수산화 이온(OH^-)이 $\frac{3}{4}n$ 개 들어 있다.

139 (1) 해수가 상당히 오랜 시간에 걸쳐 순환하며 잘 섞였기 때문에 어느 지역이나 바닷물을 구성하고 있는 물질의 비율이 같다.
(2) Na : 노란색, K : 보라색, Ca : 주황색
(3) $Ca^{2+} + SO_4^{2-} \longrightarrow CaSO_4\downarrow$
$2Ag^+ + SO_4^{2-} \longrightarrow Ag_2SO_4\downarrow$
$Ca^{2+} + CO_3^{2-} \longrightarrow CaCO_3\downarrow$
$Ba^{2+} + SO_4^{2-} \longrightarrow BaSO_4\downarrow$ 등이 있다.
(4) 끓는점 차이에 의한 혼합물 분리 방법으로 증류가 있다.
① 큰 비커에 바닷물을 넣고 비어있는 작은 비커를 넣는다.
② 큰 비커에 비닐을 씌우고 가운데 동전을 올려놓는다.
③ 비커를 가열하면 물이 증발하여 기화되고 온도 차이에 의해 비닐에서 다시 액화되면 경사를 타고 가운데로 흘러 작은 비커로 떨어져 순수한 물을 얻을 수 있다.

140 (1) 총 이온 수
(2)

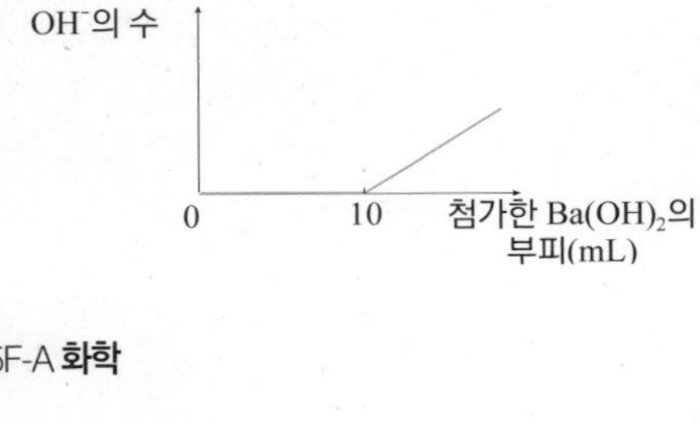

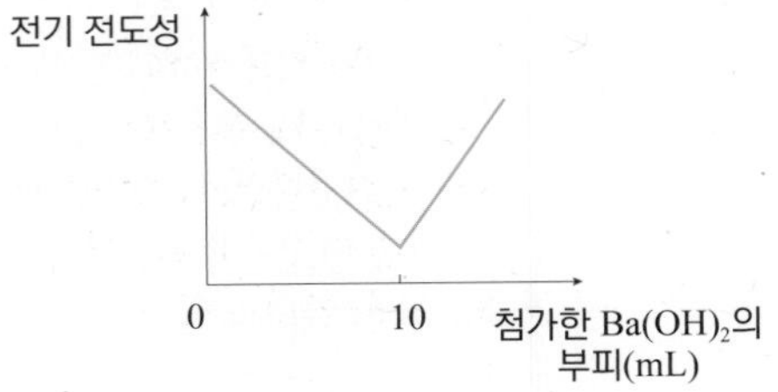

해설 (1) 밀도는 $\frac{질량}{부피}$이므로 부피와 질량이 모두 같을 때 밀도 값이 같다. 부피는 같으나 분자를 이루고 있는 원자의 종류와 수가 다르므로 분자량이 다르므로 질량이 같지 않다. 또한 1개의 H_2SO_4의 (+) 이온 수는 2개, 1개의 $Ba(OH)_2$의 (+) 이온 수는 1개이므로 같지 않다. % 농도는 $\frac{용질의\ 질량}{용액의\ 질량} \times 100$ 이므로 용질의 질량이 같지 않아 % 농도는 같지 않다.
(2) H_2SO_4 수용액에 $Ba(OH)_2$를 넣으면 H^+과 OH^-이 반응하므로 OH^-은 모두 반응한다. 중화점 이후 더 이상 반응할 H^+이 없으므로 OH^-이 계속 증가한다.
전기 전도성은 중화점에서 가장 낮다. [과정 3]에서 B 용액 10 mL 를 넣었을 때 수용액의 색이 붉은색으로 변하였으므로 B 용액 10 mL 를 넣었을 때가 중화점이므로 이때 전기 전도성이 가장 낮다.

141 (1) ④
(2) $Ba(OH)_2 + H_2SO_4 \longrightarrow 2H_2O + BaSO_4\downarrow$
(3) H^+, OH^-
(4) 중화점에서 중화 반응과 앙금 생성 반응에 의해 용액 속의 Ba^{2+}, SO_4^{2-}, H^+, OH^- 의 수가 감소하기 때문에 전하를 이동시켜 전류를 흐르게 하기가 가장 어려워진다.

해설 (1) 황산 수용액 10 mL 를 가했을 때 황산은 모두 반응하고 수산화 바륨은 남아 있으므로 용액 속에 가장 많이 존재하는 이온은 Ba^{2+}, OH^- 이다.
(3) 전류의 세기가 가장 낮은 것은 중화점이므로 Ba^{2+}, SO_4^{2-}이 모두 반응하여 $BaSO_4$ 앙금을 생성하였고, 중화 반응으로 인해 생성된 H_2O은 물의 자동 이온화로 인해 H^+과 OH^-이 생성되므로 H^+과 OH^-이 가장 많이 들어 있다고 판단한다.

주제 탐구 및 논술 250 ~ 251 쪽

Q1 수소 기체를 저장했다가 온도를 올리면 방출하는 수소 저장 합금이 개발되어 수소 자동차의 연료 저장용기, 흡열·발열 반응을 이용한 냉난방 시스템과 연료전지 등에 응용할 수 있다. 그리고 가볍고 전자파 차단이 되는 마그네슘의 특징을 가지면서 쉽게 부식되지 않는 마그네슘 합금이 다양한 곳에서 활용 가능하다.

특목고, 영재교육원 대비서 **아이앤아이**

창의력과학의 결정판, 단계별 과학 영재 대비서 **세페이드**

세페이드 시리즈

창의력과학의 결정판, 단계별 과학 영재 대비서

단계	과정	과목	교재 / 대상
1F	중등 기초	물리(상,하) 화학(상,하)	 중학교 과학을 처음 접하는 사람 / 과학을 차근차근 배우고 싶은 사람 / 창의력을 키우고 싶은 사람
2F	중등 완성	물리(상,하) 화학(상,하) 생명과학(상,하) 지구과학(상,하)	 중학교 과학을 완성하고 싶은 사람 / 중등 수준 창의력을 숙달하고 싶은 사람
3F	고등 I	물리(상,하) 물리 영재편(상, 하) 화학(상,하) 생명과학(상,하) 지구과학(상,하)	 고등학교 과학 I을 완성하고 싶은 사람 / 고등 수준 창의력을 키우고 싶은 사람
4F	고등 II	물리(상,하) 화학(상,하) 생명과학(영재학교편, 심화편) 지구과학 (영재학교편, 심화편)	 고등학교 과학 II을 완성하고 싶은 사람 / 고등 수준 창의력을 숙달하고 싶은 사람
5F	영재과학고 대비 파이널	물리 · 화학 생명 · 지구과학	 고급 문제, 심화 문제, 융합 문제를 통한 각 시험과 대회를 대비하고자 하는 사람

세페이드 모의고사	 내신 + 심화 + 기출, 시험대비 최종점검 / 창의적 문제 해결력 강화	세페이드 고등 통합과학	 고1 내신 기본서	세페이드 고등학교 물리학 I (상,하)	 고등학교 물리 I (2권) 내신 + 심화

* 무한상상의 〈세페이드 과학 시리즈〉는 국내 최초로 중고등과정의 과학의 전부와 과학 창의력 문제의 전부를
1F [중등기초] - 2F [중등완성] - 3F [영재학교 I] - 4F [영재학교 II] - 실전 문제 풀이 의 5단계로 구성하였습니다.
창의력과학 세페이드시리즈와 함께 이제 편안하게 과학 공부를 즐길 수 있습니다. cafe.naver.com/creativeini

무한상상

창/의/력/과/학

세페이드

시리즈(1F~5F)

1. 파이널 대비
2. 주요 이론 요약
3. 실생활 관련 질문
4. 창의력 파이널 문제
5. 기출문제 퍼레이드
6. 주제탐구 및 논술

무한상상 교재 활용법

무한상상은 상상이 현실이 되는 차별화된 창의교육을 만들어갑니다.

아이앤아이 시리즈

특목고, 영재교육원 대비서

	아이앤아이 영재들의 수학여행	아이앤아이 꾸러미	아이앤아이 꾸러미 120제	아이앤아이 꾸러미 48제	아이앤아이 꾸러미 과학대회	창의력과학 아이앤아이 I&I
	수학 (단계별 영재교육)	수학, 과학	수학, 과학	수학, 과학	과학	과학
6세~초1	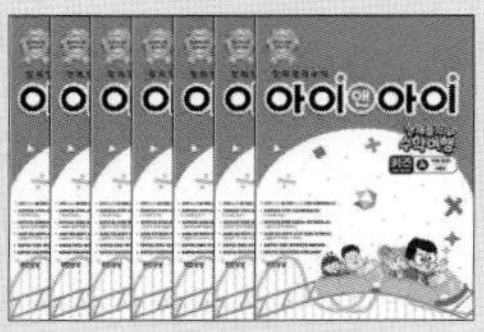 수, 연산, 도형, 측정, 규칙, 문제해결력, 워크북 (7권)					
초 1~3	 수와 연산, 도형, 측정, 규칙, 자료와 가능성, 문제해결력, 워크북 (7권)					
초 3~5	 수와 연산, 도형, 측정, 규칙, 자료와 가능성, 문제해결력 (6권)		수학, 과학 (2권)	수학, 과학 (2권)		
초 4~6	 수와 연산, 도형, 측정, 규칙, 자료와 가능성, 문제해결력 (6권)				 과학토론 대회, 과학산출물 대회, 발명품 대회 등 대회 출전 노하우	
초 6	 수와 연산, 도형, 측정, 규칙, 자료와 가능성, 문제해결력 (6권)		 수학, 과학 (2권)	 수학, 과학 (2권)		
중등						 물리(상,하), 화학(상,하), 생명과학(상,하), 지구과학(상,하) (8권)
고등					 과학토론 대회, 과학산출물 대회, 발명품 대회 등 대회 출전 노하우	